高等学校"十一五"规划教材
建筑环境与设备工程系列

建筑设备施工技术与组织

（修订版）

董重成　主编

哈爾濱工業大學出版社

内 容 提 要

本书着重建筑环境与设备工程的施工安装和项目的组织管理两方面进行了论述。主要内容包括：建筑设备工程安装常用的各种管材、板材、型钢、附件、防腐与绝热材料；室内供暖、给排水、燃气、通风空调系统安装方法和质量要求；室外热力管网、燃气管网的施工方法及验收质量要求；建筑冷、热源的设备、管道的安装方法及要求；管道的防腐与保温技术；各系统的试运行与验收要求。

本书还介绍了建筑设备安装工程定额与预算，建筑设备安装工程施工组织项目的准备、施工与监理、竣工验收的程序和内容，工程项目管理、控制与项目协调的原理及方法。

本书根据高等学校建筑环境与设备工程专业的教学需要进行内容选择，通过该课程的学习，使学生掌握建筑设备的安装技术和管理的基本知识。本书可作为高等学校建筑环境与设备工程专业的教学用书，也可供从事该专业的设计、施工人员参考。

图书在版编目(CIP)数据

建筑设备施工技术与组织/董重成主编. —2 版. —哈尔滨：哈尔滨工业大学出版社，2011.7(2013.3 重印)
(建筑环境与设备工程系列)
ISBN 978-7-5603-2370-1

Ⅰ.①建… Ⅱ.①董… Ⅲ.①房屋建筑设备-建筑安装工程-工程施工②房屋建筑设备-建筑安装工程-施工组织 Ⅳ.TU8

中国版本图书馆 CIP 数据核字(2011)第 117766 号

责任编辑 贾学斌
封面设计 卞秉利
出版发行 哈尔滨工业大学出版社
社　　址 哈尔滨市南岗区复华四道街 10 号 邮编 150006
传　　真 0451-86414749
网　　址 http://hitpress.hit.edu.cn
印　　刷 肇东粮食印刷厂
开　　本 787mm×1092mm 1/16 印张 25.25 字数 600 千字
版　　次 2006 年 9 月第 1 版 2011 年 7 月第 2 版
　　　　 2013 年 3 月第 3 次印刷
定　　价 38.00 元

再版前言

“建筑设备施工技术与组织”课程是高等学校建筑环境与设备工程专业有关施工安装的一门专业课程。按照有关要求，本书着重从建筑设备专业的施工安装和项目的组织管理两方面进行了论述，并将燃气的室内外系统安装内容也包括在内。

建筑设备的施工安装是基本建设的重要组成部分，通过本课程的学习，使学生比较系统地了解本专业所涉及的主要施工安装技术和方法。通过本课程的学习，熟悉建筑设备工程安装常用材料和室内供暖、给排水、燃气、通风空调系统安装方法和质量要求；室外热力管网、燃气管网的施工方法及验收质量要求；建筑冷、热源的设备、管道的安装方法及要求；管道的防腐与保温技术；各系统的试运行与验收要求。

本书还介绍了建筑设备安装工程定额与预算，建筑设备安装工程施工组织项目的准备、施工与监理、竣工验收的程序和内容，工程项目管理、控制与项目协调的原理及方法。

本书此次再版是在原有教材的基础上结合新的规范和技术进行编写的。本书由哈尔滨工业大学市政环境工程学院建筑环境与设备工程专业具有多年教学和工程经验的教师编写，具体编写分工如下：第1、2、3、5、10章由董重成编写，第4、6章由于碧涌编写；第7章由李晓冬编写，第8章由王威编写，第9章由姚扬编写，第11、12、13、14章由盛晓文编写，全书由董重成主编、组织协调和统稿。

书中参考了许多相关文献，谨向这些文献的作者表示感谢。

限于编者水平，书中难免有不妥之处，敬请批评指正！

编　者

2011年6月

目　　录

第 1 章 建筑设备工程安装常用材料

1.1 管材及其附件

管道是各种建筑物必不可少的组成部分,冷热水、蒸汽、煤气以及其他各种流体都是通过管道输送,供人们使用。管道一般由管子和管子附件组成。它们通常称为通用材料。通用材料符合国家统一的规定标准,便于各生产厂制造和各用户选用。我国通用标准从 1961 年 5 月 1 日起全面实施。无论是制造加工、设计选用或施工单位都必须遵守通用标准。

1.1.1 管道标准

管道标准的作用是为了统一管子、管件、阀门和法兰等的品种规格,便于成批生产,使管道具有互换性,有利于设计和安装时选用。标准化的主要内容之一就是统一规定管子、管件、阀门和法兰的主要结构尺寸与性能参数,如公称直径和公称压力。凡有相同公称直径与公称压力的管子、管件、阀门和法兰,可互相配套,倘若材质相同,其结构尺寸也相同时,可以互换使用。

1.1.1.1 公称直径

管道和工艺设备的公称直径是为了设计、制造、安装和检修方便而人为规定的一种标准直径,通常以 DN 表示。DN 后附加以 mm 为单位的公称直径数字。对于钢管和塑料管及其同材质管件等,DN 后的数值不一定是管子的内径(D),也不一定是管子的外径(D_w),而是与 D 或 D_w 接近的整数。对制造而言,一般 D_w 是固定的系列数值,壁厚(δ)增加,则 D 减小,对于铸铁管及其管件和阀门,DN 等于内径;对于法兰,DN 仅是与 D 或 D_w 接近的整数,对工艺设备,DN 就是设备接口的内径。

管道中的管子及其附件均根据国标 GB1047《管子及管路附件的公称通径》制造。

1.1.1.2 公称压力和试验压力

管道和工艺设备的公称压力是为了设计、制造和使用方便而人为规定的一种标准压力,通常用 P_g 表示,其后附加以 MPa 为单位的公称压力数值。

试验压力是为了保证安全使用对管道和工艺设备进行强度和密封性(严密性)试验而规定的一种压力,通常以 P_s 表示,P_s 后附加以 MPa 为单位的试验压力数值。一般情况下,强度试验时 $P_s = 1.5P_g$,严密性试验时 $P_s = P_g$。

管道和工艺设备产品均根据《管子与管路附件的公称压力和试验压力》国标 GB1048 制造。根据 P_g(MPa),工业上通常将管道分为低压管道($P_g \leqslant 2.5$)、中压管道($4 \leqslant P_g \leqslant 6.4$)、高压管道($10 \leqslant P_g \leqslant 100$)和超高压管道($P_g > 100$)。

1.1.1.3 工作压力和公称压力的关系

制造管子和工艺设备的材料,其许用应力值的大小受温度影响,材料在低于某温度下使用,温度变化对许用应力的影响可忽略不计,此温度称为基准温度。当操作温度高于基准温度时，随操作温度升高，材料许用应力下降。因此，一定公称压力的管子或工艺设备可以承受的最大工作压力随操作温度升高而下降。对于碳素钢和低合金结构钢制品，其公称压力与允许最大工作压力 P_{max} 的换算式为

$$P_{max} = \frac{[\sigma]_t}{[\sigma]_j} \cdot P_g \tag{1.1}$$

式中 $[\sigma]_t$——工作温度下的材料额定许用应力；

$[\sigma]_j$——基准温度下的材料额定许用应力。

对于铸铁制品，当 $t \leqslant 120$℃时，$P_{max} = P_g$，当 $t = 350$℃时，$P_{max} = 0.7P_g$。

根据管道内介质温度大小，通常分为低温管道（$t < -40$℃），常温管道（$t = -40 \sim 120$℃），中温管道（$t = 121 \sim 450$℃）和高温管道（$t > 450$℃）。若管道在非常温下工作，对管材及配件的额定压力应进行温度校核，看其是否符合最高工作压力的要求。

燃气管道属有毒、有火灾危险的管道，根据《工业管道工程施工及验收规范（金属管道篇）》GBJ235 标准，选用管子及配件时，可以比普通介质管道提高一个压力级别。

1.1.2 管材

1.1.2.1 钢管

钢管是建筑设备工程中应用最多的管材，按照制造方法分为无缝钢管和焊接钢管。一般钢管规格的习惯表示方法是 $D_w \times \delta$，低压流体输送用焊接钢管经常用 DN 表示规格。

1.无缝钢管

一般无缝钢管用普通碳素钢、优质碳素钢或低合金结构钢制造。普通碳素钢管保证机械性能；优质碳素钢管和低合金结构钢管可同时保证化学成分和机械性能。

根据制造方法，无缝钢管还有热轧和冷拔（轧）之分。热轧管的最大 D_w 为 630 mm，冷拔（轧）管的最大 D_w 为 219 mm。一般情况下，$D_w > 57$ mm 时常选用热轧管。

钢管出厂长度分为普通长度，定尺长度和倍尺长度。普通长度即不定尺长度，热轧管为 3 ~ 12.5 m，冷拔管为 1.5 ~ 9 m；定尺长度即在普通长度范围内规定一个或几个固定长度，倍尺长度是在普通长度范围内某一长度的倍数。

一般无缝钢管适用于各种压力级别的工艺管道。对于具有高压高温要求的设备，例如炉管、热交换器管等可根据不同的技术要求分别选用专用无缝钢管，如“锅炉用无缝钢管”等等。

2.焊接钢管

焊接钢管亦称有缝钢管，其品种有低压流体输送用焊接钢管，钢板卷制直缝电焊钢管和螺旋缝电焊钢管。

（1）低压流体输送用焊接钢管。此种钢管用焊接性较好的低碳钢制造，钢号和焊接方法均由制造厂选择。其管壁有一条纵向焊缝，一般用炉焊法或高频电焊法焊成，所以又称炉焊对缝钢管或高频电焊对缝钢管。钢管表面有镀锌（俗称白铁管）和不镀锌（俗称黑铁管）两种。按出厂壁厚不同分为普通管（适用于 $P_g \leqslant 1.0$ MPa）和加厚管（适用于 $P_g \leqslant 1.6$ MPa）两种。镀锌钢管安装时不需涂刷防锈漆，其理论质量比不镀锌钢管大 3% ~ 6%。

钢管最小 DN 为 6 mm，最大 DN 为 150 mm，普通长度为 4 ~ 12 m。

(2)钢板卷制直缝电焊钢管。此种焊接钢管用中厚钢板采用直缝卷制,以电弧焊方法焊接而成。钢板的弯卷常用三辊或四辊对称式卷板机,钢管展开下料长度的计算式为

$$L = \pi(D + \delta) + S \tag{1.2}$$

式中　L——钢管展开下料长度,mm;

D——钢管内径,mm;

δ——钢板厚度,mm;

S——加工余量,采用剪切机剪切,刨床加工坡口时,$S \approx 2$ mm;用半自动切割机切割,再用刨床加工时 $S \approx 5$ mm;用半自动切割机直接从钢板上割出坡口时,$S = 0$。

钢板卷制直缝电焊钢管的最小 D_w 为 159 mm。

(3)螺旋缝电焊钢管。此种钢管一般用带钢螺旋卷制后焊接而成。钢号一般为 A_2、A_3、A_4 或 B_2、B_3 的普通碳素钢,也可采用 16Mn 低合金结构钢焊制。管子的最大工作压力一般不超过 2.0 MPa,最小 D_w 为 219 mm,最大 D_w 在当前为 820 mm。管子普通长度为 8 ~ 18 m。

3.钢管检验

各类钢管出厂时都应附有出厂合格证明书,证明书上应注明钢号(或钢的化学成分),水压试验和机械性能试验等内容。水压试验压力(MPa)按下式确定。

$$P_s = \frac{200\delta R}{D_w - 2\delta} \tag{1.3}$$

式中　R——管材允许工作压力,MPa;

其余符号意义同前所述。

钢管出厂时要进行外观检查,管子表面应平滑,没有斑疤、砂眼、夹皮及裂纹;钢管外径的偏差不得超过允许值;管子椭圆度公差不得超过外径允许偏差范围,管子端面与轴线应垂直。

对于直缝电焊钢管,管段互相焊接时,两管段的轴向焊缝应按轴线 45°角互相错开。DN≤600 mm 的长管,每段管只允许有一条焊缝,此外,管子端面的坡口形状、焊缝错口和焊缝质量均应符合焊接规范要求。

钢管重力可按下式计算

$$G = 0.241\,9\delta(D_w - \delta) \tag{1.4}$$

式中　G——钢管每米重力,N/m;

其余符号意义同前所述。

1.1.2.2　铸铁管

铸铁管规格习惯以公称直径 DN 表示,国内生产的铸铁管直径在 DN50 ~ DN1500 之间。

1.铸铁管的种类

铸铁管按材质分为普通铸铁管、高级铸铁管和球墨铸铁管。

普通铸铁管的材质为普通灰铸铁,化学成分中 w(C) = 3% ~ 3.3%, w(Si) = 1.5% ~ 2.2%, w(Mn) = 0.5% ~ 0.9%, w(S) ≤ 0.12%, w(P) ≤ 0.4%。抗拉强度应不小于140 MPa。按工作压力大小分为高压管(P_g≤1.0 MPa),普压管(P_g≤0.75 MPa)和低压管(P_g≤0.45 MPa)。

高级铸铁管(又称可锻铸铁管)对铸铁化学成分提出了严格要求,进一步采取脱硫和脱

磷措施，铸造方法也有适当改进。铸铁组织致密，韧性增强，抗拉强度可达 250 MPa。

球墨铸铁管(简称球铁管)被认为是耐腐蚀性好，强度高，具有较强韧性的较理想管材，正逐步替代普通铸铁管。

球墨铸铁是在原材料经严格选择的铁水中，添加了镁、钙等碱土金属或稀土金属，使铸铁中的石墨组织呈球状，表面积最小，从而消除了普通铸铁或高级铸铁中由片状石墨所引起的金属晶体连续性被割断的缺陷，使抗拉强度提高到 380～450 MPa。这种管材经热处理后，显微组织中铁素体的形成，使管材具有良好的延伸率，冲击韧性比高级铸铁管还高出 10 倍以上。

2.铸铁管的铸造方法

铸铁管的铸造方法有离心铸造法和连续铸造法。

离心铸造法适用于各种直径的铸铁管铸造。铸造模型可采用砂模型或金属模型。砂模型是在钢模内用含酚醛树脂和型砂的拌合物涂成一定厚度的衬里，或在钢模内制成一定厚度的铸造砂衬，然后离心铸造。砂模型适用于较大直径铸铁管铸造。采用金属模型时，可在模型外采用喷水或设置水套的降温措施，管材铸造后需经热处理，一般用于小直径铸铁管的铸造。离心铸铁管插口端有凸缘。

连续铸造法是将熔融的铁水，连续浇入称做结晶器的特制水冷金属模中，铁水经冷凝形成的管子不断从结晶器中拉出。生产中，一般只间断地浇铸一定长度的管子，实际为半连续铸造，连续铸铁管插口端无凸缘。

铸铁管的连接一般为承插、螺栓压盖和法兰三种方式。

1.1.2.3 塑料管

与钢管和铸铁管相比较，塑料管具有材质轻，较强的耐腐蚀性，良好的气密性和施工非常方便等优点。但塑料管机械强度较低(中密度聚乙烯管的抗拉强度仅 19 MPa)，只有温度在 60℃以下才能保证适当的强度，当温度在 70℃以上时，强度显著降低，高于 90℃则不能作管材使用。

不同材质的塑料管是采用不同材质的树脂，掺加增塑剂、稳定剂、填料及着色剂，经搅拌、加热、挤压成粒状，再经风冷却制成塑料粒料，将粒料送入制管机中，先加热到 150～160℃，使粒料熔化，然后挤压成管形，通过水冷却而硬化成塑料管。

塑料管的尺寸根据其外径和壁厚来确定。外径与壁厚的比值(SDR)又取决于树脂的质量和塑料管的使用条件。对于中、高密度聚乙烯塑料管，若是加厚管，SDR = 11，$P_g \leqslant 0.4$MPa 若是普通管，SDR = 17，$P_g \leqslant 0.25$ MPa。国产硬质聚氯乙烯管的最大管径可达 DN400，聚乙烯管最大为 DN200，尼龙－11 最大管径为 DN100。

DN < 65 mm 的聚乙烯管出厂时通常被卷成盘管；DN 在 65～150 mm 范围内的则被绕在大线轮上供应；DN > 150 mm 的一般均以直管段供应，每根管子长 4～12 m。直管段堆放时要放平整，防止日晒、冷冻和因重力而自然弯曲。

塑料管出厂时应对尺寸、表面光洁度(即粗糙度)、承压能力和抗压裂性能进行检验和测试。

塑料管的热膨胀系数一般为 0.15～0.18 mm/(m·℃)，是钢管的 7～8 倍，使用环境温度不宜过高。

不同材质的塑料管,其接头可分别采用螺纹连接、承插黏接、承插焊接和电热熔连接等方法。

1.1.2.4 铜管

1.建筑冷、热水用紫铜管

拉制铜管中,用于建筑安装工程冷、热水管的常用规格,公称直径 DN5 ~ DN200,壁厚随规格变化 0.75 ~ 4 mm,工作压力与规格和壁厚有关。

供安装用的铜管,外表缺陷允许度如下:

(1)纵向划痕深度。壁厚小于等于 2 mm 时,纵向划痕深度不大于 0.04 mm;壁厚大于 2 mm 时,纵向划痕深度不大于 0.05 mm;用于导管的铜和铜合金管材,不论壁厚大小,纵向划痕深度不应大于 0.03 mm。

(2)偏横向的凸出或凹入,高度与深度不大于 0.35 mm。

(3)瘢疤碰伤、气泡及凹坑,其深度不超过 0.03 mm,其面积不超过管子表面积的 30%。

建筑冷、热水用紫铜管所用的材质应符合国标 GB/T 1527—1997 的有关规定。

2.无缝铜水管和铜气管

根据《无缝铜水管和铜气管》国标 GB/T 18033—2000 的规定,此类铜管适用于输送饮用水、卫生用水和民用天然气、煤气及对铜无腐蚀作用的其他介质。铜水管一般应采用焊接、扩口或压紧的方式与管接头连接。常用规格:公称直径 DN5 ~ DN200,每个规格有三种壁厚,且壁厚随规格变化而变化 0.6 ~ 6.0 mm,工作压力与规格和壁厚有关,随规格加大工作压力减小。

1.1.3 管 件

管件是管道安装中的连接配件,用于管道变径,引出分支,改变管道走向,管道末端封堵等。有的管件则是为了安装维修时拆卸方便,或为管道与设备的连接而设置。

管件的种类和规格随管子材质、管件用途和加工制作方法而变化。本节只介绍低压流体输送用焊接钢管上用的螺纹连接管件,铸铁燃气管道上用的铸铁管件,无缝钢制管件和塑料管件。

1.1.3.1 螺纹连接管件

室内燃气管道的管径不大于 50 mm 时,一般均采用螺纹连接管件。管件有两种材质,可锻铸铁(玛铁)异形管件($P_s \leqslant 1.0$ MPa)和钢制管件($P_g \leqslant 1.6$ MPa)。钢制管件有镀锌与不镀锌之分,管件上均带有圆锥形或圆柱形管螺纹。

可锻铸铁管件外观上的特点是较厚,端部有加厚边;钢制管件的管壁较薄,端部平整无加厚边。

经常使用的螺纹连接管件有管箍、活接头、外螺纹接头、内外螺母、锁紧螺母、弯头、三通、四通和丝堵等,如图 1.1 所示。根据管件端部直径是否相等可分为等径管件和异径管件,异径管件可连接不同管径的管子。螺纹连接弯头有 90°和 45°两种规格。

管件应该具有规则的外形、平滑的内外表面没有裂纹、砂眼等缺陷。管件端面应平整,并垂直于连接中心线。管件的内外螺纹应根据管件连接中心线精确加工,螺纹不应有偏扣或损伤。

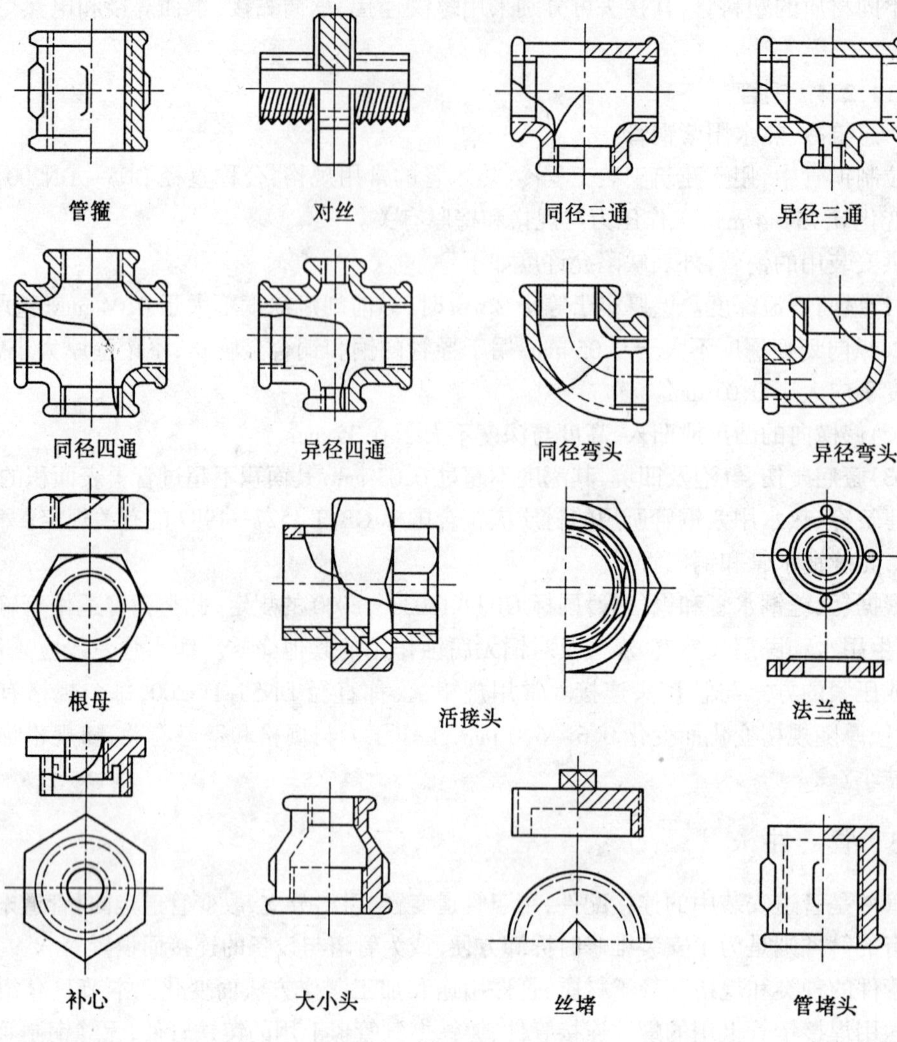

图 1.1 螺纹连接管件

1.1.3.2 铸铁管件

同铸铁管配套的管件，一般用普通灰铸铁铸造，也可采用高级铸铁或球墨铸铁。采用灰铸铁铸造时，管件壁厚比同直径的管子壁厚增加 10% ~ 20%，壁厚尺寸的增加应保证管承口内径和管插口外径符合管子的标准尺寸。

管件外表面应铸有规格、额定工作压力、制造日期和商标。内外壁均涂刷热沥青防锈。

管件承插口填料作业面的铁瘤必须修剔平整。法兰盘在铸造成型后应按标准进行机械加工。法兰背面的螺帽接触面必须平整。其他不妨碍使用的部位允许有不超过 5 mm 高的铸瘤。管件内外表面不应有任何细微裂纹。

所有管件出厂前均应通过气压法检验，检验压力为 0.3 MPa。要求承压十分钟不渗漏为合格。

常用的铸铁管管件有双承套管、承盘短管、插盘短管、承插乙字管、承堵或插堵，以及三通、四通、渐缩管(同心与偏心)和弯头等，部分部件如图 1.2 所示。铸铁管件承插口的选择应便于施工操作。

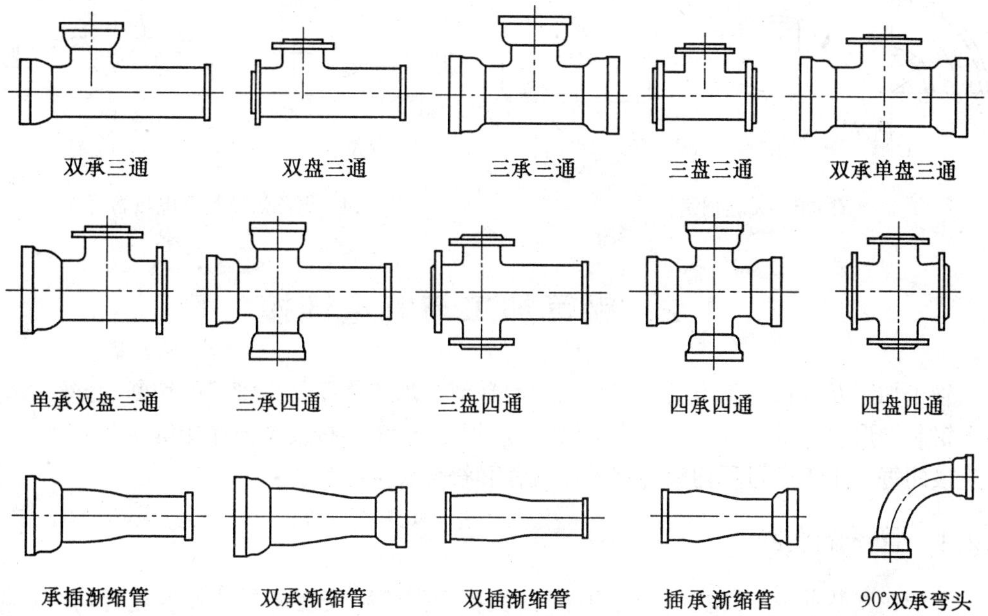

图 1.2　铸铁管管件

1.1.3.3　无缝钢制管件

把无缝钢制管段放于特制的模型中，借助液压传动机将管段冲压或拔制成管件。由于管件内壁光滑，无接缝，所以介质流动阻力小，可承受较高的工作压力。

目前生产的无缝钢制管件有弯头、大小头和三通，如图 1.3 所示。无缝弯头的规格为 DN40 ~ DN400，弯曲半径 $R = (1 \sim 1.5)$DN，弯曲角度有 45°、60°和 90°三种，工地使用时可切割成任意角度。

无缝大小头有同心和偏心两种，因受冲压限制，大头和小头的 DN 相差不超过两个连续等级，例如 DN200 × DN150，DN200 × DN125，而难以制造成 DN200 × DN100。

三通的主管与支管的公称直径差也不超过两个连续等级。

1.1.3.4　塑料管件

塑料管件有注压管件和热熔焊接管件，两者均可用于塑料管道的安装。

注压管件分螺纹连接和承插连接两种，螺纹管件上带有内螺纹或外螺纹，是可拆卸接头，用于室内塑料燃气管道上。承插连接管件上带有承口或插口，例如，带承口的三通，带插口的 90°弯头等。承口内表面和插口外表面涂以黏接剂，插入干固后形成不可拆卸接头。不可拆卸接头一般用于室外埋地塑料燃气管道。

对于聚乙烯管道的连接主要采用电热熔解焊接，接头管件有两种，一种是承口式，且承口内表面缠有电热丝，另一种是插口式。承口式和插口式都可制造成三通、弯头和大小头等形状，如图 1.4 所示。

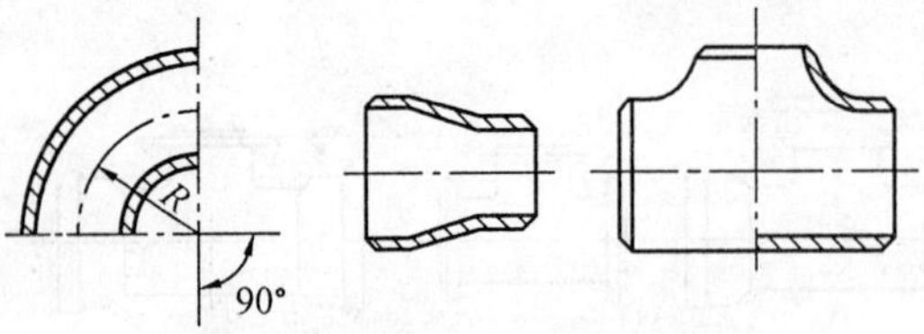

图 1.3 无缝钢制管件

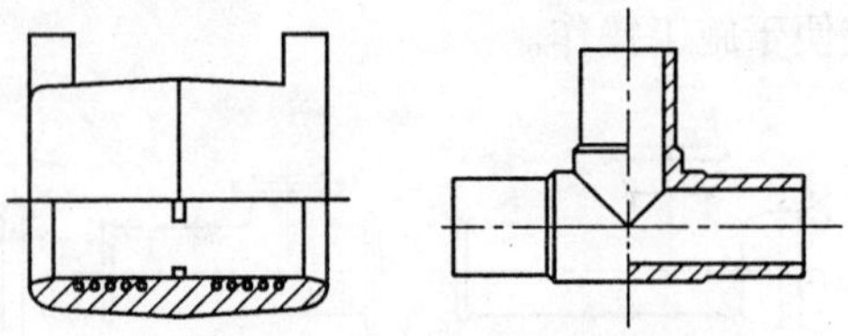

(a) (b)

图 1.4 聚乙烯塑料管电热熔管件

1.2 钢管加工与管道连接

管子加工及连接是管道安装工程的中心环节。加工主要是指管子的切断、套丝、煨弯及制作钢制异形管件等过程。连接有螺纹连接、焊接、法兰连接及承插连接等多种方式。加工及连接的每一个工序过程均应遵守操作规程和符合质量标准。

1.2.1 管子的切断

管子在安装前,经过检查、校直合格后,就要根据管路安装需要的长度进行切断。切断过程常称为"下料"。常用的切断方法有:锯断、刀割、气割、磨割、凿断等。施工时,可根据管子的材质、规格和条件选用适当的切断方法。

1.2.1.1 锯断

锯断是最普遍的切断方法,适用于钢管、有色金属管、塑料管等。锯断可用机床切断,也可用手工切断。手工切断操作简便灵活,操作技术易于掌握,广泛应用于 DN≤50 mm 的管子切断。

手工用的钢锯,有活动锯架、固定锯架两种,其外形如图 1.5 所示。

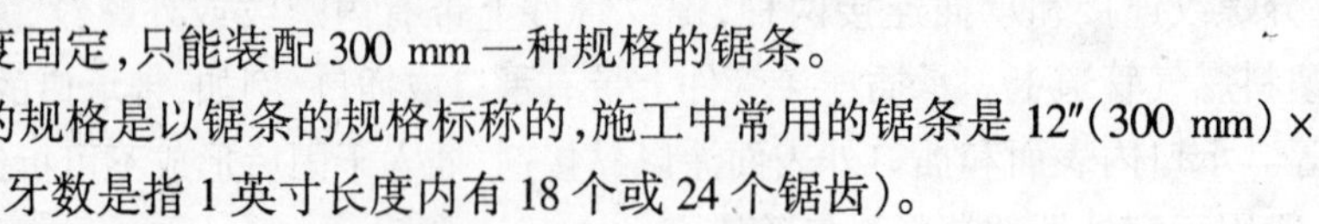

(a) 活动锯架 (b) 固定锯架

图 1.5 钢 锯

活动锯架,不但携带方便,而且可以灵活换装 200 mm、250 mm、300 mm 的锯条。固定锯架锯弓长度固定,只能装配 300 mm 一种规格的锯条。

钢锯的规格是以锯条的规格标称的,施工中常用的锯条是 12″(300 mm)×18 牙及 12″×24 牙两种(牙数是指 1 英寸长度内有 18 个或 24 个锯齿)。

1.2.1.2 刀割

DN≤100 mm 的钢管,可用管子割刀进行切割,与手工锯断相比,割刀切割速度快,且断面平齐,在施工现场广泛应用。

管子割刀是在弓形刀架的一端装有一个圆形刀片,另一端装有可调节进退的螺杆和手柄,螺杆的一端装有两个托轮,当转动螺杆手柄时,可控制托轮进退,使刀片紧靠或离开管子。管子割刀的构造如图 1.6 所示。管子割刀的规格及适用范围见表 1.1。

表 1.1　管子割刀规格

割刀型号	2#	3#	4#
被切割管子公称直径/mm	12 ~ 50	25 ~ 80	50 ~ 100

切割时，转动手柄使刀片挤压在管子上，再扳转刀架绕管子旋转，在管壁上切出刀痕，每进刀(挤压)一次绕管子旋转一周，如此不断拧紧手柄螺栓加深刀痕，直至将管子割断。

1.2.1.3　气割

气割是用氧－乙炔混合气体的高温火焰，通过割炬进行的切断过程，主要用于切割碳素钢等。气割效率高、操作方便，且能得到较整齐的切口，在较大管径的钢管切割中被普遍采用。

常用的射吸式割炬的结构如图 1.7 所示，规格见表 1.2。

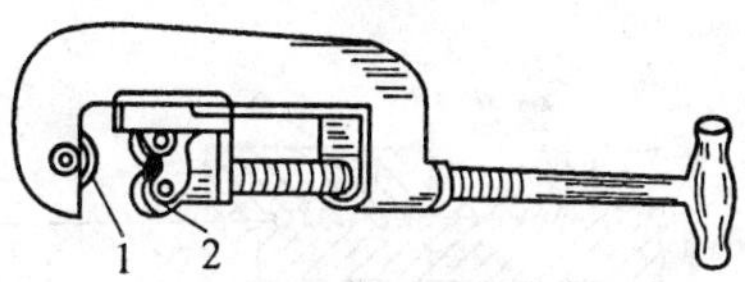

图 1.6　管子割刀
1—刀片；2—托轮

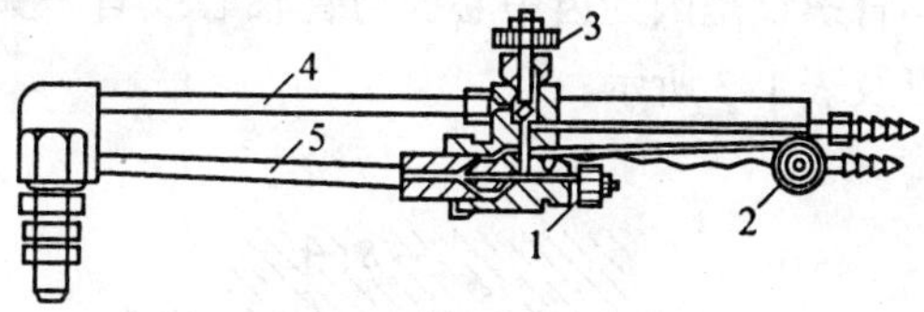

图 1.7　射吸式割炬
1—氧气调节阀；2—乙炔阀；3—高压氧气阀；
4—氧气管；5—混合气管

表 1.2　射吸式割炬规格

规　格	切割低碳钢厚度 mm	压力/MPa 氧气	压力/MPa 乙炔	可换割嘴数	割嘴孔径 mm	割炬总长度 mm
1#	1 ~ 30	0.1 ~ 0.3	0.001 ~ 0.12	3	0.6 ~ 1.0	450
2#	10 ~ 100	0.2 ~ 0.5		3	1.0 ~ 1.6	550
3#	80 ~ 300	0.5 ~ 1.0		4	1.8 ~ 3.0	650

气割用的氧气由氧气瓶供给，乙炔气由乙炔瓶或乙炔发生器供给。气割的原理是先利用氧和乙炔混合气的火焰将金属加热到红热状态，然后用高压氧气吹射切割处，使金属剧烈燃烧成为液体氧化铁，被高压氧气流吹掉而把金属切断。

能用气割的金属，必须能在红热状态下与氧剧烈燃烧生成液体氧化物，同时其燃点应低于它的熔点。对于铜、铝、铅等有色金属及生铁等金属制成的管子，由于不能满足上述条件而不能采用气割的方法。

1.2.1.4　砂轮切割机切割

砂轮切割机是工地上常用的切割设备，它是由电动机、砂轮片、夹钳、四轮底座及带开关的手柄等组成，如图 1.8 所示。其切断原理是：高速旋转的砂轮片与管壁接触，在压力作用下产生摩擦切削，最后将管壁磨透切断，所以砂轮

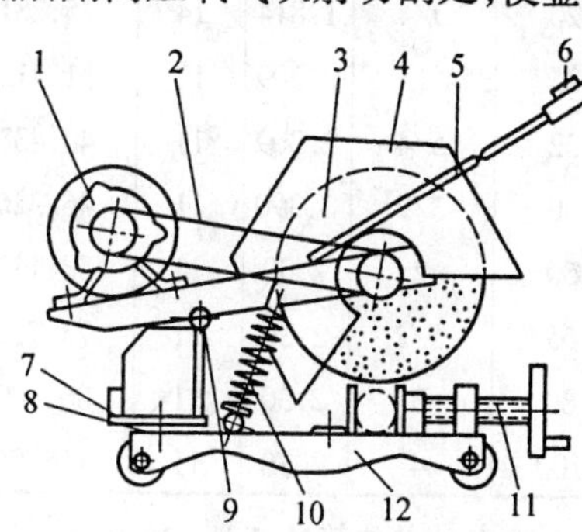

图 1.8　砂轮切割机
1—电动机；2—三角皮带；3—砂轮片；
4—护罩；5—操纵杆；6—带开关的手柄；
7—配电盒；8—扭转轴；9—中心轴；
10—弹簧；11—夹钳；12—四轮底座

切割机切割又称磨割。

1.2.2 钢管的套丝

钢管安装中有一种螺纹连接，是用有内螺纹的管件或阀门，将有外螺纹的钢管连接起来，其中钢管的外螺纹需要现场加工，这一过程称为套丝。

1.2.2.1 管螺纹

管螺纹有圆锥形和圆柱形两种。

1.圆锥形管螺纹

圆锥形管螺纹应用于与所有螺纹管件或阀门的连接，应用最为广泛，之所以称之为圆锥形管螺纹是因为齿中心线与管轴心线有一夹角，其构造及主要的规格尺寸如图 1.9、1.10，以及表 1.3 所示。

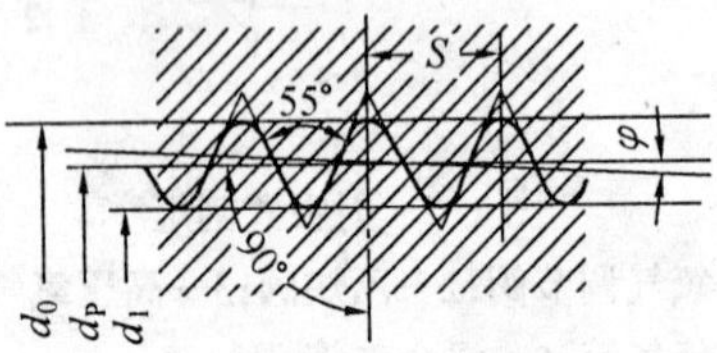

图 1.9　螺纹的结构图

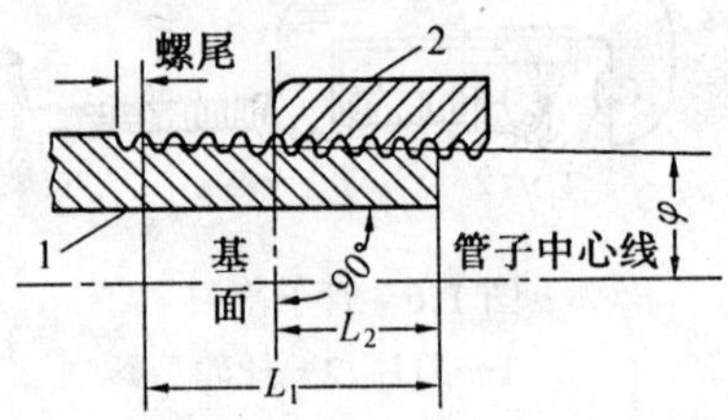

图 1.10　锥形螺纹连接

1—管子;2—管接头

表 1.3　圆锥形管螺纹

管子公称直径		螺距	牙数	基面直径/mm			螺纹工作长度	由管端到基面长度	螺纹工作高度
$\frac{a}{mm}$	$\frac{d}{in}$	$\frac{S}{mm}$	n	平均直径 D_{cp}	外径 d_0	内径 d_1	L_1/mm	L_2/mm	t_2/mm
15	1/2	1.814	14	19.794	20.956	18.632	15	7.5	1.162
20	3/4	1.814	14	25.281	26.442	24.119	17	9.5	1.162
25	1	2.309	11	31.771	33.250	30.293	19	11	1.479
32	5/4	2.309	11	40.433	41.912	38.654	22	13	1.479
40	3/2	2.390	11	46.326	47.805	44.847	23	14	1.479
50	2	2.30	11	58.137	59.616	56.659	26	16	1.479
65	5/2	2.30	11	73.708	75.187	72.230	30	18.5	1.479
80	3	2.30	11	86.409	87.887	84.930	32	20.5	1.479
100	4	2.30	11	115.56	113.034	110.077	38	25.5	1.479

注：in 为英寸单位符号，1 in = 25.4 mm

图 1.10 中 L_2 是由管端到基面的长度，是管件用手拧入管螺纹后端面达到的深度；L_1 是管螺纹的工作长度，是将管件用管钳拧紧时端面到达的深度；露在外边的管螺纹为螺尾长度。

2.圆柱形管螺纹

圆柱形管螺纹的螺距、齿形、每英寸的牙数与圆锥形管螺纹相同，不同之处在于齿中心线与管轴中心线相平行，并且加工长度长于圆锥形管螺纹。这种螺纹常与通丝管箍、根母连接，做长丝活接头使用。

1.2.2.2　管螺纹的加工

管螺纹的加工制作有三种方法：一是人工绞板加工；二是电动套丝机加工；三是螺纹车床加工。在施工工地用前两种方法制作。

1. 人工绞板加工

人工绞板加工所用工具为绞板（也称代丝）及龙门式管压钳，绞板构造及规格如图 1.11 及表 1.4 所示，龙门式管压钳构造及规格如图 1.12 及表 1.5 所示。

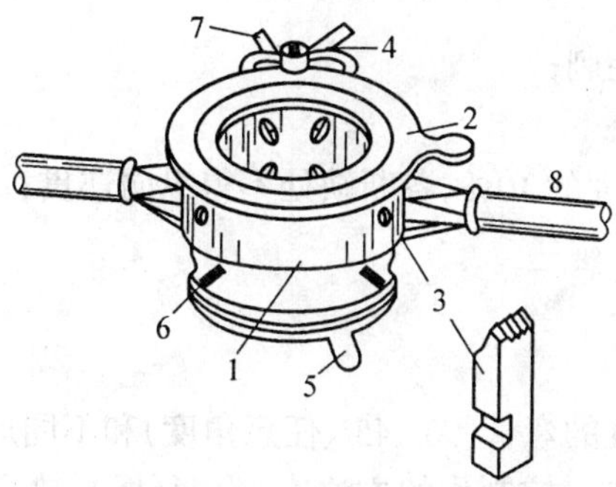

图 1.11　管子绞板（代丝）

1—本体；2—前卡盘；3—板牙；4—前卡盘压紧栓钮；5—后卡盘；6—卡爪；7—板牙松开扳钮；8—手柄

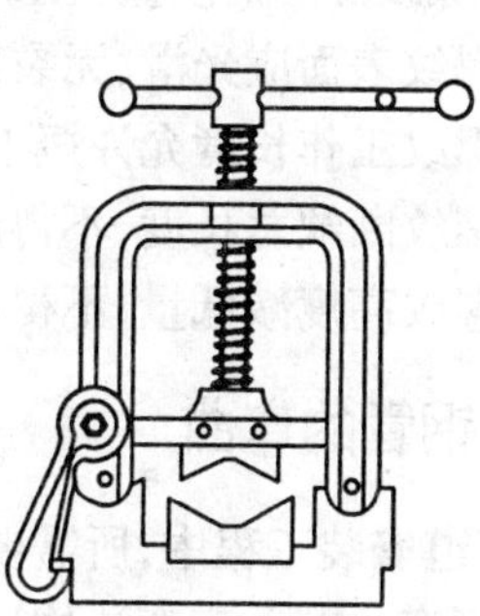

图 1.12　龙门式管压钳（压力）

表 1.4　管子绞板（代丝）规格

型号	绞制管螺纹的公称直径/mm	每套配带板牙规格/in
114(1#)	15 ~ 50(1/2″ ~ 2″)	1/2 ~ 3/4、1 ~ 5/4、3/2 ~ 2
117(2#)	65 ~ 100(5/2″ ~ 4″)	5/2 ~ 3、7/2 ~ 4

注：1. 1# 绞板配带 3 副板牙，每副板牙可套 2 种规格管螺纹，有 2 根手柄；2# 绞板配带 2 副板牙，每副板牙可套 2 种规格管螺纹，有 4 根手柄。

2. 每副板牙均为 4 块，分别刻有 1、2、3、4 编号，安装板牙时与绞板本体上刻有的 1、2、3、4 编号对号入座，切勿装错。

表 1.5　龙门式管压钳规格及适用范围

号　数	规格/in	适用管径/mm
1	2	15 ~ 50
2	3	25 ~ 75
3	4	50 ~ 100
4	5	75 ~ 125
5	6	100 ~ 150

绞板主要由主体、板牙和卡具三部分组成。在铸铁本体上装有前卡盘、板牙、压紧栓钮、后卡盘、卡爪和手柄等。当转动前卡盘时，能使四个板牙向中心合拢或向外分开，以适应管

螺纹直径的要求。当转动后卡盘时,能使三个卡爪向中心合拢或向外分开,以使管子处于绞板中心位置。

龙门式管压钳主要是用于管子切断,套丝时夹紧管子,不使其产生转动。

2.电动套丝机加工

目前在安装现场已普遍使用套丝切管机进行套丝和切断的综合作业。

套丝切管机的螺纹车削加工部分,与绞板相同,只是由人力操作改为机械操作,增设了电动机、齿轮变速箱和进刀量控制系统。由于机械套丝速度均匀、可调,进刀量可控、可调,螺纹尺寸正确、标准、质量好,同时大大提高了工效,正日益得到广泛的应用。

3.管螺纹加工的质量要求

(1)螺纹表面应光滑、无裂纹,但允许微有毛刺;

(2)螺纹工作长度允许短 15%,但不应超长;

(3)螺纹断缺总长度,不得超过规定加工长度的 10%,各断缺处不得纵向连贯;

(4)螺纹高度减低量,不得超过 15%。

1.2.3 钢管的弯曲

在管道安装工程中,所需要的大量不同角度的弯管(90°、45°、任意角度)和不同形状的弯管(乙字形弯、抱弯、表弯),均通过钢管弯曲制作。按制作的方法有:冷弯(煨)、热弯(煨)及人工、机械等不同弯曲方法。

1.2.3.1 钢管弯曲的受力分析与变形

1.钢管弯曲的受力分析

无论是冷煨或热煨的弯头,它们的弯曲截面都容易呈现椭圆形,现以图 1.13 为例说明其受力情况。图中点划线部分表示直管段原形,实线表示直管段弯曲后的实形。

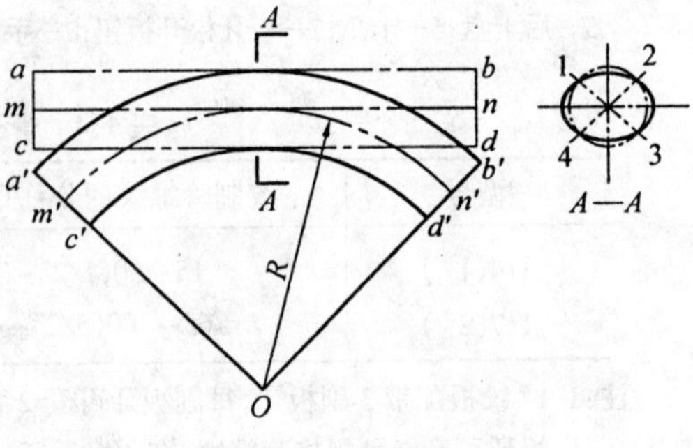

图 1.13 管子弯曲试样

弯曲前,直管段上的各条线的关系为 $ab = cd = mn$;弯曲后,各条线的关系则变成 $a'b' > m'n' > c'd'$,即管子外侧长度有所增加,管子内侧长度有所缩短,而中心线长度基本没有变化,$mn = m'n'$。

因此可推断,弯曲时管子外侧(背部)受拉力作用,从而管壁厚度减薄,长度加大,当管壁减薄到一定程度的时候,会出现拉裂现象;管子内侧(腹部)受压力作用,从而使管壁厚度增厚,长度变短,当管壁增厚到一定程度的时候,会出现鼓包现象;管子中心线上,既没有受拉又没有受压,管壁厚度没有增减,长度也没有变化。

2.钢管弯曲的横断面变形

从图 1.13 所示中的 $A-A$ 断面,可以明显地看出管子横断面由圆形变为椭圆形。这是由于背、腹部同时受拉、压时,产生了向内和向外的拉、压力所致。而对于横断面上的 1、2、3、4 四个点而言,弯曲前后位置保持不变,可以认为这四个点没有受到力的作用,称为零点,其纵向延伸线称为"安全线",因此弯制有缝钢管时,应把管子焊缝置于 45°安全线的位置上,以避免焊缝产生裂纹。

为了避免管子弯曲时，管断面呈现椭圆形，常在冷弯管内加心棒，热弯管时管内充砂，以抵消管壁所受的力。

1.2.3.2　弯管的弯曲半径

由上述管子弯曲的受力分析，我们可以看出，管壁所受外力的大小或管壁厚薄的增减与一个因素关系紧密，即弯管的弯曲半径。

如果把弯管看成是圆环管的一部分，则圆环管中心的半径，就是弯管的弯曲半径，通常用 R 表示。

弯管受力及变形的大小与弯曲半径成反比，即同一管径的管子弯曲时，R 值大，管子弯曲时受力和变形越小，管壁减薄或增厚量就小。从强度方面和减小管道内流体流动时阻力方面考虑，R 值越大越有利，但 R 值越大，弯管所占空间就越大。因此，选择合适的弯曲半径就成为管子弯曲的关键。工程中各种不同管子的弯曲半径，见表 1.6，表中 D 为管子外径。

表 1.6　弯管的最小弯曲半径(R)

管子类别	弯管的制作方式	最小弯曲半径	
中、低压钢管	热弯	3.5D	
	冷弯	4.0D	
	褶皱弯	2.5D	
	压制弯	1.0D	
	热推弯	1.5D	
	焊制	DN > 250	0.75D
		DN < 250	1.0D
高压钢管	冷、热弯	5.0D	
	压制	1.5D	
有色金属管	冷、热弯	3.5D	

1.2.3.3　钢管的热弯

热弯曲是指将钢管加热到一定温度后，弯曲成所需要形状的过程。工程施工中最早用的是灌砂加热弯曲法，以后随着火焰弯管机、可控硅中频电弯管机的相继问世，劳动生产率提高了几倍或十几倍，并且使用十分方便，它们已逐渐取代了手工灌砂加热弯曲法。以下分别介绍手工灌砂热弯及机械热弯。

1. 手工灌砂热弯

管内灌砂的目的，一是防止管子弯曲段的断面变形；二是砂子有蓄热能力，管子出炉后砂子向管壁传热，可以延长管壁冷却时间，以利于拉弯操作。

手工灌砂热弯法包括如下工序：准备工作、充砂打砂、划线、加热、弯曲、质量检查和清砂。

2. 机械热弯

管径较大的钢管，不易采用人工热弯曲，可使用火焰弯管机或中频弯管机，在加工厂内集中制作。机械热弯不需要充砂，且效率高，质量好。

1.2.3.4　钢管的冷弯

钢管的冷弯是指在不加热的常温下进行弯曲加工。冷弯一般采用手动弯管器或电动弯管机，弯曲时管内不充砂，管径一般不超过 100 mm(管径超过 100 mm 的管子宜用热弯)。

1.人工冷弯

(1)手动弯管器弯管。手动弯管器由固定在三角形夹板上的定胎轮及固定在转动手柄上的动胎轮组成，见图 1.14。弯管时，将管子穿入动、定胎轮中间的凹槽并用夹持器固定，转动手柄，随着动胎轮的转动管子即可弯曲成形。

使用手动弯管器可弯制 DN≤25 mm 的钢管。考虑到冷弯结束后，管子有一个 2°~4°的回弹角度，因此冷弯时必须使弯曲角度增加这一回弹角度值。同时，随着弯曲管子直径的不同，定、动胎轮也应随时更换。

(2)油压顶管器弯管。油压顶管器，如图 1.15 所示，它的工作原理如同横放的油压千斤顶，在顶杆上装一个半月形的胎模，胎模的凹槽与管子外径相适应，能随顶杆伸缩。顶管时，首先按管径选择胎模及挡轮的位置，然后将管子放人两个挡轮与胎模之间，由下部固定、上部活动的两块元宝形钢板夹持着，用手摇动手杆使油泵注油加压，顶杆逐渐伸出，通过胎模将管子顶弯，弯曲结束后，松动回油阀使顶杆收回，取下已弯曲的管子。

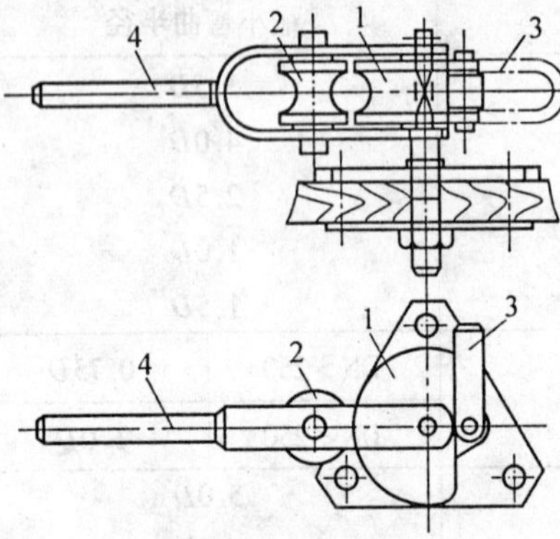

图 1.14　手动弯管器

1—定胎轮；2—动胎轮；3—管子夹持器；4—手柄

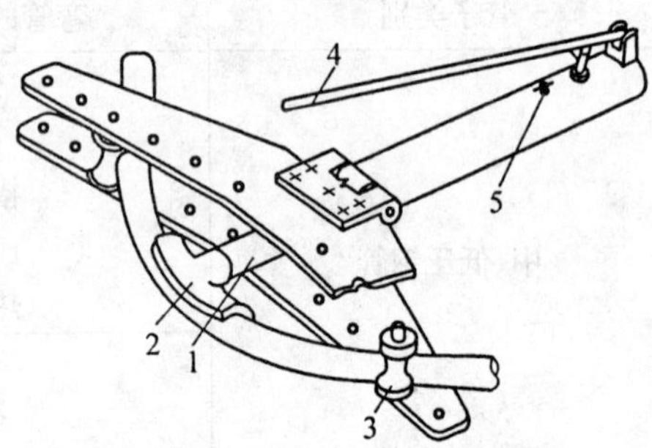

图 1.15　油压顶管器

1—顶杆(活塞)；2—胎模；3—挡轮；4—手柄；5—回油阀

油压顶管器适用于 DN≤100 mm 的钢管弯曲，由于移动方便，操作简单，应用较为广泛。

2.机械冷弯

钢管冷弯，采用手工冷弯法工效较低，对于 DN>25 mm 的管子可以采用机械冷弯的方式。机械冷弯一般采用电动弯管机。电动弯管机的型号很多，形式也多种多样，具体的操作方法可参照设备样本说明进行。

1.2.3.5　弯管制作的质量标准

(1)无裂纹、分层、过烧等缺陷；

(2)壁厚减薄率：高压管不超过 10%，中、低压管不超过 15%，且不小于设计壁厚；

(3)椭圆率要求：高压管不超过 5%，中、低压管不超过 8%；

(4)中、低压管弯管的弯曲角度 α 偏差值为：机械弯管不得超过 ±3 mm/m，当直管长度大于 3 m 时，总偏差值 Δ 最大不得超过 ±10 mm；地炉弯曲不得超过 ±5 mm/m，当直管长度大于 3 m 时，总偏差值 Δ 不得超过 ±15 mm，见图 1.16；

(5)中、低压管弯管内侧波浪度 H 应符合表 1.7 的规定，波距(t)小于 $4H$，如图 1.17 所示。

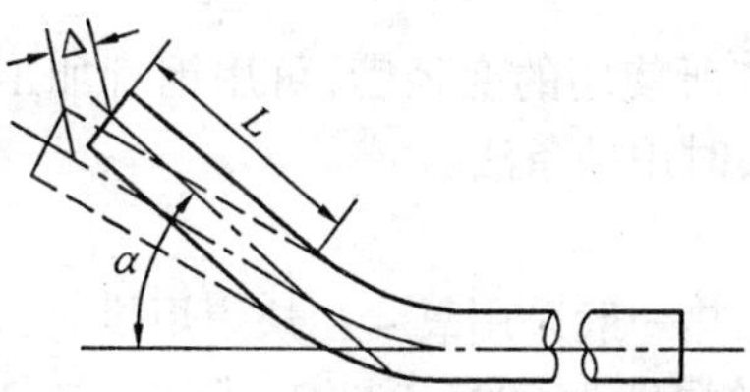

图 1.16　弯曲角度及管端轴线偏差

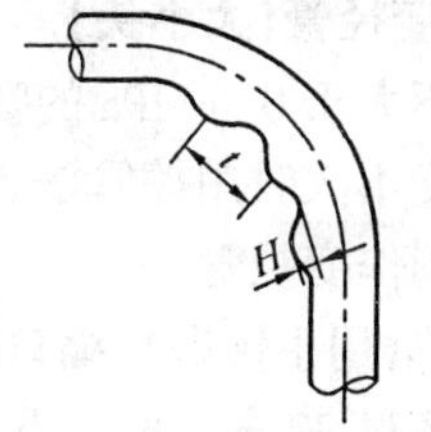

图 1.17　弯曲部分波浪度

表 1.7　管子弯曲部分波浪度 H 的允许值

外径/mm	≤108	133	159	219	273	325	377	≥425
钢　管	4	5	6		7		8	
有色金属管	2	3	4		6			

注:在新规范中不允许使用裙皱弯。

1.2.4　钢制管件的加工

1.2.4.1　焊接弯头

焊接弯头多用于低压管道系统。直径较小的焊接弯头,是由几段斜截钢管焊成的;直径较大的弯头,是用钢板卷焊而成的。弯头的结构,见图 1.18 所示,它们都是由中间节和端节组成,端节为中间节的一半,且多在直管段上。焊接弯头的弯曲半径 R,一般为管外径的1.5倍,即 $R=1.5D$。

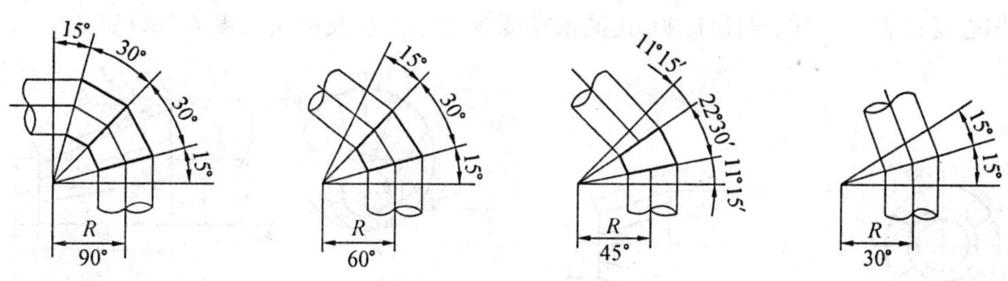

图 1.18　焊接弯头的结构

1.2.4.2　焊接三通

焊接三通用于主(干)管与分支管的焊接连接,分为等(同)径三通与异径三通两种。

焊接三通的制作,实质上是将支管的管口加工成弧形管口(俗称马蹄口),然后用支管的弧形管口卡在主管上,划出主管上的开孔切割线,最后将支管与主管开孔对接并焊死。

焊接三通的制作过程如下:

(1)在主管上划出分支管接管位置十字中心线;

(2)将经切割加工好的支管马蹄口的四个等分中心线,对准主管上的接管位置十字线,卡紧并划出主管开孔切割线;

(3)主管开孔后,将支管马蹄口与开孔对合,经检查对合严密,缝隙均匀后,点焊固定,然后焊接。管壁厚度大于 4 mm 时,管口应坡口后方可焊接。

1.2.4.3　变径管(大小头)

工作压力不大于 0.6 MPa 的暖卫管道,管径改变所使用的变径管,可用钢管加工制作,当管径变化幅度不大时用摔管法,管径变化幅度较大时用抽条法。

1.摔管法制作变径管

将管端加热,用手锤锻打缩口称为摔管。管端加热一般采用氧－乙炔焊炬烘烤,每一烘烤点宽度不宜超过 30 mm,长度不宜超过 50 mm,加热温度为 800～900℃(浅红→桔红)。用手锤锻打时,第一锤不可打得过重过深,以后每次集中锤打凸起部分。当管端转动锻打到接近小管直径时,可插入一根小管做胎,以保证缩口的圆度。

2.抽条法制作变径管

将管端按一定的抽条宽度和长度切割掉一部分,再加热收口,将各收口焊接称为抽条法。

同心变径管的抽条放样,见图 1.19。其抽条宽度 A、B 及长度 L 的计算式为

$$A=\frac{\pi D}{n}$$

$$B=\frac{\pi d}{n}$$

$$L=3(D-d)\sim(D-d)$$

式中　D——大直径管外径,mm;

d——小直径管外径,mm;

n——分瓣数,DN50～DN80 时,$n=4\sim6$;DN100～DN400 时,$n=6\sim8$;

π——圆周率,取 3.14。

偏心变径管的放样,见图 1.20,其抽条宽度 A、B、C、D 及抽条长度 L 的计算式为

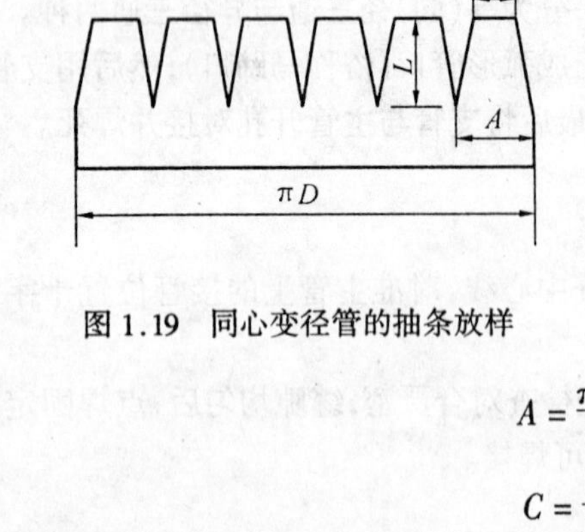

图 1.19　同心变径管的抽条放样

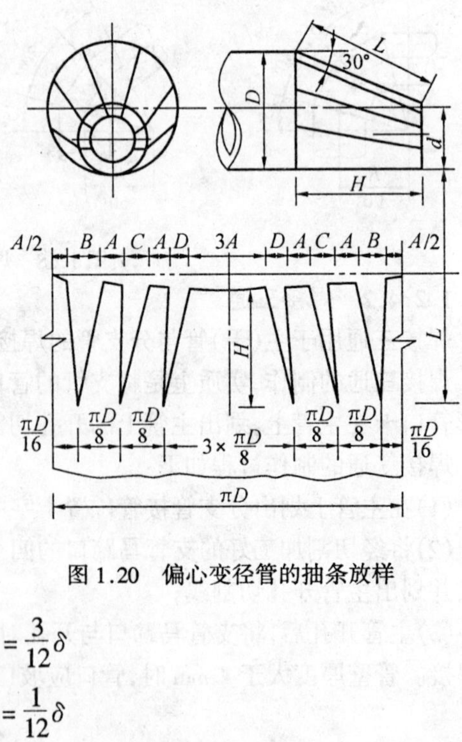

图 1.20　偏心变径管的抽条放样

$$A=\frac{\pi d}{n};B=\frac{3}{12}\delta$$

$$C=\frac{2}{12};D=\frac{1}{12}\delta$$

$$L=2(D-d)\sim3(D-d)$$
$$H=0.866\cdot L$$
$$\delta=\pi(D-d)$$

将同心、偏心变径管展开图剪下，包缠在管子上划出切割线，切掉抽条部分，加热收口后焊接，即可制成变径管。

1.2.5　管子的连接

管子的连接点称为接口，接口连接是安装工程的主要工序和关键工作。接口质量的好坏、接口的强度和严密性，直接关系着工程结构的强度和施工质量的优劣。因此，施工中应严格按照设计和施工规范规定的技术条件进行管道的接口连接。管道的接口连接，根据接口形式分为：螺纹连接、法兰连接、焊接连接、承插连接及黏接等几种。

1.2.5.1　螺纹连接

螺纹连接又称丝扣连接，是将管端加工的外螺纹与带有内螺纹的管子配件或附件紧密连接。它适用于镀锌钢管、较小直径(如32 mm以内)、较低工作压力(如1 MPa以内)的焊接钢管，以及带螺纹的阀类和设备的连接。

1.螺纹的连接类型

(1)圆柱形接圆柱形螺纹：指管端的外螺纹与管件的内螺纹都是圆柱形螺纹，如图1.21(a)所示。这种连接在内外螺纹之间存有平行而均匀的间隙，这一间隙是靠填料和管螺纹末端最后1～2扣不完全的螺纹(拔有梢度的丝扣)的压紧而严密的，用于管子的长螺纹(长丝管)与通丝管箍、根母的连接。

(2)圆锥形接圆柱形螺纹：管端为圆锥形外螺纹，管件为圆柱形内螺纹的连接，如图1.21(b)所示。由于锥螺纹的基面与柱螺纹直径相等，故这种连接能使两螺纹在连接2/3长度中紧密结合，整个螺纹的间隙偏大，必须靠填料的压紧才能满足严密性的要求。

(3)圆锥形接圆锥形螺纹：管子和管件的螺纹都是圆锥形螺纹的连接，如图1.21(c)所示。这种连接最为紧密牢固，整个螺纹面都能密合接触，甚至可以不加填料，只需将螺纹涂上润滑物就可拧紧，故这种连接应用最多。

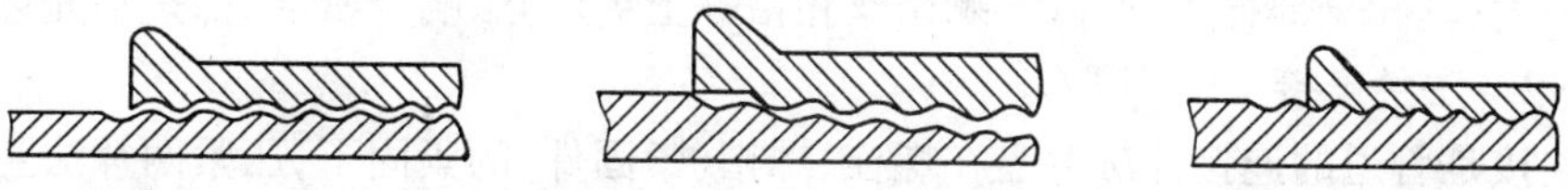

(a) 圆柱形接圆柱形　　(b) 圆锥形接圆柱形　　(c) 圆锥形接圆锥形

图1.21　螺纹连接的三种情况

2.螺纹连接的配件(管件)

用于管子螺纹连接的配件主要是用可锻铸铁(俗称玛铁或韧性铸铁)或软钢制造而成。对管件的材质，要求坚固并有韧性。根据管子用途的不同，管件分为镀锌(白铁)和不镀锌(黑铁)两种。

管件的规格是按管子的公称直径标明的，规格在DN15～DN150之间，工作压力为1 MPa。

管件按照它们的用途，分为以下几种：

(1)管路延长连接用配件:管箍、外丝(内接头);

(2)管路分支连接用配件:三通、四通;

(3)管路转弯用配件:90°弯头、45°弯头;

(4)节点碰头连接用配件:根母(六方内丝)、活接头(由任)、带螺纹法兰盘;

(5)管子变径用配件:补心、异径管箍;

(6)管子堵口用配件:丝堵、管堵头。

3.螺纹连接的方法及填料

螺纹连接时,先在管端外螺纹上缠抹适量的填料,用手将管件拧上,再用适合管径规格的管钳(或链条钳)将其拧紧。操作时,用力要均匀,只准进不准退,上紧管件(阀件)后,管螺纹应剩余有2扣螺纹,并将残余填料消除干净。

(1)连接工具。常用的螺纹连接工具是管钳。管钳有普通式(张开式)和链条式(链钳子)两种。链钳用于大管径和场地狭窄处的连接,目前大管径管子多用焊接,故链钳已很少采用。管钳的规格是用由钳口中心到手柄尾部的长度表示,不同规格的管钳适用于不同的管径安装,不能乱用,否则不是用力不足连接不严,就是用力过大,将管件破坏。

(2)接口填料。为了保障接口的严密性,防止锈蚀和便于检修拆卸,在接口连接时,应在螺纹之间加入填料。选用的填料种类,与介质的性质和参数(压力、温度等)有关。

常温水暖管道常用的填料为麻丝铅油和聚四氟乙烯胶带,当介质温度高于120℃时可选用的填料为石棉绳铅油或厚铅油。

当用麻丝(线麻)铅油作填料时,先将铅油均匀地抹在管端的丝扣表面,然后沿管端第二扣开始顺时针缠绕麻,直到螺纹终点,即可拧上管件。

当采用聚四氟乙烯胶带作填料时,只需在管螺纹上紧紧地缠绕3~6圈即可。

4.螺纹连接的质量要求

螺纹连接的强度和严密性质量,取决于管螺纹的加工质量、填料及拧紧力的适度。管螺纹加工的长度、锥度、表面光洁度应符合要求,对于丝扣不圆整、烂牙、丝扣伤损、细丝、偏丝等缺陷,均应在加工过程中予以消除。填料应按要求缠加,拧紧管件的外力应适度,禁止用套管套在管钳柄上施力,禁止脚踏施力;管件拧紧后剩余丝扣过多(超过2~3扣标准)将会影响连接强度;丝扣全部拧入管件(不剩余丝扣俗称上绝丝)影响严密度,都是不允许的。

1.2.5.2 法兰连接

法兰连接是管道的连接件法兰盘在螺栓、螺帽(紧固件)的紧固下,压紧两片法兰盘之间的法兰垫片,使管道连接起来的一种连接方式。

法兰连接具有拆卸方便、连接强度高、严密性好等优点,适用于暖卫管道、法兰阀件、带法兰接口的设备配管的连接。法兰连接包括法兰盘与管道之间的连接,以及法兰盘与法兰盘之间的连接。

1.法兰连接的螺栓和垫片

(1)螺栓和螺帽。螺栓按其外形分为单头螺栓(一头螺纹一头六角方头)和双头螺栓(两头螺纹);按加工方法不同分为粗制、半精制和精制螺栓。

螺栓的尺寸规格以螺杆直径×长度表示,其中的长度为净长,不包括六角形方头的厚度,选择长度的原则是法兰拧紧后,螺杆突出螺帽的长度不超过5 mm。一般情况下螺帽不加垫圈。

对于暖卫工程而言，当介质工作压力为 1 MPa 和温度不超过 300℃时，可选用单头粗制螺栓和粗制螺帽；压力为 1.6～4.0 MPa 时，采用半精制螺栓和螺帽，并配以相应的垫片。

(2)垫片。为了使法兰能严密压合，确保其连接严密性，两片法兰之间必须加垫片。垫片应具有相当的弹性，使其能压入法兰水线或与法兰盘密封面压紧，并在管内介质长期工作下不被腐蚀。垫片应根据管内介质的性质、工作压力、工作温度选择，在设计无明确规定时，可参考表 1.8 选用。

表 1.8　法兰垫片(垫圈)材料及适用范围

材料名称		适用介质	最高工作压力 MPa	最高工作温度 ℃
橡胶板	普通橡胶板	水、空气、惰性气体	0.6	60
	耐油橡胶板	各种常用油料	0.6	60
	耐热橡胶板	热水、蒸汽、空气	0.6	120
	夹布橡胶板	水、空气、惰性气体	1	60
	耐酸碱橡胶板	质量分数小于等于 20% 的硫酸、盐酸、氢氧化钠、氢氧化钾液	0.6	60
石棉橡胶板	低压石棉橡胶板	仅用于水暖设备及管道的水、蒸汽的密封垫	1.6	200
	中压石棉橡胶板	水、空气及其他气体、蒸汽、煤气、氨、酸及稀碱液	4.0	350
	高压石棉橡胶板	蒸汽、空气、煤气	10.0	450
	耐油石棉橡胶板	各种常用油料、溶剂	4.0	350
塑料板	软聚氯乙烯板 聚四氟乙烯板 聚乙烯板	水、空气及其他气体，酸及稀碱液	0.6	50
耐酸石棉板		有机溶剂、碳氢化合物、浓酸碱液、盐液	0.6	360
铜、铝等金属板		高温高压蒸汽	20.0	600

法兰垫片分软垫片、硬垫片两大类。水暖管道采用软垫片，其厚度当管径小于 125mm 时为 1.6 mm，管径大于 125 mm 时为 2.4 mm。高温高压管道采用硬垫片(金属垫片)。

垫片在使用时应注意：一副法兰只垫一只垫片，不允许加双垫片或偏垫片；垫片的内径不得小于法兰的孔径，外径应小于相对应的两个螺栓孔内边缘的距离；对于不涂敷黏接剂的垫片，在制作时应留一个手把，以便于安装，见图 1.22。

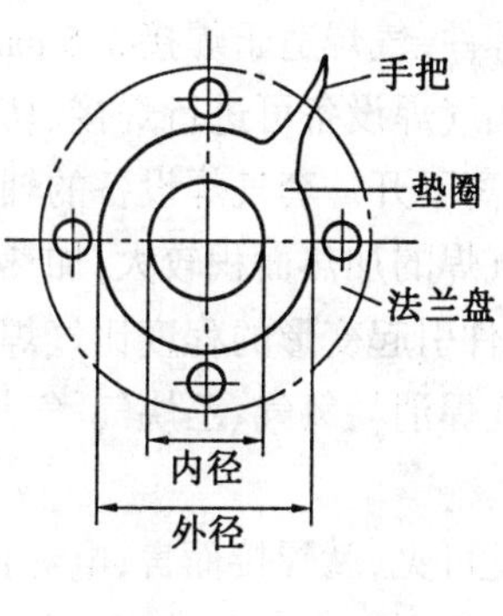

图 1.22　法兰垫圈

2.法兰连接的方法

(1)法兰连接的方式

①丝扣法兰连接：法兰多为铸铁材质并加工有内螺纹和钢管管螺纹，用螺纹连接方法连接，法兰之间加垫片，用紧固螺栓和螺帽压紧。

②焊接法兰连接:法兰和钢管焊接连接,法兰中间加垫片,用紧固螺栓压紧。这种方法应用最为广泛。

③法兰盘管的连接:用于给水铸铁盘形管,管道和法兰是铸为一体的,只需在管端法兰之间加上垫片,用紧固件压紧即可。

(2)焊接法兰连接的操作工序

①法兰的装配。法兰的装配是将管端插入平焊法兰中间的管孔内(对于对焊法兰,只需将管端与法兰的高颈对齐即可),经点焊、检测和校正垂直度后,将管子与法兰焊接牢固。为了保证法兰盘与管子连接的垂直度,应用钢角尺或法兰尺检测,检测应在圆周上选择不少于三点,见图 1.23 所示。法兰装配施焊时,如管径较大,应分段施焊,以免热力集中产生变形。

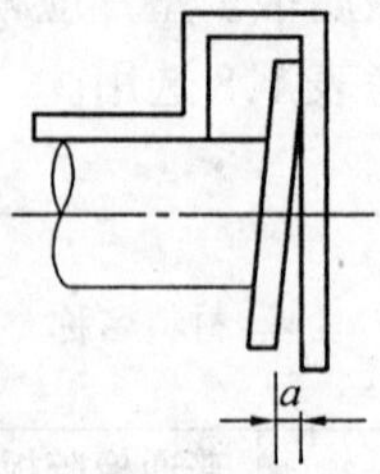

图 1.23 法兰装配的检查

②制垫、加垫。法兰垫圈的加工多为现场加工。制垫时将法兰放平,光滑密封面朝上,将垫片板材盖在密封面上,用手锤轻轻敲打,刻出剪切轮廓印迹,用剪刀裁制,制垫时应留有把柄。

加垫应放正,不使垫圈凸入接管内,以免影响介质流动。对于石棉橡胶垫片,宜在两侧涂抹白厚铅油。

③穿螺栓及紧固。法兰螺栓穿入法兰盘圆孔时,各螺栓的穿入方向应一致,穿入后用手带上螺帽直至手拧不动时为止,紧螺栓时用扳手加力,加力应对称进行,以保证法兰不变形。拧紧后螺杆露出螺帽的长度不超过 5 mm。

1.2.5.3 焊接连接

焊接是管道工程中应用最广泛的连接方式。对较大直径(DN > 32 mm)的焊接钢管、各种规格的无缝钢管均采用焊接连接。

1.焊接方式的选择

暖卫管道的焊接有电焊和气焊两种方式,其特点如下。

①电焊的电弧温度高,穿透能力比气焊大,易将焊口焊透。因此,电焊适于焊接 3.5 mm 以上的焊件,气焊适于焊接 3.5 mm 以下的薄焊件,在同样条件下电焊的焊缝强度高于气焊。

②用气焊设备可进行焊接、切割、开孔及加热等多种作业,即使是全部采用电焊的管道工程,也离不开一套气焊设备的辅助。

③气焊的加热面积较大,加热时间相对较长,焊件因此易产生局部变形。电焊的加热面狭小,焊件引起变形的程度比气焊小。

④气焊消耗氧气、乙炔气、气焊条,电焊消耗电能和电焊条,相比之下,气焊成本高于电焊。

由此可见,就焊接而言,电焊优于气焊,故应优先采用。一般规定只有 DN≤50 mm ,管壁厚度小于 3.5 mm 时,才考虑使用气焊进行焊接。

2.焊缝的质量标准

电焊和气焊的焊缝宽度和加强面高度的标准如表 1.9、表 1.10 所示。焊缝应表面平整,宽度和高度均匀一致,外观无明显缺陷。对于质量要求较高的管道安装工程,还可用水压、气压、渗油等密封性试验方法检验。

表 1.9　电焊焊缝的宽度和加强面高度　mm

焊缝型式	厚度		2~3	4~6	7~10
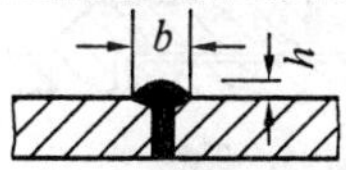	无坡口	焊缝宽度 b	5~6	7~9	
		加强面高度 h	1~1.5	1.5~2	
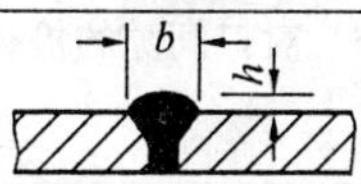	有坡口	焊缝宽度 b	盖过每边坡约 2 mm		
		加强面高度 h		1.5~2	2

表 1.10　氧－乙炔焊缝的宽度和加强面高度　mm

焊缝型式	厚　度	1~2	3~4	5~6
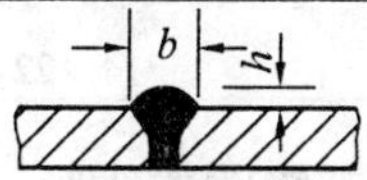	焊缝宽度 b	4~6	8~10	10~14
	加强面高度 h	1~1.5	1.5~2	2~2.5

焊缝的外观缺陷，大多属于操作技术不良造成的，常见的缺陷有：咬肉、未熔合、未焊透、气孔、夹渣、焊瘤、裂纹等，详见 1.4 节。

1.2.5.4　承插连接

承插连接是将管子或管件的插口(俗称小头)插入管子或管件的承口(俗称喇叭口)的连接。这种连接方法的关键是处理好插接后的环形间隙，对于不同用途、不同材质的管子，其承插连接环形接口缝隙的处理方法不同，其操作工艺过程和方法也随之不同，承插连接俗称捻口，是排水管道经常采用的连接方法。

1. 铸铁管的承插连接

(1)承插连接的工具

①捻凿：又称弯刀，多用 Φ16 钢筋现场打制。弯刀呈 45°来回弯形状，刀部打扁，长度应大于承口深度，刀头厚度可为 2 mm、4 mm、6 mm、8 mm、10 mm 几种，手柄部分为圆形，长度约为 150 mm。

②手锤：其质量有 0.75 kg(1.5 lb(磅))、1 kg(2 lb)、1.25 kg(2.5 lb)几种，打口时，按管径大小选用手锤。

(2)承插连接的操作方法

图 1.24 为铸铁管承插连接的构造图，其连接的操作方法如下：

①管材检查及管口清理：铸铁管及管件在连接前必须进行检查，一是检查是否有砂眼；二是检查是否有裂纹，裂纹是由于铸铁管性脆，在运输及装卸中碰撞而形成的。检查的方法为，可用手锤轻轻敲打管壁，发出清脆而实的声音表示完好，破裂声说明有裂缝。有裂缝的管件不能使用，裂纹管应切去裂处，留下好的继续使用。

对口前还应清理管口，给水铸铁管应用氧－乙炔燃气烧去承口内、插口表面的沥青涂料，并清理干净；排水铸铁管应将承口内铸砂及杂物清理干净，并将管外壁的铸造筋用磨光机打磨除去。

②管子对口：将承插管的插口插入承口内，使插口端部与承口内部底端保留 2~3 mm 的对口间隙，并尽量使接口的环形缝隙保持均匀。对口间隙不应超过表 1.11 的规定，必要时可用探尺检测，如图 1.25 所示。

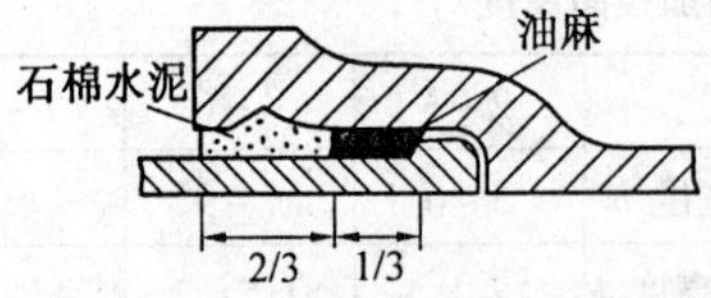

图 1.24　铸铁承插连接构造图

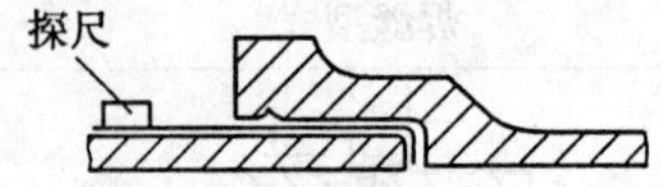

图 1.25　对口间隙的检查

表 1.11　铸铁承插口对口的最大间隙

管子直径/mm	沿直线敷设	沿曲线敷设
	最大对口间隙/mm	
75	4	5
100 ~ 200	5	7 ~ 13
300 ~ 500	6	14 ~ 22

③填麻、打麻(或打橡胶圈):将麻线拧成粗度大于接口环开缝隙的线股,用捻凿打入接口缝隙,打麻的深度一般应为承口深度的1/3。

当管径大于300 mm时,可用橡胶圈代替麻绳,称为柔性接口。

④填接口材料,打灰口:麻打实后,将接口材料(石棉水泥、水泥、水泥砂浆、自应力水泥砂浆等)分层填入接口,并分层用捻凿和手锤加力打实至锤打时有回弹力。打实后,填料应与承口平齐。

⑤接口养护:在接口处绕上草绳或盖上草帘,在上面洒水对水泥材料的填料进行潮润性养护,养护时间一般不少于48 h。

铸铁管承插连接的接口材料还有一种比较特殊的,称为青铅接口(抗震接口),此种接口分为两种。将铅熔化填入承插口环形间隙的,叫熔铅接口;将铅条拧成绳股,填塞进承插口环形间隙,再用捻凿手锤加力打实的,称为冷铅接口。青铅接口的刚性和抗振性好,施工方便,接口严密,不用养护,故常在急需通水、穿越公路、铁路及振动较大的地方用青铅接口的方式连接管道。但因青铅较贵,一般不宜在全管段普遍采用。

2.硬聚氯乙烯管的承插连接

(1)填塞接口(如图1.26(a)所示)

硬聚氯乙烯管的填塞接口为刚性连接,其操作工序和方法是:

①加热扩口:用热空气加热,将管端加工成承口;

②对口:将管子插入承口,可顶住承口而不留对口间隙;

③填麻捣实:将麻股填入环形缝隙并捣实,麻股占承口深度的2/3;

④灌树脂玛琦脂:一次灌满,约占承口深度的1/3。

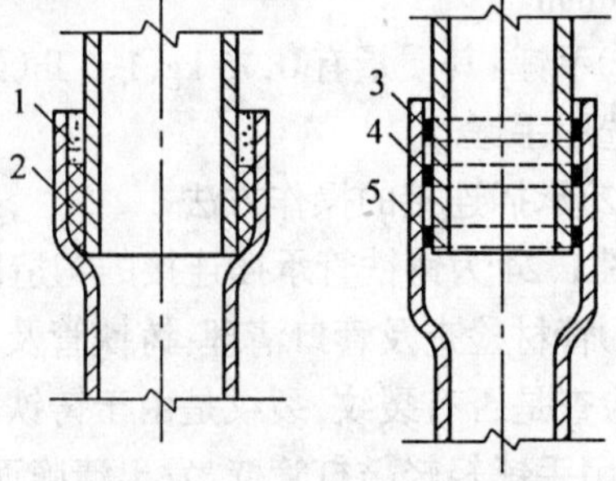

(a) 填塞接口　　(b) 补偿接头

图 1.26　硬聚氯乙烯管的承插连接

1—树脂玛琦脂;2—油麻;3—上弦杆;4—橡胶圈;5—下弦杆

(2)补偿接头

补偿接头如图1.26(b)所示。

硬聚氯乙烯管的补偿接头,是一种可伸缩的柔性接头,其操作工序及方法是:

①扩口:承口扩制方法如前所述,但承口深度较大(依伸缩量确定);

②上弦杆焊接:将塑料焊条烤热并围在管插口上部,用焊接法焊牢作为上弦杆;

③套橡胶圈:在上弦杆与插口管端之间,强力套上橡胶圈;

④下弦杆焊接:将下弦杆焊接在插口端面上作为下弦杆;

⑤对口:将焊有上下弦杆及套有橡胶圈的插口,强力插入承口,应使橡胶圈处于上、下弦杆中间。

1.2.5.5　铝塑复合管的连接

铝塑复合管是近几年在我国逐渐推广的新型水暖管材,特别是在室内给水工程中,将成为镀锌钢管的替代产品。铝塑复合管是由中间层纵焊铝管、内外层聚乙烯管及它们之间的热熔胶共挤复合而成,如图 1.27 所示。

铝塑复合管是借用了金属管的强度和塑料管的抗腐蚀性的优点而制成的,与现有的给水镀锌管相比,具有耐腐蚀、不结垢、水流阻力小、本体质量轻、导热系数小、抗噪声、施工方便等优点。

1.管的调直和切断

铝塑复合管一般呈盘圆形供应,到现场后需调直,调直方法是用手调直即可,可不用其他工具。

2.管的切断

铝塑管的切断一般使用专用的管剪,也可使用手工锯及其他切割工具。

3.管的弯曲

铝塑管一般采用弯管弹簧,直接用手弯曲,无需加热,弯曲半径等于或大于管外径的 5 倍。

4.管的连接

铝塑管的连接方便又简单,既不用管端套丝的螺纹连接,又不用焊接和黏接,只要用专门的接头管件连接就能保证管子严密安全。

接头管件的材质为黄铜或黄铜镀镍,是由管件接头本身及螺母组成,管接头带外螺纹,螺母带内螺纹。

连接时,先用整圆扩孔器将管口整圆扩孔,然后将螺母及密封环套在管端,再将管件本体内心插进管口内,用扳手将螺母拧固在管件本体外螺纹上即完成了连接工作,如图 1.28 所示。

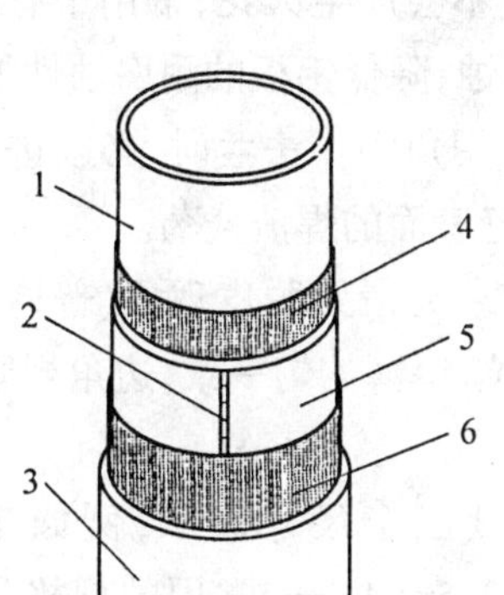

图 1.27　铝塑管结构示意图

1—内层聚乙烯;2—铝管焊缝;3—外层聚乙烯;4—黏合剂;5—铝管;6—黏合剂

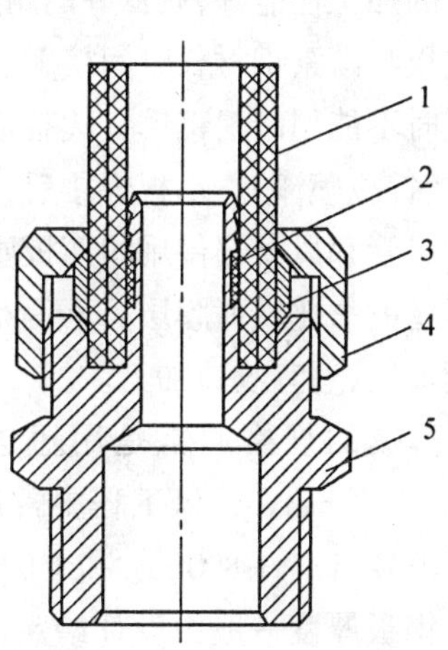

图 1.28　接头与管配合剖示图

1—铝塑管;2—密封环;3—压紧环;4—螺母;5—接头本体

1.3 板材与型钢

1.3.1 板 材

1.3.1.1 金属薄板

在安装工程中金属薄板是一种用处较多的材料，如做风管、气柜、水箱及维护结构。常用薄板分为：普通钢板（俗称黑铁皮）、镀锌钢板（白铁皮）、塑料复合钢板、不锈钢板和铝板等几类。

1.普通热轧薄钢板

具有良好的加工性能，结构强度较高，且价格便宜，应用广泛。用厚度为 0.5～1.5 mm 的薄板制作风管及部件，用厚度 2～4 mm 的薄板制作空调机、水箱、气柜等。

空调、超净等防尘要求较高的通风系统，一般采用镀锌钢板和塑料复合钢板。镀锌钢板表面有镀锌保护层起防锈作用，一般不再刷防锈漆。塑料复合钢板是将普通薄钢板表面喷涂一层 0.2～0.4 mm 厚的塑料，塑料具有较好的耐腐蚀性能。

2.不锈钢板

耐空气腐蚀的镍铬钢称为不锈钢。由于不锈钢具有表面光洁，不易锈蚀和耐酸等优点，所以用不锈钢板制成的风管及配件常用于化工、食品、医药、电子、仪表等工业通风空调中。因其硬度较高，当厚度大于 1mm 时，需要用电弧焊或氩弧焊连接。

为了不影响不锈钢板的表面质量——主要是耐腐蚀性能，一定要注意在加工和堆放时，不使表面划伤或擦毛，避免与碳素钢材接触，以保护其表面形成的钝化膜不受破坏。

不锈钢板主要用于化工高温环境下的耐腐蚀通风系统。

3.铝板

铝板的加工性能好，有良好的耐腐蚀性，在摩擦时不会产生火花，常用于有防爆要求的场所。铝板与碳素钢材长时间接触后会发生电化学腐蚀，降低铝板的耐腐蚀性能，所以铝板铆接加工时不能用碳素钢铆钉代替铝铆钉。铝板风管用角钢作法兰时，必须进行防腐绝缘处理（如镀锌或喷漆）。铝板焊接后，应用热水洗刷焊缝表面的焊渣残药。

制作风管和风管部件用的薄板质量要求：板面平整、光滑无脱皮现象（普通薄钢板允许表面有紧密的氧化铁薄膜层），不得有裂缝、结疤及锈坑，厚薄均匀一致，边角规则呈矩形，有较好的延展性，适宜咬口加工。

金属薄板的规格通常是用短边和长边以及厚度三个尺寸表示，例如 1 000 mm × 2 000 mm × 1.2 mm。通风工程中常用薄钢板厚度是 0.5～4 mm，常用的规格是 750 mm × 1 800 mm、900 mm × 1 800 mm 和 1 000 mm × 2 000 mm。

风管钢板厚度一般由设计给定，如设计图纸未注明时，除尘系统参照表 1.12 选用。薄钢板的理论质量见表 1.13。

表1.12　除尘系统风管厚度参考表

风管直径/mm	钢板厚度/mm					
	一般磨料		中硬度磨料		高硬度磨料	
	直管	异形管	直管	异形管	直管	异形管
200以下	1.0	1.5	1.5	2.5	2.0	3.0
200～400	1.25	1.5	1.5	2.5	2.0	3.0
400～600	1.25	1.5	2.0	3.0	2.5	3.5
600以上	1.5	2.0	2.0	3.0	3.0	4.0

注:1.吸尘器及吸尘罩的钢板厚度为2 mm。

2.一般磨料系指木工锯屑、烟丝和棉麻尘等。

3.中硬度磨料系指砂轮机尘、铸造灰尘和煤渣尘等。

4.高硬度磨料系指矿石尘、石英粉尘等。

表1.13　钢板理论质量表

钢板厚度/mm	理论质量/($kg\cdot m^{-2}$)	钢板厚度/mm	理论质量/($kg\cdot m^{-2}$)	钢板厚度/mm	理论质量/($kg\cdot m^{-2}$)
0.10	0.785	0.75	5.888	2.0	15.70
0.20	1.57	0.80	6.28	2.5	19.68
0.30	2.355	0.90	7.065	3.0	23.55
0.35	2.748	1.00	7.85	3.5	27.48
0.40	3.14	1.10	8.635	4.0	31.4
0.45	3.533	1.20	9.42	4.5	35.33
0.50	3.925	1.25	9.813	5.0	39.25
0.55	4.318	1.40	10.99	5.5	43.18
0.60	4.71	1.50	11.78	6.0	47.10
0.70	5.495	1.80	14.13	7.0	54.95

1.3.1.2　非金属薄板

1.玻璃钢

玻璃钢是由玻璃纤维(玻璃布)与合成树脂组成的一种轻质高强度的复合材料,具有较好的耐腐蚀性、耐火性和成型工艺简单等优点。在纺织、印染等行业中,排除带有腐蚀性气体的通风系统使用较为广泛。它的强度好但刚度较差,在选用壁厚时主要考虑满足刚度要求。

玻璃钢风管管段或配件采用法兰连接。为了保证质量，在加工风管或配件时，就应连同两端的法兰一起加工成型，使其连成一整件。法兰与风管轴线垂直，法兰平面的不平度允许偏差不应大于 2 mm。

2.硬聚氯乙烯板

硬聚氯乙烯板通称硬塑料板，是由聚氯乙烯树脂加稳定剂和增塑剂热压加工而成。对各种酸碱类的作用均很稳定，但对强氧化剂如浓硝酸、发烟硫酸和芳香族碳氢化合物以及氯化碳化合物是不稳定的。线膨胀系数小，导热系数也不大。

由于硬聚氯乙烯板具有一定强度和弹性，耐酸蚀性良好，又便于加工成型，所以使用相当广泛。在通风工程中采用硬聚氯乙烯板制作风管和配件以及加工风机，绝大部分是用于输送含有腐蚀性气体的系统。但硬聚氯乙烯板的热稳定性较差，有其一定的适应范围，一般为 -10℃~60℃。如温度再高，其强度反而下降，而温度过低又会变脆易断。

硬聚氯乙烯板应平整，无伤痕，不得含有气泡，厚薄均匀，无离层现象。

3.复合酚醛泡沫板材

复合酚醛泡沫板材是新一代绿色环保型保温、防火、隔音材料，与聚苯乙烯、聚氨酯、发泡橡胶比，其最大的特点是耐热性好，低温收缩性小，具有独特的阻燃和尺寸稳定性，在焊枪火焰下，不燃烧、不收缩、不变形，无毒气、无浓烟，只是表面炭火，性质稳定，耐化学腐蚀、抗老化。

1.3.1.3　薄钢板连接

通风空调工程中制作风管和各种配件时，必须把板材进行连接。按连接的目的可分为拼接、闭合接和延长接三个方面。

拼接是把两张钢板的板边相接以增大面积；闭合接是把板材卷制成风管或配件时对口缝的连接；延长接是把一段段风管连成管路系统。

连接的方法有咬口连接、铆钉连接和焊接（电焊、气焊、氩弧焊和锡焊）。其中咬口连接使用的最为广泛。

1.咬口连接

将要相互结合的两个板边折成能互相咬合的各种钩形，钩接后压紧折边。它适用于厚度 $\delta \leqslant 1.2$ mm 的薄钢板，也可用于 $\delta \leqslant 1.0$ mm 的不锈钢板和 $\delta \leqslant 1.5$ mm 的铝板。咬口的形式有单平咬口、单立咬口、转角咬口、联合角咬口和按扣式咬口。

咬口的加工：咬口的加工过程主要是折边——咬口成型和咬口相搭接后的压实。要求折边宽度一致，平直均匀，以保证咬口的牢实紧密不漏缝。加工咬口可用手工或机械加工。机械咬口机有按扣式咬口机、弯头暗扣式咬口机、联合角咬口机、弯头联合角咬口机、圆弯头咬口合缝机等。

2.铆钉连接

将要连接的板材板边搭接，用铆钉穿连铆合在一起。在通风系统中板与板的连接已很少使用铆接，但大量使用在风管与角钢法兰之间的固定连接。当管壁厚度 $\delta \leqslant 1.5$ mm 时，采用翻边铆接。

铆钉的直径应为板厚的两倍，但不得小于 3 mm。其长度 $L = 2\delta + (1.5 \sim 2.0)\ d$，式中，$d$——铆钉的直径，$\delta$——板厚。$d = 2\delta \geqslant 3$ mm 铆钉之间的中心距 Δ 一般为 40~100 mm，铆钉孔中心到板边的距离 B 应保持 $(3 \sim 4)\ d$。

3.焊接

焊接在通风工程中也使用得较为普遍。一般包括电焊、气焊和锡焊、氩弧焊。

电焊(电弧焊)适用于 $\delta > 1.2$ mm 的板材连接和风管与法兰之间的连接。

气焊(氧气、乙炔焊)适用于 $\delta = 0.8 \sim 3$ mm 的薄钢板板间连接。$\Delta < 0.8$ mm 的钢板用气焊容易变形。气焊也用于 $\delta > 1.5$ mm 的铝板连接,但不得用于不锈钢板的连接。因为气焊时在金属内会发生增碳作用或氧化作用,使该处的耐腐蚀性能降低,而且不锈钢导热系数及线膨胀系数较大,在气焊时加热范围大,易使主材发生挠曲。

锡焊仅用于 $\delta < 1.2$ mm 的薄钢板连接,焊接强度低,耐温低。一般在用镀锌钢板制作风管时,把锡焊做咬口连接的密封用。

氩弧焊适用于不锈钢板以及铝板的制作连接。

1.3.2 型钢

在供热及通风工程中,型钢主要用于设备框架、风管法兰盘、加固圈以及管路的支、吊、托架等。常用型钢种类有:扁钢、角钢、圆钢、槽钢和 H 型钢等。

扁钢及角钢用于制作风管法兰及加固圈。扁钢的规格以宽度 × 厚度表示,如20 mm × 4 mm扁钢。

角钢分为等边角钢和不等边角钢,风管法兰及管路支架多采用等边角钢,它的规格是以边宽 × 厚度表示,如 40 mm × 40 mm × 4 mm 角钢。扁钢及角钢规格见表 1.14、表 1.15。

槽钢主要用于制作箱体、柜体的框架结构及风机等设备的机座,槽钢的规格见表 1.16。

圆钢主要用于制作吊架拉杆、管道支架卡环以及散热器托钩,其规格见表 1.17。

H 型钢用于制作大型袋式除尘器的支架。其他型钢,本专业安装工程中应用不多,这里就不一一列举了。

表 1.14 扁钢规格和质量表

厚度/mm \ 宽度/mm	理论质量/(kg·m⁻¹)																
	10	12	14	16	18	20	22	25	28	30	32	36	40	45	50	56	60
3	0.24	0.28	0.33	0.38	0.42	0.47	0.52	0.59	0.66	0.71	0.75	0.85	0.94	1.06	1.18	1.37	1.41
4	0.31	0.38	0.44	0.50	0.57	0.63	0.69	0.79	0.88	0.94	1.01	1.13	1.26	1.41	1.57	1.70	1.88
5	0.39	0.47	0.55	0.63	0.71	0.79	0.86	0.98	1.10	1.18	1.25	1.41	1.57	1.73	1.96	2.20	2.36
6	0.47	0.57	0.66	0.75	0.85	0.94	1.04	1.18	1.32	1.41	1.50	1.69	1.88	2.12	2.36	2.64	2.83
7	0.55	0.66	0.77	0.88	0.99	1.10	1.21	1.37	1.54	1.65	1.76	1.97	2.20	2.47	2.95	3.08	3.30
8	0.63	0.75	0.88	1.00	1.13	1.26	1.38	1.57	1.76	1.88	2.01	2.26	2.51	2.83	3.14	3.52	3.77
9	—	—	—	1.15	1.27	1.41	1.55	1.77	1.98	2.12	2.26	2.51	2.83	3.18	3.53	3.93	4.24
10	—	—	—	1.26	1.41	1.57	1.73	1.96	2.20	2.36	2.54	2.82	3.14	3.53	3.93	4.39	4.71

注:通常长度为 3 ~ 9 m。

表 1.15 等边角钢规格和质量表

尺寸/mm 边宽	尺寸/mm 厚	理论质量 (kg·m^{-1})
20	3	0.889
	4	1.145
25	3	1.124
	4	1.459
30	3	1.373
	4	1.786
36	3	1.656
	4	2.163
	5	2.654
40	3	1.852
	4	2.422
	5	2.976
45	3	2.088
	4	2.736
	5	3.369
	6	3.986
50	3	2.332
	4	3.059
	5	3.770
	6	4.465
56	3	2.524
	4	3.146
	5	4.251
	6	6.568
63	4	3.907
	5	4.822
	6	5.721
	8	7.169
70	4	4.372
	5	5.397
	6	5.406
	7	7.398
	8	8.373
75	5	5.818
	6	6.905
	7	7.976
	8	9.030
	10	11.089
80	5	6.211
	8	9.658

注:通常长度:边宽 20~40 mm 时长 3~9 m。

边宽 45~80 mm 时长 4~12 m。

表 1.16 槽钢规格表

型号	尺寸/mm *h*	尺寸/mm *b*	尺寸/mm *d*	理论质量 (kg·m^{-1})	备注
5	50	37	4.5	5.44	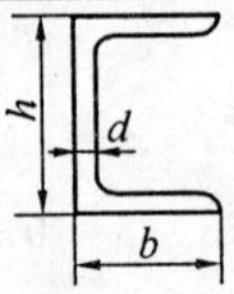
6.3	63	40	4.8	6.63	
8	80	43	5	8.04	
10	100	48	5.3	10	
12.6	126	53	5.5	12.37	
14a	140	58	6	14.53	通常长度:
14b	140	60	8	16.73	5~8 号时
16a	160	63	6.5	17.23	5~12 m;
16b	160	65	8.5	19.74	10~18 号时
18a	180	68	7	20.17	5~19 m;
18b	180	70	9	22.99	20 号以上时
20a	200	73	7	22.63	6~19 m
20b	200	75	9	25.77	

表 1.17　圆钢质量表

直径 mm	允许偏差 mm	理论质量 $(kg\cdot m^{-1})$	直径 mm	允许偏差 mm	理论质量 $(kg\cdot m^{-1})$
5	±0.4	0.154	20	±0.4	2.47
6		0.222	22	±0.5	2.98
8		0.395	25		3.85
10		0.617	28		4.83
12		0.888	32		6.31
14		1.21	36	±0.6	7.99
16		1.58	38		8.90
18		2.00	40		9.87

注:轧制的圆钢有盘条和直条两种,一般直径 5 ~ 12 mm 时为盘条;

直条长度:直径≤25 mm 时长 4 ~ 10 m,直径≥26 mm 时长 3 ~ 9 mm。

1.4　管道焊接

1.4.1　焊接概述

1.4.1.1　气焊

气焊是利用可燃气体与氧气混合燃烧的火焰所产生的高热熔化焊件和焊丝而进行金属连接的一种焊接方法。所用的可燃气体主要有乙炔气、液化石油气、天然气及氢气等,目前常用的是乙炔气,因为乙炔在纯氧中燃烧时放出的有效热量最多。

氧气切割是利用金属在高温(金属燃点)下与纯氧燃烧的原理而进行的切割。气割开始时,用氧 - 乙炔焰(预热火焰)将金属预热到燃点(在纯氧中燃烧的温度),然后通过切割氧(纯氧),使金属剧烈燃烧生成氧化物(熔渣),同时放出大量热,熔渣被氧气流吹掉,所产生的热量和预热火焰一起将下层金属加热到燃点。因此,当氧气流将生成的氧化物吹掉并与未燃金属接触时,这些未燃金属也要开始燃烧,如此继续下去就可将整个厚度切开。

1.4.1.2　电焊

手工电弧焊是利用电弧放电时产生的热量,熔化焊条和焊件,从而获得牢固接头的焊接过程。该过程由引燃电弧、运动焊条和结尾三个动作组成。

电焊机是手工电弧焊的主要设备,是决定电弧稳定燃烧,从而获得优良焊缝的首要因素。电焊机有直流电焊机和交流电焊机(焊接变压器)两类,其中直流电焊机又分旋转式(焊接发电机)和整流式(焊接整流器)两种。

电焊条的质量直接影响焊缝的性能,为此电焊条应满足下列基本要求:①保证焊缝金属具有一定的化学成分、机械性能和其他物理化学性能;②保证焊缝金属与焊接接头不产生气孔、夹渣、裂纹等缺陷;③具有良好的工艺性能。电焊条由钢芯和药皮组成,钢芯强度应满足焊接构件要求。药皮应根据工艺要求选用,常用酸性焊条,重要结构用碱性焊条。

手工电弧焊的焊接规范参数主要是指焊条牌号与直径,焊接电流、电弧电压,以及焊接层数的选择。

1.4.1.3 自动和半自动电弧焊

手工电弧焊的引弧、运条和结尾三个步骤完全用机械来完成，即称为自动焊；半自动焊时，电弧沿焊缝的移动(即运条)是靠手工操作的。其设备必须具有送丝机构(机头)和行走机构(小车或自行机头)两部分，图 1.29 所示为自动焊车示意图，它由焊丝盘、机头、台车和操纵盘组成。焊接时，安装上焊剂漏斗后，启动操纵盘上的焊接按钮，焊接过程便可自动进行。机头应完成引弧、焊接(焊丝按预定要求向电弧区送进)和熄弧三个动作；行走机构则完成使焊接接头的预定速度沿焊缝移动。

图 1.30 为自动埋弧焊的焊接过程。焊剂由漏斗流出后，均匀地撒放在装配好的工件上，堆敷高度一般约为 40 ~ 60 mm。焊丝由送丝滚轮经过导电嘴而送进。焊接电源的两极分别接在导电嘴和工件上。

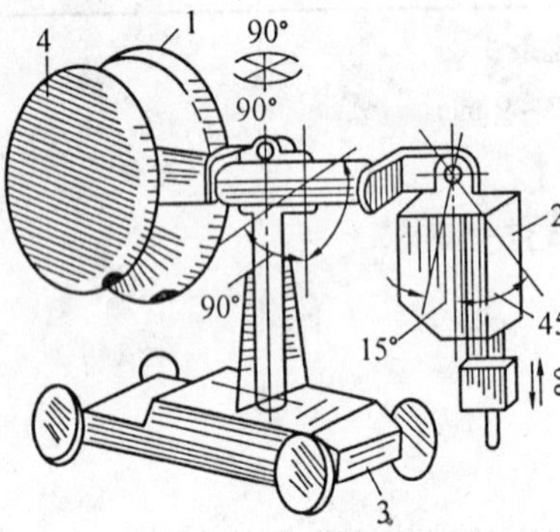

图 1.29 自动焊车示意图

1—焊丝盘；2—机头；3—台车；4—控制盘

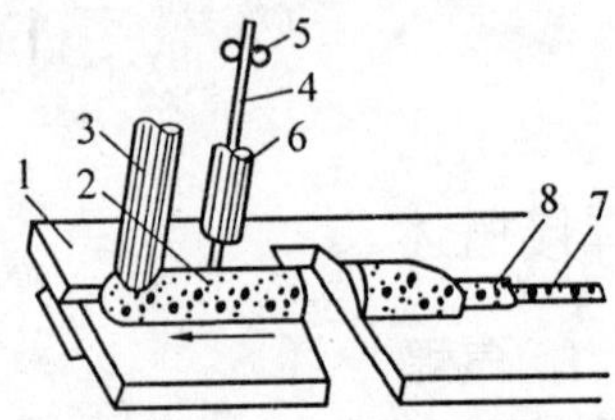

图 1.30 自动埋弧焊的焊接过程

1—工件；2—焊剂；3—焊剂漏斗；4—焊丝；5—送丝滚轮；6—导电嘴；7—焊缝；8—渣壳

1.4.1.4 气体保护电弧焊

焊接过程中，空气中的某些气体对熔滴和熔池可能产生有害影响，为了防止这种影响，手工电弧焊中利用焊条上的药皮，埋弧焊中利用焊剂，药皮或焊剂在焊接过程中产生气体和焊渣使熔滴和熔池与其周围空气隔绝，达到保护作用。但是焊渣保护却存在很多缺点，气体保护电弧焊许多独特的优点弥补了焊渣保护的不足。

气体保护电弧焊简称气电焊。气电焊是利用气体作为保护介质的一种电弧熔焊方法。焊接过程中，它直接依靠氦、氩或二氧化碳等气体，在电弧周围造成局部的气体保护层，防止有害于熔滴和熔池的气体侵入，保证了焊接过程的稳定性，从而获得高质量的焊缝。图1.31为 CO_2 气体保护焊的焊接过程示意图。

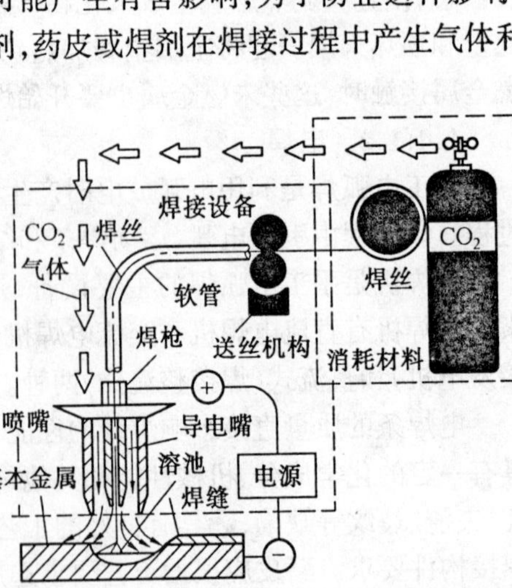

图 1.31 CO_2 气体保护焊的焊接过程示意图

气体保护焊目前最大的缺点是不宜在有风的地方焊接。

1.4.1.5　碳弧气刨

碳弧气刨及碳弧气割是利用碳极电弧的高温，将金属局部加热到熔化状态，同时用压缩空气把熔化的金属吹掉，以对金属进行刨削或切割的一种工艺方法。

碳弧气刨的主要工具是刨枪，目前使用的碳弧气刨枪有侧面送风和圆周送风两种。

侧面送风式又分钳式和旋转式。钳式侧面送风枪的钳口端部一侧钻有压缩空气喷射小孔；旋转式侧面送风枪如图 1.32 所示，其特点是对不同直径的碳棒及扁形碳棒各备有一套黄铜喷嘴。喷嘴在连接套中能旋转 360°，由于连接套和主体是采用螺纹连接，它们之间可作适当旋转，所以气刨枪头部可根据需要转成各种位置。

圆周送风式气刨枪的枪体头部有分瓣弹性夹头，在夹头的圆周上有几个方形出风槽，压缩空气由出风槽沿碳棒四周吹出，碳棒冷却均匀。刨削时熔渣则从刨槽的两侧吹出，前方无熔渣堆积，便于掌握刨削方向。

碳弧气刨的电路连接以工件为负极，可使熔化金属含碳量较高，金属流动性好，凝固温度低，刨削过程稳定，刨槽光滑。此外还应正确地选用碳棒直径、电流和压缩空气的压力等规范参数。

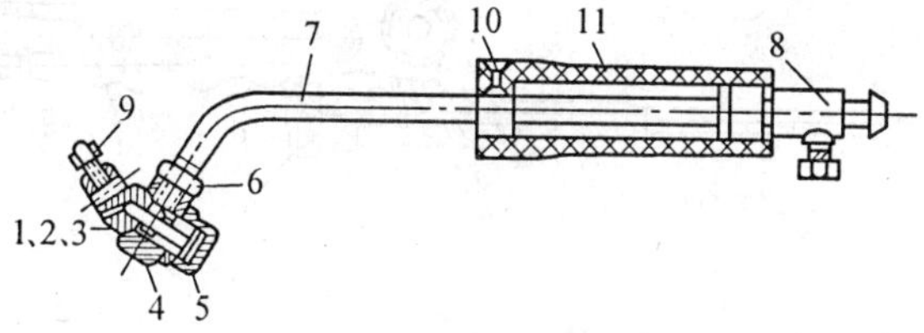

图 1.32　旋转式侧面送风气刨枪

1—喷嘴Ⅰ；2—喷嘴Ⅱ；3—喷嘴Ⅲ；4—连接套；5—锁紧螺帽；6—螺母；7—主体；8—气电接头；9—螺钉；10—螺钉；11—手柄

1.4.2　焊接设备

1.4.2.1　电焊设备

电焊设备有电焊机、焊钳、面罩、连接导线、手把软线等。

(1)电焊机分为交流电焊机和直流电焊机两大类。近年来推广应用的弧焊逆变器，是弧焊电源的最新发展，它是利用逆变技术研制成的一种具有发展前景的弧焊电源，也称逆变式弧焊电源，同以上两种电源比较，具有高效节能、质量轻、工艺参数调节速度快、设备费用较低等优点，可用于手工电弧焊、各种气体保护焊、等离子弧焊等。它具有更新换代的意义，应用越来越广。

(2)电焊钳是用来夹持电焊条进行焊接工作的工具，规格及性能见表 1.18。

表 1.18　电焊钳规格

型号	适用最大直流 A	适用焊条直径 mm	适用电缆规格 mm	全长 mm	质量 kg
G352	300	2～5	直径 0.213×1 672 根	240	0.45～0.5
G582	500	4～8	直径 0.3×1 700 根	290	0.70

(3)面罩分手持式、头戴式两种。视屏框中嵌有电焊镜片及白玻璃,以防护电弧紫外线及焊渣飞溅。电焊镜片有蓝绿色和深绿色两种,厚度有 1.5 mm、2.0 mm 两种。白玻璃起保护电焊镜片的作用,安装在电焊镜片外侧。

(4)防护用品包括电焊皮手套、电焊皮脚套等。

1.4.2.2　气焊设备

气焊设备包括氧气瓶、氧乙炔表、乙炔瓶、乙炔减压器、射吸式焊炬、氧气管、乙炔管等。

(1)氧气瓶容积一般为 40 L,公称压力 15 MPa。

(2)氧气减压器将氧气瓶内高压氧气调节到所需工作压力并保持稳定,同时可量测瓶内压力,有高、低压表两块,量测压力范围为:高压表 0 ~ 25 MPa;低压表 0 ~ 0.4 MPa、0 ~ 1.6 MPa、0 ~ 2.5 MPa、0 ~ 4 MPa。

(3)乙炔减压器乙炔瓶上的附件,将乙炔瓶内高压乙炔调节到所需工作压力并保持稳定,同时可量测乙炔瓶内的压力,其调节范围为:高压表 0 ~ 2.5 MPa,低压表 0 ~ 0.25 MPa。

(4)射吸式焊炬其外观及规格型号见图 1.33 和表 1.19。

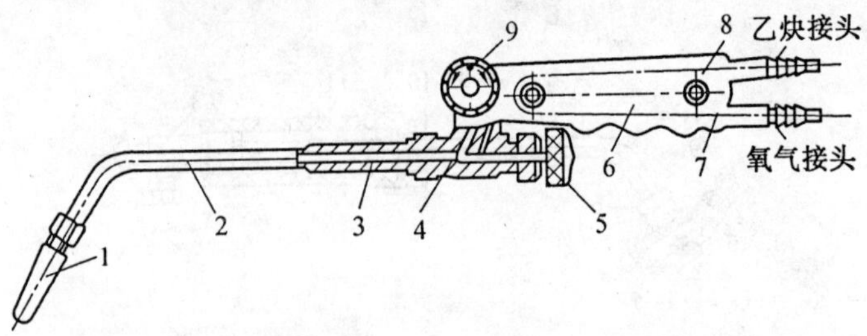

图 1.33　射吸式焊炬

1—焊嘴;2—混合气管;3—射吸管;4—喷嘴;5—氧气阀;6—手柄;7—氧气导管;8—乙炔导管;9—乙炔阀

表 1.19　射吸式焊炬规格

型　号	焊接低碳钢厚度 mm	压力/MPa 氧气	压力/MPa 乙炔	可换焊嘴个数	焊嘴孔径 mm	焊炬总长度 mm
H01—2	0.5 ~ 2	0.1 ~ 0.25	0.001 ~ 0.12	5	0.5 ~ 0.9	300
H01—6	2 ~ 6	0.2 ~ 0.4		5	0.9 ~ 1.3	400
H01—12	6 ~ 12	0.4 ~ 0.7		5	1.4 ~ 2.2	500
H01—20	12 ~ 20	0.6 ~ 0.8		5	2.4 ~ 3.2	600

1.4.3　焊接连接的接口材料

用于电焊的接口材料是电焊条,用于气焊的接口材料是气焊条(焊丝)。对于不同结构的焊件应选择不同的焊条。电焊条共分为 11 类,其中的结构钢电焊条用于管道工程的焊接。电焊条是由焊芯和外包药皮制成。焊芯为不同材质,直径 2 ~ 6 mm 的圆条;药皮材料是用矿石粉、铁合金粉及碳酸钾、钛白粉等化工材料、木粉、淀粉等有机物,通过水玻璃作黏接剂调制而成。管道工程常用的电焊条是以结构钢为焊芯,外涂钛钙型药皮材料,其规格见表 1.20;常用的气焊条(焊丝)用碳素钢制成,长度有 0.6 m、1 m 几种,规格见表 1.21。

表 1.20　常用电焊条规格　mm

焊芯直径	2	2.5	3.2	4	5	6
焊芯长度	250、350	300	350	350	400	450

表 1.21　焊丝直径及适用范围　mm

管壁厚度	1~2	3~4	5~8	9~12
焊丝直径	1.5~2	2.5~3	3.5~4	4~5

1.4.4　焊接连接方法

1.4.4.1　管端检查清理和坡口加工

管子焊接前，首先要检查管端的端面垂直度，然后用平锉打掉锯割的毛刺，用扁铲铲掉氧化铁渣，用钢丝刷将管口污物清理干净。

当管壁厚度大于或等于 4 mm 时，应把管端加工成坡口，暖卫工程多采用 V 形坡口。坡口的类型及加工要求见表 1.22。坡口的加工方法有手工铲、氧 - 乙炔切割、坡口机加工等。

表 1.22　管道的对口间隙与 V 形坡口

图　　形	管壁厚 S mm	坡口角度 a (°)	钝边 b mm	对口间隙/mm 口	对口间隙/mm 允许偏差
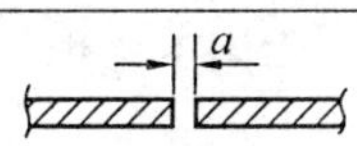	< 4			1.5~3	
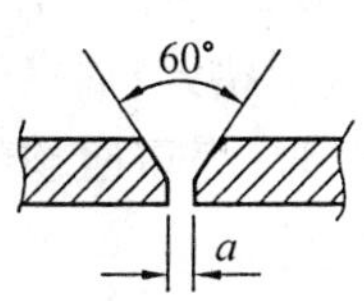	4~6	$60\pm^{10}_{5}$	1.5±0.5	2	+0.5 −0.0
	7~8			2.5	+0.5 −0.0
	9~10			3	+1.0 −0.5
	11~12			3	+1.0 −0.5

1.4.4.2　对口

对口是焊接连接的重要操作环节，直接影响管道的焊接质量及整体管道的刚度和平直度。

不同情况的管子焊接，有不同的间隙要求，见表 1.22。管道对口时常出现错口现象，其错口偏差 a 值不得大于管壁厚度的 10%，见图 1.34。壁厚不等的管道对口时，应按 $L=5(b_2-b_1)$ mm 的要求确定，对厚壁管进行预加工后，方可对口焊接，如图 1.35 所示。螺旋缝或直缝卷焊管对口时，应使焊缝错开 100 mm 以上。

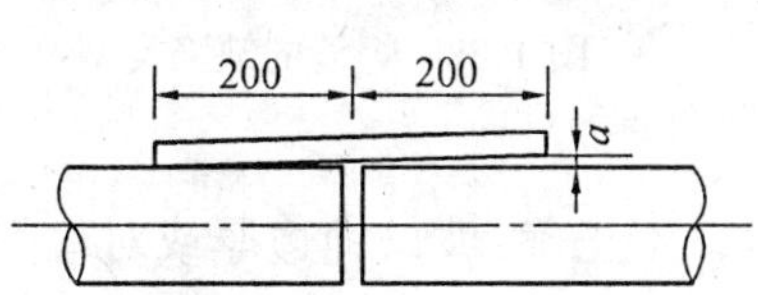

图 1.34　错口的检查

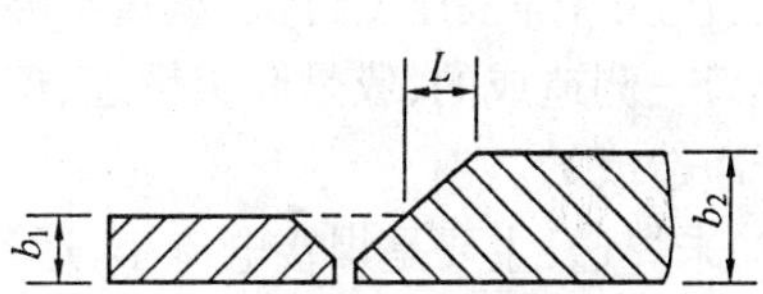

图 1.35　不同壁厚管子的对口

为了保证对口间隙，可在对口时夹上厚度为 1.2 ~ 3.0 mm 的废锯条、石棉橡胶板等，待点焊后再除去。为保证对口的平直度，可采用对口工具，如图 1.36、1.37 所示。

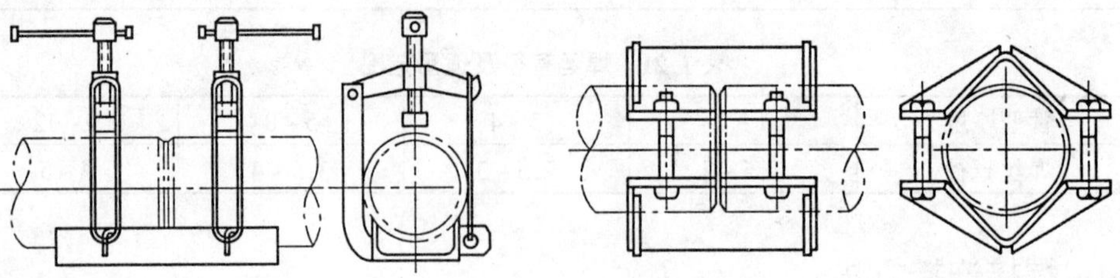

图 1.36　小直径管道对口工具

1.4.4.3　点焊及校正

管子对口后，应立即点焊固定，并应对接口的平直度进行检查，如发现错口偏差过大时，应打掉焊点重新对口。

点焊时，每个接口至少点焊 3 ~ 5 处，每处点焊长度为管壁厚度的 2 ~ 3 倍，点焊缝的高度不得超过管壁厚度的 70%。

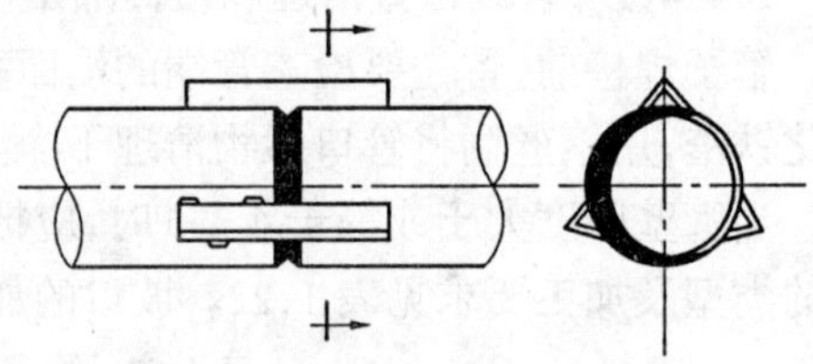

图 1.37　大直径管道对口工具

1.4.4.4　接口的焊接

焊接时，应将管子支承牢固，不得在管子悬空时或处于外力作用下施焊。凡可以转动的管子应转动焊接，尽量减少死口仰焊。

管口的焊接应分层施焊，以减小和消除焊接的收缩应力和焊接变形。对于壁厚 6 mm 以下的管道，可用底层和加强层两层（道）焊接；管壁厚度超过 6 mm 时，应用增加中间层的三层焊接。每层焊接厚度一般为 3 ~ 4 mm，各层间焊缝、搭接缝应错开；焊接过程中，应堵死一端管口，防止管内有穿堂风流动；焊接环境温度低于 – 20 ℃时，焊口应预热。焊接后，焊缝应自然冷却，不得浇水骤冷，以免焊缝脆裂。

1.4.4.5　焊缝的缺陷

焊缝的外观缺陷，大多属于操作技术不良造成的，常见的缺陷如图 1.38。

(1)咬肉（咬边）：即在焊缝边缘的母材上出现被电弧烧熔的凹槽。产生的原因主要是使用电流过大，电弧过长及焊条角度不当。

(2)未熔合：即焊条与母材之间没有熔合在一起，或焊层间未熔合在一起。其主要原因是焊接电流过小，焊接速度过快，热量不够或焊条偏于坡口一侧造成的，或是底层锈迹、熔渣等未清除干净造成的。

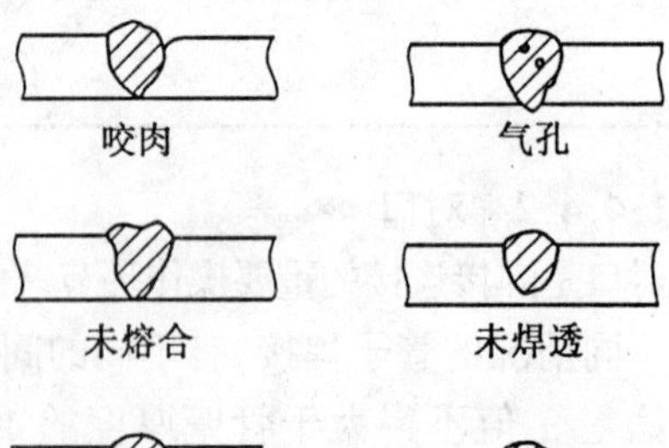

图 1.38　焊缝的缺陷类型

(3)未焊透：主要是焊接电流小，运条速度快，对口不正确（坡口钝边厚或对口间隙小），电弧偏吹及运条角度不当造成的。

(4)气孔：即焊接熔池中的气体来不及逸出，而停留在焊缝中的孔眼内，其主要原因是熔化金属冷却太快，焊条药皮太薄或受潮，电弧长度不当造成的。

(5)夹渣：即焊接熔池中的熔渣未浮出而存于焊缝中的缺陷，其主要原因是焊层间清理不净，焊接电流过小，运条方式不当，使铁水和溶渣分离不清造成的。

(6)焊瘤：即在焊缝外有多余的焊条熔化金属，其主要原因是由于熔池温度过高，使液态金属凝固减慢，从而因自重而下坠造成的。

(7)裂纹：裂纹是焊接的最危险缺陷，其主要原因是焊条的化学成分与母材的材质不符，熔化金属冷却过快，焊接次序不合理，焊缝交叉过多，内应力过大等造成的。

1.4.5 硬聚氯乙烯管的焊接

硬聚氯乙烯管是用聚氯乙烯树脂与稳定剂、润滑剂等配合后，用热压缩法在压制机上压挤制成的。它具有耐腐蚀性强，有一定机械强度、易于加工的特点；适用于输送各种酸类、碱类、盐液溶液的管道；暖卫工程中主要用于排水管道。随着硬聚氯乙烯生产的发展，它将逐渐取代金属管材。

1.焊接设备

焊接设备见图1.39。

(1)空气压缩机：一般采用0.6 m^3/min 输气量的小型空压机组。

(2)空气过滤器：用以除去压缩空气中的油脂和水分，对提高焊缝强度和延长焊枪内电热丝的使用寿命极为重要。

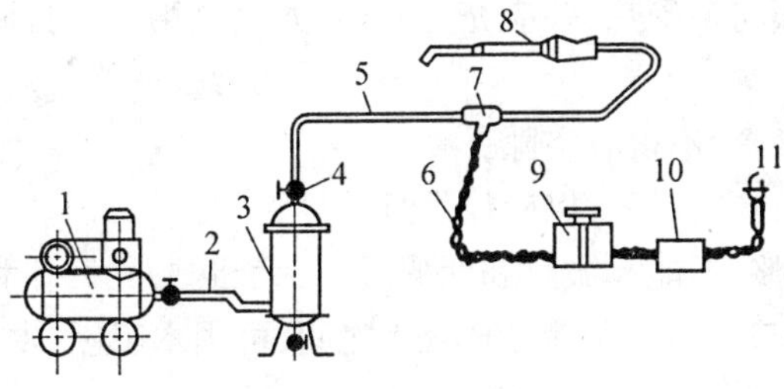

图1.39 热空气焊接设备

1—空气压缩机；2—压缩空气管；3—空气过滤器；4—控制阀；5—过滤后压缩空气管；6—二次电源线；7—连接三通；8—焊枪；9—调压变压器；10—漏电自动切断器；11—220 V交流电源

(3)调压变压器：用以调节焊枪内电热丝的电压大小，从而调节焊枪喷嘴喷出的压缩空气温度(200～220℃)。焊接开始时先给压缩空气，后给电，停止焊接时先断电，后关气阀。

(4)输气胶管：一般用内径 ϕ8～15 mm、承压能力为0.1～0.2 MPa的橡胶软管，用于向焊枪输送压缩空气。

(5)电热式焊枪：分直柄式和手枪式两种，由喷嘴、金属外壳、电热丝、绝缘瓷圈和手柄组成。

2.焊接材料

硬聚氯乙烯焊接所用焊接材料为塑料焊条，其材质应和被焊接的焊件材质相近。焊条直径一般为2～3.5 mm，可根据焊件厚度选用。为保证焊接时熔成黏稠状态的焊条能挤进对口间隙，避免出现焊不透现象，焊道根部的焊接应选用直径2 mm的较细焊条。

3.焊接方法及质量要求

焊口先用酒精或丙酮擦洗脱脂,然后将焊件固定后进行焊接。焊接时调整热空气温度,使之达到 200~220℃,开启焊枪开关,热空气吹出烘烤焊件和焊条使之呈熔融状态;此时,持焊条的手对焊条施加压力,使焊条填入焊缝并与焊件熔为一体。焊接时,焊条与焊缝随时保持垂直状态,焊枪倾角与管焊缝随时保持切线方向的 30°~45°,喷嘴位于焊条与焊缝之间,距焊条 3~4 mm,距焊缝 5~6 mm,如图 1.40 所示。焊道的多少(即分几层焊接)应视坡口大小和管壁厚度而定,一般焊道的排列如图 1.41 所示。焊接完毕,切下焊条。

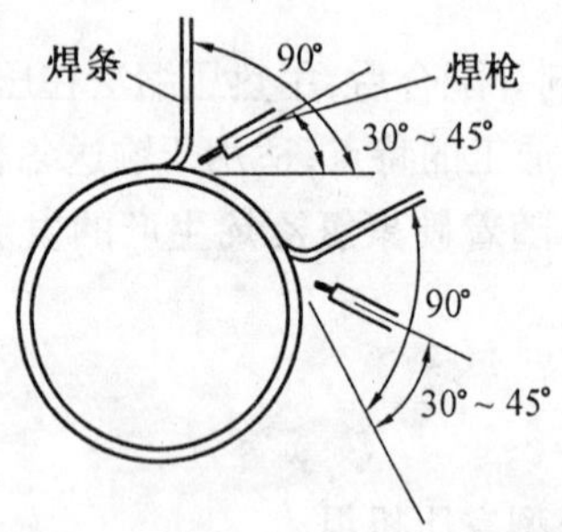

图 1.40　焊条焊枪操作位置示意图

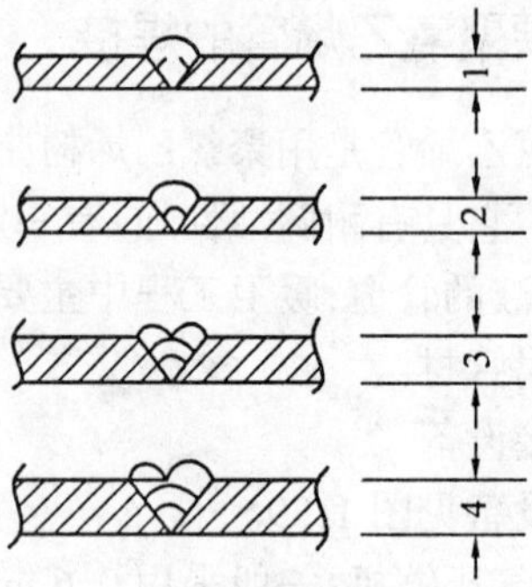

图 1.41　塑料焊接焊道排列

为保证焊接质量,焊接应注意以下各点。

(1)焊条与焊件必须均匀受热,并应充分烤熔,尤其是第一根打底焊条,不得有烧焦分解现象;

(2)焊道排列必须紧密,不得有空隙;

(3)焊缝内焊条接头必须错开,以确保焊缝强度;

(4)焊缝应饱满、平整,不能有皱纹和凹瘪现象;无凸瘤,无气孔和夹杂物;

(5)用 V 形坡口,坡口角度一般为 60°~50°之间,可用木工刨、木锉、刮刀等工具加工;对口间隙应控制在 0.5~1.0 mm 范围;

(6)外观检查不得有弯曲、裂断、烧焦和宽窄不一、高度不一等缺陷,必要时,应对焊缝进行切断检查,其断面必须紧密均匀。

硬聚氯乙烯塑料在焊接过程中,能分解析出少量氯化氢气体,对人体有害,工作时要戴上口罩,焊接地点应保持空气流通;为防止触电和烫伤,焊工要戴手套和穿工作服,并使调压变压器保持良好的接地。

4.焊接方式

硬聚氯乙烯管一般不采用对焊连接(连接强度差),而在管道的如下连接形式下进行焊接。

(1)承插焊接。如图 1.42(a)所示,这种连接是将承插、黏接、焊接混用的接管形式,具体如下:

①扩口:用热空气将管端烘烤至变软,将管端锉成 30°角的钢管插入塑料管,使其成为内侧呈 30°角的承口,承口深度可参考相同规格铸铁管的承口深度;

②插入管端加工:将插口管端用锉加工成 30°角,使之和承口内侧相吻合;

③对口:将承口内侧、插口表面脱脂擦洗后,均匀地涂抹黏结剂(2 份过氯乙烯树脂溶解

于 8 份丙酮制成)后,将插口插入承口进行黏接;

④焊接:当承插黏接固定一段时间后,用焊接法将接口环形接缝焊接牢固。

(2)套管连接时的焊接。如图 1.42(b)所示,这种连接的具体做法如下。

①对口焊接:将两个连接管对口(留有 0.5~1.0 mm 对口间隙)焊接后,将焊缝锉平。

②穿入套管并黏结:在套管内侧及焊口两侧用酒精擦拭后涂抹黏结剂进行黏接。套接时必须使套管中心对准焊口。

③套管焊接:用焊接法将套管两侧环形焊缝焊接牢固。

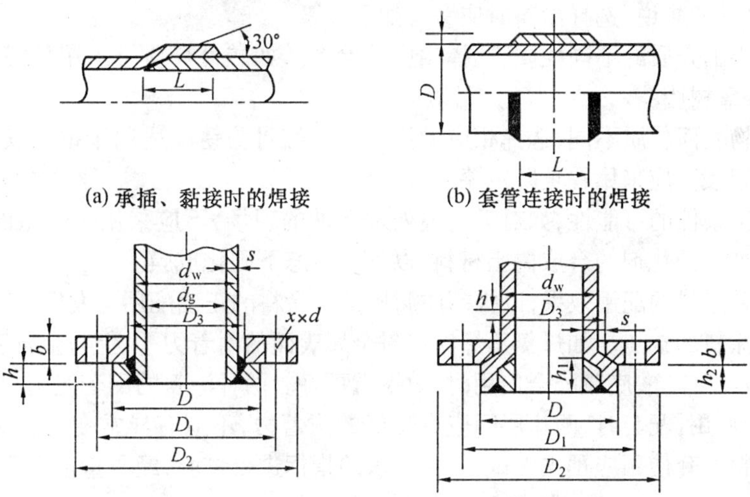

(a) 承插、黏接时的焊接　(b) 套管连接时的焊接

(c) 焊环活套法兰连接　(d) 扩口活套法兰连接

图 1.42　硬聚氯乙烯管的焊接形式

(3)法兰连接时的焊接。法兰连接有三种情况,一种是将塑料法兰直接焊接在塑料管上,称为焊接法兰连接;一种是焊环活(松)套法兰连接;另一种是扩口活(松)套法兰连接,三种情况均需使用焊接,其具体做法如下。

①焊接法兰连接:将管端及法兰管孔处加工成坡口,将管端插入法兰,与法兰密封面保持平齐,然后进行内外焊接。

②焊环活套法兰连接:先在管端焊接挡环,管端及塑料板挡环均需加工有坡口,使内外焊接牢固,如图 1.42(c)所示,管子连接时将法兰套上就可以使用。

③扩口活套法兰连接:先将管端加热扩口,再在承口内焊接加强环,焊接时承口端部及加强环端部均需坡口,使承口与加强环焊接牢固,如图 1.42(d)所示。

硬聚氯乙烯管法兰连接时,应加满垫(即垫片与法兰宽度相同,紧固螺栓从垫片螺孔中穿过),穿螺栓并紧固。

1.5　防腐与绝热材料

1.5.1　管道防腐

管道外部直接与大气或土壤接触,将产生化学腐蚀和电化学腐蚀。为了避免和减少这种腐蚀,延长管道的使用寿命,在与空气接触的管道外部或保温结构外表面,可涂刷防腐涂料，对埋地的管道可设置绝缘防腐层。

涂料是涂于物体表面能形成具有防腐蚀，起到装饰及其他特殊作用的涂膜。早期涂料大多以油料（植物油或动物油）为主要材料，故有油漆之称。随着化工工业的发展，油料已大部分或全部被合成树脂所取代，所以现在称为有机涂料，简称涂料。不过在某些品种中仍沿用“漆”字，如调和漆、磁漆等。

1.5.1.1 涂料的选择

涂料品种繁多，性能和特点各不相同。在管道防腐蚀工程中，应根据使用条件不同，正确地选择涂料。一般来说，选择涂料时应考虑如下因素。

(1)按管道周围介质的不同性质，选择相应的涂料。如酸性介质可采用酚醛树脂漆；碱性介质应采用环氧树脂漆。

(2)按被涂物表面材质不同，选择相应的涂料。如红丹防锈漆适用于钢铁表面，但不适用于铝表面，对铝表面应采用锌黄防锈漆。

(3)考虑施工条件的可能性，如对无高温处理条件的现场，不应采用烘干型的合成树脂材料，而应选用加有固化剂的合成树脂材料，以利于冷态下固化成膜。

(4)考虑两种涂料的配用效果，以提高防腐质量。涂料的正确配用可发挥某种涂料的优点，弥补另一种涂料的缺点。如过氯乙烯涂料对金属表面的附着力差，但与金属表面附着力好的磷化底漆或铁红醇酸底漆配合使用时，效果就更好。两种涂料的配套使用，是指两种涂料涂层间的配套使用，配套时，两涂层间应有良好的附着力，不应有异常变化。对重要的管道防腐，两种涂料配套使用应预先做试样，按要求的指标进行试验，经质量检查合格后，才能正式用于工程上。

(5)考虑经济效果。选择涂料品种时，应本着节约的原则综合分析，在不降低质量标准的条件下，尽量选用价格便宜的材料，并应注意因地制宜，尽量选用当地产品。

1.5.1.2 常用涂料

管道工程中常用的防腐涂料及其性能、使用温度和主要用途见表1.23。

表1.23 常用涂料

涂料名称	主要性能	耐温/℃	主要用途
红丹防锈漆	与钢铁表面附着力强，隔潮、防水、防锈力强	150	钢铁表面打底，不应暴露于大气中，必须用适当面漆覆盖
铁红防锈漆	覆盖性强，薄膜坚韧，涂漆方便，防锈能力较红丹防锈漆差些	150	钢铁表面打底或盖面
铁红醇酸底漆	附着力强，防锈性能和耐气候性较好	200	高温条件下黑色金属打底
灰色防锈漆	耐气候性较调和漆强		做室内外钢铁表面上的防锈底漆的罩面漆
锌黄防锈漆	对海洋性气候及海水侵蚀有防锈性		适用于铝金属或其他金属上的防锈
环氧红丹漆	快干，耐水性强		用于经常与水接触的钢铁表面
磷化底漆	能延长有机涂层寿命	60	有色及黑色金属的底层防锈漆

续表 1.23

涂料名称	主要性能	耐温/℃	主要用途
厚漆(铅油)	漆膜较软、干燥慢,在炎热而潮湿的天气有发黏现象	60	用清油稀释后,用于室内钢、木表面打底或盖面
油性调和漆	附着力及耐气候性均好,在室外使用优于磁性调和漆	60	做室内外金属、木材、砖墙面漆
铝粉漆		150	专供采暖管道、散热器做面漆
耐温铝粉漆	防锈不防腐	≯300	黑色金属表面漆
有机硅耐高温漆		400 ~ 500	黑色金属表面
生漆(大漆)	漆层机械强度高,耐酸力强,有毒,施工困难	200	用于钢、木表防腐
过氯乙烯漆	抗酸性强,耐浓度不大的碱性,不易燃烧,防水绝缘性好	60	用于钢、木表面,以喷涂为佳
耐碱漆	耐碱腐蚀	≯60	用于金属表面
耐酸树脂磁漆	漆膜保光性、耐气候性和耐汽油性好	150	适用于金属、木材及玻璃布的涂刷
沥青漆(以沥青为基础)	干燥快、涂膜硬,但附着力及机械强度差,具有良好的耐水、防潮、防腐及抗化学侵蚀性。但耐气候、保光性差,不宜暴露在阳光下,户外容易收缩龟裂		主要用于水下、地下钢铁构件、管道、木材、水泥面的防潮、防水、防腐

1.5.1.3　绝缘防腐层材料

沥青是一种有机胶结构,主要成分是复杂的高分子烃类混合物及含硫、含氮的衍生物。它具有良好的黏结性,不透水和不导电性。能抵抗稀酸、稀碱、盐、水和土壤的侵蚀,但不耐氧化剂和有机溶液的腐蚀,耐气候性不强。它价格低廉,是地下管道最主要的防腐涂料。

沥青的性质是用针入度、伸长度、软化点等指标来表示的。针入度反映沥青软硬稀稠的程度,针入度越小,沥青越硬,稠度越大,施工就越不方便,老化就越快,耐久性就越差。伸长度反映沥青塑性的大小,伸长度越大,塑性就越好,越不易脆裂。软化点表示固体沥青熔化时的温度。软化点越低,固体沥青熔化时的温度就越低。防腐沥青要求的软化点应根据管道的工作温度而定。软化点太高,施工时不易熔化,软化点太低,则热稳定性差。一般情况下,沥青的软化点应比管道最高工作温度高 40℃以上为宜。

(1)沥青底漆:也称为冷底子油,是用与沥青绝缘层相同的沥青和不加铅的车用汽油或工业汽油按(1:2.25) ~ (1:2.5)(质量比)调配而成。底漆的作用是使热沥青与管道能很好地黏结在一起。

(2)沥青:是防腐层的胶结材料。管道绝缘防腐所用沥青一般是建筑石油沥青或专用石油沥青,都属低蜡沥青,其中蜡的质量分数低于 3%。建筑石油沥青的技术性能见表 1.24。

沥青绝缘层应具有热稳定性、足够的强度和耐寒性。冬季施工时建筑沥青和专用沥青的耐寒性较差,易产生脆裂,故可采用既耐寒又耐热的改性沥青(可在 -25 ~ 70℃使用)。

表 1.24 建筑石油沥青技术指标

质量指标	建筑石油沥青	
	10号	30号
针入度(25℃,100 g)/0.1mm	10~25	25~40
长度(25℃)不小于/cm	1.5	3
软化点(环球法)不低于/℃	95	70
溶解度(三氯乙烯,四氯化碳或苯)不小于/%	99.5	99.5
蒸发损失(160℃,5 h)不大于/%	1	1
蒸发后针入度比不小于/%	65	65
闪点(开口)不低于/℃	230	230
脆点/℃	见说明书	见说明书

(3)玻璃布:为沥青绝缘层中间加强包扎材料,可提高绝缘层的强度和稳定性。用于管道防腐的玻璃布多为连续长纤维布,其中碱的质量分数为12%左右,称为中碱玻璃布。常用网状结构玻璃布规格为,经纬密度 8×8 根/cm,厚度 0.1 mm,宽度 300~800 mm(根据管径而定),两端封边,卷装带心轴。

(4)外保护层:绝缘防腐层的外包材料,可采用玻璃布、牛皮纸或塑料布等,多采用聚氯乙烯工业或农业用塑料薄膜,常用厚度 0.2 mm,宽度比玻璃布宽 10~15 mm,断裂伸长率约为200%。

一般塑料薄膜的使用温度为40 ℃,且低温下硬化,不适于冬季施工。冬季施工时,可采用地下管道绝缘防腐专用聚氯乙烯薄膜,耐热可达90℃以上,耐寒至-40℃仍保持柔软性。

1.5.2 绝热材料

管道绝热是工程上减少系统热量向外传递的保温和减少外部热量传入系统的保冷的统称,是设备安装工程的重要施工内容之一。目前保温材料的种类很多,比较常用的保温材料有岩棉、玻璃棉、矿渣棉、珍珠岩、硅藻土、石棉、水泥蛭石等类材料及碳化软木、聚苯乙烯泡沫塑料、聚氨酯泡沫塑料、泡沫玻璃、泡沫石棉等。各厂家生产的同一保温材料的性能均有所不同,应按照厂家的产品样本或使用说明书中所给的技术数据选用。

1.5.2.1 常用绝热材料的性能要求

保温材料最主要的特点是导热系数小。按照导热系数的大小,绝热材料可分为四级,各级绝热材料的导热系数大小分别是:一级不大于 0.07 W/(m·℃);二级为 0.07~0.1 W/(m.℃);三级为 0.1~0.15 W/(m·℃);四级为 0.5~0.8 W/(m·℃)。绝热材料除具有导热系数小外,还应具有如下特点:

(1)密度小,一般应在 500 kg/m^3 以下;

(2)具有一定的机械强度,除软质、半硬质及散状材料外,硬质成型制品的抗压强度不应小于 0.3 MPa;

(3)能耐一定温度,且不易燃烧,对潮湿、水分的侵蚀有一定的抵抗力,吸湿率低;

(4)不应腐蚀管道、设备等,且本身也不易霉烂,经久耐用;

(5)造价低,施工方便;

(6)化学性能稳定,不污染。

常用的绝热材料及其性能见表1.25。

表1.25　常用绝热材料性能

材料名称	使用温度/℃	导热系数/(W·m⁻¹·℃⁻¹)	密度/(kg·m⁻³)
膨胀珍珠岩散料	-256～800	0.029～0.0337	81～120
水泥膨胀珍珠岩瓦	<600	0.052 3	250～400
酚醛玻璃棉瓦	-20～250	0.043	120～150
沥青玻璃棉毡	-20～250	0.043	<80
膨胀蛭石	-20～1 000	0.052 3～0.069 8	80～280
水泥蛭石管壳	<600	0.093 4	430～500
矿渣棉	<400	0.037 2～0.052 3	80～135
石棉绳	<500	0.069 8～0.209	590～730
硅藻土石棉灰	<900	0.066 2	280～380
聚苯乙烯泡沫塑料	-80～70	0.035～0.044 2	16～50
聚氯乙烯泡沫塑料	-35～60	0.043～0.052 3	40～100
岩棉制品	268～700	<0.035	40～250

绝热施工应当按照设计规定的绝热材料、绝热层厚度和绝热结构进行施工,以确保工程质量。保温层的厚度,一般应由设计人员给定,施工时应按设计规定的厚度和结构要求进行施工。无规定时,可参照有关规定选择保温层厚度,但应注意按管道的敷设方式、管径、介质温度确定保温层厚度。并按标准图的结构施工。

1.5.2.2　常用绝热材料

1.石棉

石棉是一种非金属矿产品,纤维细而坚韧,有白色、灰色、褐色和绿色等品种。石棉具有耐火、耐热、耐酸碱、隔声、隔热、绝缘等特性,经常作为隔热材料使用。

根据选矿方法的不同,石棉可以分为手选石棉和机选石棉两大类;根据石棉的化学成分划分,常用石棉有温石棉(蛇纹石类)和青石棉(角闪石类)。石棉制品有:石棉灰、石棉纸、石棉板、石棉布、石棉绳、石棉橡胶板等。石棉会经常与其他材料混合作隔热材料。

2.岩棉

岩棉主要以玄武岩为主要原料,经熔化后用压缩空气喷吹或离心法制成的无机纤维材料,具有质轻、导热系数小、吸声性好、不燃、化学稳定性好的特点,是应用广泛的隔热保温材料。岩棉制品主要有岩棉板、岩棉毡和岩棉管壳。

3.矿渣棉

矿渣棉又称矿棉,以工业废料矿渣为主要原料,经熔化后用高速离心法或高压蒸汽、压缩空气喷吹制成的白色棉絮状纤维材料,是无机隔热保温材料,具有质轻、导热系数低、不燃、防蛀、廉价、耐腐蚀、化学稳定性强、吸声性能好等特点。

由于矿渣棉中含有少量的硫,在潮湿情况下会对钢材造成腐蚀,因此在材料保管和使用过程中要防潮。

4.玻璃棉

玻璃棉是玻璃纤维的统称。按玻璃纤维形态和长度,可以分为玻璃短棉和超细玻璃棉两种;按玻璃纤维中含碱量的多少,可以分为无碱纤维、低碱纤维、中碱纤维和高碱纤维四种;按玻璃纤维的直径,又可分为初级纤维、中级纤维和高级纤维三种;按生产方法的不同,又可分为离心棉和吹喷棉两种。玻璃棉是由相互交错的玻璃纤维构成的多孔结构,具有密度小、导热系数小、不燃烧、吸声性好、耐腐蚀、耐温度较高的优点。

隔热保温工程中应用较多的是玻璃短棉和超细玻璃棉。玻璃短棉的纤维直径约为12 μm,纤维长度一般在150 mm以下或者更短,外观洁白,组织蓬松,类似棉絮,习惯上称为玻璃棉,即普通玻璃棉。

超细玻璃棉的生产工艺与上述玻璃短棉不同,是由熔融状态的玻璃液体流经多孔的漏板以后,经胶辊拉制成一次纤维,然后再经高温高速燃气喷吹而成,其二次纤维极细而且柔软,直径在4 μm以下,对人体皮肤不会造成刺痒。目前国产超细玻璃棉分有碱及无碱两种:有碱超细玻璃棉含有较高的碱金属氧化物——氧化钠,在高温下会发生剧烈的热裂现象,耐热性及化学稳定性会降低;无碱超细玻璃棉中碱金属氧化物的质量分数会限制在1%以下,因而有较好的热稳定性,可以在更高的温度下使用。

5.膨胀珍珠岩

珍珠岩是一种酸性火山玻璃质岩石,因其具有珍珠裂隙结构而得名。生产珍珠岩的矿石有三种:珍珠岩、松质岩及黑曜岩,它们均属于酸性火山玻璃质岩石,习惯上把这三种岩石生产的产品统称为膨胀珍珠岩。

珍珠岩有黄白、灰白、淡绿、褐、棕、灰、黑等多种颜色。珍珠岩内含有结合水,当珍珠岩经破碎、筛分、预热,在高温(1 200℃左右)中焙烧变成黏稠状态时,结合水则由液态变为有压力的蒸汽向外扩散,使黏稠的玻璃质不断膨胀,此时将其迅速冷却,变成为多孔结构的膨胀珍珠岩,其膨胀倍数可达10~30倍。珍珠岩具有质轻、隔热、耐酸碱、吸湿性小、无毒、无臭、不燃等特点,是一种物美价廉的隔热保温材料。

膨胀珍珠岩适用于温度在-20~800℃范围内作为绝热材料及制作防火、吸声等制品。膨胀珍珠岩按其堆积密度分为70、100、150、200、250共五个标号。各个标号的产品按其导热系数和粒度分为优等品、一等品和合格品三个等级。

6.微孔硅酸钙

微孔硅酸钙是一种新型的隔热保温材料,其特点是导热系数小、密度小、强度高、使用温度高,主要性能较常用的水泥珍珠岩制品和水泥蛭石制品好,是最理想的隔热保温材料之一。

生产微孔硅酸钙的主要原料是硅藻土、石灰膏、石棉纤维、水玻璃和水,其质量配合比如下:

硅酸钙	43.6
石灰膏	32.9
石棉	5
水玻璃	5
水	450

将以上材料经过混合搅拌、加热、胶化、灌模成型、蒸压硬化、烘干等制作过程,其中的氧

化钙与二氧化硅，在高温高压条件下发生合成反应而生成水热硅酸钙，加热后因水分逸出而形成许多均匀的微孔，气孔率可达 90%以上。因此，这种材料在保管和使用过程中，应注意防水防潮，保持干燥。

微孔硅酸钙的制成品有板材和管壳，可用于设备、管道和锅炉炉墙保温。

7.泡沫塑料

泡沫塑料的品种较多，均是以各种不同的树脂为基料，加入一定剂量的发泡剂、催化剂、稳定剂等辅助材料，经加热发泡而制成的质轻、隔热、吸声、防振材料。

(1)聚苯乙烯泡沫塑料。聚苯乙烯泡沫塑料是以聚苯乙烯为原料，加入发泡剂后制成的，其制成品表层平整光滑，无气孔，内部则无蜂窝状封闭气孔，故吸水率很低。

聚苯乙烯泡沫塑料的种类：

①普通型可发性聚苯乙烯泡沫塑料。此种塑料采用低沸点液体的可发性聚苯乙烯树脂为基料，经加工进行预发泡后，再放入模具中进行加热成型，从而制成有许多细微封闭气孔结构的硬质泡沫塑料。这种泡沫塑料的制成品中主要是各种厚度的板材，可以根据需要切割成保温管壳。切割可用高速无锯齿(切割面光洁)、木工锯(切割面粗糙)进行，对于管壳等曲面要用电阻丝(36 V 以下)切割，温度可控制在 250℃左右。

②自熄型可发性聚苯乙烯泡沫塑料。生产方法基本上与上述普通型相同，但在加入发泡剂时，同时加入了火焰熄灭剂、自熄增效剂、抗氧化剂和紫外线吸收剂，使这种材料遇火时具有自熄性。

聚苯乙烯泡沫塑料制品的性能：

由于聚苯乙烯是热塑性树脂，故聚苯乙烯泡沫塑料在高温下容易软化变形，安全使用温度仅为 75℃，最高使用温度为 90℃，最低使用温度为 -150℃，因此在保冷方面应用较多。

聚苯乙烯泡沫塑料不耐火，普通型材料遇明火即燃烧，并产生有毒烟气；自熄型材料也不耐火，但当火焰移开后，即自行熄灭。

聚苯乙烯泡沫塑料具有较好的耐化学腐蚀性，但不耐石油系溶剂的侵蚀，并可溶于苯、酯、酮等溶剂中。

(2)聚氯乙烯泡沫塑料。聚氯乙烯泡沫塑料分为硬质和软质两大类，具有强度和质量比值高，低温性能好，导热系数小等优点，与聚苯乙烯泡沫塑料相比，具有使用温度较高，不易燃烧，可以自行熄灭等优点，但价格较贵。

(3)聚乙烯泡沫塑料。聚乙烯泡沫塑料是以聚乙烯树脂为原料，加油交联剂、发泡剂、稳定剂等一次成型加工而成，具有质轻、耐酸碱、耐油、隔热、弹性好等特点。

(4)聚氨酯泡沫塑料。按主要原料的不同，聚氨酯泡沫塑料分为聚醚型和聚酯型；按制品软硬程度的不同，又分为硬质和软质。其共同特点是质地柔软轻盈、弹性好、透气、吸尘、吸油、吸水性好、耐化学腐蚀性好、使用温度范围较大，产品可具有各种色泽，软质聚氨酯俗称海棉。

(5)脲醛泡沫塑料。脲醛泡沫塑料是以脲醛树脂为主要原料加发泡剂而制得的一种闭孔型的硬质泡沫塑料，又称氨基泡沫塑料。这种泡沫塑料质轻如棉，外观洁白，价格较廉。由于其吸水性强，机械强度低，故多用作隔热、吸声层的填充材料。

(6)橡塑海棉。橡塑海棉是一种近年开发的橡塑共混发泡隔热材料，具有闭孔型独立微气泡结构，密度小、柔性好、弹性好、不吸水、耐低温、耐老化等特点，便于剪切、黏结、热合。

第2章 室内供暖系统的安装

供暖系统是指室内的供暖设施,它包括供暖管路,散热设备及附属器具等。供暖的目的是在采暖季保持室内一定的温度,为人们提供正常的生活和工作环境温度。不同供暖方式的施工方法及所用的材料也有所不同。施工时应执行国标 GB 50242《建筑给水排水及采暖工程施工质量验收规范》的规定。安装供暖系统时除了要实现设计意图外,还要便于运行管理及维修,在保证施工质量的同时也要尽量节约材料和人工费用,做到安全施工。

2.1 室内供暖管道的安装

2.1.1 室内供暖管道施工方法

室内供暖系统按设计图纸施工。施工前应熟悉图纸、做好图纸会审,编制施工预算,制订施工用机具及易损耗品的供应计划,提出正式工程用的材料和设备计划。对工程中工作量大,困难大的关键部分的施工做到心中有数。大型工程一定要编制严密的施工组织设计。小型工程所需材料、设备、零部件一次供应到现场。大型工程所需材料允许按工程进度分期分批运到现场,但不得耽误工期。施工现场及水源、电源等临时设施需满足施工要求。

图纸会审是减少盲目性,提高施工水平的必要步骤,由建设单位、设计单位、施工单位和监理单位参加。通过图纸会审将设计中的一切疑难问题和不妥的地方正确解决。会审前施工技术人员应对施工图纸熟悉并将问题记录下来,在会审时进行协商。室内供暖系统审图时应注意以下几个方面:供暖设计的各图对工程的要求是否一致;供暖管道的坡度、标高、管径及变径处交代是否清楚;平面图和系统图上散热设备的数量;管径是否一致,有无遗漏;供暖管道及设备与土建结构、给排水管道、电气设备、工艺管道及其他管道是否有矛盾;方案有无明显的不合理之处等。把可能发生的问题尽可能解决在施工之前,减少返工和不必要的浪费。

施工开始时设计单位要向施工单位进行全面的技术交底,重大工程还可以进行分部分项的技术交底。技术交底时主要阐明本工程的技术要点、难点及质量要求。技术交底应详细记录。

室内供暖系统的施工方法有现场测线和预制化施工两种。

现场测线是在已建建筑物中实测管道、设备安装尺寸,按顺序进行施工的方法,是在土建工程进行到一定程度后进行,这种方法比较落后,施工进度也比较慢。由于土建结构施工尺寸要求不严格,安装时宜在现场根据不同部位实际尺寸测量下料。建筑物主体工程采用砌筑法施工时常采用这一方法。

预制化施工是在现场安装之前,按室内供暖系统的施工图和土建有关尺寸预先下料、加工、部件组合的施工方法。这种方法要求土建结构施工尺寸准确,预留孔洞及预埋铁件的尺寸、位置无误,因此,最好采用现场机械钻孔,而不必预留孔。这种方法要求供暖安装人员下料、加工技术水准高,准备工作充分,并可提高施工的机械化程度和加快现场安装速度,缩短工期,是比较先进的。建筑物主体工程采用预制化、装配化施工,为供暖系统逐步实行预制化创造了有利的条件。

这两种施工方法都需进行测线,只不过前者是现场测线,后者是按图测线。供暖设计图只给出了管道和散热器的大致平面位置,如管道沿墙敷设,散热器置于窗下等。因此测线时必须有一定的施工经验,除了熟悉图纸外,还必须了解供暖施工及验收规范有关操作规程等,才能使下料尺寸准确,安装后符合质量标准要求。

测线计量尺寸时经常要涉及下列名称:

建筑长度——管道系统中两零件或设备中心之间(轴)的尺寸。如两立管之间的中心距离,立管与散热中心的距离,管段零件与零件之间的距离等,见图 2.1。

安装长度——零件或设备之间管子的有效长度。安装长度等于建筑长度扣去管子零件或接头后的装配长度,见图 2.1,图 2.2。

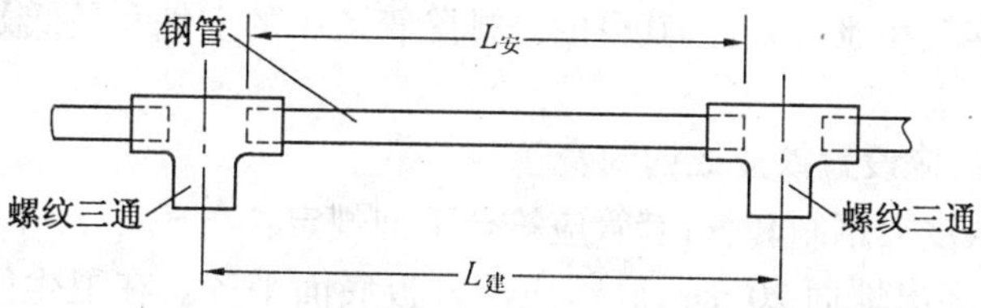

图 2.1　管螺纹连接时建筑长度与安装长度

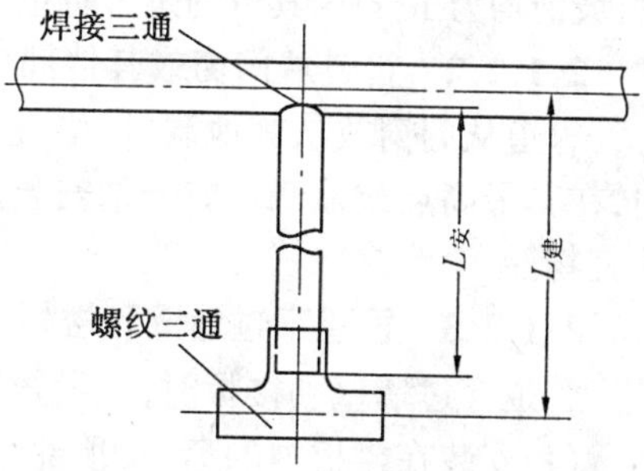

图 2.2　有焊接时的建筑长度与安装长度

加工长度——管子所需实际下料尺寸。对于直管段其加工长度就等于安装长度,对有弯曲的管段其加工长度不等于安装长度,见图 2.3。下料时要考虑煨弯的加工要求来确定其加工长度。法兰连接时确定加工长度要注意扣去垫片的厚度。

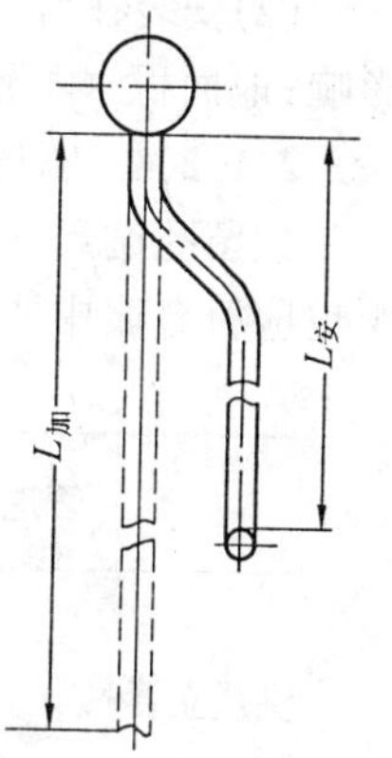

图 2.3　有弯管时的安装长度与加工长度

安装管子时主要解决切断与连接,调直与弯曲两对矛盾。将管子按加工长度下料,通过加工连接成符合长度要求的管路系统。

施工程序有两种:一种是先安装散热器,再安装干管,配立管、支管。另一种是先安装干管、配立管,再装散热器、配支管。也可以采用散热器和干管同时安装方法,施工进度要与土建进度配合。不管采用哪种方案,首先要选择基准,基准选择正确,配管才能准确。室内管道安装时所用的基准是水平线、水平面和垂直线等。确定水平面的高度除可借助于土建结构,如地面标高、窗台标高外,还要用钢卷尺和水平尺,要求较高时用水平仪。测量角度时可用直角尺,要求较高时用经纬仪,定垂直线时一般用细线绳及重锤吊线,放水平线时用细白线绳拉直。安装时应搞清管道、散热器与建筑物墙、地面的距离以及竣工后的地面标高等,保证竣工时这些尺寸全面符合质量要求。

室内供暖管道系统现场安装时,分顺序安装法和平行安装法。顺序安装法是在建筑物主体结构完成,墙面抹灰后开始安装管道,这种方法可以迅速将安装工程全面铺开。平行安装法是使管道安装与土建工程齐头并进,例如供暖立管安装到 5 层,土建工程也进行到 5 层,省去了预留孔洞的麻烦。但与土建交叉作业,工人调配较复杂,容易出现窝工,所以一般多采用顺序施工法。

2.1.2 室内供热管道安装的技术要求

2.1.2.1 采暖管道采用输送低压流体的钢管

采暖管道采用输送低压流体的钢管，管道安装应有坡度，如设计无要求，其坡度应符合下列规定：

(1)热水采暖和热水供应管道及汽水同向流动的蒸汽和凝结水管道，坡度一般为0.003，但不得小于0.002；汽水逆向流动的蒸汽和凝结水管道，坡度不小于0.005。

(2)连接散热器的支管应有坡度：1)当支管全长小于或等于 500 mm 时，坡值为 5 mm；2)当管全长大于 500 mm 时，坡值为 10 mm；3)当一根立管连接两根支管，任其一根超过500 mm 时，坡值均为 10 mm，其目的是为防止散热器支管倒坡影响通水、通气，造成散热器不热。

2.1.2.2 管道从门窗或其他部位绕过的处理

管道从门窗或从其他洞口、梁、柱、墙垛等处绕过时，其转角处如高于或低于管道水平走向，在其最高点或最低点应分别安装排气和泄水装置，其目的是排除管道中的空气和最低处的脏物。

2.1.2.3 管道穿过墙壁和楼板时，应设置铁皮或钢制套管

管道穿过墙壁和楼板时，应设置铁皮或钢制套管，套管应符合下列规定：

(1)安装在楼板内的套管，顶部应高出地面 20 mm，底部应与楼板底面平齐。在卫生间和厨房内应高出地面 30 mm。套管内径比管子外径要大 10 mm 左右，其间隙内应均匀填塞石棉绳或油麻，套管外壁一定要卡牢塞紧，不允许随管道窜动。

(2)安装在墙壁内的套管，其两端应与墙饰面平齐，其目的是为保证管道在胀缩时不受影响；地面积水不致流至下层，另外套管与饰面相平又不影响美观。

2.1.2.4 管道穿越基础、墙和楼板时应预留孔洞

预留孔洞尺寸如设计无明确规定时，可参照表 2.1 预留。安装时，管道外壁与墙面的净距也应符合表中要求。

表 2.1 预留孔洞尺寸　mm

管道名称及规格		明管留孔尺寸(长×宽)	暗管墙槽尺寸(宽×深)	管外壁与墙面最小净距
供热立管	DN≤25	100×100	130×130	25～30
	DN=32～50	150×150	150×130	35～50
	DN=70～100	200×200	200×200	55
	DN=125～150	300×300	—	60
二根立管	DN≤32	150×100	200×130	
散热器支管	DN≤25	100×100	60×60	15～25
	DN=32～40	150×130	150×100	30～40
供热主干管	DN≤80	300×250	—	—
	DN=100～150	350×300	—	—

2.1.2.5 采暖管道的安装

当 DN≤32 mm 时，应采用螺纹连接；DN>32 mm 时，宜采用焊接或法兰连接。其原因是小管径在焊接时容易缩小管道的有效截面积，故采用螺纹连接。

2.1.2.6 DN≤32 mm 不保温的采暖双立管道安装

(1)两管中心距应为 80 mm，允许偏差 5 mm；

(2)供热或蒸汽管应置于面向的右侧,其原因是两管中心距不影响美观和便于安装及维修,同时,面向右侧是为调试检查和维修方便。

2.1.2.7　多种管交叉时的避让原则

安装过程中,多种管交叉时的避让原则见表2.2。

表2.2　管道交叉时避让原则

避让管	不让管	理　由
小管	大管	小管绕弯容易,且造价低
压力流管	重力流管	重力流管改变坡度和流向对流动影响较大
冷水管	热水管	热水管绕弯要考虑排气、放水等
给水管	排水管	排水管径大,且水中杂质多,受坡度限制严格
低压管	高压管	高压管造价高,且强度要求也高
气体管	水管	水流动的动力消耗大
阀件少的管	阀件多的管	考虑安装操作与维护等多种因素
金属管	非金属管	金属管易弯曲、切割和连接
一般管道	通风管	通风管体积大,绕弯困难

2.1.2.8　管道安装的允许偏差及检验方法

管道安装的允许偏差及检验方法见表2.3。

表2.3　室内采暖管道安装的允许偏差及检验方法

<table>
<tr><th colspan="4">项　目</th><th>允许偏差
mm</th><th>检验方法</th><th>检查数量</th></tr>
<tr><td colspan="2" rowspan="3">水平管道纵、横方向弯曲</td><td rowspan="2">每米</td><td>DN≤100 mm</td><td>0.5</td><td rowspan="3">用水平尺、直尺、拉线和尺量检查</td><td rowspan="3">按系统内直线管段长度每50 m抽查1段,不足50 m不少于1段,有分隔墙建筑以隔墙为分段数,抽查5%,但不少于5段</td></tr>
<tr><td>DN>100 mm</td><td>1</td></tr>
<tr><td>全长
(25米以上)</td><td>DN≤100 mm
DN>100 mm</td><td>不大于13
不大于25</td></tr>
<tr><td colspan="2" rowspan="2">立管垂直度</td><td colspan="2">每米</td><td>2</td><td rowspan="2">吊线和尺量检查</td><td rowspan="2">一根立管为1段,两层及其以上楼层分段数各抽查5%,但不少于10段</td></tr>
<tr><td colspan="2">全长(25 m以上)</td><td>不大于10</td></tr>
<tr><td rowspan="2">弯管</td><td>椭圆率</td><td colspan="2">DN≤100 mm
DN>100 mm</td><td></td><td rowspan="2">用外卡钳和尺量检查</td><td rowspan="2">导管上的弯管抽查10%,但不少于5个,立、支管上的弯管抽查5%,但不少于10个</td></tr>
<tr><td>折皱不平度</td><td colspan="2">DN≤100 mm
DN>100 mm</td><td></td></tr>
<tr><td colspan="3">减压器、除污器、疏水器、蒸汽喷射器</td><td>几何尺寸</td><td>10</td><td>尺量检查</td><td>全数检查</td></tr>
<tr><td rowspan="3">保温</td><td colspan="3">保温层厚度δ</td><td>+0.1δ
−0.05δ</td><td>用钢针刺入保温层和尺量检查</td><td rowspan="3">凡能按隔墙、楼层分段的,均以每一楼层分隔墙内的管段为1个抽查点,抽查5%,但不少于5处。不能按隔墙、楼层分段的,每20m抽查1处</td></tr>
<tr><td rowspan="2">表面平整度</td><td colspan="2">卷材或板材</td><td>5</td><td rowspan="2">用2 m靠尺和楔形塞尺检查</td></tr>
<tr><td colspan="2">涂抹或其他</td><td>10</td></tr>
</table>

2.1.2.9　散热器支、立管的安装

(1)散热器立管和支管相交,立管应弯绕过支管。其目的是绕弯美观和便于安装及维修。

(2)散热支管长度大于1.5 m时,应在中间安装管卡或托钩,原因是支管过长超出管材自身允许刚度,容易弯曲。

2.1.3　室内采暖管道的安装

2.1.3.1　总管安装

室内采暖管道以入口阀门或距建筑物外墙皮1.5 m为界。室内采暖总管由供水(汽)总管和回水(凝结水)总管组成,一般是并行穿越基础预留孔洞进入室内。按其供水方向看:右侧是供水总管,左侧是回水总管。两条管道上均应设置总控制阀或入口装置(如减压、调压、疏水、过滤、测温、测压等装置),以便于启闭和调节。

1.总管在地沟内的安装

热水供暖总管在地沟内安装的示意见图2.4。在总管入口处,供、回总管底部用三通接出室外,安装时可用比量法下料进行预制,连成整体。必要时经水压试验合格后,做好防腐保温,然后整体穿入预留基础孔洞,以免因场地狭窄操作不便影响保温质量。

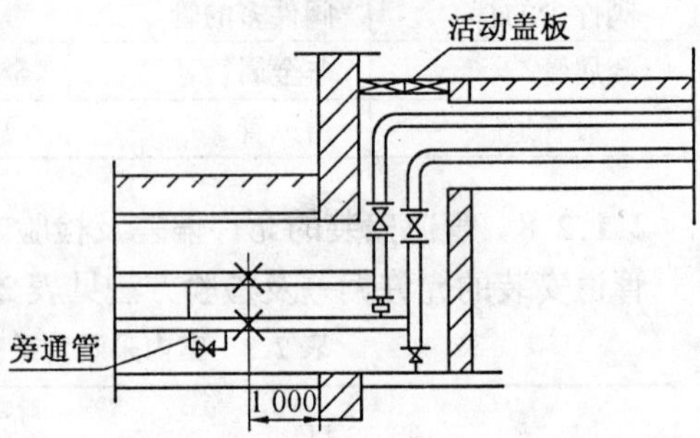

图2.4　热水供暖入口总管安装示意图

2.采暖入口装置安装

入口设平衡阀的安装见图2.5;入口设调节阀的安装见图2.6。

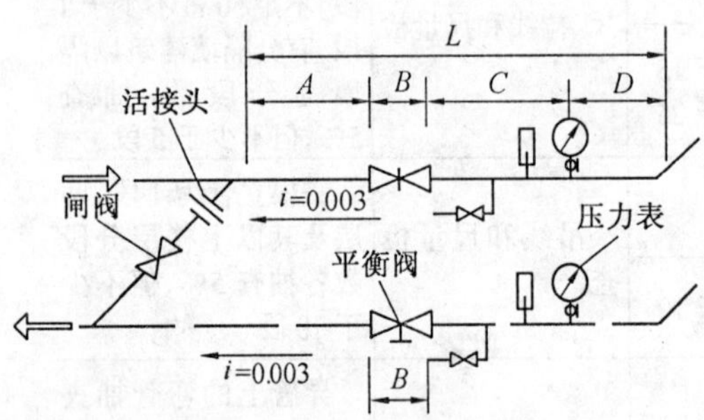

图2.5　入口设平衡阀的安装

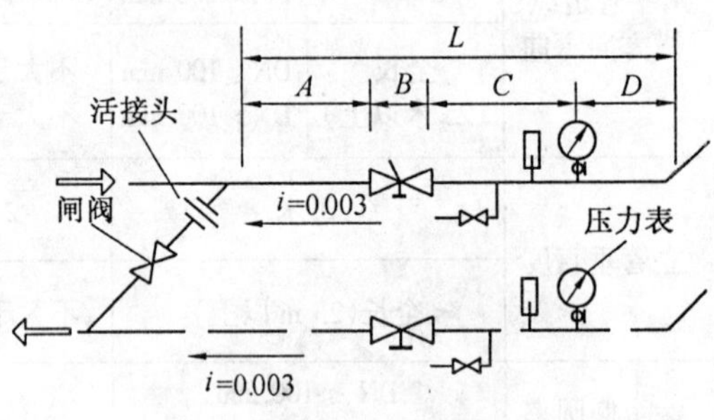

图2.6　入口设调节阀的安装

2.1.3.2　总立管的安装

(1)安装前,应检查楼板预留管洞的位置和尺寸是否符合要求。其方法是由上至下穿过孔洞挂铅垂线,弹画出总管安装的垂直中心线,作为总立管定位与安装的基准线。

(2)总立管自下而上逐层安装,应尽可能使用长管,减少接口数量。为便于焊接,接口应置于楼板上0.4~1.0 m处为宜。对于高层建筑,总立管底部应设刚性支座支承,如图2.7所示。

(3)每安装一层总立管,应用角钢、U形管卡或立管卡固定,以保证管道的稳定及各层立管量尺的准确，使其保持垂直度。

(4)主立管顶部如分为两个水平分支干管时应用羊角弯连接，并用固定支架固定，如图2.8所示。

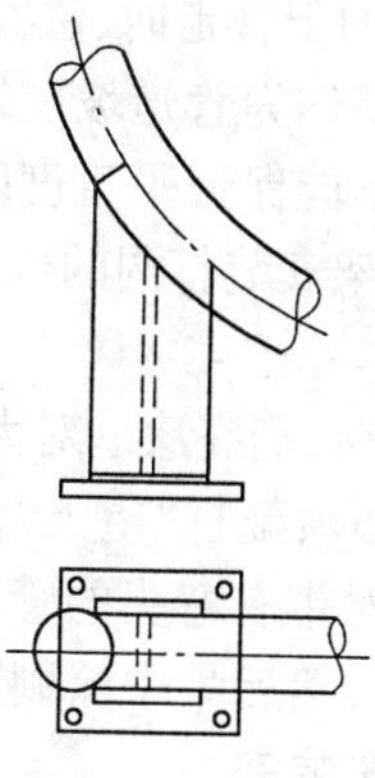

图2.7　总立管底部刚性支座

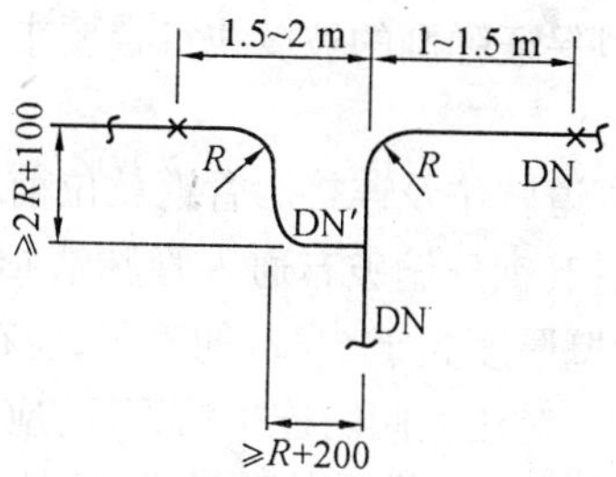

图2.8　总立管与分支干管连接

2.1.3.3　干管的安装

在室内采暖系统中，供热干管是指供热管与回水管同数根采暖立管相连接的水平管道部分。它分为供热干管(或蒸汽干管)及回水干管(或凝结水干管)两种。按保温情况分为保温干管和不保温干管两种。当供热干管安装在地沟、管廊、设备层、屋顶内时应做保温。当明装于顶层屋面下和明装地面上时可不做保温。应注意：地沟、屋顶、吊顶内的干管，应在水压试验合格并验收后方可进行保温及隐蔽。

(1)无论采用焊接，管螺纹连接还是法兰连接，接头不得装于墙体楼板等结构处，不得设于套管内。

(2)干管常常分成几个环路，如环路不太长，分支处处理得当，不仅美观而且还可利用其自然补偿免去补偿器，见图2.9。应注意：a.干管与分支干管连接时，应避免采用T形连接，否则，当干管伸缩时有可能将直径较小的分支干管连接焊口拉断，或者引起分支干管的弯曲变形；b.焊接时，不允许开大孔将分支干管插入主管中焊接，同时，在主干管弯管的弯曲半径范围内，不得开孔焊接支管，应在弯曲半径外100 mm以上位置开孔焊接。

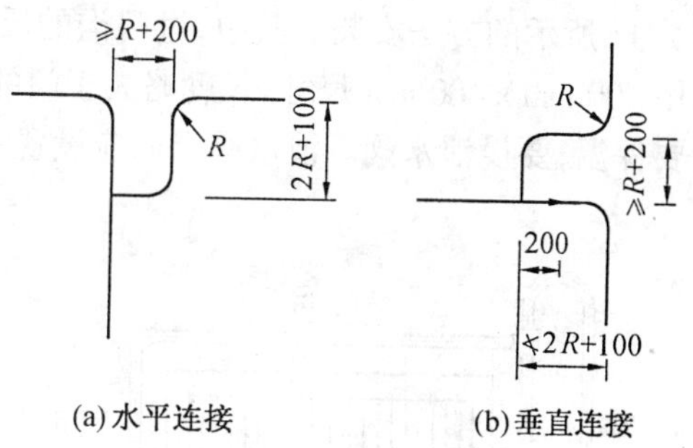

(a)水平连接　(b)垂直连接

图2.9　干管与分支干管连接

(3)民用建筑干管上的方形补偿器尽量设在间隔墙上或走廊、楼梯间等辅助房间内；工业建筑尽量绕柱设置。方形补偿器宜水平安装并与管道坡度相同。如需要垂直安装时，应有排气措施。

(4)并排安装的干管直线部分应相互平行，水平方向并排管转弯时，各管的曲率半径不等但应同心，垂直方向并排各管的曲率半径应相等。

(5)干管不得穿过烟囱、厕所等，必须穿过时要在全长上设套管。室内管道引入口不要设在厕所等地下上下水管道较多处，以免地下管道多布管麻烦，以及地面水，上下水管可能漏水渗积于引入口小室内,加速钢管锈蚀及开关阀门困难。

(6)干管的安装程序一般是:确定干管位置、画线、安装支架、管道就位、管道连接、立管短管开孔焊接、水压试验、防腐保温等。

(7)确定干管位置、画线、安装支架。根据施工图所要求的干管走向、位置、标高和坡度,检查预留孔洞,挂通线弹出管子安装的坡度线;应取管底标高作为管道坡度线的基准,以便于管道支架的制作和安装。在挂通线时,如干管过长,挂线不能保证平直度时,中间应加铁钎支承,以保证弹画的坡度线符合要求。在坡度线上画出支架安装打洞的位置方块线,即可安装支架。

(8)管道就位及连接。管道就位前应进行检查、调直、除锈、刷底漆。对大管径的管子必须进行拉扫(钢丝缠破布通入管膛清扫),对小管径的管子必须敲打"望天",保证管道内清洁。对管壁厚度大于 5 mm 的管子,应在地面上打好坡口。对带有弯头的管段,应在地面将弯头焊好。对法兰阀门连接的管段,应在地面上将法兰焊好,然后集中涂刷防锈漆(对保温管刷两道底漆,非保温的明装管道刷一道底漆)。当支架安装完毕,且栽埋支架混凝土的强度达到75%后,即可安装管道。

(9)干管的管径。干管的管径沿流程是逐渐变化的,按照热媒种类的不同,可分为以下几种情况:

①对热水管、蒸汽管应加工成偏心大小头,安装时分别向上或向下偏斜;

②对凝结水管应加工成同心大小头,安装时,大小管的中心线应处于同一轴线上。变径应在三通后 200 ~ 300 mm 处,见图 2.10。

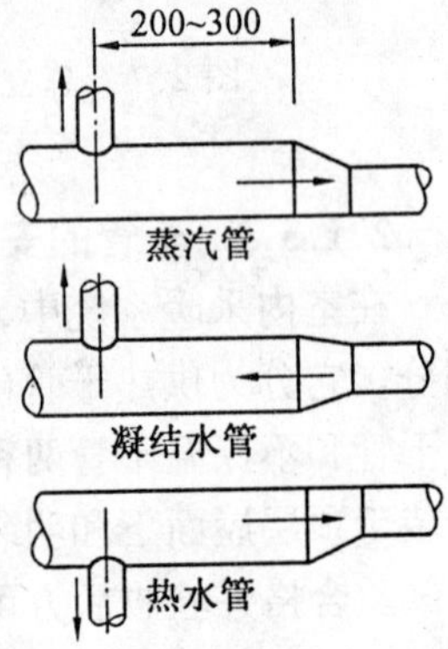

图 2.10　干管变径

(10)回水干管过门的安装方法。回水干管过门安装时,应按图 2.11 所示的方法安装。其中,过门沟的尺寸按设计确定。也可采用 400 mm × 400 mm 尺寸,长度略大于门的宽度。过门地沟处钢管要保温,要设泄水阀。泄水阀上面应设置一局部地沟活动盖板。

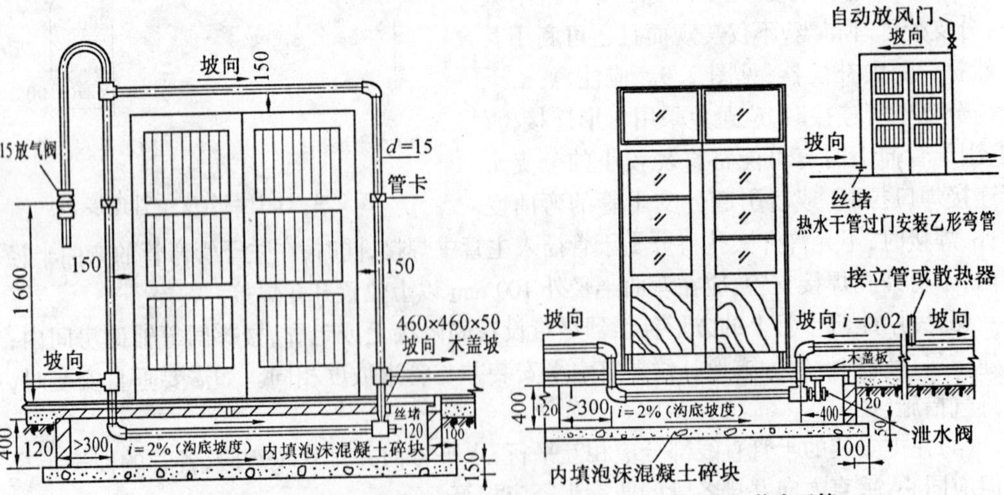

图 2.11　干管过门的安装

2.1.3.4　立管的安装

室内采暖立管有单管、双管两种型式;立管的安装有明装、暗装两种安装型式;立管与散热器支管的连接又分为单侧连接和双侧连接两种型式。因此,安装前均应对照图纸予以明确。

采暖立管安装的关键是垂直度和量尺下料的准确性,否则,难以保证散热器支管的坡度。采暖立管安装宜在各楼层地坪施工完毕或散热器挂装后进行,这样便于立管的预制和量尺下料。

1.确定立管的安装位置

立管的位置是由设计确定的,一般置于墙角处。为便于安装与维修,在确定立管的安装位置时,应保证与后墙有一定净距,同时,应与侧墙保持易于维修操作的距离。一般情况下,立管距窗口应不少于 150 mm ,距侧墙应不少于 300 mm。对穿侧墙双侧连接散热器的立管距墙应不少于 150 mm,见图 2.12。

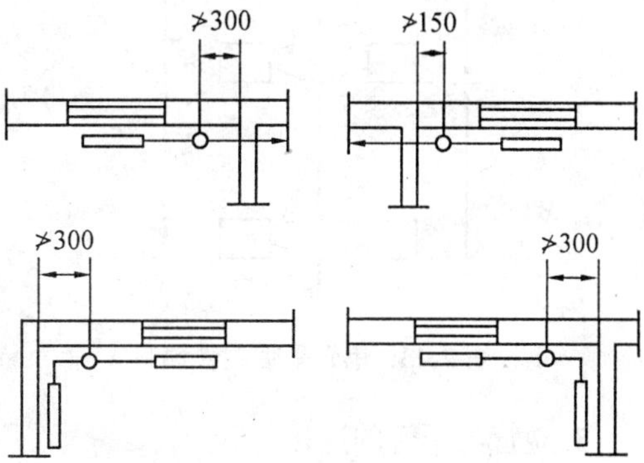

图 2.12　采暖立管安装位置的确定

立管位置确定后,应打通各楼层立管预留孔洞,自顶层向底层吊通线,用线坠控制垂直度,把立管的中心线弹画在后墙上,作为立管安装的基准线。根据立管与后墙面的净距,确定立管卡子的位置,栽埋好管卡。当层高不超出 4 m 时,每层安装一个立管管卡,距地面 1.5 ~ 1.8 m;层高大于 4 m 时,每层不得少于两个立管管卡,应均匀安装。

2.立管的预制与安装

采暖立管的预制与安装,应在散热器就位并经调整稳固后进行。这样可以用散热器接管中心的实际位置,作为实测各楼层管段的可靠基础。预制前,自各层散热器下部接管中心引水平线至立管洞口处,以便于实测楼层间的管段长度。

(1)单管立管的预制:单管垂直顺流式(如图 2.13 下半部图形)时,管段长度 $L = l + l_0$,即实际的预制管段长度 l 等于实际量得的楼层管段长度 L 减去 l_0。预制管段制作时,若是单侧连接,则 l 是两个弯头加填料拧紧后的中心距;若是双侧连接,则 l 是两个三通 T 形连接后的长度。

单管跨越式(如图 2.13 上半部图形)时,实际楼层管段长度 $L = l + l_0$,预制管段长度就等于实际楼层管段长度 l。预制时,若是单侧连接,则用三个三通比量下料,组装拧紧后,顶部与中部三通中心距为 l;若双侧连接,则用三个四通比量下料,组装拧紧后,顶部与中部四通中心距为 L(其中 l_0 为散热器的中心距加坡度高)。

(2)双管立管的预制:双管立管的预制如图 2.14 所示,楼层管段 $L = l + l_0$,其中,l_0 由四通(或三通)及半圆弯组成。预制时应把 l 和 l_0 加工成一根管段,使上部为四通(三通),下部为裸露的管螺纹。l_0 值为散热器接口中心距加坡度高,对单侧连接的立管应加 10 mm,对双侧连接的应加 20 mm。

立管预制完毕后,应由底层到顶层(或由顶层到底层)逐层安装,每安装一层管段均应穿入套管,并在安装后逐层用管卡固定立管。

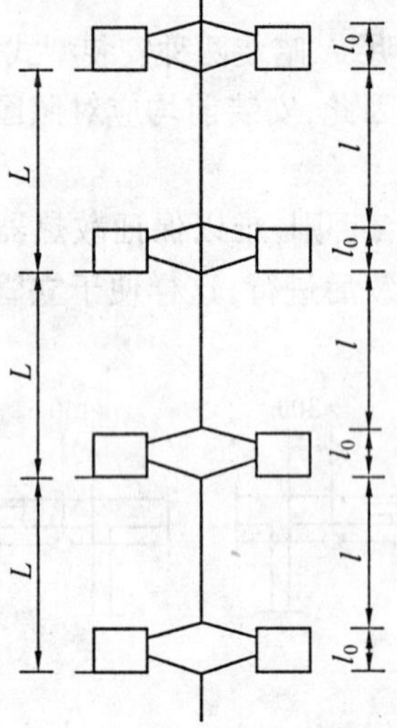

图 2.13　单管采暖立管预制

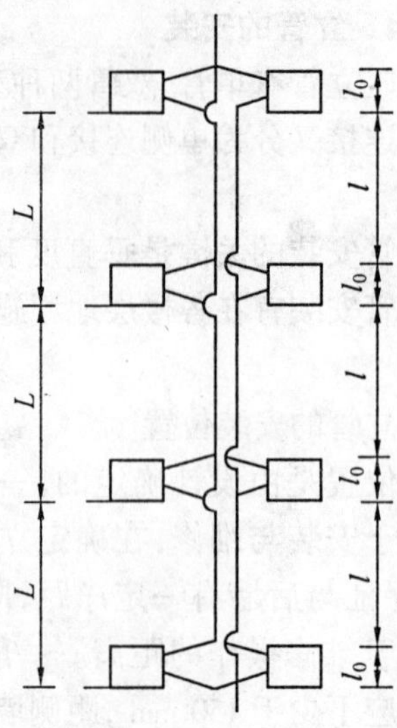

图 2.14　双管采暖立管预制

3.立管与干管的连接

当回水干管在地沟内接出供暖立管时,一般应用 2~3 个弯头连接,并在立管的垂直底部安装泄水阀(或丝堵),如图 2.15。供热干管在顶棚下接立管时,为保证立管与后墙的安装净距应用弯管连接。对热水立管可以从干管底部引出;对于蒸汽立管,应从干管的侧部(或顶部)引出,如图 2.16。

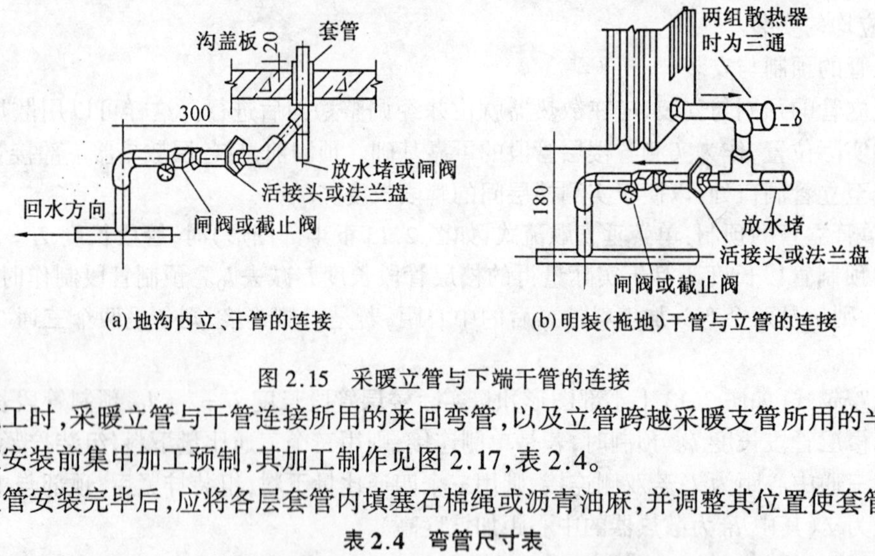

(a) 地沟内立、干管的连接　　(b) 明装(拖地)干管与立管的连接

图 2.15　采暖立管与下端干管的连接

施工时,采暖立管与干管连接所用的来回弯管,以及立管跨越采暖支管所用的半圆弯管均应在安装前集中加工预制,其加工制作见图 2.17,表 2.4。

立管安装完毕后,应将各层套管内填塞石棉绳或沥青油麻,并调整其位置使套管固定。

表 2.4　弯管尺寸表

mm

DN	a	a_1	R	L	H	DN	a	a_1	R	L	H
15	94	47	50	146	32	25	72	36	85	198	38
20	82	41	65	170	35	32	72	36	105	244	42

注:此表适用于采暖、给水、生活热水管道安装;a、a_1 的单位为度。

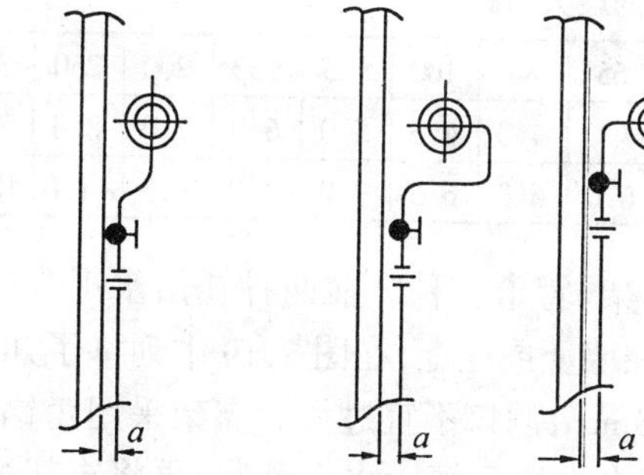

(a)采暖供水管　(b)蒸汽管

图2.16　采暖立管与顶部干管的连接

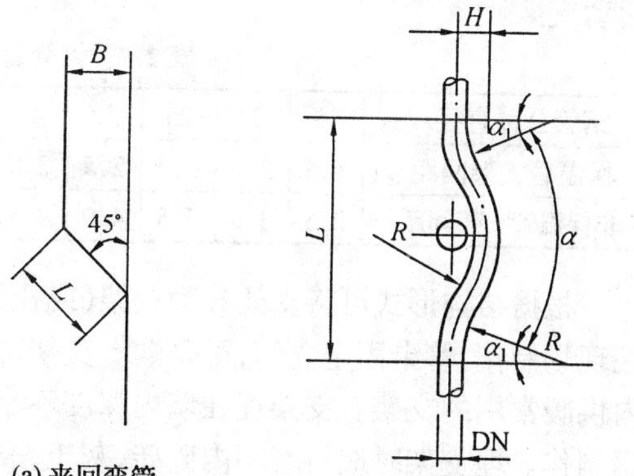

(a)来回弯管　(b)抱弯

图2.17　弯管尺寸

2.1.3.5　散热器支管的安装

1.散热器支管安装的技术要求

(1)散热器支管,宜在立管和散热器安装完毕后进行连接,支管与散热器之间,不应强制进行连接,以免因受力造成渗漏或配件损坏;也不应用调整散热器位置的办法,来满足与支管的连接,以免散热器的安装偏差过大。

(2)散热器支管的安装应有坡度,单侧连接时,供回水支管的坡降值为5 mm;双侧连接时为10 mm;对蒸汽采暖,可按1%安装坡度施工。

(3)当散热器支管长度超过1.5 m时,中部应加托钩(或管卡)固定。

(4)所有散热器支管上,都应安装可拆卸的管件,如活节、长丝配锁紧螺母。当支管上设阀门时,应装在可拆卸管件与立管之间。

(5)支管与散热器连接时,对半暗装散热器应用直管段连接。对明装和全暗装散热器,应用乙形弯管进行连接,尽量避免用弯头连接。

2.支管与散热器的连接

支管与散热器的一般连接型式如图2.18。采暖支管从散热器上部单侧或双侧接入,回水支管从散热器下部接出,同时在底层散热器的支管上装设阀门,以调节该立管的流量。

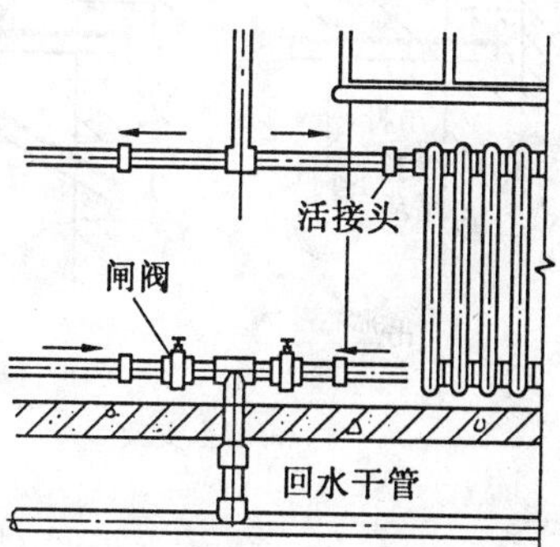

图2.18　单管顺流式支管的安装

2.1.4　支吊架的安装

供暖管道承托于支架上,支架应稳固可靠。预埋支架时要考虑管道按设计要求的坡度敷设。为此可先确定干管两段的标高,中间支架的标高可由该两点拉直线的办法确定。支架的最大间距见表2.5。间距过大会使管道产生过大的弯曲变形。

根据管道支架的作用、特点,将支架分为活动支架和固定支架。固定支架本身必须能承受较大的力,并能限制管道位移,使钢管的直线部分分段膨胀。固定支架必须按设计规定的位置安装,紧固后室内供暖系统才能投入运行。活动支架不应妨碍管道由于热胀冷缩而引起的移动。每两个固定支架间有一个解决管道热胀冷缩的补偿器,固定支架之间设若干个活动支架。

表 2.5 钢管管道支架的最大间距

钢管公称直径/mm	15	20	25	32	40	50	65	80	100	125	150	200	250	300
保温管支架间距/m	1.5	2.0	2.0	2.5	3.0	3.0	4.0	4.0	4.5	5.0	6.0	7.0	8.0	8.5
非保温管支架间距/m	2.5	3.0	3.5	4.0	4.5	5.0	6.0	6.0	6.5	7.0	8.0	9.5	11.0	12.0

根据结构形式可将支架分为托架(或托钩)、吊架、管卡三种。前两种托吊水平管道,多在现场制作,管卡固定立管,可采购。支架可固定在墙上或柱上,在图 2.19 中列举了几种室内供暖常用的支架。支架埋在墙内深度不小于 120 mm,洞口不宜过大。支架采用角钢和槽钢制作。埋支架时应将墙洞内碎砖、灰土扫净并用水浸湿后填入水泥砂浆,再将支架插入,并加碎石卡紧支架再填实水泥砂浆,但注意洞口应略低于墙面,以便修补饰面时找平。工业建筑中采用抱柱子支架时,应除去支架与柱子接触处粉刷层。若用螺栓紧固时,螺栓要拧紧。当支架焊在柱子预埋铁件上时,要把焊接处污物除去,焊接牢固。不能随意在承重梁及屋架的钢筋上焊接支架来支吊较大的钢管,如遇特殊需要必须经建筑结构设计人员同意。埋设支架的水泥砂浆具有一定强度后方可搁置管道。冬季施工时,埋设支架要采取冬季施工措施(如用热盐水拌和水泥砂浆)。栽支架应注意保证管子离墙距离符合要求,一般干管离墙或柱子表面净距离不小于 60 mm,立支管净距离为 30 mm。所有预留孔洞及支架埋设处的墙面均应在管道安装后,装修工程前填堵。

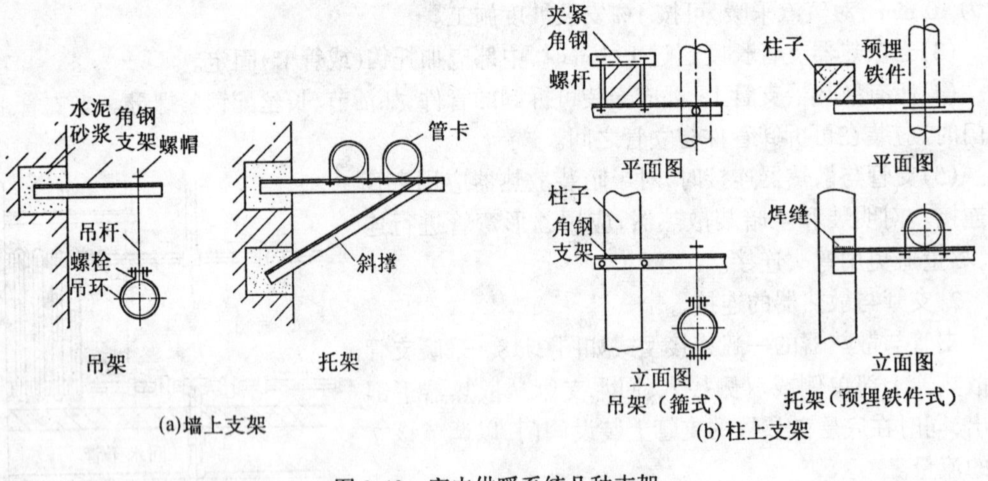

图 2.19 室内供暖系统几种支架

2.2 散热器及附属设备安装

散热器的类型很多,常用散热器有灰铸铁制、钢制、铝制等类型。按其形状不同,又分为翼型散热器、柱型散热器、柱翼型散热器、钢串片散热器、板式和扁管式散热器、排管散热器等。不同类型的散热器安装的方法也不相同,如铸铁长翼型、柱型(二柱、四柱、五柱等)散热器、柱翼型散热器为单片供应产品,需按设计要求的片数组对成散热器组,经过单组水压试验工序后,进行现场挂装;而圆翼型散热器,是将数根散热器直接连成散热器组,不经试压和挂装,即可在托架上一次连接完成,其连接的严密性是由最终水压试验一次加以检验;再如钢串片型、板式散热器、扁管型、铝合金等类型散热器,均为标准设计产品,只需按图纸要求的型号、规格定货,现场直接安装即可。

2.2.1 常用散热器的安装规定和要求

2.2.1.1 安装的一般规定

散热器宜明装。暗装时装饰罩应有合理的气流通道、足够的通道面积,并方便维修。为了搬运和安装方便,每组散热器片不宜超过下述数值,使其组对后长度不大于 1.7 m:

长翼型(大 60)　　6 片

细柱型(四柱)　　25 片

粗柱型(M132)　　20 片

散热器支托架数量、允许偏差见表 2.6。

表 2.6 散热器支托架数量、允许偏差

<table>
<tr><th rowspan="2" colspan="2">散热器的型号</th><th rowspan="2">散热器每组片数</th><th colspan="3">散热器支托架数量/个</th><th rowspan="2">散热器中心与墙抹灰面距离/mm</th><th colspan="2">散热器正面全长内弯曲</th><th colspan="3">安装允许偏差/mm</th></tr>
<tr><th>上部托钩或卡架</th><th>下部托钩或卡架</th><th>总计</th><th>片数</th><th>允许偏差 mm</th><th>内表面与墙</th><th>与窗口中心线</th><th>散热器中心线垂直度</th></tr>
<tr><td rowspan="5" colspan="2">长翼型</td><td>1</td><td>2</td><td>1</td><td>3</td><td rowspan="5">115</td><td rowspan="2">2~4</td><td rowspan="2">4</td><td rowspan="5">6</td><td rowspan="5">20</td><td rowspan="5">3</td></tr>
<tr><td>2~4</td><td>1</td><td>2</td><td>3</td></tr>
<tr><td>5</td><td>2</td><td>2</td><td>4</td><td rowspan="3">5~7</td><td rowspan="3">6</td></tr>
<tr><td>6</td><td>2</td><td>3</td><td>5</td></tr>
<tr><td>7</td><td>2</td><td>4</td><td>6</td></tr>
<tr><td rowspan="5" colspan="2">粗柱型</td><td>3~8</td><td>1</td><td>2</td><td>3</td><td rowspan="5">115</td><td rowspan="5">3~14</td><td rowspan="5">4</td><td rowspan="5">6</td><td rowspan="5">20</td><td rowspan="5">3</td></tr>
<tr><td>9~12</td><td>1</td><td>3</td><td>4</td></tr>
<tr><td>13~16</td><td>2</td><td>4</td><td>6</td></tr>
<tr><td>17~20</td><td>2</td><td>5</td><td>7</td></tr>
<tr><td>21~24</td><td>2</td><td>6</td><td>8</td></tr>
<tr><td rowspan="5" colspan="2">细柱型</td><td>3~8</td><td>1</td><td>2</td><td>3</td><td rowspan="5">30</td><td rowspan="5">15~24</td><td rowspan="5">6</td><td rowspan="5">6</td><td rowspan="5">20</td><td rowspan="5">3</td></tr>
<tr><td>9~12</td><td>1</td><td>3</td><td>4</td></tr>
<tr><td>13~16</td><td>2</td><td>4</td><td>6</td></tr>
<tr><td>17~20</td><td>2</td><td>5</td><td>7</td></tr>
<tr><td>21~24</td><td>2</td><td>6</td><td>8</td></tr>
<tr><td colspan="2">扁管板式</td><td>1</td><td>2</td><td>2</td><td>4</td><td>30</td><td></td><td></td><td>6</td><td>20</td><td>3</td></tr>
<tr><td rowspan="2">串片式</td><td rowspan="2">平放、竖放</td><td colspan="4" rowspan="2">1.每根长度小于 1.4 m
2.长度为 1.6~2.4 m
3.串联托钩间距不大于 1 m</td><td>95</td><td rowspan="2"></td><td rowspan="2"></td><td rowspan="2">6</td><td rowspan="2">20</td><td rowspan="2">3</td></tr>
<tr><td>60</td></tr>
</table>

2.2.1.2 散热器的质量及安装技术要求

对于长翼型散热器，顶部掉翼数只允许一个，其长度不得超过 50 mm，侧面掉翼数，不得超过两个，其累计长度不得超过 200 mm，掉翼面应朝墙安装。

散热器的加工面要平整光滑，丝扣螺纹要完好，无裂纹、无可见砂眼和外部伤损。

组对铸铁散热器，应平直紧密，垫片外露出颈外不得大于 1 mm，散热器垫片材质当设计无要求时应采用耐热橡胶。

散热器和管道连接，必须安装可拆装的连接部件。

散热器支托架的安装、位置应正确，用 1:3 水泥砂浆填塞孔洞，埋设平整牢固，严禁用木块填塞；如果是轻质结构墙，散热器底部可用特制金属托架支撑。

安装带足的柱型散热器，所需足片：14 片以下为 2 片，15～24 片为 3 片。

2.2.2 散热器的安装

一般情况下散热器多安装于外墙的窗下，并使散热器组的中心与外窗的中心重合。散热器的安装有明装和暗装两种。明装为裸露于室内。暗装又分两种情况，一种是散热器按一半宽度置于墙槽内；一种是散热器按宽度全部置于墙槽内，加罩后与墙面平齐。

下面对散热器安装中的组对、试压、支架预制及安装、挂装等方面进行安装技术的介绍。

2.2.2.1 散热器的组对

经检查合格后的单片散热器应进行认真的清理、除锈并刷（或喷涂）防锈底漆，然后进行组对。散热器的组对是按设计要求的片数组对各单片散热片，使之成为散热器组的操作。

组对散热器时使用的材料如下。

(1)散热片：应按设计图纸中的要求准备片数(n)。对于柱型散热器挂装时，均为中片组对；如果立地安装，每组至少用 2 个足片；超过 14 片的应用 3 个足片，且第三个足片应置于散热器组中间。

(2)对丝：散热片的组对连接件叫对丝，其数量为 $2(n-1)$个(n 为设计片数)。对丝的规格为 DN40。

(3)垫片：为保证接口的严密性，对丝的中部（正反螺纹的分界处）应套上 2 mm 厚的石棉橡胶垫片（或耐热橡胶垫片），其数量为 $2(n+1)$个。

(4)散热器补心：散热器组与接管的连接件叫散热器补心，其规格有 40×32、40×25、40×20、40×15 四种，并有正丝补心和反丝补心两种。每组散热器用 2 个补心，其正、反应按图纸标明。当支管与散热器组同侧连接时，均用正扣补心 2 个，异侧连接时，用正、反扣补心各 1 个。

(5)散热器堵头：散热器组不接管的接口处所用的件叫散热器堵头（或称汽包堵）。其规格为 DN40，也分正、反螺纹。堵头上钻孔攻内螺纹，安装手动放气阀的，称为放风堵头。每组散热器应用 2 个堵头，对同侧接管的散热器用反堵头 2 个，异侧接管的散热器用正、反堵头各 1 个。

2.2.2.2 散热器试压

散热器组对完毕后，所有散热器挂装之前应逐组进行水压试验，每组散热器留出两个接头，下部接头与手压泵或其他加压装置连接，上部接头装排气阀，其余的接头用丝堵堵住。试压时散热器立放或斜置，先打开进水阀充入自来水，打开排气阀排气，待充满水排气后关闭排气阀，将补充水加压注入散热器内。试验压力按设计要求，试压时应分两次升至试验压力，稳压 2～3 min。逐个接口进行外观检查，不渗不漏即为合格，然后刷面漆待安装。铸铁散热器如更换不合格片，更换后应重新进行水压试验，直至合格。单组试压装置如图 2.20 所示。

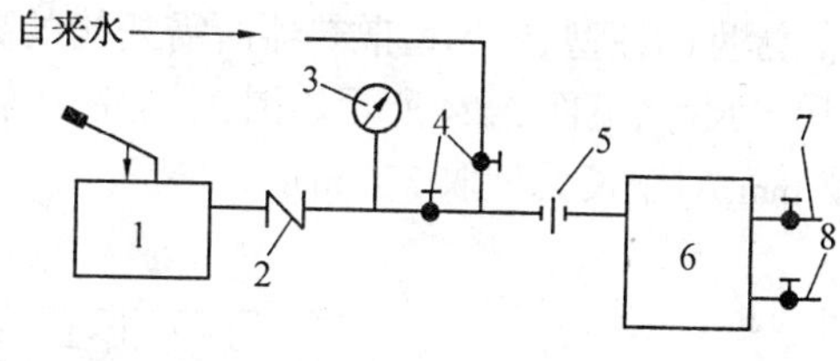

图 2.20　散热器单组试压装置

1—手压泵；2—止回阀；3—压力表；4—截止阀；5—活节；6—散热器组；7—放气管；8—放水管

2.2.2.3　散热器安装

1.散热器安装应着重强调稳固性

散热器安装应着重强调稳固性，从安装的支承方式分为直立安装、托架安装。而直立安装又有两种情况。

(1)对柱型散热器应靠其足片直立于地面上安装，但在距散热器底部 2/3 处，应设一卡件，控制其不会倾倒，见图 2.21 所示。

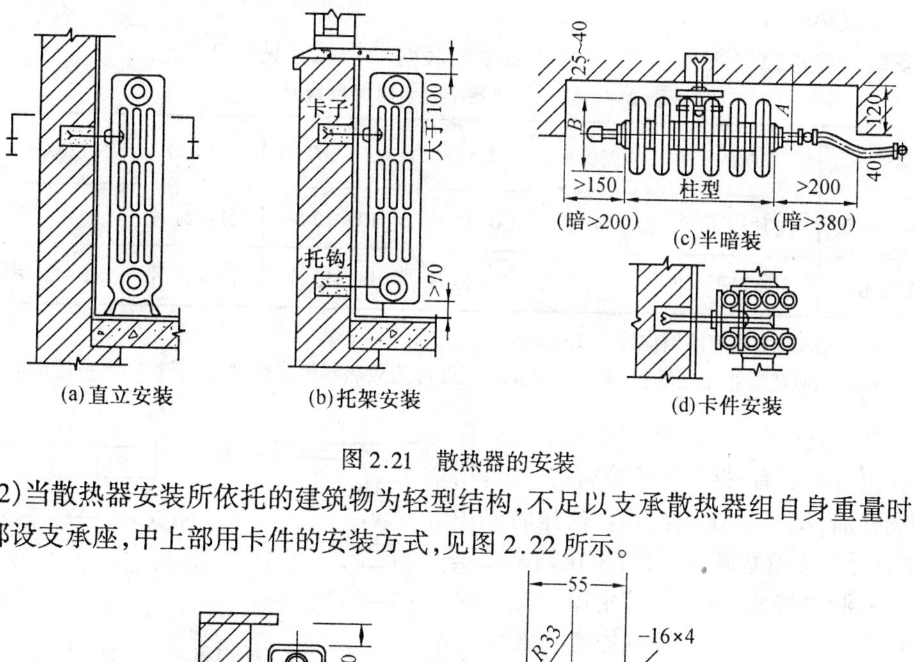

图 2.21　散热器的安装

(2)当散热器安装所依托的建筑物为轻型结构，不足以支承散热器组自身重量时，可采用底部设支承座，中上部用卡件的安装方式，见图 2.22 所示。

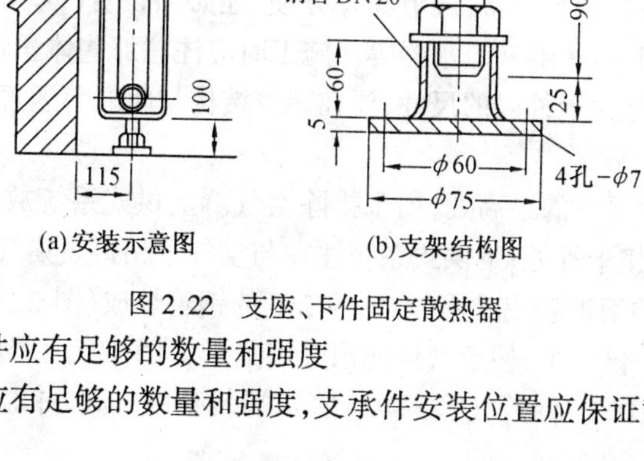

图 2.22　支座、卡件固定散热器

2.散热器的支承件应有足够的数量和强度

散热器的支承件应有足够的数量和强度，支承件安装位置应保证散热器安装位置的准确。常见的柱型、长翼型散热器所需托钩的数量和安装位置,如图 2.23 所示。托钩和卡件的加工尺寸,见图 2.24 所示。图 2.24 中 C 值为:对于 M132 型取 250 mm;对于四柱 760 型取 262 mm;对于长翼型取 240 mm 。

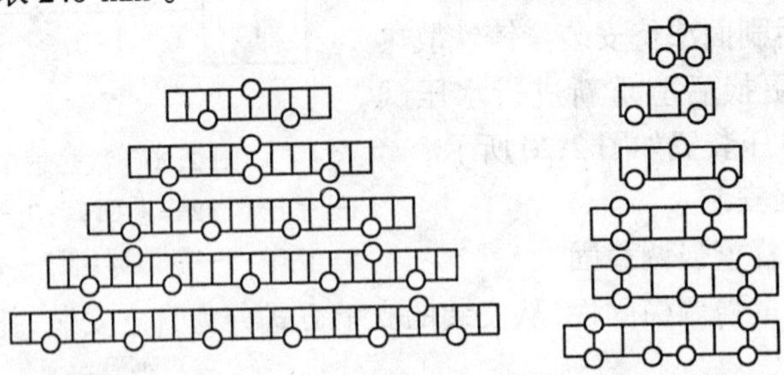

(a)柱型　　　　(b)长翼型

图 2.23　柱型、长翼型散热器所需托钩的数量和安装位置

3.柱型散热器

在安装时应注意安装尺寸,柱型散热器半暗装时墙槽尺寸见表 2.7。

表 2.7　柱型散热器半暗装时墙槽尺寸

槽宽/mm 型号	1 000	1 200	1 400	1 600	1 800	2 000
四柱 760 型	11 片以下	12 ~ 14 片	15 ~ 18 片	19 ~ 20 片	21 ~ 24 片	
M132 型	8 片以下	9 ~ 11 片	12 ~ 13 片	14 ~ 15 片	16 ~ 17 片	18 ~ 24 片

注:1. 柱型散热器半暗装墙槽深度为 120 mm。

2. 长翼型散热器半暗装墙槽深度为 80 mm,宽度可按散热器组成长度,参照表中数字近似取用。

散热器垂直中心线应与窗口垂直中心线重合。托钩位置标定后,打洞并清除洞内砖渣,用水湿润洞壁后,即可挂线栽托钩。操作时先用 150 # 细石混凝土填塞满洞孔,再将托钩尾端垂直墙面插入洞内捣实,抹平。待混凝土强度达到有效强度的 70% 以上后,即可挂装散热器。

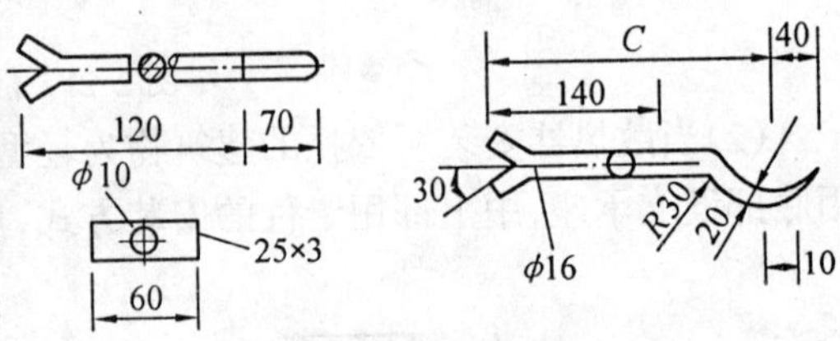

图 2.24　托钩和卡件的加工尺寸

2.2.3　附属器具的安装

为了使室内供暖系统运行正常,调节修理方便,还必须设置一些附属器具。如集气罐、排气阀、膨胀水箱、阀门、除污器和疏水器等。施工时应注意那些体积较大的箱、罐、设备,并预留安装孔洞,如其尺寸大于外门的尺寸,要在建筑结构封闭之前运置于室内。

2.2.3.1　集气罐

集气罐设置于管道系统的最高处,用于排除空气。上供式系统放在供水干管末端或连在倒数第一、二根立管接干管处;下供式系统往往与空气管相接。集气罐分为立式和卧式两种,一般用厚 4.5 mm 的钢板卷成或用 DN100 ~ 250 的钢管焊成(图 2.25)。集气罐的直径应比连接处干管直径大一倍以上,便于气体逸出并聚集于罐顶 。为了增大储气量,进、出水管宜接近罐底,罐上部设 DN15 的放气管。放气管末端装有放气阀,并通到有排水设施处。放气阀的位置还要考虑使用方便，一般离地面1.8 m处。

集气罐有两种：一种靠人工开启阀门放气。另一种自动排气罐，可免去了放气的麻烦，能及时自动放气，有利于系统正常运行。自动排气罐分为立式与卧式两种。自动排气罐因失灵而漏水时，需要维修更换，因此安装时应在自动排气罐与管路接点之间装一个阀门。

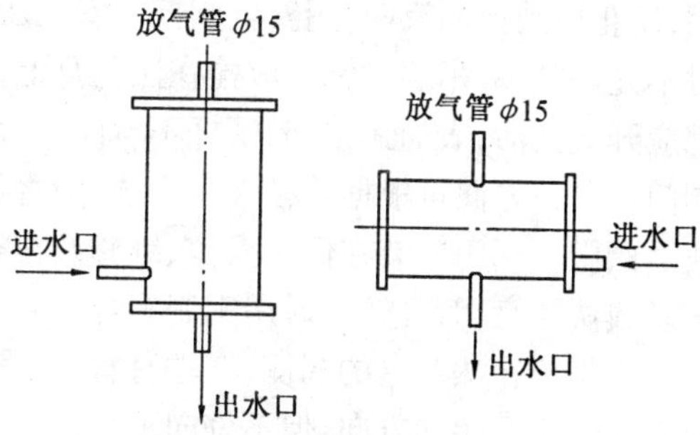

图 2.25　集气罐

2.2.3.2　膨胀水箱

在热水供暖系统中膨胀水箱有调节水量、稳定压力及排除空气（机械循环系统一般情况下不靠膨胀水箱排气）三个作用。其形状分方形和圆形，一般多为方形。用厚 3 mm 的钢板制作（图 2.26）。圆形比方形节省材料，容易制作，材料受力分布均匀。水箱顶部的人孔盖应用螺栓紧固，水箱下方垫枕木或角钢架。水箱内外刷防锈漆，并要进行满水试漏，箱底至少比室内供暖系统最高点高出 0.3 m。有时与给水箱一同安装在屋顶的水箱间内。如安装在非采暖房间里还要保温。

膨胀水箱上有 5 根管，膨胀管、循环管、溢流管、信号管及排水管。膨胀管一般应连接到循环水泵的回水总管上，不宜连接到某一支管上。循环管使水箱内的水不冻结，当水箱所处环境温度在 0℃以上时可不设循环管，如果膨胀水箱有保温措施也可以不设置循环管。有循环管时其安装方法如图 2.27 所示。溢流管供系统内的水充满后溢流之用，溢流管应装在距膨胀水箱顶部 100 mm 的侧面，其末端接到楼房或锅炉房排水设备上。为了便于观察，不允许直接与下水道相接。为了保证系统安全运行，膨胀管、循环管、溢流管上都不允许设阀门。信号管又称检查管，供管理人员检查系统内水是否充满用。信号管应装在膨胀水箱侧面1/3的高度，信号管末端接到锅炉房内排水设备上方，末端安装阀门。系统运行试压时，应及时将信号管上的阀门打开，观察膨胀水箱的满水情况。

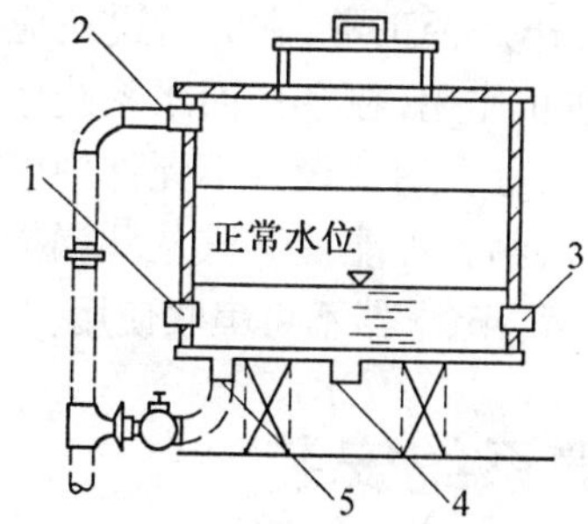

图 2.26　膨胀水箱

1—信号管；2—溢流管；3—循环管；4—膨胀管；5—排污管

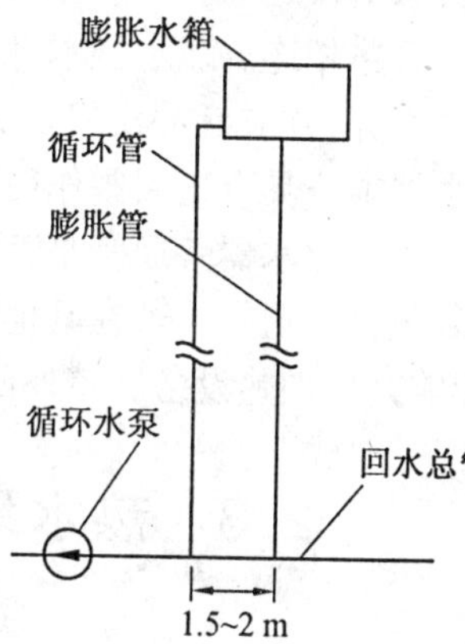

图 2.27　膨胀水箱膨胀管与循环管的安装

2.2.3.3　阀门

室内供暖系统的阀门起启闭、调节、控制流向和压力等作用。常用闸阀起启闭、调节作用,用止回阀控制流向,用安全阀控制安全压力,在蒸汽系统中还用减压阀减压。阀门搬运时不允许抛掷,吊装时钢丝应拴在法兰盘上,不能拴在手轮或阀杆上以免损坏。所有的阀门都应开关灵活,表面无损伤,阀杆不弯曲。管道采用螺纹连接时用螺纹阀门,焊接时用法兰阀门。另一方面可根据管径大小来选:小直径管(如 DN≤50)多用螺纹管,大直径阀门多用法兰阀门。阀门应装在便于操作、维修及检查处。为了拆卸方便,螺纹阀门需配装活接头、长丝或法兰盘,管径较大时用钢制平焊法兰。加工钢制平焊法兰时注意与阀门上的法兰配对。螺帽放在法兰盘的同侧,在垂直管上,螺栓由上向下穿 。在水平管上,阀杆应垂直向上或斜向便于开闭的方向,但不许向下。同一房间内阀门安装高度应一致,螺纹阀门应保证螺纹完整。在钢管上套锥形管螺纹时松紧要合适,不要太长,以免管子与阀门连接时胀裂阀门,这一点对 DN15 的阀门尤其要注意。闸阀和截止阀调节性能较差,供暖系统中用它主要起启闭作用。系统水力计算中尽量在管径选择时使各环路阻力平衡,以免因阀门调节性能不好以及阀门易被人开关等原因 ,造成系统的水力失调及热力失调。高温水系统上的阀门宜用截止阀,管径 DN>32 时宜用法兰截止阀。分支管路上的阀门离分支点不宜太远。阀杆转动时靠周围的填料来密封,填料由压盖压紧。如填料漏水,应松开阀盖,更换填料。

2.2.3.4　除污器

为了除去供暖管道在安装和运行过程中的污物,防止管路和设备堵塞,应在用户引入口或循环水泵进口处设除污器,安装时注意方向。上部设排气阀,下部设排污丝堵。使用时到非采暖期要定期清理内部污物,除污器一般用法兰与管路连接(见图 2.28)。

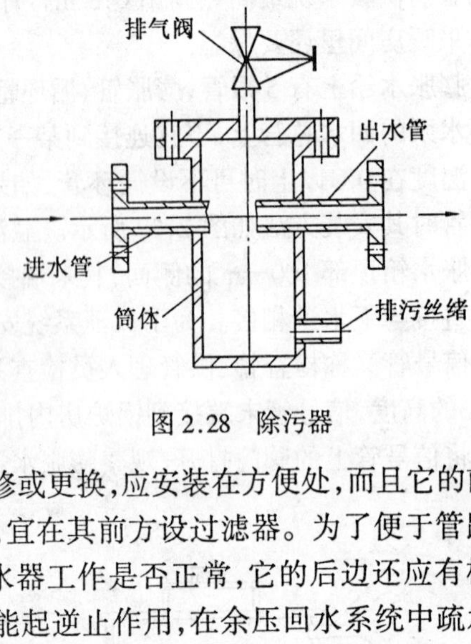

图 2.28　除污器

2.2.3.5　疏水器

疏水器是蒸汽供暖系统的专用器具,用来阻气排冷凝水,疏水器应接近用热设备并置于用热设备冷凝水出口之下。一般疏水器要经常检修或更换,应安装在方便处,而且它的前后应用可拆件与管路相连。疏水器本身如无过滤器,宜在其前方设过滤器。为了便于管路冲洗时排污及放气,前方应有冲洗管。为了检查疏水器工作是否正常,它的后边还应有检查管。有的疏水器本身具有止回阀作用。如本身不能起逆止作用,在余压回水系统中疏水器后应另设止回阀。疏水器旁通管是否设置应慎重考虑,只有在用气设备不允许中断供气的条件下才必须设置旁通管。若在其他情况下设置旁通管,就有可能使蒸汽从此漏损而浪费能量,而且影响其他加热设备和室外回水管网的压力平衡。疏水器不可串联使用。

2.3　热水地板辐射供暖系统安装

2.3.1　低温热水地板辐射供暖的构造

低温热水辐射供暖,是指加热的管子埋设在建筑物构件内的热水辐射供暖系统,一般有三种形式:墙壁式、天棚式和地板式。近年来在国内发展迅速的是低温热水地板辐射供暖系统,也称为地热供暖。其系统供水温度不超过 60℃,供回水温差一般控制在 10℃,系统的最大压力为0.8 MPa,一般控制在0.6 MPa或以下。

低温热水地板辐射供暖的结构和组成是和建筑施工紧密联系着的。由楼板结构层(或其他结构层)、保温层、细石混凝土层、砂浆找平层和地面层等组成,这是一般的典型结构,如图2.29和图2.30所示。从图中所示看出,埋管均设在建筑施工的细石混凝土层中,或设在水泥砂浆层中,在埋管与楼板结构层的砂浆找平层之间,都设置了隔热层(又称保温层)。隔热层多采用密度大于或等于20 kg/m³的自熄型聚苯乙烯泡沫板,厚度不小于25 mm,若地面载荷大于500 kg/cm²时,隔热材质的选择则应与承压能力相适应。埋管的覆盖层厚度一般不少于50 mm。在覆盖层均设伸缩缝,加热管(即埋管)穿过伸缩缝处设有不小于100 mm的柔性套管。

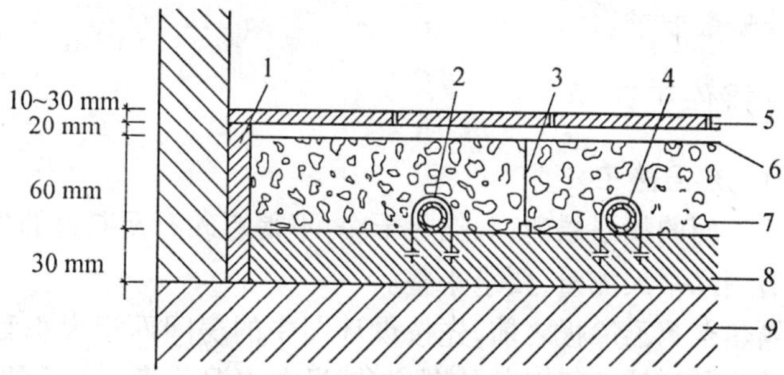

图2.29　地板供暖结构剖面图

1—边角保温材料;2—塑料卡钉;3—伸缩缝;4—加热管材;5—地面层;6—找平层;7—豆石混凝土层;8—复合保温层;9—结构层

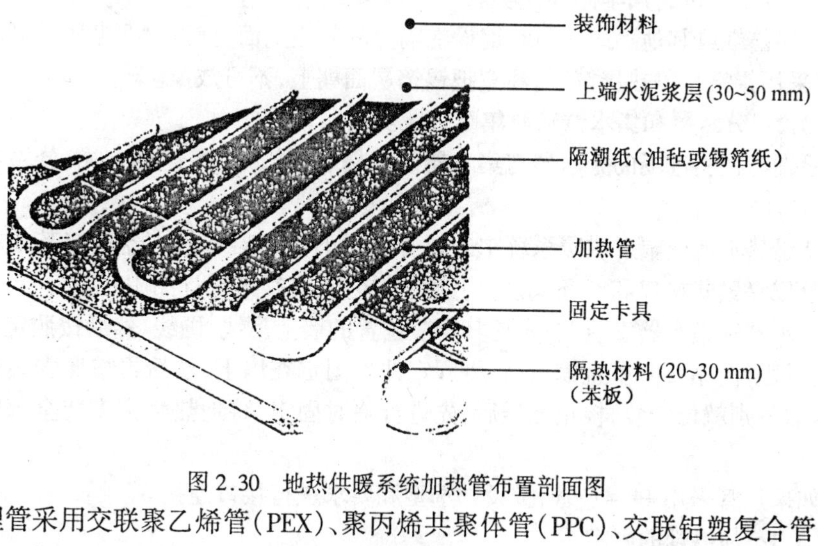

图2.30　地热供暖系统加热管布置剖面图

地热埋管采用交联聚乙烯管(PEX)、聚丙烯共聚体管(PPC)、交联铝塑复合管(XPAP)、无规共聚聚乙烯(PP－R)等化学管材。抗老化、耐高温、耐高压、易弯曲、相对密度仅为钢管的1/8;搬运方便、操作简单,是这些管材的共同特点。

2.3.2　安装应具备的条件

(1)进行低温地板辐射供暖系统安装的施工队伍,必须持有专业施工资质证书,施工人员必须经过专业培训,否则不得施工。

(2)建筑工程主体已基本完成,屋面已封顶,各层楼板地面水泥砂浆的找平层已经完成。室内有吊顶的均施工完毕,抹灰等室内的初步装修工程也施工结束。

(3)地热管道工程应尽量在入冬之前完成施工计划。其施工环境温度不宜低于5℃。

(4)安装施工前,已由设计、建设单位、安装施工人员进了图纸会审。施工技术负责人已编制了施工设计方案并对现场施工人员进行了技术、质量、安全交底。

(5)所需用的管材、连接件、专用工具和其他材料、机具设备均已进入现场。电源、水源也已接通,均能保证连续施工。进场的管材、管件、阀件等,均经检查符合设计要求。

(6)具备试压、冲洗管道排放下水的安全地点。

(7)管道穿越墙壁、楼板及嵌墙暗敷设处,已由建筑施工专业配合预留,经检查预留孔洞槽的位置正确,符合安装要求。

2.3.3 安装施工操作工艺

2.3.3.1 地面隔热层施工

(1)将水泥砂浆地面的找平层清理、扫除干净,不得有砂石及明显的尘土等,地面不得有凸凹不平处,清理后用水平尺测量,要求平整。

(2)铺设保温隔热聚苯乙烯板之前,先按设计图中的房间面积大小和管路的分布状况,进行量尺下料,然后将苯板按从里向外的顺序,铺设在水泥砂浆找平后的面层上。铺设应平整,不得起鼓。苯板拼接对缝时,隔热的苯板连接缝应严密对齐。接缝处一律用专用胶带纸封贴牢固。凡是电线管或其他管道穿越隔热层时,只允许垂直穿过,不得斜插,将插管与苯板接缝处用专用胶带封贴牢固和严实。

(3)将锡箔纸或其他隔潮纸(布)铺设在隔热的苯板上面,铺设时要贴紧,不要凸起,应平整。如果采用锡箔作隔热层铺时,注意把锡箔层面朝上,不可放反。

2.3.3.2 分水器和集水器热源集配装置安装

(1)检查与核实进场的分水器与集水器的规格、型号、尺寸、连接方式、分路数目是否符合设计要求。

(2)低温热水地面辐射供暖系统中的热管采用的分水器和集水器应与其他的连接件一样,也是分成夹紧式接口和卡环式接口,分路的多少,必须与设计图中一致。

(3)分水器和集水器安装前,先在其安装位置的墙上吊线、画线,然后按照定位线安装固定卡具的紧固件,用线坠吊直校正后,将固定件先固定在墙上,然后再按照安装位置把分水和集水器分别就位安装,校正无误后,先进行临时固定,待地热管道安装全部完成后再固定。

(4)如果热管采用PP-C管,按设计选型和要求进行接口连接。

2.3.3.3 加热管的固定

1.加热管的固定方式

(1)用固定卡子将加热管直接固定在敷有复合面层的绝热板上。

(2)用扎带将加热管绑扎在铺设于绝热层表面的钢丝网上。

(3)卡在铺设于绝热层表面的专用管架或管卡上。

2.加热管固定点的设置与安装

(1)就目前来说,加热管的卡具分成两大类型,一种为成品卡具整体单根倒钩形式,一种类似为U型卡环形状。加热管采用聚丙烯共聚物PP－C管时,固定卡具的形式为整体安装。安装之前先根据热管的回路布置方式,按照管道支承的间距规定:直管段500 mm,弯管段250 mm计算及备料,不可大于规定值,在锡箔层上画上记号,但不得破坏防潮层的表面。然后把整根的固定卡具设置在锡箔纸(或其他隔潮层)上面标记上,位置应正确,设置应平整无翘起部位,管卡设置后必须与管道紧密接触。

(2)加热管采用交联聚乙烯管(PEX)、交联铝塑复合管(XLPE),若采用整体安装形式的卡具,则施工工艺同上,同样须先行设置固定卡具。如果采用(PEX)管配套固定卡具,则须待地热管的水平管安装时,边排管、边定位、边安设固定卡具。其管子支承间距可参考表2.8进行计算、排尺、定位,不可大于表中规定值。固定卡具的安装可采用专用工具,随着管子安装过程进行。

(3)如果采用扎带固定地热管道,其安装间距与卡具安装相同。

表2.8　PEX管的管道安装支承间距

外径/mm	$\phi16$	$\phi20$	$\phi25$	$\phi32$	$\phi40$	$\phi50$	$\phi63$	$\phi75$	$\phi90$	$\phi110$
水平管/mm	600	600	800	800	1 000	1 000	150	1 500	2 000	2 000
立管/mm	800	1 000	1 200	1 200	1 500	1 500	1 500	2 000	2 500	2 500

2.3.3.4　管道安装

(1)地热管材在进场开箱后、正式排放管子进行安装之前,必须对各类塑料管的外观及接头之间的配合公差,认真仔细地进行量尺检查。同时检验和清除管材、管件内的污垢和杂物。

(2)按照设计图纸的技术要求,进行放线、定位。同一通路的地热管应保持相互平行与水平。

(3)排管(含弯管)。管道安装前,将开箱后的管子,搬运进安装地点,按照从远到近逐环排放,有弯则顺弯就弯,管子应敷设在贴有锡箔的自熄聚苯乙烯隔热板上,管道所在不同的位置由不同的专用卡具固定。

(4)为了防止在供暖后地板产生各方向的膨胀,从而造成地面的龟裂或隆起,应事先把地面分割成几块,用膨胀条把各块区域隔离开,管子在铺设时穿过膨胀缝处加设伸缩节,如图2.31中膨胀带和伸缩节所设置的位置。

辐射供暖地板面积超过30 m^2或边超过6 m时,填充层应设置间距≤6 mm、宽度≥5 mm的伸缩缝,缝中填充弹性膨胀材料。与墙、柱的交接处,应填充厚度≥10 mm的软质闭孔泡沫塑料。加热管穿越伸缩缝处,应设长度不小于100 mm的柔性套管。

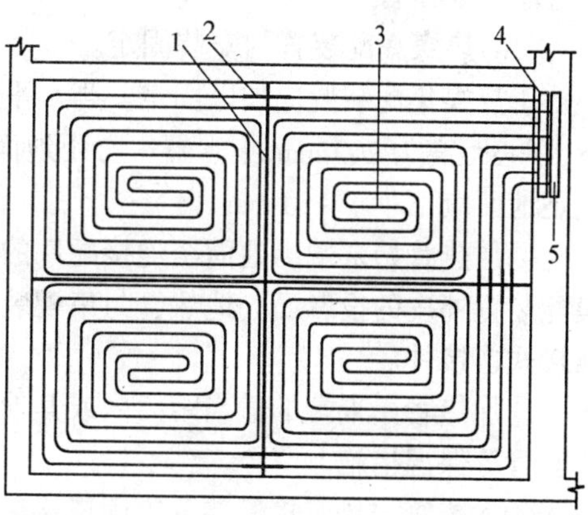

图2.31　加热管路平面布置图

1—膨胀带;2—伸缩节(300 mm);3—交联管;4—分水器;5—集水器

(5)管道安装过程中,在民用建筑地面内的地热管中,每一条通路循环管均不得有接头。

并在填充层内一律不得设接头，隐蔽之前必须对管路进行检查。

(6)管子需切割截断时，对 PEX 管子、XLPE 管子或 PP－C 管子须采用不同的专用切割工具进行。剪切时要求管子断面与管子轴向垂直，以保证切口平整。

(7)管子需要做定型弯曲时，对 PEX 管与 XLPE 管子可以采用专用弯管卡或用电热风机加热弯曲定型，但严禁用明火直接加热或电加热，也可采用直角弯头。对 PP－C 管则根据需要直接采用弯头连接件。加热盘管弯曲部分不得出现硬折弯现象，曲率半径符合规范规定。

(8)管子铺设完，管网经冲洗后，即通过与分水器和集水器的连接，可与管网进行碰头连接。见系统示意图 2.32。

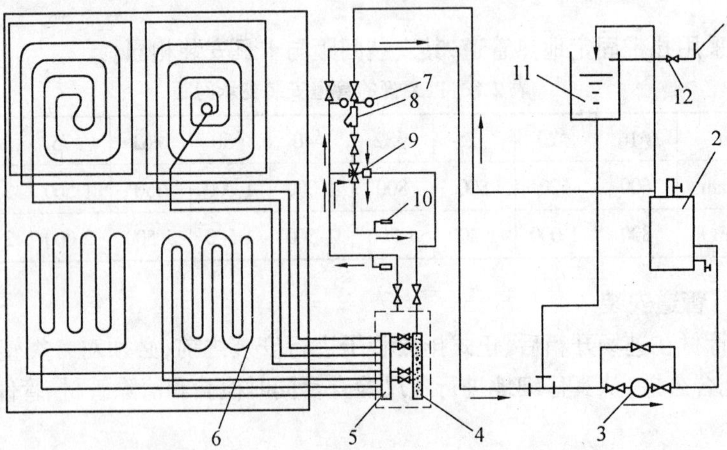

图 2.32 管路系统与分水器、集水器连接示意图

1—补水管；2—采暖锅炉；3—循环水泵；4—分水器；5—集水器；6—地热盘管；7—压力表；8—过滤器；9—三通；10—温度计；11—膨胀水箱；12—截止阀

(9)地热管的弯曲半径，一般情况下，PB 管和 PEX 管不宜小于 5 倍的管外径，其他管材不宜小于 8 倍管外径。

(10)热媒集配装置的安装固定。

①热媒集配装置应加以固定。当水平安装时，一般宜将分水器安装在上，集水器安装在下，中心距离为 200 mm，集水器中心距地面应不小于 300 mm。当垂直安装时，分、集水器下端距地面应不小于 150 mm。

②加热管始末端出地面至连接配件的管段，应设置在硬质套管内。套管外皮不宜超出集配装置外皮的投影面。地热管与集配装置分路阀门的连接，应采用专用卡套式连接件或插接式连接件。

③加热管始末端的适当距离内或其他管道密度较大处，当管间距≤100mm 时，应采用柔软套管等保温措施。

④加热管与热媒集配装置牢固连接后，或在填充层养护期后，应对加热管每一通路逐一进行冲洗，至出水清洁为止。

2.3.3.5 管道的接口与碰头连接操作

PEX 管子的连接有两种方式，分别为夹紧式和卡环式；PP－C 管的连接方式为热熔连接。

1.PEX管子的连接

将铜制的卡环3套在PEX管子4的管端，再将管件内心2通过直角弯头1插进PEX管子4内，将管心插到底，然后把卡环3拨到距管件3~6 mm处，如图2.33中所示。操作时应使卡环垂直于PEX管子的轴线。最后用专用卡紧钳对准卡环，进行一次性完全闭合钳口。注意不允许钳两次。

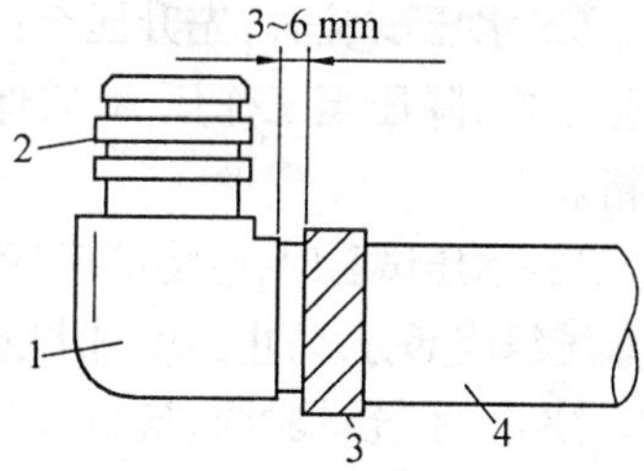

图2.33　PEX管卡环式接头(K系列)安装

1—直角弯头(两端PEX管)；2—管件内心；3—铜制卡环；4—PEX管

2.PPC管的热熔连接操作

(1)将须进行热熔相连接的PPC管材及管件(管件是PPC专用管件，也可以是金属管件)表面的灰尘、脏物清除干净。

(2)待启动后的熔接器达到260℃时，把洁净的PPC管端和管件插进熔接器的胎具里。

(3)待PPC管子的一端和管件被充分加热后，将管子和管件拔出，迅速地垂直地插入连接，保持一段时间后，进行静态冷却。管子与管件的加热、连接、冷却时间见表2.9。

(4)PPC管子和管件热熔连接时，必须注意PPC管子不能在管件内有碰触部位，如图2.34所示。

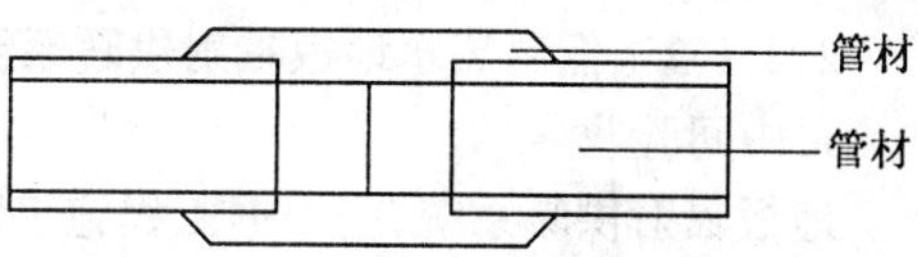

图2.34　熔接时管材不能在管件内有碰触

表2.9　PPC管材规格及熔接时间

管材/mm	加热时间/s	连接时间/s	冷却时间/min
15~25	5~7	4	2
30~50	8~18	6	4
65	24	8	6

2.4　供暖系统试压及验收

室内采暖系统的试压是在管道和散热设备及附属设备全部连接安装完毕后进行。

室内采暖系统的试压包括两部分，即一切需要隐蔽的管道及其附件，在隐蔽前必须进行水压试验；系统所有的组成部分(包括管道及其附件、散热设备、水箱、水泵、除污器、集气装置等附属设备)必须进行系统水压试验。前者叫隐蔽性试验，而后者叫最终试验。无论哪种试验都必须做好水压试验及隐蔽性试验记录。

2.4.1　室内采暖系统试压与清洗

2.4.1.1　室内散热器采暖系统的试压

(1)试验压力的确定见表2.10，室内采暖管道用试验压力做强度试验。试验压力是由设计确定的，以不超过散热器能承受的压力为原则。当高层建筑试验，底部散热器所受静水压力超过其承受能力时，水压试验应分区进行，即按楼层分区，进行两次以上的试验。用系统的工作压力做严密性试验。工作压力由设计来确定。

(2)水压试验时,先升压至试验压力 p_s,保持 10 min,如压力降不超过 0.02 MPa,则强度试验合格,降压至工作压力 p,保持此压力进行系统的全面检查,以不渗不漏为严密性试验合格。

(3)水压试验时,应将试压泵置于系统底部,做到底部加压顶部排气。升压过程中应严格检查系统组成部分,防止出现漏水、破裂等。试验结束后,应将试验用水排净,关闭各泄水阀门。

注意:系统试验时,应拆去压力表,打开疏水器旁通阀,关闭进口阀,不使压力表、减压器、疏水器参与试验,以防污物堵塞。

表 2.10 室内采暖系统水压试验的试验压力

管道类别	工作压力 p/MPa	试验压力 p_s/MPa
低压蒸汽管道		顶点工作压力的两倍,底部压力不小于 0.25
低温水及高压蒸汽管道	小于 0.43	顶点工作压力 + 0.1,顶部压力不小于 0.3
高温水管道	小于 0.43	$2p$
	0.43 ~ 0.71	$1.3p + 0.3$

2.4.1.2 低温热水地板辐射供暖系统的试压

1.中间验收

地板辐射供暖系统,应根据工程施工特点进行中间验收。中间验收过程,从地热管道敷设和热媒集配装置安装完毕进行试压起,至混凝土填充层养护期满再次进行试压止,由施工单位会同监理单位进行。

2.水压试验

(1)浇筑混凝土填充层之前和混凝土填充层养护期满之后,应分别进行系统水压试验。水压试验应符合下列要求:

①水压试验之前,应对试压管道和构件采取安全有效的固定和保护措施。

②试验压力为工作压力的 1.5 倍,且不应小于 0.6 MPa。

③冬季进行水压试验时,应采取可靠的防冻措施。

(2)水压试验应按下列步骤进行:

①经分水器缓慢注水,同时将管道内空气排出。

②充满水后,进行水密性检查。

③采用手动泵缓慢升压,升压时间不得少于 15 min 。

④升压至规定试验压力后,稳压 1 h,观察有无漏水现象。

⑤稳压 1 h 后,补压至规定试验压力值,5 min 内的压力降不超过 0.05 MPa 并无渗漏为合格。

(3)加热管道试压验收合格后,管道保持在 0.4 MPa 的压力状况下,方可按设计构造的要求进行混凝土(或水泥砂浆)的浇筑和捣实;混凝土填充层的浇捣和养护过程中,系统应保持 0.4 MPa 的压力。

2.4.1.3 室内采暖系统清洗

水压试验合格后,即可对系统进行清洗。清洗的目的是清除系统中的污泥、铁锈、砂石等杂物,以确保系统运行后介质流动畅通。

热水系统可采用水清洗,即将系统充满水,然后打开系统最低处的泄水阀门,让系统中的水连同杂物由此排出,这样反复多次,直到排出的水清澈透明为止。

蒸汽采暖系统可采用蒸汽清洗，清洗时，应打开疏水装置的旁通阀。送汽时，送汽阀门应缓缓开启，送汽至排汽口排出干净的蒸汽为止。

按照设计图中管道系统分布情况，制定出管道分区、分系统、分段冲洗的技术组织措施，对于暂时可不冲洗或已冲洗的管段通过阀门关闭进行控制。凡是不允许冲洗的附件，如除污器或过滤器、流量调节阀和调压孔板、流量孔板和分户热计量表、温度计和压力表等，应先拆下来用短管临时接通代替。减压阀和疏水器一般带有旁通管，可以关闭其进口阀，打开旁通管上的阀门，便可使其不参与冲洗。

2.4.2　室内采暖系统的调试与验收

2.4.2.1　供暖系统调试

1.热水供暖系统调试

(1)室内供暖系统的调节一般是从远环路开始。通过在各房间(先在远环路房间)所设置的温度计测定与控制，调节远环路立管上的阀门，调节到设计所要求的室温状况，然后逐个系统、逐个环路、从远至近地调整每一根立管上阀门的开启度。

(2)在对每一个环路进行调节过程中，还可以利用立管上各个支管上的散热器控制阀进行调节。能够调节各房间之间供热，使其达到设计温度或者平衡。

(3)依上面顺序，必须经过几个反复的调节，是可以使系统内各个环路、各个房间之间的供热达到平衡或者设计温度。

(4)最后达到热力平衡时，各立管上阀门的开启度，是从近环路至远环路逐渐开大的。

(5)对于同程式系统上每一个环路调节时，要注意其中间位置上的立管流量一般都偏小一点，调节时应将此立管上的阀门适当加大开启度，又适当关闭最近与最远立管上的阀门。开启度的具体大小与位置，只有通过反复调试，达到平衡为止。

(6)供暖系统为双立管(老式系统)供暖时，一般要把上层的支管阀门关一点，对于处于不利的下层散热器，应把支管上阀门开到最大，尽量避免上层热底层冷的不均衡状态。

2.地板辐射供暖系统调试

(1)地板辐射供暖系统未经调试，严禁运行使用。

(2)具备供热条件时，调试应在竣工验收阶段进行；不具备供热条件时，经与工程使用单位协商，可延期进行调试。

(3)调试工作由施工单位在工程使用单位配合下进行。

(4)调试时初次通暖应缓慢升温，先将水温控制在32℃以内运行48 h，以后再隔24 h升温3℃，直至达到设计水温。

(5)调试过程应持续在设计水温条件下连续通暖24 h，并调节每一通路使水温达到正常范围。

2.4.2.2　供暖系统验收

室内供暖系统应按分项、分部或单位工程验收。单位工程验收时应有施工、监理、设计、建设单位参加并做好验收记录。单位工程的竣工验收应在分项、分部工程验收的基础上进行。各分项、分部工程的施工安装均应符合设计要求及采暖施工及验收规范中的规定。设计变更要有凭据，各项试验应有记录，质量是否合格要有检查。验收时应填写如表2.11、2.12、2.13所示验收记录表。

表 2.11 室内采暖管道安装工程检验批施工验收记录

工程名称				检验部位			
施工单位				分包单位			
总包项目经理		分包项目经理		专业工长（施工员）		施工班组长	
施工执行标准名称及编号							

		验收项目及要求				施工单位检验意见	合格率/%	监理（建设）单位验收意见
主控项目	1	管材、管件、配件质量						
	2	系统水压试验						
	3	系统管道安装完毕热运行前的冲洗或吹扫						
	4	采暖工程正式交付使用前的热运行、调试						
	5	补偿器型号、位置和预拉伸及固定支架						
	6	各类阀门、热工仪表、疏水器、除污器、过滤器、减压器安装						
	7	采暖入口热平衡和热量表						
	8	膨胀水箱的膨胀管和循环管严禁安装阀类						
	9	管道坡度						
一般项目	1	钢管的螺纹连接						
	2	钢管的焊接						
	3	钢管的法兰连接						
	4	塑料管道安装						
	5	在干管上焊接分支管						
	6	调节阀门的强度、严密性试验及安装						
	7	管道的滑动支、吊架及管卡						
	8	管道穿墙和楼板管套						
	9	钢管及金属支架的除锈、防腐和涂漆						
	10	水平管道纵横方向弯曲	每 1 m	DN≤100 mm	1.0mm			
				DN＞100 mm	1.5mm			
			全长 25 m 以上	DN≤100 mm	≤13 mm			
				DN＞100 mm	≤25 mm			
	11	立管垂直度	每 1 m		2 mm			
			全高 5 m 以上		≤10 mm			
	12	弯管	椭圆率 $\frac{D\max - D\min}{D\max}$	DN≤100 mm	10%			
				DN＞100 mm	8%			
	13	管道保温	表面平整度	卷材或板材	5 mm			
				涂抹和其他	10 mm			
			厚度 δ		$+0.1\delta$ -0.05δ			

施工单位检验结果	项目质量检查员： 年 月 日	监理（建设）单位验收结论	监理工程师 （建设单位项目技术负责人）： 年 月 日

表 2.12 散热器安装工程检验批施工质量验收记录

工程名称			检验部位		
施工单位			分包单位		
总 包 项目经理		分 包 项目经理	专业工长 (施工员)		施 工 班组长
施工执行 标准名称 及 编 号					

		验 收 项 目 及 要 求					施工单位检验意见	合格率/%	监理(建设)单位验收意见
主控项目	1	各类散热器质量、规格、性能及安装方式							
	2	散热设备组对后、安装前的水压试验							
一般项目	1	灰铸铁柱、翼散热器的翼翅							
	2	钢制翅片管对流散热器							
	3	钢管铝片对流散热器的饰面罩							
	4	散热器支、卡、托架							
	5	散热器及金属支、卡、托架的除锈、防腐和涂漆							
	6	散热器垫片							
	7	坐标		背表面与墙面距离		3 mm			
		坐标		与窗口中心		20 mm			
		标高		底部距地面		± 15 mm			
		中心线垂				3 mm			
		侧面倾斜				3 mm			
		全长内弯曲	灰铸铁	长翼型	2 ~ 4 片	4mm			
				长翼型	5 ~ 7 片	6mm			
				柱型	3 ~ 15 片	4 mm			
				柱型	16 ~ 24 片	6 mm			
			钢铝铜	钢制翅片 管	2 节以上	3 mm			
				钢制翅片 管	3 ~ 5 节	4 mm			
				钢柱型	3 ~ 12 片	4 mm			
				钢柱型	13 ~ 24 片	6 mm			
				铝制柱翼	3 ~ 12 片	3 mm			
				铝制柱翼	13 ~ 24 片	5 mm			
				钢管铝片	全 长	4 mm			
	8	金属辐射板	标高	中心线距地面		± 20 mm			
		金属辐射板	坡度	水平安装≥0.5%		+ 1% ~ 0			
施工单位检验结果	项目质量检查员： 年 月 日			监理(建设)单位验收结论	监理工程师 (建设单位项目技术负责人)： 年 月 日				

表 2.13 低温热水地板辐射采暖安装工程检验批施工质量验收记录

<table>
<tr><td colspan="2">工程名称</td><td colspan="3"></td><td>检验部位</td><td colspan="3"></td></tr>
<tr><td colspan="2">施工单位</td><td colspan="3"></td><td>分包单位</td><td colspan="3"></td></tr>
<tr><td colspan="2">总包
项目经理</td><td></td><td>分包
项目经理</td><td></td><td>专业工长
（施工员）</td><td></td><td>施工
班组长</td><td></td></tr>
<tr><td colspan="2">施工执行
标准名称
及编号</td><td colspan="7"></td></tr>
<tr><td colspan="4">验收项目及要求</td><td colspan="3">施工单位检验意见</td><td>合格率/%</td><td>监理（建设）单位验收意见</td></tr>
<tr><td rowspan="6">主控项目</td><td>1</td><td colspan="2">管材、管件、配件质量</td><td colspan="3"></td><td rowspan="6"></td><td rowspan="9"></td></tr>
<tr><td>2</td><td colspan="2">地面下敷设的盘管埋地部分不应有接头</td><td colspan="3"></td></tr>
<tr><td>3</td><td colspan="2">盘管隐蔽前的水压试验</td><td colspan="3"></td></tr>
<tr><td>4</td><td colspan="2">低温热水辐射采暖的调温阀</td><td colspan="3"></td></tr>
<tr><td>5</td><td colspan="2">低温热水辐射采暖管道的曲率半径</td><td colspan="3"></td></tr>
<tr><td>6</td><td colspan="2">低温热水采暖的隔热层</td><td colspan="3"></td></tr>
<tr><td rowspan="3">一般项目</td><td>1</td><td colspan="2">低温热水采暖的防潮、防水及伸缩缝</td><td colspan="3"></td><td></td></tr>
<tr><td>2</td><td colspan="2">分（集）水器公称压力、安装位置和高度</td><td colspan="3"></td><td></td></tr>
<tr><td>3</td><td>加热盘管管间距</td><td>± 10mm</td><td colspan="3"></td><td></td></tr>
<tr><td>施工单位检验结果</td><td colspan="3">项目质量检查员：
年 月 日</td><td>监理（建设）单位验收结论</td><td colspan="4">监理工程师
（建设单位项目技术负责人）：
年 月 日</td></tr>
</table>

交工验收时，由施工单位提供下列技术文件：

(1)全套施工图、竣工图及设计变更文件；

(2)设备、制品和主要材料的合格证或试验记录；

(3)隐蔽工程验收记录和中间试验记录；

(4)设备试运转记录；

(5)水压试验记录；

(6)通水冲洗记录；

(7)质量检查评定记录；

(8)工程质量事故处理记录。

质量合格，文件齐备，试运转正常的系统，才能办理竣工验收手续。上述资料应一并存档，为今后的设计提供参考，为运行管理和维修提供依据。

第 3 章　室内给水排水系统的安装

在生活居住的房间或公用建筑内，为保证一定的舒适条件和工作条件，均装设有采暖系统、给水系统、排水系统与供煤气系统等，这些系统统称为暖卫系统。其施工安装应遵照《建筑给水排水及采暖工程施工质量验收规范》国标（GB50242）的规定进行。本章介绍室内给水排水系统及其主要设备的安装。

3.1　室内给水排水管道的安装

3.1.1　室内给水管道的安装

室内给水系统的任务是把水输送到用水点。用水点一般分为生产、生活和消防三类，这三类用水点基本上包括了各种生产设备、配水龙头和消防装置等。

室内给水系统，一般由引入管、水表节点、管道系统、给水附件几部分组成，如图 3.1 所示。

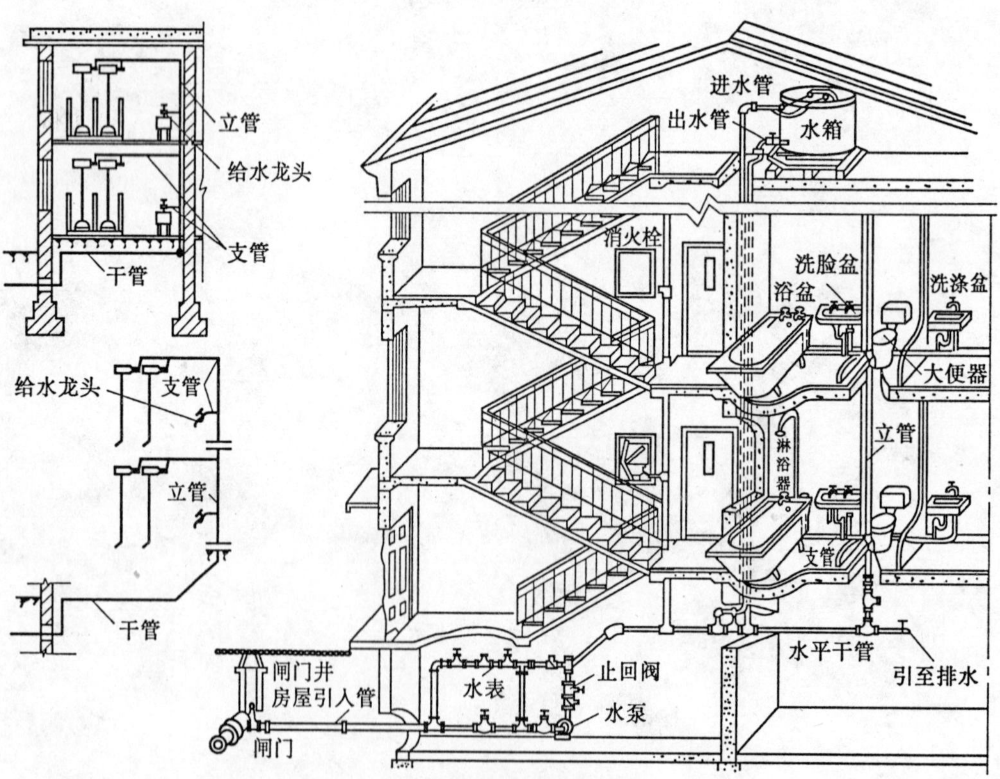

图 3.1　室内给水系统的组成

室内给水系统安装工艺流程：安装准备→预制加工→干管安装→立管安装→支管安装→管道试压(灌水试验)→管道冲洗→管道防腐。

室内给水管道的敷设，根据建筑物的结构形式、使用性质和管道的工作情况，一般可分为明装和暗装两种形式。

明装管道就是给水管路在建筑物内部明露敷设。在安装形式上，常将明装管道分为两种：送水干管、立管及支管均为明装；送水干管暗装，立管及支管明装。明装管道的优点是造价低，安装和维修方便，但影响室内的卫生和美观。

暗装管道就是给水管路在建筑物内部隐蔽敷设。在安装形式上，常将暗装管道分为两种：全部管道暗装；供水干管及立管暗装而支管明装。暗装管道的优点是不影响室内的卫生和美观，减少灰尘沉积的地方，但造价高，施工和维修不方便。

建筑物内给水管道的敷设形式，主要由建筑物的使用性质来决定。一般情况下采用明装，只有对美观和卫生等方面要求较高的建筑物，如高级宾馆饭店、剧院和医院等公共建筑物，才采用暗装。

3.1.1.1　引入管

(1)给水引入管与排水排出管的水平净距不得小于1.0 m；室内给水管与排水管平行铺设时，两管间的最小水平净距为500 mm，交叉铺设时垂直净距为150 mm。给水管应铺设在排水管的上面，当地下管较多，敷设有困难时，可在给水管上加钢套管，其长度不应小于排水管管径的三倍。

(2)引入管穿过承重墙或基础时，应配合土建预留孔洞，留洞尺寸见表3.1，表3.2。图3.2为给水管道穿过基础的做法。

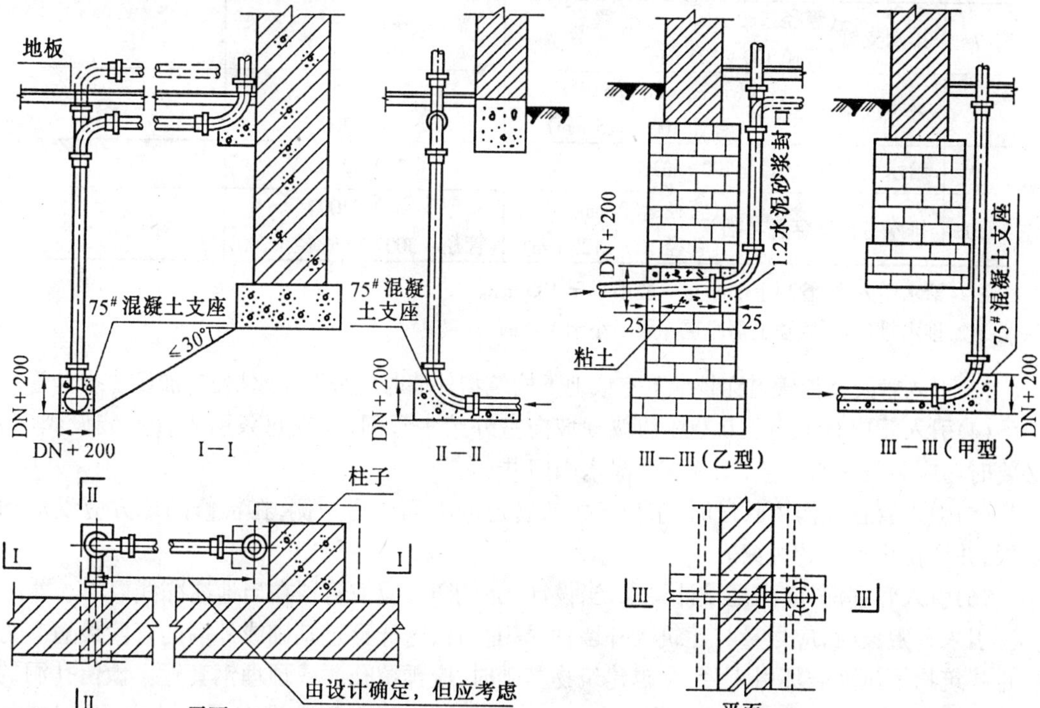

(a) 用于柱形基础进水管　　(b) 用于带形基础进水管

图3.2　给水管穿过基础的做法

表 3.1 给水引入管穿越基础预留洞尺寸规格

管　径/mm	50 以下	50 ~ 100	125 ~ 150
留洞尺寸/mm	200 × 200	300 × 300	400 × 400

表 3.2 预留孔洞尺寸(无设计要求)

mm

项次	管道名称	明管	暗管
		留孔尺寸(长 × 宽)	墙槽尺寸(宽 × 深)
1	采暖或给水立管(管径≤25 mm)	100 × 100	130 × 130
	采暖或给水立管(管径 32 ~ 50 mm)	150 × 150	150 × 150
	采暖或给水立管(管径 70 ~ 100 mm)	200 × 200	200 × 200
2	一根排水立管(管径≤50 mm)	150 × 150	200 × 130
	一根排水立管(管径 70 ~ 100 mm)	200 × 200	250 × 200
3	一根给水立管(管径≤50 mm)和一根排水立管(管径 70 ~ 100 mm)一起	200 × 150	200 × 130
		250 × 200	250 × 200
4	二根采暖或给水立管(管径≤32 mm)	150 × 100	200 × 130
5	二根给水立管(管径≤50 mm)和一根排水立管(管径 70 ~ 100 mm)一起	200 × 150	250 × 130
		350 × 200	380 × 200
6	给水支管或散热器(管径≤25 mm)	100 × 100	60 × 60
	支　管(管径 32 ~ 40 mm)	150 × 130	150 × 100
7	排水支管(管径≤80 mm)	250 × 200	
	排水支管(管径 100 ~ 125 mm)	300 × 250	
8	采暖或排水主干管(管径≤80 mm)	300 × 250	
	采暖或排水主干管(管径 100 ~ 125 mm)	350 × 300	
9	给水引入管(管径≤100 mm)	300 × 200	
10	排水排出管穿过基础(管径≤80 mm)	300 × 300	
	排水排出管穿过基础(管径 100 ~ 125 mm)	(管径 + 300) × (管径 + 200)	

注:1.给水引入管,管顶上部净空一般不小于 100 mm。
2.排水排出管,管顶上部净空一般不小于 150 mm。

(3)引入管及其他管道穿越地下室或地下构筑物外墙时应采取防水措施,加设防水套管。

(4)引入管应有不小于 0.003 的坡度坡向室外给水管网,并在每条引入管上装设阀门,必要时还应装设泄水装置,图 3.3 为泄水阀门井。

(5)引入管在地沟内敷设时,应位于供热管道的下面或另一侧,在检修的地方应设活动盖板,并应留出检修的距离。

(6)引入管埋深,应满足设计要求,当设计无要求时,应使管顶在当地冰冻线以下。

引入管敷设时,应尽量与建筑物外墙轴线相垂直,这样穿过基础或外墙的管段最短。为防止建筑物下沉而破坏引入管,穿越建筑物基础时,应预留孔洞或预埋钢套管。预留孔洞的尺寸或钢套管的直径应比引入管直径大 100 ~ 200 mm。引入管敷设在预留孔内,要保持管顶距孔壁的距离不小于 100 mm。预留孔与管道间空隙用土填实,两端用 1:2 水泥砂浆封口。

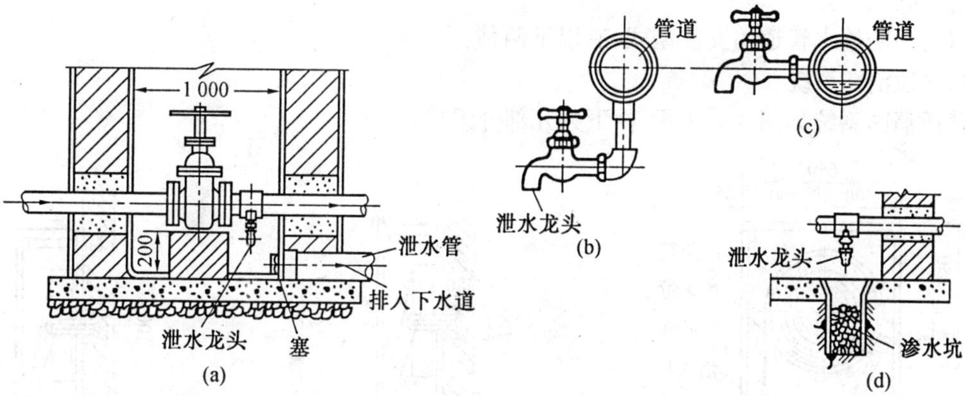

图3.3　泄水阀门井

3.1.1.2　干管、立管

明装管道的干管安装位置,一般设在建筑物的顶层顶棚下或建筑物的地下室顶板下。沿墙敷设时,管外皮与墙面净距一般为30~50 mm,用角钢或管卡将其固定在墙上,不得有松动现象。

暗装管道的干管安装位置,一般设在建筑物的顶棚里(闷顶里)、地沟或设备层里,或者直接埋设在地面下。敷设在顶棚里时,应考虑冬季的防冻措施;当敷设在管沟里时,沟底和沟壁与管壁间的距离均应不小于150 mm,以便于施工和维修;对直接埋设地面下的管道,应进行防腐处理。

(1)给水横干管宜有0.002~0.005的坡度,坡向泄水装置,以便在试压、维修和冲洗时能排净管道内的余水。

(2)在装有三个或三个以上配水点支管的始端,应安装可拆卸的连接件(活接)。

(3)立管上管件预留口位置,一般应根据卫生器具的安装高度或施工图纸上注明的标高确定,立管一般在底层出地面后500 mm以上装设阀门。

(4)明装立管在沿墙角敷设时不宜穿过污水池,并不得靠近小便槽设置,防止腐蚀。

(5)立管穿过楼板时应加设钢套管,且高出地面不小于30 mm,立管的接口不能置于楼板内。

(6)楼层高度不超过4 m时,立管上只需设一个管卡,立管卡距地面1.5~1.8 m。

3.1.1.3　支管

(1)支管应有不小于0.002的坡度坡向立管,以便检修时放水。

(2)支管明装沿墙敷设时,管外壁距墙面应有20~25 mm的距离;暗装时设在管槽中,可拆卸接头应装在便于检修的地方。

(3)冷、热水管和水龙头并行安装,应符合下列规定:

①上下平行安装,热水管应装在冷水管上面;

②垂直平行安装,热水管应装在冷水管的左侧,其管中心距为80 mm;

③在卫生器具上安装冷、热水龙头,热水龙头应安装在左侧。

3.1.1.4　室内消防管道的安装

根据国家有关消防规定,应在建筑物中安装独立的或联合的消防给水系统,以保障人民生命财产的安全。

室内消防给水管道的安装型式，有以下两种：

1.普通消防系统

普通消防系统如图 3.4 所示，由下列几部分组成。

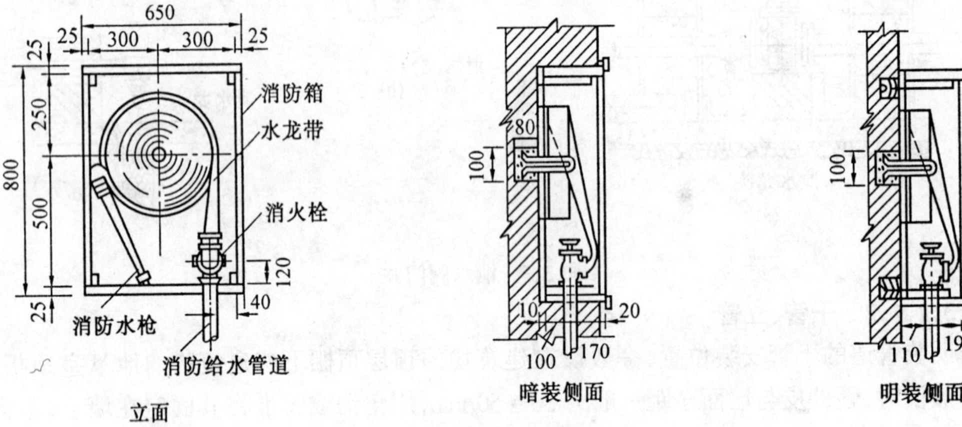

图 3.4　室内消火栓装置

(1)消防龙头。消防龙头也称消火栓、八字门。口径分为 50 和 60 mm 两种。用丝扣连接在管道上，以供消防使用。

(2)水龙带。它是由棉麻质纤维制成的，入口径与消火栓配套。长度可根据建筑物大小而定，一般有 10 m、15 m 和 20 m 三种。

(3)水枪。目前有铝合金制和硬质聚氯乙烯制的两种，喷水口径有 13、16 和 19 mm 三种。

水枪与水龙带及水龙带与消火栓之间均采用内扣式快速接头连接。

消火栓系统的安装应从室内给水管上，直接接出立管(如建筑物有单设的消防给水系统时，消防立管直接接在消防给水系统上)，再从立管上引出短支管接往消火栓。消火栓栓口应朝外，阀门中心距地面为 1.2 m，允许偏差 20 mm。阀门距箱侧面为 140 mm，距箱后内表面为 100 mm，允许偏差 5 mm。消火栓、水龙带和水枪与快速接头绑扎好后，应根据箱内构造将水龙带挂在箱内的挂钉上或盘在水龙带盘上，以便有火警时能迅速展开使用。

2.自动喷洒消防系统和水幕消防系统

自动喷洒消防装置采用的是能自动喷水灭火并发出火警信号的防火器具。这种装置多设在火灾危险性较大，起火蔓延很快的场所。如棉纺厂的原材料和成品仓库、木材加工车间、大面积商店、高层建筑及大剧院的舞台等。

自动喷洒消防装置如图 3.5 所示。一般由洒水喷头、洒水管网、控制信号阀和水源所组成。

水幕消防装置：水幕消防是将水喷洒成帘幕状，用于隔绝火源或冷却防火隔绝物，防止火势蔓延，以保护着火邻近地区的安全。这种消防装置主要用于耐火性能较差而防火要求较高的门、窗、孔洞等处，防止火势窜入相邻的房间。水幕消防系统如图 3.6 所示。一般由喷头、管网、控制设备和水源四部分组成。

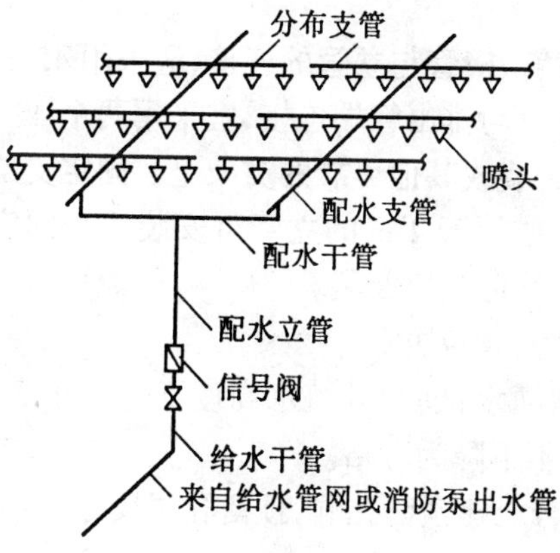

图3.5　自动喷洒灭火装置

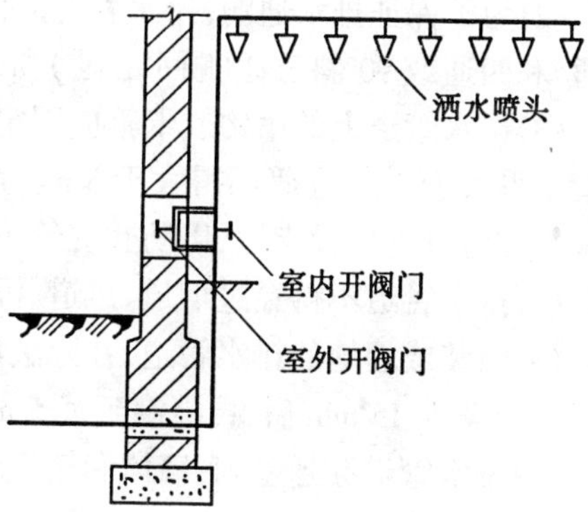

图3.6　水幕灭火装置

自动喷洒消防系统和水幕消防系统管道的连接如设计无要求时,充水系统可采用螺纹连接或焊接;充气或气水交替系统,应采用焊接。横管应设坡度,充水系统的坡度不小于0.002;充气系统和分支管的坡度,应不小于0.004。

安装自动喷洒消防装置,应不妨碍喷头的喷水效果。如设计无要求时,应符合下列规定:吊架与喷头的距离应不小于300 mm,距末端喷头的距离应不大于750 mm;吊架应设在相邻喷头间的管段上,当相邻喷头间距不大于3.6 m时,可设一个吊架,当相邻喷头间距小于1.8 m时,允许隔段设置吊架。在自动喷洒消防系统的控制信号阀前应设阀门,在其后面不应安装其他用水设备。

3.1.1.5　高层建筑给水管道的安装特点

高层建筑的给水工程,是一项比较复杂的安装工程。由于高层建筑对室内各种管道和卫生设备的使用要求较高,因此,高层建筑给水排水工程具有以下特点。

(1)高层建筑室内给水排水设备,使用人数较多,一旦发生停水事故,影响范围较大,因此,必须保证施工质量,以便能够安全供水。

(2)由于建筑物较高,给水管路中的静水压力大。因此,为保证管道和配件所承受的压力不超过其允许的工作压力,高层建筑的给水必须进行合理分区。

(3)高层建筑对防震、防沉降和防噪声等要求较高,管道的种类多,管线长。因此,须保证管道不漏水,不损坏建筑结构,不影响周围环境。

根据上述特点,高层建筑给水管道的安装,要做到管路布置紧凑合理,支架牢固可靠,接口严密。否则,就会使整个建筑物的使用受到影响,造成极大的不便。

3.1.2　室内排水系统管道的安装

室内排水系统的任务,是将室内各用水点所产生的生活和生产污(废)水,以及降落在屋面的雨、雪水,收集、汇流集中并排入室外排水管网中去。

管道安装程序应与土建施工程序相协调,一般是先做地下管线,即安装排出管,然后安装排水立管和排水支管,最后安装卫生器具。

3.1.2.1　室内排水管道安装的规定

(1)承插排水管道的接口,应以油麻丝填充,用水泥或石棉水泥打口,不得用一般水泥砂浆抹口,否则,使用时在接口处往往会漏水。

(2)为了保证排水通畅,排水管道的横管与横管、横管与立管的连接,应采用45°三通(斜三通)和四通或90°斜三通(顺水三通)和四通。立管与排出管端连接,宜采用两个45°弯头。

(3)排水管道上的吊钩或卡箍应固定在承重砖墙或其他可靠的支架上。固定支架间距:横管不得大于2 m,立管不得大于3 m。层高小于或等于4 m的立管可安装一个固定件,立管底部的弯管处应设支墩,以防止立管下沉,造成管道接口断裂。

(4)排水管道不得穿过烟道、风道、沉降缝、伸缩缝和居室。

(5)暗装或埋地的排水管道,在隐蔽前必须做灌水试验,其灌水高度不应低于底层地面高度。在满水15 min后,再灌满延续5 min,液面不下降为合格。

(6)排水管道穿越基础、墙体和楼板时,应配合土建预留孔洞,预留孔洞尺寸大小如设计无规定时,可参见表3.3。

表3.3 预留孔洞尺寸允许偏差和检验方法

<table>
<tr><th>项次</th><th colspan="4">项　目</th><th>允许偏差/mm</th><th>检验方法</th></tr>
<tr><td rowspan="6">1</td><td rowspan="6">水平管道纵、横方向弯曲</td><td rowspan="2">给水铸铁管</td><td colspan="2">每米长</td><td>1</td><td rowspan="6">用水平尺直尺拉线和尺量检查</td></tr>
<tr><td colspan="2">全长(25m以上)</td><td>不大于25</td></tr>
<tr><td rowspan="4">碳素钢管</td><td rowspan="2">每米长</td><td>管径小于或等于100 mm</td><td>0.5</td></tr>
<tr><td>管径大于100 mm</td><td>1</td></tr>
<tr><td rowspan="2">全长(25 m以上)</td><td>管径小于或等于100 mm</td><td>不大于13</td></tr>
<tr><td>管径大于100 mm</td><td>不大于25</td></tr>
<tr><td rowspan="4">2</td><td rowspan="4">立管垂直度</td><td rowspan="2">给水铸铁管</td><td colspan="2">每米长</td><td>3</td><td rowspan="4">吊线和尺量检查</td></tr>
<tr><td colspan="2">全长(5 m以上)</td><td>不大于15</td></tr>
<tr><td rowspan="2">碳素钢管</td><td colspan="2">每米长</td><td>2</td></tr>
<tr><td colspan="2">全长(5 m以上)</td><td>不大于10</td></tr>
<tr><td rowspan="3">3</td><td rowspan="3">隔热层</td><td rowspan="2">表面平整度</td><td colspan="2">卷材或板材</td><td>4</td><td rowspan="2">用2 m靠尺和楔形塞尺检查</td></tr>
<tr><td colspan="2">涂抹或其他</td><td>8</td></tr>
<tr><td>厚　度</td><td colspan="2"></td><td>$+0.1\delta$
-0.05δ</td><td>用钢针刺入隔热层和尺量检查</td></tr>
</table>

3.1.2.2 排出管安装

排出管是室内排水立管或横管与室外检查井之间的连接管道。排出管安装是整个排水系统安装工程的起点,必须严格保证施工质量,打好基础。安装中要保证管子的坡向和坡度,应该为直线管段,不能转弯或突然变坡。为了检修方便,排出管的长度不宜太长,一般检查井中心至建筑物外墙的距离不小于3 m,不大于10 m。排出管插入检查井的位置不能低于井的流水槽,如图3.7所示。排出管穿过建筑物外墙的防水做法如图3.8所示。

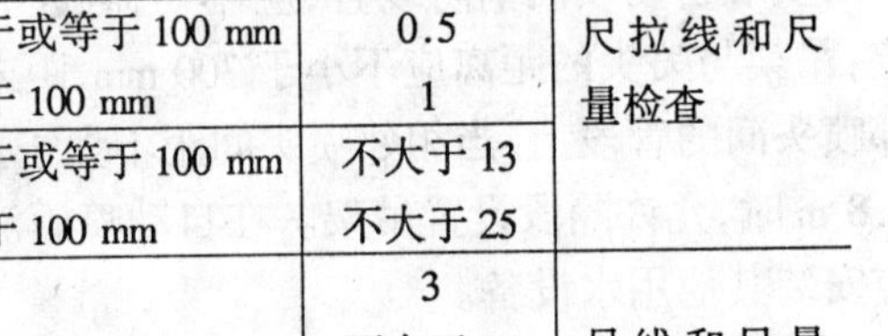

图3.7 排出管安装

排出管应做至一层立管检查口和地面扫除口，其中间连接的排水横管的三通（或四通）应根据排水横管的埋深确定其位置。当排水管的承口必须装在预留洞内时，排出管宜采用预制，待接口强度达到后，再穿入基础孔洞安装。排水管道穿墙预留孔洞尺寸按表 3.4 确定。

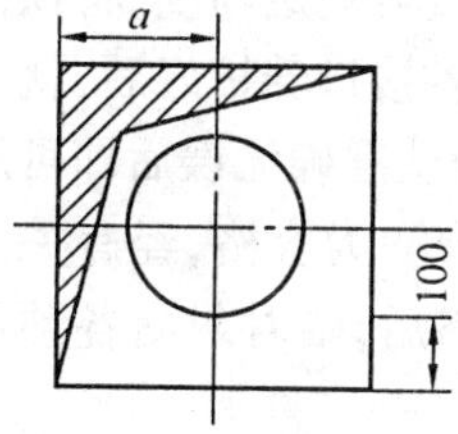

表 3.4　穿砖墙预留孔洞尺寸

管径/mm	≤100	125～150	200～250
孔洞尺寸/mm	240×240	370×370	490×490
a/mm	120	185	245

室内排水是靠重力流动，在施工安装时，应注意把管道承口作为进水方向，并使管道坡度均匀，不要产生突变现象。生活污水和地下埋设的雨水排水管道的最小坡度应符合表3.5和表 3.6 的规定。

表 3.5　排出管穿基础预留孔洞尺寸

管　径　/mm	标准坡度	最小坡度
50	0.035	0.025
75	0.025	0.015
100	0.020	0.012
125	0.015	0.010
150	0.010	0.007
200	0.008	0.005

表 3.6　地下埋设雨水排水管道的坡度

管　径　/mm	最小坡度
50	0.020
75	0.015
100	0.008
125	0.006
150	0.005
200～400	0.004

为了减小管道的局部阻力和防止污物堵塞管道，排出管与排水立管的连接，宜采用两个45°弯头连接，如图 3.8 所示。排水管道的横管与横管、横管与立管的连接应采用 45°三通或45°四通和 90°斜三通或 90°斜四通。

一般情况下，排出管先做出建筑物墙外 1 m处，经室内排水管道通球试验和灌水试验合格后，再接至室外检查井。施工中，还要注意堵好室外管端敞口。

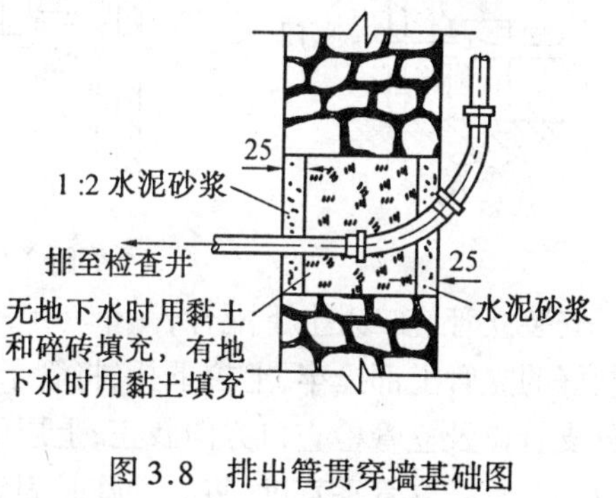

图 3.8　排出管贯穿墙基础图

3.1.2.3　排水横干管安装

排水横干管按其所处位置不同，其安装有两种情形：一种是建筑物底层的排水横干管可直接铺设在底层的地下，另一种是各楼层中的排水横干管，可敷设在支、吊架上。

铺设在地下的排水管道，在挖好的管沟或房心土回填到管底标高处时进行，将预制好的管段按照承口朝向来水的方向铺设。由出水口处向室内顺序排列，挖好打灰口用的工作坑，将预制好的管段慢慢地放入管沟内，封闭堵严总出水口，做好临时支撑，按施工图纸的位置标高找好位置和坡度,以及各预留管口的方向和中心线,将管段承插口相连。在管沟内打灰口前,先将管道调直、找正,用麻钎或捻凿将承口缝隙找均匀。将拌好的填料(水灰比为 1:9)装在灰盘内放在承口下部,人跨在管道上,一手填灰,一手用捻凿捣实,先填下部,由下而上,边填边捣实,填满后用手锤打实,再填再打,将灰口打满打平为止。然后再将首层立管及卫生器具的排水预留管口,按室内地坪线及轴线找好位置、尺寸,并接至规定高度,将预留管口临时封堵。打好的灰口,用麻绳缠好或回填湿润细土掩盖养护。各接口养护好后,就可按照施工图纸对铺设好的管道位置、标高及预留分支管口进行自检,确认准确无误后即可从预留口处灌水做灌水试验,水满后观察水位不下降、各接口及管道无渗漏为合格,经有关人员检查,并填写隐蔽工程验收记录,办理隐蔽工程验收手续。验收合格后,临时封堵各预留管口,配合土建填堵洞、孔,按规定回填土。

敷设在支、吊架上的管道安装,要先搭设架子,将支架按设计坡度栽好或做好吊具,量好吊杆尺寸。将预制好的管道固定牢靠,并将立管预留管口及各层卫生器具的排水预留管口找好位置,接至规定高度,也将预留管口临时封堵。位于吊顶内的排水干管,也需按隐蔽工程项目办理检查验收手续。

3.1.2.4 排水立管安装

根据施工图校对预留管洞尺寸,如为混凝土预制楼板,则需凿楼板洞,如需断筋,必须征得土建有关人员同意,按规定处理。立管检查口应按设计或施工验收规范要求设置,当排水立管暗装在管槽或管井中时,在检查口处应设检修孔,如图 3.9 所示。

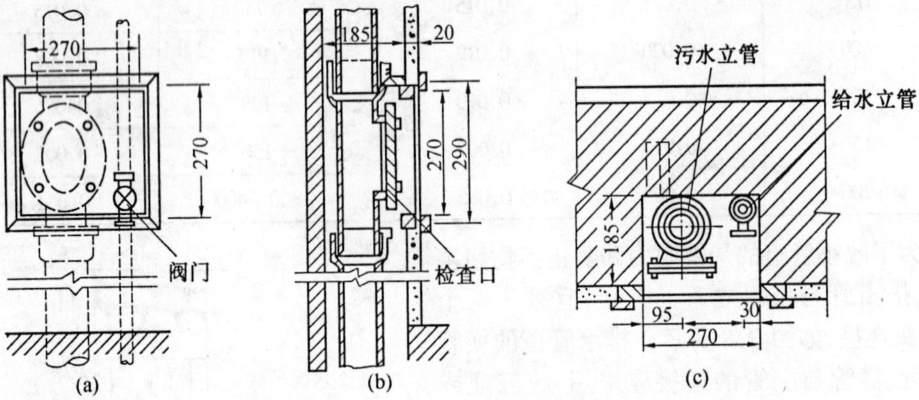

图 3.9 管道检修孔

安装立管应二人上下配合,一个在上一层楼板上,由管洞投下一个绳头,下面一个人将预制好的立管上部拴牢,上拉下托,将管子插口插入其下管子承口内。这时,下层的人把预留分支管口及立管检查口方向找正,上层的人用木楔将管子在楼板洞处临时卡牢,打麻、调直、打灰、复查立管垂直度,将立管临时固定牢靠,养护。立管安装完毕后,配合土建用不低于楼板标号的混凝土将洞灌满堵实,拆除临时支架。

3.1.2.5 排水支管安装

支管安装也应先搭好架子,并将支、吊架按坡度栽好,将预制好的管段放到架子上,再将支管插入立管预留口的承口内,将支管预留口尺寸找准,并固定好支管,然后打麻、打灰口。如支管设在吊顶内,末端有清扫口者,应将管子接至上层地面上,便于清扫。支管安装完毕后,可将卫生器具或设备的预留管安装到位,找准尺寸并配合土建将楼板洞堵严,预留管口临时封堵。

立管安装后，应按卫生器具的位置和管道规定的坡度敷设排水支管。排水支管的末端与排水立管预留的三通或四通相连接。排水支管不得穿过沉降缝、烟道和风道等，敷设时应满足设计要求的坡度，排水支管如悬吊在楼板下时，其吊架间距一般为1.5m。

3.1.2.6 配件等安装

1.通气管及辅助通气管安装

通气管应高出屋面0.3 m以上，并且应大于最大积雪厚度，以防止积雪掩盖通气管口。对平顶屋面，若经常有人逗留，则通气管应高出屋面2 m。通气口上应做网格，以防落入杂物。

辅助通气管应高出卫生器具上边缘0.15 m，辅助通气横管应以不小于0.01的上升坡度逐层与辅助通气立管连接；辅助通气立管可在最高层卫生器具上边缘或检查口以上与通气管相连接，如图3.10所示。

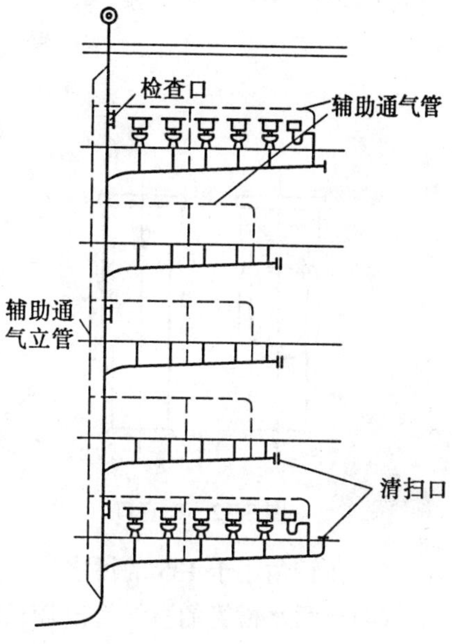

图3.10 辅助通气管连接示意图

通气管或辅助通气管穿出屋面时，应与屋面工程配合好，一般做法如图3.11所示。先把通气管安装好，然后把屋面和管道接触处的防水处理好。

2.清通设备

室内排水管道的清通设备主要是指检查口和清扫口。生活污水管道，应按下述规定设置检查口和清扫口。

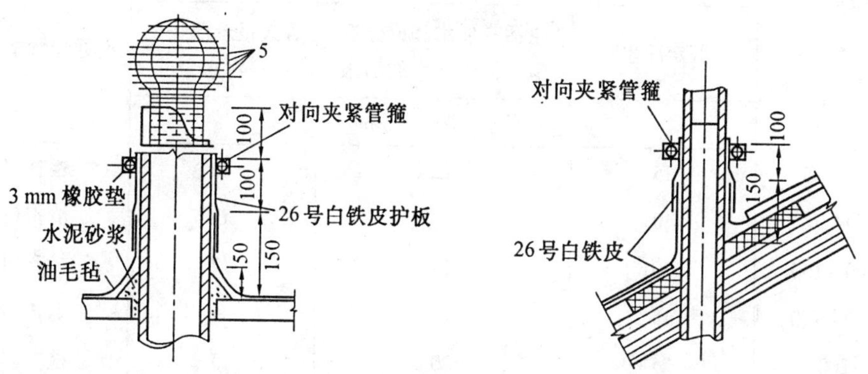

图3.11 通气管穿出屋面

(1)检查口如图3.12所示，拆除盲板即可进行清通工作。排水立管一般每两层设置一个立管检查口，但最底层和有卫生器具的最高层必须设置，如为两层建筑，可仅在底层设置。检查口中心距地面的距离为1 m，允许偏差20 mm，并且至少高出该卫生器具上边缘150 mm。安装检查口时，为了清通时操作方便，应使盲板向外，开口方向与墙面成45°夹角。暗装立管的检查口处，应设检修门。

(2)在连接二个及二个以上大便器或三个及三个以上卫生器具的污水横管上应设置清

扫口。排水横管上的清扫口,应设在地坪上,并与地面相平,如图 3.13 所示。当污水横管在楼板下悬吊敷设时,可将清扫口设在其上面楼板地面上。也可以设在楼板下排水横管的起点处。为了清通方便,排水横管起点的清扫口与通道相垂直的墙面距离不得小于 200 mm。若排水横管起点设置堵头代替清扫口时,堵头与墙面的距离不得小于 400 mm。

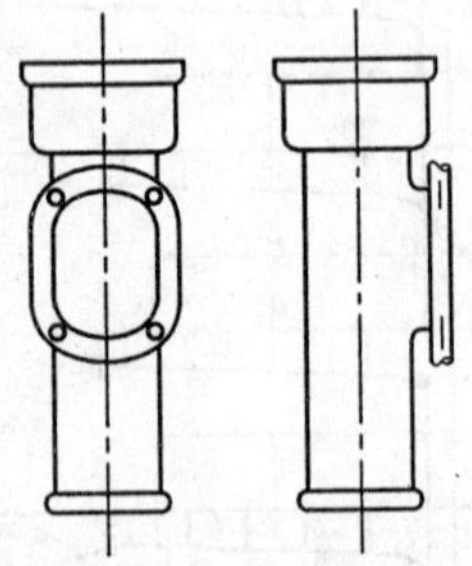

图 3.12　检查口

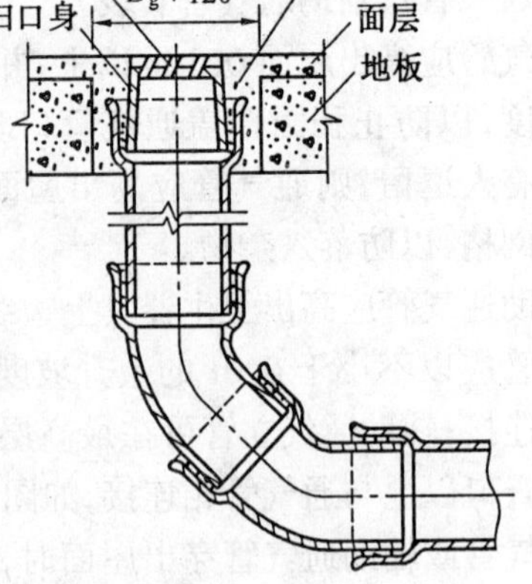

图 3.13　清扫口

(3)在转角小于 135°的污水横管上,应设置检查口或清扫口。

(4)当污水横管的直线管段较长时,应按表 3.7 规定的距离设置检查口或清扫口。

表 3.7　污水横管的直线管段上检查口或清扫口之间的最大距离

管径/mm	污水性质			清通装置的种类
	假定净水	生活粪便水和成分近似生活粪便水的污水	含大量悬浮物的污水	
	间距/m			
50 ~ 75	15	12	10	检查口
50 ~ 75	10	8	6	清扫口
100 ~ 150	20	15	12	检查口
100 ~ 150	15	10	8	清扫口
200	25	20	15	检查口

3.水封

水封是以一定高度的水柱(一般为 50 - 100mm 高)阻止排水管道内各种污染气体以及小虫等进入室内,这部分存水简称水封。带有水封的各种形式附件称做存水弯。存水弯中的存水高度必须保证。排水系统透气管的任务之一,就是保证存水高度不受管道内压力变化的破坏。

3.1.2.7　塑料排水管道的安装

塑料排水管是一种新型的建筑材料,因其具有体轻、美观、经济、耐腐蚀、节约金属、便于运输和安装方便等特点,现已在各地大量开始使用。

塑料排水管道在施工安装程序、操作方法和质量检验方面与铸铁排水管道基本相同,具体可参照有关"塑料排水管道"的规定进行安装。另外,在施工安装中应注意以下几方面。

(1)施工中往往存在着塑料管及管件的材质不同(多为硬质聚氯乙烯UPVC),管壁厚度、外形尺寸、管材长度、管件规格尺寸也都不统一的问题,因此,实际所采用的管材及管件连同黏接剂应是同一厂家配套产品,且应与卫生洁具连接相适宜,并有产品合格证及说明书。

(2)由于在使用中,管线膨胀易引起管道弯曲和接口漏水,因此,塑料排水管必须按设计要求的位置和数量装设伸缩节,如设计无要求,伸缩节间距不大于4 m。

安装前,将预制好的立管运到安装部位后,先将立管上已预留的伸缩节锁母拧下,取出U型橡胶圈,清理净杂物,并复查上层洞口是否合适。立管插入端应先画好插入长度标记(一般预留胀缩量为20~30 mm),然后涂上肥皂液,套上锁母及U型橡胶圈。安装时,先将立管上端伸入上一层洞口内,垂直用力插入至标记为止。合适后,即用自制U型钢制的抱卡紧固于伸缩节上沿,然后找正、调直,并测量顶棚距三通口中心是否符合要求,无误后即可堵洞,并将上层预留的伸缩节封严。

(3)塑料排水横管固定件的间距应符合表3.8的规定。

表3.8　塑料排水横管固定件的间距

公称通径/mm	50	75	100
支架间距/mm	0.6	0.8	1.0

(4)室内塑料排水管道安装的允许偏差和检验方法,见表3.9。

表3.9　室内塑料排水管道安装的允许偏差和检验方法

项　目	允许偏差/mm		检验方法
水平管道纵、横方向弯曲	每米长	1.5	用水准仪(水平尺)、直尺、拉线和尺量检查
	全长(25 m以上)	不大于38	
立管垂直度	每米长	3	吊线和尺量检查
	全长(5 m以上)	不大于15	

3.1.3　室内给水管道的特殊处理

3.1.3.1　绝热防冻防结露处理

当给水管道穿过不供暖的楼梯间和水箱间及经常敞开的外门上方等易发生冻结的地方时,应做绝热防冻处理。当表面温度低的给水管道通过温度较高的房间时,常常会发生结露现象(俗称出汗现象),因此,室内给水管道在做好防腐蚀的同时,有时还应采取防冻、防结露措施。

防冻和防结露的做法相同,就是利用绝热材料对局部管道做好绝热处理,即通常所说的保温和保冷。管道的绝热材料很多,施工方法也各异,如使用石棉硅藻土、石棉灰等的涂抹式保温法;使用泡沫混凝土、石棉、矿渣棉、玻璃棉、膨胀珍珠岩、膨胀蛭石等的填充式和预制式保温法;使用矿渣棉毡、玻璃棉毡、超细玻璃棉毡及岩棉毡、岩棉被等的缠绕式保温法等。

3.1.3.2　防沉降缝折剪管道处理

当给水管道穿过建筑物的沉降缝时,有可能在墙体沉陷时折剪管道而发生漏水或断裂等,此时给水管道需做防剪切破坏处理。

原则上管道应尽量避免通过沉降缝,当必须通过时,有以下几种处理方法。

1.丝扣弯头法

不使管道直穿沉降缝,而是利用丝扣弯头把管道做成 U 形管,利用丝扣弯头的可移性缓解墙体沉降不均的剪切力。这样,在建筑物沉降过程中,两边的沉降差就可由丝扣弯头的旋转来补偿。这种方法适用小管径的管道,见图 3.14。

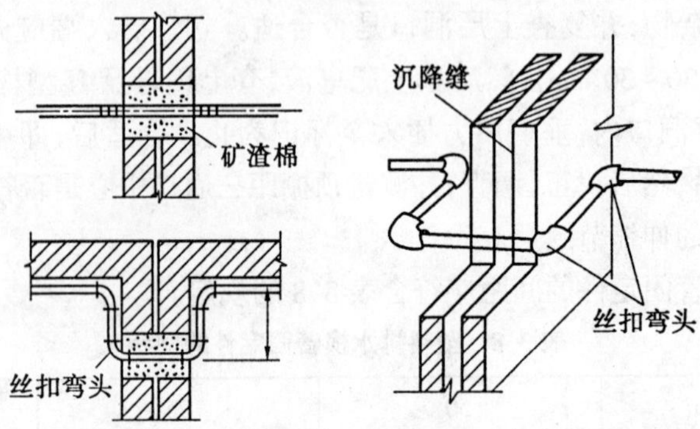

图 3.14　丝扣弯头法

2.橡胶软管法

用橡胶软管连接沉降缝两端的管道,这种做法只适用于冷水管道($t \leqslant 20℃$),如图 3.15。

3.活动支架法

把沉降缝两侧的支架做成使管道能垂直位移而不能水平横向位移,见图 3.16。

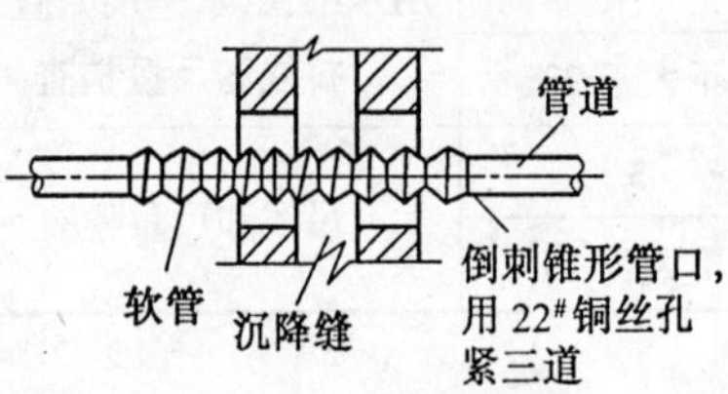

图 3.15　橡胶软管法

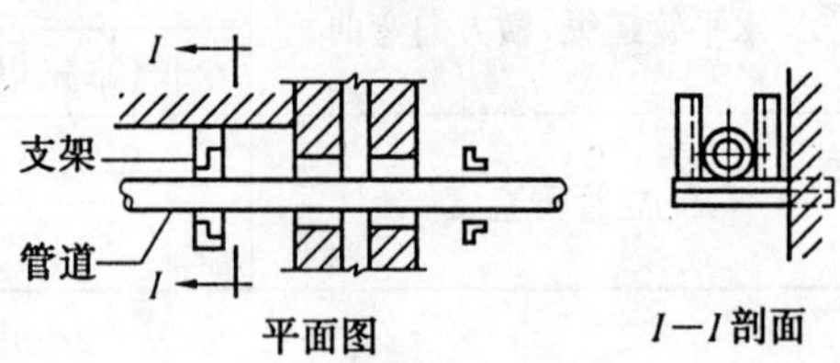

图 3.16　活动支架法

3.1.3.3　防噪声传播处理

管道的噪声主要来自水泵运行,管内水流速度较大,阀门或水嘴启闭引起的水击等。这种现象在高层建筑物中更为突出,因为高层建筑物中常设有水泵加压泵间或其他设备间,管内水流速度也较大(高层建筑物要求供水流速不大于 0.5 m/s)。噪声可以通过管道、墙体、水流和空气等媒介传播而影响室内安静,对于高级建筑物须做好防噪声处理。

消除和减弱噪声的措施除了在设计方面采用合理流速、水泵减震等方法外,从安装角度考虑,主要是利用吸声材料隔离管道与其依托的建筑物的硬接触,如暗安装和穿墙管填充矿渣棉,管道托架及立管卡和管子的软结合,水嘴采用软连接等,如图 3.17。

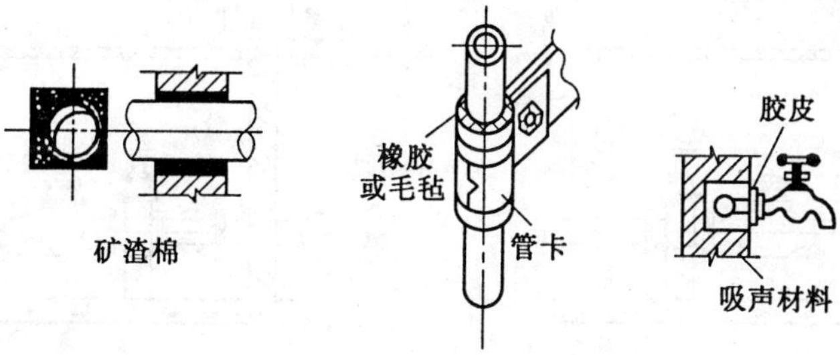

图3.17　管道和水嘴安装的防噪声措施

3.2　室内给水排水设备的安装

3.2.1　附属设备安装

3.2.1.1　水表的安装

为计量用水量,在用水单位的供水总管或建筑物引入管上应设有水表;为节约用水及收纳水费,在居住房屋内,也应交接室内的分户水表。水表应安装在便于检修,不受暴晒、污染和不易冻结的地方。

目前,在室内给水系统中,广泛采用流速式水表。流速式水表按翼轮构造不同,可分为旋翼式和螺翼式两种。旋翼式的翼轮转轴与水流方向垂直,水流阻力较大,多为小口径水表,适用于测量小流量;螺翼式的翼轮转轴与水流方向平行,阻力较小,适合用于大口径管,测量大流量。

安装螺翼式水表时,表前与阀门间的直管段长度应不小于8~10倍的水表直径,安装其他水表时,表前后的直管段长度不应小于300 mm。这是因为在水表附近的管路有转弯时,水便会产生涡流,以致影响水表计量的准确性。安装水表时,要注意表的方向,以免装倒而损坏表件。

水表的安装形式,有不设旁通管和设旁通管两种。对于用水量不大,供水又可以间断的建筑物,一般可以不装设旁通管,如图3.18所示。对于设有消火栓的建筑物和因断水而影响生产的工业建筑物,如只有一根引入管,应设旁通管,如图3.19所示。水表与管道的连接方式,有螺纹连接和法兰连接两种。采用哪种方式取决于水表本身已有接口形式。

安装水表时,不得将水表直接放在水表井底的垫层上,应用红砖或混凝土预制块把水表垫起来。明装在室内的分户水表,表外壳距墙面不得大于30 mm,不得小于10 mm;表前后直线管段长度大于300 mm时,其超出管段应煨弯沿墙敷设。

在环状供水管网中,当建筑物由两路供水时,各路水表出水口处应装设止回阀,以防止水表受反向压力而倒转,损坏计量机件。

3.2.1.2　水泵的安装

水泵安装工艺流程:基础检查验收→设备开箱检查→清洁基础→水泵找平→地脚螺栓、垫铁、灌浆→水泵配管→水泵试运转

(1)水泵混凝土基础检查验收。水泵混凝土基础可参照表3.10中的允许偏差进行量尺、检查及验收。

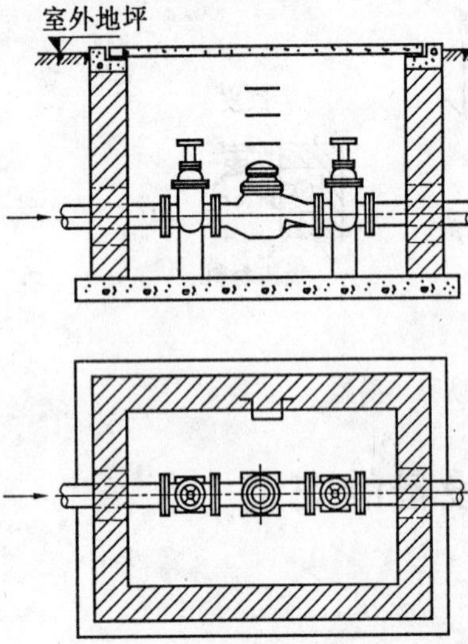

图 3.18　不设旁通管水表安装示意图

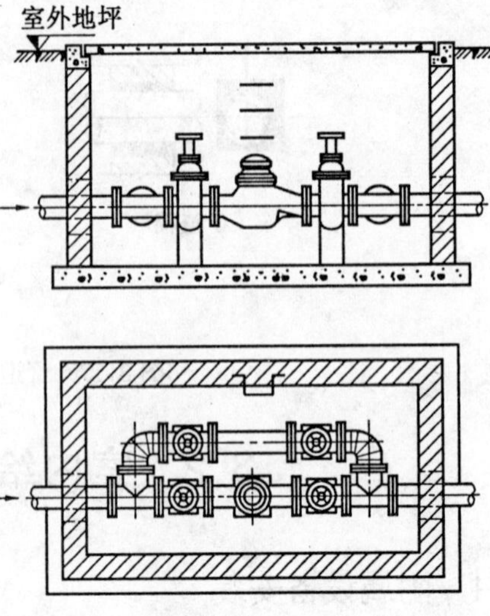

图 3.19　设旁通管水表安装示意图

表 3.10　混凝土设备基础的允许偏差

项　目		允许偏差/mm
坐标位移		±20
不同面的标高		-20
平面外形尺寸		±20
平面水平度	每 1 m	5
	全长	10
垂直度	每 1 m	5
	全高	20
预埋地脚螺栓	顶部标高	20
	中心距	±2
预埋地脚螺栓孔	中心线位置偏移	±10
	深　度	20
	垂直度	10

(2)水泵就位前，必须将泵底座底面的油污、泥土及地脚螺栓孔中的杂物除去。灌浆处的基础或地坪表面应凿成麻面，被油沾污的混凝土应凿除，以保证灌浆的质量。水泵安装前还应准备好垫铁。

(3)出厂时已装配，调试完善，并做好动平衡试验的水泵不应随意拆卸。确定拆卸时，应会同有关部门研究决定后再进行，拆卸和复装应按水泵技术文件的规定进行。

(4)水泵的找平应符合下列要求。

①卧式和立式水泵的纵、横向不水平度不应超过 0.1/1000；测量时，应以加工面为基准。

②小型整体安装的泵，不应有明显的偏斜。

(5)水泵的找正应符合下列要求。

①水泵靠背轮必须平行，轮间应有 2～5 mm 的间隙，两轴中心线必须平直。

②联轴节两边的主、从动轴的不同轴度：当联轴节外形最大直径≤300 mm 时，径向位移不应超过 0.1 mm，倾斜不应超过 0.8/1 000；当联轴节外形最大直径为 300～600 mm 时，径向

位移不超过0.2 mm,倾斜度不超过1.2/1 000。轴的不同轴度数值测量、找正应由钳工操作,用两块百分表(一块测径向,一块测轴向)及专用工具进行。

③主、从动轮找正连接后,应盘车检查是否灵活。

④水泵与管路连接后,应复校找正,如因与管路连接而不正常时,应调正管路。

(6)地脚螺栓、垫铁、灌浆和减振应符合下列要求。

①地脚螺栓的垂直度不应超过10/1 000。

②地脚螺栓离孔壁的距离应大于15 mm,地脚螺栓底端不应碰孔底。

③螺母与垫圈,垫圈与设备底座间的接触均应良好,拧紧螺母后,螺栓必须露出螺母1.5~5个螺距。

④拧紧地脚螺栓应在灌浆混凝土强度达到规定强度的75%后进行。

⑤每个地脚螺栓近旁至少应有一组垫铁,垫铁组在能放稳和不影响灌浆的情况下,应尽量靠近地脚螺栓,承受主要负荷的垫铁组,应使用成对斜垫铁,找平后用电弧焊焊牢。水泵找平后,垫铁应露出水泵底座底面外缘,平垫铁应露出10~30 mm,斜垫铁应露出10~50 mm。垫铁组伸入泵底座底面的长度应超过地脚螺栓孔。安装在金属结构上的水泵找平后,其垫铁均应与金属结构焊牢,但中间带孔垫铁可以不焊。

⑥灌浆前,应清洗洁净灌浆处。一般应用比泵基础混凝土强度等级高一级的细石混凝土浇灌。

⑦应按设计规定,在泵底座下安装减振装置,在泵的进出口处应安装可曲挠接头,但消防专用泵一般不安装减振装置(消防稳压及增压泵除外)。

(7)水泵配管应符合下列要求。

①管子内部、法兰面应清洗干净,清除杂物;密封面和螺纹不应损坏。

②相互连接的法兰端面或螺纹轴心线应平行、对中,不应借法兰螺栓或管接头强行连接。

③管路与泵连接后,不应再在其上进行焊接和气割;如需焊接或气割时,应拆下管路或采取必要的措施,防止焊渣进入泵内,损坏泵的零件。泵的入口管路上应设置过滤器,若设计无过滤器,可事先通过图纸会审予以增加。

④所有与泵连接的管路应具有独立、牢固的支撑,防止管路的重量压在泵上。

⑤吸入和出水管路的直径不应小于泵的入口和出口的直径,入口管路口径不应小于出水管路的直径。

⑥泵的吸入管路不应有窝气的地方,管路的任何处都不允许高于泵的入口,水平直线应有小于5/1 000~20/1 000坡向水源的坡度。吸入水平管路上的异径管应采用偏心异径管,且顶平安装。

⑦潜水电泵法兰上保护电缆的凹槽,不得有毛刺或尖角,并应清理干净。电缆接头应浸入水中6 h,用500 V摇表测量,绝缘电阻不应低于5 MΩ,电机定子绕组在室温水中浸渍48 h后,对机壳绝缘电阻不应低于40 MΩ。

(8)水泵试运转应符合下列要求。

①水泵试运转前应检查电动机转动方向,各紧固连接部位不应松动。检查润滑油脂情况,若缺油脂应按技术文件要求的规格、数量、质量添加润滑油脂。

②手动盘车应灵活正常。

③泵的入口阀门全开,出口阀门全关(指离心泵),排除空气,让水充满吸水管路及泵腔室。水泵启动后,应及时缓慢打开出口阀门;停泵前应缓慢关闭出口阀门,待阀门全关后应

及时停止电机转动。

④泵运转中不应有不正常的声音,各坚固连接部位不应松动。在额定负荷下,水泵试运行4 h,轴承升温不应超过35℃,轴承最高温度不超过60℃。电机的电流不应超过额定值。普通软填料轴封处易存有少量的泄漏(每分钟不超过10~20滴);机械密封的泄漏量不宜大于10 g/h(每分钟约3滴)。用手提式振动仪在轴承座或机壳外表面测量泵的径向振幅,其振幅不应超过泵技术文件的规定。若技术文件无规定,可按以下数据确定:当泵转速1 000~1 500 r/min时,振幅不超过0.08 mm;当泵转速1 500~3 000 r/min时,振幅不超过0.06 mm。

⑤水泵运转中必须及时准确做出运转记录,并由监理、建设单位代表及施工班组长、工厂质检员、技术负责人签字。

3.2.1.3 气压给水罐的安装

1.设备安装

①清除设备基础上的油腻和污垢,用水平尺或水平仪检查基础的水平度,不平处准备垫铁找平。检查地脚螺栓孔眼是否符合要求。

②用混凝土浇筑底座和地脚孔眼。混凝土达到强度后拧紧地脚螺栓,重新检查水平度。

③严格按照设备安装图及技术文件要求进行安装,若有减振要求,在底座就位前安装好减振装置,泵的出入口设减振接头。连接水源和供水管道,接通电源和控制线路。

④进行系统水压试验,详细检查有无渗漏。

2.系统调试

①系统调试应由生产厂家、施工单位、监理、建设单位共同派人参加。

②设备调试前,先用手盘车检查水泵轴是否转动灵活,然后将设备和水泵进行手动按钮空载试运1~2 min,系统无异常声音和卡住的现象,再进行带负荷调试。

③隔膜式气压给水系统,以先冲水后充气的原则进行,冲水的进水阀应慢开、少开、充水的水压力应以不超过系统设计的最低压力 p_2 为准,使隔膜逐渐扩大。

④充完水后,可以充气。充气压力应按产品说明书确定,若说明书无规定,可按公式 $p_1 + 0.02$ MPa确定。充气完毕应关闭阀门,不得任意开启。

⑤气水接触式气压罐应先关闭管的出口阀门,对于非空压机补气系统,打开进气阀,启动水泵,管内压力达到最高压力停泵,开启罐出口阀向给水系统供水。刚开始由于压力罐内气量不足,会出现泵启动频繁的现象,2~5 d后应正常运行。对于空压机补气系统,应先启动水泵至最高水位,然后启动空压机补气。

⑥气压给水系统水泵开停应由压力信号器、控制器根据系统 p_1、p_2 压力的变化指令水泵电机开停,调试的重要内容之一是通过供水管网泄水,当管网压力降至设计最低压力 p_2 时水泵必须自动启动;而管网压力升至设计最高压力 p_1 时,水泵必须自动停泵。

3.2.2 卫生器具安装

卫生器具是用于便溺、盥洗和洗涤的器具,又是室内排水系统的污(废)水收集设备,其品种繁多,造型各异,豪华程度差别悬殊,故安装中必须在订货的基础上,参照产品样本或实物确定安装方案。

3.2.2.1 安装的基本技术要求

1.安装位置的准确性

卫生器具的安装位置是由设计决定的,在一些只有器具的大致位置而无具体尺寸要求的设计中,常常要现场定位。位置包括平直位置,即距某一建筑轴线或墙、柱等实体的距离尺寸和器具之间的间距;立面位置(安装高度)的确定主要考虑使用方便、舒适、易检修等因素,并尽量做到和建筑布置的整体协调美观。为此,必须在器具安装的后墙上弹画出安装中心线,作为排水管道安装和卫生器具安装时的安装基准线。

以下数据可作为排水卫生器具平面定位时的依据。

蹲便器中心距:900 mm;洗脸盆、小便器中心距:700 mm;淋浴器中心距:900 ~ 1 100 mm;盥洗槽水嘴中心距:700 mm。器具的安装位置应考虑到排水口集中于一侧,便于管道布置,门的开启方向,应避免门开启后碰撞器具。

2.安装的稳固性

安装中应特别注意支撑卫生器具的底座、支架、支腿等的安装质量,以确保器具安装的稳固。

3.安装的美观

卫生器具是室内的固定陈设物,在实用的基础上,还应以端正、平直的安装,达到美观要求,因此,在安装过程中应随时用水平尺、线坠等工具进行检测和校正,使安装控制在规定的允许偏差范围内。

4.安装的严密性

安装的严密性体现在卫生器具和给水、排水管道的连接及与建筑物墙体靠接两方面。

卫生器具与给水配件(水龙头、浮球阀等)连接的开洞处应加橡胶软垫,并压挤紧密,使连接处不漏水;与排水管、排水栓连接的下水口应用油灰、橡胶垫圈等使其结合严密,不漏水;与墙面靠接时,应抹油灰,或以白水泥填缝,使靠接处结合严密,不污染墙面。

5.安装的可拆卸性

在使用和维修过程中,瓷质卫生器具可能被碰坏更换,安装时应考虑到器具的可拆卸特点。因此,卫生器具和给水支管连接处,必须装可拆卸的活接头;坐便器和地面的稳固,排出口和排水短管的连接,蹲便器排出口和存水弯的连接等,均应用便于拆除的油灰填塞连接,并且在存水弯上或排水栓处均应设根母连接。

6.铁和瓷的软结合,管钳和器具配件的软加力

硬金属与瓷器之间的所有结合处,均应垫以橡胶垫、铅垫等,做软结合。和器具紧固的所有螺纹连接时,应先用手加力拧,再用紧固工具缓慢加力,防止加力过猛损伤瓷器。用管钳紧拧铜质、镀光质的给水配件时,应垫以破布,防止管钳加力后出现牙痕。

7.安装后的防护与防堵塞

卫生器具的安装应安排在建筑物施工的收尾阶段。器具一经安好,应进行有效防护,如切断水源或用草袋加以覆盖等。防护最根本的措施是加强工种间的配合,避免人为的破坏。

卫生器具安装后,器具的敞开排水口均应加以封闭,以防堵塞。地漏常常被建筑工人用来排除水磨石浆、排除清洗地面水等,最易堵塞,更应加强维护。

3.2.2.2 大便器的安装

大便器有蹲式、坐式两种类型。按冲洗方法分水箱冲洗和冲洗阀冲洗,按水箱进水管安装方法分为明装和墙槽暗装。

1.蹲式大便器的安装

(1)常用蹲便器规格见图3.20。

(2)蹲式大便器几种安装方式见图3.21。

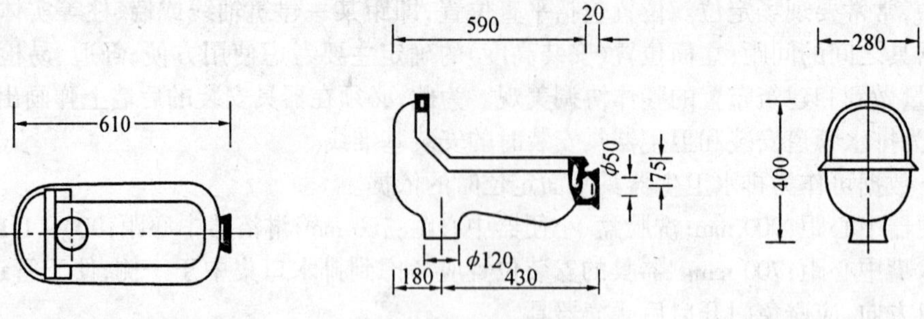

(a) 1# 蹲便器

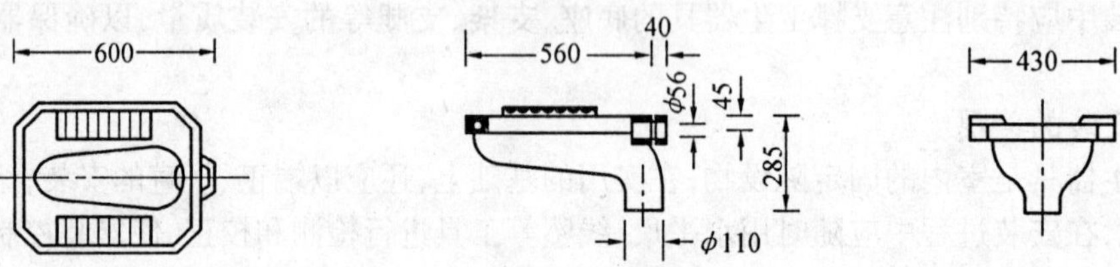

(b) 12# 蹲便器

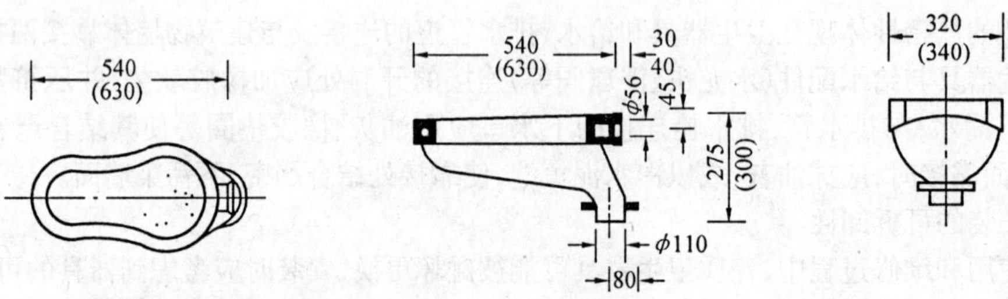

(c) 13# 蹲便器

图 3.20　蹲式大便器

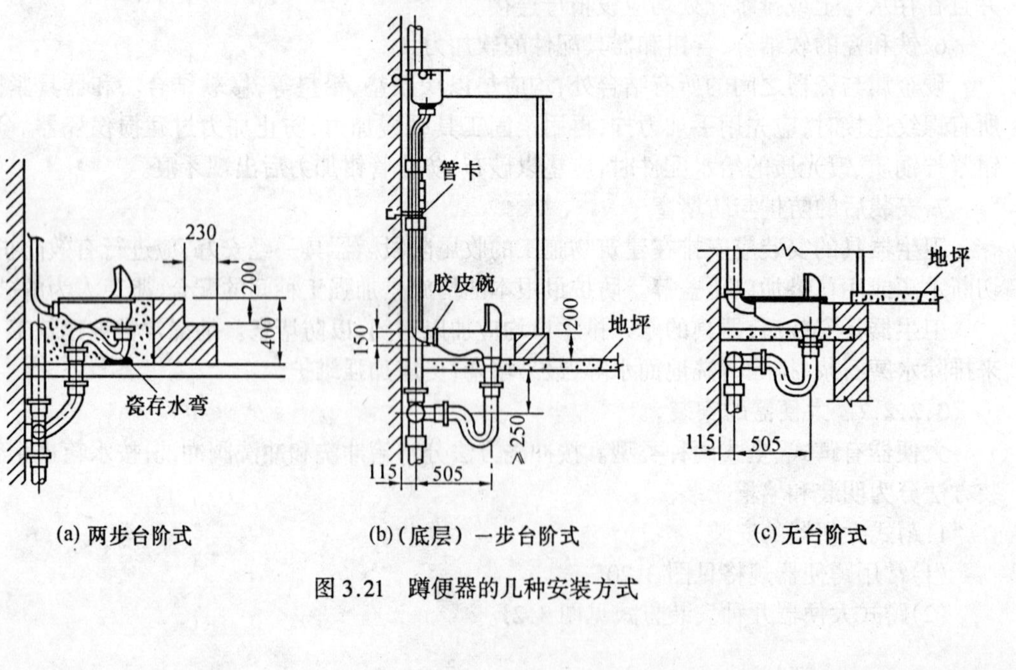

(a) 两步台阶式　　(b)（底层）一步台阶式　　(c) 无台阶式

图 3.21　蹲便器的几种安装方式

(3)蹲便器高水箱安装施工用料见表 3.11。

(4)蹲便器高水箱安装的步骤和方法见表 3.12。

(5)水箱冲洗洁具的组装见图 3.22。

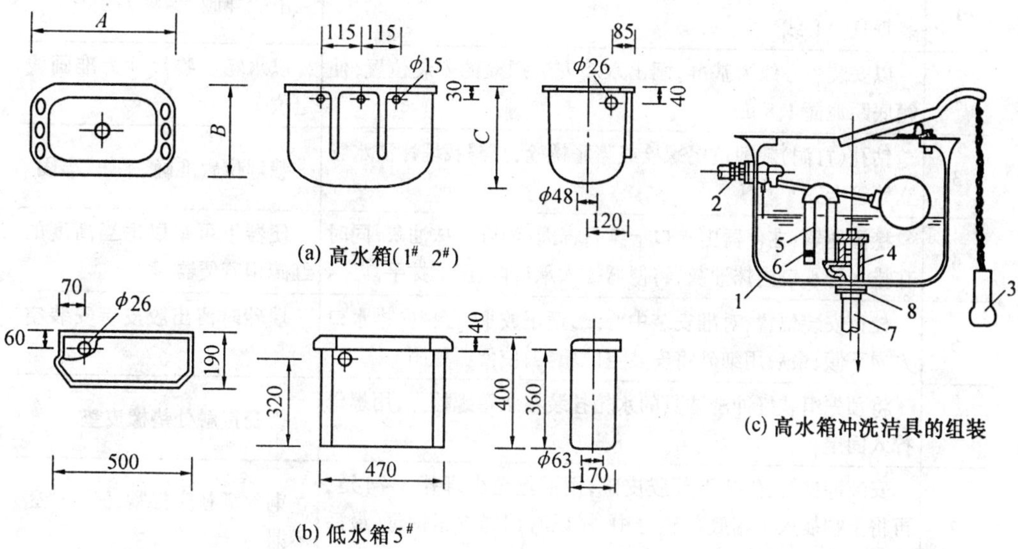

图 3.22　便器水箱及其组装

1—水箱;2—浮球阀;3—天平架及拉链;4—弹簧阀;5—虹吸管;6—$\phi5$ 冲气小孔;7—冲洗管;8—冲洗管配件

表 3.11　蹲便器高水箱安装施工用料表

序号	名　称	规　格	单位	数量	注
1	蹲便器	按设计	个	1	
2	高水箱 1# 2#	440×260×280 440×240×280	个	1	取其一
3	水箱冲洗洁具	成套产品	组	1	铜质或硬质塑料
4	冲洗管	DN32	根	1	成品或自制
5	胶皮碗	D100×50	个	1	
6	存水弯 S 型 P 型	磁质 D100 铸铁 D100	个	1	取其一
7	水箱安装螺栓	$\phi10$ 鱼尾螺栓或 膨胀螺栓 $l=150$ mm	个	3	取其一
8	冲洗管管卡	单立管卡 DN32	个	1	
9	进水阀	DN15、铜质角阀或闸阀	个	1	取其一
10	镀锌钢管	DN15 $l=200$ mm	m	0.2	
11	镀锌活接头	DN15	个	1	或长丝活接头
12	油　灰		kg	~0.5	按实际需要
13	石棉绳		kg	—	按实际需要
14	橡皮板	$\delta=1\sim2$ mm	kg	—	按实际需要
15	红　砖		块	—	按实际需要
16	细　砂		m^3	—	按实际需要
17	铜　丝	$\phi1\sim1.2$ mm	m	~1	绑扎用

表 3.12 蹲便器高水箱安装的步聚及方法

序号	操作内容和方法	注意事项
1	以排水管口为基准,在安装后墙面上弹画出便器和水箱安装垂直中心线	吊线弹画
2	以安装中心线为基准,画出水箱安装螺栓的安装位置,使箱底距地面 1.8 m	以水箱实物尺寸为准画线定位
3	钻孔(打洞)栽埋鱼尾螺栓或膨胀螺栓,打洞栽埋冲洗水管立管管卡	栽埋位置准确、平正、牢固
4	稳固便器:在便器出水口上缠石棉绳(油麻)、抹油灰,同时在排水管承口内抹油灰,将便器插入承口内、压实抹平	便器下可垫以适当高度的红砖担着便器
5	校正安装位置:对准安装中心线,摆正放平,可稍向排水口方向下倾,最后用细砂将安装空隙填实,使便器稳固	填砂时留出胶皮碗安装空间
6	将预先组装好冲洗洁具的水箱挂装在水箱螺栓上,用螺母拧入固定	铁瓷接触处垫橡皮垫
7	安装冲洗管:先装下部胶皮碗,用铜丝至少绑扎 3~4 道,再将上端插入水箱底部锁母中,衬以石棉绳拧紧锁母,最后用立管卡使冲洗管固定	铜丝绑扎应拧紧,保证严密不漏
8	水箱接管(详见给水管道安装部分)	软结合,软加力

组装中应在箱的开孔与配件的结合处垫橡胶垫圈,以保证组装的严密,操作中特别应做到软加力,以保证不损伤瓷器;水箱配件组装后,在挂装前应进行注水试漏。

图 3.21(a)为两步台阶式安装:当蹲便器配用瓷存水弯时,为将便器和存水弯都隐蔽保护起来必须用两步台式的安装方式,俗称两步台。

图 3.21(b)为一步台阶式安装:即将便器隐蔽在一步台阶内,而将存水弯(S 型铸铁或陶瓷)设在底层的地面下,或将 P 型铸铁存水弯吊装于便器底部楼板下。图 3.21(c)为无台阶式安装:用于楼层的蹲便器安装,把厕所间的楼板做得比楼层地坪低 220 mm,蹲便器安装后,再把厕所间的防水地面做成比屋内地面低 20 mm。

一般楼层建筑物,可采取底层蹲便器用一步台式安装;楼层蹲便器用无台阶式安装方式。

2.坐便器的安装

用低水箱冲洗的坐便器安装有:分体式、连体式两种安装方式。

(1)常见坐便器的规格,如图 3.23 所示。

(2)分体式坐便器的安装,如图 3.24 所示,图中配用低水箱可用 5 # 或 12 #(括号内数据);水箱短冲洗管管径为 DN50,可用铁管或硬塑料管;给水管为暗装在墙槽内,与水箱的连接采用铜角阀及铜管镶接。

(3)坐便器的安装步骤及方法见表 3.13。

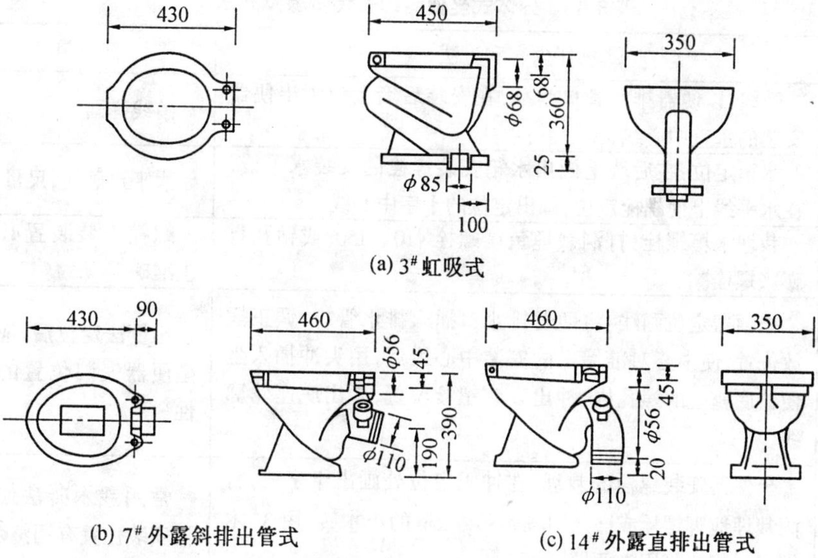

(a) 3# 虹吸式

(b) 7# 外露斜排出管式　　(c) 14# 外露直排出管式

图 3.23　坐便器规格尺寸

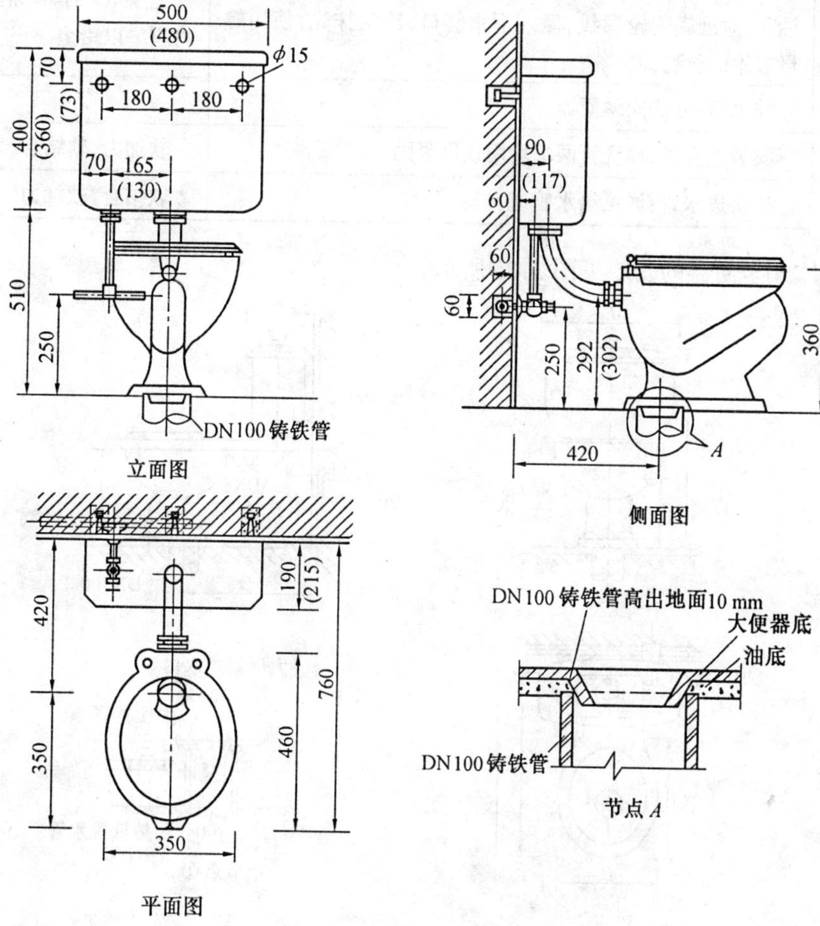

图 3.24　分体式坐便器的安装

表 3.13 分体式坐便器的安装步骤及方法

序号	操作内容和方法	注意事项
1	弹线:以便器排水管口为准,在安装后墙上弹画出便器安装的垂直中心线	吊线弹画
2	水箱定位:在后墙上画出水箱安装螺栓的安装水平线,在水平线上使螺栓定位,画出定位的十字中心线	水平尺画线,尺量定位
3	栽埋水箱螺栓:打洞栽埋鱼尾螺栓 $\phi10\times150$,或钻孔打膨胀螺栓	螺栓安装装置必须校正准确
4	坐便器定位画线:将便器排水口插入排水管口,调正摆放位置,使中心对准墙上的安装中心线后,用尖冲插入坐便器底座上的螺孔内,冲出安装螺栓位置,画出底座轮廓线	比量法定位后,应校正坐便器安装位置的准确性
5	坐便器安装螺栓的栽埋:在冲眼定位处画出十字线,打洞栽埋地脚螺栓或嵌入 40 mm × 40 mm 的小木砖,用 $3^{\#}$ 木螺丝垫铅垫稳固坐便器	常用栽木砖法使坐便器安装位置有调整余地
6	坐便器稳装:在坐便器底部抹上油灰,下水口缠油麻,抹油灰,对准底座轮廓线,插入下水管口,压实抹光,使用螺母或木螺丝稳固	上螺母、拧木螺丝时,均应垫以铅垫
7	挂水箱:方法同蹲便器	
8	安装冲洗管:冲洗管两端均用锁母紧固	软加力,软结合
9	连接进水管:详见给水管道安装	软结合,软加力

(4)连体式坐便器的安装见图 3.25 所示。

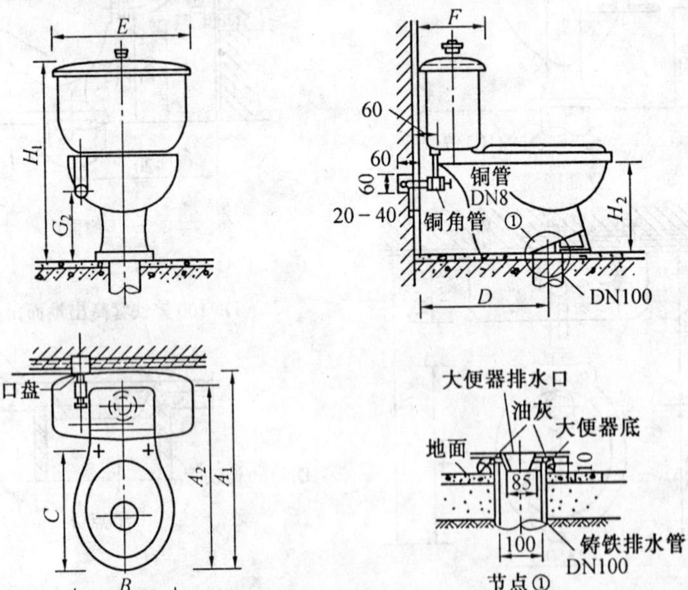

图 3.25 连体式坐便器的安装

连体式坐便器直接稳于地面上,用比量法定位,即将坐便器底盘上抹满油灰,下水口缠油麻抹油灰,插入下水管口,直接稳固在地面上,压实抹去底盘挤出油灰即可。在进水口与连体水箱镶接后,坐便器得以进一步稳固。

(5) 连体式坐便器的安装尺寸见表 3.14 所示。

表 3.14　连体式坐便器的型号及安装尺寸

mm

型　号	A_1	A_2	B	C	D	H_1	H_2	E	F	G_1	G_2	G_3	备　注
7201	705	670	350	430	480	760	390	480	220	60	130	250	唐　陶
8301	705	670	350	430	480	730	390	470	225	60	130	250	
8403	710	670	350	430	300	700	360	470	225	60	130	250	
8501	710	670	350	430	240	755	360	400	195	60	130	250	
前进 1# 7801	705	670	370	435	480	745	390	510	205	60	150	250	唐建陶
前进 2# 7901	720	670	350	430	480	750	390	535	215	60	155	250	
前进 6#	705	670	370	480	305	755	390	540	220	60	155	250	
HM2122	693	587	362	422	305	725	362	540	203		152	210	广州华美
HM2109	740	630	356	470	305	725	365	530	203		152	210	

3.2.2.3　小便器的安装

小便器分为:斗式、角式(安装于墙角)、立式(落地式)和壁挂式几种。小便器安装工作在地面工程和墙面工程完成后方可进行。小便器的冲洗管有明装和暗装之分。排水管明装时用 S 型存水弯;暗装时采用 P 型存水弯。

1.斗式小便器的安装

挂斗式小便器常成排安装(两个以上)。安装前须按已装好的水支管(承口底面相平)中心线,在墙上画出小便器安装中心线(用线坠找直),见图 3.26,安装步骤如下。

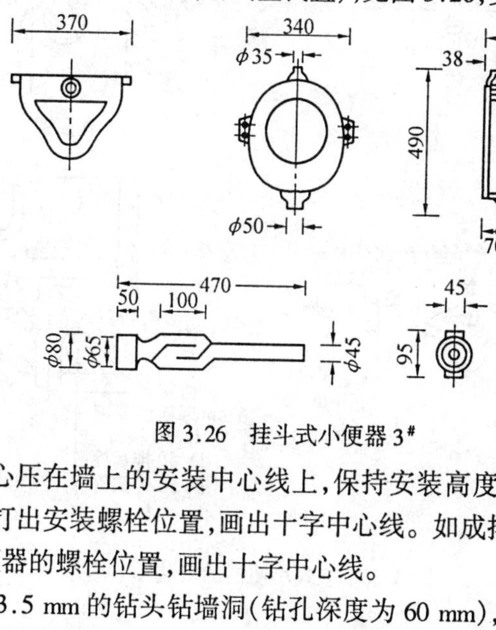

图 3.26　挂斗式小便器 3#

(1)将小便器中心压在墙上的安装中心线上,保持安装高度,如图 3.27,用钉子穿过小便器两侧的安装孔,打出安装螺栓位置,画出十字中心线。如成排安装,应用水平尺、卷尺测量一次定出各个小便器的螺栓位置,画出十字中心线。

(2)用电钻装 ϕ13.5 mm 的钻头钻墙洞(钻孔深度为 60 mm),栽埋 M6×70 膨胀螺栓,即可把小便器固定在墙上,或向墙洞打入木砖,用3″木螺丝将小便器紧固。预埋的木砖应做防腐处理,拧入的木螺丝应加铅垫。

(3)连接给水管道。当明装时,用螺纹闸阀、镀锌短管和便器进水口压盖连接;当给水管暗装时,用角型阀、镀锌管和暗装支管连接,角型阀的下侧用铜管(或镀铬铜管)、锁紧螺母和压盖与小便器进水口相连。

(4)连接排水的存水弯。存水弯上口抹油灰后套入小便器排水口,下端缠绕石棉绳抹上油灰,再与排水短管承插连接。经试水各接口处不漏水即可。

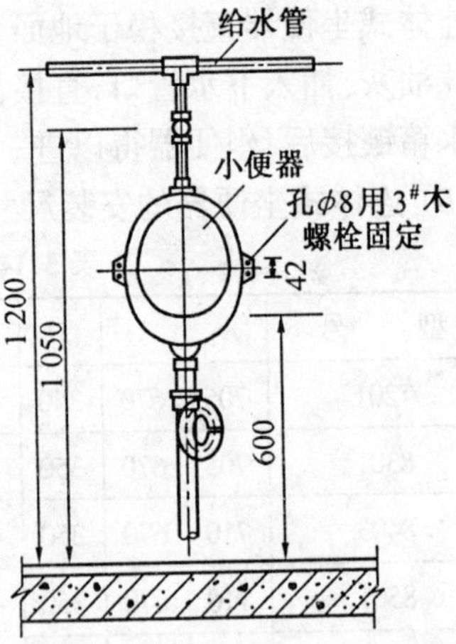

图3.27　挂斗式小便器安装

2.立式(落地式)小便器的安装

立式小便器多为成排安装(两个以上),如图3.28所示。安装前应画上小便器在墙上的安装中心线,其方法同挂斗式小便器,安装步骤如下。

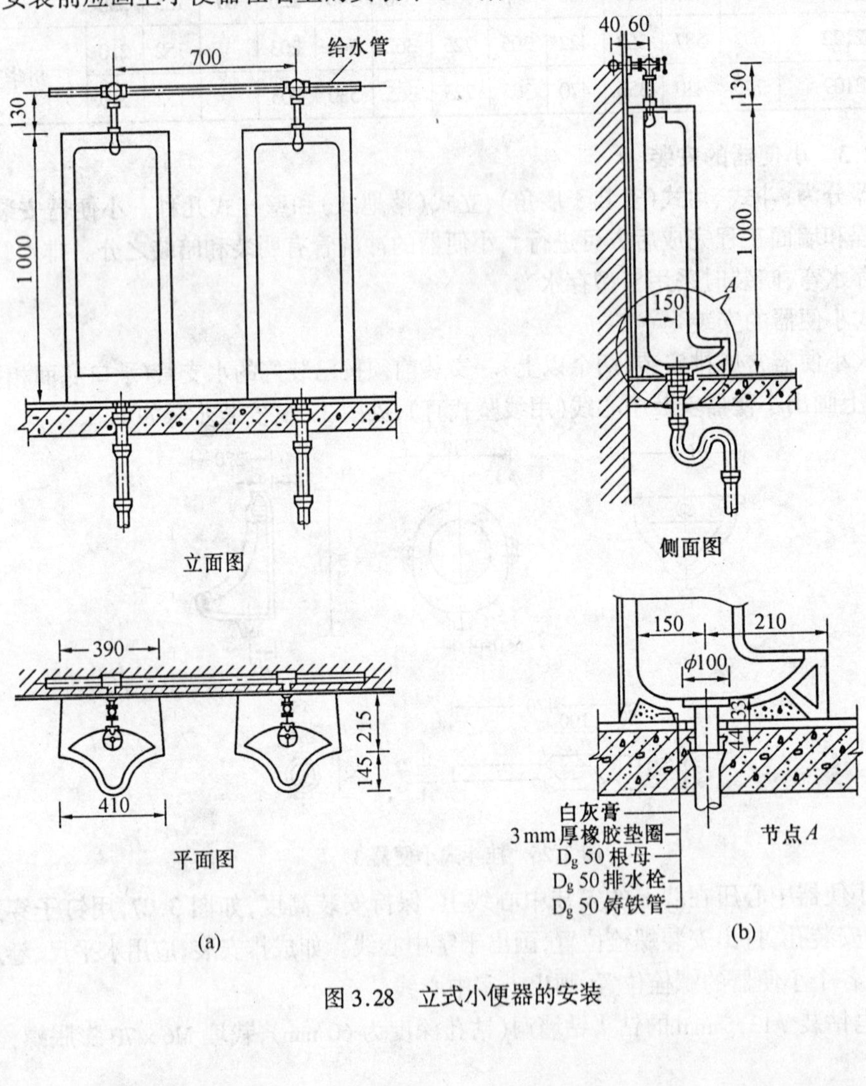

图3.28　立式小便器的安装

(1)在小便器排水孔上用 3 mm 厚橡胶垫圈和锁母装好排水栓,在排水栓管和小便器底部周围的空间处填平白灰膏。

(2)在小便器排水管存水弯承口上抹上油灰,即可将小便器排水栓短管插入存水弯承口,抹平油灰,并再次校正小便器安装中心线误差。

(3)连接小便器给水管道,其方法同上。

成排挂斗式、立式小便器,均可使用共同高位水箱冲洗。水箱底安装高度为 2 160 mm,水箱内装有自动冲洗阀,可自动冲水。

3.2.2.4　洗脸盆的安装

洗脸盆的种类很多,造型各异,常用的有方形、立柱式和台式,如图 3.29 所示。洗脸盆的产品类型不同,其安装方法也不同。方形洗脸盆用墙架固定于墙上;带柱腿的立柱式洗脸盆是靠立在地面上的柱腿支撑稳固在地面上的;台式洗脸盆则直接摆在工作台预留的洞口上。

洗脸盆在安装前均应按照排水短管中心线确定洗脸盆的安装位置,并在墙或台面上画出安装中心线,确定安装高度和安装间距。

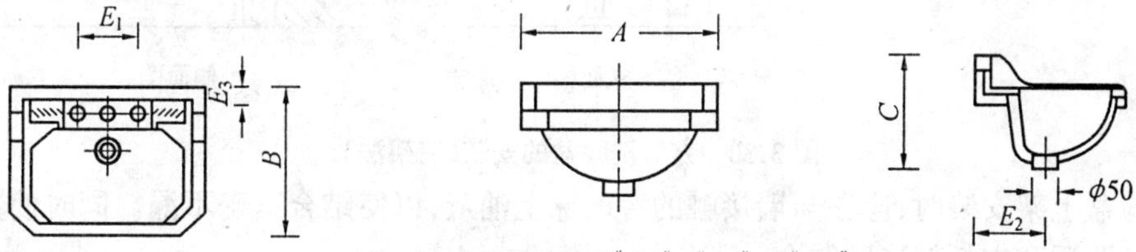

(a) 方形洗脸盆(3#,3A#,4#,4A#,18#,19#)

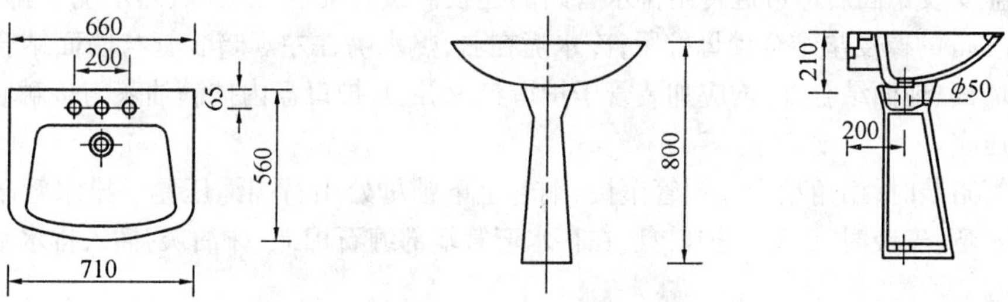

(b) 立柱式洗脸盆(PF4,PF6)

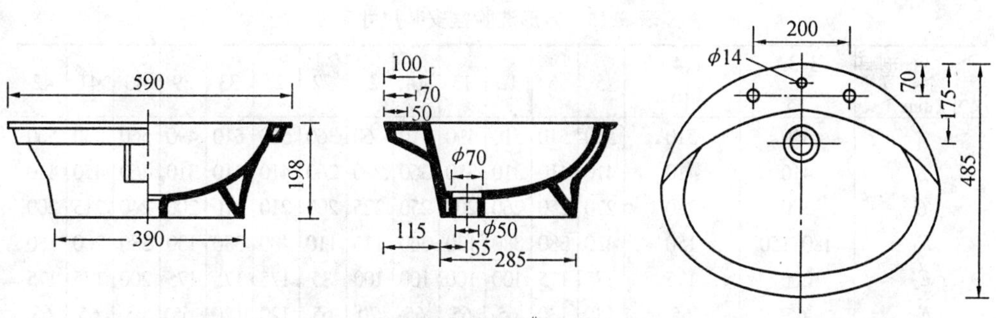

(c) 台式洗脸盆(1#)

图 3.29　常用洗脸盆

1.方形洗脸盆的安装(见图3.30)

方形洗脸盆由盆架支承安装。盆架可用洗脸盆配套供应的铸铁托架,通过 $\Phi6\times60$ 木螺丝紧固于预埋墙体里的木桩上,或用膨胀螺栓将托架紧固于墙体上,也可用 $\Phi14$ 的圆钢制作的托架(∩形)栽埋于墙内以支承脸盆。

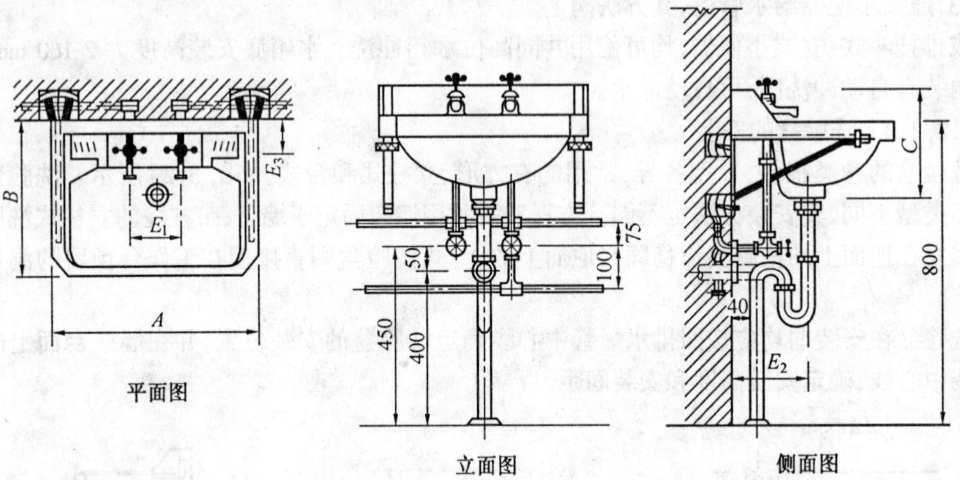

图3.30　方形洗脸盆的安装(墙架法)

洗脸盆上架安装时,应在与墙接触的背面抹上油灰,以使结合紧密不漏。同时使盆底安装凹槽及孔洞和支托架稳固结合。

洗脸盆安装稳固后即可进行给排水管路的连接。接管前应先把冷、热水嘴和排水栓用厚度2~3 mm的橡皮垫结合锁母拧紧,冷水嘴在右,热水嘴在左。暗装管与墙面结合处,存水弯管与墙面、地面结合处,均应加装管子护口盘(瓦钱),护口盘内抹满油灰与接触墙、地面按紧压紧压实。

给水管暗装时,用角型阀和铜管镶接,铜管上下锁母处用石棉绳压紧。排水管暗装时,用P型存水弯;安装时,先穿上护口盘,在存水弯管端部缠石棉绳、抹油灰,插入排水管,最后压紧护口盘。

方形洗脸盆的规格及安装尺寸见表3.15。

表3.15　方形洗脸盆安装尺寸

型号 / 尺寸/mm	3、3A 18	4、4A 19	5	6	12	13	14	21	22	27	33	39	40	41	42
A	560	510	560	510	510	490	510	460	360	560	510	490	560	530	560
B	410	410	410	410	310	310	360	290	260	410	410	310	460	450	410
C	300	280	270	250	260	200	250	225	200	210	210	200	240	215	200
E_1	180/150	150	420	380	380	130	360	115	110	400	380	130	380	200	180
E_2	200	175	175	175	100	100	100	100	85	175	175	175	200	175	175
E_3	65	65	140	130	65	65	65	70	65	120	120	65	65	65	65

2.立柱式洗脸盆的安装(见图3.31)

立柱式洗脸盆由配套瓷质立柱支承,背部以螺栓紧固于墙上加固安装,其安装尺寸见表3.16。

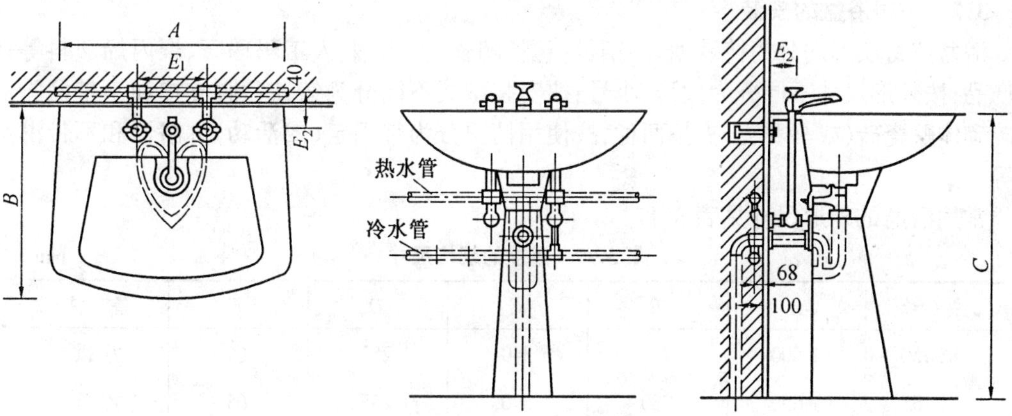

图 3.31　立柱式洗脸盆的安装

表 3.16　立柱式洗脸盆规格及安装尺寸

尺寸/mm 型号	A	B	C	E_1	E_2
7201	710	530	800	200	65
洗 720(X)	610	470	800	200	65
8403	610	510	780	200	65
8301	610	470	780	200	65
前进 1[#]	635	510	780	200	65
前进 2[#]	660	510	780	200	65

安装时先弹画出脸盆安装的垂直中心线及安装高度水平线，然后用比量法使立柱柱脚和背部紧固螺栓定位。其过程是将脸盆放在支柱上，调整安装位置对准垂直中心线并和后墙靠严后，在地面上画出支柱外轮廓线和背部螺栓安装位置，然后打洞栽埋螺栓（或膨胀螺栓），在地面上铺上厚 10 mm 的方形油灰，使宽度略大于立柱下部外轮廓，按中心位置摆好立柱，压紧压实，刮去多余油灰。在立柱上部和洗脸盆结合的凹形槽内填塞油灰，把脸盆摆在柱腿上，压紧压实，刮去多余油灰，拧紧背部拉紧螺栓。

给、排水管道及配件的连接同前述。其中，排水存水弯要配用 P 型或瓶型存水弯，置于空心的柱腿内，通过侧孔和排水短管暗装。控制排水栓启闭的控制杆，也通过侧孔和盆面上的控制件连接。

3. 台式洗脸盆的安装（见图 3.32）

台式洗脸盆直接卧装于平台上。其给水方式有冷热水双龙头式、带混合器的单龙头式、红外线自动水龙头式等，详见标准图集。

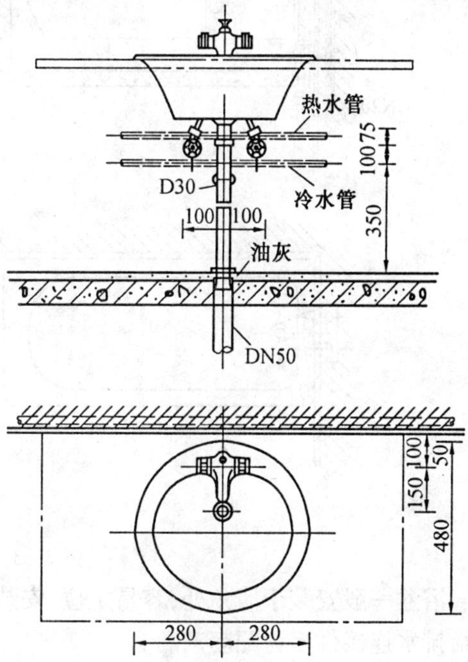

图 3.32　台式洗脸盆的安装

3.2.2.5　浴盆的安装

浴盆按材质不同分为铸铁搪瓷、钢板搪瓷、陶瓷、玻璃钢、人工玛瑙石、聚丙烯塑料等多种产品；按外形尺寸不同分为大号、小号；按安装型式不同分为铸铁盆脚支撑和不带盆脚而以砖砌体贴瓷砖（或马赛克）支撑两种；按使用情况分为带固定（或活动）淋浴器和不带淋浴器等。

常用浴盆的外形尺寸见表 3.17。

表 3.17　浴盆的规格尺寸　mm

型　号	A	B	C	D	E	备　注
QH 150	1 500	720	340	255	65	浅弧
SH 165	1 650	780	390	255	65	深弧
SH 186	1 860	840	425	240	85	
SMC 110	1 100	680	480			玻璃钢

浴盆的安装如图 3.33 所示。

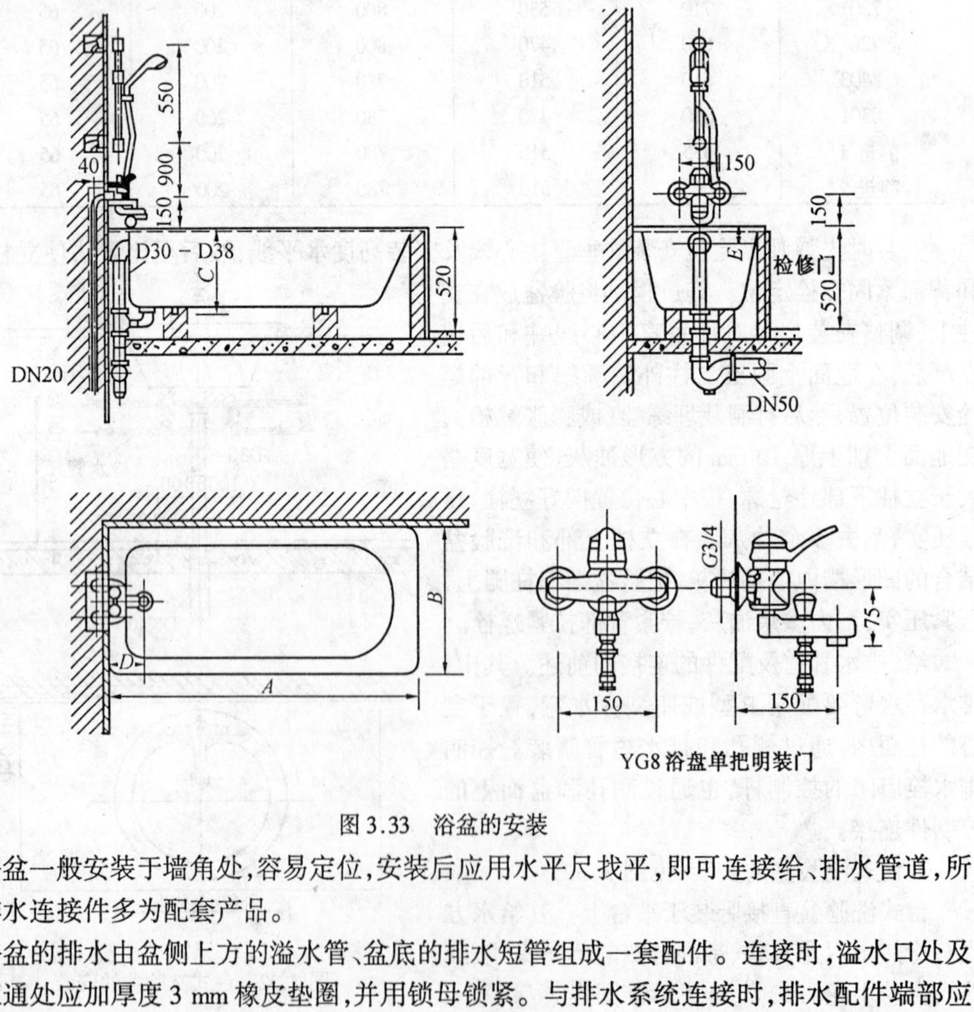

图 3.33　浴盆的安装

浴盆一般安装于墙角处，容易定位，安装后应用水平尺找平，即可连接给、排水管道，所用给排水连接件多为配套产品。

浴盆的排水由盆侧上方的溢水管、盆底的排水短管组成一套配件。连接时，溢水口处及接合三通处应加厚度 3 mm 橡皮垫圈，并用锁母锁紧。与排水系统连接时，排水配件端部应缠石棉绳抹油灰后与排水短管连接。

给水管可明装也可暗装。暗装时给水配件的连接短管上要先套上压盖(瓦钱),再与墙内的给水管螺纹连接,随后用油灰压紧压盖,使其与墙结合严密。浴盆上淋浴喷头和混合器为锁母垫石棉绳或橡胶垫片连接。固定喷头的立管应加立管卡固定;活动喷头用专用喷头架紧固在预埋的木砖上。

3.2.2.6　淋浴器的安装

淋浴器有组装成品和现场配制两种,如图 3.34。按冷热水管的安装方式不同,分明装和暗装两种方式。冷水管安装高度为 900 mm,热水管安装高度为 400 mm。连接淋浴器时,应按热左冷右的规定安装,而且冷热水管均应装阀门,以便调节水温;喷管和成套设备的连接为锁母紧固,与管件配制的淋浴器连接用活接头。

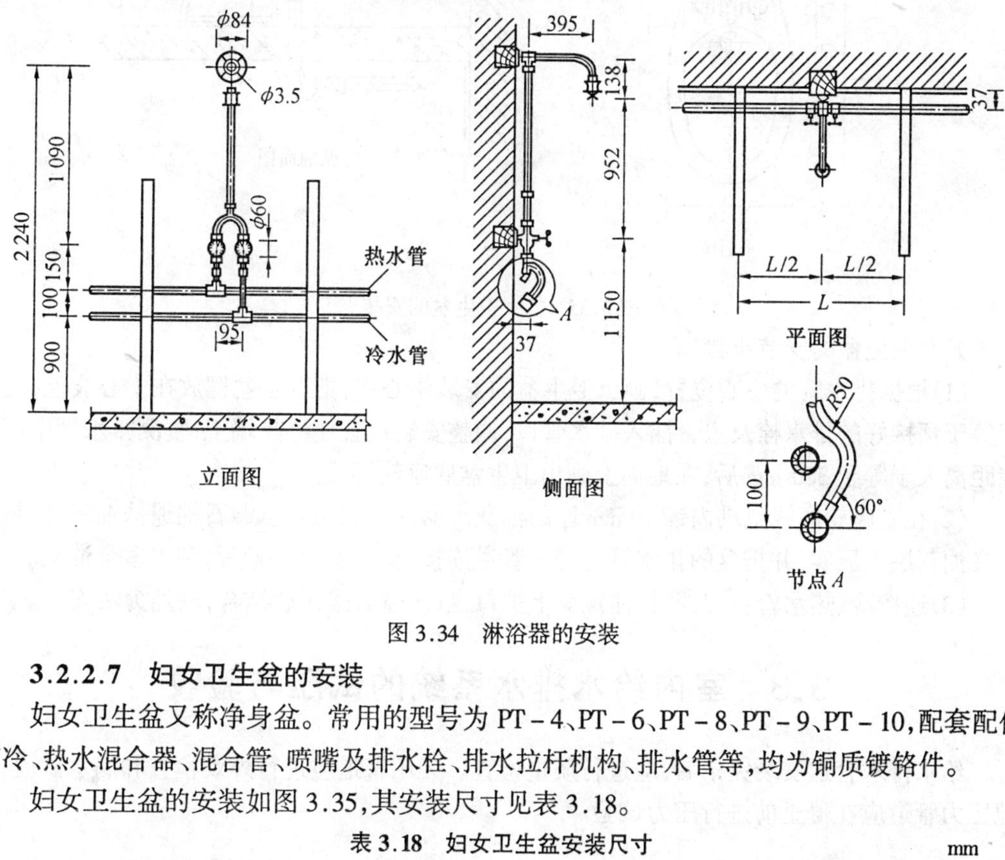

图 3.34　淋浴器的安装

3.2.2.7　妇女卫生盆的安装

妇女卫生盆又称净身盆。常用的型号为 PT－4、PT－6、PT－8、PT－9、PT－10,配套配件有冷、热水混合器、混合管、喷嘴及排水栓、排水拉杆机构、排水管等,均为铜质镀铬件。

妇女卫生盆的安装如图 3.35,其安装尺寸见表 3.18。

表 3.18　妇女卫生盆安装尺寸　mm

尺寸＼型号	PT－4	PT－6	PT－8	PT－9	PT－10
A	590	590	575	590	590
B	370	370	370	370	370
C	360	360	360	360	360
D	119	120	115	120	115
E	160	170	150	155	165

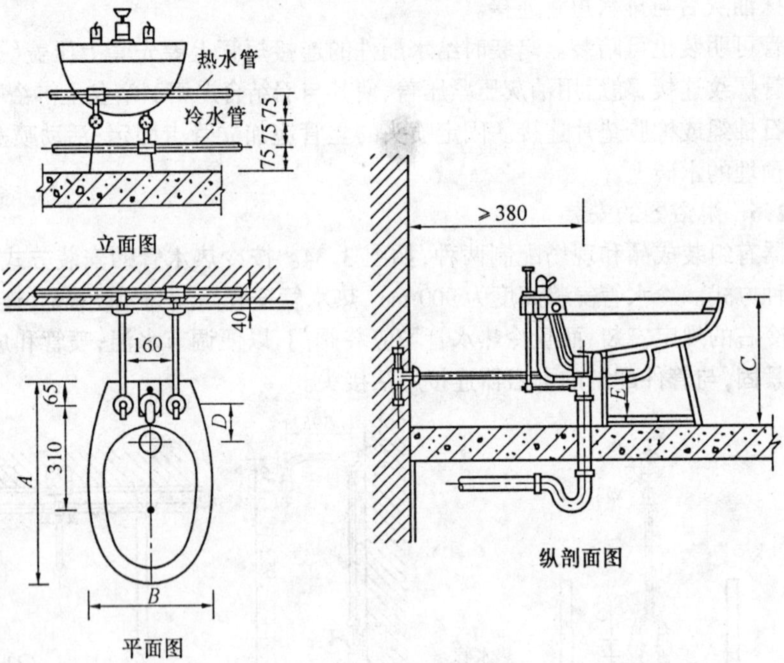

图 3.35　妇女卫生盆的安装

妇女卫生盆的安装步骤如下：

(1)根据排水管的中心位置，画出卫生盆的安装中心线，把卫生盆摆放在中心线上，使大于等于预接好的排水栓及短管插入排水管口，调整安装位置使器具端正；复测排水管中心与墙距离大于等于 380 mm 后，在地面上画出卫生盆底座轮廓线。

(2)在底座轮廓线范围内铺 10 mm 厚的油灰。盆底排水短管上缠石棉绳抹油灰后，将盆稳在油灰层上压实，并把盆的排水管与排水管道连接，校正安装位置后，刮去多余油灰。

(3)连接冷、热水管及配件时，注意套上护口盘(压盖)，采用软结合，软加力法安装。

3.3　室内给水排水系统的试压与验收

给水排水管道安装完毕后，应进行质量检查。无压管道应进行外观检查和满水试验；埋地压力管道应在覆土前进行压力试验。

3.3.1　给水系统的试压

一般给水管道采用水压试验，只有当水压试验的条件不具备时，才用气体介质试压。高层、多层建筑的室内生活用水，消防用水，生活(产)与消防合用管道系统水压试验，是在管道系统施工完毕后，为确保管道系统使用功能，而对管道材质与配件结构强度和接口严密性进行的必要的检查，也是质量保证项目之一。必须严肃认真，不可疏忽。试压前应做好如下工作。

3.3.1.1　试压前准备及应具备的条件

1.准备工作

(1)不能参与试压的设备：减压阀、调节阀、计量仪表、喷淋报警阀等应拆除，用丝堵、法兰、盲板封闭，或用短管连接。

(2)系统高处应安装排气阀，低点应安装泄水阀。

(3)安装好试压泵、压力表，接通水源、电源。

(4)接好试压水的排泄管道。

(5)试压系统的中间控制阀门应全部开放，并有专人定岗负责操作检查。

2.应具备的条件

(1)室内给水管道系统安装完毕，支架、管卡已固定牢靠。

(2)管道坐标、标高经检查合格。

(3)各接口处未作防腐、防露和保温，能够检查。

(4)安装过程中临时使用的夹具、堵板、盲板及旋塞均已拆除。

(5)各种卫生设备均未安装水嘴、阀门。集中排气系统已在顶部安装了临时排气管和排气阀。

(6)试压环境空气温度在5℃以上。

(7)加压装置及其仪表动作灵活、准确、可靠，测试精度符合规定。选用压力表时其测试压力范围大于试验压力的1.5~2倍。

试压前，先制定试压技术组织措施，对较复杂的建筑和高层建筑尤为必要。参加试压人员要按岗分工，责任分明。熟悉试压分区或分段的划分范围，掌握试验压力的标准和质量标准。然后将室内给水引入管的室外甩头端封严，若埋地管施工时已作封堵处理，应重新检查。

3.3.1.2　向管路注水

(1)打开各高位处的排气阀门。

(2)从下往上向试压的系统注水，待水灌满后，关闭进水阀门，待一段时间后，继续向系统灌水，当系统空气排尽，系统最高排气阀处见水时，表明系统已注满水。

3.3.1.3　向管道系统加压

(1)管道系统注满水后，启动加压泵使系统内水压逐渐升高，先缓慢升至工作压力、停泵观察，经检查各部位无渗漏、无破裂、无异常情况时，再将压力升至试验压力，一般分2~4次升至试验压力。各种材质给水系统试验压力为工作压力的1.5倍，不得小于0.6 MPa。

(2)位差较大的给水系统，特别是高层建筑和多层建筑的给水系统，在试压时应考虑静压影响，其值以最高点压力为准，但最低点压力不得超过管道附件及阀门的承压能力。

(3)试验过程中如发现接口处泄漏，及时做上记号，泄压后进行修理，再重新试压，直至合格为止。

(4)金属及复合管给水管道系统在试验压力下观测10 min，内压力降不大于0.02 MPa，表明管道系统强度试验合格。然后降至工作压力，再做较长时间检查，此时全系统的各部位无渗漏、无裂纹，管道系统的严密性为合格。塑料管给水系统在试验压力下稳压1 h，压力降不超过0.05 MPa，在工作压力的1.15倍下稳压2 h，压力降不超过0.03 MPa，不渗漏为合格。

3.3.1.4　泄水

给水管道系统试压合格后，应及时将系统的存水泄掉，防止冬季积水冻结而破坏管道。若系统内局部管段积水泄不出来，可采取压缩空气吹扫的办法吹除。

3.3.1.5 填写管道系统试压记录

填写试压记录时，应如实填写。对未经试压的管道严禁编造虚假记录。试压记录是管道工程的重要技术资料，必须认真、如实、及时填写，应由施工、监理、建设单位人员签字存档。

3.3.1.6 质量标准

室内给水管道系统水压试验时，其试验压力的规定，应随管道系统的工作压力而定。一般情况规定如下：

(1)室内给水管道试验压力 p_s 不小于 0.6 MPa。

(2)对生活饮用水和生产、消防合用时的管道，其试验压力为

$$p_s = 1.5p \leqslant 1.0\ \text{MPa}$$

式中 p——管道的工作压力。

(3)在 p_s 压力下，观察 10 min，压降 Δp 不大于 0.05 MPa，再将试验压力 p_s 降至工作压力 p，进行全面检查，无渗漏为合格。

给水管道水压试验时，应根据管道系统中不同的材质和工作压力，分别分段地进行。

(4)给水管道的各个系统应分别做好试验记录，不可混淆。对于需隐蔽的管道应先进行试验，及时做好隐蔽记录，并须经过有关方面的检查、验收，合格后方可隐蔽。

(5)压力试验时，有关方面人员均应亲临现场监督、检查，合格后方可在记录上签字。

3.3.2 排水系统的灌水与通球试验

通球试验工艺流程：

封闭排出管口→向管道内灌水→检查，做灌水试验记录→通球试验

3.3.2.1 封闭管口

1.地下排水管

在排水出户管第一个井内放入大于或等于管径的橡胶囊，用打气筒往胶囊内打入空气密封管口，或用钢管作管堵，用水泥线麻打口封闭。

2.±0.00 以上排水管

地上排水管灌水试验可以每两层为一管段，也可以每一层为一管段。

以立管检查口为界，第二层为一管段。以二、三层排水管段为例：在二层所有排水甩口之承口内插入封闭的钢制短管并打线麻水泥口。（地漏应摘掉扣碗，基本体做承口。）待打口水泥达到一定的强度后，在一层立管检查口内装入胶囊充气封闭，由三层地漏灌水。下一管段在三层的立管检查口内装胶囊封闭，作四、五层管段灌水试验，以此类推。

以每一层为一管段。前述以每二层为一管段，其中有一层排水甩口及地漏需要打口，事后还要拆除，费工费料。若遇到装有进口大便器的管段，其下水甩口为光管，没有承口，其封闭就更费工费料。为了灌水方便，在这种情况下，可通过图纸会审确定在排水立管上，层层安装立管检查口。这样就可以每根排水立管的每一层作为一个管段进行灌水试验，而不用对部分管甩口进行临时封堵。

操作时：

(1)打开检查口，用卷尺在管外测量由检查口至被检查水平管的距离加上三通以下 50 cm，记上这个总长，量出胶囊到胶管的相应长度，并在胶管上做好标记，以便控制胶囊进

入管内的位置。

(2)将胶囊由检查口慢慢送入,一直放到测出的总长标记位置上。

(3)向胶囊充气并观察压力表指示值上升到0.07 MPa为止,最高不超过0.12 MPa。

3.3.2.2　向管道内灌水

(1)用胶管从便于检查的管口向管内灌水,一般选择出户排水管离地面近的管口灌水。当高层建筑排水系统灌水试验时,可从检查口向管内注水。边灌水边观察卫生设备的水位,直到符合规定水位为止。

(2)灌水高度及水面位置控制:大小便冲洗槽,水泥拖布池,水泥盥洗池灌水量不少于槽(池)深的1/2;水泥洗涤池不少于池深的2/3;蹲式大便器的水箱,大便槽冲洗水箱灌水量应至控制水位;洗面盆、洗涤盆、浴盆灌水量应至溢水处;蹲式大便器灌水量至水面低于大便器边沿5 mm处;地漏灌水时水面高于地表面5 mm以上,便于观察地面水排出状况,地漏边缘不得渗水。

(3)从灌水开始,应设专人检查监视出户排水管口、地下扫除口等容易跑水部位,发现堵盖不严或高层建筑灌水中胶囊封堵不严,以至发现管道漏水时应立即停止向管内灌水,进行整修。待管口堵塞、胶囊封闭严密和管道修复、接口达到强度后,再重新开始灌水试验。

(4)停止灌水后,详细记录水面位置和停灌时间。

3.3.2.3　检查,做灌水试验记录

(1)停止灌水15 min后在未发现管道及接口渗漏的情况下再次向管道灌水,使管内水面恢复到停止灌水时水面位置,第二次记录好时间。再次灌水时应有建设单位代表、监理、专职检查员在场,及时填写好排水管道灌水试验记录,有关人员签字盖章存档。

(2)施工人员、施工技术质量管理人员、建设单位有关的人员在第二次灌满水15 min后,对管内水面进行共同检查,水面位置没有下降则为管道灌水试验合格,应立即填写好排水管道灌水试验记录,有关检查人员签字盖章。

(3)检查中若发现水面下降则为灌水试验没有合格,应对管道及各接口、堵口全面细致进行检查、修复,排除渗漏因素后重新按上述方法进行灌水试验,直至合格。

(4)高层建筑的排水管灌水试验需分区、分段、分层地进行,试验过程中依次做好各个部分的灌水记录,不能混淆,也不可替代。

(5)雨水管道灌水必须在底层出户管口封闭,在屋面雨水斗灌水,使管内水位升至屋面。

(6)灌水试验合格后,从室外排水口,放净管内存水。把灌水试验临时连接的短管全部拆除,各管口恢复原标高,拆管时严防污物落入管内。

3.3.2.4　通球试验

(1)为了防止水泥、砂浆、铁丝、钢筋等物卡在管道内,建筑排水系统灌水试验后必须做通球试验,检查管子过水断面是否减小。胶球直径的选择见表3.19。

表3.19　胶球直径选择表

管径/mm	150	100	75
胶球直径/mm	100	70	50

(2)通球试验。灌水试验合格后方可以做通球试验,以检验排水主管及水平干管是否畅通无阻。通球试验的做法是从管道的顶端投入球体,球体直径为管公称直径的75%。球投入后用水冲,球体从底层出户管内排出,可证明管内畅通无阻。通球试验应有建设单位代表、监理、专职检查员在场,并及时在室内排水管道通球试验记录上签字,然后存档。

(3)通球完毕,须分区、分段地进行记录,填写通球试验验收表。

3.3.3 给水系统清洗

水压试验施工完毕后,给水管道系统在交付使用之前,需用合格的饮用水对管道系统进行加压冲洗,称之吹洗。必要时,尚需消毒处理。主要目的是确保给水管道的畅通,清除滞留或掉入管道的杂质与污物,避免供水后造成管道堵塞。这是防止水质污染所采取的必要措施,也是质量保证项目之一,施工中切不可忽视,更不能省略。

3.3.3.1 准备工作

(1)不能参与试压的设备、阀件也不能参与冲洗,此外,还有些部件不能参与冲洗,如孔板也应拆除。

(2)临时供水装置、增压泵安装完毕,运转正常。

(3)冲洗水排除系统安装完毕。

(4)吹洗水放出时有排出的条件。

(5)已制定好分区、分段每一条系统的冲洗顺序,并绘制了流程图,将水引人口、出口,应拆、装的部件,临时盲板的加设位置等都标在图上,并已进行技术、质量、安全交底。

(6)冲洗前将系统内孔板、喷嘴、滤网、节流阀、水表等全拆除,待冲后复位。

临时供水装置运转正常,增压水泵工作性能符合要求,压力不超过设计压力,流速不低于工作流速。见表3.20。

表3.20　吹洗增压水泵流量与接管流速选用表

小时流量 $(m^3 \cdot h^{-1})$	秒流量 $(m^3 \cdot s^{-1})$	DN管径流速/$(m \cdot s^{-1})$							
		32	40	50	70	80	100	125	150
5	0.0014	1.67	1.08	0.72					
10	0.0027		2.09	1.38	0.72				
15	0.0042			2.14	1.12	0.78			
20	0.0056			2.86	1.50	1.08	0.71		
25	0.0069			3.52		1.33	0.88		
30	0.0083				1.84	1.60	1.06	0.67	
40	0.011				2.22	2.12	1.40	0.89	
50	0.014				2.97	2.69	1.78	1.14	0.79
60	0.0167				3.78	3.22	2.13	1.36	0.94
70	0.019					3.65	2.42	1.54	1.07

3.3.3.2　操作工艺

底层主干管吹洗合格后，再依工艺流程顺序吹洗其他各干、立、支管，直至全系统管路吹洗完毕为止。

(1)先吹洗底部干管，后吹洗水平干管、立管、支管。

(2)在给水入户管控制阀的前面，接上临时水源，向系统供水。临时供水，启动增压水泵。

(3)关闭其他立支管控制阀门，只开启干管末端最底层的阀门，由底层放水并引至排水系统。

3.3.3.3　管道冲洗的几项技术要求

冲洗水压应大于系统供水工作压力。

出水口处的管径不得小于被冲洗管径的3/5(即出水管口径应比被冲洗管口小1号)。

出水口处的排水流速 $v \geq 1.5$ m/s。

观察各冲洗环路出水口处的水质，无杂质、无沉积物，与入口处水质相比无异样为合格。

给水管路系统冲洗时，应注意环境空气温度，当气温低于0℃时不得进行冲洗作业。

当发现冲洗水排出时流速缓慢，送水压力急剧上升时，应立即停泵降压，检查冲洗管路是否有堵塞物或是否有阀门尚未全开。

冲洗后应将管路中的存水及时泄净，避免积水冻结而破坏管道。

吹洗后，如实填写吹洗记录，存入工程档案。

仪表及器具件复位，将拆下的部件等复位。

检查验收，检查系统与设计图应一致，并验收、签字。

3.3.3.4　室内给水系统消毒

新建饮用水管道应进行消毒。一般用漂白粉做消毒剂，漂白粉由氯气和石灰加工而成。漂白粉有效氯约为30%，漂白精有效氯为60%～70%。两者均为白色粉末，有氯的气味，易受光、热和潮气作用而分解，有效氯随之降低。因此，均须放在阴凉、干燥和通风良好处。

(1)漂白粉须配成溶液加注，溶解时加少许水调成糊状，再加水配成质量分数1%～2%(以有效氯计)的溶液。溶液加注到管道后，管道系统末端水含氯量为：每升水含20～30 mg游离氯。浸泡8～24 h后，用净水冲洗管道。

(2)每百米管道消毒漂白粉参考用量，见表3.21。

表3.21　每百米管道消毒漂白粉参考用量

管径/mm	15～50	75	100	150	200	250	300	350	400	450	500	600
漂白粉/kg	0.09	0.11	0.14	0.14	0.38	0.55	0.93	0.97	1.3	1.01	2.02	2.9

(3)未进行及正在进行消毒、冲洗的管道不能与其他正常供水管道连接。

3.3.4　系统质量验收

每一项工程在竣工交付使用前都要进行工程质量验收。工程验收是指施工单位在完成所承担的施工项目以后，应按设计和施工验收规范的标准，对工程的质量进行全面检查鉴定，并评出质量“合格”或“优良”等级，由建设单位签字验收。

为了统一建筑设备安装工程质量检验评定的方法，国家依据建筑安装工程施工验收规范和技术标准等颁发了《工程质量检验评定标准》，标准中对划分建筑安装工程项目，质量检查的内容和方法，对工程质量的组织和工程质量等级的评定都有明确规定。

施工安装后应遵照《建筑给水排水及采暖工程施工质量验收规范》国标（GB50242）的规定进行验收。室内给水系统竣工验收应重点检查以下各项。

给水及消防系统的通水能力。用水密集型建筑，如公共浴室、公共食堂、游泳池等，应同时开放50%～100%的用水点，观察是否全部达到额定流量，满足使用要求。非用水密集型建筑可同时开放1/3配水点，观察是否全部达到额定流量，满足使用要求。

3.3.4.1 给水系统质量验收标准

1.保证项目

(1)隐蔽管道和给水系统的水压试验结果必须符合设计要求和施工规范规定。（检查系统或分区试验记录）

(2)管道及管道支座（墩）严禁铺设在冻土和未经处理的松土上。（观察和检查隐蔽工程记录）

(3)给水系统竣工后或交付使用前必须进行吹洗。（检查吹洗记录）

2.基本项目

(1)管道坡度的正负偏差应符合设计要求。（用水平尺拉线和尺量检查或检查隐蔽工程记录）

(2)碳素钢管的螺纹加工精度应符合《管螺纹》国标规定，螺纹整洁规整，无断丝或缺丝。镀锌碳素钢管和管件的镀锌层无破损，螺纹露出部分防腐蚀良好，接口处无外露油麻等缺陷。（观察或解体检查）

(3)碳素钢管的法兰连接应对接平行、紧密，与管子中心线垂直。螺纹露出螺母长度一致，且不大于螺杆直径的1/2，螺母在同侧，衬垫材质符合设计要求和施工规范规定。（观察检查）

(4)非镀锌碳素钢管的焊接焊口平直，焊纹均匀一致，焊缝表面无结瘤、夹渣和气孔。焊缝加强面符合施工规范规定。（观察或用焊接检测尺检查）

(5)管道支、吊架及管座（墩）的安装应构造正确，埋设平整牢固，排列整齐，支架与管道接触紧密。（观察或用手扳检查）

(6)阀门的型号、规格、耐压和严密性试验符合设计要求和施工规范规定。阀门的位置、进出口方向正确，连接牢固，紧密，启闭灵活，朝向合理，表面洁净。（手扳检查和检查出厂合格证、试验单）

(7)管道、箱类和金属支架的油漆种类和涂刷遍数符合设计要求，附着良好，无脱皮、起泡和漏涂，漆膜厚度均匀，色泽一致，无流淌及污染现象。（观察、检查）

3.允许偏差项目

给水管道安装的允许偏差和检验方法见表3.22。

表3.22　给水管道安装允许偏差和检验方法

<table>
<tr><th>项次</th><th colspan="4">项　目</th><th>允许偏差
mm</th><th>检验方法</th></tr>
<tr><td rowspan="6">1</td><td rowspan="6">水平管道纵、横方向弯曲</td><td rowspan="2">给水铸铁管</td><td colspan="2">每米长</td><td>1</td><td rowspan="6">用水平尺、直尺、拉线和尺量检查</td></tr>
<tr><td colspan="2">全长(25 m以上)</td><td>不大于25</td></tr>
<tr><td rowspan="4">碳素钢管</td><td rowspan="2">每米长</td><td>管径小于或等于100 mm</td><td>0.5</td></tr>
<tr><td>管径大于100 mm</td><td>1</td></tr>
<tr><td rowspan="2">全长(25 m以上)</td><td>管径小于或等于100 mm</td><td>不大于13</td></tr>
<tr><td>管径大于100 mm</td><td>不大于25</td></tr>
<tr><td rowspan="4">2</td><td rowspan="4">立管垂直度</td><td rowspan="2">铸铁管</td><td colspan="2">每米长</td><td>3</td><td rowspan="4">吊线和尺量检查</td></tr>
<tr><td colspan="2">全长(5 m以上)</td><td>不大于15</td></tr>
<tr><td rowspan="2">碳素钢管</td><td colspan="2">每米长</td><td>2</td></tr>
<tr><td colspan="2">全长(5 m以上)</td><td>不大于10</td></tr>
<tr><td rowspan="2">3</td><td rowspan="2">隔热层</td><td>表面平整度</td><td colspan="2">卷材或板材
涂抹或其他</td><td>4
8</td><td>用2 m靠尺和楔形塞尺检查</td></tr>
<tr><td></td><td colspan="2">厚　度</td><td>$+0.1\delta$
-0.05δ</td><td>用钢针刺入隔热层和尺量检查</td></tr>
</table>

3.3.4.2　排水管道质量验收标准

1.保证项目

(1)隐蔽的排水管道灌水试验结果必须符合设计要求和施工规范规定。(检查各段灌水试验记录)

(2)管道坡度必须符合设计要求或施工规范规定。(检查隐蔽工程记录或用水平尺、拉线和尺量检查)

(3)管道及管道支座(墩)严禁铺设在冻土和未经处理的松土上。(观察检查或检查隐蔽工程记录)

(4)竣工后通水试验结果,必须符合设计要求或施工规范规定。(通水检查或检查通水试验记录)

2.基本项目

(1)金属管道的承插和管箍接口应符合以下规定:接口结构所用填料符合设计要求和施工规范规定,打口密实、饱满,环缝间隙均匀,灰口平整、光滑,养护良好。(尺量或用锤轻击检查)

(2)管道和支、吊架刷油及支、吊架安装与室内采暖管道安装的要求相同。

3.允许偏差项目

室内排水管道安装的允许偏差和检验方法见表3.23。

表 3.23　室内排水管道安装的允许偏差和检验方法

<table>
<tr><th>项次</th><th colspan="4">项　目</th><th>允许偏差/mm</th><th>检验方法</th></tr>
<tr><td>1</td><td colspan="4">坐　标</td><td>15</td><td rowspan="8">用水准仪(水平尺)、直尺、拉线和尺量检查</td></tr>
<tr><td>2</td><td colspan="4">标　高</td><td>±15</td></tr>
<tr><td rowspan="6">3</td><td rowspan="6">水平管道纵、横方向弯曲</td><td rowspan="2">铸铁管</td><td colspan="2">每米长</td><td>1</td></tr>
<tr><td colspan="2">全长(25 m 以上)</td><td>不大于 25</td></tr>
<tr><td rowspan="4">碳素钢管</td><td rowspan="2">每米长</td><td>管径小于或等于 100 mm</td><td>不大于 25</td></tr>
<tr><td>管径大于 100 mm</td><td>1</td></tr>
<tr><td rowspan="2">全长(25 m 以上)</td><td>管径小于或等于 100 mm</td><td>不大于 13</td></tr>
<tr><td>管径大于 100 mm</td><td>不大于 25</td></tr>
<tr><td rowspan="4">4</td><td rowspan="4">立管垂直度</td><td rowspan="2">铸铁管</td><td colspan="2">每米长</td><td>3</td><td rowspan="4">吊线和尺量检查</td></tr>
<tr><td colspan="2">全长(5 m 以上)</td><td>不大于 15</td></tr>
<tr><td rowspan="2">碳素钢管</td><td colspan="2">每米长</td><td>2</td></tr>
<tr><td colspan="2">全长(5 m 以上)</td><td>不大于 10</td></tr>
</table>

3.3.4.3　验收文件

给水排水工程,应按分项、分部或单位工程验收。分项、分部工程应由施工单位会同建设单位共同验收,单位工程应由主管单位组织施工、设计、建设和有关单位联合验收。并应做好记录、签署文件、立卷归档。

分项、分部工程的验收,根据工程施工的特点,可分为隐蔽工程的验收、分项工程中间验收和竣工验收。

1.隐蔽工程验收

所谓隐蔽工程是指下道工序做完能将上道工序掩盖,并且是否符合质量要求无法再进行复查的工程部位,如暗装的埋地的给、排水管道,均属隐蔽工程。在隐蔽前,应由施工单位组织有关人员进行检查验收,并填写好隐蔽工程的检查记录,纳入工程档案。

2.分项工程的验收

在管道施工安装过程中,其分项工程完工、交付使用时,应办理中间验收手续,做好检查记录,以明确使用保管责任。

3.竣工验收

工程竣工,并办理验收证明书后,方可交付使用,对办理过验收手续的部分不再重新验收。竣工验收应重点检查和交验下列各项:

(1)管道的坐标、标高和坡度是否合乎设计或规范要求;

(2)管道的连接点或接口是否清洁整齐严密不漏;

(3)卫生器具和各类支架、挡墩是否位置正确,安装稳定牢固;

(4)给水、排水及消防系统的通水能力是否符合下列要求:

室内给水系统,按设计要求同时开放的最大数量的配水点,全部达到额定流量。消火栓能满足组数的最大消防能力;

室内排水系统,按给水系统的1/3配水点同时开放,排水点否畅通,接口处无渗漏;

高层建筑根据管道布置采取分层、分区段做通水试验。

不符合设计图纸和规范要求的地方,不得交付使用,可列出未完成或保修项目表,修好后再交付使用。

单位工程的竣工验收,应在分项、分部工程验收的基础上进行,各分项、分部的工程质量,均应符合设计要求和规范的有关规定。验收时,应具有下列资料:

(1)施工图、竣工图及设计变更文件;

(2)设备、制品或构件和主要材料的质量合格证明书或实验记录;

(3)隐蔽工程验收记录和分项中间验收记录;

(4)设备实验记录;

(5)水压试验记录;

(6)管道冲洗记录;

(7)工程质量事故处理记录;

(8)分项、分部、单位工程质量检验评定记录。

上述资料是保证各项工程合理使用,和在维修、扩建时都是不可缺少的。资料必须经各级有关技术人员审定,要如实反映情况,不得擅自伪造、修改和事后补办。

工程交工时,为了总结经验及积累工程施工资料,施工单位一般应保存下述技术资料:

(1)施工组织设计和施工经验总结;

(2)新技术、新工艺和新材料的施工方法及施工操作的总结;

(3)重大质量事故情况,原因及处理记录;

(4)有关重要的技术决定;

(5)施工日记及施工管理的经验总结。

各项验收记录表如表3.24、表3.25、表3.26。

表 3.24 卫生器具安装工程检验批施工质量验收记录

<table>
<tr><td colspan="2">工程名称</td><td colspan="3"></td><td>检验部位</td><td colspan="3"></td></tr>
<tr><td colspan="2">施工单位</td><td colspan="3"></td><td>分包单位</td><td colspan="3"></td></tr>
<tr><td colspan="2">总包项目经理</td><td></td><td>分包项目经理</td><td></td><td>专业工长（施工员）</td><td></td><td>施工班组长</td><td></td></tr>
<tr><td colspan="2">施工执行标准名称及编号</td><td colspan="7"></td></tr>
<tr><td colspan="6">验收项目及要求</td><td>施工单位检验意见</td><td>合格率/%</td><td>监理（建设）单位验收意见</td></tr>
<tr><td rowspan="5">主控项目</td><td>1</td><td colspan="4">卫生器具的质量</td><td></td><td></td><td rowspan="5"></td></tr>
<tr><td>2</td><td colspan="4">卫生器具的满水和通水试验</td><td></td><td></td></tr>
<tr><td>3</td><td colspan="4">卫生器具的规格、型号</td><td></td><td></td></tr>
<tr><td>4</td><td colspan="4">器具排水出口与排水管承口的连接</td><td></td><td></td></tr>
<tr><td>5</td><td colspan="4">排水栓、地漏、存水弯</td><td></td><td></td></tr>
<tr><td rowspan="9">一般项目</td><td>1</td><td colspan="4">浴盆、洗脸盆饰面检修口</td><td></td><td></td><td rowspan="9"></td></tr>
<tr><td>2</td><td colspan="4">大便槽冲洗管</td><td></td><td></td></tr>
<tr><td>3</td><td colspan="4">卫生器具的支、托架</td><td></td><td></td></tr>
<tr><td rowspan="2">4</td><td rowspan="6">卫生器具</td><td rowspan="2">坐标</td><td>单独</td><td>10 mm</td><td></td><td></td></tr>
<tr><td>成排</td><td>5 mm</td><td></td><td></td></tr>
<tr><td rowspan="2">5</td><td rowspan="2">标高</td><td>单独</td><td>± 15 mm</td><td></td><td></td></tr>
<tr><td>成排</td><td>± 10 mm</td><td></td><td></td></tr>
<tr><td>6</td><td colspan="2">水平</td><td>2 mm</td><td></td><td></td></tr>
<tr><td>7</td><td colspan="2">垂直</td><td>3 mm</td><td></td><td></td></tr>
<tr><td colspan="2">施工单位检验结果</td><td colspan="3">项目质量检查员：
年 月 日</td><td>监理（建设）单位验收结论</td><td colspan="3">监理工程师
（建设单位项目技术负责人）：
年 月 日</td></tr>
</table>

表3.25　室内给水设备安装工程检验批施工质量验收记录

<table>
<tr><td colspan="2">工程名称</td><td colspan="4"></td><td>检验部位</td><td colspan="3"></td></tr>
<tr><td colspan="2">施工单位</td><td colspan="4"></td><td>分包单位</td><td colspan="3"></td></tr>
<tr><td colspan="2">总　包
项目经理</td><td></td><td>分　包
项目经理</td><td colspan="2"></td><td>专业工长
(施工员)</td><td></td><td>施　工
班组长</td><td></td></tr>
<tr><td colspan="2">施工执行
标准名称
及 编 号</td><td colspan="8"></td></tr>
<tr><td colspan="7">验 收 项 目 及 要 求</td><td>施工单位检验意见</td><td>合格率/%</td><td>监理(建设)单位验收意见</td></tr>
<tr><td rowspan="5">主控项目</td><td>1</td><td colspan="5">管材、管件的质量</td><td></td><td></td><td></td></tr>
<tr><td>2</td><td colspan="5">设备基础混凝土强度、尺寸、坐标、标高和螺孔位置</td><td></td><td></td><td></td></tr>
<tr><td>3</td><td colspan="5">补气罐、空气压缩机进气口的空气过滤器</td><td></td><td></td><td></td></tr>
<tr><td>4</td><td colspan="5">水泵试运转轴承温升极限</td><td></td><td></td><td></td></tr>
<tr><td>5</td><td colspan="5">箱、罐的满水和压力试验</td><td></td><td></td><td></td></tr>
<tr><td rowspan="18">一般项目</td><td>1</td><td colspan="5">生活水箱支架、支座、位置和标高</td><td></td><td></td><td></td></tr>
<tr><td>2</td><td colspan="5">生活水箱溢流管和泄水管</td><td></td><td></td><td></td></tr>
<tr><td>3</td><td colspan="5">水泵的隔振装置</td><td></td><td></td><td></td></tr>
<tr><td>4</td><td colspan="5">水泵连接管道的弹性支、吊、托架</td><td></td><td></td><td></td></tr>
<tr><td>5</td><td colspan="5">水泵进、出水管的挠性短管</td><td></td><td></td><td></td></tr>
<tr><td>6</td><td colspan="5">箱、罐设备及金属支架的除锈和防腐</td><td></td><td></td><td></td></tr>
<tr><td rowspan="3">7</td><td rowspan="3">箱罐设备</td><td colspan="2">坐　标</td><td>15 mm</td><td></td><td></td><td></td></tr>
<tr><td colspan="2">标　高</td><td>±5 mm</td><td></td><td></td><td></td></tr>
<tr><td colspan="2">垂　直</td><td>5 mm</td><td></td><td></td><td></td></tr>
<tr><td rowspan="4">8</td><td rowspan="4">离心水泵</td><td colspan="2">立式泵体垂直(每 m)</td><td>0.1 mm</td><td></td><td></td><td></td></tr>
<tr><td colspan="2">卧式泵体水平(每 m)</td><td>0.1 mm</td><td></td><td></td><td></td></tr>
<tr><td rowspan="2">连轴器同心</td><td>轴向倾斜(每 m)</td><td>0.8 mm</td><td></td><td></td><td></td></tr>
<tr><td>径向位移</td><td>0.1 mm</td><td></td><td></td><td></td></tr>
<tr><td rowspan="3">9</td><td rowspan="3">设备保温</td><td rowspan="2">表面平整</td><td>卷材或板材</td><td>5 mm</td><td></td><td></td><td></td></tr>
<tr><td>涂抹及其他</td><td>10 mm</td><td></td><td></td><td></td></tr>
<tr><td>厚　度</td><td>δ</td><td>+0.1δ
−0.05δ</td><td></td><td></td><td></td></tr>
<tr><td colspan="6"></td><td></td><td></td><td></td></tr>
<tr><td>施工单位检验结果</td><td colspan="5">项目质量检查员：
年　月　日</td><td>监理(建设)单位验收结论</td><td colspan="3">监理工程师
(建设单位项目技术负责人)：
年　月　日</td></tr>
</table>

表 3.26　室内排水塑料管管道安装工程检验批施工质量验收记录

工程名称				检验部位			
施工单位				分包单位			
总　包 项目经理		分　包 项目经理		专业工长 （施工员）		施　工 班组长	
施工执行 标准名称 及 编 号							

类别	序号	验收项目及要求			施工单位检验意见	合格率/%	监理（建设）单位验收意见
主控项目	1	排水系统竣工或交付使用前通球试验					
	2	管道隐蔽前的灌水试验					
	3	管道坡度					
	4	管道伸缩节					
	5	排水主、干管通球试验					
	6	管道穿楼板和防火分区开间的防火套管和阻火圈					
	7	医院含菌污水和饮食设备排水管道的连接					
	8	沿地面敷设管道应铺在砂地垫层上，严禁铺在冻土、松土、坚硬物体上					
一般项目	1	检查口和清扫口					
	2	承插管道溶剂黏结接口					
	3	螺旋管的螺纹胶圈滑动接头连接					
	4	排水管道上的管件					
	5	排水立管与底层排水排出管的连接					
	6	排水通气管					
	7	管道支、吊架					
	8	坐标标高	坐　标	15 mm			
			标　高	±15 mm			
	9	水平管道纵横弯曲	每 1 m	1.5 mm			
			全长 25 m 以上	≤38 mm			
	10	立管垂直	每 1 m	3 mm			
			全高 5 m 以上	≤15 mm			

施工单位检验结果	项目质量检查员： 年　月　日	监理（建设）单位验收结论	监理工程师 （建设单位项目技术负责人）： 年　月　日

第4章　室内燃气系统的安装

4.1　室内燃气管道的安装

4.1.1　室内燃气管道概述

4.1.1.1　管道构成

室内燃气管道是指民用住宅、商业建筑、锅炉房和工业车间等各类用户内部的燃气管道。

民用住宅的室内燃气管道(图4.1)一般由引入管(*AB* 段)、总立管(*BC* 段)、水平干管(*CD* 段)、用户立管(*DE* 段)、用户支管(*EF* 段)、灶具支管(*FG* 或 *FH* 段)和灶具连接管(*GI* 或 *HJ* 段)以及盘管组成。

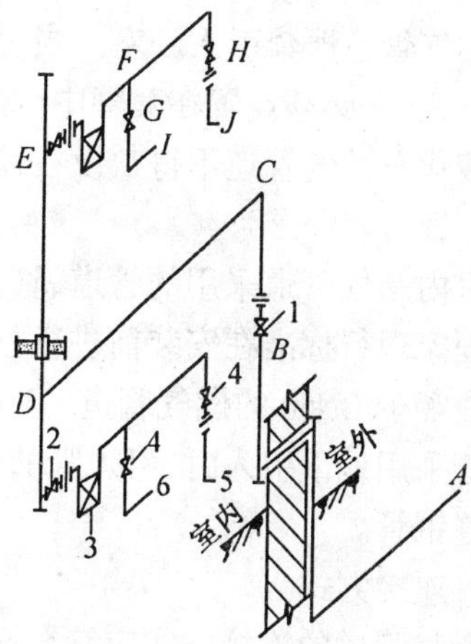

图4.1　民用住宅燃气系统图

1—进户总阀门；2—燃气表控制阀；3—燃气表；4—灶具控制阀；5—热水器接头；6—燃气灶接头

商业建筑的室内燃气管道(图4.2)一般由引入管(*AB* 段)、总立管(*BC* 段)、燃气表管(*CD* 和 *EF* 段)、水平干管(*FM* 段)、灶具支管(*GH* 和 *MJ* 段)、灶具连接管(*HK* 段)、灶前管(*KL* 段)、燃烧器支管(*LN* 段)和燃烧器连接管(*NP* 段)组成。对钢结构的定型灶具，灶前管、燃烧器支管和燃烧器连接管均应配套固定安装在灶具上。

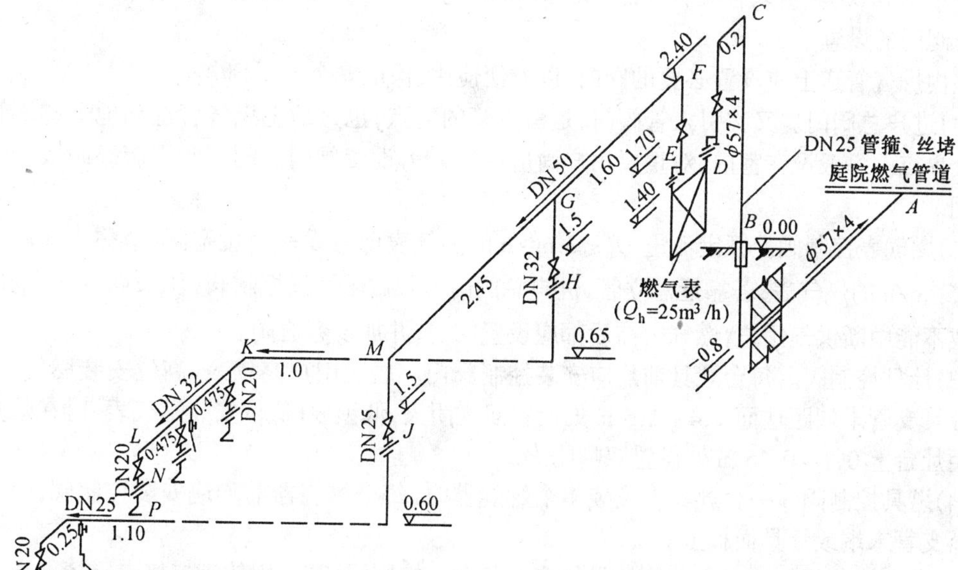

图4.2　商业建筑燃气系统图

4.1.1.2 管道布置的一般要求

1.管线位置

室内燃气管道一般明装，布置在厨房、门厅和楼梯间内，不得穿过易燃易爆品仓库、配电间、变电室、电缆沟、烟道和进风道等地方。室内燃气管道不应敷设在潮湿或有腐蚀性介质的房间内，当必须敷设时，必须采取防腐蚀措施。

燃气引入管不得敷设在卧室、浴室、地下室、易燃易爆品仓库、有腐蚀性介质的房间、配电间、变电室、电缆沟、烟道和进风道等地方。

燃气管道严禁引入卧室。当燃气水平管道穿过卧室、浴室或地下室时，必须采用焊接连接的方式，并必须设置在套管中。燃气管道的立管不得敷设在浴室、卧室或厕所中。

液化石油气管道不得敷设在地下室、半地下室或设备层内。

2.管材

室内燃气管道采用的管道、管件、管道附件、阀门及其他材料应符合设计文件的规定，并应按国家现行标准在安装前进行检验，不合格者不得使用。当设计文件无明确规定时，管径小于或等于 DN50 的燃气管道，宜采用镀锌钢管或铜管，铜管宜采用牌号为 TP2 的管材。当引入管采用地下引入时，引入管的管材应符合设计文件的规定，当设计文件无规定时，宜采用无缝钢管。

3.连接方式

燃气管道的连接方式应符合设计文件的规定。当设计文件无规定时，管径小于或等于 DN50 的燃气管道宜采用螺纹连接；管径大于 DN50 或使用压力超过 10 kPa 的燃气管道宜采用焊接连接；铜管应采用硬钎焊连接。

4.坡度

输送干燃气的管道，可不设置坡度。输送湿燃气(包括气相液化石油气)的管道，其敷设坡度不小于 0.003。引入管应有不低于 0.01 坡向凝水缸或燃气分配管道的坡度。

5.阀门的设置

室内燃气管道上应设置必要的阀门，以方便使用，保证安全。

(1)进户总阀门。又称引入管阀门，是引入管的终点，也是地上燃气管道和地下燃气管道的分界点。一般设在室内，对重要用户尚应在室外另设置阀门。阀门常用旋塞阀或快速切断阀。

(2)燃气表控制阀。额定流量 $Q_n \leqslant 3\ m^3/h$ 的燃气表前应设一个旋塞阀(俗称表前阀)；$Q_n \leqslant 25\ m^3/h$ 的燃气表，若靠近总立管，进户总阀门可兼做燃气表控制阀；$Q_n \leqslant 40\ m^3/h$ 的燃气表或不能中断供气用户，燃气表前后都应设置阀门，并加设旁通阀。

(3)灶具控制阀。每台灶具前均应安装控制阀门。居民用户高锁表(高位安装燃气表)时在灶具支管末端距地面 1.4～1.5 m 处设置双嘴闭火，低锁表(低位安装燃气表)时在灶具支管距灶台上 0.1～0.15 m 处设置双嘴闭火。

(4)燃具控制阀。一台灶具上安装多个燃烧器时，每个燃烧器前均应安装控制阀，位于燃烧器支管末端或灶具面板上。

(5)点火控制阀。每台商业用灶具均应安装点火控制阀，其后用软管连接点火棒。点火控制阀采用单头旋塞阀，一般安装在灶前管或灶具连接管上。

除以上几处需设置阀门外，测压点和放散管前也应设置阀门，一般为旋塞阀。高层建筑燃气立管上每隔 6 层应设隔断阀 1 个，一般用球阀。

6.活接头的设置

为了安装和维修方便，必须在室内燃气管道的适当位置上设置活接头。一般情况下，所有阀门后均应设置活接头。DN≤50 的用户立管上，每隔一层楼安装活接头一个，安装高度应便于拆装，一般为 1.5 m 左右。水平管道过长及管道安装不便处，也应在适当位置安装活接头。设置活接头的场所应具有良好的通风条件。

7.套管的设置

室内燃气管道的引入管穿越墙基础、外墙、伸出地面；垂直管道穿越楼板、楼梯平台；水平管道穿越墙、浴室、卧室、地下室等处，其穿越段必须全部设置在套管内，套管内不准有接头。套管与管道应同轴设置，用水泥砂浆固定在建筑基础、墙和楼板上，套管与管道间的空间用油麻填实，两端用沥青堵严。水平设置的套管两端伸出建筑基础面或墙面 5 cm 左右；垂直设置的套管上端伸出地面或楼板 5 cm 左右，下端与下层天花板平齐。与燃气管道对应的套管直径不宜小于表 4.1 中所列值。套管一般使用低压流体输送用焊接钢管。

表 4.1　套管直径与燃气管道对应表　　mm

燃气管 DN	15	20	25	32	40	50	65	80	100	150
套管 DN	32	40	50	65	65	80	100	100	150	200

8.支承固定件的设置

燃气管道安装后必须牢固地固定在墙体上。水平管道可采用托钩或固定托卡，垂直管道可以采用管卡或固定卡。水平管道的支承固定件的间距应保证对坡度的要求，转弯处2 m 以内设固定托架不应少于一处。用户立管每层应设管卡一个，高锁表时灶具支管末端双嘴闭火上方 15 ~ 20 cm 处应设管卡一个。支承固定件不得设在管件、焊口、螺纹连接口处。

4.1.1.3　各部分具体形式

1.引入管

引入管是庭院管道与室内燃气管道的连接管，根据建筑物的结构特点，可以采用不同的连接形式。引入管应设在厨房或走廊等便于检修的非居住房间内。当确有困难时，可从楼梯间引入，此时引入管阀门宜设在室外。

(1)地下引入式。燃气管道在地下穿过墙基础后沿墙垂直升起，从室内地面伸出，如图 4.3 所示。这种形式适用于墙内侧无暖气沟或密闭地下室的建筑物，构造简单，运行管理安全可靠。但凿穿基础墙洞的操作较困难，对室内地面的破坏较大，不适用于旧建筑物燃气管道的增设。

对于墙内侧有暖气沟、密闭地下室或管廊的高层建筑，若必须采用地下引入，可用砖墙将引入管位于地沟内的管段隔离封闭。如图 4.4 所示。

(2)地上引入式。燃气管道在墙外伸出地面，从距室内地面 0.5 m 的高度穿过外墙进入室内，如图 4.5 所示。这种形式适用于墙内侧有暖气沟或密闭地下室的建筑物，以及旧建筑物燃气管道的增设。结构复杂，运行管理困难，对建筑物外观有破坏作用，输送湿燃气时在北方冰冻地区要对墙外管段采取保温措施；但凿墙洞容易，施工时对室内地面无破坏。

(3)嵌墙引入式。在外墙上凿一条管槽，将燃气管道引入管的垂直段嵌入墙上的管槽内垂直伸出地面，从距室内地面 0.5 m 的高度穿过外墙进入室内。如图 4.6 所示。这种形式避免了对建筑物外观的破坏，但管槽只能在外墙的非承重部位开凿，施工复杂。

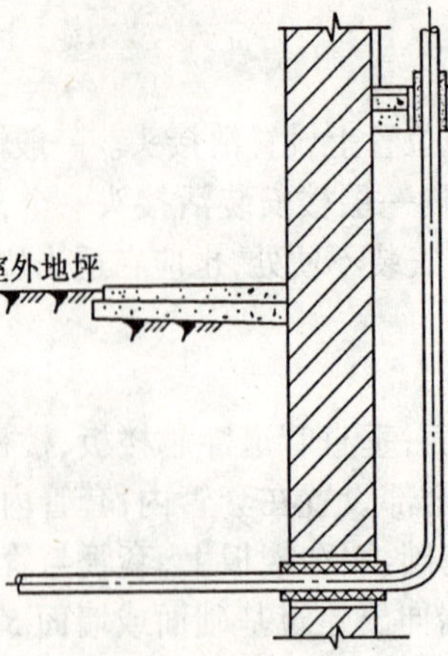

图 4.3　地下引入管(a)

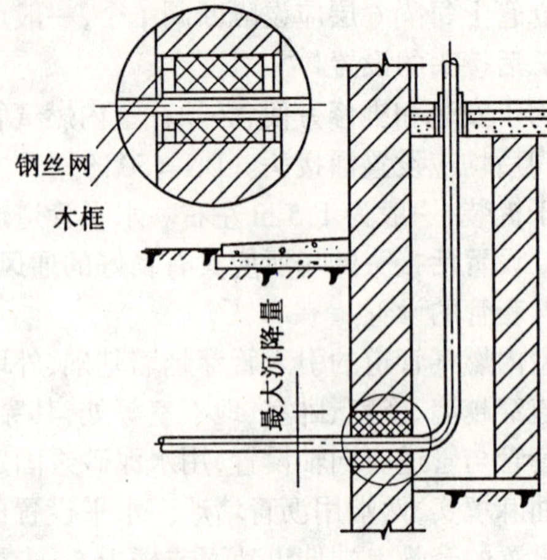

图 4.4　地下引入管(b)

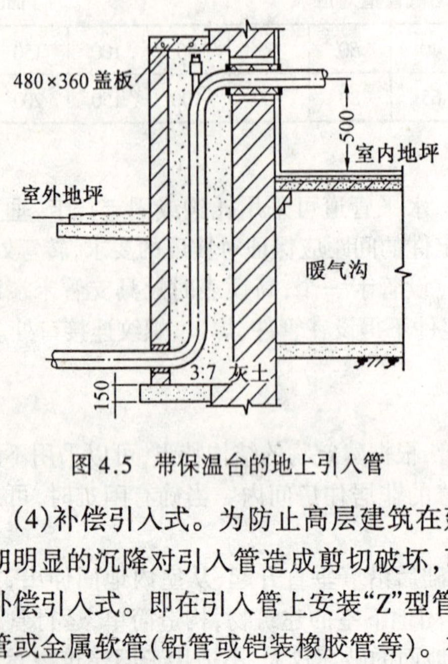

图 4.5　带保温台的地上引入管

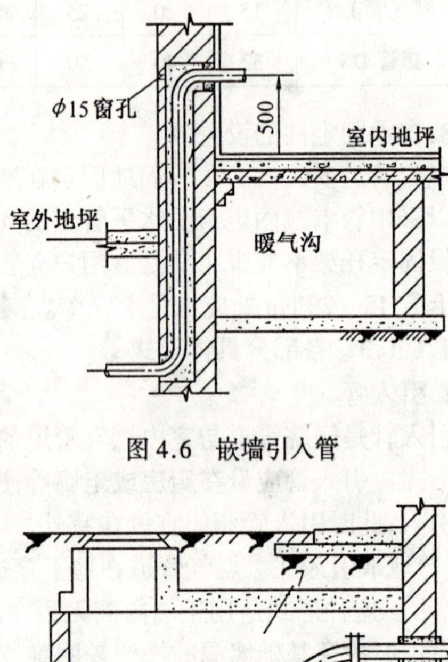

图 4.6　嵌墙引入管

(4)补偿引入式。为防止高层建筑在建成初期明显的沉降对引入管造成剪切破坏,可采用补偿引入式。即在引入管上安装"Z"型管、波纹管或金属软管(铅管或铠装橡胶管等)。补偿引入管应设阀室保护,以利于变形和检修。图 4.7 为设在阀室内的安装铅管的补偿引入管。

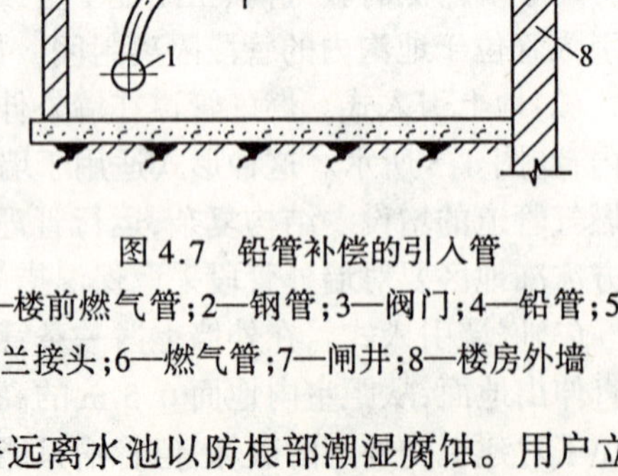

图 4.7　铅管补偿的引入管

1—楼前燃气管;2—钢管;3—阀门;4—铅管;5—法兰接头;6—燃气管;7—闸井;8—楼房外墙

2. 总立管和水平干管

引入管末端与用户立管不垂直对正时需设置总立管和水平干管,水平干管与用户立管垂直连接。若引入管末端与用户立管垂直对正则可直接连接。

3. 用户立管

用户立管是穿过上下对正的厨房的燃气管道。布置时应靠近灶具以减小用户支管的长度,并远离水池以防根部潮湿腐蚀。用户立管上下两端应设置清扫口，上端清扫口设在用户立管上端带丝堵的三通处，下端清扫口上方应有 10 cm 左右的存污管。

4.盘管

盘管是室内燃气管道为单元引入形式时连接几根用户立管的管道，一般设在二楼，水平穿过二楼用户的门厅和楼梯间等处。盘管的高度一般在用户支管上方 20 cm 左右（高锁表），距天花板应大于 30 cm。若室内燃气管道为单户引入形式，则无盘管。

5.用户支管

高锁表时用户支管的高度一般为 1.8～2.2 m，低锁表时高度一般为 0.5 m 左右。

6.灶具支管

灶具支管的末端为灶具控制阀，为使用和拆换灶具控制阀方便，灶具支管末端距灶具控制阀 15cm 处应煨制一定角度，使灶具控制阀远离墙面。

7.灶具连接管

灶具连接管可以使用硬管或软管。使用软管时应符合设计文件的规定，软管与燃气管道的接口，及与燃气灶具的接口均应采用专用固定卡固定，并且非金属软管不得穿墙、门和窗。

4.1.2　室内燃气管道的安装程序

4.1.2.1　熟悉设计文件、制定施工方案

室内燃气系统的设计图纸一般有：

1.平面布置图

表明建筑的一层（引入层）、二层（盘管层）、标准层以及与其他楼层布置不同的楼层燃气管道、设备以及烟道的位置。比例一般为 1:100。

2.系统图

用轴测法立体绘出，从中可清楚地看出燃气管道的走向和相互关系以及管件、设备和阀门的位置。图中需标明各管段的管径、坡向，以及水平管段和垂直管段上管件的标高。

3.节点安装大样图

有些地方过于细小或具有代表性，则需绘制节点安装大样图。如燃气表安装大样图、引入管穿墙大样图等。

除设计图纸外还有设计说明、材料表等设计文件。

熟悉设计图纸是为了掌握燃气管道、系统的流程，各管段在建筑中的具体位置，如平面位置、高程、与其他管道及建筑墙、楼板的交叉情况等。熟悉设计图纸必须与现场勘察和设计交底配合，若出现图纸差错方可及时纠正，提出设计变更。然后根据设计文件要求、有关施工规范和质量标准，结合现场情况，制定施工方案。

4.1.2.2　放线、打洞

放线就是按照设计图纸把室内燃气管道的各个部位，尤其是管件、阀门和管道穿越的准确位置标注在墙面或楼板上。

打洞就是利用手动工具（手锤、凿子）或电动工具（电钻、风镐等）将穿越位置的基础墙洞、墙洞或楼板洞钻透。孔洞的直径应略大于燃气管道套管的外径，不宜过大，否则难于修补。燃气管道穿越楼板的孔洞宜从最高层向下钻孔，逐层以重锤垂直确定下层孔洞位置。

因上层与下层墙壁壁厚不同而无法垂直于一线时，宜做乙字弯使之靠墙，避免用管件转向。

放线打洞时要控制管道与墙面的距离。室内明设燃气管道与墙面的净距，当管径小于DN25时，不宜小于30 mm；管径为DN25～DN40时，不宜小于50 mm；管径等于DN50时，不宜小于60 mm；管径大于DN50时，不宜小于90 mm。

4.1.2.3　量尺寸、绘制安装图

在打透孔洞后，按放线位置准确地测量出各管段的建筑长度（或称构造长度），即管道各相邻管件或阀门中心之间的距离。

室内燃气管道的安装图是管道下料的依据。该图提供管段的数量、形状和长度。安装图绘制成系统图的形式，绘制步骤如下：

(1)放线时按照管道走向绘制有标注的草图，草图可在系统图的基础上绘制。

(2)把所有的管段（两个相邻管件或阀门间的管道为一个管段）编号，标出管段的管径。

(3)量尺寸时把每一管段的建筑长度填在草图的相应位置上。

(4)局部管段在草图上表达不清楚时，单独绘制大样图。

(5)把草图整理，绘制成一定比例的安装图。

4.1.2.4　管子的加工

1.下料切割

管子的下料切割长度需从管段的建筑长度计算得出。管子的切割可采用手工锯割、机械锯割和气割三种方法。手工锯割可利用手工钢锯和切管器进行。机械锯割可利用砂轮锯片切割机、钢锯锯床和机械手锯进行。气割是利用乙炔和氧气的火焰加热金属至燃点，再通以氧气使金属燃烧，从而切开管子，所以切口不整齐，若需套丝则不能采用气割。

燃气管道的切割应符合下列规定：

碳素钢管、镀锌钢管宜用钢锯或机械方法切割；不锈钢管应采用机械或等离子方法切割，不锈钢管采用砂轮切割或修磨时应使用专用砂轮片，铜管可采用机械或手工方法切割；管道切口表面应平整，无裂纹、重皮、毛刺、凸凹、缩口、熔渣、氧化物、铁屑等，切口断面倾斜偏差不应大于管道外径的1%，且不得超过3 mm，凸凹误差不得超过1 mm。

若切口质量稍差，可用锉打平；若切口质量不符合规定，则必须重锯或作废，否则套丝时会产生乱丝、断丝，安装后易漏气。

2.螺纹加工

螺纹加工俗称套丝。管件的螺纹一般为圆柱状管螺纹，管件制造时已经加工完成。钢管的外螺纹一般采用锥度为1:16的圆锥状管螺纹，需在管道安装时现场加工。钢管的螺纹加工有手工加工和机械加工两种方法。手工加工是利用套丝板（又称为管子铰板、铰板、代丝）进行，机械加工是利用套丝机进行。

加工出的螺纹应表面端正，有锥度，无断丝、偏丝、乱丝、细丝，松紧度（俗称丝头的软硬）适宜。螺纹的形状和尺寸可用螺纹量规检查，松紧度可用手往管子上拧管件检查，能拧上2～3扣为合适。

3.管子调直

管子由于运输、装卸、堆放不当经常会产生弯曲；逐段配制接长的管道由于螺纹接口偏丝，连接后管件接口处会出现折角弯曲，因此均需在安装固定前调直。调直前可以用滚动或目测的方法确定弯曲的部位和程度。

调直的方法有冷调和热调两种。冷调即在常温下进行的调直。弯曲不大并且 DN≤50 的管子可采用手锤敲击法调直;弯曲较大或管径较大的管子可采用千斤顶、油压机或丝杠式压力机等进行调直。热调是将管子的弯曲部位加热到 600~800℃,抬放在由不少于4根管子组成的滚动支承架上不断地滚动,利用管子自重使加热了的弯曲部位伸直。当弯曲程度较大时,可借助压力机轻压后再滚动。

4.弯管加工

弯管用于管路交叉时的绕过、管道转角、绕梁和柱,以及靠向墙面等处。弯管较管件具有变化平缓、阻力小、无接口、气密性好、安全、造价低等优点,但施工繁琐,会造成管壁减薄。

弯管中心线的圆弧半径称为弯曲半径。弯曲半径过大,管壁应力及变形小,但弯管尺寸过大;弯曲半径过小则可能因应力过大使管壁产生裂纹。燃气管道的弯曲半径宜大于管道外径的3.5倍。弯管截面最大外径与最小外径之差不得大于管道外径的8%。用直焊缝钢管加工弯管时,直焊缝应位于管壁上内应力最小处,一般使焊缝位于弯管截面上与长轴或短轴成45°的位置。

弯管的方法有冷弯和热弯两种。冷弯即在常温下将管子弯曲。手工冷弯可以在模具上弯曲 DN15~DN20 的管子。手动弯管机可以弯曲 DN25 的管子。DN>25 的管子可以采用油压弯管机进行弯曲。热弯是将管子的弯曲段(起弯点和止弯点之间)加热到 850~950℃后进行弯曲。热弯的方法有灌砂热弯、中频感应电热弯管机和皱折弯管法等。

5.填料的选择和调制

螺纹连接接口填料的选择和调制对于接口的严密性非常重要。煤制气管道可使用铅油或厚白漆和亚麻,天然气管道或液化石油气管道一般采用耐油膏(石油密封脂)、聚四氟乙烯或聚四氯乙烯薄膜胶条做填料。填料要保存好,不要混入杂物,用量适当,涂抹要均匀。麻丝与薄膜胶条的缠绕不可过量,应按正旋法缠绕,否则填料不易进丝扣。

活接头的密封垫应采用石棉橡胶板垫圈或耐油橡胶垫圈,垫圈表面薄而均匀地涂一层黄油,以增强密封性能。

4.1.2.5 室内燃气管道的安装

室内燃气管道的安装顺序一般是按燃气流向,从前往后,逐段安装。燃气表用连通管临时接通,压力试验合格后再接入燃气表和用气设备。安装工具主要使用管钳、链钳、扳手、克丝钳和手锤等。

螺纹接口的拧紧程度应与配管时相同,否则将产生积累尺寸误差和偏斜,影响安装质量。一般以接口拧紧后,管子外螺纹露出管件2~3扣为宜。

4.1.3 室内燃气管道的安装要求

引入管的埋深、坡度、防腐等级、压力试验标准等均与室外燃气管道相同,并且与庭院管道同时进行压力试验(关闭进户总阀门)。引入管最好使用整根的无缝钢管煨制而成,若无条件使用整根的无缝钢管,则距外墙1.0 m的范围内不应有接头,弯曲段采用弯管,不使用焊制弯头。引入管上应设置 DN25 的清扫丝堵,当地下引入管与用户立管直接连接时,清扫口设置在距室内地面0.5 m的高度上,向上与管道成45°角;当地下引入管通过总立管和水平干管与用户立管连接时,清扫口设在总立管顶部的三通口上;地上引入管的清扫口设在墙外垂直管段顶部的三通口上。

引入管的保温绝热层可采用缠绕湿抹法施工，并用水泥砂浆砌筑砖台加以保护。砖台内部空隙填塞膨胀珍珠岩或矿渣棉，增强绝热效果。

总立管、水平干管、用户立管和盘管是室内燃气管道的主干管，安装质量将直接影响室内美观、运行管理方便和燃气系统的使用效果。安装的原则是：横平竖直、保证坡度、附件合理、固定牢靠。管道与设备、阀门螺纹连接应同心安装，不得用管接头强力对口；阀门应在关闭状态下安装，以防止杂物进入阀门，导致阀口被破坏；管子的直焊缝宜避免朝向墙面，焊缝不明显的管子应在安装前做好标记。

用户支管长度超过 0.8 m 时应设托钩，输送湿燃气时应以燃气表为最高坡向两侧。

暗装的室内燃气管道，不应与各种金属和电线相接触，当不可避让时，应用绝缘材料隔开。敷设在管道竖井内的铜管或不锈钢波纹管的安装，宜在土建及其他管道施工完毕后进行，管道穿越竖井内的隔板时应加套管，套管与管道之间应有不小于 5 mm 的间距。暗埋在墙内的铜管或不锈钢波纹管，应使用专用的开凿机开槽。管槽宽度宜为管道外径加 20 mm，深度应满足覆盖层厚度不小于 10 mm 的要求，严禁在承重墙、柱、梁上开管槽。暗埋管道的色标宜采用在覆盖层的砂浆内掺入带色颜料的形式或在覆盖层外涂色标，当设计无明确规定时，色标宜采用黄色。

室内明设的燃气管道及其附件的涂漆应在检验试压合格后进行；采用钢管焊接时，应在除锈见金属光泽后进行：先将全部焊缝处刷两道防锈底漆，然后再全面涂刷两道防锈底漆和面漆；采用镀锌钢管螺纹连接时，其与管件连接处安装后应先刷一道防锈底漆，然后再全面涂刷两道面漆。

4.2 燃气表和燃气灶具的安装

4.2.1 燃气表的安装

燃气表在安装前应有法定计量检定机构出具的检定合格证书，应有出厂合格证、质量保证书，标牌上应有 CMC 标志（我国对“制造计量器具许可证”的认定标记）、出厂日期和表编号。燃气表的外表面应无明显的损伤，应按产品说明书要求放置，倒放的燃气表应复检，合格后方可安装，超过有效期的燃气表应进行复检。

燃气表的安装位置应满足抄表、检修和安全使用的要求。室外安装的燃气表应安装在防护箱内。

4.2.1.1 膜式燃气表的规格及连接方式

膜式燃气表的规格一般是按额定流量进行划分。居民住宅安装的燃气表（简称民用表），规格一般为 2.0、3.0 和 4.0 m^3/h，表接头有单管和双管之分。商业建筑用户安装的燃气表（简称公用表），规格一般为 25、40、65 和 100 m^3/h，均为双管接头。

额定流量 $\leqslant 25\ m^3/h$ 的燃气表，进出管接口一般均为螺纹连接；额定流量 $\geqslant 40\ m^3/h$ 的燃气表，一般均为法兰连接。

单管膜式燃气表的进出口为三通式，进气口位于三通一侧的水平方向，出气口位于三通顶端的垂直方向，进出口管径一般均为 DN15。双管膜式燃气表的进出口位置有“左进右出”和“右进左出”两种形式。“左进右出”是指面对燃气表的数字盘，左边为进气管，右边为出气管，此种形式的燃气表称为正表或A表；“右进左出”则是指右边为进气管，左边为出气管，此种形式的燃气表称为反表或B表。

4.2.1.2　民用膜式燃气表的安装

民用燃气表一般安装在厨房内，在室内燃气管道压力试验合格后进行，使用专用的表连接件安装在用户支管上，简称锁表。根据安装位置分高位安装（高锁表）和低位安装（低锁表），一般采用高位安装。燃气表安装后应横平竖直，不得倾斜。当安装在橱柜内时，橱柜的形式应便于抄表、检修及更换，并具有自然通风的功能。

1.高位安装

即把燃气表安装在燃气灶一侧的上方，表底距地面不宜小于1.4 m。为防止使用燃气灶时热烟熏烤燃气表，燃气表与燃气灶具之间应保持不小于0.3 m的净距。表后与墙的净距不得小于1 cm。多块表安装在同一墙面上时，表之间的净距不宜小于0.15 m。

2.低位安装

即把燃气表安装在燃气灶的灶台下方，表底距地面不宜小于0.1 m。燃气表可用支架托住，或用砖垫起。表的出口与灶的连接为垂直连接，而表的进口应根据具体情况采用水平连接或垂直连接。

4.2.1.3　公用膜式燃气表的安装

公用燃气表应尽量安装在单独的燃气表间内，室温不低于5℃，通风良好。燃气表间不得作居住房间，不得作危险品或具有腐蚀性介质的仓库、蒸汽锅炉房等。

燃气表安装位置应便于查表和检修。燃气表与金属烟囱的水平净距不应小于1.0 m；与砖砌烟囱及炒菜灶、大锅灶、蒸箱、烤炉等燃气灶具的水平净距不应小于0.8 m；与沸水器及热水锅炉的水平净距不应小于1.5 m；当燃气表与各种灶具和设备的水平距离无法满足上述要求时，应加隔板。

额定流量小于50 m^3/h的燃气表，采用高位安装时，表底距室内地面不宜小于1.4 m，表后距墙不宜小于3 cm，并应加表托固定；采用低位安装时，应平正地安装在高度不小于20 cm的砖砌支墩或钢支架上，表后距墙不宜小于5 cm。额定流量大于或等于50 m^3/h的燃气表，应平正地安装在高度不小于20 cm的砖砌支墩或钢支架上，表后距墙不宜小于15 cm。采用铅管或不锈钢波纹管连接燃气表时，铅管或不锈钢波纹管应弯曲成圆弧状，不得形成直角。弯曲角度时，应保持铅管原口径。采用法兰连接燃气表时，垫片表面应洁净，不得有裂纹、断裂等缺陷，垫片内径不得小于管道内径，垫片外径不得妨碍螺栓的安装，不允许使用斜垫片或双层垫片。

额定流量大于等于40 m^3/h的燃气表应设旁通管，旁通管和进出管上的阀门应采用明杆阀门，阀门不能与表进出口直接连接，应采用连接短管过渡，并采用支架支撑，防止阀门和进出管的重力压在燃气表上。额定流量小于40 m^3/h的燃气表，若是螺纹接口可不设旁通管，一般采用挂墙安装。

工业企业多台并联安装的燃气表，每块燃气表的进出口管道上应按设计文件的要求安装阀门，燃气表之间的净距应能满足安装管道、组对法兰、维修和换表的需要，并不宜小于20 cm。

4.2.1.4　罗茨式燃气表的安装

罗茨表的工作压力较高，额定流量较大，多为中压工业燃气用户所使用。罗茨表一般安装在立管上,按表壳上的垂直箭头方向,进口在上方,出口在下方。罗茨表的正面应朝向明亮处。罗茨表可以一台单独安装,也可以数台并联安装,而且都应设置旁通管,旁通管和进出口管上都应设阀门。当燃气中的杂质成分可能在管壁内结垢时,应在进气管阀门后安装过滤器,并在进口阀门前和出口阀门后的立管上安装清扫口,清扫口用丝堵封堵。

4.2.2 燃气灶具的安装

燃气灶具安装前应检查产品合格证、产品安装使用说明书和质量保证书,产品外观应有产品标牌,并有出厂日期。应核对燃气灶具的性能、规格、型号、数量、安装部位是否符合设计文件的要求,以及安装燃气灶具的房间应具有的给排气条件。不具备以上条件的不得安装。

燃气灶具不应安装在有易燃物堆放的地方,直排式和半封闭式燃气灶具不应安装在有腐蚀性气体和灰尘多的地方,安装燃气灶具的地面、灶台或墙壁应能承受灶具的自重和运行荷重。燃气灶具及其排气筒与周围建筑和设备之间应有相应的防火安全间距。安装燃气灶具的部位应是由不可燃材料建造,当安装燃气灶具的部位是可燃材料或难燃材料时,应采用金属防热板隔热,防热板与墙面距离应大于 10 mm。安装时应考虑满流、安全阀动作及冷凝水的影响,地面应作防水处理或设排水管。燃气灶具的安装应考虑检修的方便,排气筒、给气筒应在易安装和检修处安装。

燃气灶具的固定应使灶具能防振动冲击,不应倾斜、龟裂、破损。配管应能防振动冲击,不应有安全故障,应无附加力,并且应牢固固定。

室内燃气灶具的安装应考虑人的动作、门窗的开闭以及家具等对燃气灶具的影响。直排式和半封闭式热水器不应安装在无防护装置的灶、烤箱等燃气灶具的上方。室外用燃气灶具不得安装在室内。室内用燃气灶具用在室外时,应采取防风、雨的措施,不得影响灶具的正常燃烧。在靠近公共走廊处安装燃气灶具时,应有防火、防落下物、防丢弃物等措施。室外燃气灶具的排气筒不得穿过室内。两侧有居室的外走廊,或两端封闭的外走廊,严禁安装室外用燃气灶具。

燃气泄漏报警器的安装应符合现行国家标准的有关规定。

4.2.2.1 民用灶具安装

民用灶具指居民家庭生活用灶具,一般有单眼灶、双眼灶、烤箱灶和热水器等。民用灶具安装在室内燃气管道压力试验合格后进行,即用灶具连接管把灶具与用户支管或灶具支管连通,并使灶具牢固定位,此安装过程简称锁灶。

1.一般要求

(1)民用灶具不应安装在卧室或通风不良的地下室内,一般应安装在专用厨房内。

(2)安装灶具的房间高度不应低于 2.2 m,安装热水器的房间高度不应低于 2.6 m,房间应具有良好的自然通风和自然采光。

(3)灶具靠墙摆放时,应与墙面有一定距离,墙面应为不燃材料。

(4)灶具放在灶台上时,灶架和灶板应为不燃材料,灶台高度一般为 0.7 m。

(5)灶具的水平烟道不宜超过 3 m。

2.安装方法

民用灶具的安装方法与燃气表的安装方法相适应。燃气表为高位安装时,灶具连接管自灶具接口垂直向上与灶具支管连接；燃气表为低位安装时，灶具连接管自灶具接口垂直向下与灶具支管或灶板下的燃气表连接。

燃气灶具与燃气管道的连接必须严密、牢固，严禁漏气。根据灶具连接管的材质分硬连接和软连接，硬连接的灶具连接管为钢管，软连接的灶具连接管为金属可挠性软管或橡胶管。软连接时，应采用专用的承插接头、螺纹接头或专用卡箍紧固，承插接头应按燃气流向指定的方向连接。软管长度应小于 3 m，临时性、季节性使用时可小于 5 m。软管不得产生弯折、拉伸、脚踏等现象。龟裂、老化的软管不得使用。软管上不得使用三通，形成两个支管。燃气软管不应安装在有火焰和辐射热的地点和隐蔽处。

热水器可用木螺钉、膨胀螺栓或普通螺栓牢固悬挂在墙上。一般采用金属可挠性软管或钢管与灶具支管接通，采用钢管与上水管接通，热水出口管可按需用情况接出。安装在浴室内的燃气热水器必须为封闭式(平衡式)。

4.2.2.2　商业用气设备安装

1.商业用气设备的分类

商业用气设备由灶体、燃烧器和配管所组成。根据灶具用途分大锅灶、蒸锅灶、中餐炒菜灶、饼炉、烤炉、沸水器和西餐灶等；根据灶体结构材料分砌筑型炉灶和钢结构炉灶。砌筑型炉灶的灶体在施工现场砌筑，根据用途配置燃烧器、燃烧器连接管和灶前管。而钢结构炉灶的灶体、燃烧器、连接管和灶前管一般均在出厂时装配齐全，安装现场把炉灶稳固后，仅需配置灶具连接管。

2.一般要求

(1)商业用气设备安装在地下室、半地下室或地上密闭房间内时，应严格按设计文件要求施工。

(2)商业用气设备之间的净距应满足操作和检修的要求，燃具灶台之间的净距不宜小于 0.5 m，大锅灶之间的净距不宜小于 0.8 m，烤炉与其他燃具、灶台之间的净距不宜小于 1.0 m；用气设备前宜有宽度不小于 1.5 m 的通道；用气设备与可燃的墙壁、地板和家具之间应按设计文件要求作耐火隔热层，其厚度不宜小于 0.15 cm。

(3)商业用大锅灶、中餐炒菜灶的烟道和爆破门应按设计文件的要求安装。

(4)砖砌燃气灶的燃烧器应水平地安装在炉膛中央，其中心应对准锅底中心；当用平底锅时，应保证外焰中部接触锅底；当用圆底锅时，应保证外焰接触锅底有效面积的 3/4；燃烧器支架环孔周围应保持足够的空间。

(5)砖砌燃气灶的高度不宜大于 0.8 m，炉膛与烟道应安装符合设计文件要求的爆破门。

(6)用气设备的烟道断面尺寸应按设计文件的要求施工，水平烟道长度不宜超过6.0 m，并应有 1% 坡向燃具的坡度。

(7)安装商业沸水器的房间应通风良好，沸水器应安装单独的烟道，并应安装防止倒风的装置。沸水器与墙的净距不宜小于 0.5 m，顶部与屋顶的净距不应小于 0.6 m，沸水器之间的净距不宜小于 0.5 m。楼层的沸水器共用同一烟囱时，应设防止串烟装置，烟囱应高出屋顶 1.0 m 以上。

4.3 室内燃气系统的检验、压力试验和验收

4.3.1 室内燃气系统的检验

室内燃气系统的检验可由施工单位单独进行,也可会同建设单位和监理单位共同进行。施工单位应定期复查检验所使用的测量设备、器具的准确性。

检验内容主要是施工成果满足设计要求的情况,包括管线位置是否与设计图纸相符,若有变更是否征得设计人员同意(有无设计变更);管线走向在符合安全、美观的条件下是否最短,是否使用管件最少,管线对门窗开闭有无妨碍;管线安装是否牢固,支撑固定件与管径是否相配,间距是否合理;管线与其他管道、设备的间距是否满足规范要求;管线坡度和坡向是否正确;螺纹连接、法兰连接和焊接质量,阀门位置、数量、规格及安装质量,套管安装质量,防腐层施工质量,暗装管道质量,燃气表安装质量等等。

检验方法为观察、手检、尺量及查阅设计文件和隐蔽工程记录。

4.3.2 室内燃气系统的压力试验

室内燃气系统在安装过程中和安装结束后都要用压缩空气(严禁用水)来检验管道接头和阀门的安装质量,以保证用户安全用气。试验应由施工单位负责实施,并通知燃气供应单位和建设单位参加。

室内燃气系统在试验前应具备的条件有:已有试验方案;试验范围内的管道安装工程除涂漆、隔热层外,已按设计图纸全部完成,安装检验合格;焊缝、螺纹连接接头、法兰及其他待检部位尚未做涂漆和隔热层;按试验要求管道已加固;待试验的燃气管道已与不应参与试验的系统、设备、仪表等隔断,泄爆装置已拆下或隔断,设备盲板部位及放空管已有明显标记或记录。

试验时可采用如图 4.8 所示的装置。压缩空气可由移动式空气压缩机提供,试验系统较小、试验压力较低时也可使用普通气筒。试验用压力表在检验的有效期内,其量程应为被测最大压力的 1.5~2.0 倍,弹簧压力表的精度应为 0.4 级。强度试验时使用弹簧压力表或 U 形水银柱压力计,气密性试验时使用 U 形水柱压力计或 U 形水银柱压力计。

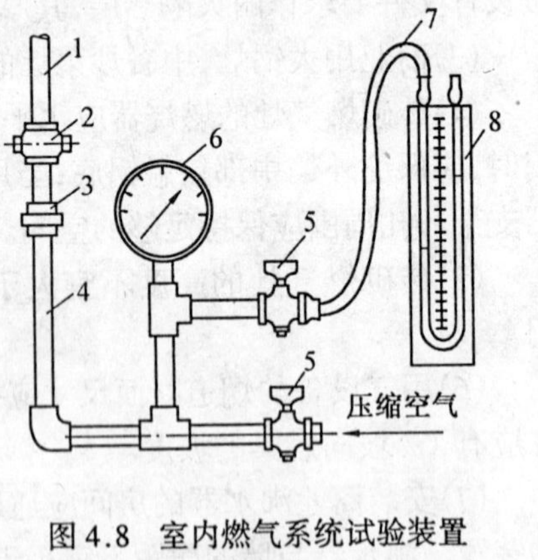

图 4.8 室内燃气系统试验装置

1—灶具支管;2—旋塞阀;3—活接头;4—灶具连接管;5—单头旋塞;6—弹簧压力表;7—胶管;8—U 形玻璃管压力计

试验时发现的缺陷,应在试验压力降至大气压后进行修补,修补后进行复试。

4.3.2.1 强度试验

居民用户室内燃气系统的强度试验范围为引入管阀门至燃气表进口阀门(含阀门)之间的管道,工业企业和商业用户为引入管阀门至燃具接入管阀门(含阀门)之间的管道。引入管阀门以前的管道应和埋地管道连通进行试验。

进行强度试验前燃气管道应吹扫干净,吹扫介质宜采用空气。

强度试验的试验压力应根据设计压力选取,设计压力小于10 kPa时,试验压力为0.1 MPa;设计压力大于或等于10 kPa时,试验压力为设计压力的1.5倍,且不得小于0.1 MPa。

设计压力小于10 kPa的燃气管道进行强度试验时可用发泡剂涂抹所有接头,不漏气为合格。设计压力大于或等于10 kPa的燃气管道进行强度试验时,应稳压0.5 h,用发泡剂涂抹所有接头,不漏气为合格;或稳压1.0 h,观察压力表,无压力降为合格。

强度试验压力大于0.6 MPa时,应在达到试验压力的1/3和2/3时各停止15 min,用发泡剂检查管道所有接头,无泄漏后方可继续升压。升压至试验压力后,稳压1.0 h,用发泡剂检查管道所有接头,无泄漏且观察压力表无压力降为合格。

4.3.2.2 气密性试验

气密性试验范围应为引入管阀门至燃具前阀门之间的管道。气密性试验应在强度试验之后进行。

气密性试验的试验压力同样应根据设计压力选取,中压管道的试验压力为设计压力,但不得低于0.1 MPa,以发泡剂检验,不漏气为合格;低压管道试验压力不应小于5 kPa,居民用户试验15 min,商业和工业用户试验30 min,观察压力表,无压力降为合格。

低压管道进行气密性试验时,压力测量可采用最小刻度为1 mm的U形压力计。

4.3.3 室内燃气系统的验收

室内燃气系统的竣工验收应根据工程性质由建设单位组织相关部门和燃气供应单位进行联合验收。施工单位在工程竣工后,应先对燃气管道及设备进行外观检验和气密性预试,合格后通知有关部门验收。新建工程应对全部装置进行检验;扩建或改建工程可仅对扩建或改建部分进行检验。

工程验收时应具备的文件有:设计文件及设计变更文件;设备、制品、主要材料的合格证和阀门的试验记录;隐蔽工程验收记录;管道和用气设备的安装工序质量检验记录;焊接外观检查记录和无损探伤检查记录;管道系统压力试验记录;防腐绝缘措施检查记录;质量事故处理记录;工程交接检验评定记录;其他附属工程有关施工的完整资料;工程质量验收会议纪要等。以上文件应按规定的格式书写。

室内燃气系统的验收合格后,接通燃气应由燃气供应部门负责。检验合格的燃气管道和设备超过六个月未通气使用时,应由当地燃气供应单位进行复验,复验合格后方可通气使用。

4.4 室内燃气系统的置换和试点火

4.4.1 置换

4.4.1.1 必要性

在室内燃气系统验收合格和批准投入使用之间,必须将燃气系统内部的空气置换出去,否则残留的空气将与燃气混合形成爆炸性气体,危害室内燃气系统和用户的安全。

4.4.1.2　置换方法

室内燃气系统置换方法一般有惰性气体置换法和燃气置换法两种方法。惰性气体置换法比较安全，但费用较高，且惰性气体运输不便，操作麻烦，一般不采用。实践表明，直接采用燃气置换空气的方法操作简单，费用低，安全有保障，效果好。但燃气置换法在置换过程中一定时间内会形成爆炸性混合气体，稍有疏忽极易发生爆炸事故，所以必须由燃气管理部门的专业人员负责，精心组织，谨慎进行。

4.4.1.3　组织形式

成立某地区的置换试点火领导指挥部，下设几个小组：

(1)宣传组：负责现场宣传，通知并组织用户。

(2)维修组：负责工具准备和整改。

(3)通气组：负责通气、放散、取样、试点火。

(4)安全保卫组：负责通信联络和安全保卫。

(5)后勤组：负责工作人员的食品和材料供应。

4.4.1.4　安全技术措施

(1)置换工作必须在白天进行。

(2)置换工作必须在整个工程验收合格的基础上进行。

(3)为确保置换工作安全进行，置换应尽可能控制在较低的燃气压力下进行。

(4)必须制定严格完备的防火、防爆安全措施。

(5)建立必要的通信系统，保持联络畅通，并需注意通信时应远离燃气放散地点。

(6)工作人员必须严守工作岗位，明确职责，一切行动听指挥。

(7)绘制“管道置换流程图”，并将整个工程的全部阀门井、凝水缸井、放散管、取样点、用户集中点标出。

4.4.1.5　置换过程

(1)通气前，检查整个工程和所有管道上的附属设备，如燃气表、燃具、阀门等。然后关闭所有阀门。

(2)进一步检查管道附近有无火源和安全措施。

(3)通气时，先通干管，再通支管，最后通燃气表及表后管道。

(4)由专业人员打开进户总阀门。

(5)打开立管顶端丝堵放散混合气，混合气用胶管引至窗外。

(6)打开表前阀及灶具控制阀，放散混合气。这时必须保证放散的厨房空气流通，减小室内燃气浓度。严禁附近有明火。

4.4.2　试点火

室内燃气系统置换通气后闻到较浓的燃气味时，在通风换气后就可以由专业人员进行试点火。可能头几次点不着，还需要继续放散、通风换气、试点火，重复几次，直至能点着火为止。点火时必须保持室内空气流通。点火燃烧正常后，方可移交用户使用。

4.5　室内燃气系统的检修

室内燃气系统在使用时，会发生各种故障。轻则影响用户使用，重则危及用户生命财产安全。所以，管理部门应定期对燃气管道及设备进行检查，发现故障及时排除。对用户报告的隐患和故障，要及时派专业人员调查解决，不得拖延。

4.5.1　漏气及检修方法

漏气是室内燃气系统最常见的故障。当在建筑内闻到臭鸡蛋味或汽油味时就应该意识到可能是燃气系统漏气了。此时应提高警惕，千万不能点火而且要禁止一切可能引起火花的行动，如打电话、开关电器、吸烟、敲打铁器等。应该迅速打开门窗，保证空气流通，降低室内燃气浓度，并及时向燃气管理部门报告。

4.5.1.1　漏气的原因

引起室内燃气系统漏气的原因有：施工质量及管材设备质量不良；管道受腐蚀烂穿；使用不当；胶管老化或质量不良；旋塞阀开关不严，阀杆上压紧螺母松动导致漏气等。

4.5.1.2　漏气部位的查找

漏气部位的查找方法有发泡剂查漏，U 形压力计查漏，眼看、耳听、鼻闻、手摸配合查漏，用检漏仪检查地下引入管漏气。绝对不允许使用明火检查漏气部位。

4.5.1.3　漏气的检修

查出漏气部位位置后，其所在房间要及时打开门窗通风，严禁一切明火，迅速关闭相关燃气阀门，组织力量及时抢修。

1.管道漏气

管道螺纹连接处漏气需拆开检查。若丝扣完整则将丝扣表面清理干净后重新缠绕填料，然后拧紧；若丝扣不完整则将丝扣锯掉，重新套丝或更换管道。管道发生裂缝或穿孔时必须更换新管。管件漏气一般是因为丝扣未上紧，缺少填料或密封填料损坏。需重新上紧丝扣、更换填料或密封圈。

2.胶管漏气

胶管端部失去弹性而漏气，可将端部切除重新插入，但需注意胶管的长度仍能满足燃具使用需要。胶管老化、有砂眼或发生裂缝时必须更换新管。胶管插入要牢固，并用专用固定卡固定。

3.燃气表漏气

燃气表漏气必须更换新表。

4.旋塞阀漏气

旋塞阀漏气一般是因为缺少密封油，需将旋塞阀塞芯取下涂黄油，要注意不可堵塞芯孔。塞芯放入阀体后，压紧螺母的松紧要适度。若塞芯和阀体的密封面损坏则需更换旋塞阀。旋塞阀体和塞芯密封是依靠二者研磨而成，零件之间不具备互换性，损坏一个塞芯即报废一个旋塞阀。

4.5.2　堵塞及检修方法

4.5.2.1　堵塞的原因

室内燃气系统堵塞的原因有积水堵塞，积萘堵塞，胶体堵塞，冰霜堵塞，杂物堵塞，阀门、设备、燃气表故障等。

4.5.2.2 堵塞部位的查找方法

一般是按燃气流向逆向查找。首先检查燃具的喷嘴、旋塞阀塞芯孔和灶具控制阀有无堵塞,若无堵塞检查燃气表。拧开燃气表的进气接口,若来气压力正常,而接上燃气表后则无燃气,说明燃气表堵塞;若来气压力低或根本无气,则表前阀或表前阀以前的室内管道发生堵塞。经检查表前阀完好时,就应分段检查表前阀以前的各段管道。若低层用户供气正常,高层用户无气,说明用户立管有堵塞。若整根用户立管的用户都无气,打开进户总阀门后的活接头,若来气压力正常,说明总立管、水平干管或盘管堵塞;若来气压力低或根本无气,则说明进户总阀门或引入管堵塞。地上引入时还可打开室外引入管上部三通上的丝堵,判断进户总阀门是否堵塞。

4.5.2.3 堵塞的检修

燃具的喷嘴、旋塞阀塞芯孔和灶具控制阀堵塞可用铁丝通开;燃气表堵塞必须更换新表;用户立管堵塞可用铁丝或质地较硬的钢丝捅搅,也可使用带有抽真空装置的燃气管道疏通机,堵塞严重的管段只有将其拆卸下来清洗或者更换新管;总阀门堵塞可将其拆卸下来清洗修理或者更换新阀门;引入管的萘堵或冰堵,地上引入式可将其上部三通丝堵卸开,向管内倒入热水,使萘或冰被烫化并随水冲向室外管道,若引入管地下部分因倒坡引起水堵,则必须破土返工,重新调整好引入管的坡向和坡度。

4.5.3 管道、燃气表和设备的更换

管道遭腐蚀严重甚至烂穿,或被杂物堵塞无法清理需要更换;燃气表发生故障影响使用或有计划的检修需要更换;燃气设备发生故障也需要更换。

燃气表和表后管道的更换比较简单,只需将用户的表前阀关闭即可。打开表进出口管上的锁紧螺母,便可更换燃气表。关闭灶具控制阀,打开灶具连接管上的活接头或卸下胶管即可更换用气设备。

更换其他室内燃气管道,要关闭进户总阀门。更换总立管、水平干管、盘管或用户立管需要松开相应的活接头,逐根卸开相应的管段及管件,直至该更换的部位。

更换进户总阀门,地上引入式可打开引入管上部三通丝堵,用棉纱或布堵紧来气方向的管道,卸开阀后的活接头,便可进行阀门的更换。

引入管的更换一般需要进行带气作业,在原有管线的位置敷设管道。

室内燃气管道及设备更换后,都要进行置换工作,用燃气将管道及设备内的空气置换出去,以避免爆炸事故的发生。

第 5 章　室外热力管道的安装

热电站集中供热和区域供热，具有高效能、低热耗、减少环境污染等优点，在现代化城市建设中，已被人们应用。由热电站或中心锅炉房到用户的热媒，往往要经过几公里或几十公里的长距离运送，而且管道的管径一般较大，热媒的压力较大，温度也较高。因此对于室外热力管道的施工安装、质量要求等都较严格，任务也较艰巨。施工应按《城市供热管网工程施工及验收规范》(CJJ28)、《建筑给水排水及采暖工程施工质量验收规范》(GB50242)的规定进行。

室外热力管道的敷设，常采用地下敷设和架空敷设两种。地下敷设的管道一般有可通行地沟敷设、半通行地沟敷设、不可通行地沟和无地沟敷设等几种。

对于地下敷设的热力管道，除有管道的安装工作外，还有开挖沟槽的土方工程，而土方工程的工程量占整个管道施工工程量的比重很大，因此应组织好土方工程这项工作的进行。

5.1　室外地下敷设管道的安装

5.1.1 室外管道地沟敷设

地沟按其构造可分为普通地沟和预制钢筋混凝土地沟；按其断面尺寸的大小可分为不通行地沟、半通行地沟和通行地沟。

普通地沟为钢筋混凝土或混凝土沟底基础，砖或毛石砌筑的沟壁，钢筋混凝土盖板。结构上要求尽量做到严密不漏水，通常在地沟内表面抹防水砂浆。地沟盖板应有 0.01 ~ 0.02 的横向坡度，盖板上覆土深度不小于 0.3 m，盖板之间及盖板与沟壁之间应用水泥砂浆或热沥青封缝。沟底坡度与管道坡度相同，且不得小于 0.002，并坡向排水点。

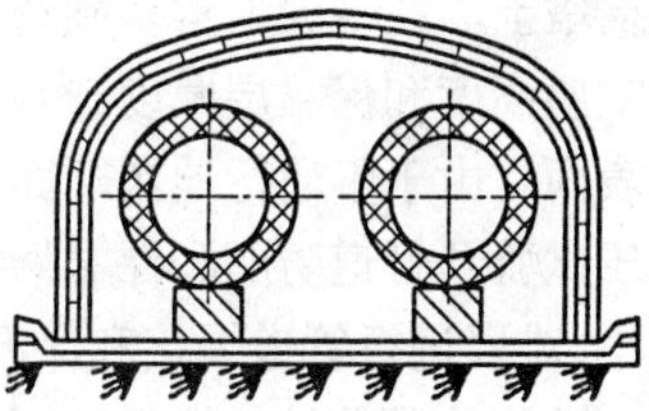

图 5.1　预制钢筋混凝土椭圆拱形地沟图

预制钢筋混凝土地沟断面上部形状为椭圆形，如图 5.1 所示。在素土夯实的沟槽基础上，现场浇筑钢筋混凝土地沟基础，厚度为 200 mm，打好基础后，便可进行管道安装和保温，然后吊装预制的拱形管壳。椭圆形钢筋混凝土拱壳厚 250 mm，其椭圆长轴以下是直线段。拱壳之间的接缝用膨胀水泥填塞。

无论哪种形式的地沟，其高度和宽度都应满足安装要求和使用要求。地沟断面形式见图 5.2，地沟有关尺寸的要求见表 5.1。

管道安装时，应按表 5.1 的规定布置管道，要保证管道之间和管道与沟顶、沟底及沟壁的净尺寸，应特别注意人行通道的宽度，以便于安装及维修。管道的中心距离，应根据管道上阀门或附件的法兰盘外缘之间的最小操作净距的要求确定，这个最小操作净距可参照表中“管道保温结构表面间净距”一栏中的有关数据来确定。

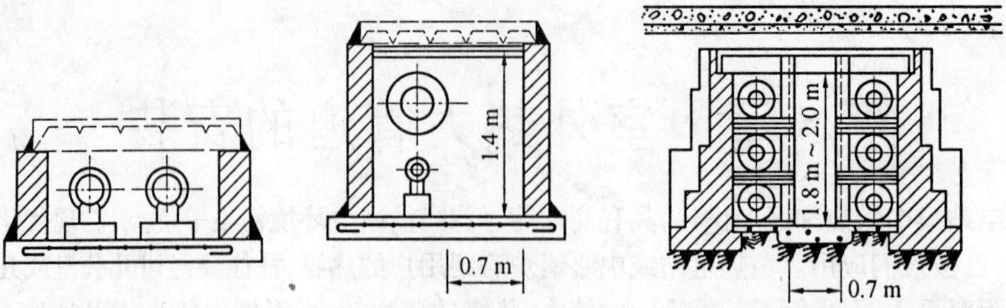

(a) 不通行地沟　(b) 半通行地沟　(c) 通行地沟

图 5.2　地沟断面形式

表 5.1　地沟敷设有关尺寸　m

名称 地沟类型	地沟净高	人行通道宽	管道保温表面与沟壁净距	管道保温表面与沟顶净距	管道保温表面与沟底净距	管道保温结构表面间净距
通行地沟	≥1.8	≥0.7	0.1 ~ 0.15	0.2 ~ 0.3	0.1 ~ 0.2	≥0.15
半通行地沟	≥1.2	≥0.6	0.1 ~ 0.15	0.2 ~ 0.3	0.1 ~ 0.2	≥0.15
不通行地沟	—	—	0.15	0.05 ~ 0.1	0.1 ~ 0.3	0.2 ~ 0.3

5.1.1.1　不通行地沟

不通行地沟是指人员不能在地沟内通行，不可通行地沟的敷设较为普遍，其形式也较多，有矩形地沟、半圆形地沟等。其断面尺寸根据管径尺寸确定，以满足管道施工安装要求来决定。当其宽度超过 1.5 m 时，可考虑设双槽地沟。在不通行地沟内，管道均安装在混凝土支墩上。在浇灌地沟基础时，可将支墩一并筑出。支墩间距为管道支架间距，支墩高度根据支座高度和保温层厚度，参照表 5.1 确定。支墩表面须预埋支撑钢板，钢板表面应突出墩的表面。由于不通行地沟断面尺寸较小，管道安装应在地沟基础层打好之后立即进行。待水压试验及管道防腐和保温做完，再砌筑沟墙和封顶。如果先砌筑沟墙后装管道，操作空间狭小，难以进行管道焊接和保温工作。

地沟的基础结构根据地下水及土质情况确定，一般应修在地下水位以上。如地下水位较高，则应设有排水沟及排水设备，以专门排除地下水。因热力管道运行的特点，一般可把管道敷设在冰冻线以上。地沟越浅，则其造价就越低。

5.1.1.2　半通行地沟

在半通行地沟内，维修人员能弯腰行走，能进行一般的管道维修工作，地沟净高度为 1.2 ~ 1.4 m，人行通道净宽为 0.5 ~ 0.7 m，半通行地沟直线长度超过 60 m 时，应设置一个检修出入孔，孔口应高出周围地面。

半通行地沟用于管道数目不多，同时又不能挖开路面进行热力管道的检查或维修的情况。半通行地沟可用砖或钢筋混凝土预制块砌成，管子沿沟底或沟壁铺设。

5.1.1.3　通行地沟

在通行地沟内工作人员可以自由通行，可保证检修、更换管道和设备等作业；若多条管道同沟敷设，在维修管道时，无论什么情况都不允许开挖地面。通行地沟的净高不小于

1.8 m。人行通道净宽不小于0.7 m,通行地沟在转弯、交叉及直线每隔100 m处,应设置一个人孔。整体浇注的钢筋混凝土通行地沟,每隔200 m应设置一个安装孔,其长度至少应保证6 m长的管子进入地沟,宽度为最大管子的外径加0.4 m,且不得小于1.0 m。

通行地沟应设有自然或机械通风设施,以保证检修时沟内温度不超过40℃。另外,运行时,沟内温度也不宜超过50℃,为此管道应有良好的保温措施。地沟内应装有照明设施,照明电压不得高于36 V。

通行和半通行地沟内的管道可装设在沟的一侧或两侧,管道支架一般都采用钢支架。在土建浇筑地沟基础和砌筑沟墙时,应预留出安装支架的孔洞,也可把预埋有钢板或支架横梁的混凝土切块砌到沟墙内。如果支架上的管子超过一根,应按支架的最小间距设置支架。

热力管沟的外壁(包括无沟热力管道的外表面)与建筑物、构筑物及其他地下管线的最小净距参见表5.2。

表5.2　热力管沟外壁或无沟热力管道外表面与建、构筑物及其他各种地下管线间的最小净距

序号	名　　称	水平净距/m	垂直净距/m
1	建筑基础边缘	2.0	—
2	铁路	距轨外侧3.0	距轨底0.1
3	铁路、公路路基边坡底脚或边沟的边缘	1.0	—
4	通信、照明或10KV以下电线杆柱	距杆中心1.0	—
5	架空管架基础边缘	1.5	—
6	乔木或灌木中心	1.5	—
7	道路路面	—	0.7
8	排水盲沟沟面	1.5	0.5
9	通信电缆、电力电缆	2.0	0.5
10	燃气管道		
	压力≤300 kPa	2.0	
	压力≤800 kPa	3.0	0.15
	压力≤1 200 kPa	4.0	
11	给水或排水管道	1.5	0.15
12	乙炔、氧气管	1.5	0.25
13	压缩空气管	1.0	0.15

5.1.1.4　无沟敷设

室外管道的无沟敷设,又称直埋铺设。无地沟敷设的管道是热力管道的外层保温层直接与土壤相接触。无沟敷设不需要砌筑地沟和支承结构,既可缩短施工周期,又可节省投资。无地沟敷设管道的投资要比不可通行地沟管道便宜20%～50%。尤其对于供热管道,随着保温材料和外层防水保护层在材质、性能、施工方法、使用寿命等方面的不断优化,供热管道直埋铺设的应用也越来越广泛。但只有在地下水位较低的条件下才能采用,且对保温材料的要求也较高。管道无沟敷设的安装按以下程序进行:

1. 管道放线定位

在管道铺设的施工现场，依据管线总平面图上标定的管道位置坐标或管道中心线距固定性建筑物的设计距离，使用花杆、钢卷尺、经纬仪等仪器测定出管道的中心线，在管道的分支点、变坡点、转弯和检查井等的中心处打上中心桩，并在桩面上钉上中心钉。

2. 确定沟槽断面形式和尺寸

根据管径的大小及现场土质种类情况确定沟槽的断面形式。管道直埋敷设的沟槽断面形式有三种，分别为直槽、梯形槽和混合槽，如图5.3所示。

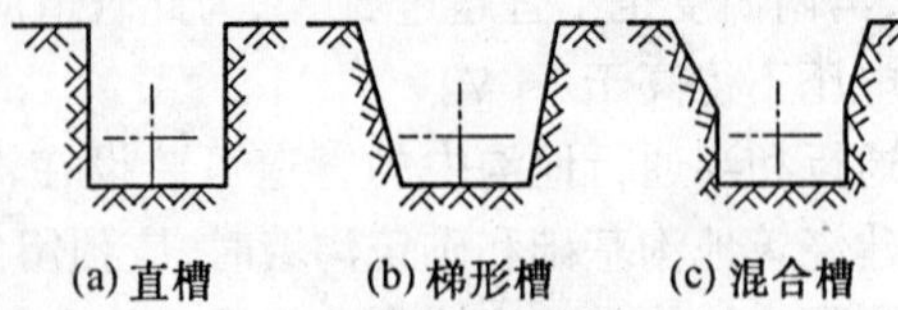

图5.3 沟断面形式

直槽：当管沟在地下水位以上、挖沟后敞露时间不长时多采用直槽断面。直槽施工时，土质和沟深规定如下：

(1)堆积砂土和砾石土，沟深不超过0.75 m；

(2)亚黏土，沟深不超过1.25 m；

(3)黏土，沟深不超过1.5 m；

(4)坚实土，沟深不超过2.0 m。

梯形槽：沟深在直槽所要求的深度以上，但不超过5 m时可采用。梯形槽边坡的大小与土质有关，施工时可参照表5.3和图5.4。

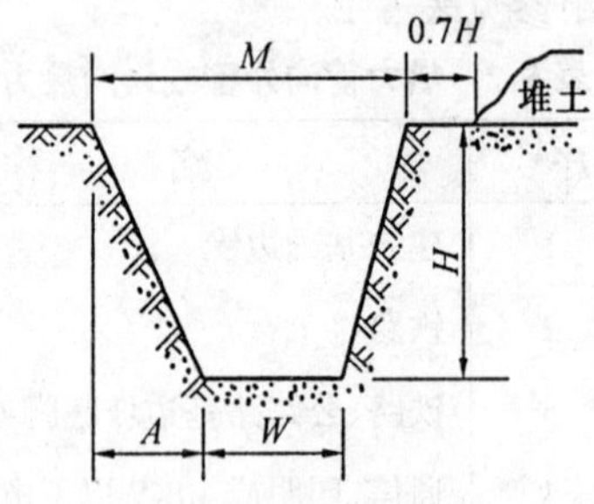

图5.4 管沟断面尺寸

表5.3 梯形槽边坡尺寸

土质类别	边　坡 $i(H:A)$	
	槽深<3 m时	槽深3~5 m时
砂土	1:0.75	1:1.00
亚黏土	1:0.50	1:0.67
亚砂土	1:0.33	1:0.50
黏土	1:0.25	1:0.33
干黄土	1:0.20	1:0.25

混合槽：当沟槽较深时采用，但土质应好。直埋的热力管沟多采用梯形沟槽，地沟内敷设时，沟槽开挖形式为梯形槽或混合槽。

沟槽形式确定后，可根据不同管道，计算出沟底宽度 W。

(1)直埋热管道，如图5.5所示(图中 $B \geqslant 200$ mm，$C \geqslant 150$ mm，$E = 100$ mm，$F = 75$ mm)，W 的计算式为

$$W = 2D_b + B + 2C \tag{5.1}$$

式中 D_b——管道保温结构外表面直径；

B——管道间净距，不得小于200 mm；

C——管道与沟壁间净距，不得小于150 mm。

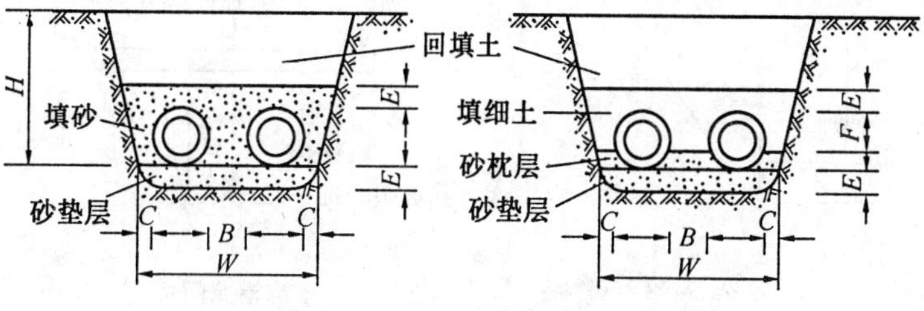

(a)砂子埋管 (b)细土埋管

图5.5 管道直埋断面形式

(2)当沟内只设一根管子时,如直埋热水管道,沟底宽度 W 是按管径操作空间考虑的。一般情况下,当埋设深度在1.5 m以内时,沟底宽度可按表5.4确定。当沟深在1.5~2.0 m时,W 值增加0.1 m ,沟深在2.0~3.0 m时,W 值增加0.2 m。

表5.4 沟底宽度尺寸表

管子直径/mm	铸铁、钢、石棉水泥管/m	钢筋、预应力混凝土管/m
50~75	0.6	—
100~200	0.7	—
250~350	0.8	1.0
400~450	1.0	1.3
500	1.3	1.5

沟底宽度 W 确定后即可得出沟槽的开挖宽度 M。直形槽的开挖宽度与沟底宽度相等,即 $M=W$,梯形槽的开挖宽度为

$$M = W + 2A \tag{5.2}$$

$$A = H/i \tag{5.3}$$

式中 H——沟槽深度,可根据管道纵断面图利用下式得到。

$$H = 地面标高 - 管底标高 \tag{5.4}$$

3.沟槽放线

在所有中心桩处设置龙门板,并依据开挖宽度 M 画出开挖沟槽的边线,具体方法如下:过中心桩做管道中心线的垂直交线,沿此线在中心桩两侧各量出 $M/2$ 加0.7 m的长度,分别打上木桩,深度为0.7 m,地面上留0.2 m高。将一块高150 mm、厚25~30 mm的木板(龙门板)钉在两边桩上,板顶应水平,如图5.6所示。然后把中心桩上的中心钉引到龙门板上,用水准仪测出每块龙门板上中心钉的绝对标高,并用红油漆标写在龙门板上表示标高的红三角旁边。根据中心钉标高计算出该点距沟底的下返距离,也将其写在龙门板上,以便挖沟人员掌握。下返距离的计算式为

$$下返距离 = 板顶中心钉绝对标高 - 管底绝对标高 \tag{5.5}$$

最后在龙门板上,以中心对称量出开槽宽度,在龙门板间拉绳,并沿绳在地面上撒上白灰线,而后即可依此线开挖管沟。

4.挖沟、找坡及沟基处理

挖沟方法与地下土的种类和结构形式有很大关系,土方工程施工中,按土的坚硬程度,把土分为8类16级,表5.5给出前四类土的名称和开挖方法。

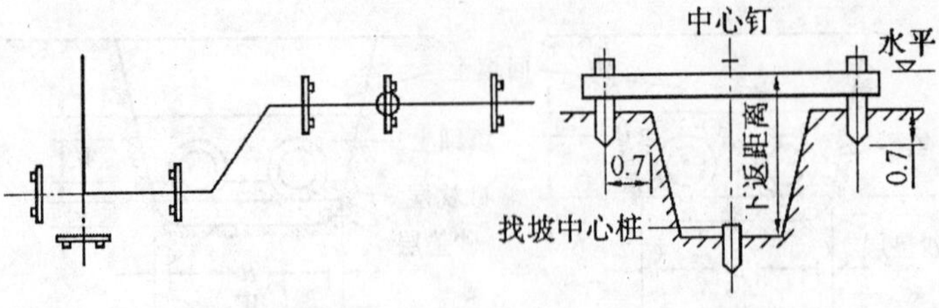

(a) 管道定线　　(b) 沟槽龙门板

图 5.6　沟槽龙门板

表 5.5　土的工程分类

土的分类	土的级别	土的名称	开挖方法
一类土（松软土）	Ⅰ	砂，轻亚黏土，冲积砂土层，种植土，淤泥	用锹挖
二类土（普通土）	Ⅱ	亚黏土，潮湿黄土，夹有碎石的砂，种植土，填筑土	用锹挖掘，少许用镐翻松
三类土（坚　土）	Ⅲ	软及中等密实土，重亚黏土，粗砾石，干黄土及含碎石的黄土，亚黏土，压实的填筑土	主要用镐，少许用锹挖，部分用橇棍
四类土（砂砾坚土）	Ⅳ	重黏土及含碎石的黏土，砂土，密实的黄土	整个用镐及橇棍然后用锹，部分用楔子及大锤

注：其他 4 类 12 级土均为石类，需用大锤、风镐及爆破等方法开挖。

挖沟时，不论是人工挖沟还是机械挖沟，均不得一次挖到底，一般按设计标高留出150～200 mm 厚的土层，作为人工找坡和沟基处理的操作余量。如开挖超过设计深度时，应回填砂石找平。如就地回填土，必须严格分层回填，分层夯实。

沟底找坡须从龙门板上的中心钉引下标高，打桩挂线，清沟找坡，如图 5.7 所示。在各龙门板的下方沟底，打一根中心桩，在每两根中心桩之间挂白线绳，线绳坡度与管道坡度相同，挂线位置为：挂线位置等于下返距离减 0.3 m。然后以线绳为基准进行清沟，找坡，沟底夯实。

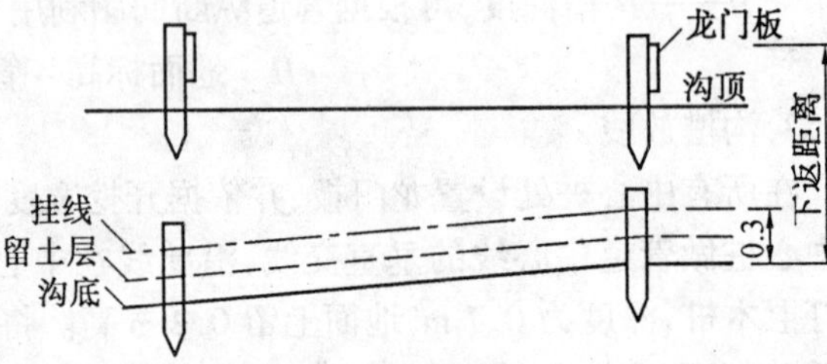

图 5.7　沟底挂线

由于直埋管道直接坐落在土壤上，沟底管基的处理极为重要。原土层沟底，如果土质坚实，可直接座管；如土质较松软，应进行夯实，密实度要求达到 15.7 N/m^2。砾石沟底，应挖出 200 mm 用好土回填并夯实。因雨或地下水位与沟底较近使沟底原土受到水浸时，一般铺 100～200 mm 厚碎石，石上再铺 100～150 mm 厚砂子。

直埋热力管道底部要求设置 100 mm 厚的砂垫层。挖沟时，应在下返距离的基础上再往下挖 100 mm，沟槽的实际挖深为 H + 100 mm，见图 5.5。然后挂线找坡，处理好沟底基础，铺上 100 mm 厚的砂子，就可铺设管道进行安装了。

5.管道安装

管道安装包括下管、连接、接口检验、防腐保温等工序,具体见本章及第十章。

6.管沟回填

地下铺设的管道,安装完毕,经水压试验合格后方可回填。

回填土时,为防止管道中心线位移和损坏管道,应用人工先将管子周围填土夯实,并应在管子两侧同时进行,边回填边夯实,至管顶后,再从管顶回填至管顶以上0.5 m处,进行夯实。对于热力管道,应先用砂子填至管顶以上100 mm处,再用原土回填至管顶以上0.5 m处,在不损坏管道的情况下,可采用蛙式打夯机夯实,以后每回填0.2~0.3 m夯实一次,直至与地面平齐。回填后沟槽上的土面应略呈拱形,地面上隆起的高度为开槽宽度的1/20,通常取150 mm。如图5.8所示。

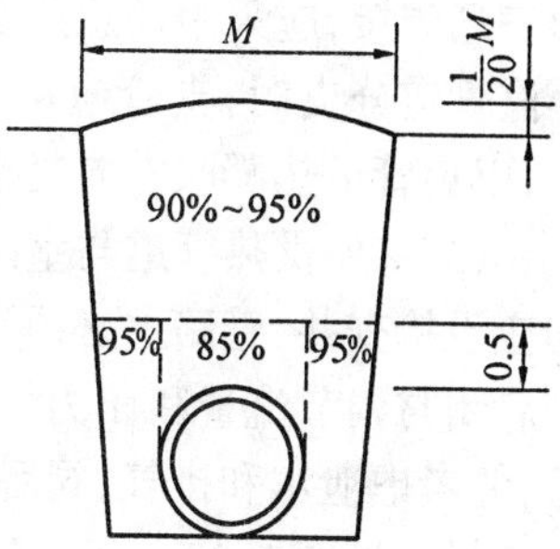

图5.8　管沟内回填土密实度要求

管沟回填土的重量一部分由管子承受。如果提高管子两侧和管顶回填土的密实度,可减少管顶垂直压力。沟内各部分回填土密实度参见图5.8。

室外直埋管道的安装,要合理安排施工进度,因地制宜分段施工,铺设一段,试压一段,回填一段。避免管沟长期敞露造成塌方,或因雨水浸泡造成管基下沉及发生漂管事故。

5.1.2　室外供热管道安装的要求

5.1.2.1　管网的管材及连接

室外热力管道的管材主要有焊接钢管、螺旋焊接钢管和无缝钢管。在设计无要求时应按下列规定选用管材。

管径小于或等于40 mm时,应使用焊接钢管;

管径为50~200 mm时,应使有焊接钢管或无缝钢管;

管径大于200 mm时,应使有螺旋焊接钢管。

除安装阀门等设备处采用法兰连接外,其他接口均应焊接。

5.1.2.2　管道的安装要求

(1)室外供热管道的热水管、蒸汽管,如设计无要求时,应敷设在载热介质前进方向的右侧。

(2)热水和加压凝结水管道,应在管段的最低点装设排水管,最高点装设放气管。管径规格如设计无规定时,可按表5.6选用。

表5.6　排水管、放气管直径选择

热水、凝结水管公称直径/mm	<80	100~125	150~200	250~300	350~400	450~550	>600
排水管公称直径/mm	25	40	50	80	100	125	150
放气管公称直径/mm	15	20		25	32		40

(3)热膨胀量较大的管道上的活动支架的支座应偏心安装,偏移方向为管道热膨胀的反方向,偏心距为该点到固定点间管道热膨胀量的一半,且最大偏心距离 $\Delta_{max}=1/2$ 支座全

长 - 50 mm,如图 5.9 所示。如果热膨胀量超过允许值,则应改用长型支座,必要时应调整管段固定支架间距,以减小热膨胀量。

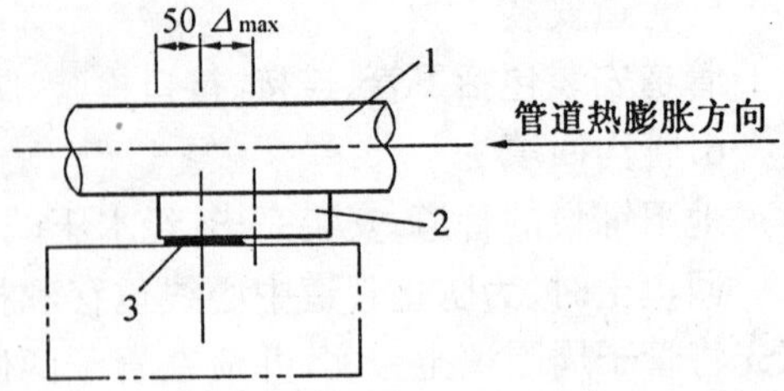

图 5.9　支座偏心安装示意

1—管道;2—支座;3—预埋钢板

(4)主干管与分支干管的连接,不能采用 T 形三通焊接,应采用任意角度的弯管或羊角弯。蒸汽管道分支时,支管应从主管上方或两侧接出,以免管道热膨胀方向凝结水流入支管。

(5)室外供热管道与室内供热管道连接处,均应设检查井,管路上必须设有阀门,以利于控制启闭与调节流量和压力,且便于运行维修。阀门前应设旁通管及旁通阀,连通供回水干管,并考虑泄水和排气,阀后应设置压力表、温度计,以利于运行调节。室外热水及蒸汽干管入口做法见图 5.10。

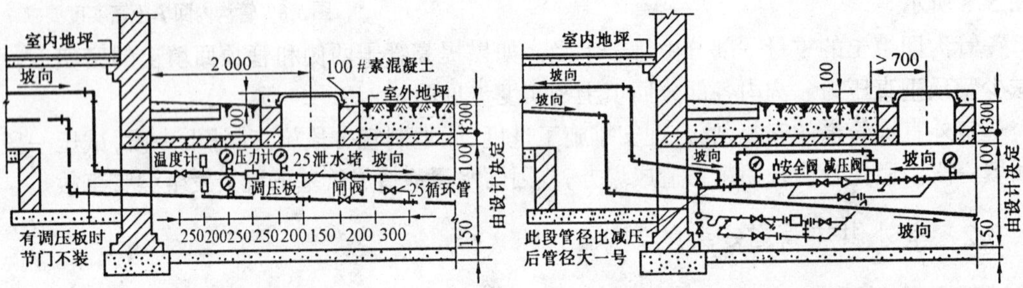

(a) 热水系统入口　　(b) 高压蒸气系统减压后入口做法

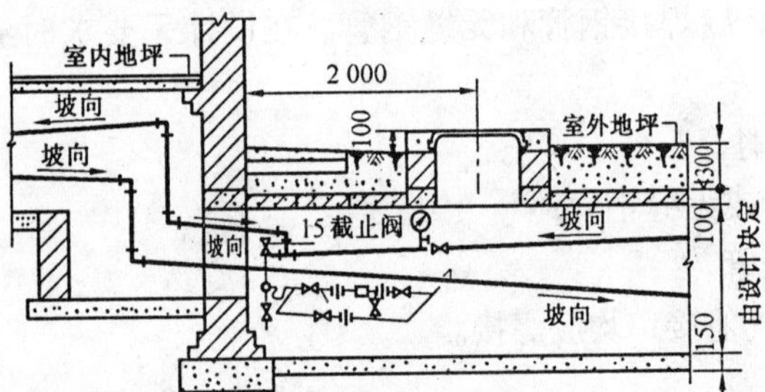

(c) 低压蒸气系统入口装置

说明:

1. 管道入口处,地沟应局部加宽.
2. 地沟进入孔应偏于沟的一侧.
3. 室外管沟进人孔应敷设铁爬梯.
4. 热水及低压蒸汽系统入口的压力计、温度计、调压板仅按图示位置预留丝堵及旋塞,如需随工程安装时,则由设计注明.

图 5.10　供热管道入口

(6)管道的法兰连接应对接平行、紧密,与管子中心线垂直,螺杆露出螺母长度一致,且不大于螺杆直径的 1/2。衬垫材料符合设计要求,且无双层。

(7)焊接连接的焊口平直度、焊缝加强面应符合施工规范规定,焊口面无烧穿、裂纹、结瘤、夹渣及气孔等缺陷,焊纹均匀一致。接口焊缝距支架净距不小于 150 mm 。两接口焊缝间距:当 DN < 150 mm 时,不应小于管子外径,且不小于 100 mm; DN ≥ 150 mm 时,不应小于 150 mm。接口焊缝距弯曲起点不得小于管外径,且不小于 100 mm。焊口间隙过大时,不得用铁丝或钢筋填缝,也不得用加热管子的办法来减小焊缝间距,以免增大焊接应力。

(8)室外供热管道安装的允许偏差和检验方法见表 5.7。

表5.7 室外供热管道安装的允许偏差和检验方法

项目			允许偏差	检验方法
坐 标/mm		敷设在沟槽内及架空	20	用水准仪(水平尺)直尺、拉线和尺量检查
		埋 地	50	
标 高/mm		敷设在沟槽内及架空	±10	
		埋 地	±15	
水平管道纵、横方向弯曲/mm	每1 m	管径小于或等于100 mm	±0.5	
		管径大于100 mm	1	
	全 长(25 m以上)	管径小于或等于100 mm	不大于13	
		管径大于100 mm	不大于25	
弯 管	椭圆率 $\frac{D_{max}-D_{min}}{D_{max}}$	管径小于或等于100 mm	8/100	用外卡钳和尺量检查
		管径大于100 mm	5/100	
	折皱不平度/mm	管径小于或等于100 mm	4	
		管径125~200 mm	5	
		管径250~400 mm	7	
减压器、疏水器、除污器、蒸汽喷射器		几何尺寸	5	尺量检查

5.1.3 供热管道安装

地沟内管道的安装,应在管沟砌筑后,盖沟盖板前,安装好支吊架再进行。直埋管道安装前,要求沟底找平夯实,沿管线铺设位置无杂物,沟宽及沟底标高尺寸复核无误。当地沟经检查合格后,就可进行下管安装。在安装管道前要先用经纬仪测定管道的安装中心线及标高,根据管道的标高先安装好管道的支架垫块,然后安装管道。

对于用砖或钢筋混凝土块砌筑的地沟,一般都是在管道安装完毕后再盖地沟盖板和回填土。所以对于这种地沟可以采用整体下管,即把整段的管子用几台吊车同时起吊,然后慢慢把管段放入地沟支座上。各台吊车在起吊和下管时要力求同步,要有统一指挥,以确保安全和施工质量。也可以用移动式龙门钢架,跨架于地沟两侧的轨道上。钢架的横梁上设有可左右及上下活动的轨道吊车。几台吊车同时把管道吊起,抽掉架设在地沟上的枕木,就可慢慢同时下管。对所选用的吊车的承重量,应按其所吊管段重量的2~3倍选用,并严格检查吊车各零件及钢索有无损坏,以确保安全操作。

5.1.3.1 地沟管道安装

地沟内管道安装的关键工序是支架的安装。在不通行地沟内,管道的高支座(管道滑托如图5.11所示)通常安装在混凝土支墩上面的预埋钢板上,其安装应在混凝土沟底施工后(同时浇筑出支墩),沟墙砌筑前进行。通行和半通行地沟内,管道的高支架安装在型钢支架的横梁上,型钢支架的安装是利用在混凝土沟基土建施工和砌筑沟墙时,预留的预留孔洞或预埋钢板来固定的。地沟内支架间距要求见表5.8。多根管道共同的支架,应按最小管径确定其最大间距，坡度和坡向相同的管道可以共架，对个别坡向和坡度值不同的管子，可考虑用悬吊的方法安装。当给水管道与供热管道同沟时，给水管可用支墩敷设于地沟底部。

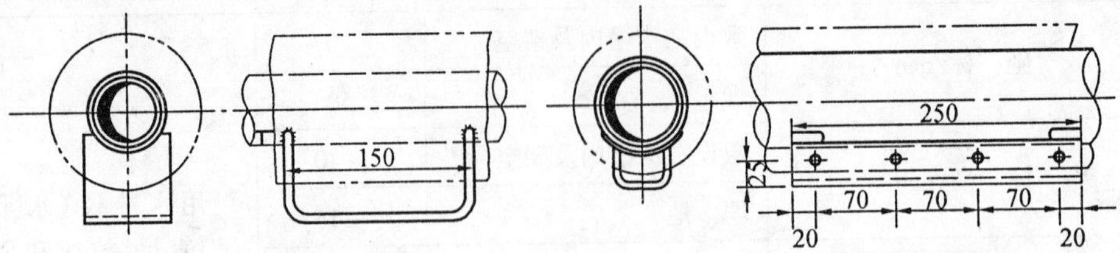

(a) DN20～DN50滑动支座　(b) DN70～DN150滑动支座

图5.11　保温管道的高支座

表5.8　支架最大间距

管径/mm		15	20	25	32	40	50	70	80	100	125	150	200
间距	不保温/m	2.5	2.5	3.0	3.0	3.5	3.5	4.5	4.5	5.0	5.5	5.5	6.0
	保温/m	2.0	2.0	2.5	2.5	3.0	3.5	4.0	4.0	4.5	5.0	5.5	5.5

地沟内支架安装要平直牢固，同一地沟内若有多层管道时，安装顺序应从最下面一层开始，最好能将下面的管子安装、试压、保温完成后，再安装上面的管子。为了便于焊接，焊口应选在便于操作的位置。所有管子端部的切口、平正检查及坡口切割均应在管子下沟前集中在地面上完成。

在支架横梁（或支墩上钢板）安装后，管道安装前，应按管道的设计位置及安装坡度，在横梁（或钢板）上挂线弹画管道的安装中心线，以作为管子上架就位的安装基准线。然后将已预制好的高支座按其膨胀伸长量，反方向偏移摆在横梁上，参见图5.9，同时，将其与横梁点焊，随后即可进行管子的上架及连接。

管子上架后，经吹扫清除管内污物，即可进行焊接连接。每根管道的对口、点焊、校正、焊接等工作应尽量采用转动的活口焊接，以提高焊接速度及保证焊接质量。管道焊接后，调整高支座位置，将高支座与管子焊牢（滑动支座要在补偿器预拉伸并找正位置后才能焊接），打掉高支座的点焊缝，再按水压试验，防腐保温等工序即可完成管道安装。

5.1.3.2　直埋管道安装

直埋管道的敷设，最重要的是保温结构的制作质量。一般情况下，保温结构可在加工厂预先做好，而后再运到现场安装，只留管子接口，待焊接并试压合格后再进行接头保温；接头保温结构补做的方法与管保温结构相同。

由于预制保温管的保温结构不允许受任何外界机械作用，向管沟内下管必须采用吊装。下管前应根据吊装设备的能力，预先把2～4根管子在地面上连接在一起，开好坡口，在保温管外面包一层塑料薄膜，同时在沟内管道的接口处，挖出操作坑，坑深为管底以下200 mm，坑内沟壁距保温管外壁不小于500 mm。吊管时，不得以绳索直接接触保温管外壳，应用宽度大约150 mm的编织带兜托管子，吊起时要慢，放管时要轻。管子就位后，即可进行焊接，然后按设计要求进行焊口检验及水压试验，合格后可做接口保温。

接口保温前，首先将接口需要保温的地方用钢刷和砂布打净，把接口硬塑套管套在接口上。然后用塑料焊把套管与管道的硬塑保护管焊在一起。再在套管端各钻一个圆锥形孔，以备试压和发泡时使用。接口套管焊接完后，须做严密性试验，将压力表和充气管接头分别装在两个圆孔上，通入压缩空气，充气压力为0.02 MPa。同时用肥皂水检查套管接口是否严密。检查合格后，可进行发泡。

为了使埋地管道很好地落实在沟槽内的地基上，减小管道的弯曲应力，管子下面应有100 mm厚的砂垫层。在管子铺设完毕后，再铺75 mm厚的粗砂枕层，然后用粉状回填土(即细土)填至管顶以上100 mm处，以改善管子周边的受力情况，再往上可用沟土回填。如有条件，最好用砂子回填至管顶以上100 mm处，对改善管受力效果极佳，如图5.5所示。

5.1.3.3　管道的焊接

当管道运入现场后，就可沿地沟边铺放，把管子架在预先找平的枕木上。如为不可通行的矩形地沟，则可直接把枕木横架在地沟墙上，把管子架在枕木上进行锉口、除锈、对口和焊接。管道在对口时，要求两管的中心线是在一轴线上，两端接头齐整，间隙一致，两管的口径应相吻合。如两管对接口有不吻合的地方，其差值应小于3 mm。对于有缝钢管的焊接，要求把其水平焊缝错开，并应使水平焊缝在同一面，以便试水压时检查，如图5.12所示。为便于焊接时转动管子，可把管子放在带有两小滚轮的托架上，如图5.13。

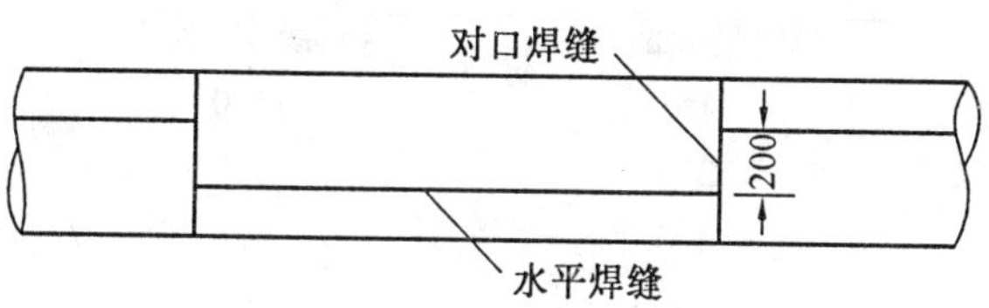

图5.12　有缝钢管的对口焊接

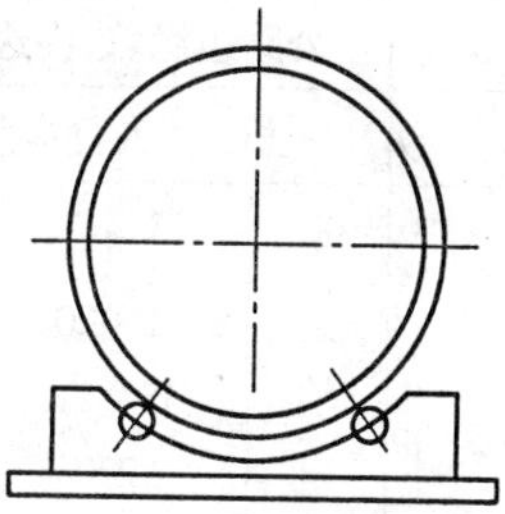

图5.13　焊管托架

在沟顶焊接管子，其长度根据施工条件而定，一般在DN≤300时，其管段长度为60～100 m；DN350～DN500时，其长度为40～60 m，然后整体下管，把管段安装在地沟支架上，在沟里进行对口焊接。这时由于管段不能转动，管口下部须仰焊，因此在焊口周围应有足够空间，以便于焊工操作。

在冬季施工时，由于气温较低，冷空气对焊缝的收缩应力有较大影响，因此应采取必要的措施。如采用熔剂层下的自动熔焊法，这种焊接产生大量的熔渣覆盖在焊缝处，以减小其冷却速度；或搭设可移动保温棚，把焊口处罩上，焊工在棚内作业；也可采用石棉板做的卡箍夹住焊缝，以免焊接处的高温迅速冷却。

5.2　室外架空管道的安装

5.2.1　室外架空管道的敷设

室外架空管道常用于地下水位高、土质差，以及过河、过铁路等情况；在工厂区，当地下管道繁多，如有给水、排水、煤气、电缆及其他工业管道时，为避免管道交叉绕道，也较常采用架空敷设管道。

架空敷设管道，其优点在于它可以省去大量土方工程量，降低了工程造价，不受地下水的影响，施工中管道交叉问题较易解决。其缺点是，对热力管道其热损失较大；管道的保温层因经常受风沙雨雪的侵蚀，使用年限较短，需要经常维护或更换；对于施工来说，管道的起重吊装和高空作业，也带来不少麻烦；在某些情况下，也影响交通及建筑的美观。对保温层特别是保护层的强度要求较高。在寒冷地区，需要经过技术经济比较后，才能确定是否采用架空敷设。

管子的架空高度，如设计无具体要求时，人行地区不应低于 2.5 m；通行车辆地区不应低于 4.5 m；跨越铁路时，距轨顶不应小于 6 m。架空供热管道与建筑物、构筑物和电线之间的水平及交叉垂直最小净距应符合表 5.9 的规定。

表 5.9 架空热力管道与建筑、构筑物和电线之间的水平及交叉垂直最小净距

序号	名称			水平净距/m	垂直净距/m
1	一、二级耐火等级建筑物			允许沿外墙	
2	铁路			距轨外侧 3.0	电气机车为 6.5 距轨顶蒸汽及内燃机车为 6.0
3	公路边缘、边沟边缘或路堤坡脚			0.5～1.0	距路面 4.5
4	人行道路边缘			0.5	距路面 2.5
5	架空输电线路			导线最大偏风时	导线最重处
		1	千伏以下（电线在上）	1.5	1.0
		1～20		3.0	3.0
		35～110		4.0	4.0
		220		5.0	5.0
		330		6.0	6.0
		500		6.5	6.5

当架空的供热管道两管或多管并行，共用一个支架时，管道中心距尺寸的确定，除考虑管径、保温层厚度等因素外，还应增加不少于 120 mm 的操作净距，即

$$管道中心距 = (D_1/2 + 保温层厚) + (D_2/2 + 保温层厚) + 操作净距 \tag{5.6}$$

式中 D_1、D_2——计算管道的外径。

如设计给出管道的中心距，可利用上式反算出操作净距，以便核算设计给定的操作净距能否满足施工要求，如果净距偏小，应向设计部门提出增大要求，未经同意不得擅自改动。

架空管道按支撑结构高度的不同分为低支架敷设、中支架敷设和高支架敷设。

5.2.2 架空管道的支架安装

架空敷设的管道，可采用单柱式支架、带拉索支架、栈架或沿桥梁等结构敷设，也可沿建筑物的墙壁或屋顶敷设。单支柱式支架可以是钢结构、钢筋混凝土的。其高度通常为 5～8 m，但如不影响交通，也可采用离地 0.5 m 的低支架来铺设管道。

在安装架空管道之前要先把支架安装好，支架的加工制作及吊装就位工作，一般都是由土建部门来完成的。其支架的加工及安装质量直接影响管道施工质量和进度。因此在安装管道以前必须先对支架的稳固性、中心线和标高进行严格的检查，应用经纬仪测定各支架的

位置及标高，检验是否符合设计图纸的要求。各支架的中心线应为一直线，不许出现“之”字形曲线，一般管道是有坡度的，故应检查各支架的标高，不允许由于支架标高的错误而造成管道的反向坡度。

在安装架空管道时，为工作的方便和安全，必须在支架的两侧架设脚手架。脚手架的高度以操作时方便为准，一般脚手架平台的高度比管道中心标高低 1 m 为宜，其宽度约 1 m 左右，以便工人通行操作和堆放一定数量的保温材料。根据管径及管数，设置单侧或双侧脚手架，如图 5.14 所示

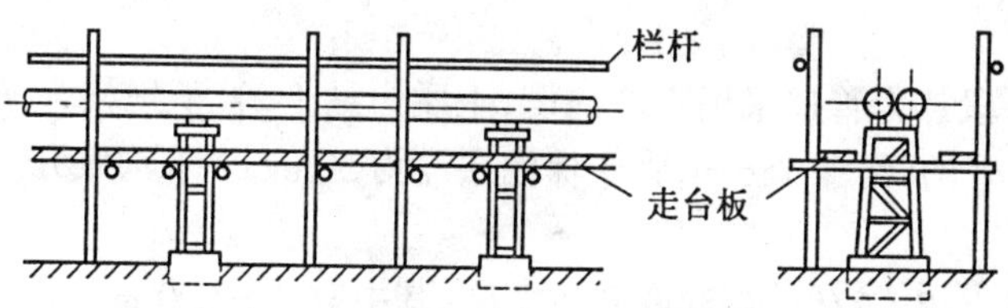

图 5.14　架空支架及安装脚手架

架空管道的吊装，一般都是采用起重机械，如汽车式起重机、履带式起重机，或用桅杆及卷扬机等。在吊装管道时，应严格遵守操作规程，注意安全施工。

在吊装前，管道应在地面上进行校直、打坡口、除锈等工作。同时，如阀门、三通、补偿器等部件，应尽量在加工厂预先加工好，并经试压合格。在法兰盘两侧应预先焊好短管，吊装架设时仅把短管与管子焊接即成。

5.2.2.1　低支架敷设

管道保温结构底部距地面的净高不小于 0.3 m，一般以 0.5 ~ 1.0 m 为宜，以防雨雪的侵蚀。低支架的结构一般采用毛石砌筑或混凝土浇筑，如图 5.15 所示。在不妨碍交通，不影响厂区、街区扩建的地段可采用低支架敷设。低支架敷设大多沿工厂围墙或平行公路、铁路布置。

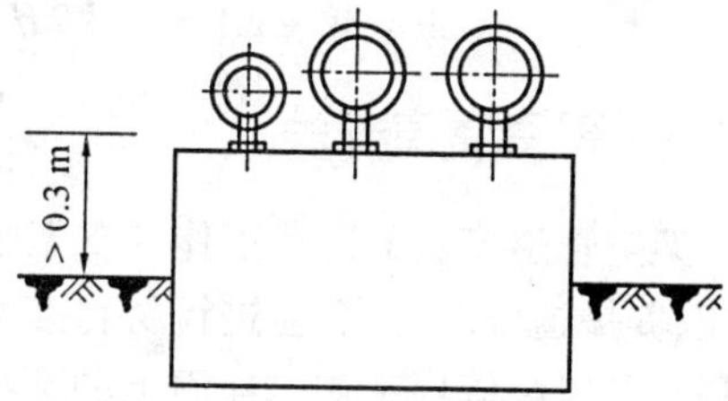

图 5.15　低支架示意图

5.2.2.2　中支架敷设

管道保温结构底部距地面的净高为 2.5 ~ 4.0 m，设在人行频繁，需要通行车辆的地方。中支架的结构通常为钢筋混凝土浇筑或钢结构，如图 5.16 所示。

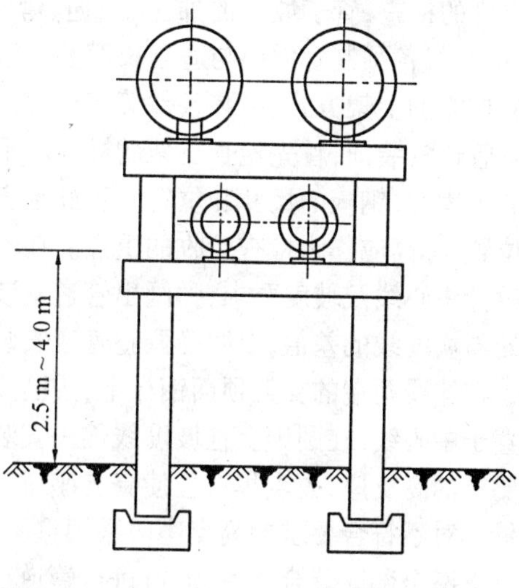

图 5.16　中支架示意图

5.2.2.3　高支架敷设

管道保温结构的底部距地面净高为 4.5 ~ 6.0 m，在管道跨越铁路和公路时采用。高支架敷设一般采用钢结构或钢筋混凝土结构，如图 5.17 所示。应注意，在装有管道附件，如阀门、补偿器等处，必须设置操作平台。

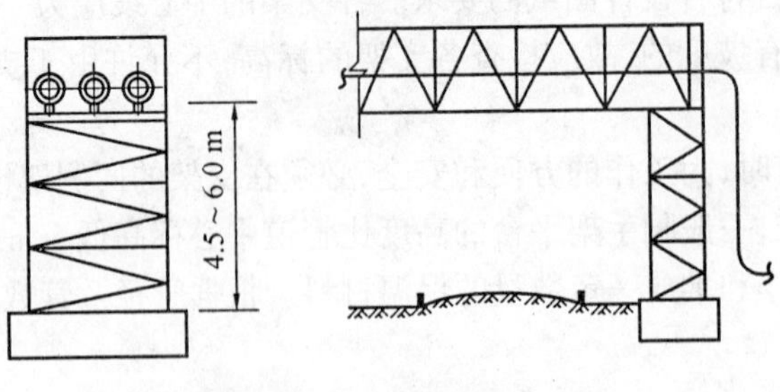

图 5.17　高支架示意图

【例 5.1】　有一段热力管道采用直埋铺设，土质为黏土，管子规格为 $\phi159\times4.5$ 无缝钢管，要求采用梯形槽管沟，沟深 1.6 m，管子保温层厚为 50 mm。求沟底开挖宽度和开槽宽度各为多少？

解　由 $W=2D_b+B+2C$ 计算沟底开挖宽度，其中取 $B=200$ mm，$C=150$ mm，则

$$D_b=D_w+2\delta=159+2\times50=259\ \text{mm}$$

式中　D_w——管子外径；

δ——保温层厚度。

$$W=2\times159+200+2\times150=1\ 018\ \text{mm}$$

由表 5.3 可得土质为黏土时，梯形槽边坡尺寸为 1:0.25，由式(5.2)、(5.3)可得开槽宽度

$$M=W+2A=W+2H/i=1.018+2\times1.6\times0.25=1.818\ \text{m}$$

5.2.3　架空管道安装

架空管道安装的准备工作与支架施工应同时进行，以加快施工进度。在土建进行支架浇注、养护这段时间内，应进行材料准备、管子检验、清污、防腐、下料、坡口，以及备件加工制作和管段组装等项工作。地面上的预组装是架空管道施工的关键技术环节，必须经施工设计，做出全面细致的规划，以尽量减少管子上架后的空中作业量。预组装包括管道端部接口平整度的检查，管子坡口的加工，三通、弯管、变径管的预制，法兰的焊接，法兰阀门的组装等。同时，各预制管件应与适当长度的直管段组合成若干管段，以备吊装。预组装管段的长度应按管的上架方式、吊装条件等综合考虑确定。

管道安装前，首先检查支架的标高和平面坐标位置是否符合设计要求，支架顶面预埋钢板的牢固性，钢板的尺寸和位置是否满足安装要求。支架结构的强度及表面质量，支架钢板的位置、标高应作为检查验收的重点。在验收后的管道支架预埋钢板的顶面上挂通线，按管道设计中心线及坡度要求，弹画出管道安装中心线，同时以坡度线为基准，测量并记录各支架处与坡度线的差值，以明确调整管道安装标高的高支座的高度。

在挂线两端的支架顶面钢板上，按已弹画的管道安装中心线，临时焊接挂线圆钢，使其垂直于中心线，在圆钢上挂坡度线逐一安装高支座，并使支座顶部与挂线相吻合，对符合坡度要求的高支座，先点焊就位使高支座对准下部中心线，并向热伸长的反方向偏斜 1/2 热伸长量。对不符合要求的高支座应采用重新制作或支座下加斜垫铁等方法调整。

支座全部安装合格后，即可进行管道预制管段的吊装工作。吊装时，应先吊装有阀门、三通和弯管的预组装管段，使三通、阀门、弯管中心线处于设计位置上，从而使整体管道定位。以下的管道安装工作变为各管件间直线管道的安装，这是确保架空管道安装位置准确

性的关键施工环节。为便于管道在空中对口,防止接口处塌腰,可在接口处临时设置搭接板,用以辅助对口。管子 DN≥300 mm 时,宜在一根管端点焊角钢搭接板;DN < 300 mm 时,可用弧形托板,如图5.18所示。

管子对好口后,先将接口点焊三处,焊点按圆周等分布置,使接口具有一定的抗弯能力。然后拆除搭接板,再进行焊接。接口焊好后,随即检查滑动支座的位置与所确定的安装位置是否吻合,如偏差较大,应进行修正,然后把支座焊在管道上,并铲去临时点焊缝。

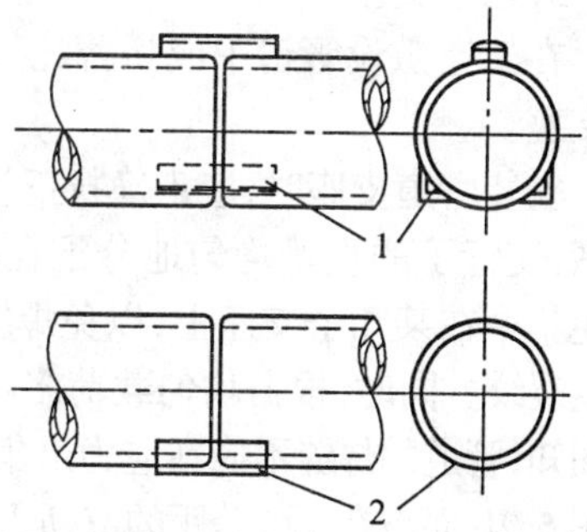

图 5.18 管子对口搭接板
1—搭接板;2—弧形托板

管道安装经检查合格后,按规定进行水压试验,试压合格后进行防腐、保温处理。

5.3 热力管道支架及补偿器的安装

5.3.1 活动支座及固定支座的安装

5.3.1.1 活动支座

活动支座直接承受管道的重量,并使管道在温度的作用下能自由伸缩移动。活动支座有滑动支座、滚动支座及悬吊支座,用得最多的是滑动支座。

1.滑动支座

滑动支座有低位的及高位的两种。低位的滑动支座如图 5.19 所示。支座焊在管道下面,可在混凝土底座上前后滑动。在支座周围的管道不能保温,以使支座能自由滑动。高位滑动支座的结构类似图 5.19,只不过其支座较高,保温层把支座包起来,其支座下部可在底座上滑动。

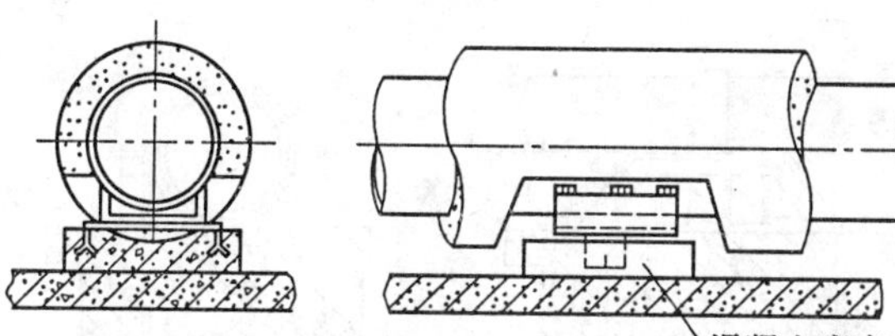

图 5.19 低位滑动支座

低位滑动支座用在可通行地沟,高位滑动支座常用在不可通行地沟及半通行地沟。

2.滚动支座

滚动支座如图 5.20 所示,管道支座架在底座的圆轴上,因其滚动可以减少承重底座的轴向推力。这种支座常用在架空敷设的塔架上。

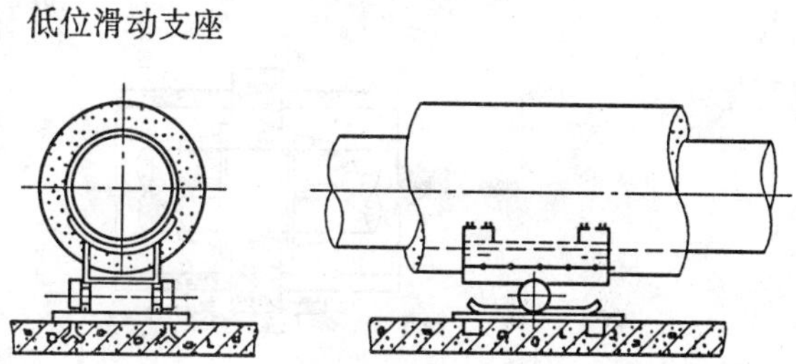
图 5.20 滚动支座

3.悬吊支座

在架空敷设管道中或悬臂托架上常用悬吊支座。在靠近补偿器的几个吊架上要采用弹簧支座。

安装管道支座时,应正确找正管道中心线及标高,使管子的重量均匀地分配在各个支座上,避免集中在某几个支座上,以免焊缝受力不均而产生裂纹。同时,根据均匀载荷多跨梁的弯曲应力图知,管道的焊缝不应在应力最集中的支座上,如图 5.21,而应在 $l/5$ 跨距的 a、b、c 各点上。

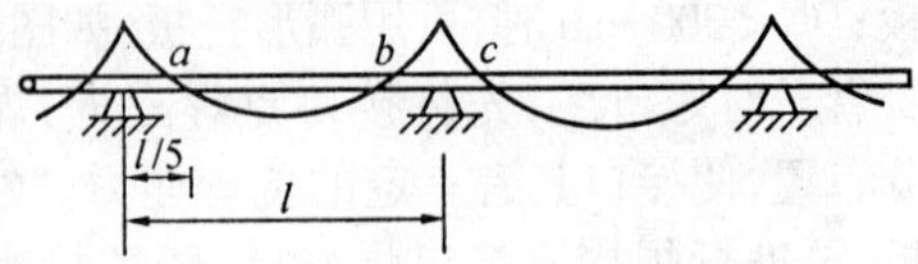

图 5.21　焊缝的最佳位置

5.3.1.2　固定支座

为了分配补偿器之间管道的伸缩量,并保证补偿器的均匀工作,在补偿器的两端管道上,安装有固定支座,把管道固定在地沟承重结构上。

在可通行地沟中,常用型钢支架把管道固定住,如图 5.22。

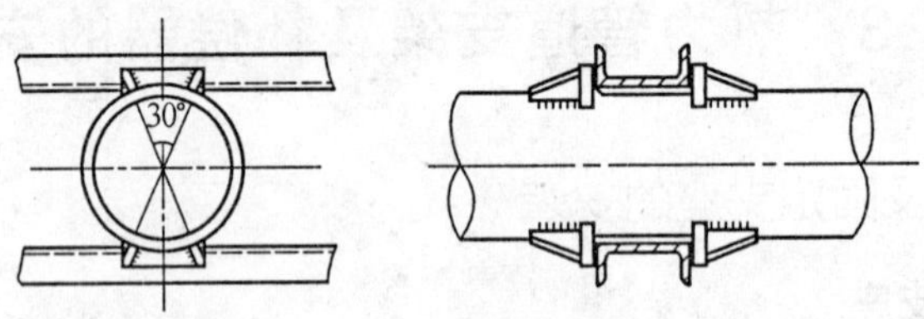

图 5.22　固定支座

不可通行地沟及无沟敷设管道常用混凝土结构或钢结构的固定支座,如图 5.23。

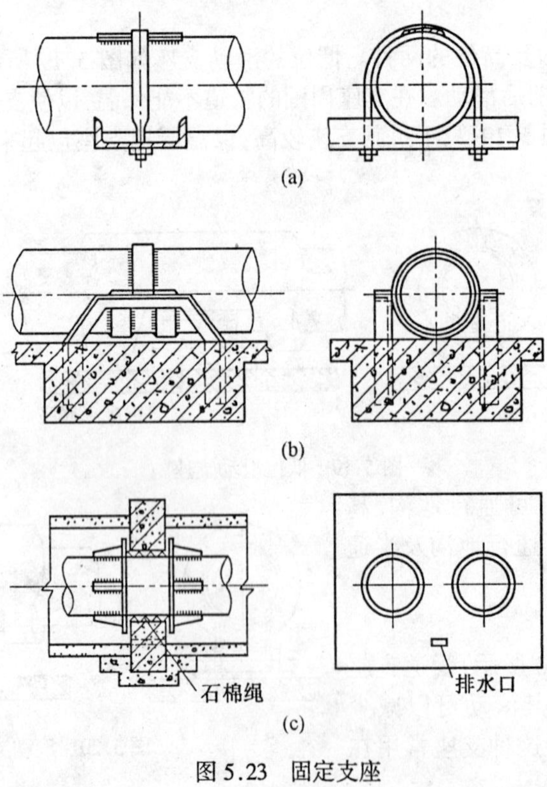

图 5.23　固定支座

固定支座承受着很大的轴向作用力、活动支座摩擦反力、补偿器反力及管道内部压力的反力。因此，固定支座结构应经设计计算确定。

对于方形补偿器，应把补偿器预拉伸后再把管道焊在固定支座上。

5.3.2　检查井

地下敷设管道安装有套筒补偿器、阀门、放水、排气和除污装置等管道附件，故应设检查室(井)，见图 5.24。

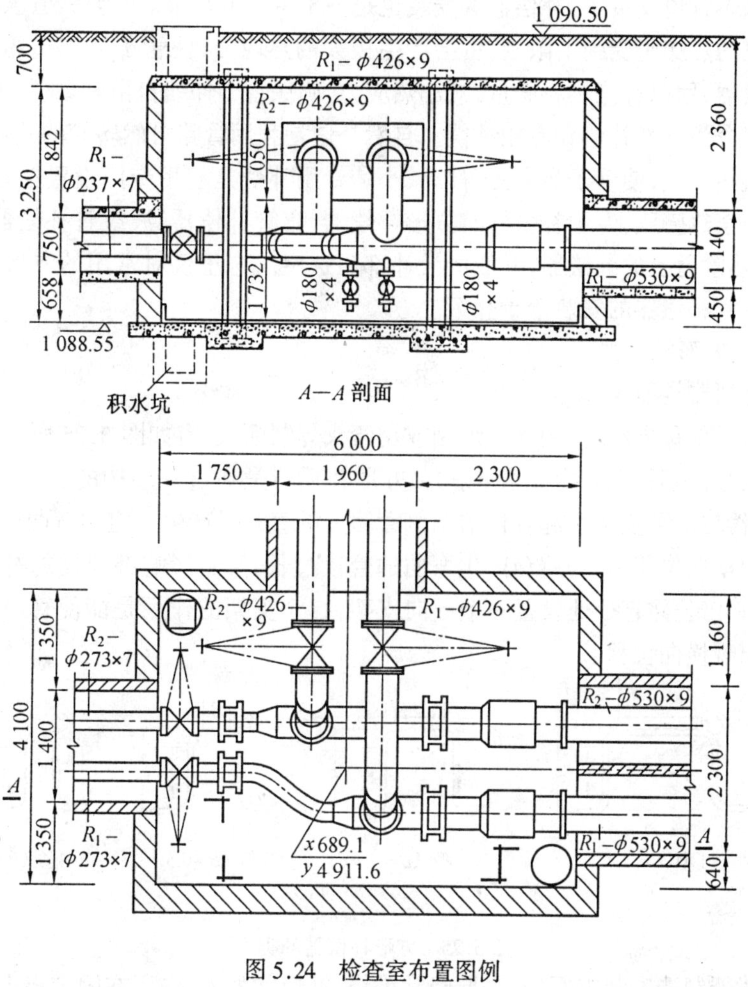

图 5.24　检查室布置图例

检查室的净空尺寸要尽可能紧凑，但必须考虑便于维护检修。检查室的净空高度不得小于 1.8 m，人行通道道宽不小于 0.6 m，干管保温结构表面与检查室地面距离不小于 0.6 m。检查室顶部应设入口及入口扶梯，入口人孔直径不小于 0.7 m。为了检修时安全和通风换气，人孔数量不得少于两个，并应对角布置。当热水管网检查室只有放气门或其净空面积小于 4 m^2 时，可只设一个人孔。

检查室还用来汇集和排除渗入地沟或由管道放出的网路水。为此，检查室地面应低于地沟底，其值不小于 0.3 m；同时，检查室内至少设一个集水坑，并应置于人孔下方，以便将积水抽出。

中、高支架敷设的管道,在安全阀门、放水、放气、除污装置的地方应设操作平台。操作平台的尺寸应保证维修人员操作方便,平台周围应设防护栏杆。

检查室或操作平台的位置及数量应与管道平面定线和设计时一起考虑。在保证安全运行和检修方便前提下,尽可能减少其数目。

5.3.3 补偿器的安装

在室外供热管道安装中,补偿器的安装也是一个主要的环节。在直线管段上,如果两固定支架间管道的热膨胀受到了限制,将会产生极大的热应力,使管子受到损坏。因此,必须设置管道补偿器,用以补偿热膨胀量,减小热应力,确保管子伸缩自由。

管道补偿分为自然补偿和专用补偿。自然补偿是利用管路自然转弯的几何形状所具有的弹性来补偿热膨胀,使管子热应力得以减小。专用补偿是利用专门设置在管路上的补偿器的变形来补偿热膨胀,专用补偿器有方形补偿器、套管补偿器、波纹管补偿器及球形补偿器等类型;供热管道上的补偿器,一般由设计部门选定。这里仅对常用的方形补偿器、套管补偿器和波纹管补偿器的安装给予介绍。

5.3.3.1 方形补偿器

1.方形补偿器类型

方形补偿器俗称方胀力,用管子煨制或用弯头焊制而成,有如图 5.25 所示的四种类型,常用的规格尺寸及其补偿能力见表 5.10。方形补偿器是通过其结构的变形来吸收管路的热膨胀,而补偿器的形变将引起补偿器两侧管路上的直管段产生一定的弯曲(直观表现是沿管道轴线出现横向位移)。为避免产生弯曲的管段过长,又不影响补偿器的补偿能力,一般在距补偿器 40 倍公称直径处设置一个导向支架,这个支架的作用是能使管道沿轴向运动,并限制管道出现横向位移。

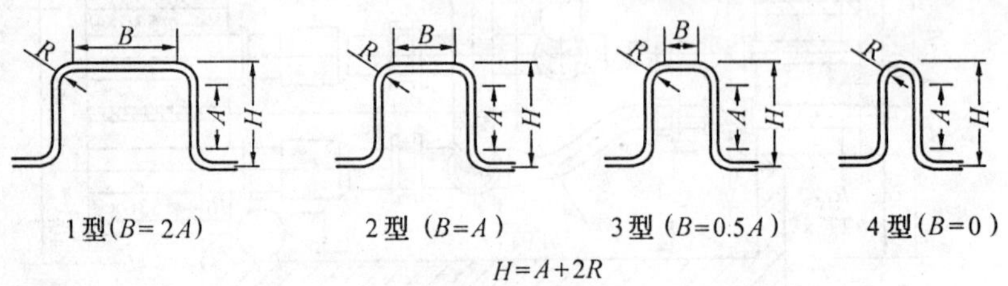

图 5.25 方形补偿器的类型

方形补偿器制造安装方便,不需要经常维修,补偿能力大,作用在固定点上的推力较小。适用于各种压力和温度条件;缺点是,补偿器外形尺寸大,占地面积多。

2.方形补偿器的预拉伸及补偿量

为了减小补偿器的变形弹性力,提高补偿能力,可将补偿器预先拉开一定的长度之后再安装在管路上,称此为方形补偿器的预拉伸,也称冷拉。补偿器冷拉安装后,管道受力为拉应力,待处于运行状态时,则变为压应力,但其绝对值远小于不进行预拉伸时所能达到的应力值,因此能增加补偿器的补偿能力和使用年限,也减小了对固定支架的推力。

表 5.10　方形补偿器的补偿能力

补偿能力 ΔL/mm	型号	公称通径/mm											
		20	25	32	40	50	65	80	100	135	150	200	250
		臂长 H/mm											
30	1	450	520	570	—	—	—	—	—	—	—	—	—
	2	530	580	630	670	—	—	—	—	—	—	—	—
	3	600	760	820	850	—	—	—	—	—	—	—	—
	4	—	760	820	850	—	—	—	—	—	—	—	—
50	1	570	650	720	760	790	860	930	1 000	—	—	—	—
	2	690	750	830	870	880	910	930	1 000	—	—	—	—
	3	790	850	930	970	970	980	980	—	—	—	—	—
	4	—	1 660	1 120	1 140	1 050	1 240	1 240	—	—	—	—	—
75	1	680	790	860	920	950	1 050	1 100	1 220	1 380	1 530	1 800	—
	2	830	930	1 020	1 070	1 080	1 150	1 200	1 300	1 380	1 530	1 800	—
	3	980	1 060	1 150	1 220	1 180	1 220	1 250	1 350	1 450	1 600	—	—
	4	—	1 350	1 410	1 430	1 450	1 450	1 350	1 450	1 530	1 650	—	—
100	1	780	910	980	1 050	1 100	1 200	1 270	1 400	1 590	1 730	2 050	—
	2	970	1 070	1 070	1 240	1 250	1 330	1 400	1 530	1 670	1 830	2 100	2 300
	3	1140	1 250	1 360	1 430	1 450	1 470	1 500	1 600	1 750	1 830	2 100	—
	4	—	1 600	1 700	1 780	1 700	1 710	1 720	1 730	1 840	1 980	2 190	—
150	1	—	1 100	1 260	1 270	1 310	1 400	1 570	1 730	1 920	2 120	2 500	—
	2	—	1 330	1 450	1 540	1 550	1 660	1 760	1 920	2 100	2 280	2 630	2 800
	3	—	1 560	1 700	1 800	1 830	1 870	1 900	2 050	2 230	2 400	2 700	2 900
	4	—	—	—	2 070	2 170	2 200	2 200	2 260	2 400	2 570	2 800	3 100
200	1	—	1 240	1 370	1 450	1 510	1 700	1 830	2 000	2 240	2 470	2 840	—
	2	—	1 540	1 700	1 800	1 810	2 000	2 070	2 250	2 500	2 700	3 080	3 200
	3	—	—	2 000	2 100	2 100	2 220	2 300	2 450	2 670	2 850	3 200	3 400
	4	—	—	—	—	2 720	2 750	2 770	2 780	2 950	3 130	3 400	3 700
250	1	—	—	1 630	1 620	1 700	1 950	2 050	2 230	2 520	2 780	3 160	—
	2	—	—	1 900	2 010	2 040	2 260	2 340	2 560	2 800	3 050	3 500	3 800
	3	—	—	—	—	2 370	2 500	2 600	2 800	3 050	3 300	3 700	3 800
	4	—	—	—	—	—	3 000	3 100	3 230	3 450	3 640	4 000	4 200

注:表中的补偿能力是按安装时冷拉值 $1/2\Delta L$ 计算的。

补偿器的冷拉值的大小与管道的工作温度、安装温度和热伸长量有关。通常把冷拉值 ΔX 与热伸长量 ΔL 的比值称为冷拉系数,用 ε 表示,即 $\varepsilon = \Delta X/\Delta L$,所以有

$$\Delta X = \varepsilon \Delta L \tag{5.7}$$

式中　ΔX——管道在变形量为 ΔL 时的冷拉值(mm);

ε——冷拉系数,当工作温度

$t \leqslant 250$℃时,　$\varepsilon = 0.5$

$t \leqslant 450$℃时,　$\varepsilon = 0.6$

$t > 450$℃时,　$\varepsilon = 0.7$

ΔL——管段的计算热伸长量(mm),其计算式为

$$\Delta L = aL(t_2 - t_1) \tag{5.8}$$

式中 a——管道的线膨胀系数(mm/(m·℃)),对于钢管一般取 $a = 0.012$ mm/(m·℃);

L——管道的计算长度(m);

t_2——管内输送介质的最高温度(℃);

t_1——管道计算安装温度(设计安装温度),即设计人员在选用补偿器规格型号时,计算管道热伸长量所用的安装温度,不是管道的实际安装温度,一般在采暖地区 $t_1 = 0$℃;非采暖地区 $t_1 = 20$℃,具体应由设计者确定。

由上式可知,ΔX 值是管道安装的环境温度为 t_1(计算安装温度)时的冷拉值,$\Delta X = \varepsilon \Delta LL$。如果管道安装时环境温度不是设计计算安装温度 t_1 而是 t_a,那么冷拉值就不是 ΔX 了,这是因为,环境温度从 t_1 变到 t_a,管道随之也伸长了 $\Delta X_a = aL(t_a - t_1)$,如图5.26所示,此时补偿器的冷拉值为

$$\Delta X' = AX - \Delta Xa = \varepsilon aL(t_2 - t_1) - aL(t_a - t_1) = aL[\varepsilon(t_2 - t_1) - (t_a - t_1)] \tag{5.9}$$

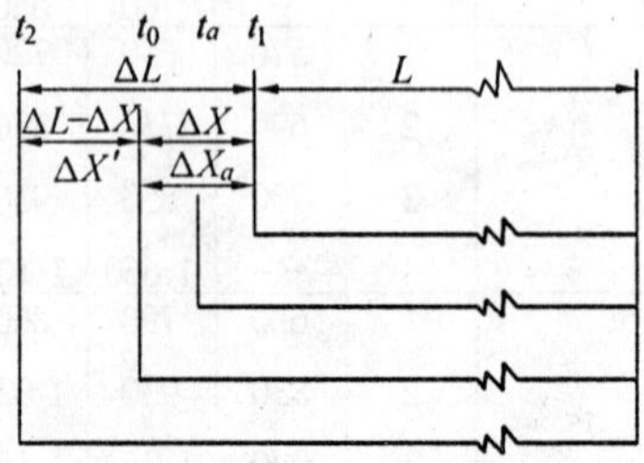

图 5.26 管道热伸长示意图

将式(5.8)代入式(5.9)中可得实际安装温度为 t_a 时冷拉值的计算式

$$\Delta X' = \left(\varepsilon - \frac{t_a - t_1}{t_2 - t_1}\right)\Delta L \tag{5.10}$$

假设环境温度继续升高,当达到某一温度时管道的自然热伸长量恰为 ΔX(此环境温度实际很少发生),此时安装补偿器就不需要冷拉了。我们把补偿器不需要冷拉的温度称为零点温度,用 t_0 表示温度从 t_1 升高到 t_0 管道的热伸长量,即

$$\Delta X = aL(t_0 - t_1) \tag{5.11}$$

由 $\Delta X = \varepsilon \Delta L = \varepsilon aL(t_2 - t_1)$ 和式(5.11)可得零点温度为

$$t_0 = \varepsilon(t_2 - t_1) + t_1 \tag{5.12}$$

则管道在实际安装温度 t_a 时,补偿器的冷拉值也可用

$$\Delta X' = aL(t_0 - t_a) \tag{5.13}$$

或

$$\Delta X' = \frac{t_0 - t_a}{t_2 - t_1}\Delta L \tag{5.14}$$

计算。在利用式(5.10)计算 $\Delta X'$时,不用计算零点温度;而在已知 t_0 时,利用式(5.13)或式(5.14)更为简明。式(5.13)是由热伸长量的定义得出的,式(5.14)形式就是数学中的内插法(斜率法)。

【例 5.2】 有一段直线管道,管道直径为 D159 mm×4.5 mm,采用 Q235 钢,两固定支架间的距离为 80 m,管内介质温度为 200℃,管道计算安装温度为 0℃,管道实际安装温度是 20℃。在该段上安装一个方形补偿器,试计算该管段的热伸长量和方形补偿器的预拉伸量。

解 取冷拉系数 $\varepsilon = 0.5$,则管段的热伸长量为

$$L = aL(t_2 - t_1) = 0.012 \times 80 \times (200 - 0) = 192 \text{ mm}$$

由式(5.10)计算补偿器的冷拉值为

$$\Delta X' = \left(\varepsilon - \frac{t_a - t_1}{t_2 - t_1}\right)\Delta L = \left(0.5 - \frac{20 - 0}{200 - 0}\right) \times 192 = 76.8 \text{ mm}$$

冷拉值也可用式(5.13)或式(5.14)计算

由式(5.12)得零点温度

$$t_0 = \varepsilon(t_2 - t_1) + t_1 = 0.5 \times (200 - 0) + 0 = 100℃$$

则

$$\Delta X' = aL(t_0 - t_a) = 0.012 \times 80 \times (100 - 20) = 76.8 \text{ mm}$$

或

$$\Delta X' = \frac{t_0 - t_a}{t_2 - t_1} = \frac{100 - 20}{200 - 0} \times 192 = 76.8 \text{ mm}$$

3.方形补偿器的制作

方形补偿器是用钢管煨弯制成的,应经过退火,才能具有足够的塑性。若补偿器较大,需要焊接缝时,根据弯曲力矩图,其焊接点应在受力最小的长臂中间,如图 5.27 所示的 a、b 点为焊接点,而不能在受力最大的弯头处焊接。

方形补偿器的类型及尺寸由设计者决定。在工程预算定额中,制作安装是按管径不同,以"个"为单位计算的,补偿器本身的长度,计入管道安装工程量内,其制作安装的工作内容包括做样板、筛砂、炒砂、灌砂、打砂、制堵、加热、煨制、清管腔、组成、焊接、张拉试验。制作时最好用一根管子煨制而成,如果制作大规格的补偿器,也可用两根或三根管子焊接而成,但焊口不能设在空出的平行臂上,必须设在垂直臂的中点处,因该处弯矩最小。当管径小于 200 mm 时,焊缝可与垂直臂轴线垂直;管径大于或等于 200 mm 时,焊缝与垂直臂轴线成 45°角,如图 5.28 所示,以适应受力状况,增大焊接强度。

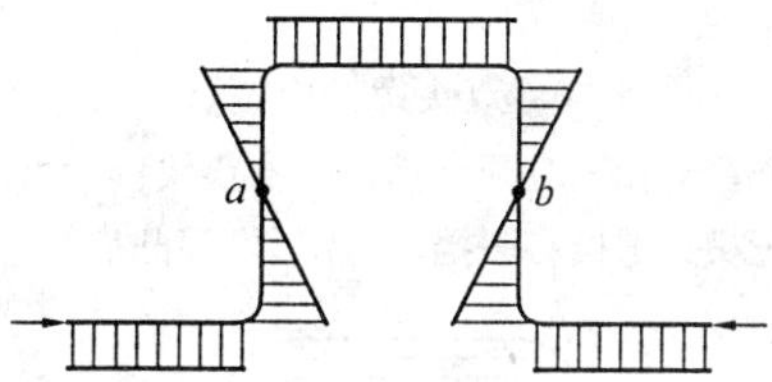

图 5.27　方形补偿器力矩

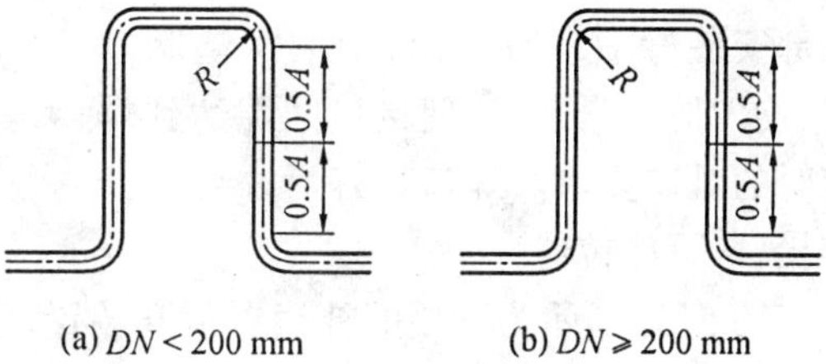

图 5.28　方形补偿器的焊缝

制作的方形补偿器四个弯头的角度都必须是 90°,并应处于同一平面内,其扭曲偏差不应大于 3 mm/m,且总偏差不大于 10 mm。两条垂直臂的长度应相等,允许偏差为 ± 10 mm,平行臂长度允许偏差为 ± 20 mm。

4.方形补偿器的安装

方形补偿器的安装应在固定支架及固定支架间的管道安装完毕后进行,且阀件和法兰上螺栓要全部拧紧,滑动支架要全部装好。补偿器的两侧应安装导向支架,第一个导向支架应放在距弯曲起点 40 倍公称直径处。在靠近弯管设置的阀门、法兰等连接件处的两侧,也应设导向支架,以防管道过大的弯曲变形而导致法兰等连接件泄漏。补偿器两边的第一个支架,宜设在距弯曲起点 1 m 处。

为减少固定支座和方形补偿器所受的应力,在安装方形补偿器时,应把补偿器预先拉开其补偿能力的一半。当管道升高到一定温度，补偿器被压缩到补偿能力的一半时，补偿器的应力将等于零。在压缩到全部补偿能力时，补偿器及固定支座所受到的是与预拉伸时符号相反的应力，即仅一半的压应力。方形补偿器应与相连接的管道有同一水平坡度。

方形补偿器可水平安装，也可垂直安装。水平安装时，外伸的垂直臂应水平，突出的平行臂的坡度和坡向与管道相同；垂直安装时，最高点应设放气装置，最低点应设放水装置。安装补偿器应做好预拉伸，按位置固定好，然后再与管道相连。补偿器的冷拉接口位置通常在施工图中给出，如果设计未作明确规定，为避免补偿器出现歪斜，冷拉接口应选在距补偿器弯曲起点 2 ~ 3 m 处的直线管段上，或在与其邻近的管道接口处预留出冷拉接口间隙，不得过于靠近补偿器，如图 5.29 所示。在安装管道时就应考虑冷拉接口的位置，冷拉前检查两管口间的距离是否符合冷拉值，然后进行冷拉与焊接。

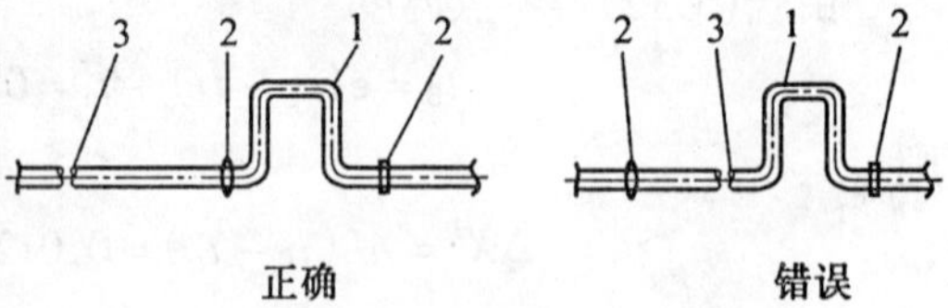

图 5.29　补偿器冷拉口位置

1—补偿器；2—焊口；3—冷拉接口

补偿器的冷拉方法有两种，一种是用带螺栓的冷拉器进行冷拉；另一种是用带螺丝杆的撑拉工具或千斤顶将补偿器的两垂直臂撑开以实现冷拉。

采用冷拉器进行冷拉时，将一块厚度等于预拉伸量的木块或木垫圈夹在冷拉接口间隙中，再在接口两侧的管壁上分别焊上挡环，然后把冷拉器的法兰管卡卡在挡环上，在法兰管卡孔内穿入加长双头螺栓，用螺母上紧，并将木垫块夹紧，如图 5.30 所示。待管道上其他部件全部安装好后，把冷拉口中的木垫圈拿掉，均匀地调紧螺母，使接口间隙达到焊接时的对口要求。焊口焊好后才可松开螺栓，取下冷拉器。

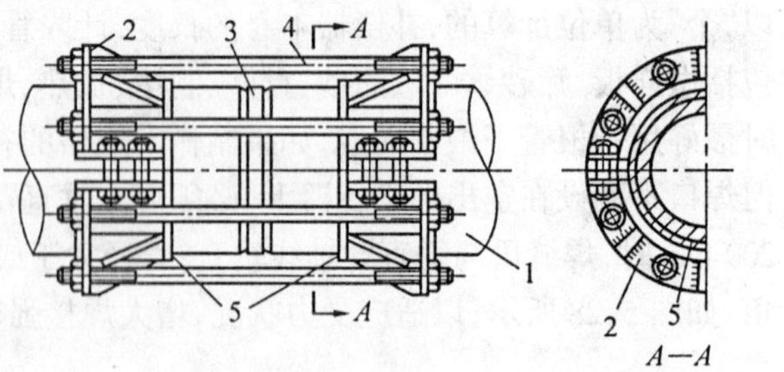

图 5.30　双头螺栓冷拉器

1—管子；2—对开卡箍；3—木垫块；

4—双头螺栓；5—挡环(环形堆焊凸肩)

图 5.31 所示为常用的补偿器顶开装置，使用时只要旋动螺母使其沿螺杆前进或后退，就能使补偿器的两臂受到撑开或放松。也可以利用千斤顶来顶开补偿器。

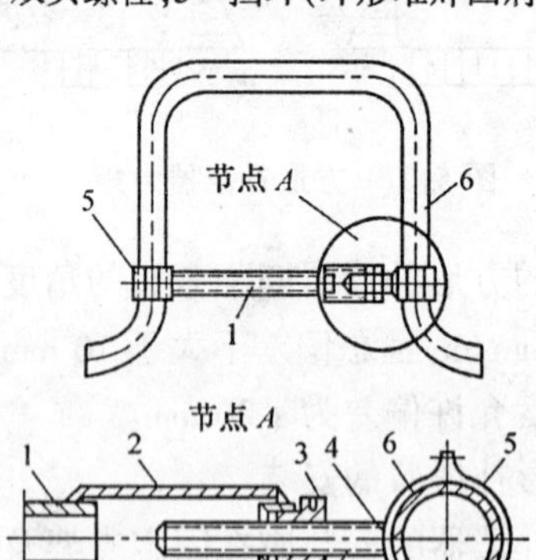

图 5.31　方形补偿器的顶开装置

1—拉杆；2—短管；3—调节螺母；

5—卡箍；6—补偿器

5.3.3.2　套管补偿器

1.套管补偿器的构造

套管补偿器又称填料式补偿器，有铸铁和钢制两种。铸铁式套管补偿器用法兰与管道连接，只用于公称压力小于 1.3 MPa，公称直径小于 300 mm 的管道。钢制套管补偿器与管道焊接连接，可用于公称压力小于 1.6 MPa 的管道，有单向和双向两种，规格较全。图 5.32 所示为单向套管补偿器，其规格尺寸和性能见表 5.11。补偿器的芯管(又称导管)直径与连接的管道直径相同，芯管可以在补偿器的套管内自由移动，从而起到吸收管道热伸长量的作用。在芯管与套管之间的环形缝隙内装填料，使填料靠实端环，用压盖将填料压紧，以保证芯管移动时不出现介质渗漏。常用的填料有涂石墨粉的浸油石棉盘根和耐热橡胶。

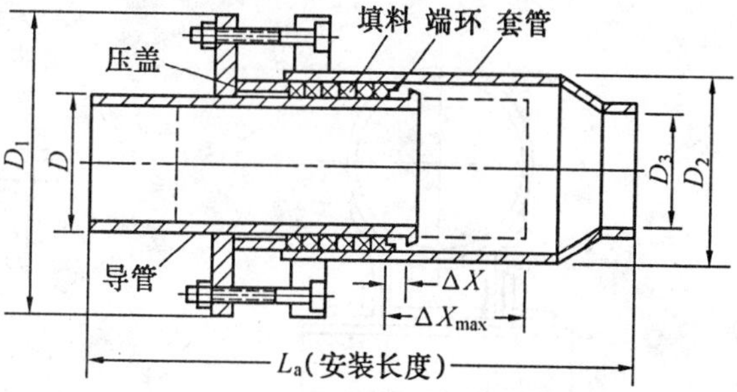

图 5.32　单向套管补偿器

表 5.11　单向套管补偿器尺寸及性能表

公称直径 DN/mm	尺寸/mm					最大膨胀量 ΔX_{max} mm	质量 kg	补偿器的摩擦力 P_t/kN		国标图号
	D	D_1	D_2	D_3	L_{max}			由拉紧螺钉产生的	当介质工作压力 $p=100$ kPa 时产生的	
100	108	190	133	100	830	250	18.66	9.85	0.59	R 408—1
125	133	215	159	125	840	250	23.82	9.90	0.80	R 408—2
150	159	250	194	150	905	250	34.78	13.2	1.22	R 408—3
200	219	345	273	205	1 170	300	79.87	13.0	2.84	R 408—4
250	273	395	325	295	1 170	300	101.24	19.9	3.36	R 408—5
300	325	450	377	311	1 275	350	142.26	20.3	3.60	R 408—6
350	377	500	426	363	1 285	350	163.00	20.6	3.67	R 408—7
400	426	560	478	412	1 360	400	206.35	27.6	4.50	R 408—8
450	478	610	529	464	1 360	400	231.68	27.8	4.65	R 408—9
500	529	675	594	515	1 370	400	309.08	36.8	7.30	R 405—10
600	630	780	704	614	1 375	400	380.00	44.0	8.80	R 408—11
700	720	875	794	704	1 380	400	454.33	50.0	10.0	R 408—12

套管补偿器的补偿能力大，结构尺寸小，占地少，安装方便，但轴向推力大，易发生介质渗漏，需经常维修，更换填料。套管补偿器必须安装在直线管段上，不得安装偏斜，以免补偿器工作时管芯被卡住而损坏补偿器。为使补偿器工作可靠，应在靠近补偿器管芯处的活动支座上安装导向支座，如图 5.33 所示。套管补偿器较常用在可通行地沟，因它占地面积小，但它须经常检修。在不可通行地沟内也可使用，但必须设检查井，以便定期检查。若直线管路较长，须设置多个补偿器时，最好采用双向补偿器，如图 5.34。这样不但工作可靠，而且可减少检查井数目，降低造价。

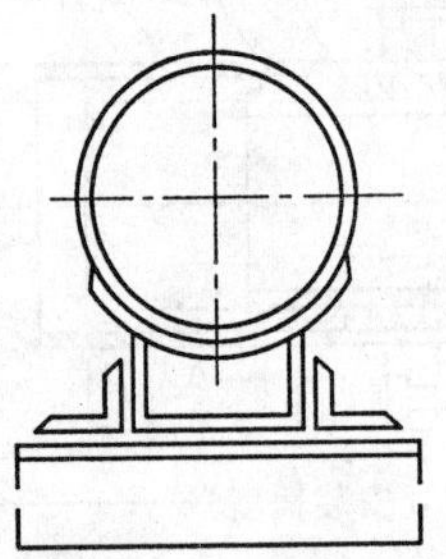

图 5.33 导向支座

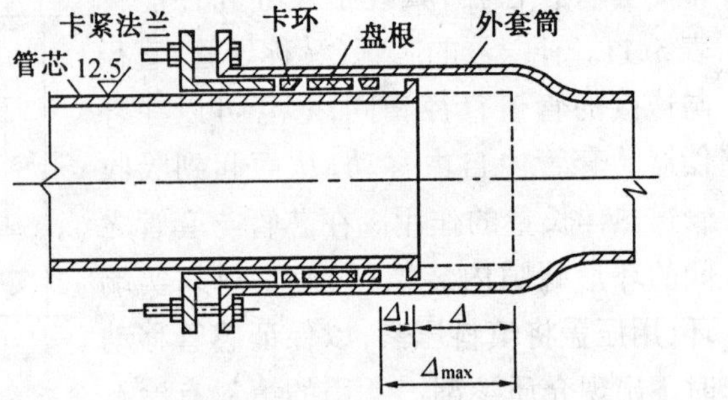

图 5.34 双向套管补偿器

2.套管补偿器的补偿量

套管补偿器的芯管在套管内的最大行程,称为补偿器的最大补偿值,用 ΔX_{max}表示。对应于 ΔX_{max}的补偿器外形长度,称为最大长度,用 L_{max}表示。如果管道的实际安装温度 t_a 高于计算安装温度 t_1 时,安装套管补偿器,应在导管与外壳端环之间留有一定的间隙,以备管道温度下降并低于安装温度时,补偿器仍有收缩的能力,我们把这个间隙称为套管补偿器的收缩余量,用 ΔX 表示,所以,在安装温度 t_a 时,补偿器的安装长度为

$$L_a = L_{max} - \Delta X \tag{5.15}$$

式中 L_a——补偿器的安装长度(mm);

L_{max}——补偿器的最大长度(mm);

ΔX——补偿器的收缩余量(mm)。

套管补偿器的收缩余量 ΔX 计算式为

$$\Delta X = \Delta X_{max} \tag{5.16}$$

式中符号的意义同前。

套管补偿器安装时,应先将补偿器拉开到最大长度 L_{max},然后推进去收缩余量 ΔX 值,即使补偿器的外形长度为安装长度 L_a。套管补偿器的安装位置应设在靠近固定支架处,补偿器的轴心与管道的轴线应在同一直线上,将套管和固定支架旁的管端焊接,导管和另一端管道焊接。靠近补偿器的直管段必须设置导向支架,防止管子热伸缩时发生偏移,压盖的螺栓松紧度应适当,既要保证不泄漏,又要使摩擦力不会太大。在确定套管补偿器的摩擦力 P_t 时,应分别按拉紧螺栓产生的摩擦力 P_{tm}和内压产生的摩擦力 P_{tn}两种情况计算,取用其中较大者。表 5.11 中给出了各种规格单向套管补偿器的摩擦力 P_{tm}和 P_{tn}。一般情况下,可直接查用,进行比较,确定出套管补偿器的摩擦力 P_t。

若已知补偿器及其补偿能力,来确定供热管道的直线管路两固定点间管路长度时,可用计算式

$$L = \frac{\Delta X_{max}}{a(t_2 - t_1)} \cdot \frac{t_2 - t_a}{t_2 - t_1} \tag{5.17}$$

【例 5.3】 如右图所示,某热力管道 AB 长度为 70 m,采用 D159×4.5 mm 的无缝钢管安装,两端设固定支架,端部安装一个 DN150 的套管补偿器,管内热媒压力为 0.7 MPa,温度为 110℃,设计计算安装温度为 -10℃,安装温度为 20℃。

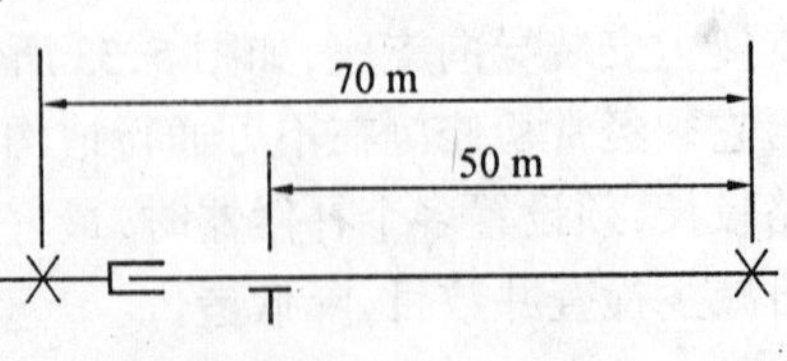

(1)计算管段的热伸长量 ΔL 和套管补偿器的安装长度 L_a；

(2)确定滑动支架 C 的支座安装时的偏心距；

(3)计算补偿器的摩擦力 P_t。

解　(1)该管段的热伸长量为

$$\Delta L = aL(t_2 - t_1) = 0.012 \times 70(110 + 10) = 100.8 \text{ mm}$$

查表5.11,对DN150的套管补偿器有 $L_{max} = 905$ mm,$\Delta X_{max} = 250$ mm,则补偿器的收缩余量为

$$\Delta X = \frac{t_a - t_1}{t_2 - t_1}\Delta X_{max} = \frac{20 + 10}{110 + 10} \times 250 = 62.5 \text{ mm}$$

$$250 - 62.5 = 187.5 \text{ mm} > \Delta L = 100.8 \text{ mm,有余量。}$$

则安装长度

$$L_a = L_{max} - \Delta L = 905 - 62.5 = 842.5 \text{ mm}$$

(2)活动支座 C 的偏心距为

$$\Delta L = \frac{1}{2} aL_{BC}(t_2 - t_a) = \frac{1}{2} \times 0.012 \times 50(110 - 20) = 27 \text{ mm}$$

安装时支座应向右(B 处)偏心27 mm。

(3)从表5.11中查得,由拉紧螺栓产生的摩擦力 $P_{tm} = 13.2$ kN。当管内介质压力为0.1 MPa时,补偿器的摩擦力为1.22 kN,所以由管内介质压力产生的摩擦力为

$$P_{tm} = 1.22 \times 7 = 8.54 \text{ kN}$$

$P_{tm} > P_{tn}$,故套管补偿器的摩擦力 $P_{tm} = 13.2$ kN。

5.3.3.3　波纹管补偿器

波纹管是利用波纹形管壁的弹性变形来吸收管道的热膨胀,故又称方波形补偿器。波纹管补偿器的型式很多,有轴向型、万向型等,以及单式和复式等等。图5.35是供热管道上最常用的轴向型波纹管补偿器。在波纹管内装有导流管,减小了流体的流动阻力,同时也避免了介质对波纹管壁面的冲刷,使波纹管的使用寿命得以延长。在采用不锈钢波纹管后,补偿器的性能和寿命又提高了许多。波纹管补偿器体积小,质量轻,占地面积小,易于布置,安装方便,且具有良好的密封性能,与套管补偿器相比,它不需要进行维修,承压能力和工作温度都比较高。因此,目前在供热管道中已经广泛采用,其最大公称压力为2.5 MPa,最高使用温度可达450℃。但波纹管补偿器也存在补偿能力小的缺点,价格也较高。

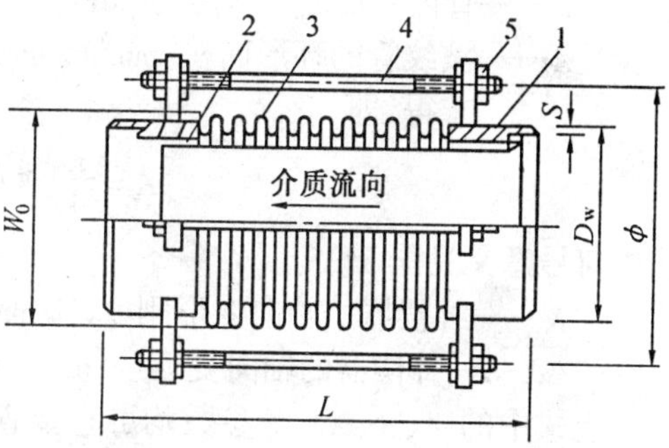

图5.35　轴向型波纹管补偿器

1—端管;2—导流管;3—波纹管;4—限位拉杆;5—限位螺母

波纹管补偿器端管直径与管道直径相同,端管与管道采用焊接连接,有特殊要求时,也可与管道采用法兰连接。为了提高补偿器的补偿能力,波纹管补偿器也应经预拉伸之后再装在管路上,预拉伸量(冷拉值)的计算方法与方形补偿器相同。当需要用波纹管补偿器的补偿能力来确定直线管路固定支架间管路长度时,可按式(5.17)计算确定。

波纹管补偿器安装时,补偿器与管道必须同轴,不得用补偿器变形的方法调整管道的安装偏差,不允许补偿器受到扭转力矩。为保证管道在补偿器处的同轴度偏差最小,可先将管

道敷设好，然后在需要安装补偿器的位置割下一小段管子，割下的管段长度应等于补偿器本身的长度加冷拉长度，将补偿器预拉伸后再焊接到管路上。一般情况下，两个固定支架之间宜只设置一个补偿器，补偿器一端要靠近固定支架，另一端应安装导向支架，如图 5.36 所示。

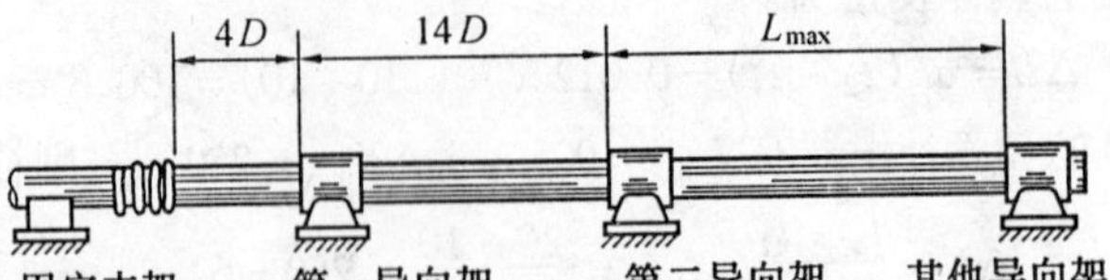

图 5.36 波纹管补偿器导向支架的设置

D—管道公称直径

导向支架的位置按以下要求布置：

(1)第一导向支架与补偿器端部的距离不超过 4 倍的管道直径；

(2)第二导向支架与第一导向支架的距离不超过 14 倍的管道直径；

(3)第二导向支架以外的最大导向支架间距计算式为

$$L_{max} = 0.001\,57\sqrt{\frac{EI}{pA + K + \Delta X}} \tag{5.18}$$

式中 L_{max}——最大导向支架间距(m)；

E——管子的弹性模数(N/mm²)；

I——管子的惯性矩(mm⁴)；

p——管内介质的工作压力(MPa)；

A——波纹管的环形面积(mm²)，可用补偿器的波形管外径横截面积减去端流通面积求得，即

$$A = \frac{\pi}{4}[W_0^2 - (D_w - 2S)^2]$$

式中符号意义见图 5.35。

K——补偿器的轴向变形刚度(N/mm)；

ΔX——补偿器的轴向变形量(mm)。

上式中的 A、K、ΔX 等参数均可直接查阅有关波纹管补偿器的选用资料得到。装有波纹管补偿器的管路，在固定支架未安装完毕之前，不得进行水压试验。

5.4 热力管道的试压与验收

室外管道同室内管道一样，当管道系统安装完毕后，根据施工程序及规范的要求，应进行管道系统的试验、清洗等工作，以备工程验收。

5.4.1 管道的试压

管道的试压就是对管道系统进行压力试验，压力试验按其试验目的，可分为检查管道及其附件的机械性能的强度试验和检查其连接状况的严密性试验，以检查系统选用管材和附件的承压能力以及系统连接部位的严密性。

5.4.1.1 准备工作

管道系统强度试验与严密性试验，一般采用水压进行。如因设计结构或气温较低等原

因进行水压强度试验确实有困难时，或工艺要求必须用气体试验时，也可采用气压试验代替，但必须采取有效的安全措施，并报请主管部门批准后方可进行。其试验压力当管径小于或等于 300 mm 时，不得超过 1.57 MPa；管径大于 300 mm 时，不得超过 0.59 MPa。

1.管道系统试验前应具备下列条件。

(1)试压系统管道已安装完毕，并符合设计要求和有关规范的规定；

(2)支、吊架安装完毕；

(3)焊接和热处理工作结束，并经检验合格。焊缝及其他应检查的部位，未涂漆和保温；

(4)埋地管道的坐标、标高、坡度及管基、垫层等经复查合格。试验用的临时加固措施经检查确认安全可靠；

(5)试验用压力表已经过检验合格，精度不低于 1.5 级，表盘刻度值为最大试验压力的 1.5~2 倍。压力表数不少于 2 块；

(6)试验方案已经上报，并经主管部门批准。

2.在高压管道系统试验前应对下列资料进行审查

(1)制造厂的管子、管道附件的合格证明书；

(2)管子校验性检查或试验记录；

(3)管道加工记录；

(4)阀门试验记录；

(5)焊接检验及热处理记录；

(6)设计修改及材料代用文件。

3.压力试验可按系统或分段进行，隐蔽工程应在隐蔽前进行。

管道系统压力试验前，应与不参与试验的系统、设备、仪表及管道附件等相隔开，并应将安全阀、爆破板卸掉。凡有盲板的部位都应有明显标记和记录。如遇有试验系统与正在运行中的系统需隔离时，在试验前应用盲板隔离。对水或蒸汽管道如用阀门隔离时，阀门两侧温差不应超过 100℃。试验过程中遇有泄漏，不得带压修理。待泄水降压，消除缺陷后，再重新进行试验。

系统试验合格后，应将试验用的介质排在室外安全地点，并及时拆除所有临时盲板，核对记录，及时填写“管道系统试验记录”，见表 5.12。

表 5.12　管道系统试验记录

单位工程名称__________　　　　NO______

分部分项工程名称__________　　　　年　月　日

管线号	材质	设计参数			强度试验			严密性试验			其他试验	
		介质	压力	温度	介质	压力	鉴定	介质	压力	鉴定	名称	鉴定

施工单位：______　部门负责人：______　技术负责人：______　质量检查员：______

试验人员或班组长：______　建设单位：______　部门负责人：______　质量检查员：______

5.4.1.2 水压试验

水压试验是用不含油质及酸碱等杂质的洁净水作为介质。其试验程序主要有充水、升压、强度检查、降压及严密性检查等步骤。

水压试验的充水点和加压装置,应选在系统或管段的较低处,以利于低处进水高点排气。充水前将试压范围内系统的阀门全部打开,同时打开各高点的放气阀,关闭最低点的排水阀,连接好进水管、压力表和打压泵等,即可向管道系统内充水,待系统中空气全部排净、放气阀不断出水时,关闭放气阀和进水阀,全面检查系统有无漏水现象,如有漏水,应及时进行修理。

1.热力管道的强度试验

强度试验是在管路附件及设备安装前对管道进行的试验,管道系统的试验压力,应以设计要求为准,如设计无明确要求时,试验压力应为工作压力的1.5倍,但不得小于0.6 MPa。对位差较大的管道系统,应考虑试压介质的静压影响,液体管道以最高点的压力为准,如对于架空敷设热力管道的试压,其手压泵及压力表如在地面上,则其试验压力应加上管道标高至压力表的水静压力。但最低点的压力不得超过管道附件及阀门的承受能力。

管道系统充满水并无漏水现象后,用加压泵缓慢加压,当压力表指针开始动作时,应停下来对管道开始检查,发现泄漏及时处理;当升压到一定数值时,再次停压检查,无问题时再继续加压。一般分2~3次升至试验压力,停止升压并迅速关闭进水阀,观察压力表,如压力表指针跳动,说明排气不良,应打开放气阀再次排气并加压至试验压力,然后记录时间进行检查,在规定时间内管道系统无破坏,压力降不超过规定值时,则强度试验为合格。

系统的试压是在试验压力下停压时间一般为10 min,压力降不超过0.05 MPa,且经检查无漏水处则为合格。如压降大于允许值,说明试压管段有破裂及严重漏水处,应找到泄漏处,修复后重新试压。

2.热力管道的严密性试验

严密性试验压力一般均为工作压力,严密性试验一般伴随强度试验进行,强度试验合格后将水压降至工作压力,稳压下进行严密性检查,用质量不大于1.5 kg的手锤敲打距焊缝150 mm处,检查各节点或检查井各接口焊缝是否严密,如不漏水则认为合格。

3.分段检测试验

由于热力管道的直径较大,距离较长,一般试验时都是分段进行的。如两节点或两检查井之间的管段为一试压段,这样便于使整个管网实行流水作业,即一段水压试验合格后就可进行刷油、保温、盖盖板、回填土、场地平整等工作,仅把节点、检查井的管子接口留出即可。分段试压的另一优点是可及时发现问题及时解决,不致影响工程进度。因一般室外地下工程都是夏季施工,雨天较多,分段试压,可及时完成有关工序,不会因雨天而延误整个工期。

当室外温度在0℃以下进行试压时,应先把水加热到40~50℃,然后灌入管道内试压,且其管段最长不宜超过200 m。试压后应立刻将水排出,并检查有无存水地方,以免把管子冻裂。

管网上用的预制三通、弯头等零件,在加工厂用2倍的工作压力试验,闸阀在安装前用1.5倍工作压力试验。

5.4.1.3 气压试验

当管道系统采用液压试验有困难时,经上级主管部门批准后,可采用空气或惰性气体进行试验，其强度试验压力应按设计要求和有关规范执行，如无明确规定时，一般管道的气压强度试验压力为工作压力的1.15倍，严密性试验压力为工作压力。

气压强度试验时，压力应逐级上升，首先升至试验压力的50%进行检查，如无泄漏及异常现象时，再按试验压力的10%继续升压并检查；如此逐级升压并检查，直至强度试验压力，每级稳压3 min，达到试验压力后稳压5 min，以无泄漏，目测无变形等为合格。如发现有泄漏处应作标记，泄压后进行修理，待消除缺陷后再继续试验，直至试验合格。

严密性试验是在强度试验合格后进行，降压至工作压力，在焊口和连接件处涂肥皂水，如无泄漏，稳压30 min，压力不下降，即认为严密性试验合格。对于有漏气率要求的管道，如剧毒和火灾危险性介质管道，在严密性试验时还应测定漏气率，其测定方法可按《工业管道工程施工及验收规范》执行。

5.4.2 吹扫与清洗

管道系统安装后，为保证管道系统内部洁净，可在强度试验合格后，或气压严密性试验前分段进行吹扫与清洗(简称吹洗)，以便将管道内部的灰、砂及焊渣等杂物吹洗干净。吹洗前，应根据管道的使用要求、输送介质的性质和管道内表面的脏污程度等因素，拟定详细的吹洗方案。对各种仪表采取保护措施，必要时也可卸掉，并将孔板、滤网、节流阀及止回阀的阀芯拆掉妥善保管，待吹洗后重新装上。对于不吹洗的管道和设备应与吹洗管道系统隔离，以免脏物进入，对未能吹洗或吹洗后可能留存脏污、杂物的管道，应用其他方法补充清理。吹洗的管道系统和末端排放口处，支架应牢固可靠，必要时应采取加固措施。排放管应能保证安全，顺利放水。吹洗的顺序一般可按主管、干管、支管依次进行。对分支管较多且较长的主管，可将中间某些分支管拆掉，由中间分支管口处排放分段进行吹洗的脏物，待全部主管吹洗完成后分别冲洗各支管。对于管径较小的支管，可几根支管同时进行吹洗。具体操作时，应保证所有管道都能吹洗到，且不得留有死角。

吹洗过程中，应沿管线进行检查，并用小锤敲击管子以增加吹洗效果，对焊缝、转角和容易积存脏物的死角应着重敲打，敲打时，应注意不要损伤管子。吹洗合格后，应及时填写记录，封闭排放口，将所拆掉的仪表及阀芯复位。

5.4.2.1 水冲洗

工作介质为液体的管道，一般应进行水冲洗，当不能用水冲洗或不能满足清洁要求时，可用空气进行吹扫，但应采取相应的安全措施。

冲洗用水可选择清洁的饮用水或工业用水，在淡水奇缺的地区可用海水冲洗，如用海水冲洗，冲洗完毕后需再用淡水冲净。

冲洗时，应以管内可能达到的最大流量或不小于1.5 m/s流速进行。排放管的截面不应小于被冲洗管截面的60%，并接入邻近的排水井或沟中，以保证排泄通畅和安全。冲洗应连续进行，如设计无要求，则以出口的水色和透明度与入口处目测一致，且无粒状物为合格。

管道冲洗过后应将水排净，必要时可用压缩空气吹干或采取其他保护措施。

5.4.2.2 气(汽)吹扫

气(汽)吹扫有空气吹扫和蒸汽吹扫两种。

输送介质为气体的管道，一般应用空气吹扫，如果用其他气体吹扫，应采用安全措施。

吹扫忌油的管道时,吹扫气体不得含油,空气吹扫的压力不应超过管道的最大工作压力,吹扫时在排气口用白布(白纸)或涂有白漆的靶板检查,如 5 min 内检查其上无铁锈、尘土、水分及其他脏物即为合格。某些工业上的气体管道,如氧气、乙炔、煤气及天然气等管道的吹扫,还应按《工业金属管道工程施工及验收规范》(GB 50235 - 97)的有关规定执行。

蒸汽管道应用蒸汽吹扫,非蒸汽管道如用空气吹扫不能满足清洁度要求时,也可用蒸汽吹扫,但应考虑管道系统及支架结构能否承受高温和热膨胀因素的影响。蒸汽管道吹扫前,应关闭减压阀和疏水器前的阀门,打开旁通管阀门,以便蒸汽通过;用阀门控制蒸汽流量进行暖管,吹扫总管用总汽阀控制流量,吹扫支管用分支管处的阀门控制流量。蒸汽流量为设计流量的 40% ~ 60%,吹扫压力应尽量维持在管道设计工作压力的 75%左右。在开启阀门前,其前面管道中的凝结水由启动疏水管放掉。蒸汽阀的开启和关闭都应缓慢,不应过急,以免引起水锤,而使阀件破裂。

蒸汽吹扫是按升温、暖管、恒温、吹扫的顺序反复进行的,反复吹扫不少于三次。注意每次恒温时间为 1 h,然后再进行吹扫,每次吹扫时间 15 ~ 20 min。

蒸汽吹扫的排汽管应引至安全地方,管口应朝上倾斜,并加以明显标志。排汽管应具有牢固的支承,以承受其排空的反作用力。排汽管直径不应小于被吹扫管的管径,长度应尽量短捷。绝热管道的吹扫工作,一般宜在绝热施工前进行,必要时可采取局部的人体防烫措施。蒸汽吹扫的检查,对于一般蒸汽或其他无特殊要求的管道,可用刨光的木板置于排汽口处检查,板上无铁锈、脏物为合格。

管的吹洗方法除水清洗与汽吹扫外,对于某些特殊的工业管道,还用到油清洗、酸洗和脱脂等方法,可按照《工业金属管道工程施工及验收规范》(GB 50235—97)的有关规定执行。

5.4.3 热力管道的验收

5.4.3.1 验收内容

热力管道施工完毕后应检查其工程是否符合设计及施工规范的质量要求,按《城市供热管网工程施工及验收规范》(CJJ28)、《建筑给水排水及采暖工程施工质量验收规范》(GB50242)的规定验收。检查支吊架配置的坚固性和正确性,以及坡度、补偿器、排水装置等各部件安装的正确性,管道直径与变径位置是否正确,管道的材质、阀门、管件是否有合格证。具体内容可见表 5.13。

5.4.3.2 应提交的记录

验收时,和采暖工程一样,施工单位应提交各项记录、图纸等文件。

①施工图、竣工图及设计变更;

②材料及阀门合格证和试验记录;

③隐蔽工程记录和中间试验记录;

④水压记录;

⑤热力系统通水冲洗记录;

⑥工程质量事故处理记录;

⑦质量评定记录。

施工验收是工程质量的关键工作,因此应认真进行,并最后由建筑工程质量检验监督机构进行合格验收。

表5.13 室外供热管网管道工程检验施工质量验收记录

工程名称				检验部位			
施工单位				分包单位			
总包 项目经理		分包 项目经理		专业工长 (施工员)		施工 班组长	
施工执行 标准名称 及编号							

验收项目及要求						施工单位检验意见	合格率/%	监理(建设)单位验收意见
主控项目	1	管材、管件、配件质量						
	2	管道水压试验						
	3	管道竣工后交付使用前的冲洗						
	4	补偿器规格、型号、材质及预拉伸						
	5	管道固定支架、锚固墩位置和构造						
	6	平衡阀、减压器和调压板规格、型号						
	*7	室外供热管网正式交付使用前的热运行调试						
	8	直埋管道安装						
一般项目	1	管道坡道						
	2	钢管的螺纹连接						
	3	钢管的焊接						
	4	钢管的法兰连接						
	5	塑料管道安装						
	6	在干管上焊接分支管						
	7	调节阀门的强度、严密性试验及安装						
	8	管道的滑动支、吊架及管卡						
	9	管道穿墙和楼板管套						
	10	钢管及金属支架的除锈、防腐和涂漆						
	11	管道的保温层和保护层						
	12	管道坐标	敷设在沟槽内及架空		20 mm			
			埋地		50 mm			
	13	管道标高	敷设在沟槽内及架空		±10 mm			
			埋地		±15 mm			
	14	纵横方向弯曲	每1 m	DN≤100 mm	1.0 mm			
				DN>100 mm	1.5 mm			
			全长25 m以上	DN≤100 mm	≤13 mm			
				DN>100 mm	≤25 mm			
	15	弯管	椭圆率	DN≤100 mm	8%			
				DN>100 mm	5%			
			折皱不平	DN≤100 mm	4 mm			
				DN125~200 mm	5 mm			
				DN250~400 mm	7 mm			
	16	管道保温	表面平整	卷材或板材	5 mm			
				涂抹和其他	10 mm			
			厚度δ		+0.1δ −0.05δ			

施工单位检验结果	项目质量检查员： 年 月 日	监理(建设)单位验收结论	监理工程师 (建设单位项目技术负责人)： 年 月 日

第 6 章　室外燃气管网的安装

6.1　室外燃气管道的埋地和架空敷设

6.1.1　室外燃气管道概述

室外燃气管道包括长距离输气管线、城市燃气管道中的分配管道以及工业企业燃气管道中的工厂引入管和厂区燃气管道。根据敷设方式可分为埋地燃气管道和架空燃气管道。一般城市分配管道常采用埋地敷设,而工厂区为了管理维修方便,常采用架空敷设。室外燃气管道的布置必须符合《城镇燃气设计规范》(GB50028—93)的规定。

室外燃气管道主要使用钢管、铸铁管和塑料管,钢骨架塑料管等新型管材也有应用。其中只有钢管可以采用埋地和架空两种敷设方式,其他管材只能埋地敷设。燃气管道属有毒、有火灾危险的管道,选用管子及配件时,可以比普通介质管道提高一个压力级别。

钢管品质均匀,强度高,有较好的塑、韧性,承受冲击和震动荷载能力较强,可焊接,便于安装,在燃气工程中,如长输管线,交通干道,十字路口,交通繁忙场所,穿越障碍等处广泛采用,以提高输气可靠性。但钢管金属耗量大,易腐蚀,维护费用大,压力较低的室外燃气管道还普遍使用铸铁管,近些年大量使用了塑料管,但高压燃气管道仍需使用钢管。钢管按制造方法分为无缝钢管和焊接钢管。无缝钢管价格较贵,但性能较好,多用于重要地段。焊接钢管亦称有缝钢管,室外燃气管道中常用的是低压流体输送用焊接钢管(又称水、煤气管)、钢板卷制直焊缝电焊钢管和螺旋缝电焊钢管。室外燃气管道中钢管的连接方式有焊接和法兰连接两种。

铸铁管耐腐蚀,使用年限长,生产简便,成本低,但质脆易折断,重量大,施工不便,承压能力低。动荷载较大的地段和管内压力大于 0.2 MPa 的燃气管不能采用。铸铁管按材质分为普通铸铁管、高级铸铁管(又称可锻铸铁管)和球墨铸铁管。按制造方法分为离心铸铁管和连续铸铁管。铸铁管的连接一般采用承插连接和机械接口。

燃气工程中使用的塑料管主要有硬质聚氯乙烯管(PVC)和聚乙烯管(PE)。塑料管的优点是耐腐蚀性能好,质轻,便于施工,气密性好。缺点是机械强度低,强度受温度影响大,塑料易老化,受芳香烃影响。塑料管的尺寸根据其外径和壁厚来确定,按外径与壁厚的比值(SDR)的不同分为普通管(SDR = 17.6)和加厚管(SDR = 11)。塑料管常用的连接方式有承插粘接、热熔连接、电熔连接等。

6.1.2　室外埋地燃气管道沟槽的施工

6.1.2.1　沟槽断面的确定

施工中合理地选择沟槽断面是安全与经济的需要,目的是减少土方量、简便施工、缩短工期、保证施工质量和安全。

为了杜绝燃气泄漏在地下密闭空间形成爆炸性混合气体，室外燃气管道必须直埋，不得使用管沟。常用沟槽断面有直槽、梯形槽、混合槽和联合槽四种形式。选择沟槽断面的形式，通常应考虑土壤性质，地下水状况，施工作业面宽窄，施工方法，管材类别，管子直径，沟槽深度，晾槽时间及两条管线平行敷设时的管道间距等。

沟槽断面尺寸主要指挖深，沟底宽度，沟槽边坡坡度和沟槽上口宽度。

1.挖深

挖深等于现状地面标高与管底设计标高之差，主要取决于管道埋深和管道外径(包括防腐绝缘层)。埋深是指地下管道埋设的覆土厚度，即路面至管顶的距离。地下燃气管道埋设在车行道下时，埋深不得小于0.9 m；埋设在非车行道(含人行道)下时，埋深不得小于0.6 m；埋设在庭院(绿化地及载货汽车不能进入之地)内时，埋深不得小于0.3 m；埋设在水田下时，埋深不得小于0.8 m。当采取有效的防护措施后，上述规定可适当降低。输送湿燃气的地下燃气管道应埋设在冰冻线以下，并且燃气管道坡向凝水缸的坡度不宜小于0.003。

2.沟底宽度

沟底宽度主要取决于管径和管道安装方式。《城镇燃气输配工程施工及验收规范》(CJJ33—2005)作如下推荐。

(1)单管沟底组装按表6.1确定。

表6.1　沟底宽度尺寸表

管子公称直径/mm	50 ~ 80	100 ~ 200	250 ~ 350	400 ~ 450	500 ~ 600	700 ~ 800	900 ~ 1 000	1 100 ~ 1 200	1 300 ~ 1 400
沟底宽度/m	0.6	0.7	0.8	1.0	1.3	1.6	1.8	2.0	2.2

(2)单管沟边组装和双管同沟敷设

$$a = D_1 + D_2 + s + c \qquad (6.1)$$

式中　a——沟底宽度(m)；

D_1——第一条管道外径(m)；

D_2——第二条管道外径(m)；

s——两管之间的设计净距(m)；

c——工作宽度，沟底组装时，$c = 0.6$ m；沟边组装时，$c = 0.3$ m。

当沟槽底需设排水沟时，沟底宽度应在以上计算基础上再加宽0.3 m。

3.沟槽边坡坡度

为了保持沟边土壁稳定，必须有一定的边坡坡度。在土质稳定、沟槽不深、施工周期较短的情况下，原则上可开挖直槽。但施工时往往按1:0.05的微小边坡开挖。

当雨季施工或遇上流沙、杂填土、地下水位较高时，应在采取降水、排水措施的同时，酌情加大边坡或用挡土板支撑。

4.沟槽上口宽度

一般由挖深、沟底宽度和沟槽边坡坡度确定沟槽上口宽度。当施工作业面宽度有限，沟槽上口宽度受到限制时，需用挡土板支撑而减小沟槽边坡坡度。

6.1.2.2　沟槽土方的开挖

燃气工程施工中，沟槽土方开挖可人工作业，机械作业或者两者配合施工。

开挖时应按照设计平面位置和标高进行，人工开挖且无地下水时，槽底应预留 50～100mm；机械开挖或有地下水时，槽底应预留 150mm 以上，管道入沟前用人工清底至设计标高。

6.1.2.3 沟槽支撑

沟槽支撑是防止土壁坍塌的一种临时性安全措施，是用木材或钢材制成的挡土结构。沟槽支撑还可以减少土方量，缩小施工面积，并有阻水作用。但安装支撑增加了材料消耗，给后续作业带来不便。因此，是否设支撑应按具体条件进行技术经济比较后确定。

支撑结构必须稳固可靠，节约材料，不对后续工作造成很大的不便，支设和拆除方便，尺寸标准化、通用化，以便重复利用。

6.1.2.4 施工排水

沟槽开挖后，饱和土壤中的水从沟壁和沟底流入沟槽，使槽内施工条件恶化，会产生塌方、滑坡、槽底隆起冒水、土体变松等现象，造成虚方开挖量，地基承载力下降，甚至导致新建构筑物或附近已建构筑物被破坏。因此，施工时必须及时消除地下水的影响。

施工排水还包括地表水和雨水的排除。

施工排水要将水降到槽底以下一定深度，改善槽底施工条件，稳定边坡，防止塌方或滑坡，稳定槽底，防止地基承载力下降。

燃气工程中常用的排水方法有明沟排水法和轻型井点法。明沟排水法是把流入和渗入沟槽的水通过设于沟槽底部的排水沟汇集到集水井，然后用水泵抽出。轻型井点法是沿沟槽一侧或两侧沉入深于槽底的多个井点管，地上以总管连接抽水设备进行抽水，井点管处及附近的地下水位就会降落成漏斗状，使地下水位低于沟槽底，从而消除地下水对施工的影响。

6.1.2.5 沟槽地基处理

燃气管道只要敷设在未被扰动的土层上，一般不必进行特殊的加固处理。当管道通过旧河床、洼地等松软土层，或沟底受施工或地下水影响承载能力下降时，若不对沟底土层进行加固处理，往往使管道产生不均匀沉降而倒坡，严重时可能导致管道接口断裂。管道地基处理通常有沙垫层和沙石垫层、灰土垫层、混凝土或钢筋混凝土地基、换土夯实以及打桩等方法。具体的沟槽地基处理施工方法应结合土层的实际情况、土壤扰动程度、施工排水方法、管道结构形式以及当地施工经验等因素确定。

燃气工程中常用的沟槽地基处理方法有：

(1)当槽底土壤为松散软土或人工回填土时，预留设计标高以上 5～10 cm 厚的土层不挖，待下管前夯实到槽底设计标高。

(2)局部超挖可按以下方法处理：

①干槽超挖在 15 cm 以内，可用原土回填夯实至接近原地基天然土的密实度，或用砂土仔细填实。

②干槽超挖 15 cm 以上，可用三七灰土处理。

③槽底有地下水或地基含水量较大，不适于加夯时，可用天然级配砂石回填。

6.1.2.6 土方回填

管道安装完毕并经隐蔽工程验收后，沟槽应及时进行回填。土方回填质量要求主要是正确选择土料和控制回填土密实度。

1.土料选择

管道两侧和管顶以上 0.5 m 内的回填土中，不得含有碎石、砖块和垃圾等杂物，也不得用粒径大于 1 cm 的冻土颗粒回填。距离管顶 0.5 m 以上的回填土内，石块不得多于 10%，直径不得大于 0.1 m，且均匀分布。否则回填土不易夯实，而且大颗粒石块在夯实时容易损伤防腐绝缘层。

2.回填土密实度要求

回填土应分层夯实或压实，分层检查密实度。沟槽各部位(图 6.1)的密实度应符合下列要求：管子两侧填土(Ⅰ)为大于等于 95%；管顶以上 0.5 m 范围内(Ⅱ)为大于等于 85%；管顶 0.5 m 以上至地面(Ⅲ)，对城区范围内的沟槽为大于等于 95%；对耕地为大于等于 90%。

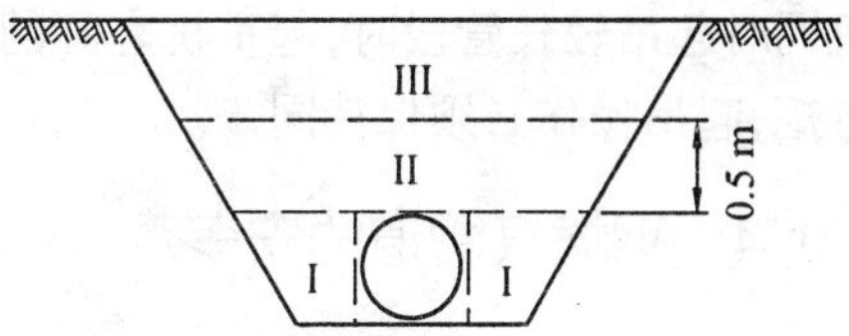

图 6.1　回填土部位

夯(压)实方法有人工夯实和机械夯实。对于Ⅰ和Ⅱ两部位必须用人工分层夯实，每层填土厚度 0.2 ~ 0.3 m。夯实工具可采用木夯、石夯或铁夯。管道两侧夯实要同时进行，夯实过程中要防止管道中心线位移或损坏钢管防腐层。只有Ⅲ部位可使用机械夯(压)实，常用的夯实机械有蛙式打夯机、振动打夯机、内燃打夯机、电动立式打夯机等；常用的压实机械有推土机和碾压机等。当使用小型夯实机械时，每层填土厚度为 0.25 ~ 0.40 m。打夯之前对填土初步平整，打夯机依次夯打，均匀分布，不留间隙。一般情况下，只有在管顶 1.0 m 以上的填土才可以使用小型碾压机或推土机，每层填土厚度不宜超过 0.5 m，每次碾压应有 0.15 ~ 0.20 m 的重叠。

6.1.3　燃气管道入沟

管道入沟就是将管子准确地放置于平面位置和高程均符合设计要求的沟槽中，简称下管。下管时必须保证不破坏管道接口，不损伤管道的防腐绝缘层，沟壁不产生塌方，以及不发生人身安全事故。

下管工具主要有绳索(麻绳、钢丝绳)、滑轮、手拉葫芦(又称链式起重机、导链)、千斤顶、绞磨、卷扬机和起重机等。

下管前需将沟槽底清理至设计标高，准备下管工具和设备并检查其完好程度，检查现场所采取的安全措施，做好管子防腐层的保护，尤其是对绳索与管子的接触处更要加强保护。

下管方式有集中下管、分散下管和组合吊装三种。集中下管是将管子集中在沟边某处下到沟槽内，然后在沟槽内将管子运到需要的位置。这种方式适用于沟槽土质较差、有沟槽支撑、地上障碍物较多，以及其他不便于分散下管等情况。分散下管是将管子沿沟边顺序排列，依次下到沟槽内，这种方式避免了在沟槽内运管。组合吊装则是将若干条管子先在沟边焊接成一条较长的管段，然后将管段下到沟槽内。这种方式便于管道在沟边焊接，减少了沟槽内焊接工作坑的数量，焊接和沟槽开挖可同时进行，从而缩短施工期限。

下管方法有压绳下管、塔架下管和起重机下管等。下管方法可根据管子种类、直径、下管长度、沟槽土质和支撑情况，以及施工机具装备情况来确定。

压绳下管是将管子(段)两端各绕一根粗麻绳，以人力或工具滚动管子，当滚至沟边时，慢慢放松绳子将管子平稳地放入沟中。由于管子的重量被绳子之间或绳子与竖管的摩擦力所承受,故人承担的力量较小。塔架下管是将管子滚至横搭在沟槽的方木(不少于两根)或圆木上,然后用挂在塔架上的手拉葫芦将管子吊起,抽走方木,将管子缓缓放入沟槽中。起重机下管时起重机沿沟槽移动,将管子吊起,转动起重臂把管子移至沟槽上方,然后缓缓放入沟槽中。起重机的位置应与沟边保持一定的距离,以免沟边土壤受压过大而塌方。为了防止吊起时管子摆动,可用绳子系住管子一端,由人拉住,随时调整其方向。采用多台起重机同时起吊较长管段时,起重机之间的距离必须保证起吊管段的实际弯矩小于管段的允许弯矩,起吊操作必须保持同步。

6.1.4　钢燃气管道的安装

6.1.4.1　埋地钢燃气管道的施工流程

埋地钢燃气管道的基本施工流程是测量放线、开挖沟槽、排管对口、焊接、试压、防腐和回填等。这些工序是多次重复交叉进行的,安装过程中又交叉进行附属构筑物的施工,而且重复交叉的规律因具体施工条件而异。因此,其施工安装流程应根据具体施工条件而定。但就某一施工段而言,从施工准备至竣工收尾存在一个基本流程,如图 6.2 所示。

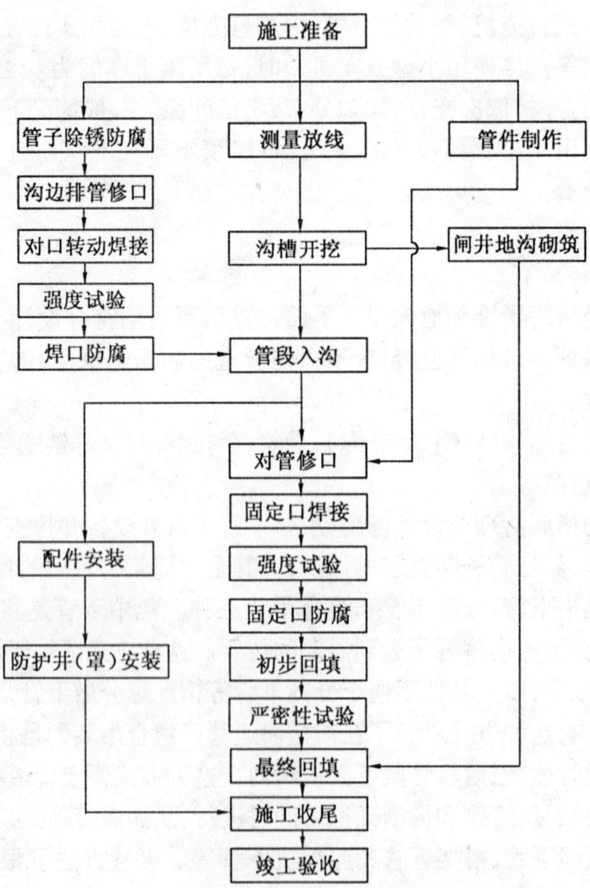

图 6.2　埋地钢燃气管道的施工流程

6.1.4.2　架空钢燃气管道的施工流程

与埋地钢燃气管道的施工流程相比，架空钢燃气管道的施工不需要开挖沟槽和回填，以油漆防腐代替了沥青防腐涂层施工，增加了支架和支座的安装，包敷绝热层，以及拆除脚手架。一个施工段的基本施工安装流程如图 6.3 所示。

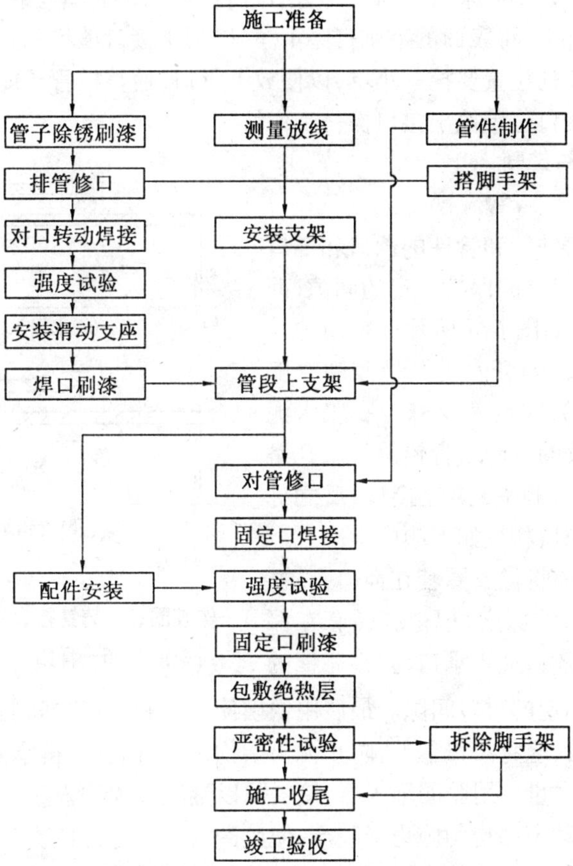

图 6.3　架空钢燃气管道的施工流程

架空敷设的燃气管道支架可分为低支架、中支架和高支架。低支架一般为钢筋混凝土或砖石结构，高度为 0.5～1.0 m，用于不妨碍交通的地段。中支架和高支架架空敷设应不影响车辆通行，支架为钢筋混凝土或焊接钢结构。一般行人交通地段用中支架，高度为 2.5～4.0 m，重要公路及铁路交叉处采用高支架，高度一般为 4.0～6.0 m。

燃气管道与支架之间要设支座，根据支座的作用分为活动支座和固定支座。活动支座直接承受管道的重力，并能使管道因温度变化而自由伸缩移动，燃气管道常用的活动支座有滑动支座和滚动支座两种。滑动支座焊在管道上，其底面可在支架的滑面板上前后滑动。滚动支座架在底座的圆轴上，因其滚动使轴向推力大大减小。固定支座在横向与轴向均为固定，支座承受管道横向与轴向推力，用于分配补偿器之间管道的伸缩量，因此通常安装在补偿器两端的管道上。

6.1.5 铸铁燃气管道的安装

6.1.5.1 排管与下管

铸铁管沿沟槽排管时，要按管子的有效长度排列，即每根管子应让出一个承口的长度来。多数地区均将承口朝向来气方向。排管后进行烧口，即将管道插入段的承口内表面和插口外表面的沥青烧去，将表面的毛刺打磨干净，以利于接口填料和管壁严密地接合。下管前在沟槽底放置承口的位置要挖一小坑，以便放下承口，使整根管子能平稳地放在沟底地基上。最好是预先在接口位置挖出接口操作工作坑。

6.1.5.2 接口与填料

1.承插式接口

承插式接口由铸铁管和管件的承口和插口配合组成，承口和插口之间保持一定的间隙，间隙中填入填料，形状如图 6.4 所示。常用的填料有麻-膨胀水泥(或石膏水泥)；橡胶圈-膨胀水泥(或石膏水泥)；橡胶圈-麻-膨胀水泥(或石膏水泥)和橡胶圈-麻-青铅等等。凡是不用水泥作填料的接口称做柔性接口，反之称作刚性接口。接口与填料按如下顺序操作。

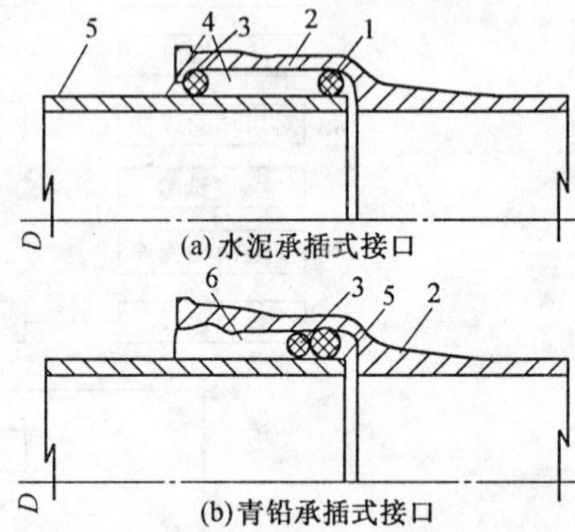

图 6.4 承插口与填料

1—橡胶圈；2—铸铁接口；3—油绳环圈；4—水泥；5—铸铁插管；6—青铅

(1)撞口。撞口前将橡胶圈套在插口一端，用粉笔标记撞入承口的深度，把橡胶圈套在深度标记以外，然后将插口撞入承口内，靠碰撞的反弹力使末端留出一定的对口间隙。最后用铁楔使承口和插口之间的缝隙保持均匀。

接口间隙找准后，应将接口包严，防止泥土杂物进入，而且不得承受重大碰撞或扭转。

(2)填胶圈。应尽量使用胶圈推入器，使胶圈以翻滚方式进入接口内。若采用填捻或锤击的方法，应逐渐移动楔钻均匀施力于胶圈，使胶圈沿一个方向依次均匀滚入接口内。

胶圈填缝的承插接口，即使外层填料部分开裂或外移，也不至于大量漏气。在地震烈度 6~8 度的防震地区，必须使用胶圈填缝。

(3)填麻。焦炉煤气管道使用浸过沥青底漆的油麻，天然气或液化石油气管道则直接使用白麻。把多股麻丝按右旋拧成麻辫，麻辫直径为环形间隙的 1.5 倍。然后按拧麻方向用打麻钻贴着插口向里打，打入深度约占承口深度的$\frac{2}{5}$，沿环向深度要均匀。

(4)填膨胀水泥、石膏水泥或青铅。铸铁燃气管道承插接口的第一、二层填料一般都是采用胶圈和麻辫，最后一层可以使用的材料有膨胀水泥、石膏水泥或青铅。据此，有膨胀水泥接口、石膏水泥接口或青铅接口之称。膨胀水泥、石膏水泥和青铅均需用钻捻紧打严。

2.柔性机械接头

承插接头主要采用水泥作填料，属刚性接头，即使增加一层橡胶圈仍属半刚性接头，机械性能差，在外加荷载和较高燃气压力的作用下，接口严密性很容易被破坏。因此，逐渐被柔性机械接头取代。

柔性机械接头是指接头间隙采用特制的密封橡胶圈作填料，用螺栓和压轮实现承插口的连接，并通过压轮将密封胶圈紧紧塞在承插间隙中的一种接头形式。图 6.5 所示的 SMJ 型接头和图 6.6 所示的 N 型接头均属于柔性机械接头。

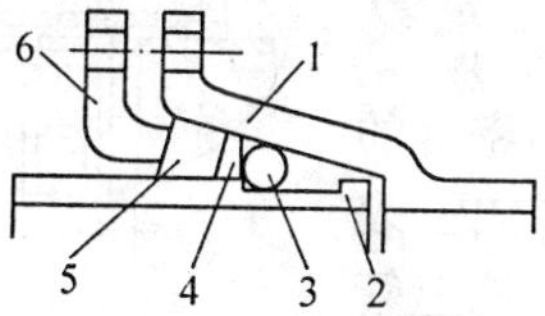

图 6.5　SMJ 型接头

1—承口；2—插口；3—锁环；4—隔离圈；5—密封胶圈；6—压轮

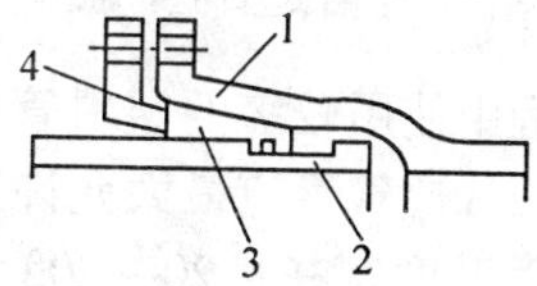

图 6.6　N 型接头

1—承口；2—插口；3—密封胶圈；4—压轮

因为柔性机械接头不需要进行繁琐而复杂的接口填料操作，所以施工简便。柔性机械接头的严密性，尤其是接头处于动态状态下的严密性远远超过承插式接头。即使接头在外荷载作用下出现弯曲或反复振动，只要不超过允许弯曲角仍可保持严密性，因此，能适应抗震和管道地基沉陷的要求。

3.套接式管接头

套接式管接头是使用套管把两根直径相同的铸铁管连接起来，通过套管和管子之间的橡胶圈实现接口的严密性的接头。这种接头所使用的铸铁管仅仅是直管，不需要铸造承口，因此，可大大简化铸铁管的铸造工艺。套接式管接头具有如下三种结构形式。

(1)锥套式管接头。如图 6.7 所示，套管的密封面加工成内锥状，利用压轮和双头螺栓把密封面和隔离圈紧密地压在内锥间隙中，使接头可获得较大的可挠度。

安装前，首先把铸铁连接套、压轮、密封圈和隔离圈分别套入铸铁直管，然后利用隔环把铸铁直管接口对正找齐，再将连接套、隔离圈、密封圈移到管壁标定位置，最后拧紧双头螺栓，压轮即将连接套两端的隔离圈和密封圈均匀地压入内锥中。隔离圈可使燃气中的某些腐蚀性介质不接触密封圈，延长接头的密封耐久性。

(2)滑套式管接头。如图 6.8 所示，连接套管的密封面为凹槽形，密封橡胶圈套在管端，当用力将铸铁直管推入连接套管时，密封圈滑入凹槽内。这种接头施工简单，但密封橡胶圈必须具有良好的弹性，并能抵抗燃气介质的腐蚀，优点是省去了易锈蚀的螺栓。

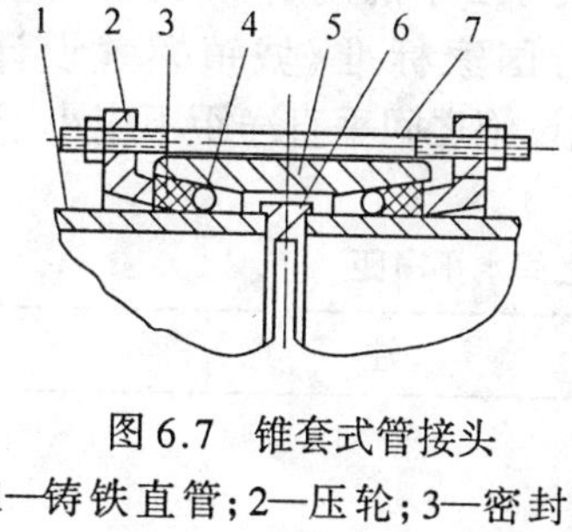

图 6.7　锥套式管接头

1—铸铁直管；2—压轮；3—密封圈（合成橡胶）；4—隔离圈（合成橡胶）；5—连接套；6—隔环；7—双头螺栓

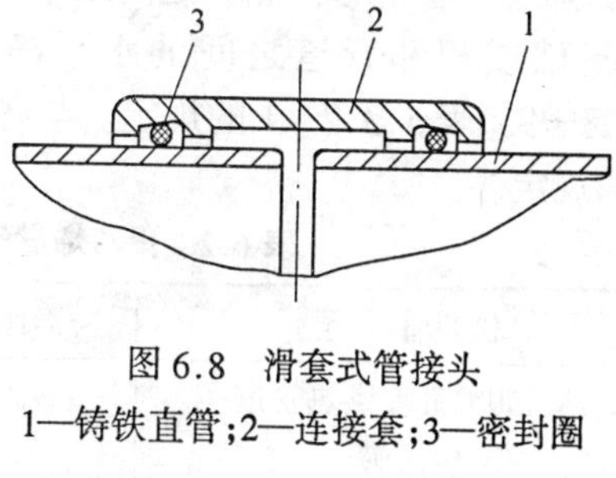

图 6.8　滑套式管接头

1—铸铁直管；2—连接套；3—密封圈

(3)柔性套管接头。如图 6.9 所示，用特制的橡胶套和两个夹环把两根铸铁直管连接起来。这种接头允许管子有较大幅度的摆动、错动、轴向移动以及弯曲，适用于地基松软，多地震的地区使用。

6.1.6　塑料燃气管道的安装

燃气工程中使用较多的塑料管的材料是中密度和高密度的聚乙烯。聚乙烯燃气管道最大允许工作压力不大于0.4 MPa(表压),工作环境温度宜在 -20 ~ 40℃之间,严禁用作室内地上管道,只能作埋地管道使用。

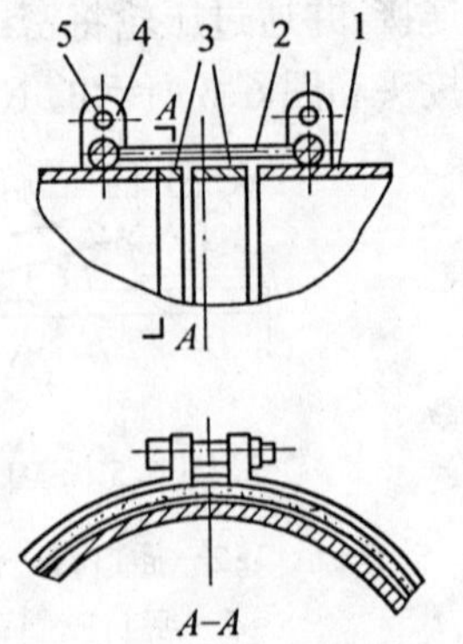

图6.9　柔性套管接头
1—铸铁直管;2—柔性套;3—支撑环;4—夹环;5—螺栓

6.1.6.1　存放和运输

聚乙烯燃气管道存放和运输过程中应用非金属绳捆扎和吊装,端头应封堵。管材和管件不得被抛摔、沿地拖拽、受剧烈撞击(尤其是当气温较低时)、曝晒和雨淋,不得与油类、酸、碱、盐等其他化学物质接触。

管材和管件应存放在通风良好、温度不超过40℃的库房或简易棚内,从生产到使用之间的存放期不宜超过一年。管材应水平堆放在平整的支撑物上或地面上,堆放高度不宜超过1.5 m,当管材捆扎成1 m×1 m的方捆,并且两侧加支撑保护时,堆放高度可适当提高,但不宜超过3 m。应将不同直径和不同壁厚的管材分别堆放,受条件限制不能实现时,应将较大直径和较大壁厚的管材放在底部,并做好标志。管件应逐层叠放整齐,确保不倒塌,并便于拿取和管理。管材和管件在户外临时堆放时,应有遮盖物。

车辆运输管材时,应放置在平底车上;船运时,应放置在平坦的船舱内。运输时直管全长应设有支撑,盘管应叠放整齐,并均应捆扎、固定,避免相互碰撞。堆放处不应有可能损伤管材的尖凸物。

6.1.6.2　下管

小管径的聚乙烯燃气管道不必全部开挖明槽,可作若干工作坑,工作坑之间水平挖洞,管道的一端从一个工作坑下入,进行拉管敷设。下管时应防止划伤、扭曲或过大的拉伸和弯曲。管道的地基宜为无坚硬土石和无盐类的原土层,否则应铺垫细沙或细土。可能引起管道不均匀沉降的地段,其地基应进行处理或采取防沉降措施。

6.1.6.3　管道布置和回填

聚乙烯燃气管道与供热管之间水平净距不应小于表6.2中的规定。与其他建筑物、构筑物的基础或相邻管道之间的水平净距应符合现行国家标准《城镇燃气设计规范》(GB50028—93)表5.3.2-1的规定。与各类地下管道或设施之间垂直净距不应小于本书表6.3中的规定。

表6.2　聚乙烯燃气管道与供热管之间水平净距

供热管种类	净距/m	注　意
$t<150$℃直埋供热管道		燃气管埋深小于2 m
供热管	3.0	
回水管	2.0	
$t<150$℃热水供热管沟 蒸汽供热管沟	1.5	
$t<280$℃蒸汽供热管沟	3.0	聚乙烯管工作压力不超过0.1 MPa 燃气管埋深小于2 m

表6.3 聚乙烯燃气管道与各类地下管道或设施之间垂直净距

名称		净距/m	
		聚乙烯管道在该设施上方	聚乙烯管道在该设施下方
给水管、燃气管	—	0.15	0.15
排水管	—	0.15	0.20加套管
电缆	直埋	0.50	0.50
	在导管内	0.20	0.20
供热管道	$t<150$℃ 直埋供热管	0.50加套管	1.30加套管
	$t<150$℃ 热水供热管沟 蒸汽供热管沟	0.20加套管或0.40	0.30加套管
	$t<280$℃ 蒸汽供热管沟	1.00加套管,套管有降温措施可缩小	不允许
铁路轨底	—	—	1.20加套管

聚乙烯燃气管道敷设时,管道允许弯曲半径应符合下列规定:弯曲管段上无承插接头时,应符合表6.4中的规定;弯曲管段上有承插接头时,不应小于125倍的管道公称外径。

表6.4 聚乙烯燃气管道允许弯曲半径

管道公称外径 D/mm	允许弯曲半径 R/mm
$D\leqslant 50$	$30D$
$50<D\leqslant 160$	$50D$
$160<D\leqslant 250$	$75D$

聚乙烯燃气管道宜蜿蜒状敷设,并可随地形弯曲,敷设时应随管道走向埋设金属示踪线,以方便运行管理时管道测位。距管顶不小于30 cm处应埋设警示带,警示带上应标出醒目的提示字样。

聚乙烯燃气管道的沟槽回填时,管道两侧和管顶以上0.2 m内应用细沙或细土。

6.1.6.4 管道连接

塑料燃气管道有承插黏接、焊接、电熔连接、热熔连接、法兰连接和螺纹连接等形式。

承插黏接主要适用于硬聚氯乙烯管。承、插端口在施工前用打磨、加热切削、胀口等方法制成,承插接触面涂以胶黏剂,插入后施以角焊。

焊接是根据塑料的热塑性,用热压缩空气使塑料管连接部与塑料焊条的表面同时加热,在塑料的软化温度下对焊件和焊条表面加压使之互相黏接。

聚乙烯燃气管道连接应采用电熔连接或热熔连接,不得采用螺纹连接和黏接。聚乙烯管道与金属管道连接,必须采用钢塑过渡接头连接。

1.电熔连接

电熔连接一般采用承口式连接管件进行连接。电熔连接管件承口内壁缠绕多圈电热丝，通电后，可逐渐加热承口内壁和管子外壁的聚乙烯，当达到聚乙烯熔化的温度（约 130℃）后，内外壁聚乙烯熔为一体，冷却后即形成连接，如图 6.10 所示。电熔连接有电熔承插连接和电熔鞍形连接两种形式。

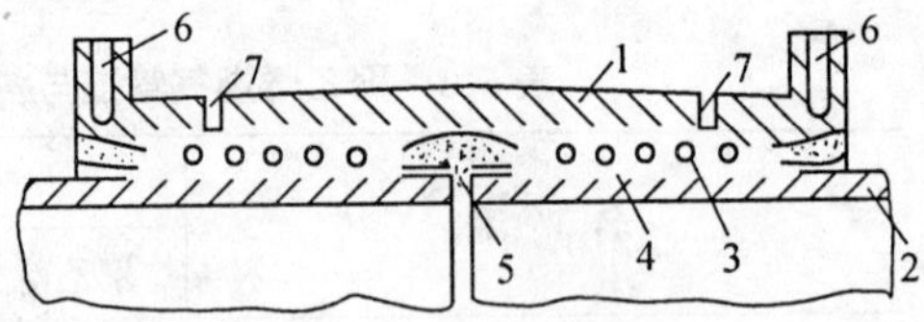

图 6.10 电熔连接接头

1—承口式接头；2—聚乙烯管；3—电热丝；4—熔接体；5—定位栓；6—端子孔；7—指示孔

每个电熔连接管件都应注明管径、熔接温度、熔接时间和冷凝时间等数据。操作时，首先将插入端表面切割垂直，擦净管材和管件连接面上的污物，在插入端上标出插入深度，刮去保护涂层，再插入承口式管件内，直至与定位栓接触。然后校直两对应的待连接件，使其在同一轴线上，用夹子把管道位置固定，防止熔接过程中管道有任何移动。最后将电熔连接机的电线插头接到管件两端的端子孔内，将电熔连接机的定时器调至接头所需的熔接时间。达到熔接时间后，接头的聚乙烯溶液会从指示孔涌出，表示电熔连接完成。直至冷凝时间结束后方可松动固定夹子。

2.热熔连接

热熔连接是利用加热工具将连接接触面加热，然后压紧熔合。这种连接方式的连接接触面积小，若管子不能保证同轴则熔接不完全，且压紧时造成的卷边影响流通面积，尤其是小管径时。热熔连接有热熔承插连接、热熔对接连接和热熔鞍形连接三种形式。

以热熔对接连接为例，首先把两待连接管道卡在热熔连接机上，用端面平整器整平待接端面，使其能完全接触，并保证同轴。然后将加热板升温到规定温度（一般为 210 ~ 220℃），置于两管道端面之间，扳动扳手使两管道端面同时轻压在加热板上。加热结束后分开两管端面，迅速抽出加热板，将两管端面压在一起，逐步增加轴向压力，使两管连接处的卷边达到规定标准。最后，待其自然冷却。在压接和冷却过程中不得移动连接件或在连接件上施加任何其他外力。

3.钢塑过渡接头连接

塑料管与钢管连接时，钢管端作插口，在插入塑料管之前应除锈见光泽，并涂上 601 胶黏剂。插入后可用按质量配置的胶黏剂（环氧树脂：二丁脂：乙二胺 = 100：(15 ~ 20)：(10 ~ 8)）和玻璃布将接口包缠 5 ~ 6 层，接口两端各长出 30cm。一般管件接头及现场焊接的固定塑料焊口也可以用此方法加强处理。

钢塑过渡接头钢管端与钢管焊接时，应采取降温措施。

6.2 室外燃气管道配件的安装

室外燃气管道配件的安装主要指阀门、补偿器和排水器的安装。

6.2.1 阀门安装

阀门从产品出厂到安装使用，往往要经过多次运输和较长时间的存放，因此，安装前必须对阀门进行检查、清洗、试压、更换填料和垫片，必要时还需进行研磨。电动阀、气动阀、液压阀和安全阀等还需进行工艺性能检验，检验合格才能安装使用。

安装时，吊装绳索应拴在法兰上，不允许拴在手轮、阀杆或传动机构上，以防这些部件扭弯折断，影响阀门使用。

阀门的安装方向应不影响阀门的正常使用。双闸板闸阀宜直立安装，即阀杆处于垂直位置，手轮或手柄在顶部。单闸板闸阀可直立、倾斜或水平安装，但不允许倒置安装。安装时，阀门底部可设砖支座、钢筋混凝土支座或钢支架支托，也可在阀门两侧设支座或支架。不得因阀门重量造成管线下凹，形成管线倒坡。

安装截止阀和止回阀时应注意安装方向，即介质流动方向应与阀体上的箭头方向一致。升降式止回阀只能水平安装，以保证阀盘升降灵活。旋启式止回阀则应保证阀盘的旋转轴呈水平状态。

为了便于启闭操作和定期检修，地下手动阀门应设在阀门井内。钢燃气管道上的阀门下侧一般连接波形补偿器，阀门与预先压缩的补偿器先组对好，然后与套在管子上的法兰组对，组对时应使阀门和补偿器的中心轴线与管道一致。调节补偿器到合适的长度，并用螺栓将组对法兰紧固到一定程度后，进行管道与法兰的焊接。最后加入法兰垫片把组对法兰完全紧固。铸铁燃气管道上的阀门安装前应先配备与阀门具有相同公称直径的承盘或插盘短管，以及法兰垫片和螺栓，并在地面上组对紧固后，再吊装至地下与铸铁管连接，其接口最好使用柔性接口。

6.2.2　补偿器安装

补偿器是调节管线因温度变化而伸长或缩短的配件。架空燃气管道和高温度燃气管道的温度随季节或工艺过程会发生较大的变化，必须根据补偿器的补偿能力（轴向变形量）、管线长度及温度变化幅度等因素安装一定数量的补偿器，这种补偿器均单独安装。另外，燃气管道不论其温度是否发生变化，一般在阀门的下侧（按气流方向）都紧连一个波形补偿器，这是利用其胀缩能力，方便阀门的安装或拆卸。

燃气管线上所用的补偿器主要有波形补偿器和波纹管两种，在架空管道上也使用方形补偿器。

波形补偿器俗称调长器，可由单波或多波组成，但波节较多时，边缘波节的变形大于中间波节，造成波节受力不均匀，因此波节不宜过多，燃气管道上用的波形补偿器一般为二波，如图6.11所示。

波纹管是用薄壁不锈钢板通过液压或辊压而制成波纹形状，然后与端管、内套管及法兰组对焊接而成补偿器。波纹形状有U形和Ω形两种。燃气管道上用的波纹管补偿器如图6.12所示。

波形补偿器和波纹管都采用法兰连接，为避免补偿时产生的震动使螺栓松动，螺栓两端可加弹簧垫圈。波形补偿器一般为水平安装，其轴线应与管道轴线重合。可以单个安装，也可以两个以上串联组合安装。单独安装（不紧连阀门）时，应在补偿器两端设导向支座，使补偿器在运行时仅沿轴向运动，而不会径向移动。安装在地下时应砌筑井室加以保护。安装时，应根据补偿零点温度（t_0）定位，补偿零点温度就是管道最高工作温度与最低工作温度的平均值。当安装环境温度（t）等于 t_0 时，补偿器不必预拉伸或预压缩；当 $t > t_0$ 时，补偿器应预压缩；当 $t < t_0$ 时，补偿器应预拉伸，压缩或拉伸长度的计算式为

$$\Delta L = \alpha \cdot L \cdot (t_0 - t) \tag{6.2}$$

式中　ΔL——预拉伸或预压缩长度（正值为预拉伸长度，负值为预压缩长度）(m)；

α——管线材料的线膨胀系数(m/(m·℃))；

L——管线胀缩段长度(m)。

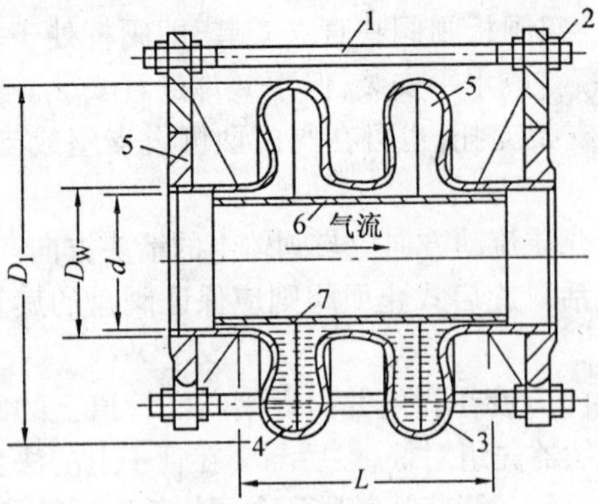

图 6.11 波形补偿器

1—螺杆；2—螺母；3—波节；4—石油沥青；5—法兰；6—套管；7—注油孔

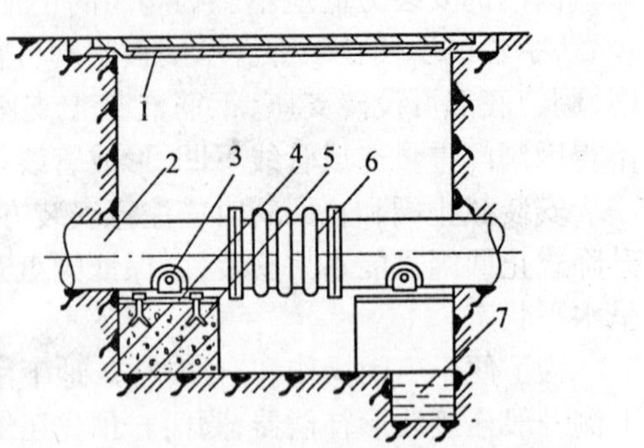

图 6.12 地下管道波纹管补偿器安装示意图

1—闸井管；2—地下管道；3—滑轮组（120°）；4—预埋钢板；5—钢筋混凝土基础；6—波纹管；7—集水坑

补偿器的固定端应位于管线坡度高的一侧，内套管上的注油孔位于下方，并注入石油沥青，以防止波节腐蚀。

6.2.3 排水器的制作与安装

排水器是用于排除燃气管道中的冷凝水或轻质油的配件，由凝水罐、排水装置和井室三部分组成。

凝水罐根据材料可分为钢制凝水罐（图 6.13）和铸铁凝水罐；根据结构可分为立式凝水罐和卧式凝水罐，卧式凝水罐多用于管径较大的燃气管道上。根据燃气的输气压力可分为低压凝水罐和高中压凝水罐，因为高中压燃气管道中的冷凝水较低压管道多，所以高中压凝水罐的容积较低压凝水罐大，而且用于冬季有冰冻期的地区的高中压凝水罐的顶部有两个排水装置的管接头，低压凝水罐的顶部一般只有一个管接头。

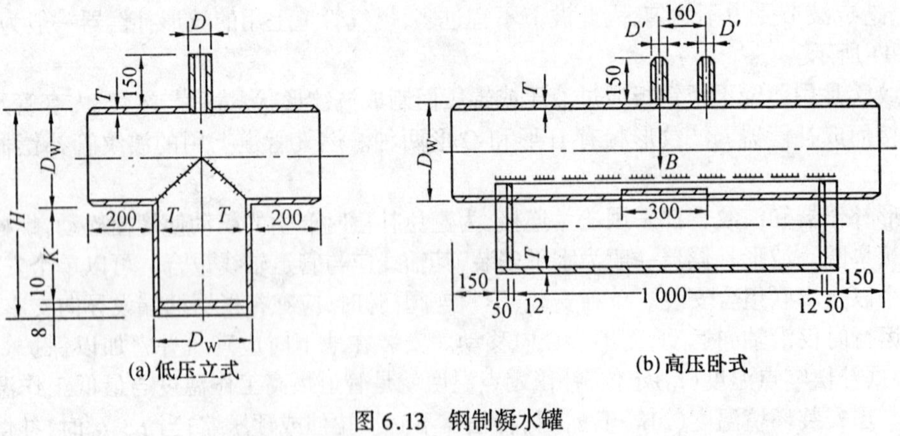

图 6.13 钢制凝水罐

钢制凝水罐可采用直缝钢管或无缝钢管焊接制作，也可以采用钢板卷焊，制作完毕后应用压缩空气进行强度试验和气密性试验，并按燃气管道的防腐标准进行防腐。

凝水罐安装在管道坡度段的最低处，在冷凝水量大的较长坡度段的中间也应适当放置。凝水罐应垂直摆放，罐底地基应夯实，直径较大的凝水罐罐底应预先浇铸混凝土基础，用于承受罐体及所存冷凝水的荷载。

排水装置分单管式和双管式，单管排水装置(图6.14)用于冬季没有冰冻期的地区或低压燃气管道上；双管排水装置用于冬季有冰冻期的高中压燃气管道或尺寸较大的卧式凝水罐上，如图6.15所示。低压燃气管道内的燃气压力小于排水管的水柱高度，必须采用抽水泵抽出凝水罐内的积水；高中压燃气管道内的燃气压力一般均大于排水管的水柱高度，打开排水管顶端的阀门，凝水罐内的积水即可自动排放，若有积水滞留在排水管顶端，则需打开

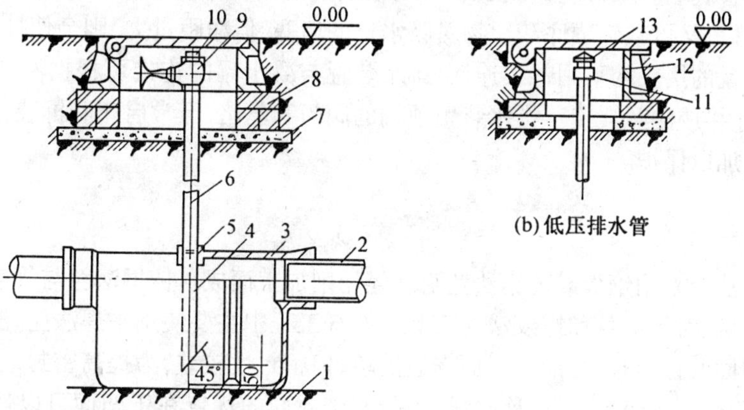

(a) 中压排水器

图6.14　铸铁排水器单管排水装置

1—素土夯实；2—铸铁管；3—凝水罐；4、6—排水管；5—内外螺纹接头；7—混凝土垫层；8—红砖垫层；9—排水阀；10—丝堵；11—管箍；12—铸铁防护罩；13—丝堵

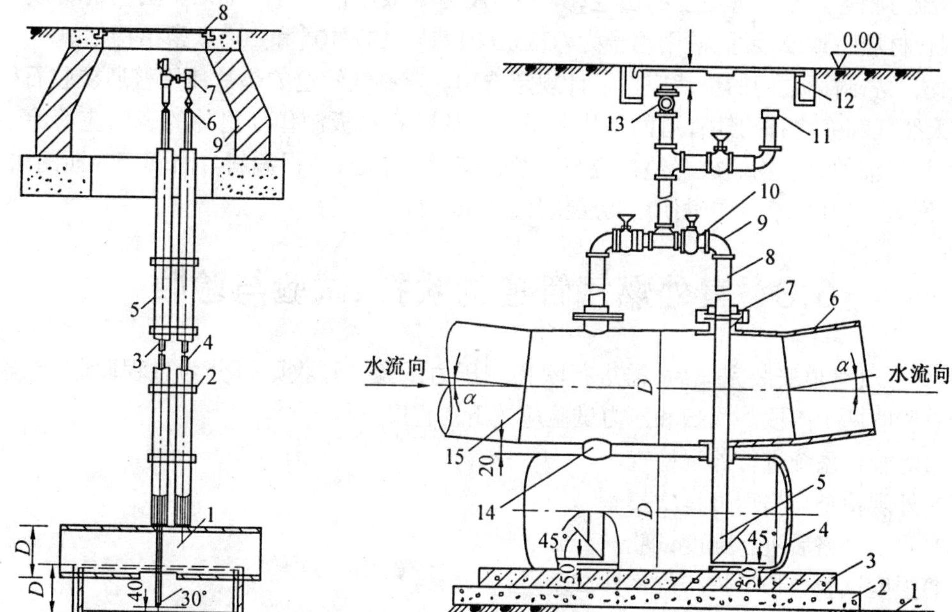

(a)用于冬季具有冰冻期的高中压排水器　　(b)用于大管径的卧式排水器

图6.15　双管排水器的安装

(a)1—卧式凝水罐；2—管卡；3—排水管；4—循环管；5—套管；6—旋塞；7—丝堵；8—铸铁井盖；9—井墙

(b)1—素土层；2—碎石垫层；3—钢筋混凝土基础；4—凝水罐；5、8—排水管；6—燃气管；7—法兰；9—弯头；10—阀门；11—管帽；12—井盖；13—排水阀；14—连接管；15—焊缝

循环管的旋塞(图 6.15(a)),使排水管中滞留的水落回凝水罐。若卧式凝水罐较长,则可采用安装在两端的排水管同时排水,如图 6.15(b)所示。

排水装置由排水管、循环管(双管式)、管件和阀门组成。排水管和循环管管径较小,管壁薄,易弯折,一般均用套管加以保护,并用管卡固定连接,以增加刚性。套管做防腐绝缘层保护。排水管底端吸水口应锯成 30°~45°的斜面,并与凝水管底保持 40~50 mm 的净距,既可扩大吸水口,又可减轻罐底滞留物对吸水口的堵塞,但净距过大,则会使抽水效率降低。

排水装置的接头均采用螺纹连接,排水装置与凝水罐的连接可根据不同管材分别采用焊接、螺纹连接或法兰连接。排水装置顶端的阀门和丝堵,经常启闭和拆装,必须外露,外露部分用井室加以保护。

6.2.4 法兰安装

单独的法兰是用钢板或铸钢法兰毛坯经切削加工而成。依据法兰与管道的固定方式可分为平焊法兰、对焊法兰和螺纹法兰三类。燃气工程中主要使用平焊法兰,法兰密封面有光滑面和凸凹面两种形式,光滑密封面安装简单,但密封性较差,为提高密封效果,在密封面上一般都车制 2~3 条密封线(俗称水线)。凸凹密封面的优点在于凹面可以使垫片定位并嵌住,具有较高的密封性。对焊法兰的刚度较大,适用于较高压力和较高温度的燃气管道。密封面也有光滑面和凸凹面两种形式。螺纹法兰可用于 DN≤50 mm 的低压燃气管道。

标准法兰主要根据公称直径和公称压力来选用,当与设备连接时,应与设备的公称直径和公称压力相等。燃气管道上的法兰,其公称压力一般不低于 1.0 MPa。法兰的材质一般应与钢管材质一致或接近,常用钢号为 Q235A(旧牌号 A3)、10# 和 20# 碳素结构钢。

两法兰密封面之间的垫片应按设计规定选用。煤制气管道的垫片使用普通橡胶石棉板制作;天然气和液化石油气管道的垫片使用耐油橡胶石棉板制作。垫片的表面应薄涂一层石墨粉与机油的调和物。放置垫片应与法兰保持同一中心,不得偏斜。凸凹密封面的法兰,垫片应嵌入凹槽内,不得同时使用两层垫片。

6.3 室外燃气管道的吹扫、试验与验收

室外燃气管道安装完成后,需进行吹扫和压力试验。验收则可分为过程验收(隐蔽工程)和总验收两个阶段。吹扫和压力试验应按下列程序进行。

(1)对管道系统进行外观检查。

(2)外观检查合格后进行吹扫。

(3)吹扫合格后进行强度试验。

(4)强度试验合格后进行气密性试验。

6.3.1 管道的吹扫

室外燃气管道的施工条件较为复杂,安装过程中难免有灰尘、土壤、雨水和地下水等杂物进入管道,为了防止运行过程中杂物损伤、堵塞管道和设备,必须进行吹扫。

为了保证吹扫工作顺利进行及燃气管道的正常运行,在管道安装过程中,要保持管道内的清洁,防止将杂物落入管道内部。凡作业间隔在 4h 以上的管道,两端均应用麻袋或塑料

布封堵包扎严密，以免杂物进入。

6.3.1.1　吹扫前的准备工作

(1)室外燃气管道分段进行吹扫，吹扫管段的长度一般应控制在 3 km 以内。

(2)将吹扫管段内设有的孔板、过滤器等设备拆除，妥善保管，待吹扫后复位。

(3)吹扫管段内设置的仪表应严格保护，无可靠保护措施时，应暂时拆下，妥善保管，待吹扫后复位。

(4)将不允许吹扫的设备与吹扫系统隔离。

(5)对吹扫管端采取临时稳固措施，以保证其在吹扫时不发生位移与振动。

(6)吹扫排放口位置应选择在允许排放污物的较空旷的地段，且应不危及周围人和物的安全。

(7)吹扫排放口应安装有临时控制阀门，阀门按出口中心线偏离垂直线 30°角朝空安装，且应高出管沟沟顶。临时控制阀门必须安装牢固。

6.3.1.2　吹扫方法及要求

(1)吹扫介质应采用压缩空气。压缩空气应有足够的压力和流量，但吹扫压力不得大于设计输气压力，吹扫流速不应小于 20 m/s。

(2)吹扫顺序应从大管到小管，从干管到支管。

(3)吹扫出的污物和杂物严禁进入设备和已吹扫过的管道。

(4)吹扫时，可用锤子敲打管道，对焊缝、弯头、死角、管底等部位应重点敲打，但不得损伤管子及防腐层。

(5)对于吹入凝水罐的大颗粒杂物，应在吹扫完成后打开凝水罐将杂物彻底清除干净。

(6)吹扫结束后应将所有暂时加以保护或拆除的管道附件、设备、仪表等复位安装合格。

(7)吹扫合格后，应用盲板或堵板将管道封闭，除必须的检查和恢复工作外，不得再进行影响管道内清洁的其他作业。

6.3.1.3　吹扫合格标准

吹扫应反复进行数次，直至在要求的吹扫流速下，管道内无杂物的碰撞声，在排气口用白布或涂有白漆的靶板检查，5 min 内白布或靶板上无铁锈、灰尘、水分或其他污物或杂质，则吹扫合格。

6.3.2　压力试验

压力试验是利用空气压缩机向燃气管道内充入压缩空气，借助空气压力来检验管道接口和材质的致密性的试验。根据检验目的又分强度试验和气密性试验。

6.3.2.1　试验装置

压力试验一般采用移动式空气压缩机供应压缩空气。压缩机的额定出口压力一般为最大强度试验压力的 1.2 倍，压缩机排气量的选择则与试验的充气时间有关。小型移动式空气压缩机一般为电力驱动，排气量为 0.6 ~ 0.9 m^3/min；大型空气压缩机有电动和柴油内燃机驱动两种，排气量为 6 ~ 9 m^3/min。室外燃气管道压力试验用的空气压缩机，其额定出口压力一般选用 0.7 MPa 即可满足要求。

强度试验的空气压力一般采用精度不低于 1.5 级的经过校验的弹簧压力表测定，而气密性试验则采用 U 形玻璃管压力计。试验装置如图 6.16 所示，该装置可安装在管道末端的堵板上,也可安装在管道排水装置的排水管顶端。

管道内压缩空气的温度可采用金属套管温度计测定。

6.3.2.2 强度试验

强度试验是用较高的空气压力来检验管道接口(也包括管材)的致密性,管道吹扫合格后即可进行。燃气管道的强度试验管段长度一般不超过 1 km,试验管段上的焊缝、接口等应检部位应外露,不得涂漆或作防腐层。

试验压力视管道输气压力级制及管道材质而定。一般情况下,试验压力为设计输气压力的 1.5 倍,但钢管不得低于 0.4 MPa,塑料管不得低于 0.2 MPa,球墨铸铁管不得低于 0.4 MPa。

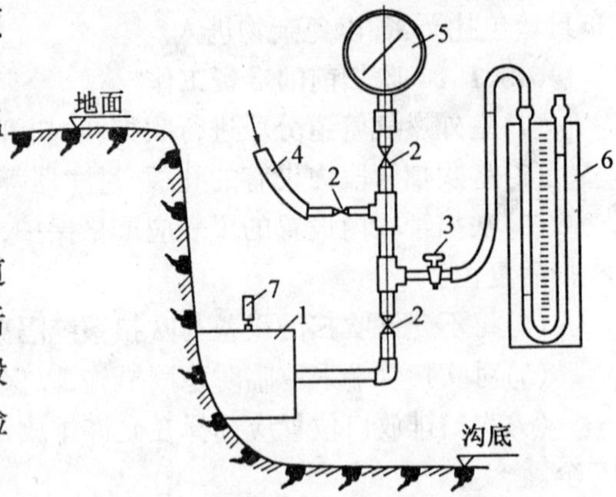

图 6.16 燃气管道压力试验验装置

1—燃气管道;2—旋塞;3—单头旋塞;4—橡胶管(接空气压缩机);5—压力表;6—U 形玻璃管压力计;7—金属套管温度计

强度试验的试验压力应逐步升高。首先升压至试验压力的 50%,然后检查,如无泄漏及异常现象,则可进行下一步。再按试验压力的 10%逐级升压,每一级稳压 3 min,进行观察,如无泄漏及异常现象,则可进行下一级升压。当压力达到试验压力后,应稳压 1 h 后,观察压力计不少于 30 min,无压力降为合格。若不合格应将管内压缩气放掉,降至大气压后进行修补,修补后重复上述步骤再次进行试验,直至合格为止。

强度试验合格后,可将压力降至气密性试验压力,然后进行气密性试验。

6.3.2.3 气密性试验

气密性试验是用压缩空气的压力来检验燃气管道在近似于输气条件下,其管材和接口的致密性。因此,气密性试验需在燃气管道全部安装完成后进行。若是埋地敷设,必须回填土至管顶以上 0.5 m 后才可进行。但管道的焊缝、接口等应检部位应留出,不予回填。待气密性试验合格后,完成这些部位的防腐工作后再回填。

气密性试验压力根据管道设计输气压力而定。当设计输气压力 $p \leqslant 5$ kPa 时,试验压力为 20 kPa;当 $p > 5$ kPa 时,试验压力为 $1.15p$,但不得低于 0.1 MPa。

管道内的压缩空气达到试验压力后,为使管道内的空气温度与环境温度一致,避免试验时间内因温度变化而导致压力变化,必须进行一段时间的稳压。环境温度是指架空敷设时的大气温度或埋地敷设时的管道埋深处的土壤温度。气密性试验的开始时间应按管径大小而确定:从管道内压力达到气密性试验压力时开始计时,公称直径小于 200 mm 的管道,12 h 后为气密性试验的开始时间;对公称直径为 200 ~ 400 mm 的管道,18 h 后为气密性试验的开始时间;对公称直径大于 400 mm 的管道,24 h 后为气密性试验的开始时间。在气密性试验的开始时间之前的这段时间内,若因管道内的空气温度下降而导致其压力低于试验压力,应向管内补充空气,以保证试验开始时达到试验压力。

稳压后开始观察管道内空气压力变化情况。燃气管道的气密性试验持续时间一般不小于 24 h,压力降小于允许压力降为合格。实际压力降可按下式确定。

$$\Delta P' = (H_1 + B_1) - (H_2 + B_2)\frac{273 + t_1}{273 + t_2} \tag{6.3}$$

式中　$\Delta P'$——实际压力降(Pa)；

H_1, H_2——试验开始和试验结束时的压力计读数(Pa)；

B_1, B_2——试验开始和试验结束时的大气压力计读数(Pa)；

t_1, t_2——试验开始和试验结束时的管内空气温度(℃)。

6.3.3　施工验收

在全部施工阶段，对各部分工程的质量都应该根据有关技术标准的验收规范逐项分别检查和验收。尤其是对隐蔽工程，如管道地基、防腐和焊接等项目更应及时检查，做到防微杜渐，杜绝质量事故。

工程竣工验收一般由设计、施工、运行管理及其他有关单位共同组成验收机构进行验收。验收应按程序进行，施工单位应提供如下完整准确的技术文件。

(1)竣工图：平面图、纵断面图和必要的大样图；

(2)隐蔽工程的检查和验收记录；

(3)管道压力试验记录；

(4)材质试验报告和出厂合格证；

(5)焊缝外观检查，机械性能试验及无损探伤记录；

(6)防腐绝缘层和绝热层的检查记录；

(7)设计变更通知和施工技术协议。

验收机构应认真审查上述技术文件，并进行现场检查，最后根据现行质量指标全面考核，作出鉴定。对质量未达到要求的工程不予验收。

6.4　燃气管道的带气接线

在燃气管道的施工和维修过程中，经常遇到下列情况：

(1)新安装的管道，需要与已经投产运行的管道连接。

(2)已经投产运行的管道，由于某种原因需要改变敷设位置。

(3)管道投入运行已久，发生腐蚀穿孔、焊缝裂口或受到损伤，需要修补或更换管道。

对于上述情况，通常采用带气接线的施工方法，与停气施工相比较具有如下优点：

(1)可以不停气，减少了工作层次，缩短了工作时间，对用户的影响较小。

(2)避免了停气施工时管道放空或吹扫不合格而出现事故的可能性，提高了安全性。

(3)避免了停气施工时大量放散燃气而造成的能源浪费和环境污染。

因为带气接线是在已经投产运行的燃气管道上进行切割、钻孔、焊接或者进行铸铁管的接口操作，所以是一项危险作业。施工时要制定周密的带气接线方案，熟练掌握带气接线方法，熟悉危险作业的安全技术规程。同时，对焊工和其他操作人员的技术水平有极严格的要求。

6.4.1　带气接线的方法

根据带气接线作业时是否需要将燃气管道内压力降低到安全作业范围内，分为降压接线法和不降压接线法。

降压接线法，简称降压法，是将正运行着的燃气管道内的压力降低后，再进行接管作业。这种方法的优点是可以保证得到所需要的燃气流通断面，缺点是工序比较复杂，作业人员比较多，并影响用户正常用气。

不降压接线法，简称不降压法，即正运行着的燃气管道内的压力不降低，采用钻孔机在管壁上钻一个孔洞，在密闭的情况下与新建的燃气管道接通。这种方法的优点是不需要降压，不影响用户正常用气，操作人员较少，工序较简单，缺点是不能得到所需要的燃气流通断面，钻孔机设备比较复杂、笨重。

6.4.1.1 降压接线法

降压接线法首先将燃气管道内的压力降至 400 ~ 800 Pa。燃气压力过高时，切割和焊接过程中焊缝处生成的火焰过长，影响作业人员操作；焊炬火焰压力或电弧压力难以压住燃气压力，造成熔池不易成形；增加了管道内燃气的外泄量。燃气压力低虽然有利于操作，但控制管道内的燃气压力为正压较困难，管径越大或开孔越大越难控制，而且切割或气焊用的氧气有可能较多地混入燃气管道内。当燃气压力低于 200 Pa 时，外部空气就可能以对流形式渗入管内而达到爆炸极限范围。

1.采用阻气球的接线工艺

阻气球，又称为管道隔离球，是用橡胶和尼龙布等材料制作的一种类似球胆、能打气充胀、并能承受一定压力的软球，带有一根充气管。将其塞入作业管道，充气至胀开后，即可将管道堵塞，切断气源，防止燃气外泄，起到封闭和隔断燃气，保障带气作业安全的作用。

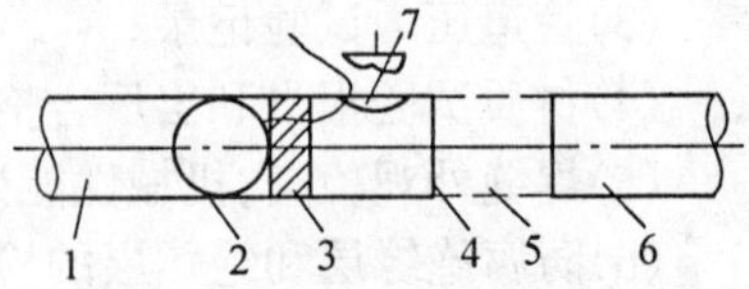

图 6.17 利用一个阻气球的管子对接

1—旧管道；2—阻气球；3—隔墙；4—旧管堵板；5—连接管；6—新管道；7—天窗

图 6.17 所示为利用一个阻气球进行钢管对接，接线时按下述工序进行。

(1)准备工作。准备工作主要是：关闭用户阀门，设置放散管，检查控制燃气压力的阀门的严密性，作业现场附近设立燃气压力监测点，在压力监测点与调压站之间设立专用的通信联络，检查调压站的工作状况等。

(2)开挖工作坑。检查新建管道与原有管道之间的距离和相对位置。为了便于操作，管道与坑壁的净距不得小于 1m，与坑底的净距不得小于 0.6 m，与待接管道之间的净距不宜大于 0.5 m。

(3)预制作为接头用的管段。

(4)将原有燃气管道的压力降至 400 ~ 800 Pa，并保持这一压力直至全部接线工作完成。

(5)开天窗。在原有燃气管道端部用气割炬在管道上部切割一块钢板，此操作称为开天窗。天窗洞不宜过大，以直径约 200 mm 的椭圆形为好。天窗距管道末端不宜过远或过近，一般为约 1 m。过远时，管道末端容积过大，所存燃气不宜吹净；过近时，焊接接头管段过程中易使隔墙干燥过快而漏气。

开天窗一般由两人操作，一名焊工切割，一名辅助工灭火。气割时，焊工首先在管道上割开一个孔，此时燃气从管道内逸出并开始燃烧，操作者应注意避开火焰，移动气割炬，随着切割缝的加长，火焰也逐渐加大。辅助工戴好沾水防护手套，用耐火泥封堵切割缝，熄灭火焰，阻止燃气外泄。待切割过半时，关闭气割炬，将切割缝全部封堵，用铅丝将天窗捆住。然后继续切割，灭火封堵，直至天窗盖与管子有 5 ~ 10 mm 连接窄条即可停止切割。

(6)塞阻气球与砌墙。切割完毕,将火焰全部熄灭,操作人员戴好防毒面具,撬开天窗盖,立即向来气方向塞入阻气球,并迅速向阻气球内充入压缩空气堵塞管道。为防止阻气球堵塞不严密,对大管径燃气管道可砌砖隔墙,以耐火泥涂抹墙面作第二道封堵。然后把工作坑内的混合气及原有燃气管道端部滞留的燃气吹扫干净。

(7)切割管堵与对管焊接。重新点燃气割炬,切割管端堵板,把连接管段对口焊接,将新建管道和原有管道连接起来。在切割管堵和对管焊接过程中应密切注意砖隔墙是否漏气。

(8)充气置换。焊接完毕,戴好防毒面具,拆除砖隔墙,取出球胆,立即将原来切下的天窗盖盖在天窗上并绑牢,用耐火泥封堵缝隙。这时燃气充入新建管道,为了加快充气速度,可提高充气压力,但不得超过1000Pa。直至充气气样检验合格,证明新建管道内已被燃气完全置换。充气置换气样检验合格前切不可焊接天窗盖,否则极易引发爆炸事故。

(9)焊接天窗盖。焊工与辅助工配合,一边清除缝隙中的耐火泥,一边焊接天窗盖。

(10)试漏、防腐与回填。将燃气压力升至输气压力后用发泡剂检查焊缝,漏气处予以补焊。最后进行连接管段的防腐和工作坑的回填。

图6.18所示为利用两个阻气球的三通接线。接线时在支管两侧的原有管道上开两个天窗,从天窗向两侧分别塞入阻气球,将两砖隔墙之间的燃气及工作坑内的混合气体吹扫干净后,进行新旧管连接用三通的切割焊接作业。铸铁管接线时,阻气球可从管壁钻透的螺纹孔放入,完成接线后,用丝堵封堵螺纹孔。DN≤50的新管可直接从螺纹孔接出。

阻气球接线工艺适用于较大管径,阻断气源后可从容操作,但必须开天窗,所以工序复杂。

2.不用阻气球的接线工艺

对管径较小的接线往往不用阻气球,但接头形式应使组对操作最迅速,最便捷,例如套管接头、垂直三通接头等。

(1)套管接头。如图6.19所示,先将套管套在新建管道上,切下管堵后,移动套管,然后用准备好的石棉绳(或油麻辫)填入缝隙,即可防止燃气外泄。待新管充气合格后可从容焊接套管两端的接缝。

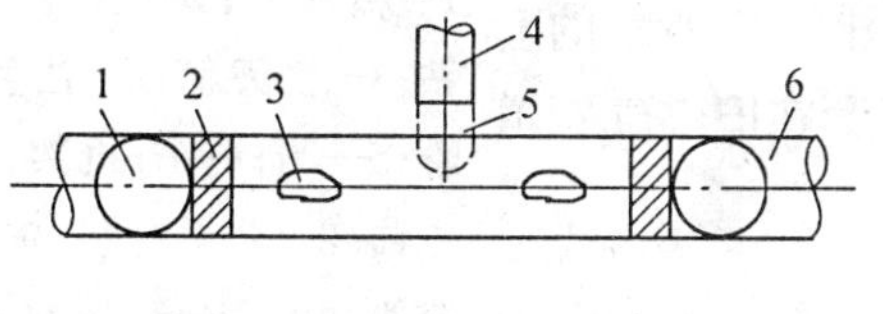

图6.18　利用二个阻气球的三通接线

1—阻气球;2—隔墙;3—天窗口;4—新管道;5—连接管;6—旧管道

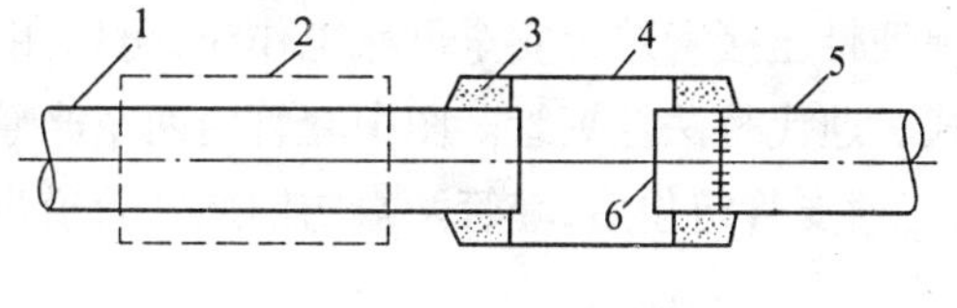

图6.19　套管接头

1—新管道;2—套管连接前位置;3—填料(石棉绳);4—套管;5—旧管道;6—旧管堵板

(2)垂直三通接头。如图6.20所示,首先带正压切割天窗,切割后的天窗盖与管壁稍有黏连,切割缝用耐火泥封堵。工作坑吹扫后,把垂直三通与原有管道组对焊接好。组对焊接过程中,随时通过三通顶端孔洞检查天窗切割缝有无漏气,及时用耐火泥封堵。待接缝焊接完毕,从孔洞处取下天窗盖,随即盖上盖堵,封严接缝。待新管充气合格后焊上盖堵。

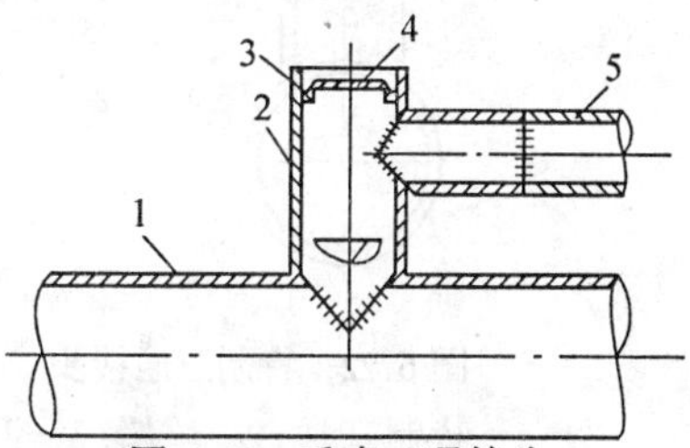

图6.20　垂直三通接头

1—旧管道;2—垂直三通;3—挡环;4—盖堵;5—新管道

6.4.1.2　不降压接线法

不降压接线法是在维持原有燃气管道正常供气工况的条件下与新建管线相连接，又称为带压接线法、气钻法。主要利用带压接管装置进行接管。

带压接管装置主要由法兰短管、阀门和钻孔机三部分组成，其构造如图 6.21 所示。接管时，首先把预制的法兰短管焊在燃气管道上(不得烧穿)，阀门与法兰短管用螺栓紧固，阀门处于全开位置，再把钻孔机与阀门用螺栓紧固，然后在钻孔机主轴端部安装钻头和筒状铣刀。操作时用手轮控制钻头和铣刀深入法兰短管内，用防爆电机带动减速箱使主轴转动，同时缓慢转动手轮，使丝杠压迫主轴向管壁进刀，进行钻孔。中心定位钻头钻入管壁后形成定位轴，铣刀筒绕定位轴旋转进刀，规则地切下管壁片，铣刀筒直径可根据开孔需要选定。最后反转手轮，提起钻头和铣刀筒，切下的管壁片随钻头一起被提出，迅速关闭阀门。将钻孔机拆下后，即可在阀门上安装新建管道。

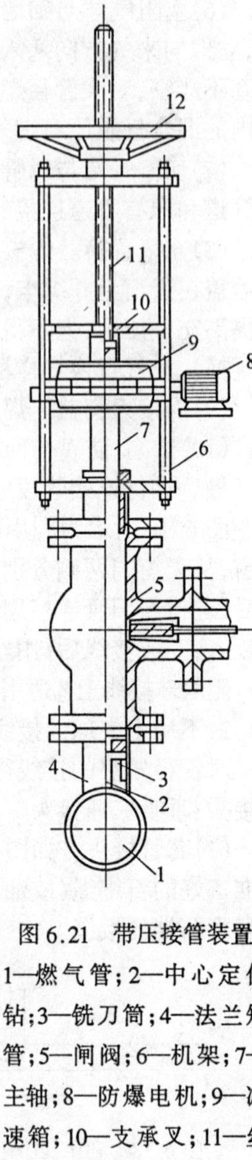

图 6.21　带压接管装置

1—燃气管；2—中心定位钻；3—铣刀筒；4—法兰短管；5—闸阀；6—机架；7—主轴；8—防爆电机；9—减速箱；10—支承叉；11—丝杠；12—手轮

若新建管道不需保留分支阀门，可首先采用如图 6.22 所示的特制三通接头连接新旧燃气管道。然后如前所述，在原燃气管道开孔后退出钻头时，卸下钻头，换上下部粘有石棉橡胶垫的堵板，伸入三通内紧压在挡环上。待新管充气合格，堵板上方以及工作坑内混合气吹扫干净后，从丝堵孔处伸入电焊条，把堵板点焊在管壁上。拆除钻孔机和阀门后，再把堵板焊接牢固。

当燃气管道内压力较高，直接焊接法兰短管或特制的三通不能保证带压接管装置安全可靠工作时，可以用如图 6.23 所示的套管式三通代替法兰短管。图中套管由两个半管焊套在旧燃气管道上，三通支管定位后，套管两端与旧燃气管道焊接。

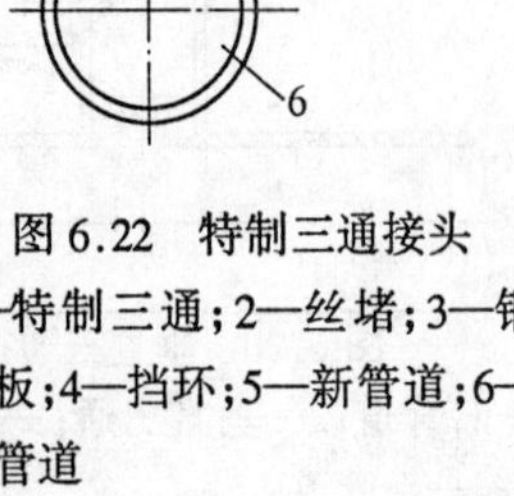

图 6.22　特制三通接头

1—特制三通；2—丝堵；3—钢堵板；4—挡环；5—新管道；6—旧管道

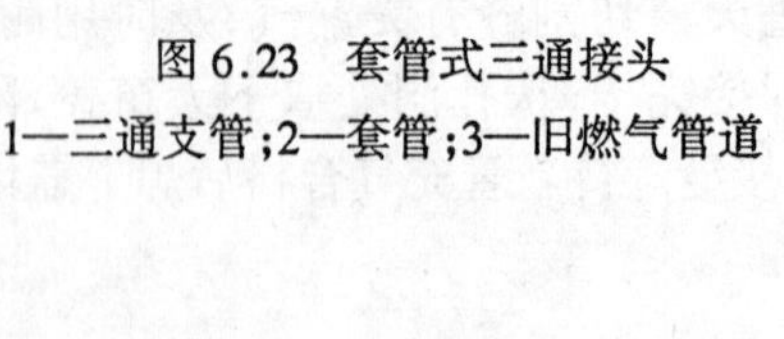

图 6.23　套管式三通接头

1—三通支管；2—套管；3—旧燃气管道

6.4.1.3　聚乙烯塑料管的带气接线方法

(1)分流管接线。分流管构造如图 6.24 所示。当分流管与主管及分支管电熔连接完成后,将螺旋刀片向下旋动,待主管管壁开孔后,再将刀片向上退出,主管与分支管接通,再将上盖旋紧即成。

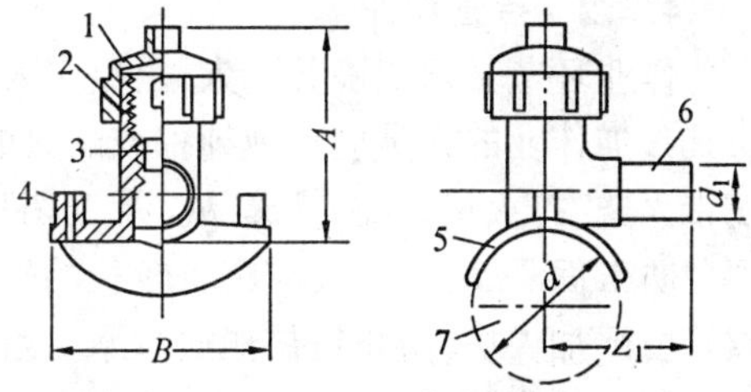

图 6.24　分流管

1—上盖;2—螺旋刀筒;3—螺旋刀;4—端子孔;5—管座;6—分支管;7—主管(带气)

(2)夹管器接线。由于聚乙烯塑料管弹性较好,所以采用夹管器可将管子夹扁而不损坏,达到管内壁接触密封,松开夹管器,管子恢复原状。需要在某些位置接管时,可以在接管段的两端夹紧管道而切断燃气,切断、吹扫后即可根据需要任意连接新管。

6.4.2　带气接线方案

为了安全地实现带气接线,必须制定周密的带气接线方案,接线方案应以"四防"为原则。

(1)防止原有燃气管道内进入空气。

(2)防止作业人员烧伤、中毒或窒息。

(3)防止作业场所着火、爆炸。

(4)在新建燃气管道置换完成前,防止对新建燃气管道进行带火或可能产生火花的作业,防止用户点火用气。

带气接线方案的主要内容有:说明该次带气接线的必要性,及对用户或其他方面的影响;介绍新、旧管线的技术情况,如输气压力、敷设方式、管道材质、管径及长度、附属设备的数量和位置、沿途用户的分布等;在图纸上标注新、旧管线上放散管的数量、位置和管径;选择接线方法,设计接管工艺;作业组织及岗位分工;作业进度计划;作业所用设备、工具、材料和防护用品计划;用电、用水、通信、交通运输及车辆安排;安全保卫、应急事故抢救措施,以及生活安排。

带气接线方案报送主管部门批准后方可实施。

6.4.3　带气接线作业的安全技术

6.4.3.1　停气降压

接线施工中,凡需采取停气或降压措施时均应明确停气降压时间及影响范围,并提前通知用户。停气降压时间一般应避开用气高峰时间,如在制气厂或储配站的出口管道上降压停气,应由调度中心与制气厂或储配站商定停气降压措施。高、中压管线用阀门停气降压时,应在阀门后安装放散管和压力计,以防阀门关闭不严,并能够及时控制阀门开启度。

降压接线时,管内燃气压力要严格控制在 400 ~ 800 Pa。高于 1 000 Pa 时应停止切割或焊接等作业,并检查阻气球封堵情况;低于 200 Pa 必须重新充燃气直至气样检查合格才可继续作业。

阻气球在使用前应浸水充气检查,以保证其能正常使用。

6.4.3.2 接管作业

各作业环节必须明确负责人,由负责人向操作者下达作业命令和向施工总指挥反映情况。凡参加作业的人员应穿戴纯棉或耐火的工作服等劳动保护用品,严禁穿带钉子的鞋,不得携带火柴、打火机、易燃易爆品。带气切割、焊接、塞入阻气球、砌隔墙、取出阻气球等操作必须戴防毒面具,防毒面具应配备较长的软管,吸气口放在远处能够吸到新鲜空气的地方,对软管要严加保护,防止被挤压或堵塞。由专人负责调压、放散等工作,放散管周围应做好禁火和警戒工作。操作区 10 m 以内不准有易燃物和火源,乙炔瓶和氧气瓶等应放在 10 m 以外,并划定以燃气泄漏点为中心、半径在 20 m 以上的施工安全区。现场要有可靠的通信设备、交通车辆、消防器材、事故急救措施。夜间作业应采用防爆照明设备,不宜用碘钨灯,宜采用表面温度低于 600℃的聚光防爆灯。

工作坑要牢固、宽敞、便于操作、通风良好。带气操作时最好使用铜制工具,若用铁制工具必须在操作面上涂抹黄油。检查接口渗漏时使用发泡剂,严禁采用火焰检查。应根据现场操作人员接触燃气的情况安排人员休息,轮流作业,连续带气作业的时间不宜过长,一般不应超过 20 min。

6.4.3.3 换气投产

向新建管道输入燃气的工作压力应缓慢升高,置换过程中燃气压力不宜超过 5 kPa,待置换合格后再继续升压。

放散管的数量、位置和管径一般应根据管线具体位置状况而定。排水器的排水管、阀门前后、管线末端均可安装放散管。放散管管径视换气管线长度、管径及换气时间而定,燃气干管上的放散管径一般为 DN50 ~ DN100。放气孔应远离建筑物和明火,距地面 2.5 m 以上,并可旋转至安全方向放散。

判断换气是否合格可采用气样点火法或气样测氧法。气样点火法是当放散人员嗅到燃气臭味时,用橡皮袋取气样,到安全区域用点火棒点燃观察,若燃烧正常,并呈桔黄色,说明换气合格,即管道内燃气浓度已超过爆炸上限。气样测氧法是取置换气样用快速测氧仪测定其含氧量,氧的体积分数小于 1%时为合格。

6.5 燃气管道穿越障碍的施工方法

燃气管道穿越障碍主要是指穿越铁路、河流、重要公路、城市主干道等。穿越这些障碍时一般不允许开挖明沟施工,只能采取地下穿越或地上跨越(即架空敷设)的方式。采用的具体穿越形式,需根据当地条件进行技术经济比较,并征得有关管理部门的同意方可确定。穿越障碍的燃气管道一般采用钢管。

6.5.1 人工掘进顶管施工法

人工掘进顶管施工法是应用最早的一种穿越障碍的不开挖铺管技术,一般是向土体内顶进钢筋混凝土套管或钢套管,顶进时由人工在套管前端掘土,然后在套管内安装燃气管道。

6.5.1.1 工作坑的布置

工作坑是顶管工作的基础,所以它的布置非常重要。工作坑的位置一般选择在顶管地段的下游，即顶进方向以上坡方向(或称逆坡方向)为宜，以防止套管在顶进时在重力的作用下前滑而不易控制；根据土质、地下水位和地面状况，也可设在上游。最好设在穿越障碍燃气管道的阀门井处。

1.工作坑的尺寸和高程

工作坑内应有足够的工作面和操作空间。尺寸取决于套管直径、管节长度、接口方式、顶进长度、操作工具、出土方式和后座墙厚度等因素。工作坑的宽度 B 和长度 L 如图 6.25 所示。

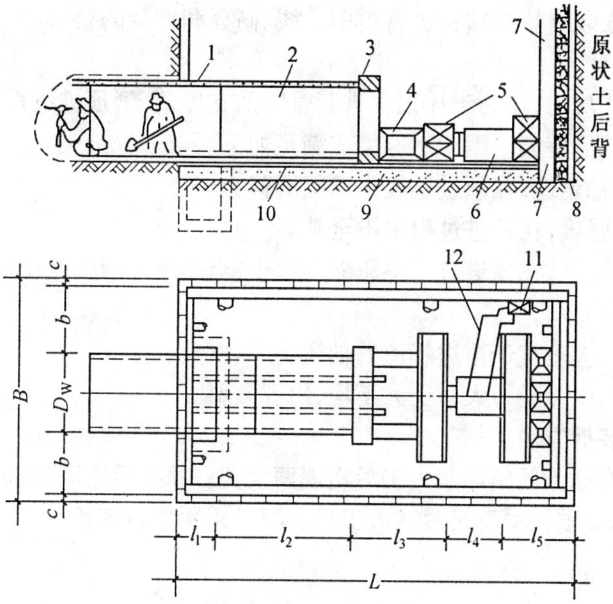

图 6.25　顶管工作坑

1—已顶进管节；2—待顶管节；3—环形顶铁；4—直顶铁；5—横顶铁；6—千斤顶；7—立顶铁；8—方木；9—基础；10—导轨；11—油泵；12—油管

$$B = D_w + 2b + 2c \tag{6.4}$$

$$L = l_1 + l_2 + l_3 + l_4 + l_5 \tag{6.5}$$

式中　D_w——套管外径(m)；

b——套管两侧操作宽度，根据摆放工具数量及土质条件而定，一般为 0.8 ~ 1.6 m；

c——撑板厚度，一般为 0.2 m；

l_1——套管顶进后，尾端留在导轨上的最小长度，钢筋混凝土管一般为 0.3 ~ 0.5 m，钢管一般为 0.6 ~ 0.8 m；

l_2——每根管长度(m)；

l_3——出土工作面长度，根据出土工具而定，一般为 1.0 ~ 1.8 m；

l_4——千斤顶组装的总长度，1 000 kN 的千斤顶可取 0.9 m，2 000 kN 的千斤顶可取 1.0 m；

l_5——千斤顶后座及后座墙的总厚度(m)。

工作坑的坑底高程，按燃气管道设计标高、套管直径以及基础厚度而定。

2.工作坑基础和导轨

工作坑基础主要用于固定导轨及套管荷重,做法取决于地基土质、地下水位、套管重量等情况。当地基承载能力大、坑底无地下水时可采用土槽木枕基础;当地基承载力差、有地下水时可采用卵石木枕基础或混凝土木枕基础。

导轨的作用在于稳定套管,使套管沿着设计中心线和高程被顶进,即导向。对于小管径的套管通常用轻型钢轨(18 kg/m)或两根方木;对于大管径的套管通常用重型钢轨(32 kg/m),并用道钉固定在基础的枕木上。导轨的安装质量对顶进质量影响很大,尤其是设计坡度较大时,因此,安装导轨必须符合管道中心线、高程和坡度的要求。

3.工作坑后座墙

后座墙位于工作坑内,作为千斤顶顶进套管时的支撑,套管顶进过程中受到的全部阻力均通过千斤顶传递给后座墙。因此后座墙应满足如下要求。

(1)具有足够的稳定性,在顶进过程中不至滑移。

(2)具有足够的强度,在顶进过程中不至破坏。

(3)具有足够的刚度,在顶进过程中压缩变形小,当作用力消失时变形应随之消失,后座墙恢复原状。

(4)表面平直,并应垂直于顶进管道的轴线。

(5)材质要均匀,以免受力大时受力不均,出现倾斜。

(6)结构简单,装拆方便。

后座墙的做法有原土后座墙和人工后座墙两大类。原土后座墙是利用未经扰动的原状土,在其表面用方木和顶铁垂直排紧。人工后座墙可采用块石砌筑、现浇混凝土或方木等构筑。

4.设备安装

顶管作业所用的设备主要是双作用油缸的千斤顶和高压油泵,千斤顶的油缸与油泵之间用高压油管连接。高压油泵一般采用轴向柱塞泵,额定压力一般为 32 MPa,顶进时的工作压力应不小于 20 MPa。此外,还需要配备低压直流的照明通风设备、配电箱、卷扬机或起重机。

千斤顶应水平安装在导轨上,其着力点在顶管端面距管底 $0.25D_w$(D_w 为顶管外径)的高度上,故其底部应垫高。千斤顶可用一台或多台,用多台时应按管中心对称布置。

管道顶进时所用的顶铁用型钢加肋和端板焊制而成,是顶进中的传力设备。根据用途分环形顶铁、直顶铁、横顶铁和立顶铁。

环形顶铁置于顶管端面,其内径一般接近管端面,厚度为 300~500 mm。其作用是把顶力均匀地分布于管端面,以免管端面被顶坏。顶管管径较小时可采用弧形顶铁。

直顶铁在顶管过程中用于调节千斤顶与顶进管节之间的间距,因此,直顶铁的长度应根据千斤顶行程和管节长度而确定。直顶铁的两个端面要求平行与平整,否则顶进时易外弹。

横顶铁安放在千斤顶与直顶铁之间,可将多台千斤顶的顶力传递到两侧的直顶铁上。

立顶铁一般置于千斤顶的后座上,使千斤顶后坐力均匀而分散地传递给后座墙。

顶管工作坑上方可以构筑活动平台,安装卷扬机与配电箱等。工作台一般采用工字钢作梁,梁上铺设方木作活动平台,供下管、出土等垂直运输之用。工作台上应搭设顶棚,以防雨雪。

6.5.1.2　顶管作业

顶管作业包括顶进、挖运土方、质量控制和管内处理等内容。作业中要掌握“先挖后顶，随挖随顶，精确测量，及时校正”的原则。

顶进就是把管节沿导轨推顶到已挖好的土洞内。顶进时，先挖土，然后使千斤顶顶头伸出把管节顶入土洞。当千斤顶顶进一个行程后，将其复位，在横顶铁和环顶铁之间装进尺寸合适的直顶铁。如此反复进行，直到管节尾端与千斤顶之间可以再放下一个管节，撤去直顶铁和环顶铁，放入新管节并与前一管节连接，在新管节尾端安装环顶铁后继续顶进。

管内挖运土方的劳动条件差、强度大，应组织专人轮流操作。土洞形状和尺寸是保证顶管施工质量的关键，土洞上半周应较管外壁大 15 ~ 20 mm，土洞下半周应与管外壁相同，洞底与管底齐平，避免顶进时管子发生下斜。管前土洞深度一般保持 100 ~ 150 mm，250 mm 以外的土可以先挖成锥体，挖出的土立即用特制的小车或手推车运出管外。

管节在顶进时，必须对顶进管段中心线的方位和高程严格控制，否则很容易出现偏差。顶管的高程控制可采用激光准直仪，也可以利用水准仪及顶管前端设立的十字架。每次测量时，若十字架在管前端的相对位置不变，水准仪的高程也固定不变，只需测出十字架交点偏离的垂直距离，即可确定顶管的高程偏差。顶管的方位偏差可采用中线垂球法测定，即从工作坑内燃气管道中心线上的两点吊设垂线球，若管前端通过中心点的垂球线和这两条垂球线在一条直线上，则顶管方位无偏差。

顶管误差是逐渐积累起来的，偏差越大，纠正越困难。因此在顶管过程应勤校测，发现偏差及时校正。但首先应查找导致误差原因，可能的原因有：千斤顶顶力不对称，着力点偏心；顶管前端挖土不符合要求；工作坑基础沉降，导轨位移；顶进管节的端面不垂直于轴线；地质构造变化，基础土层软硬悬殊等。校正时可采用土洞形状纠偏的方法，也可以利用小千斤顶安装在管前端进行强力顶推。

若遇淤泥、流沙地段，因地基承载能力弱，常出现管子“低头”现象，这时要在使用上述纠偏方法的同时在管子下部衬垫砂石，以加强地基承载能力。

6.5.1.3　燃气管道安装

套管全部顶入土层后，应及时将燃气管道拽入套管内。若采用钢筋混凝土套管，套管内下半部可用砖砌或混凝土筑成平底垫层，垫层的厚度与坡度应满足燃气管道的安装要求。燃气管道底部焊接滑动支座，拽引时使滑动支座底面与垫层表面接触，避免损坏防腐绝缘层，支座与燃气管道之间的空隙可填塞沥青麻。为了使燃气管道与套管之间的容积不致形成爆炸空间，最好用中粗砂将空间填满。套管两端用砖砌体封闭。对重要地段为了运行时能检查套管内是否有燃气，在套管较高的一端应安装检漏管，如图 6.26 所示。

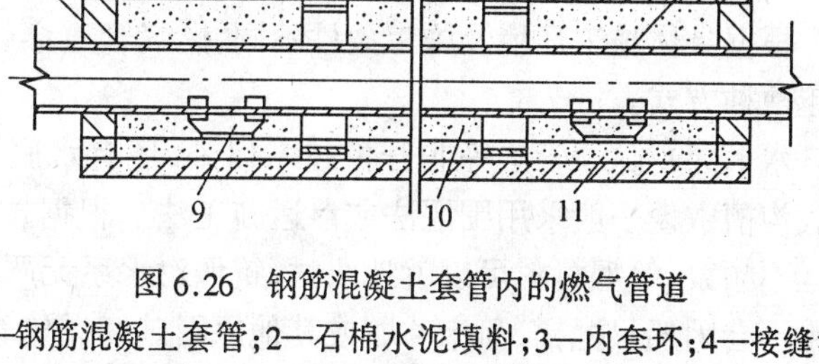

图 6.26　钢筋混凝土套管内的燃气管道

1—钢筋混凝土套管；2—石棉水泥填料；3—内套环；4—接缝油毡；5—钢燃气管道；6—检漏管；7—防护罩；8—墙堵；9—滑动支座；10—中粗砂；11—混凝土垫层

对于钢套管可将特制的滚动支座安装在燃气管道上，利用滚轮即可将燃气管道推入套管内。但滚轮应沿焊接在套管内壁的槽钢导轨滚动，防止燃气管道在推入时产生周向滑动。钢套管两端灌沥青封堵。

套管内的燃气管道均应采用特加强级防腐绝缘层。

6.5.2 其他不开挖铺管技术

6.5.2.1 机械掘进顶管

机械掘进顶管是在被顶进管道的前端安装机械钻进的掘土设备，配置皮带运土机械以代替人工挖运土，当管前方土体被掘削成一定深度的孔洞时，利用顶管设施，将连接在钻机后部的管子顶入孔洞。机械掘进顶管同样需要在工作坑内按设计高程及中心线方向安装导轨，使每节管子沿着一定的方向和高程顶进。

机械掘进顶管施工法可降低劳动强度，加快施工进度，对黏土、砂土及淤泥等土层均可顺利进行顶管。但运土与掘进速度不易同步，出土较慢。遇到含水层或岩石地层时因无法更换机头，所以不能使用。

6.5.2.2 水平定向钻进法

水平定向钻进法是采用石油定向钻技术，按照设计的钻孔轨迹先施工一个导孔，随后换直径大于待铺管线外径的扩孔钻头，在回拉扩孔钻头的同时，将待铺管线拉入钻孔。

水平定向钻进法施工进度快，精度高，可控制铺管方向，但对施工场地的要求较大，在非黏性土层和砾石层中施工困难。

6.5.2.3 导向钻进法

导向钻进法同样先钻一个小口径的先导孔，随后边扩孔便回拉铺设的管线。一般由手持式地表探测器和孔底探头来实现导向。

导向钻进法对地表干扰少，施工进度快，可控制施工方向精度在3%～5%以内，但施工深度受探测器的能力限制，适用于松软土层，不适用于砂层和砾石层。

6.5.2.4 气动矛法

气动矛法是用气压不断冲击矛体，矛体挤压周围土层形成钻孔，随之将直径小于矛体的管线拉入孔内，完成铺设。

气动矛法的操作简单，施工成本低，适用于不含水的均质土层，但对地下其他管线可能造成损伤，施工方向不可控制，精度低。

6.5.3 燃气管道穿越河流的敷设

根据具体施工环境及施工条件不同，燃气管道穿越河流的敷设可采用水下穿越和架空跨越两种方式。

水下穿越除顶管法等非开挖技术以外，还有水底沟槽敷设和水底敞露敷设两种方法。水底沟槽敷设一般采用围堰法或浮运施工法。根据技术经济比较，在水系较浅，流速较小，航运不频繁，筑堰材料可以就地取材，筑堰对水系无严重污染时，采用围堰法施工比较合理。如果不会因船只抛锚、河床冲刷或其他原因破坏燃气管道，采用水底敞露敷设较经济，而且抗震效果也较水底沟槽敷设要好。

常见的架空跨越方法有桁架式、拱式、悬索式、栈桥式以及沿桥敷设等。

6.5.3.1　围堰法

围堰法就是首先将燃气管道穿越河底处的河流段用围堰隔开,然后将隔开段内的河水排尽,最后在河底进行开槽、敷设管道等工序,施工结束后把围堰拆除。围堰法施工的平面布置如图 6.27 所示。

围堰与燃气管道的距离应视水系及围堰结构的具体条件而定,一般应在 2 m 以上。河底两侧应挖排水井,用于集聚河底余水、围堰渗水及降低地下水位。水泵站设在河岸上,围堰后用其排出围堰内的河水,施工过程中用于排出排水井内的集水。河面窄,流速小的穿越施工可以在较低的岸边构筑一座排水井和水泵站。对于不能断流的河道,可以在河岸开挖临时引水渠,或在围堰间用管子组成渡槽(图 6.28)。

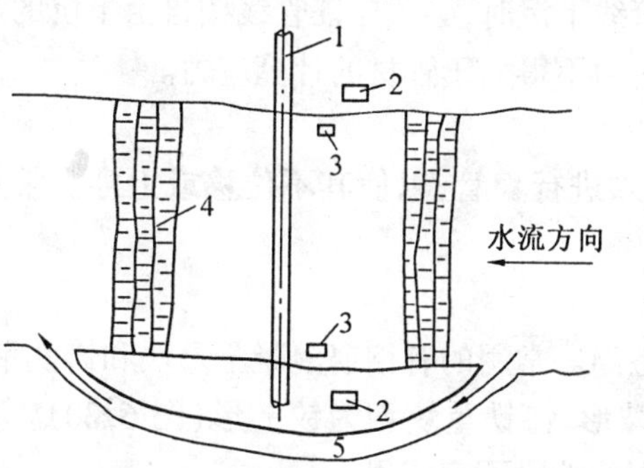

图 6.27　围堰施工平面布置示意图

1—燃气管;2—水泵站;3—排水井;4—围堰;5—临时引水渠

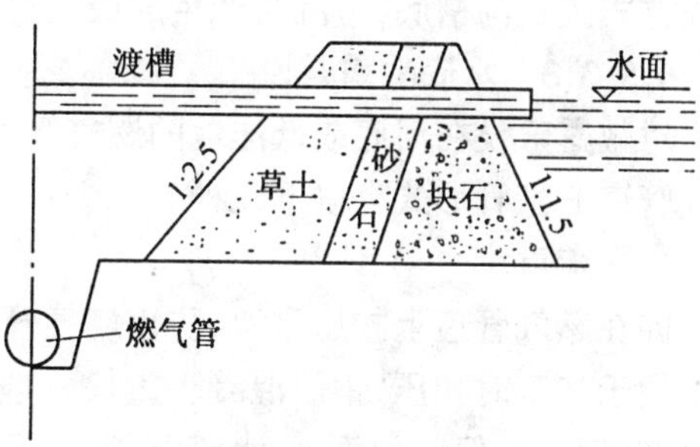

图 6.28　土石围堰与渡槽半剖面

围堰的结构根据河水深浅、流速大小、河面宽窄、河底地基土质状况等条件,可分别采用土围堰、草土围堰、土石围堰、板桩围堰或木笼围堰等。总之,围堰结构应具有稳定性、良好的抗渗性能、造价低、修筑方便、易于拆除。

围堰法施工可以采用一次围堰将河流隔断,也可以采用交替围堰将河流部分隔断。交替围堰的施工过程如图 6.29 所示,先用第一道围堰围住河面的 2/3,待第一段管道敷设完毕再围第二道围堰,从而完成全部管道的水下穿越施工,又不致使河道断流。

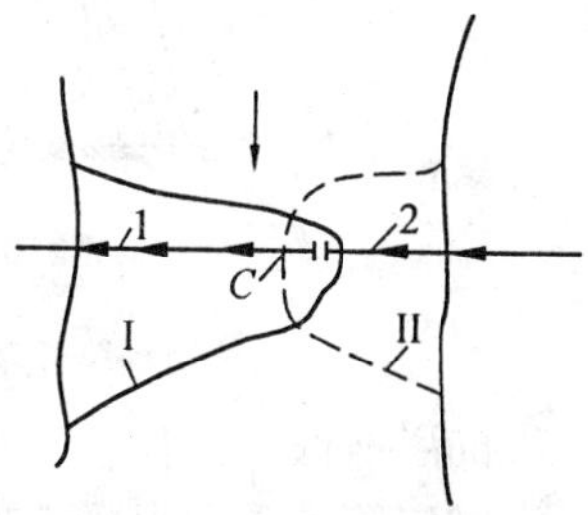

图 6.29　交替围堰

Ⅰ—第一道围堰;Ⅱ—第二道围堰

1—第一段管道;2—第二段管道

C—第一段管道与第二道围堰接缝

围堰是临时性构筑物,应根据河底土质情况,以及施工期的水位变化拟定筑堰方案。围堰应确保施工期间在可能发生的最高水位时安全堵水。围堰法施工的河底燃气管道应具有一定的埋设深度,防止河床被冲刷后燃气管道漂浮以及其他因素造成损坏。在容易被扰动的地基上敷设管道时,应考虑修筑混凝土或打桩等地基加固措施。

6.5.3.2　浮运施工法

浮运施工法就是首先在岸边把管子焊接成一定长度的管段,并进行压力试验和防腐绝缘层的施工,然后拖拉下水浮运至设计确定的河面管道中心线位置,最后向管内灌水,随着灌水管子平稳地沉入到预先挖掘的沟槽内。

水下沟槽开挖前,应在两岸设置岸标,根据岸标确定沟槽开挖的方向,也可以在水中设置浮标。开挖深度可在船只上用吊锤测量。开挖方法应根据具体情况选择索铲挖土装置、气举泵、水力吸泥管、挖泥船或水下爆破等方法。

对燃气管道可采用拖拉敷管法或水面敷管法。拖拉敷管法是在河岸一边组对管道,岸边宽度应足以放置整段过河管线,拖拉设备全部安装在河的另一岸,沿沟槽中心线位置边拖拉边灌水下管,直至对岸。当管线头部设孔眼自动灌水拖管时,拖管速度与灌水速度应一致,若拖管速度大于灌水速度,则未充满水的管段有可能上浮。为保持管线稳定,管线中的平均水面应在河面以下 1m。水面敷管法是利用浮筒或船只把管子运(拖)至水下沟槽中心线位置的河面上,然后用灌水或脱开浮筒的方法使管线沉入水下沟槽。水从管线一端的进水管灌入,管内空气从另一端的排气阀排出。管线下沉时,必须保证管线按自由下沉的过渡曲线方式沉到沟槽底,下沉时产生的最大弯曲应力不得大于管材的计算应力。

6.5.3.3 水底敞露敷设

对敞露敷设在河底或低洼地的燃气管道必须进行稳管,以使其不位移或上浮。常用的燃气管道的稳管形式有以下几种。

1.平衡重块

即在燃气管道上扣压重块,防止燃气管道上浮。常用的有钢筋混凝土重块和铸铁重块。为了便于施工时扣压,钢筋混凝土重块一般为鞍形,铸铁重块均为铰链形(图 6.30)。重块稳管施工简单,但应力集中,水流急,河床不稳固的地段不宜使用。

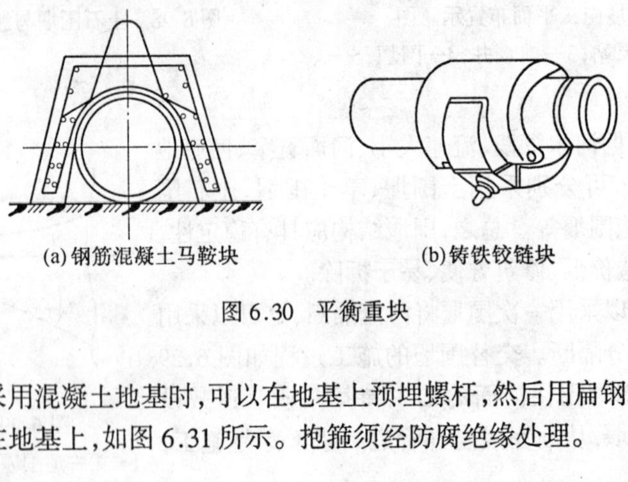

(a) 钢筋混凝土马鞍块　　(b) 铸铁铰链块

图 6.30 平衡重块

2.抗浮抱箍

当燃气管道采用混凝土地基时,可以在地基上预埋螺杆,然后用扁钢或角钢制作的抱箍将燃气管道固定在地基上,如图 6.31 所示。抱箍须经防腐绝缘处理。

3.石笼压重

使用细钢筋或铁丝编织成笼,内装块石,称为石笼。石笼稳管就是在管线的管顶间隔地铺放石笼,铺放位置略偏于管线上游一侧。石笼可采用投掷方法铺放、固定,适用于浮运法安装的燃气管道。

4.复壁管

复壁管即双重管,即燃气管道外套套管,套管与燃气管道之间用连接板焊接固定,为了增大管线重力,还可以在复壁管的环形空间注入重混凝土拌和物,如图 6.32 所示。

复壁管是长距离输送管线穿越江河时抗浮稳管的一项主要措施。由于灌注混凝土拌和物可以在管线过江河后进行,从而使施工作业简化。为保证灌注作业顺利进行,对拌和物的塌落度、初凝时间、终凝时间具有特殊要求。为了增大拌和物重度可掺入钢屑或重晶石粉作骨料。

5.挡桩

即在管线下游一侧以一定的间距布置挡桩，减少管线裸露跨度，使之能承受水流压力。

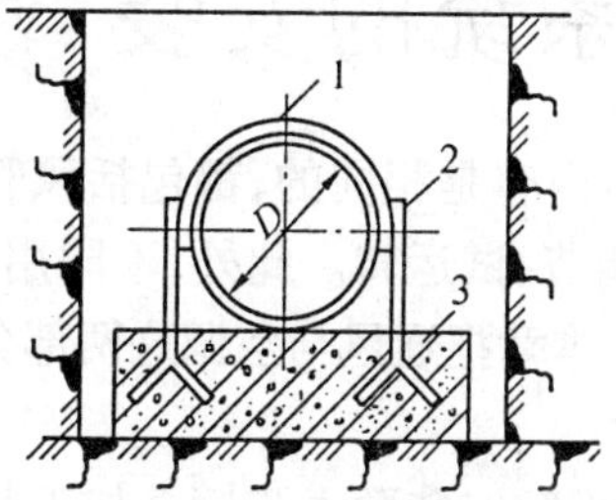

图 6.31　抗浮抱箍

1—钢抱箍；2—预埋螺栓；3—混凝土基础

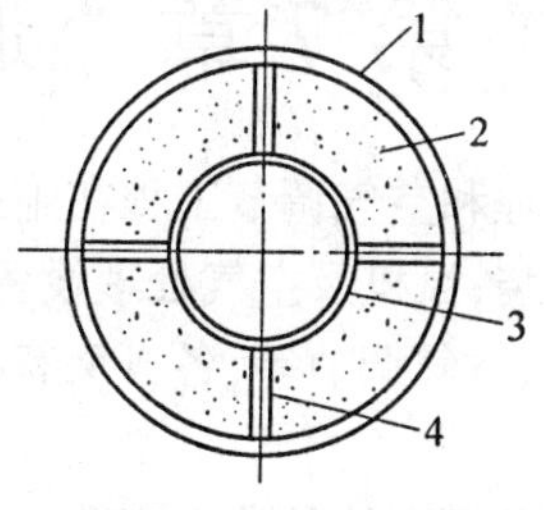

图 6.32　复壁管断面

1—套管；2—重晶石混凝土；3—燃气管；4—连接板

6.5.3.4　水下燃气管道的安装要求

水下穿越的燃气管道呈 U 形，通常称做倒虹吸管，运行检修很困难。要求使用较陆地钢管管壁厚 2 ~ 3 mm 的钢管，或采用高强度低合金结构钢管。穿越较大江河的长距离输气干管，一般均采用复壁管形式，并可按曲线形式安装。城市燃气管道的倒虹吸管，其河底段一般采用直线安装，并具有不小于 3‰的坡度，坡向直线管的一端。高、中压输气干管往往采用双管敷设，两岸设阀门，如图 6.33 所示。

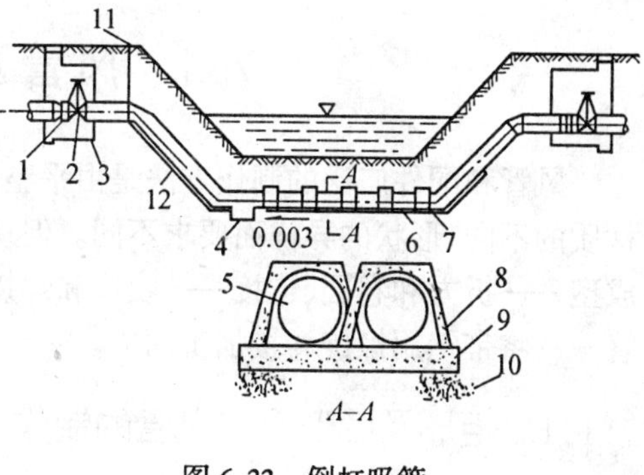

图 6.33　倒虹吸管

1—波纹管；2—闸门；3—闸门井；4—凝水罐；5—燃气管；6、9—混凝土基础；7、8—钢筋混凝土抗浮重块；10—砾石垫层；11—防护罩；12—排水管

具有冷凝水的燃气管道，排水器应尽量靠岸边设置。排水器的排水管可安装在燃气管道内，也可安装在管外。安装在管外时施工及维护检修均方便，但易腐蚀损坏；安装在管内检修较困难，但不易损坏。

水下穿越的燃气管道应采用特加强级防腐绝缘层。对于单壁管，管道的环焊缝应确保安全可靠，为此可采用管箍或肋板进行加固。

6.5.3.5　燃气管道的架空跨越

在水流速度大于 2 m/s，且河流和河岸稳定的水域，以及通过较深的峡谷和洼地、铁路车站等障碍物时，宜采用水上（或地上）架空跨越。架空跨越方法可采用桁架式、拱式、悬索式、栈桥式以及沿桥敷设等。燃气管道敷设时管道架应采用难燃或不燃材料制成，并在任何可能的荷载情况下，保证燃气管道的稳定和不受破坏。

第7章 通风空调系统的安装

通风工程和空气调节工程在施工安装方面的基本内容是相同的,都包括风管及其部配件的制作安装;风机及空气处理设备的安装;系统的调节、试运转。此外,不同用途的内容,如除尘通风、空气调节等,各自又有特殊的安装要求。本章把通风与空调这两部分合在一起加以叙述。

通风和空调系统的施工安装过程,基本可分为加工和安装两大步骤。加工是指构成整个系统的风管、部配件的制作过程,也是从原材料到成品、半成品的成型过程。安装是把组成系统的所有构件,包括风管及其部配件、设备、器具等,按设计在建筑物中组合连接成系统的过程。

7.1 风管及其配件的制作

风管和配件广泛的制作方法是由平整的板材加工而成的。从平板到成品的加工,由于材质的不同、形状的异样而要求不同。但从工艺过程来看,其基本工序可分为:画线、剪切、成型——折方和卷圆、连接——咬口和焊接以及安装法兰等步骤。此外,还有螺旋缝圆形风管——将带钢用螺旋卷接加工而成。

7.1.1 矩形及圆形金属风管的制作

7.1.1.1 矩形及圆形风管制作过程

1.风管系统加工草图的绘制

在通风、空调施工图纸中,有些设计单位对风管和送(回)风口等未标明具体的位置,一般只标明风管系统的大概位置、标高,风管形状和管径(边长)。风管及管件的具体尺寸,如风管长度、三通长度、弯头的弯曲半径等,都未具体标明。因此,必须另行绘制加工草图,标出具体尺寸,才能制作与安装。

绘制加工草图的另一个更重要的作用是为了预先察觉设计中的疏漏,例如水、电、通信、燃气及土建等专业之间不合理的交叉或各专业的管道、设备之间避让,协调关系处理不当。防止由于设计时疏忽或土建施工及其他管道安装所造成差错而使通风管道返工。因此,在绘制以前,根据施工图纸到现场进行复测试是非常必要的。绘制草图前,应很好地熟悉图纸(包括其他专业 、工种的图纸),领会设计意图,并根据图纸中说明对施工的要求和施工及验收规范,确定风管、部件的安装位置、风管及管件的具体尺寸。

2.型材的变形矫正

通风管道及部件在放样画线时,不能有凹凸不平、弯曲、扭曲及波浪形变形等缺陷,否则应对有变形缺陷的钢材进行矫正。钢材产生变形的原因,主要是钢材残余应力引起的变形和钢材在风管及部件加工制作过程中引起的变形等两种。

在现行的钢结构施工验收规范中,对钢材的变形有明显的规定,钢材变形如超过规定值，应进行矫正。通风、空调工程所有的板材、型材厚度较薄，所以常在常温条件下进行手工矫正，即采用锤击的方法或用机械进行矫正。

3.放样画线

(1)金属板材画线时不考虑板厚。用金属板材制作风管，其板材厚度一般在0.5～2.0 mm内，厚度的影响可忽略不计，故矩形风管以外边尺寸、圆形风管以外径尺寸计算。

(2)展开下料的裕量。焊接裕量取决于焊接的形式，法兰连接的裕量不应小于10 mm，无法兰连接采用插接时，裕量取决于采用的插接的形式及加工用咬口的机械。

(3)变径管的放样。

(4)弯头展开下料。

(5)按设计图纸要求的尺寸加工制作风管。

4.板材的剪切

板材的剪切，就是将板材按画线形状进行裁剪的过程。剪切时，必须进行画线的复核工作，防止因下错料造成浪费。剪切后，应做到板材的切口整齐，直线平行，曲线圆滑。剪切根据施工条件可用手工工具或剪板机械进行。板材下料、剪切后轧口前，必须用剪刀或倒角机进行倒角工序。

对用金属薄板制作的通风管道及部件，可根据板材的厚度及设计的要求，分别才用咬口连接、铆钉连接及焊接等方法进行板材之间的连接。

5.板材的卷圆和折方

制作圆形风管或部件时，应把板材卷圆。制作矩形风管或部件时，应根据纵向咬口形式，对板材进行折方。卷圆可采用的方式有手工卷圆和机械卷圆。当矩形风管或风阀周长较小时，设置一个或两个角咬口(或焊缝时)，板材需折方。折方方式有手工折方和机械折方两种。

6.风管的加固

为避免风管变形，减少管壁在系统运转中由于震动而产生的噪声，就需要对管径或边长较大的风管进行加固。

(1)圆形风管加固。由于其本身刚度比矩形风管较强，而且风管两端法兰起到一定的加固作用，一般不作加固处理。当直径大于700 mm时，每隔1.5 m加设一个扁钢加固圈，并用铆钉固定在风管上。为了防止咬口在运输或吊装过程中裂开，圆形风管的直径大于500 mm的，其纵向咬口两端铆钉或点焊固定。

(2)矩形风管加固。矩形风管和圆形风管相比，易于变形，一般对于边长大于或等于630 mm(保温风管边长大于或等于800 mm)，并且风管长度在1 200 mm以上时，应采取加固措施。

(3)空气洁净系统所用的风管加固。其内壁表面应平整，避免风管内积尘。因此，风管加固部件，不得安装在风管内，或采用压筋加固，也可采用在管外用角钢加固框或在风管外大边加角钢的方法。

7.法兰盘的加工

风管与风管或者风管与配件、部件的连接，一般采用法兰连接，也可采用插条对风管进行连接，或用薄钢板压制的组合法兰进行连接。采用后两种风管连接形式，其使用范围有一定的局限性，但能够节省钢材，法兰拆卸方便。法兰风管的断面形状，分为圆形和矩形。法兰制作使用的材料规格应根据圆形风管的直径或矩形风管的大边长确定。

8.插条连接件的加工

风管中的插条连接是无法兰连接中的一种形式,在国外已是一种成熟的施工工艺,广泛用于较小的矩形风管的连接。它与角钢法兰连接方法比较,不但简化了复杂、繁琐的施工工艺,而且可节省钢材和工时,有效地提高了生产效率。

9.密封措施

无论是法兰、咬口缝或无法兰连接的部位,一般均有可能产生渗漏,因此可采用多种方法密封补救。但是,并不提倡完全采用密封胶补、堵的方法。最实用与牢靠的方法是加工过程中自始至终坚持板材连接的完整和严密。当风管局部需要采取密封胶堵漏时,密封面易设在正压侧,以免脱落。选用的密封胶要与环境相适应,如高温系统易用高温密封胶,潮湿环境不宜用水溶性密封胶。

7.1.1.2　矩形及圆形金属风管制作的机械化

目前矩形及圆形金属风管制作过程全部采用机械化设备,提高了劳动的效率和风管的质量。制作过程中所使用的机械设备如图 7.1 所示。

Q11 系列剪板机

JLW 系列多功能咬口机(Ⅰ、Ⅱ、Ⅲ)

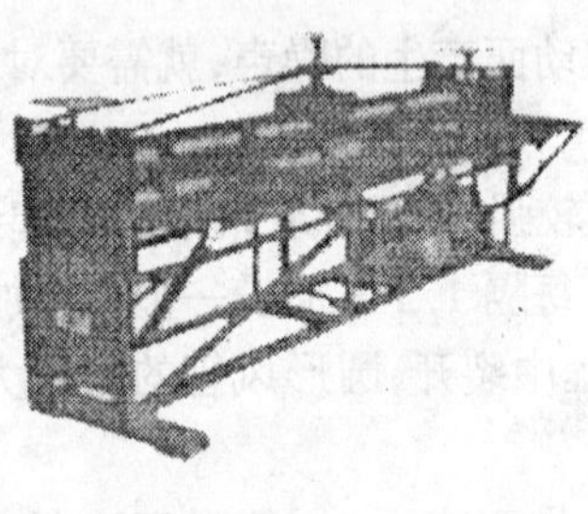

WXYJ 系列五线压筋机

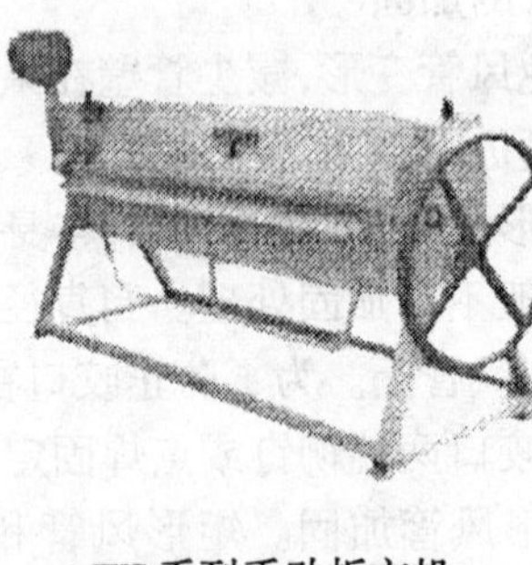

WS 系列手动折方机

图 7.1　制作圆形及矩形风管所使用的设备

1.矩形风管工艺流程

(1)角钢法兰连接:剪板机→直线咬口机→压筋机→手动折方机→弯头咬口机→液压铆接机

(2)插接式无法兰连接:剪板机→直线咬口机→压筋机→手动折方机→弯头咬口机→插接式咬口机→液压铆接机

(3)共板式无法兰连接:卷材数控剪切生产线→直线咬口机→弯头咬口机→无法兰组合

机→共板式无法兰手动折边机

2. 圆形风管工艺流程

(1)角钢法兰连接:剪板机→单平咬口机→薄板卷圆机→圆管合缝机→角钢卷圆机→液压铆接机→圆弯头咬口合缝机

(2)连接带无法兰连接:剪板机→单平咬口机→薄板卷圆机→圆管合缝机→金属护壳压箍机→液压铆接机→圆弯头咬口合缝机

7.1.1.3　金属风管和金属法兰连接风管的制作规定

(1)风管与配件的咬口缝应紧密、宽度应一致;折角应平直,圆弧应均匀;两端面平行。风管无明显扭曲与翘角;表面应平整,凹凸不大于 10 mm。

(2)风管外径或外边长的允许偏差:当小于或等于 300 mm 时,为 2 mm;当大于 300 mm 时,为 3 mm。管口平面度的允许偏差为 2 mm,矩形风管两条对角线长度之差不应大于 3 mm;圆形法兰任意正交直径之差不应大于 2 mm。

(3)焊接风管的焊缝应平整,不应有裂缝、凸瘤、穿透的夹渣、气孔及其他缺陷等,焊接后的板材的变形应矫正,并将焊渣及飞溅物清除干净。

(4)风管法兰的焊缝应熔合良好、饱满,无假焊和孔洞;法兰平面度的允许偏差为 2 mm,同一批加工的相同规格法兰的螺孔排列应一致,并具有互换性。

(5)风管与法兰采用铆接连接时,铆接应牢固,不应有脱铆和漏铆的现象;翻边应平整、紧贴法兰,其宽度应一致,且不应小于 6 mm:咬缝与四角处不应有开裂与孔洞。

(6)风管与法兰采用铆接连接时,风管端面不得高于法兰接口平面。除尘系统的风管,宜采用内侧满焊、外侧间断焊形式,风管端面距法兰接口平面不应小于 5 mm。

当风管与法兰采用点焊固定连接时,焊点应熔合良好,间距不应大于 100 mm;法兰与风管应有穿透的缝隙或孔洞。

7.1.2　螺旋缝钢板圆风管的制作

目前国内建筑安装单位加工通风空调工程中的圆形风管采用螺旋圆风管卷管机,如图 7.2 所示。它主要由三部分组成:

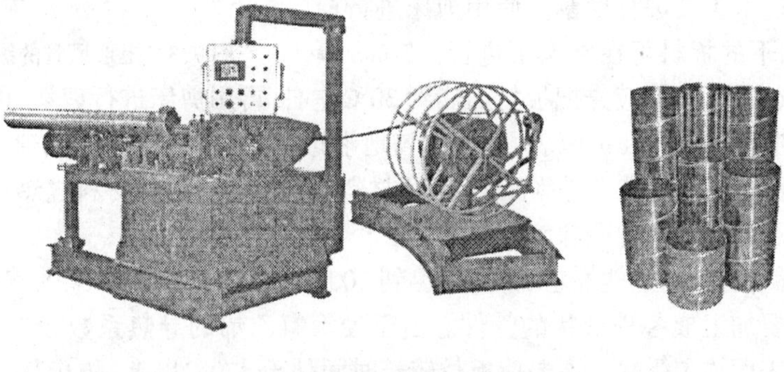

图 7.2　螺旋圆风管卷管机及其成品

(1)送料部分。即成卷的带钢盘及支架。

(2)咬口成型部分。在咬口成型箱内有数对轧辊,当带钢通过时其两侧边缘被轧出咬口。

(3)风管成型部分。把成卷带钢送入成型装置(螺旋套或胎芯),被卷绕成圆形并螺旋推进,咬口相咬合后由合口轮压紧,即成螺旋缝圆形风管。最后再经过砂轮割管机把风管按需要长度割断。

螺旋缝圆形风管的优点:

(1)咬口严密美观,结构强度高,刚度好,同样规格的风管,板材厚度可以减薄,用材节省;

(2)机械化生产效率可提高十几倍,减轻了劳动强度,大大减少了加工噪声;

(3)风管连续生产,成品长度长,安装接缝少,可减少漏风量。材料利用率高,无角废料;

(4)风管相接一般采用无法兰连接,减少扁钢、角钢用量。由于管壁较薄,质量轻,可适当加大支架间距。

7.1.3 硬聚氯乙烯风管制作

硬聚氯乙烯是以天然树脂或合成树脂为主要原料,加入填充剂、增塑剂、润滑剂、颜色等而制成的一种高分子有机物。它具有可塑性好、密度小、强度大、耐腐蚀、耐磨、隔声、绝热、绝缘、易切削以及易于塑制成型等优点,但是,它的热稳定性差,机械强度与温度有很大关系,在较低温度环境使用时性脆易裂,在较高温度使用时强度降低,故其使用在 - 10 ~ 60℃的范围内。使用硬聚氯乙烯塑料板制作的通风管道时,要求板材表面光滑平整、无裂纹、无气泡和无塑化的杂质,颜色为灰色,允许有轻微的色差、斑点和凹凸。

硬聚氯乙烯风管的加工工艺流程:

板材画线→板材切割→板材坡口→加热成型→手工焊接→安装法兰

硬聚氯乙烯展开画线的方法和金属风管相同,但在加热后再冷却时会出现收缩现象,所以在下料时要适当地放出余量来,在画线释放样时不要用金属划针或锯条,以免划伤表面。画线时,应按图纸尺寸,根据板材规格和现有加热箱的大小等具体情况,合理安排图形,尽量减少切割和焊缝,又要注意节省原材料;圆形风管管段在组对时应注意,将纵缝交错设置。矩形风管在展开画线时,不要将缝设在转角处。另外,应注意相邻两管段的纵缝不要在一条直线上,如图 7.3。

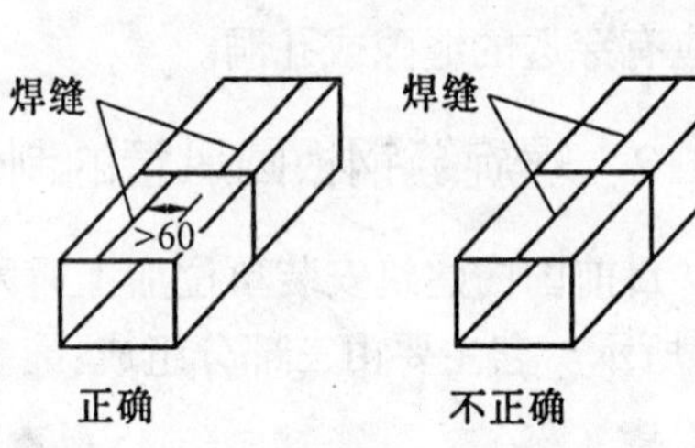

图 7.3 矩形风管的纵缝位置

在下料时,对需要加热成型的风管或板材可用剪床、圆盘锯或普通木工具进行切割。使用剪床进行剪切时,5 mm 厚以下的板材可在常温下进行。5 mm 厚以上的或冬天气温较低时,应先把板材加热到 30℃左右,再用剪床进行剪切,以免发生碎裂现象。锯割时,应将板材贴在锯床表面上,均匀地沿锯割线移动,锯割的线速度为每分钟 3 m 左右。在接近锯完时,应减少进锯压力,避免材料碎裂。为了避免材料过热造成的烧焦和黏住现象,可用压缩空气进行冷却。

硬聚氯乙烯塑料板为热塑性塑料,当加热到 100 ~ 150℃时,就形成柔软状态,可在不大的压力下,按需要加工成各种形状的管件。由于硬聚氯乙烯的导热系数较低,所以在加热时,应使板材的表面均匀受热。不要使板材较长时间处于 170℃以上,防止其在较高的温度状态下,形成韧性流动状态,产生膨胀、起泡、分层现象。

硬聚氯乙烯塑料板制成的风管或部件的缝隙,用塑料焊接来连接。根据塑料的物理性质,塑料加热到 190 ~ 200℃,可变成韧性流动状态,使用热空气加热板材和焊条,在风压的作用下,使塑料板材与焊条结合,使焊条填满焊缝。

矩形风管(板材厚度 5 mm 以上时)折方可用管式加热器,自动控制温度。加工时把管式加热器夹持在板材的折线上,形成窄长的加热区,因而其他部位不受影响,变形很小。这样加热后折角的风管表面色泽光亮,弯角圆滑,管壁平直,制作效率也高。

圆形风管和配件的加热成型,是在胎膜上进行的。当板材加热到柔软状态时,把板取出放在垫有帆布的木模上卷成圆管,图 7.4 为塑料板卷管示意图。

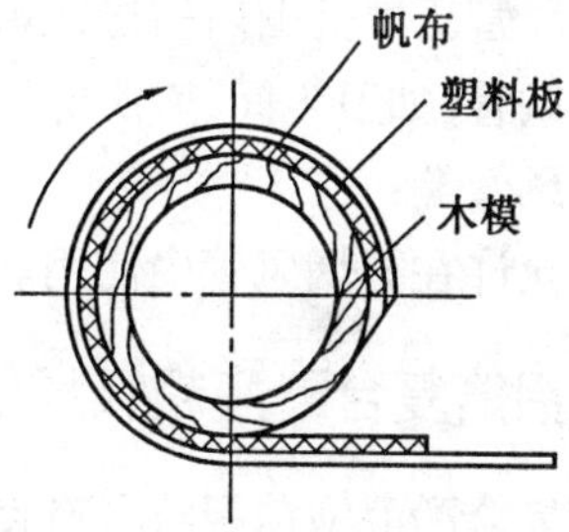

图 7.4　塑料板卷管示意图

塑料风管的连接都采用焊接。当矩形风管的大边或圆形风管的直径大于 630 mm 时,管段长度在 1.2 m 以上的均应设加固框。加固框的规格与采用的法兰规格相同。

圆形法兰加工时,将塑料板在锯床上锯成条形,再在坡口机上开出内圆的坡口,放到电热箱内加热到柔软状态,然后取出加热好的条形塑料板放到胎具上煨成圆形。胎具可根据法兰的厚度和内径做一块圆木板,板的外径等于法兰内径,并把圆木板钉在平板上。塑料条形板煨成圆形后,应用平钢板或其他重物把煨好的法兰压平,待冷凝定型后,再取出进行焊结和钻孔。直径较小的圆形法兰,可在车床上车制。矩形法兰加工制作首先将塑料板锯成条形,开好坡口,在平板上焊接。焊好的法兰,可用普通高速麻花钻头在台钻上钻孔,钻孔的切削速度为 500 ~ 700 m/min,钻头每转的进刀量为0.5 ~ 0.8 mm。为了避免塑料板过热,应间歇地提取钻头或用压缩空气进行冷却。

7.1.4　TB 系列复合玻纤板风管制作

TB 系列复合风管是集风道与保温材料为一体的新型环保风管,与其他保温风管相比,具有导热系数低、消音效果好、不燃、无毒、耐腐蚀、不易老化、安装简捷、质量轻、保温性能好、可以快捷简易地制作成直管、弯头、变径管、靴型管、T 型管等各种方形、矩形和多面形风管部件等优点。

TB 系列复合风管是以体积质量 76 kg/m^3,厚度 25 mm,长 2 400 mm 或 4 000 mm,宽 1 200 mm 的离心玻纤板为基础,(Ⅰ型)内覆玻璃纤维布,(Ⅱ型)内覆防潮耐火铝箔布,(Ⅲ型)内贴铝箔微穿孔,且都在外壁贴有防潮耐火铝箔布,(Ⅳ型)内覆玻璃布,外表面贴轧花薄铝板增加强度,防潮、防腐蚀、耐火性能强,(Ⅴ型)内外表面覆轧花薄铝板,防潮耐火强,内外专用阻燃黏结胶复合干燥后形成的高强度风管。复合玻纤板风管技术性能见表 7.1。

表 7.1　TB – 1 复合玻纤板风管技术性能

型　　号	TB – 1
板材密度/(kg·m^{-3})	76
最大风速/(m·s^{-1})	25
最高温度/℃	121
最大静压/Pa	– 500 ~ + 1 500
导热系数(70℃)/(W·m^{-1}·k^{-1})	≤0.042
吸音系数(0.1 ~ 5 kHz)	≥1.08

复合玻纤板风管应用及限制：

(1)在制作安装风管时，应使用专用的工具，确保风管的制作质量，使用寿命。

(2)风管的使用范围应按照以下区域进行划分：

①在风管压力范围内的送回风管；

②排风管(如卫生间、库房等)；

③新风管等；

④不允许在排烟风管中使用。

7.1.5　铝箔复合酚醛超级风管制作

铝箔复合酚醛泡沫板材具有良好的吸音性能，两侧为不燃压纹镀膜铝箔，中间为难燃酚醛泡沫材料。用其制的风管，在使用过程中不会产生共振噪声，并能吸收由于风机工作产生的噪声。由于用铝箔复合酚醛泡沫板材制作的风管光滑清洁，不会产生致病物质，不会因吸水而滋生细菌、蚊虫，更不会产生粉尘而影响人体健康。它的导热系数为 0.022 W/(m·k)，保温性能良好，不会产生结露、冷凝水而破坏室内装修。铝箔复合酚醛泡沫板材具有优良的抗燃烧性能，主要包括两个方面：一是防止火焰扩散，即自熄能力。二是材料本身的绝热性能，即使材料一侧着火，另一侧温度也不会升高而导致火势蔓延。用它可以方便地制成各种形状、用途的变管，如图 7.5 所示。

复合玻纤板风管制作：

(1)制作安装风管应使用专用的工具：45 度单刀、45 度双刀、直刀等。

(2)铝箔复合酚醛泡沫风管系统需要各种专用配件，如 PVC 接口法兰、PVC 插条、封口胶角、锌铁补偿角、铝制 U 形法兰、铝制 F 形法兰、铝支撑垫盘、支承杆涨塞、铝箔胶带等，如图 7.6。

图 7.5　各种变管的形状

图 7.6　专用配件

制作过程：

下料→涂胶→合管→压台→贴胶带→装法兰→密封

7.1.6　HY－PIR 空调保温风管的制作

HY－PIR 空调保温风管的材料是由 PIR 难燃硬质聚氨酯泡沫配以双面铝箔连续生产线

压制而成的夹芯保温板。它的高密度结构(40～50 kg/m^3)使其直接用于支撑管道,导热系数为0.022 W/(m·k),具有有效的保温隔热功能,防止风管表面结露,避免冷凝水对室内装饰及相关设施的危害;HY－PIR空调保温风管板材单位面积质量仅为1.4 kg/m^2,是铁皮风管的10%,可有效地降低建筑物的负荷,制管保温一次完成,且安装速度快,施工效率是传统产品的4～5倍,采用专用法兰保证了极佳的气密性,减少漏风,漏风测试结果表明,当风管内静压为1 500 Pa时仅为0.98 m^3/(h·m^2)。

HY－PIR空调保温风管的主要技术参数如表7.2所示。

表7.2　HY－PIR空调保温风管的主要技术参数

名　称	参　数	名　称	参　数
平均密度/(kg·m^{-3})	40～50	隔声量/dB	18
单位面积质量/(kg·m^{-2})	1.34～1.85	黏结抗拉强度/N	438
压缩强度/kPa	150～200	保温层阻燃等级	难燃BI
导热系数/(W·m^{-1}·k^{-1})	0.022～0.027	管道连接方式	法兰连接,直接黏合
弯曲强度/MPa	1.05	风管耐温范围/℃	－60～150
弯曲弹性模量/MPa	77.4		

风管的制作过程如图7.7所示。

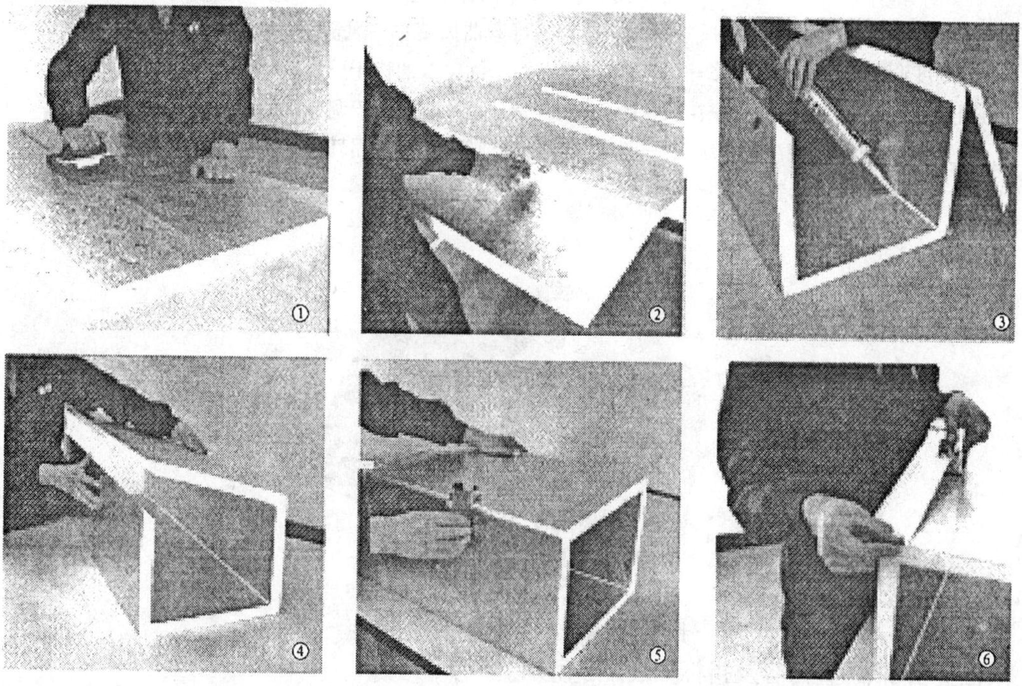

图7.7　HY－PIR风管的制作过程

7.1.7　整体风管系统制作

整体风管系统采用专业化的工业自动化的制作方法。其成品如图 7.8、7.9 所示。

L 板与 L 板咬边→装角码→贴法兰密封条→上螺栓螺帽→上法兰弹簧夹→法兰绝热→风管吊装→风管系统检测

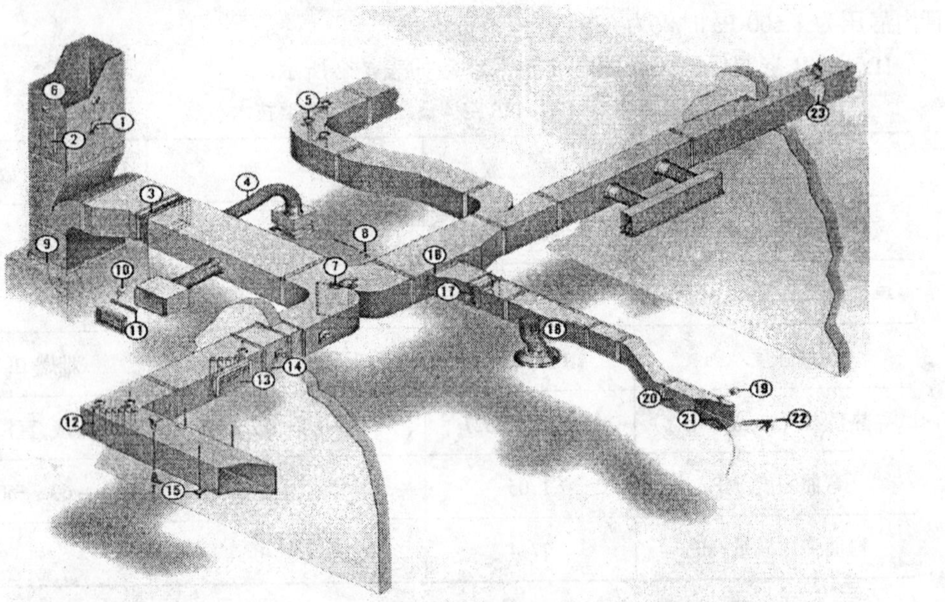

图 7.8　整体风管系统

1—检查点；2—检修孔；3—减震封闭连接；4—可弯曲风管；5—风流器扣钉；6—加强杆；7—风量刻度调节装置；8—法兰；9—设备连接；10—用于固定卡的快干胶；11—用于格栅风口的安装固定卡；12—转向叶片；13—在风管侧壁安装格栅风口；14—用于调节阀的安装固定；15—悬挂装置；16—支管连接法兰系统；17—组合式风量调节阀；18—紧固环；19—铝箔胶带；20—风管；21—黏合剂；22—密封胶；23—防水处理

图 7.9　标准化工业化制作的配件

检查项目、检查内容及指标如表 7.3 所示。

表 7.3　风管系统检测的项目、内容及指标

钢板用材	品种、规格、性能及厚度等应符合设计要求和现行风管国家标准之规定
强　　度	咬口及其他连接处以 1.5 倍工作压力试验应无张口、开裂等现象
严密性能	允许漏风量指标 低压系统风管　$Q_L \leqslant 0.105\,6p^{0.65}$ 中压系统风管　$Q_M \leqslant 0.035\,2p^{0.65}$ 高压系统风管　$Q_H \leqslant 0.011\,7p^{0.65}$ 式中　Q_L、Q_M、Q_H——系统风管在相应工作压力下，单位面积风管单位时间内的允许漏风量[$m^3/(h \cdot m^2)$]； p——风管系统的工作压力(Pa)
连接性能	咬口缝应错开，不得有十字形拼接缝
加固性能	风管边长大于 800 mm；管段长大于 1 250 mm；低压风管单边面积大于 1.0 m^2；中、高压风管单边平面积大于 10 m^2 时，均采取加固措施
尺寸与外观	1.风管与配件的咬口缝应紧密、宽度应一致，折角应平直，圆弧应均匀，两端面平行； 2.风管无明显扭曲与翘角；表面应平整，凸凹不大于 10 mm； 3.风管外径或外径边长的允许偏差：当小于等于 300 mm 时，为 2 mm；当大于 300 mm 时，为 3 mm； 4.风管管口平面的允许偏差为 2 mm； 5.矩形风管两条对角线的长度之差不应大于 3 mm； 6.共板法兰的折边应平直，弯曲度不应大于 5/1 000； 7.角件与共板法兰四角接口的固定应稳定、紧贴，端面应平整，相连处不应有缝隙大于 2 mm 的连续透缝
绝热性能	1.应采用不燃或难燃材料绝热； 2.电加热器前后 800 mm 的风管绝热层必须使用不燃材料； 3.黏结剂及其他辅材之性能应与绝热主材匹配； 4.绝热层纵、横向缝应错开； 5.共板法兰部位的绝热层厚度不应低于风管绝热层的 0.8 倍

7.1.8　风管制作的规定

7.1.8.1　风管系统类别的划分

风管系统按其系统的工作压力划分为三个类别，其类别划分应符合表 7.4 的规定。

表 7.4　风管系统类别的划分

系统类别	系统工作压力 p/Pa	密封要求
低压系统	$p \leqslant 500$	接缝和接管处严密
中压系统	$500 < p \leqslant 1500$	接缝和接管连接处增加密封措施
高压系统	$p > 1500$	所有的拼接缝和接管连接处，均应采取密封措施

7.1.8.2　风管的厚度

风管的厚度应符合设计和现行国家标准规定。当设计无规定时，钢板或镀锌板的厚度

不得小于表 7.5 中的规定；不锈钢板的厚度不得小于表 7.6 中的规定；铝板的厚度不得小于表 7.7 中的规定。

表 7.5　钢板风管板材的厚度　　mm

风管直径 D 或长边尺寸 b	圆形风管	矩形风管		除尘系统风管
		中、低压系统	高压系统	1.5
$D(b) \leqslant 320$	0.5	0.5	0.75	1.5
$320 < D(b) \leqslant 450$	0.6	0.6	0.75	2.0
$450 < D(b) \leqslant 630$	0.6	0.6	0.75	2.0
$630 < D(b) \leqslant 1\ 000$	0.75	0.75	1.0	2.0
$1\ 000 < D(b) \leqslant 1\ 250$	1.0	1.0	1.0	2.0
$1\ 250 < D(b) \leqslant 2\ 000$	1.0	1.0	1.2	按设计
$20\ 00D(b) \leqslant 4\ 000$	按设计	1.2	按设计	按设计

注：1. 螺旋风管的钢板厚度可适当减小 10%～15%。

2. 排烟系统风管钢板厚度可按高压系统选取。

3. 特殊除尘系统风管钢材厚度应符合设计要求。

4. 不适合用于地下人防与防火隔墙的预埋管。

表 7.6　高、中、低压系统不锈钢板风管板材厚度　　mm

风管直径 D 或长边尺寸 b	不锈钢板厚度
$D(b) \leqslant 500$	0.5
$500 < D(b) \leqslant 1\ 120$	0.75
$1\ 120 < D(b) \leqslant 2\ 000$	1.0
$2\ 000 < D(b) \leqslant 4\ 000$	1.2

表 7.7　中、低压系统铝板风管板材厚度　　mm

风管直径 D 或长边尺寸 b	铝板厚度
$D(b) \leqslant 320$	1.0
$320 < D(b) \leqslant 630$	1.5
$630 < D(b) \leqslant 2\ 000$	2.0
$2\ 000 < D(b) \leqslant 4\ 000$	按设计

7.1.8.3　硬聚氯乙烯风管的板材的厚度

硬聚氯乙烯风管的板材的厚度不得小于表 7.8 或表 7.9 中的规定；有机玻璃钢风管板材的厚度应符合表 7.10 的规定，无机玻璃钢风管板材的厚度应符合表 7.11 的规定，相应的玻璃布层数不应小于表 7.12 中的规定，其表面不得出现返卤或严重泛霜。

表 7.8　中、低压系统硬聚氯乙烯圆形风管板材厚度　　mm

风管直径 D	板材厚度
$D \leqslant 320$	3.0
$320 < D \leqslant 630$	4.0
$630 < D \leqslant 1\ 000$	5.0
$1\ 000 < D \leqslant 2\ 000$	6.0

表 7.9　中、低压系统硬聚氯乙烯矩形风管板材厚度　　mm

风管长边尺寸 b	板材厚度
$b \leqslant 320$	3.0
$320 < b \leqslant 630$	4.0
$630 < b \leqslant 1\,000$	5.0
$1\,000 < b \leqslant 2\,000$	6.0

表 7.10　中、低压系统有机玻璃风管板材厚度　　mm

风管直径 D 或风管长边尺寸 b	板材厚度
$D(b) \leqslant 200$	2.5
$200 < D(b) \leqslant 400$	3.2
$400 < D(b) \leqslant 630$	4.0
$630D < (b) \leqslant 1\,000$	4.8
$1\,000 < D(b) \leqslant 2\,000$	6.2

表 7.11　中、低压系统无机玻璃钢风管板材厚度　　mm

风管直径 D 或风管长边尺寸 b	板材厚度
$D(b) \leqslant 300$	2.5 ~ 3.5
$300 < D(b) \leqslant 500$	3.5 ~ 4.5
$500 < D(b) \leqslant 1\,000$	4.5 ~ 5.5
$1000 < D(b) \leqslant 1\,500$	5.5 ~ 6.5
$1\,500 < D(b) \leqslant 2\,000$	6.5 ~ 7.5
$D(b) > 2\,000$	7.5 ~ 8.5

表 7.12　中、低压系统无机玻璃钢风管玻璃纤维布厚度与层数　　mm

风管直径 D 或风管长边尺寸 b	风管管体玻璃纤维布厚度		风管法兰玻璃纤维布厚度	
	0.3	0.4	0.3	0.4
	玻璃布层数			
$D(b) \leqslant 300$	5	4	8	7
$300 < D(b) \leqslant 500$	7	5	10	8
$500 < D(b) \leqslant 1\,000$	8	6	13	9
$1\,000 < D(b) \leqslant 1\,500$	9	7	14	10
$1\,500 < D(b) \leqslant 2\,000$	12	8	16	14
$D(b) > 2\,000$	14	9	20	16

7.1.8.4 风管工艺性的检测或验证

风管必须通过工艺性的检测或验证。风管强度和严密性要求应符合设计或下列规定。

(1)风管的强度应保证其在1.5倍工作压力下接缝处无开裂；

(2)矩形风管的允许漏风量应符合以下规定：

低压系统风管　$Q_L \leqslant 0.1056p^{0.65}$

中压系统风管　$Q_M \leqslant 0.0352p^{0.65}$

高压系统风管　$Q_H \leqslant 0.0117p^{0.65}$

式中　Q_L、Q_M、Q_H——系统风管在相应工作压力下，单位面积风管单位时间内的允许漏风量[$m^3/(h \cdot m^2)$]；

p——风管系统的工作压力(Pa)。

(3)低压、中压圆形金属风管、复合材料风管以及采用非法兰形式的非金属风管的允许漏风量，应为矩形风管规定值得50%；

(4)砖、混凝土风道的允许漏风量不应大于矩形低压系统风管规定的1.5倍；

(5)排烟、除尘、低温送风系统按中压系统风管的规定，1～5级净化空调系统按高压系统风管的规定。

7.1.8.5 金属风管的连接规定

(1)风管板材拼接的咬口缝应错开，不得有十字形拼接缝。

(2)金属风管法兰材料规格不应小于表7.13或表7.14中的规定。中、低压系统风管法兰的螺栓及铆钉孔距不得大于150 mm；高压系统风管不得大于100 mm。矩形风管法兰的四角部位应设有螺孔。

表7.13　金属圆形风管法兰及螺栓规格　　mm

风管直径 D	法兰材料规格		螺栓规格
	扁　钢	角　钢	
$D \leqslant 140$	20×4	—	M6
$140 < D \leqslant 280$	25×4	—	
$280 < D \leqslant 630$	—	25×3	
$630 < D \leqslant 1\,250$	—	30×4	M8
$1\,250 < D \leqslant 2\,000$	—	40×4	

表7.14　金属矩形风管法兰及螺栓规格　　mm

风管长边尺寸 b	法兰材料规格加工(角钢)	螺栓规格
$b \leqslant 630$	25×3	M6
$630 < b \leqslant 1\,500$	30×3	M8
$1\,500 < b \leqslant 2\,500$	40×4	
$2\,500 < b \leqslant 4\,000$	50×5	M10

(3)当采用加固方法提高风管法兰部位的强度时,其法兰材料规格相应的使用条件可适当放宽。

(4)共板法兰连接风管的薄钢板法兰高度可以参照金属法兰风管的规定执行。

7.1.8.6　非金属(硬聚氯乙烯、有机、无机玻璃钢)风管的连接规定

法兰的规格应分别符合表 7.15、表 7.16 中的规定,其螺栓的间距不得大于 120 mm;矩形风管法兰的四角处应设有螺栓。

表 7.15　硬聚氯乙烯圆形风管法兰规格

mm

<table>
<tr><th>风管直径 D</th><th>材料规格
(宽×厚)</th><th>连接螺栓</th><th>风管直径 D</th><th>材料规格
(宽×厚)</th><th>连接螺栓</th></tr>
<tr><td>$D \leqslant 180$</td><td>35×6</td><td>M6</td><td>$800 < D \leqslant 1400$</td><td>45×12</td><td rowspan="3">M10</td></tr>
<tr><td>$180 < D \leqslant 400$</td><td>35×8</td><td rowspan="3">M8</td><td>$1\,400 < D \leqslant 1\,600$</td><td>50×15</td></tr>
<tr><td>$400 < D \leqslant 500$</td><td>35×10</td><td>$1\,600 < D \leqslant 2\,000$</td><td>60×15</td></tr>
<tr><td>$500 < D \leqslant 800$</td><td>40×10</td><td>$D > 2000$</td><td colspan="2">按设计</td></tr>
</table>

表 7.16　有机玻璃钢风管法兰规格

mm

<table>
<tr><th>风管直径 D 或风管长边尺寸 b</th><th>材料规格(宽×厚)</th><th>连接螺栓</th></tr>
<tr><td>$D(b) \leqslant 400$</td><td>30×4</td><td rowspan="2">M8</td></tr>
<tr><td>$400 < D(b) \leqslant 1\,000$</td><td>40×6</td></tr>
<tr><td>$1\,000 < D(b) \leqslant 2\,000$</td><td>50×8</td><td>M10</td></tr>
</table>

7.1.8.7　复合材料风管

采用法兰连接时,法兰与风管板材要连接可靠,其绝热层不得外露,不得采用降低板材强度和绝热性能的连接方法。

7.1.8.8　金属风管的加固规定

(1)圆形风管(不包括螺旋风管)直径大于等于 800 mm,且其管段长度大于 1 250 mm 或总表面积大于 4 m^2 时,均应采取加固措施;

(2)矩形风管边长大于 630 mm,保温风管边长大于 800 mm,管段长度大于 1 250 mm 或低压风管单边平面积大于 1.2 m^2,中、高压风管大于 1.0 m^2 时,均应采取加固措施。

7.1.8.9　非金属管的加固规定

非金属管的加固除应满足金属风管加固的规定外还应符合下列规定。

(1)硬聚氯乙烯风管的直径或边长大于 500 mm 时,其风管与法兰的连接处应设加强板,且间距不得大于 450 mm;

(2)有机及无机玻璃钢风管的加固,应用本体材料或具有防腐性能的材料,并与风管成为一整体。

(3)矩形风管弯管的制作,一般应采用曲率半径为一个平面边长的内外同心弧形弯管。当采用其他的弯管,且平面边长大于 500 mm 时,必须设置弯管导流片。

7.1.8.10　净化空调系统风管

(1)矩形风管边长小于或等于 900 mm 时,底面板不应有拼接缝;大于 900 mm 时,不应有横向拼接缝;

(2)风管所用的螺栓、螺母、垫圈和铆钉均采用与管材性能相匹配、不会产生电化学腐蚀的材料,或采取镀锌或其他防腐措施,但不得采用抽芯铆钉;

(3)不应在风管内设置加固筋,风管无法兰连接时不得使用 S 形插条、直角形插条及立联合角形插条等;

(4)空气洁净度等级为 1 ~ 5 级的净化空调系统风管不得采用按扣式咬口;

(5)清洗风管不得使用对人体和材料有危害的清洁剂;

(6)镀锌钢板风管不得有镀锌层严重损坏的现象,如表面大面积白花、锌层粉化等。

7.1.9　风管部件的制作

7.1.9.1　风口的工艺流程

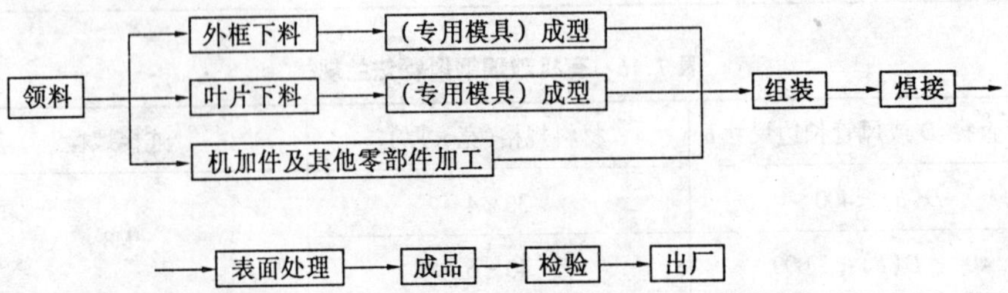

(1)领料。风口的制作应按其类型、规格、使用要求选用不同的材料。

(2)下料、成型。

①风口的部件下料及成型应使用专用模具完成。

②铝制风口所需材料为型材,其下料成型处应使用专用模具,还应配备专用的铝材切割机具。

(3)组装。

①风口的部件成型后组装,应有专用的工具,以保证产品质量。产品组装后,应进行检验。

②风口表面应平整,与设计尺寸的偏差不应大于 2 mm,矩形风口两对角线之差不应大于 3 mm;圆形风口任意两正交直径的允许偏差不应大于 2 mm。

③风口的转动调节部分应灵活,叶片应平直,不得与边框碰撞,喷漆或烤漆应在组装前进行,防止漆膜黏结影响转动。

④插板式及活动箅板式风口,其插板、箅板应平整,边缘光滑,拉动灵活。活动箅板式风口组装后应能达到全开和闭合的要求。

⑤百叶风口的叶片间距应均匀,两端轴的中心应在同一直线上。手动式风口叶片与边框铆接应松紧适当。

⑥散流器的扩散环和调节环应同轴,径向间距分布均匀。叶片与骨架铆接后,叶片之间再互铆。

⑦孔板式风口,孔口不得有毛刺,孔径和孔距应符合设计要求。

⑧旋转式风口活动件应轻便灵活。

⑨球形风口内外球面间的配合应松紧适度,转动自如,风量调节片应能有效地调节风量。

⑩风口活动部分,如轴、轴套的配合等,应松紧适宜,并应在装配完成后加注润滑油。

(4)焊接。

①钢制风口组装后的焊接可根据不同材料,选择气焊或电焊的焊接方式。铝制风口应采用氩弧焊接。

②焊接均应在非装饰面进行,不得对装饰面外观产生不良影响。

③焊接完成后,应对风口进行一次调整。

(5)表面处理。

①风口的表面处理,应满足设计及使用要求,可根据不同材料选择如喷漆、喷塑、氧化等方式。

②如风口规格较大,应对叶片及外框采取加固补强措施。

7.1.9.2　风阀的工艺流程

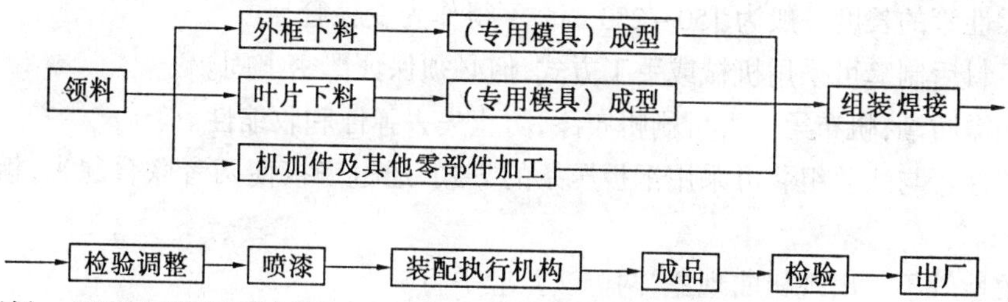

(1)领料。风阀制作所需材料应根据不同类型严格选用。

(2)下料、成型。外框及叶片下料应使用机械完成,成型应尽量采用专用模具。

(3)零部件加工。风阀内的转动部件宜采用有色金属制作,以防止锈蚀。

(4)焊接组装。

①外框焊接可采用气焊或电焊方式,并保证使其焊接变形控制在最小限度。

②风阀组装应按照规定的程序进行,阀门的制作应牢固,调节和制作装置应准确、灵活、可靠,并标明阀门的启闭方向。

③多叶片风阀叶片关闭时相互贴合,间距均匀,搭接一致。

④止回阀阀轴必须灵活,阀板关闭严密,转动轴采用不易锈蚀的材料制作。

⑤防火阀制作所用钢材厚度不得小于2mm,转动部件在任何时候都应转动灵活。易熔片应为批准的并经检验合格的正规产品,其熔点温度的允许偏差为 -2℃。

(5)风阀组装完成后应进行调整和检验,并根据要求进行防腐处理。

(6)若风阀规格过大,可将其割成若干个小规格的阀门制作。

(7)防火阀在阀体制作完成后要加装执行机构并逐台进行检验。

7.1.9.3　罩类的工艺流程

领料→下料→成型→组装→成品→检验→出厂

(1)领料。罩类部件根据不同要求可选用普通钢板、镀锌钢板、不锈钢板及聚氯乙烯板等材料制作。

(2)下料。根据不同的罩类型式放样后下料,并尽量采用机械加工方式。

(3)成型、组装。

①罩类部件的组装根据所用材料及使用要求,可采用咬接、焊接等方式。

②用于排出蒸汽或其他潮湿气体的伞形罩,应在罩口内边采取排除凝结液体的措施。

③排气罩的扩散角不应大于60°。

④如有要求,在罩类中还应加有调节阀、自动报警、自动灭火、过滤、集油装置及设备。

7.1.9.4　风帽的工艺流程

领料→下料→成型→组装→成品→检验→出厂

(1)风帽的制作应严格按照国标要求进行。

(2)风帽的制作可采用镀锌板材、普通钢板及其他适宜的材料。

(3)风帽的形状应规整,旋转风帽重心应平衡。

7.1.9.5　柔性管

(1)柔性管制作可选用人造革、帆布、树脂玻璃布、软橡胶板、增强石棉布等材料。

(2)柔性管的长度一般为150~250 mm,不得作为变径管。

(3)下料后制缝可采用机械或手工方式,但必须保证严密牢固。

(4)如需防潮,帆布柔性管可刷帆布漆,防止失去弹性和收缩性。

(5)柔性管与法兰组装可采用钢板压条的方式,通过铆接使两者联合起来,铆接间距为60~80 mm。

(6)柔性管不得出现扭曲现象,两侧法兰应平行。

7.1.9.6　三通管及变径管

在管道工程中,管径100 mm以下的管道采用螺纹连接时,可以选用带有螺纹的各种管配件。管径100 mm以上的管子均采用焊接,而相应需要的管件,例如三通管和变径管等,以前都要在现场制作,现在这些连接件采用全自动设备(见图7.10),提高了安装速度。三通及变径管的生产全过程完全由电脑控制,能够生产出各种形状的三通及变径管(如图7.11)。打开制作三通管及变径管的专用软件后,只需要把要生产的管配件代号、尺寸输入电脑就可以生产出所需要的管配件。

图7.10　等离子全自动生产设备

丁字三通　　变径管

图7.11　三通及变径管

7.1.10　风管部件安装的规定

7.1.10.1　手动单叶片或多叶片调节风阀

(1)结构应牢固,启闭应灵活,法兰应与相应材质风管一致;

(2)叶片的搭接应贴合一致,与阀体的缝隙应小于2 mm;

①启闭灵活,关闭时应密封;

②阀叶的转轴、铰链应采用不锈蚀的材料制成,保证转动灵活、耐用;

③阀片的强度应保证其在最大负荷压力下不弯曲变形;

④水平安装的止回阀应有可靠的平衡调节机构。

7.1.10.2　插板风阀

(1)壳体应严密,内壁应作防腐处理;

(2)插板应平整,启闭灵活,并有可靠的定位固定装置;

(3)斜插板风阀的上下接管应成一直线。

7.1.10.3　三通调节风阀

(1)拉杆或手柄的转轴与风管的结合处应严密;

(2)拉杆可在任意位置上固定,手柄开关应标明调节的角度;

(3)阀板调节方便,并不与风管相碰擦。

7.1.10.4　矩形弯管导流叶片

矩形弯管导流叶片的迎风侧边缘应圆滑,固定应牢固。导流叶片的弧度应与弯管的弧度相一致。导流叶片的分布应符合设计规定。当导流叶片的长度超过 1 250 mm 时,应有加固措施。

7.1.10.5　柔性接管

(1)选用防腐、防潮、不透气、不易霉变的柔性材料。用于空调系统的应采取防止结露的措施;用于洁净空调系统的应是内壁光滑、不易产生尘埃的材料;防排烟系统柔性短管的制作材料必须为不燃材料;

(2)柔性短管的长度,一般宜为 150 ~ 300 mm,其连接处应严密、牢固可靠;

(3)柔性短管不宜作为找正、找平的异径连接管;

(4)设于结构变形缝的柔性短管,其长度宜为变形缝的宽度加 100 mm 及以上。

7.1.10.6　消声器

(1)风管边长大于 800 mm 时,应加设吸声导流叶片;消声器内直接迎面的布质覆面层应有保护措施;净化空调系统消声器的覆面应为不易产尘的材料。

(2)填充的消声材料,应按规定的密度均匀铺设,并应有防止下沉的措施。消声材料的覆盖面不得破损,搭接应顺气流,且应拉紧,界面无毛边;

(3)壁板与壁板结合处应紧贴、严密;穿孔板应平整、无毛刺,其孔径和穿孔率应符合设计的要求。

7.2　风管系统安装

通风空调系统的安装与建筑物的施工进度以及有关工艺设备的安装情况有密切的关系,必须考虑它们之间的施工配合,在安装前应对到货的设备和加工成品进行检验并对现场进行检查,现场测绘及绘制安装简图。

7.2.1　风管的安装、固定

根据建筑物内通风系统的布置情况，可分别采用整体吊装和分段吊装的方法。一般可先在地面上将风管连接成 10 ~ 12 m 左右一段进行吊装，然后按干、支、立管的顺序进行组装。

(1)在现场安装的风管主要采用法兰连接。接口处应加垫片。螺帽应放在法兰同一侧，要十字交叉对称地均匀拧紧。螺旋风管安装宜采用无法兰连接，其支架间距可适当放大，一般通风系统也可采用无法兰连接及其其他几种连接方法。

(2)风管一般都是沿室内楼板、靠墙或柱子敷设，有的是主管设在技术夹层内。它需要各种形式的支架将风管固定支撑在一定空间位置，风管支架的型式有吊架、托架和立管架等。

(3)圆风管无法兰连接。圆风管的无法兰连接在国外是近几十年发展起来的，在国内已得到应用。主要应用于一般排风系统的钢板圆风管和螺旋缝风管的连接，其连接形式有两种：

①抱箍式无法兰连接(图 7.12)。先把每一管段的两端轧制出鼓筋，并把其一端缩为小口，这样成为一端大一端小。安装时按气流方向把小口插入大口，外面用钢板抱箍将两个管端的鼓抱紧，抱箍均用特制压型机轧制而成。钢板抱箍应先根据连接管的直径加工成一个整体圆环，轧制好鼓筋后再割成两半，最后焊上耳环。抱箍式无法兰连接工艺采用集中加工组排，现场对号安装的方法。由于抱箍和管端的鼓筋有制作误差，使夹紧螺栓不易拧上螺帽，尤其以 D < 300 mm 的风管较为严重，所以采用专用夹具夹紧抱箍，另外将一个耳环改焊为一个螺帽，这样可使安装方便简单。

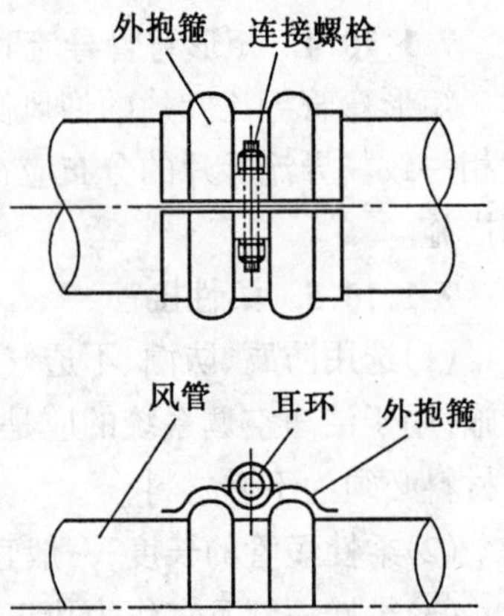

图 7.12　抱箍式无法兰连接

②插接式无法兰连接(图 7.13)。主要加工中间联结短管，短管两端分别插入两侧管端，再用自攻螺栓或拉拔铆钉将其紧密固定。还有一种是在内接管加工有凹槽，内嵌胶垫圈，风管插入时与内壁挤紧。

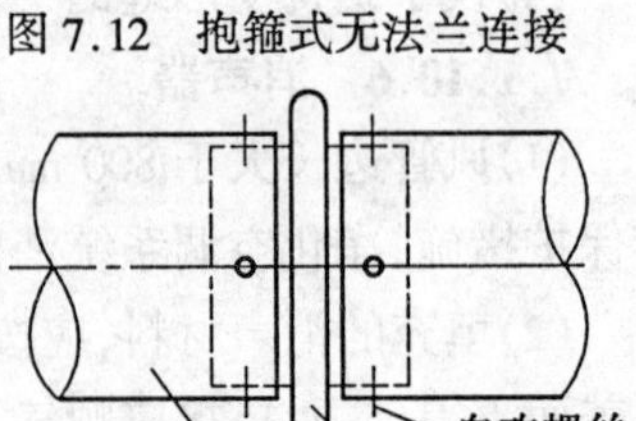

图 7.13　插接式无法兰连接

圆风管无法兰连接和法兰连接相比有下列优点：①节省角钢、法兰螺栓、铆钉等材料；②减少安装工作量，减轻劳动强度，提高工作效率，连接质量好；③便于集中预制，成批生产，加工工艺简单，易于掌握，加快了施工进度；④由于风管壁较薄，又采用无法兰连接，所以质量轻，可适当减少支架，加大支架间距。

若由于加工上的原因，管件连接不够严密，则可在接口处用密封胶带封上，或涂以密封胶。

7.2.2 风管系统安装的规定

7.2.2.1 风管穿过需要密封的防火、防爆的墙体或楼板的施工要求

应设预埋管或防护套管，其钢板厚度不应小于 1.6 mm。风管与防护套管之间，应用不燃且对人体无害的柔性材料封堵。

7.2.2.2 风管安装的规定

(1)风管安装前，应清除内、外杂物，并做好清洁和保护工作；

(2)风管安装的位置、标高、走向，应符合设计要求。现场风管接口的配置，不得缩小其有效截面；

(3)连接法兰的螺栓应均匀拧紧，其螺母宜在同一侧；

(4)风管接口的连接应严密、牢固。风管法兰的垫片材质应符合系统功能的要求，厚度不应小于 3 mm。垫片不应凸入管内，亦不宜突出法兰外；

(5)柔性短管的安装，应松紧适度，无明显扭曲；

(6)可伸缩性金属或非金属软风管的长度不宜超过 2 m，并不应有死弯或塌凹；

(7)风管与砖、混凝土风道的连接接口，应顺着气流方向插入，并应采取密封措施。风管穿出屋面处应设有防雨装置；

(8)不锈钢板、铝板风管与碳素钢支架的接触处，应有隔绝或防腐绝缘措施。

7.2.2.3 净化空调系统风管的安装规定

(1)风管、静压箱及其他部位，必须擦拭干净，做到无油污和浮尘，当施工停顿或完毕时，端口应密封好；

(2)法兰垫料应为不产尘、不易老化和具有一定强度和弹性的材料，厚度为 5 ~ 8 mm，不得采用乳胶海绵；法兰垫片应尽量减少拼接，并不允许直缝对接连接，严禁在垫料表面涂涂料；

(3)风管与洁净室吊顶、隔墙等围护结构的接缝处应严密。

7.2.2.4 风管支、吊架的安装规定

(1)风管水平安装，直径或边长尺寸小于等于 400 mm 时，间距不应大于 4 m，大于 400 mm 时，不应大于 3 m。螺旋风管的支、吊架间距不应大于 3 m。

(2)风管垂直安装，间距不应大于 4 m，单根直管至少应有 2 个固定点。

(3)风管支、吊架宜按国标图集与规范选用强度和刚度相适应的型式和规格。对于直径或边长大于 2 500 mm 的超宽、超重等特殊风管的支、吊架应按设计规定选取。

(4)支、吊架不宜设置在风口、阀门、检查门及自控机构处，离风口或插接管的距离不宜小于 200 mm。

(5)当水平悬吊的主、干风管的长度超过 20 m 时，应设置防止摆动的固定点，每个系统不应少于 1 个。

(6)吊架的螺栓应采用机械加工。吊杆应平直，螺纹完整、光洁。安装后各支、吊架的受力应均匀，无明显变形。

(7)抱箍支架，折角应平直，抱箍应紧贴并箍紧风管。安装在支架上的圆形风管应设托座和抱箍，其圆弧均匀，且与风管外径相一致。

7.2.2.5 非金属风管的安装规定

(1)风管连接两法兰端面应平行、严密,法兰螺栓两侧应加镀锌垫圈;

(2)应适当增加吊、支架与水平风管的接触面积;

(3)硬聚氯乙烯风管的直段连续长度大于 20 m 时,应按设计要求设置伸缩节;支管的重量不得由干管承受,必须自行设置支、吊架;

(4)风管垂直安装,支架间距不应大于 3 m。

7.2.2.6 复合材料风管的安装规定

(1)复合材料风管的连接处,接缝应牢固,无空洞和开裂。当采用插接连接时,接口应匹配、无松动,端口缝隙不应大于 5 mm;

(2)采用法兰连接时,应有防冷桥的措施;

(3)支、吊架的安装宜按产品标准的规定执行。

7.2.2.7 风管系统安装完毕后的严密性检验

应按系统类别进行严密性检验,漏风量应符合设计与规范的规定。风管的严密性检验应符合下列规定:

(1)低压系统风管的严密性检验应采用抽检方式,抽检率为 5%,且不得小于 1 个系统。

(2)中压系统风管的严密性检验,应在漏光法检测合格后,对系统漏风量测试进行抽检,抽检率为 20%,且不得少于一个系统。

(3)高压系统风管的严密性检验,为全数进行漏风量测试。

(4)净化空调系统风管的严密性检验,1 ~ 5 级的系统按高压系统风管的规定执行。系统风管的严密性检验的被抽查系统,应全数合格,则视为通过;如有不合格时,则应再加倍抽检,直至全数合格。

7.3 通风空调设备安装

7.3.1 风机盘管的安装

风机盘管机组是空调系统的末端机组之一,就是将通风机、换热器及过滤器等组成一体的空气调节设备。风机盘管机组中风机不断地循环所在房间内的空气,使空气通过供冷水或供热水的换热器,空气被冷却或加热,以保证室内温度。在风机吸风口外设有空气过滤器,用以过滤被吸入空气中的尘埃,一方面改善房间的卫生条件,提高空气清洁度;另一方面也保护了换热器不被尘埃所堵塞。换热器在夏季可以除去室内的湿气,维持房间的一定的相对湿度。换热器表面的凝结水滴入接水盘内,然后不断地被排入地下水管道中。

7.3.1.1 风机盘管机组的型式分类

按结构型式分类:有立式、卧式、吊式和卡式等。

按安装方式分类:有明装、暗装。

按出风方式分类:有上出风、斜出风、前出风和下出风四种。

按进水方式分类:有左进、右进和后进水。

风机盘管机组的类型和使用范围见表 7.17,风机盘管机组型号的表示方法见表 7.18。

表 7.17　风机盘管机组的类型和使用范围

分类	型式	特　　点	使　用　范　围
风机类型	离心式风机	前向多翼型，效率较高。每台机组的风机单独控制，采用单相电容调速低噪声电机，转速、风量有高、中、低三档	宾馆客房、办公室、写字楼等
	贯流式风机	前向多翼型，端面封闭，全压系数较大，效率较低，进、出风口易于建筑物相配合，调节方法同上	为配合建筑布置时用
结构型式	立式	暗装可安在窗台下方，出风口向上、向前或向斜上，可省去吊顶	要求地面安装。适用于全玻璃结构的建筑物和一些公共场所以及工业建筑。北方冬季停开风机作散热器用
	卧式	节省建筑面积，可与室内建筑装饰布置相协调，须用吊顶和通道间	宾馆客房、医院等。北方冬季停开风机作散热器用
	立柱式	占地面积小；安装、维修、维修、管理方便；冬季可靠机组自然对流散热；可节省管道与吊顶；造价较贵	宾馆客房、医院等。北方冬季停开风机作散热器用
	顶棚式	节省建筑面积，可与室内建筑装饰相协调，维护方便	办公楼、商业建筑等

表 7.18　风机盘管机组型号表示方法

型号表示方法 \ 产品型号	风机盘管空调机组	名义风量	结构型式		安装方式		出风方向			进水方向		
	FP	数字/$10^2(m^3\cdot h^{-1})$	立式	卧式	明装	暗装	上出风	斜出风	前出风	左进水	右进水	后进水
			L	W	M	A	S	X	Q	Z	Y	H
示例 1： FP－6.3LM 表示名义风量为 630 m³/h、立式、明装、斜出风、右进水的风机盘管	FP	6.3	L		M							
示例 2： FP－5LA 表示名义风量为 500 m³/h、立式、暗装、前出风、左进水的风机盘管	FP	5	L			A			Q	Z		

7.3.1.2　工艺流程

[预检] → [施工准备] → [电机检查试转] → [表冷器水压检验] → [吊架制安] → [风机盘管安装] → [连接配管] → [检验]

7.3.1.3 风机盘管机组的检验

(1)风机盘管在安装前应检查每台电机壳体及换热器表面有无损伤、锈蚀等缺陷。

(2)风机盘管应逐台进行通电试验检查,机械部分不得摩擦,电气部分不得漏电。机组安装前应进行单机三速试运转。

(3)风机盘管应逐台进行水压试验,试验压力应为工作压力的1.5倍,定压后观察2~3 min,不渗不漏为合格。

(4)卧式吊装风机盘管应符合建筑物承重要求,吊架安装应平整牢固,位置正确。吊杆不应自由摆动,吊杆与托盘的连接应用双螺母紧固,并找平找正。

(5)悬吊安装的大型风机盘管,其吊杆或支架的固定螺栓应有放松装置。

(6)立式风机盘管安装应坚固,位置及高度应正确。

7.3.2 通风机安装

7.3.2.1 通风机

通风机是机械通风和空调机组送风的主要设备。通风机的类型是多种多样的。

1.轴流式风机

轴流式风机安装简单,直接与风管相连,占用空间较小,因此其用途极为广泛。在侧墙上安装的排风扇也属于轴流风机的一种类型。

2.离心式风机

离心式风机的一个显著特点是风量、风压的范围都较广,因此对各类通风系统所要求的参数都有较大的适用性。

3.斜流及混流式风机

这两种风机在外形上与轴流式风机类似,都属于管道式风机的范围,但它们工作原理却与轴流式风机不相同。它们通过对于叶片形状的改变,使其气流在进入风机后,既有部分轴流作用,又产生部分离心作用。在安装方面,他们的特点是与轴流风机相似,具有接管方便,占用空间面积较小等优点。

7.3.2.2 工艺流程

1.基础验收

(1)风机安装前应根据设计图纸对设备基础进行全面检查,是否符合尺寸要求。

(2)风机安装前,应在基础表面铲出麻面,以使二次浇灌的混凝土或水泥砂浆能与基础紧密结合。

2.通风机的开箱的检查规定

(1)设备安装前,应进行开箱检查。参加人员按“质量标准”中的规定组成。

(2)按设备装箱清单,核对叶轮、机壳和其他部位的主要尺寸,进、出风口的位置方向是否符合设计要求,做好检查记录。

(3)叶轮旋转方向应符合设备技术文件的规定。

(4)进、出风口应有盖板严密遮盖。检查各切削加工面、机壳的防锈情况和转子是否发生变形或锈蚀、碰损等。

3.通风机的搬运和吊装规定

(1)整体安装的风机,搬运和吊装的绳索不得捆缚在转子和机壳或轴承盖的吊环上;

(2)现场组装的风机,绳索的捆缚不得损伤机表面,转子、轴颈和轴封等处均不应作为捆缚部位;

(3)输送特殊介质的通风转子和机壳内如涂有保护层,应严加保护,不得损伤;

(4)风机设备搬运人员搭配中应有起重工,并由专人指挥,使用的工具和绳索必须符合安全要求。

4.设备的清洗

(1)风机设备安装前,应将轴承、传动部位及调节机构进行拆卸、清洗,装配后使其转动,调节灵活。

(2)用煤油或汽油清洗轴承时,严禁吸烟或用火,以防发生火灾。

5.风机安装

(1)小型通风机安装程序

①先将风机的电动机放在基础上,使电动机底座的螺栓孔对正基础上预留螺栓孔,把地脚螺栓一端插入基础的螺栓孔内,带丝扣的一端穿过底座的螺栓孔,并挂上螺母,丝扣应高出螺母 1~1.5 扣的高度。

②用撬杠把风机撬起,用垫铁把风机垫平。

③然后用 1:2 的水泥砂浆浇筑地脚螺栓孔。

④待水泥砂浆凝固后,再上紧螺母。小型的直联式风机,应保持机壳垂直、底座水平,叶轮与机壳以及进气短管不得相碰。

⑤通风机的机壳,如是做成一个整体,不要拆开,机壳的两侧板上开有对称的大圆孔,风机叶轮可以从两个圆孔进出,转动机壳改变圆孔边上固定螺栓孔间的位置,可以改变风口的方向。

(2)大中型风机安装程序

①先把机壳吊放在基础上,穿上地脚螺栓,把机壳摆正,暂不固定。

②把叶轮、轴承箱和皮带轮的组合体也吊放在基础上,并把叶轮穿入机壳内,穿上轴承箱的脚螺栓。装好机壳侧面圆孔的盖板,再把电动机吊装在基础上。

③首先对轴承箱组合件进行找正找平。

④叶轮按联轴器组合件找正中心后机壳即以叶轮为标准进行找正找平。要求机壳的壁面和叶轮面平行,机壳轴孔中心和叶轮中心重合,机壳支座的法兰面保持水平。

⑤进行电动机找平。

7.3.2.3　输送特殊介质的通风机

转子和机壳内如涂有保护层,应严加保护,不得损坏。

通风机的进风管、出风管等装置应有单独的支撑,并与基础或其他建筑物连接牢固;风管与风机连接时,不得强迫对口,机壳不应承受其他机件的重量。

7.3.2.4　风机安装结束的工作

应安装皮带安装罩或联轴器保护罩。进气口如不与风管或其他设备连接时,应安装网孔 20~25 mm 的入口保安网。如进风口和出风口与风管连接时,风管的重量不应加在机壳上,防止机壳受力变形,造成叶轮和机壳以及进气短管相碰,其间应安装柔性短管。

7.3.2.5　通风机出口的接出风管

出口的接出风管应顺叶轮旋转方向接出弯管。在现场条件允许的情况下,应保持出口

至弯管的距离 A 大于或等于风口出口长边尺寸 1.5 ~ 2.5 倍。如果受现场条件的限制达不到要求，应在弯管内设倒流叶片弥补。

7.3.3 组合式空调机组安装

组合式空调机组是指不带冷、热源，用水、蒸汽为媒体，以功能段为组合单元，能够完成空气冷却（加热）、去湿、过滤、消声与输送等功能的空气处理机组，如图 7.14 所示。该部分与分配设施（设备）、冷源、热源、控制部分组成集中式空调系统。

图 7.14　空调机组各组成部分

组合式空调机组的型号由大写汉语拼音字母和阿拉伯数字组成。其表示方法见表 7.19。

安装操作工艺：

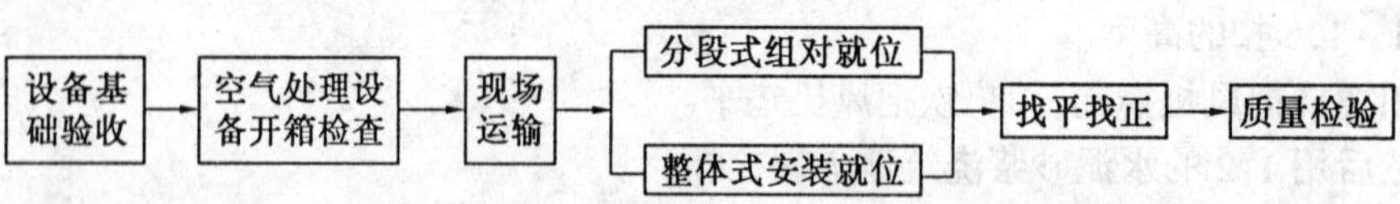

表 7.19　组合式空气调节机组型号表示方法

标记符号含义 / 型号示例	组合式空调机组代号	名义风量	组构型式			进风方位		进出水方位			特征差异			功能段
			吸式	立式	卧式	水平	垂直	左侧接管	右侧接管	双边接管	变风量机组	全新风机组	非金属箱机组	
型号示例	ZK	数字/$10^3(m^3\cdot h^{-1})$	D	L	W	P	C	Z	Y	S	B	X	F	1
示例 1：ZK10 – LCY – X5	ZK	10		L			C		Y			X		5
示例 2：ZK50 – PZ – B8	ZK	50				P		Z			B			8

7.3.3.1　设备开箱检查

(1)设备安装前，应进行开箱检查，开箱检查人员可由建设、监理、施工单位的代表组成。

(2)开箱前应先核对箱号、箱数量是否与单据提供的相符，然后对包装情况进行检查，有无损坏与受潮等。

(3)空气处理设备必须随机带有装箱清单、图纸说明书、合格证等，进口设备还必须具有商检部门的检验合格文件。

(4)空调设备的开箱检验应符合下列规定：

①应按装箱清单核对设备的型号、规格及附件数量；

②设备的外形应规则、平直，圆弧形表面应平整无明显偏差，结构应完整，焊缝应饱满，无缺损和空洞；

③金属设备的构件表面应作除锈和防腐处理，外表面的色调应一致，且无明显的划伤、

锈斑、伤痕、气泡和剥落现象；

④非金属设备的构件材质应符合使用场所的环境要求，表面保护涂层应完整；

⑤设备的进出口应封闭良好，随机的零部件，应齐全无缺损；

⑥将检验结果做好记录，参与开箱检查负责人员签字盖章，作为交接材料和设备技术档案依据。

7.3.3.2 设备现场运输

(1)设备水平搬运时应尽量采用小拖车运输；

(2)设备起吊时，应在设备的起吊点着力，设备无标起吊点时，起吊点应设在金属空调箱的基座主梁上。

(3)设备就位前应对设备基础进行验收，合格后方可安装。

7.3.3.3 组合式空调机组的分段结构和工作特点

每个机组功能段都具有对空气进行一种或几种处理功能的单元体。

1.箱体

箱体作用是支撑、固定和维护各种功能器件(如表冷器、加热器、过滤器、喷水室、风机等)，并使之相互连接，形成系统，以承担空气处理的功能。

箱体按其制造材料分为金属箱和非金属箱两类。对箱体的要求，除满足通常强度等力学性能之外，还能满足以下要求。

(1)气密性：为避免箱体密封不严，使空气渗入或泄漏，造成冷(热)能的损耗，应按规定进行漏风量检测。

(2)隔热性：其一为了减少冷(热)能损耗，其二为了防止夏季供冷时箱体外表面结露。

(3)防漏水：喷水室或表冷器工作中，箱体内表面会产生附壁水、凝结水，这些水只允许从箱体内通过管道引向指定地点。

④环保及防火要求。

⑤机组箱体的保温、隔声材料应无毒、无腐蚀、无异味，并且有难燃或自熄和不易吸水特性。对于玻璃钢箱体应采用氧指数不小于30的阻燃树脂制作。

⑥ 美观性：外观整体要美观。

2.表面冷却器(加热器)段

空气热交换器分为两排、四排、六排等几种型式，每种型式的规格按管长和管数而分。翅片管是热交换器的重要组成部分，它是将无缝钢管与钢带在专用机床上进行机械卷绕，再将翅片管热镀锌，使之接触紧密并防腐蚀和提高传热性能。也有用紫铜管绕紫铜片，再将翅片管镀锡而成的铜制热交换器。

热交换器管中通入高温水或蒸汽加热空气，称为加热器；如果通入低温水或低温盐水冷却空气，则为表面冷却器。安装前应检查其完好性和其类型是否与图纸相符。如在技术文件规定的期限内，外表面无损伤，则安装前可不作水压试验，否则应再作水压试验。试验压力为水系统最高工作压力的1.5倍，并不得小于0.4 MPa。

热交换器的底座为混凝土或砖砌时，由土建单位施工，安装前应检查其尺寸及预埋件位置是否正确。底座为角钢时，则在现场焊制。热交换器按排列要求在底座上用螺栓连接固定，与周围结构的缝隙以及热交换器之间的缝隙，都应用耐热材料堵严。连接管路时，要弄清进出水管的位置。在热水或蒸汽管路上以及回水管路上均应安装截止阀，蒸汽系统的凝结水出口处还应装疏水器。当数台合用时，最好每台都能单独控制其进气及回水装置。在连接管路上都应有便于检修拆卸的接口。但作为表面冷却器使用时，其下部应设排水装置。

3.喷水室

喷水室是一种和空气直接接触的湿热处理设备，它不仅能实现对空气的加热、冷却、加湿和减湿等多种处理，而且还具有空气净化能力。但由于存在构造复杂、体积庞大、效率低以及运行维修费用高等缺点，一般仅限用于棉毛加工车间、卷烟车间中，民用建筑中用表冷器段而不用喷水室段。

喷水段分单级二排、单级三排、双级四排等型式，它们和冷冻(热)水管、冷冻(热)水回水管并联，并装有挡水板，其底部装有冷凝水排除口。段中喷嘴孔径及喷嘴密度可按设计要求确定。

喷淋室由进水管、立管、支管和喷嘴以及回水管(包括滤水器)、溢水管组成。进风侧设有导风板，出风侧设挡水板。喷淋室安装主要是管路安装和挡水板安装。

喷水排管：

在加工管路时，要对喷淋室的内部尺寸进行实测。按图纸要求，结合现场实际进行加工制作和装配。主管和立管采用丝接，支管的一端与立管采用焊接连接，另一端安装喷嘴。支管间距要均匀。每根立管上至少要有两个立管卡固定。喷水系统安装完毕，在安设喷嘴前，先把水池清扫干净，再开动水泵冲洗管路，清除管内杂质，然后拧上喷嘴。要注意喷口方向与设计要求的顺喷或逆喷方向一致。喷嘴在同一面上呈梅花形排列。

厂用喷嘴为 Y-1 型，喷嘴孔径 2~3 mm，材质为硬质塑料、不锈钢或铜质的。大型 Y-1 型喷嘴孔径 5~8 mm，用于纺织厂、化纤厂的喷淋室中。

FL 型喷嘴：采用聚碳酸酯注塑及铜镍合金压延复合制成，它耐腐蚀，密闭性好。

双螺旋喷嘴：喷嘴内有两个出水口，两股水流在阀中旋转，至阀盖内汇在一起喷射出来，这种喷嘴的喷射方向与进水方向一致，所以安装支管时要与喷嘴的喷射方向相适应。

钢焊接在预埋钢板上，然后把加工好的挡水板放在槽钢支座上，再用压板把挡水板边压住，并用螺栓固定好。板壁交界处和板间搭缝要严密，防止水滴通过。挡水板间距要均匀一致，板形呈波折状。板面应平滑，中间不允许有阻滞水膜流下的构件。挡水板下部应伸入水池正常水面一下，不得留有缝隙。挡水板的固定件都要做防腐处理。

4.加湿段(如图 7.15)

加湿段内装设加湿装置，其功能是确保空气的相对湿度指标，一般采用带有保护套管的干蒸汽加湿器、电加湿器等。

干蒸汽加湿器的安装应注意下述几点：

(1)喷汽管长度应近似安装的宽度；

(2)喷汽管应处于空气流动的有效气流中间；

(3)如将加湿器安装在盘管(或冷却器)的后面，风机的吸入口时，喷汽管与它们的距离应大于 1 m；

(4)喷汽管距送风口 、弯管、变径管的距离应不小于 1.2 m；

(5)蒸汽喷管不应朝下。

5.过滤段(如图 7.16)

过滤段分粗效过滤段和中效过滤段，粗效过滤段过滤空气中的 10~100 μm 大颗粒的尘埃，中效过滤段过滤空气中的 1 ~ 10 μm 大颗粒的尘埃。

图 7.15　加湿段

图 7.16　过滤段

粗效过滤器应该便于拆卸和更换滤料，过滤器与框架之间、框架与空气处理室的围护结构之间应紧密。否则会影响空气过滤效果。中效过滤器的安装方法与粗效过滤器相同，它一般安装在空调器内或特制的过滤器箱内。安装时应严密，并便于拆卸和更换。

亚高效过滤器和高效过滤器在安装前，为防止高效过滤器受到污染，开箱检查和安装时，必须在空气净化系统安装完毕，空调器、高效过滤器箱、风管内及洁净房间经过清扫，空调系统各单位设备运转后即风管内吹出的灰尘量稳定后才能进行。系统连续试车 12 h 后，方能开箱检查，不得有变形、破损和漏胶等现象，检查合格后立即安装。安装前，还应保证气流方向与外框上箭头标注方向一致。

空气净化设备包括空气吹淋室、气闸室、传递窗、余压阀、层流罩、洁净隧道、洁净工作台、洁净烘箱、空气自净器、新风净化机组、净化空调器、生物安全柜等。

设备安装的地面应水平、平整，设备安装就位后应保持纵轴垂直，横轴水平。带转动和振动的设备与地面间应加隔振垫层。有机械连锁或电器连锁的设备安装调试后，应保证连锁处于正常状态。有风机的设备安装后风机应进行试运转，检查旋转方向是否正确，试转时间不得小于设备技术条件要求的时间或不小于 2 h。并应全面检查，一切性能是否全部符合该设备的技术文件要求。

6.新风、回风的混合段(如图 7.17)

新风、回风的混合段所起的作用是用来连接回风管和新风管，新风管顶部装有手动或电动对开式多叶调节阀。

7.中间段

中间段作为段体连接及供内部检修用。中间段处于正压时用于内开检修门，处于负压时用于外开检修门。

8.风机段

风机段用于单风机系统的只有送风段；用于双风机系统的既有送风段又有回风段，段内一般装有双进风离心式通风机。

9.消声段(如图 7.18)

消声段用来消除来自通风机组运行中的噪声。消声器安装前应保持干净，做到无油污和浮尘；安装的位置、方向应正确，与风管的连接应严密，不得有损坏与受潮。安装使用时，为防止纤维飞散,消声层表面均用织布(玻璃纤维、细布、塑料或金属纱网等)覆盖包裹。为了提高强度,有的还用金属穿孔板加以保护。两组同类型消声器不易直接串联;现场安装的组合式消声器,消声器组件的排列、方向和位置应符合设计要求。单个消声器组件的固定应牢固。消声器、消声弯管均应设独立的支、吊架,其重量不得由风管来承担,这样也有利于单独拆卸检查和更换。

图 7.17　新、回风混合段

图 7.18　消毒段

7.3.3.4　空调机组分段组对安装

组合式空调机组是指不带冷、热源,用水、蒸汽为热媒,以功能段为组合单元的定型产品,安装按下列步骤进行。

(1)安装时首先检查金属空调箱各段体与设计图纸时否相符,各段体内所安装的设备、部件是否完备无损,配件必需齐全。

(2)准备好安装所用的螺栓、衬垫等材料和必需的工具。

(3)设备基础应采用混凝土平台基础,坐标位置应正确并找正找平。

(4)当现场有几台空调箱安装时,注意不要将段位摆错,分清左式、右式(视线顺气流方向观察,或按厂家说明书)。段体的排列顺序必须与图纸相符,安装前对各段体进行编号。

(5)从空调设备上的一端开始,逐一将段体抬上底座校正位置后,加上衬垫,将相邻的两段体用螺栓连接严密、牢固。每连接一个段体前,将内部清除干净。

(6)与加热段相连接的段体,应采用耐热片作衬垫,表面式换热器之间的缝隙应用耐热材料度堵严。

(7)用于冷却空气的表面式换热器,在下部应设排水装置。

(8)安装完的组合式空调机组,其各功能段之间的连接应严密、整体平直。检查门开启灵活,水路畅通。

(9)现场组装的空气调节机组,应做漏风检测。漏风率要求见表 7.20。

表 7.20　空气调节机组漏风率要求

机组性质	静　压/Pa	漏风量/%
一般空调机组	保持 700	不大于 3
低于 1 000 级洁净用	保持 1 000	不大于 2
高于、等于 1 000 级洁净用	保持 1 000	不大于 1

7.3.3.5　风冷式与整体式空调机组的安装规定

(1)分体式室外机组和风冷整体式机组的安装,周边空间应除满足冷却风循环要求外,尚应符合环境保护有关规定的要求;

(2)室内机组安装应位置正确,目测应呈水平,冷凝水排放应畅通;

(3)制冷剂管道连接必须严密,无渗漏;

(4)管道穿过的墙孔必须密封,雨水不得进入。

7.3.3.6　水冷式空调机组的安装规定

(1)柜式空气调节机组安装应平稳,并应按照冷却水管道连接以及维修保养的要求,四周应留有足够的空间;

(2)冷却水管连接应严密,不得有渗漏现象,并应有排水坡度。

7.3.3.7　窗式空气调节器的安装规定

(1)窗式空气调节器应固定牢靠,并应有挡阳、防雨措施,但不应遮挡冷凝器排风。凝结水盘应有坡度,其出水口应设在水盘最低处。

(2)窗式空气调节器安装后,四周应用密封条密封,面板平整,并不得倾斜。运转时应无明显的窗框振动和噪音。

7.3.3.8　带有冷凝的单元式空调机组

如果没有充注制冷剂,应在受过培训的熟练工或厂家指导下,按产品使用说明的要求进行充注。

7.3.4　减振器安装

通常在机械设备的底座、支架与楼板或基础之间设置减振器,减振器的选用要根据减振动力计算确定,其支承点不应小于四个。常用的几种减振器如下。

7.3.4.1　橡胶减振垫

JD型橡胶减振垫是用两种不同硬度的耐油橡胶,经硫化成型。橡胶垫上有两面双向交叉排列的凹陷镂孔,结构受力性能较好,安装方面。

7.3.4.2　剪切减振器

JG型系列橡胶剪切减振器,是用丁腈橡胶和金属部件组成的剪切受力的减振器,它具有阻尼大的优点,使用也比较方便。

7.3.4.3　弹簧减振器

ZT型系列阻尼弹簧减振器,具有频率低、阻尼较大的优点,对消除外来冲击振动的效果较为显著,结构简单,安装方便,一般情况下减振器与支承结构不予固定,当扰力较大或有需要固定时,可在支承板上预埋螺栓,再用压板把减振器固定。

其他还有Z型圆锥形橡胶减振器、TJ型和JD型弹簧减振器等类型,亦可根据情况选用。

减振器安装前,应检查减振器规格型号与数量是否符合设计要求。如有预埋螺栓,应核对其位置尺寸。安装时要使各组减振器承受荷载均匀,不得偏倚或相差悬殊,使减振器受压不均。安装减振器的地面应平整,不能使减振器发生位移,在使用前采取保护措施,如在减振器旁边加垫木块,使其暂时不受外力的影响。

7.3.5 空气洁净系统制作与安装

洁净系统施工现场环境应保持洁净无灰尘,其周围不应有尘源。风管、部配件及设备加工制作和安装过程中既要保持清洁,也要保持严密,凡接缝处应涂以密封胶或采取其他密封措施。在存放或搬运过程中为了防尘,一般用塑料薄膜将接口包裹密封。

风管和部配件的制作中,钢板的连接宜采用单平咬口。钢板应尽量减少拼接缝,矩形风管的底宽在 800 mm 以内不应有拼接缝。因为风管运行中的积尘多在底部的缝隙处。

静压箱制作应采用咬接或焊接,接缝要少。它与风管相连接采用联合角咬口或转角咬口,不宜采用插接式连接。

风管加固不得用起凸棱法,也不得把加固件设在风管内部,应在风管外壁用角钢加固,采用镀锌铆钉。凡是用碳素钢加工制作的零件都应镀锌或作其他防锈处理。法兰铆钉空间距不应大与 100 mm;螺栓空间距不大于 200 mm。

洁净系统的风管、静压箱及部件等在安装前必须擦拭干净,尤其是内壁,要做到无油垢和浮尘。管内缝隙处可用吸尘器沿缝抽吸。

系统中安装的柔性接管,不宜用帆布制作,应选用里表面光滑、不积尘、不透气的材料,如软橡胶板、人造革等。连接处也应严密不漏风。

高效过滤器是空气洁净系统中的关键设备,它与初效、中效过滤器串联使用时称为“三级过滤”。它一般设置在系统的末端——送风口前。高效过滤器的滤料为超细纤维——玻璃、化纤等细纤维。它必须在洁净室的全部土建和安装工程完毕,该单元空调系统进行了全面的清洗和调试合格,并且试运转时间至少 24 h,方能开箱检查,然后再安装。

7.4 通风空调系统调试及试运转

通风空调工程竣工后,在交付使用前,应由施工单位负责,建设单位参与,对设备安装工程进行调试和试运转。系统运行后应根据竣工季节的具体情况,保证有冷风或热风送出,并进行系统及风口的风量平衡,在系统连续正常运转不少于 8 h 后,即可认为已达到设计的要求,并可向建设单位办理移交手续。

7.4.1 系统调试及试运转的规定

7.4.1.1 通风与空调工程完工后的工作

为了使工程达到预期的目标,规定必须进行系统的测定和调整。它包括设备的单机试运转和调试,即无生产负荷下的联合试运转及调试两大内容。这是必须进行的强制性规定。其中系统无生产负荷下的联合试运转及调试,还可以分为子分部系统的联合试运转与调试及整个分部工程系统的平衡与调整。

7.4.1.2 空调工程系统设备的单机试运转的要求

(1)通风机、空调机组中的风机,叶轮旋转方向正确、运转平稳、无异常振动与声响,其电机运行功率应符合设备技术文件的规定,在额定转速下连续运转 2 h 后,滑动轴承外壳最高温度不得超过 70℃;滚动轴承不得超过 80℃;

(2)水泵叶轮旋转方向正确,无异常振动和声响,紧固连接部位无松动,其电机运行功率符合设备技术文件的规定。水泵连续运转 2 h 后，滑动轴承外壳最高温度不得超过 70℃；滚动轴承不得超过 75℃；

(3)冷却塔本体应稳固、无异常振动，其噪声应符合设备技术文件的规定。

①冷却塔风机与冷却水系统循环试运行不少于 2 h，运行应无异常情况；

②制冷机组、单元式空调机组的试运转，应符合设备技术文件和现行国家标准《制冷设备、空气分离设备安装工程施工及验收规范》(GB50274)的有关规定，正常运转不应少于 8h。

7.4.1.3　无生产负荷的联动试运转中的调整

(1)通风机风量、风压及转数的测定；

(2)系统与风口的风量平衡，实测风量与设计的偏差不应大于 10%；

(3)制冷系统的压力、温度、流量等各项技术数据应符合有关技术文件的规定；

(4)空调系统带冷、热源的正常联合试运转不少于 8 h。但当竣工季节的条件与设计条件相差较大时，仅做不带冷、热源的试运转。通风、除尘系统的连续运转不应小于 2 h。

7.4.2　通风空调调试中常用仪表和仪器

7.4.2.1　测量温度的仪器

在空调机组的测量工作中，常用的测量温度的仪器有棒式温度计、双金属温度计、热电偶温度计、半导体点温度计等。棒式温度计其分度值有 2℃、1℃、0.5℃、0.2℃、0.1℃等。双金属温度计能自动记录一天或一周的空气温度。热电偶温度计的特点是热惰性小，测量范围大，反应灵敏，可以同时多点检测记录。半导体点温度计具有热惰性小、反应快、携带方便，可测物体表面温度的特点。电接点玻璃水银温度计不宜用在有强烈振动的设备上，以免水银柱中断而不能使用。

7.4.2.2　测量相对湿度的仪器

测量相对湿度的仪器通常有干湿球温度计、电阻湿度计、毛发湿度计等。干湿球温度计是较常用的一种仪器。从结构上分，有普通干湿球温度计、手摇干湿球温度计、通风干湿球温度计等类型。电阻湿度计由几个测头、表头和半导体振荡器等组成。它反应快，灵敏度和精确度较高，但价格较贵，使用不便，测头容易损坏。毛发湿度计主要由单根或一束人发、平衡锤、记录笔、自记钟、调节螺钉等组成。它是利用脱脂毛发在相对湿度变大时伸长、变小时缩短的特点，来测量相对湿度的，但容易使毛发折断。此外还有 TS－D 型相对湿度指示仪。它运用在空调自控测量相对湿度中，一般使用于化工、电站、纺织、化纤、科研和物品贮藏等单位进行相对湿度测量，以及上下限报警、三位式调节、二重报警和三位比例积分调节，以及做空调系统的多点巡回检测和调节。指示仪分单测量式、报警式和调节式三种，均与安装在被测现场的一次仪表 TH－R 型干湿球信号发送器配合使用。另外还有 TH 型干湿球信号发送器，它主要用来与 P－4B 型温差比例调节其配套，供测量和控制空气介质的温度和相对湿度。

7.4.2.3　测量通风压的仪器

在空气调节系统中，测量压力所用的仪器有倾斜式微压计、补偿式微压计、皮托管、U 型压力计等。倾斜式微压计主要用来测量空调系统内空气的压力。使用时，需要测压管、橡皮管等配合使用，容器中一般注入酒精。补偿式微压计测量范围为 0～1 500 Pa，此种仪器的惰性很大，反应慢，使用不大方便，但其精确度高，所以可用来校正其他类型的压力计。

7.4.2.4 测量风速的仪器

测量风速的仪器有倾斜式微压风速计、叶轮风速计、转杯风速计、热电风速计等。倾斜式微压风速计主要用于测量风口和空调系统的加热器、淋水室、表面冷却器等的风速，其测量范围为 0.5～10 m/s。转杯风速计以转杯代替叶轮，其测量范围为 1～20 m/s。热电风速计灵敏度高，反应速度快，使用方便，主要用来测量空调房间内的气流速度。

7.4.2.5 测试声级、测试转速、测试功率的仪器

4020 型噪声计具有 30 dB 宽的刻度。不规则并且变动较大的噪声也能准确地测试出来，因带有 5 s 间隔闪烁 LED 灯，所以也能容易进行数次测试。转速表在风机性能鉴定及通风工程的运行调整时使用。功率表用于鉴定风机性能，确定通风工程中机电装置的合理使用。

7.4.2.6 尘埃粒子计数器和浮游微生物采样器

BCJ－1 尘埃粒子计数器是测量洁净环境单位体积空气内所含尘埃粒子数的仪器。精度高、速度快、性能稳定、功能多及体积小、质量轻、操作方便。XZ－1 空气稀释器是采用洁净空气与采样气体、按比例充分混合达到稀释样气的原理，对高浓度尘埃粒子和粉尘的样气进行稀释，以便于尘埃粒子计数器或粉尘测试仪有效地测量高浓度样气中尘埃粒子颗粒数和质量浓度。

7.4.3 风压、风速、风量的测定

7.4.3.1 通风管道内风压、风速、风量的测定

测量断面应选择在气流平稳的直管段上。测量断面设在弯头、三通等异形部件前面（相对于气流流动的方向）时，距这些部件的距离应大于 2 倍管道直径。当测量断面设在上述部件后面时，距这些部件的距离为 4～5 倍管道直径。现场条件许可时，离这些部件的距离越远，气流越平稳，对测量越有利。测量断面位置距异形部件的最小距离至少是管道直径的 1.5 倍。

由于速度分布的不均匀性，压力分布也是不均匀的。因此，必须在同一断面上多点测量，然后求出该段面的平均值。圆形风道在同一断面设置两个彼此垂直的测孔，并将管道断面分成一定数量的等面积同心环。

风道内压力的测定：用 U 形压力计测全压和静压时，另一端应与大气相通，因此压力计上读出的压力，实际上是风道内气体压力与大气压力之间的压差。大气压力一般用大气压力表测定。由于全压等于动压和静压的代数和，可只测其中两个值，另一值通过计算求得。

7.4.3.2 送（回）风口风速风量的测定

风口风速测定一般用匀速移动法、定点测定法。

匀速移动法：对于面积小于 0.3 m^2 的风口，可将风速仪沿整个风口断面所示的路线慢慢地均匀移动，移动时风速仪不得离开测定平面，此时测定的结果是风口的平均风速。此法须进行三次，取其平均值。

定点测定法：对矩形风口，按风口断面的大小，把它分成若干个面积相等的小块，在每个小块的中心处测量其气流速度。断面积大于 0.3 m^2 的风口，可分成 9～12 个小块测量，每个小块的面积小于 0.06 m^2；断面积小于和等于 0.3 m^2 的风口，可取 6 个测点测量。

当空气通过带有格栅或网格的送风口送出，特别是当这种格栅的有效面积与外框面积

相差很大时，气流会出现紧缩的现象，送风的风量计算式为

$$L=3\,600F_{外框}v\cdot K\ (m^3/h)$$

式中　$F_{外框}$——送风口的外框面积(m^2)；

K——考虑格栅的结构和装饰型式的修正系数，该值通过实验方法确定，一般取0.7～1.0；

v——风口处测的平均风速(m/s)。

7.4.3.3　风量的调试

对送(回)风系统调整采用“流量等比分配法”或“基准风口调整法”等，从系统的最远最不利的环路开始，逐步调向通风机。

1.流量等比分配法

在系统风量调整时，一般应从系统最远管段也就是最不利的风口开始，逐步地调向总风管。虽然各支管的实际风量不一定能够马上调整到设计风量值，但只需要调整到使各支管的实测风量的比值与设计风量的比值相等为止。

2.基准风口调整法

调整前，先用风速仪将全部风口的送风量初测一遍，并将计算出来的各个风口的实际风量与设计风量比值的百分数列入表中，从表中找到各支管最小比值风口。然后选用各支管最小比值的风口为各自的基准风口，以此来对各支管的风口进行调整，使各比值基本相等。各支管风量与设计风量的比值近似相等，只要相邻两支管的基准风口调整后达到平衡，则说明两支管也已达到平衡，最后调整总风管的总风量到达设计给定值，再实测一遍风口风量，即为风口实际风量。此方法适用于大系统的风量平衡调整之用。

在调试过程中，经常会碰到风口的形状、规格、风量相同的侧送风口，此时可以把尼龙丝或薄纸条分别贴在送风口的同一位置上，观察送风时尼龙丝或薄纸条被吹起的倾斜角度是否相同，以判断各送风口风量是否均匀。如果有明显的不均匀，再用仪器进行调整，可减少测定的工作量，从而加速调试速度。

7.4.4　风管系统漏风量测试

风管的严密性试验分为漏光法测试和漏风量测试两种。风管的漏光法检验与漏风量是相关的，但不是强相关。《规范》推荐低压系统风管用漏光法检验，如果检验合格可说明系统风管漏风量符合规定，但不能作定量说明。因此，低压系统如不作具体漏风量测试，仅用漏光法检验合格，只能按最大允许漏风量作为漏风量。

漏光法检测：利用光线对小孔的强穿透力，对风管的连接缝处质量进行检测。用漏光法检测可以直接查明风管的泄漏点与泄漏部位。

质量标准：低压风管为10 m接缝不多于2处，且100 m不多于16处为合格；中压风管为10 m接缝不多于1处，且100 m不多于8处为合格。

漏风量定量测试法：通风管段或箱体上接有送风风机及压力计，将其所有出口密封，然后启动风机对其送风加压，经常会有以下现象出现：要使通风管段或箱体内维持一定的压力，风机必须处于某一运行状态。从而说明了风量从管段和箱体的缝隙不断向外渗漏，并且送风量和漏风量相等，再设法测出送风量即可得到漏风量。

风管系统漏风量的测试以系统的总管、干管为对象，不包括支管；系统漏风量测试可以

整体或分段进行;正压或负压系统风管与设备的漏风量测试,分正压试验和负压试验两类。一般可采用正压条件下的测试来检验;测试时,被测系统的所有开口均应封闭,不漏风。

风管系统漏风量的测试值的读数,应在稳压条件下进行,一般应不断调整测量仪器或装置的调节器,使被测风管段内的静压稳定在所需的压力值,如果调节器控制精度不良,不一定能稳定在所需的值,则可取其相近的稳定值,读取漏风量值。

7.5 通风空调系统竣工验收

施工部门作了全系统的无生产负荷联合试运转,合格后,应向建设单位提交下列文件及记录,然后办理竣工验收手续。

1.通风与空调工程竣工验收时应检查的竣工验收资料

(1)图纸会审纪录、设计变更通知书和竣工图;

(2)主要材料、设备、成品、半成品和仪表的出厂合格证明及进场检验报告;

(3)隐蔽工程检验验收记录;

(4)工程设备、风管系统、管道系统安装及检验记录;

(5)管道试验记录;

(6)设备单机试运转记录;

(7)系统无生产负荷联合试运转与调试记录;

(8)分部工程质量验收记录;

(9)观感质量综合检查纪录。

(10)安全和功能检验资料的核查记录。

2.观感质量检查项目

(1)风管表面应平整、无损坏,接管合理,风管的连接以及风管与设备或调节装置的连接,无明显缺陷;

(2)风口表面应平整,颜色一致,安装位置正确,风口可调节部件应能正常工作;

(3)各类调节装置的制作和安装应正确牢固,调节灵活,操作方便,防火及排烟阀等关闭严密,动作可靠;

(4)制冷及水系统的管道、阀门及仪表安装位置正确,系统无渗漏;

(5)风管、部件及管道的支、吊架型式、位置及间距应符合规范要求;

(6)风管、管道的软性接管位置应符合设计要求,接管正确,牢固,自然无强扭;

(7)通风机、制冷机、水泵、风机盘管机组的安装应正确牢固;

(8)组合式空气调节机组外表平整光滑、接缝严密、组装顺序正确,喷水室外表面无渗漏;

(9)除尘器、积尘室安装应牢固、接口严密;

(10)消声器安装方向正确,外表面应平整无损坏;

(11)风管、部件、管道及支架的油漆应附着牢固,漆膜厚度均匀,油漆颜色与标志符合设计要求;

(12)绝热层的材质、厚度应符合设计要求;表面平整、无断裂和脱落;室外防潮层与保护壳应顺水搭接、无渗漏。

3.洁净空调系统的观感质量检查项目

(1)空调机组、风机、净化空调机组、风机过滤器单元和空气吹淋室等的安装正确、固定牢固、连接严密,其偏差应符合规范的规定;

(2)高效过滤器与风管、风管与设备的连接处应有可靠密封;

(3)净化空调机组、静压箱、风管及送回风口清洁无积尘;

(4)装配式洁净室的内墙面、吊顶和地面应光滑、平整、色泽均匀、不起灰尘,地板静电值应低于设计规定;

(5)送回风口、各类末端装置以及各类管道等与洁净室内表面的连接处密封处理应可靠、严密。

第 8 章　锅炉及附属设备的安装

锅炉是各行各业的企事业单位广泛使用的热源设备，是与国民生产和人们的日常生活密不可分的。锅炉的工作原理是把燃料中的化学能通过燃烧转化成热能，加热供热介质，使之变成高温高压的能量载体供用户使用。因此，锅炉是在一定的温度和压力下工作的压力容器，并且其工作环境较差，一旦出现运行事故将会造成巨大的直接和间接的损失。同时由于锅炉的制造特点，其运行效率在很大程度上取决于安装质量。因此，无论从运行的经济性还是从运行的安全性方面考虑，锅炉的安装都必须严格遵守压力容器的安装标准，确保锅炉的安装质量。

锅炉的安装必须由省、自治区、直辖市锅炉压力容器安全检查处审查批准的专业安装队伍实施，并且严格执行安装规范。安装建筑供热额定工作压力不大于 1.25 MPa、热水温度不超过 130℃的整装蒸汽和热水锅炉，应按国标《建筑给水排水及采暖工程施工及验收规范》(GB50242－2002)施工；锅炉额定工作压力小于等于 2.5 MPa，现场组装的固定式蒸汽锅炉和固定式承压热水锅炉的安装，应按国标《工业锅炉安装工程施工及验收规范》(GB50273－98)施工。同时查阅随设备所带的《锅炉安装说明书》等技术文件，以便施工中使用。

为了保证有计划、按程序地进行安装工作，需事先制定详细的施工组织计划与设计。施工组织计划包括：在技术负责人的主持下，熟悉施工图纸，查阅有关技术资料和施工规范，全面设计规划施工活动；施工组织设计一般应包括：施工进度计划，施工技术措施，施工活动平面图，施工质量和安全措施，材料和设备计划等一整套完整的技术性文件，以此指导施工过程中的各项工作。

本章主要介绍快装锅炉和组装锅炉的一般安装过程。

8.1　锅炉安装用工具和设备

锅炉安装需要的大型设备包括牵引设备和起重设备。一般包括绳索(白棕绳、钢丝绳)，吊具(撬杠、吊钩、卡环)，滑车千斤顶，卷扬机，起重机等。

8.1.1　白棕绳

在锅炉吊装作业时，白棕绳是起吊较轻设备及零部件用的绳索和作为溜绳等用。与钢丝绳比较，它的优点主要是轻便、柔软，便于系结。

白棕绳是由植物纤维搓成线，线绕成股，再将股拧成绳。

白棕绳有浸油和不浸油两种。浸油白棕绳不易腐烂，但质料变硬，不易弯曲，强度也比不浸油的绳要降低 10%～20%，所以在吊装作业中，一般都用不浸油的白棕绳。但未浸油的白棕绳受潮后容易腐烂，因而使用期限较短。

8.1.2　钢丝绳

钢丝绳是吊装中的主要绳索。它具有强度高,韧性好,耐磨性好等优点;磨损后外部产生许多毛刺,容易检查,便于预防事故。

它是由许多根直径为 0.4 ~ 4.0 mm,强度 1 400 ~ 2 000 MPa 的高强钢丝捻成绳股绕制而成,如图 8.1 所示。按绳股及一股中钢丝数分,常用的有 6 股 19 丝,6 股 37 丝,6 股 61 丝等几种。

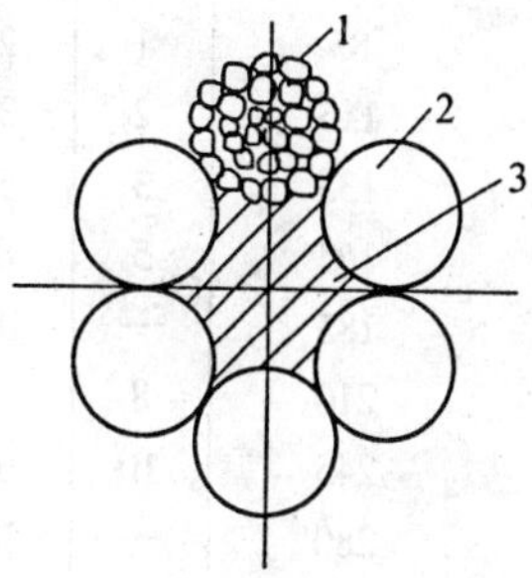

图 8.1　普通钢丝绳的截面
1—钢丝;2—由钢丝绕成的绳股;3—绳芯

8.1.3　吊装工具

常用的吊装工具是撬杠与滚杠、吊钩、卡环、吊索。

8.1.3.1　撬杠与滚杠

它是移动重物和校正设备位置最常用的工具。撬杠是用圆钢或六棱形钢(5 号钢或 45 号钢)锻制成的。它的一头做成尖锥形;另一头做成鸭嘴形或虎牙形,并弯折 40° ~ 45°,对弯折部分及弯折点附近 60 ~ 70 mm 的直线部分进行淬火和回火处理。处理后的硬度要求达到 40 ~ 45(HB)。滚杠一般采用钢管制成,它的长短粗细可根据需要与现场条件加工。

8.1.3.2　吊环

常用的为单钩。吊环是由整块钢材锻造的(常用 20 号优质碳素钢),锻成后要进行退火处理,以消除其残存的内应力,增加其韧性,要求硬度达到 95 ~ 135(HB)。吊钩表面应当光滑,不得有剥裂、刻痕、锐角、裂缝等缺陷存在,并不准对磨损或有裂缝的吊钩进行补焊修理。因为补焊后吊钩会变脆,致使受力后裂断而发生事故。

8.1.3.3　吊索

又称千斤,俗称钢丝绳头,主要用来绑扎设备及零部件,以便吊起。有两种吊索:环状吊索(又称万能吊索或闭式吊索),见图 8.2(a)和 8 股头吊索(又称轻便吊索或开式吊索),见图 8.2(b)。

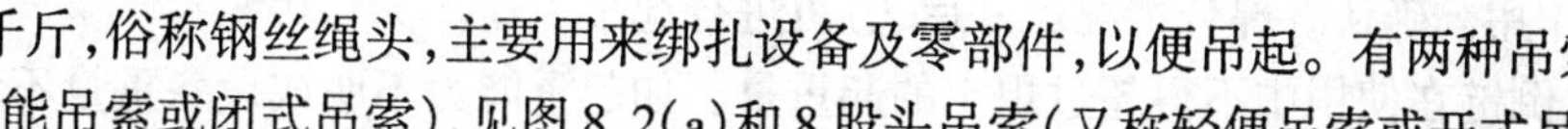
(a)环状吊索　　(b)8股头吊索

图 8.2　吊索

8.1.4　滑车

使用滑车(又称葫芦)可以省力,也可以改变用力的方向,是起重机和土拔杆的主要组成部分。

滑车按滑轮的多少,可分为单门(一个滑轮),双门和多门等几种;按连接件的结构型式不同,可分为吊钩型,链环型,吊环型,吊梁型四种;按滑车的夹板是否可以打开来分,有开口滑车和闭口滑车两种;按使用方式不同,又可分为定滑车和动滑车两种。

使用滑车时,应根据其允许荷载值来选用,不能超过。滑车的允许荷载,根据滑车和轴的直径确定。一般滑车上都有标明。常用钢滑车的允许荷载,见表 8.1。同时,使用中还应注意滑轮直径不得小于钢丝绳直径的 10 ~ 12 倍,以减少绳的弯曲应力。

表 8.1 常用钢滑轮的允许荷载

滑轮直径/mm	允许荷载/t								所用钢丝绳的直径/mm	
	单轮	双轮	三轮	四轮	五轮	六轮	七轮	八轮	适用	最大
70	0.5	1.0							5.7	7.7
85	1	2	3						7.7	11
115	2	3	5	8					11	14
135	3	5	8	18					12.5	15.5
165	5	8	10	16	20				15.5	18.5
185	—	10	16	20	—	32			17	20
210	8	—	20	—	32	—	—	—	20	23.5
245	10	16	—	32	—	50	—	—	23.5	25
280	—	20	—	—	50	—	80	—	26.5	28
320	16	—	—	50	—	80	—	100	30.5	32.5
360	20	—	—	—	80	100	—	140	32.5	35

8.1.5 倒链

倒链又称“神仙葫芦”、“斤不落”。它分为手动和电动两种。

手动式倒链的起重量为 0.5 ~ 20 t，起重高度为 3 ~ 5 m。

倒链虽然升起重物的高度不大，速度很慢，且效率低(0.6 ~ 0.65)，但由于它结构简单，且轻便，因此得到了广泛的使用。

倒链在使用前应仔细检查导钩、链条及轮轴是否有损伤，传动部分是否灵活。挂上重物后，先慢慢拉动链条，等起动链条受力后再检查一遍，看看齿轮咬合是否妥当，链条的自锁装置是否起作用。确认各部分情况良好后，方可进行起吊工作。

此外，倒链在使用中不得超过规定的起重量。如起重能力不明或设备重量不详时，只要一个人可以拉动，就可继续工作。如一个人拉不动时，应该检查原因，不宜两个人或几个人一起猛拉，以免发生事故。

8.1.6 千斤顶

在锅炉安装中，常用千斤顶校正锅炉的安装偏差和矫正锅炉骨架等构件的变形，也可以顶升设备等。

千斤顶按其构造不同，可分为齿轮式，螺旋式和液压式三种。齿轮式千斤顶的起重能力较小，一般为 3 ~ 5 t，最大约为 15 t。螺旋式千斤顶的起重能力一般为 5 ~ 50 t，油压千斤顶的起重量为 3 ~ 500 t。

8.1.7 绞磨和卷扬机

绞磨是由推杆(绞杠)、磨头、卷筒、磨架、制动器等部件组成，如图 8.3 所示。绞磨构造简单，操作方便，但是推动比较费力，目前只在偏僻地区没有电源的情况下使用。

卷扬机又称绞车，有手摇和电动两种。

手摇卷扬机的卷扬能力，一般为 0.5 ~ 3 t，电动卷扬机的卷扬能力一般为 1 ~ 10 t。

在使用电动卷扬机时要注意:

(1)卷扬机必须用地锚予以固定,以防工作时产生滑动或倾覆。

(2)钢丝绳绕在卷筒上时,要根据钢丝是右捻还是左捻,卷筒是正转还是反转而采用不同的缠绕方式,同时,卷筒上钢丝绳至少要保留 4 圈。

(3)对电气设备和线路要勤加检查。

(4)传动机构要咬合正确,无杂音,要勤加润滑油。

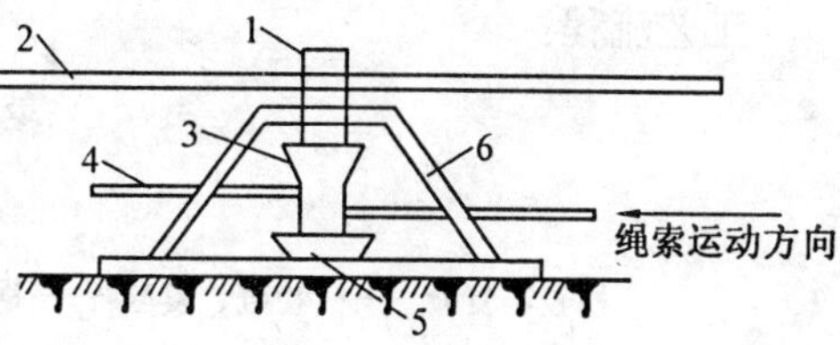

图 8.3　绞磨

1—磨头;2—推杆;3—磨腰;4—拉梢绳;5—制动器;6—磨架

8.1.8　独脚拔杆

独脚拔杆简称“拔杆”、“抱杆”。按制作材料的不同,可分为木独脚拔杆、钢管独脚拔杆和用型钢制作的格构式独脚拔杆等。木独脚的起重高度在 15 m 以内,起重量在 20 t 以下;钢管独脚拔杆的起重高度一般在 25 m 以内,起重量在 30 t 以下;格构式独脚拔杆的起重高度可达 70 余米,起重量可达 100 余吨。

木独脚拔杆的构造如图 8.4 所示。

钢管独脚拔杆的构造如图 8.5 所示。

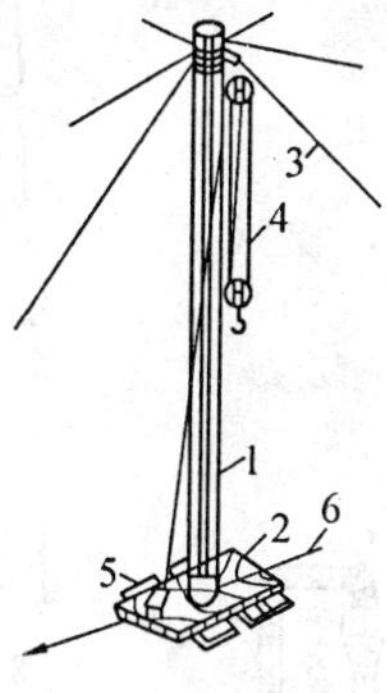

图 8.4　木独脚拔杆

1—桅杆;2—支座;3—缆风;4—起重滑轮组;5—导向滑轮;6—牵索

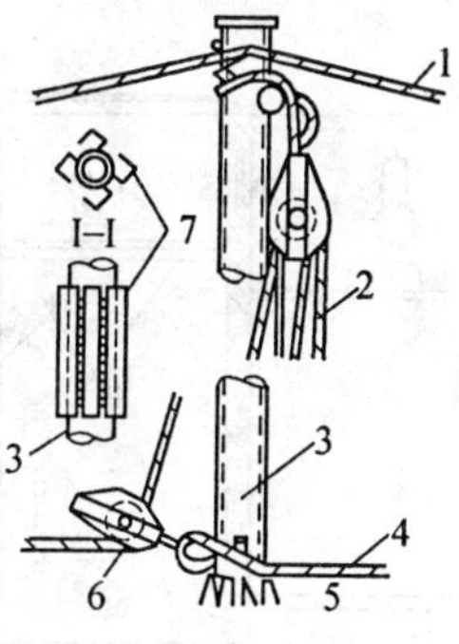

图 8.5　钢管独脚拔杆

1—缆风;2—起重滑轮组;3—桅杆(钢管);4—牵索;5—支座;6—导向滑车;7—加固角钢

8.2　锅炉安装程序、安装方法和质量要求

快装锅炉和组装锅炉在制造厂内已完成了总装和分层分件组装。快装锅炉为整台锅炉运至现场安装,组装锅炉分成上部受热本体组合件和下层燃烧设备组合件(或上、中、下 3 部分),运至现场再将组合件合拢安装。快装锅炉和组装锅炉技术上先进,结构紧凑,既经济又安全,较大地缩短了现场的安装工期,减轻了劳动强度,在工业与民用锅炉房广为应用。

锅炉与其相连结的附属机械设备有鼓风机、引风机、水泵、水处理、仪表及连接管道等,甚为繁多。相互间的联系与安装顺序详见工艺流程图与图 8.6。

工艺流程:

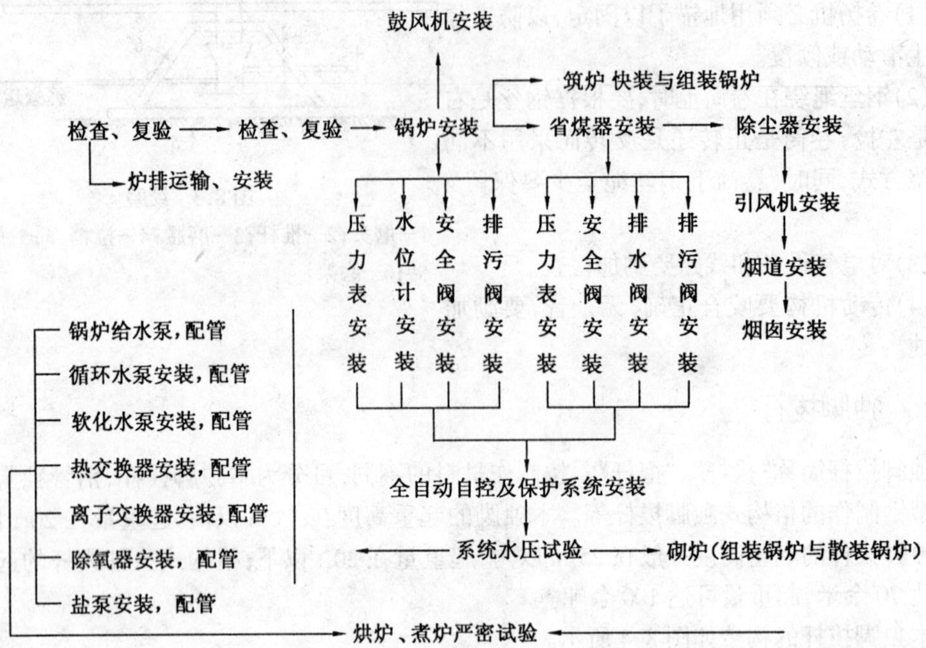

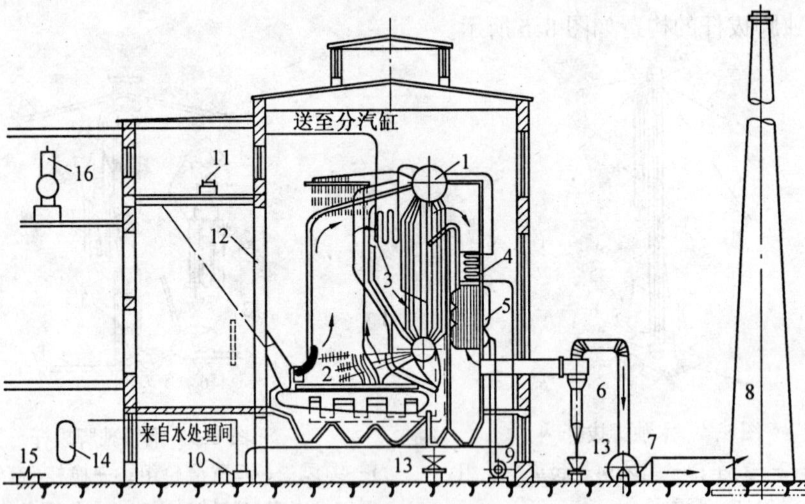

图 8.6　锅炉房设备简图

1—锅筒;2—链条炉排;3—蒸汽过热器;4—省煤器;5—空气预热器;6—除尘器;7—引风机;8—烟囱;9—送风机;10—给水泵;11—运煤皮带运输机;12—煤仓;13—灰车;14—离子交换器;15—水泵;16—除氧器

锅炉安装是一项十分复杂的工作。安装前充分做好准备工作对确保锅炉安装质量和加快安装速度都是必要的。其主要的准备工作如下所述。

8.2.1　施工组织及人员配备

锅炉安装工作应由熟悉锅炉安装业务的技术工人来承担。人员的数量、工种、级别应能满足施工的需要。全体人员都要有明确的分工,各尽其职,避免人浮于事。加强技术管理,合理的劳动组织是保证质量、提高工作效率、缩短工期、降低工程造价的重要因素。

8.2.2　材料设备及施工器具的准备

安装工作必须有足够的物资保证，及时地供应材料和设备是正常开展锅炉安装工作的必要条件，避免出现停工待料的情况。

8.2.2.1　设备、材料要求

工业锅炉的结构型式虽然是多种多样的，但是他们大都是由汽包、水冷壁、对流管束、尾部受热面及燃烧设备组合而成。要把这许多部件组合装配成一个整体是一项比较复杂的安装工作。在安装锅炉时应准备对设备和材料提出必要的要求。

安装工程所需的材料，应按施工组织设计中的材料计划，按规格、数量分期分批供应。材料的进厂时间，要能保证连续施工的需要。材料的数量，应和设计图纸上标明的工程量相一致。要有严格的领料制度，安装工程项目以外的临时设施，制造工具和其他用料，应另列计划供应，以便工程竣工时核算工程的成本。

使用需要的机具，应根据施工的需要准备。锅炉安装的专用工具，如胀管器、行灯变压器等要提早准备。需要加工的工具，要绘制图纸提交加工厂进行加工。通用的机具和设备，如电焊设备和各类加工设备等，按所需的规格、台数运入现场，放置在施工活动平面图所规定的位置。不常用的大型设备和运输起重设备，如汽车、吊车等，也应拟定使用计划，以便及时调用。

1.锅炉本体

锅炉名称、类型、型号、规格和其他技术标准应符合设计要求和有关规定，并附有锅炉制造厂的“质量证明书”、“锅炉受压元件强度计算书”、“锅炉热力计算书”等。

2.设备附件

安全阀、水位计、压力表、排污阀、调节阀、减压阀、止回阀等各种阀门都应符合有关产品的技术标准规定，并有产品质量合格证明书，其型号、规格、压力等级要符合设计要求。阀件在安装前须按规范做强度和严密性试验。

3.连接材料

无缝钢管、焊接钢管、钢板、型钢、法兰盘、电焊条、螺栓、螺帽、螺垫等产品均应有生产厂名称及厂标，钢号、规格、种类、级别均符合设计要求，符合施工验收规范规定。产品应有质量合格证明书。螺栓不得有锈蚀、碰伤或混批现象，否则不得使用。

4.其他材料

石棉橡胶垫、石棉填料及盘根、石墨粉及铅油、机油、清油、麻丝、四氟乙烯带、墨线、小线、粉笔、石笔、垫铁、水泥、异型耐火砖、耐火砖等，应有产品合格证并应符合使用要求。

8.2.2.2　作业条件

(1)锅炉专业安装单位应具备锅炉压力容器安全监察规程条例中所规定的条件，且具备安装锅炉压力容器的许可证。

(2)具备盖有劳动局锅炉设计审批章的锅炉全套图和锅炉房工艺设计全套图纸并组织图纸会审，核对锅炉及附属设备的安装尺寸、标高和图件的关系以及锅炉和附属设备之间的关系。

(3)组织安装人员学习和熟悉图纸，包括锅炉制造图纸、锅炉房工艺设计图、锅炉和省煤器安装图、仪表及全自动电控系统图。

(4)锅炉房主体工程已施工完,屋面板尚未吊装或已经留出锅炉及其附属设备的运输安装口(包括垂直运输),并且各层建筑物上的敞口和安装孔洞应有可靠的盖板和栏杆。

8.2.3 锅炉安装前的检查及验收

锅炉安装前,安装单位应会同建设单位共同对锅炉设备开箱验收,对各项设备、构件进行全面检查,其检查项目主要有:

(1)锅炉及附属设备与设计图纸是否相符;

(2)根据出厂明细表或装箱供货清单,清点锅炉零部件,是否配套齐全;

(3)锅炉和附属设备是否有破损和其他明显缺陷;

(4)产品合格证及其他出厂技术文件是否齐全;

(5)根据对外部检查的结果,判断锅炉的制造质量,是否符合国标《工业锅炉安装工程施工及验收规范》GB50273－98中的有关规定。

设备清点检查之后,应根据安装的工序先后分类存放,妥善保管,预防受潮生锈。

锅炉安装前的验收,要建立验收记录,由建设单位和安装单位的代表签字(盖章)。

无论在安装前检查出来的问题,或以后在安装和调试过程中发现的设备缺陷,一律要建立记录,一一列举出发现的问题,消除的措施及其执行者和完成日期。记录应由建设单位、安装单位和制造厂家三方的代表共同签字(盖章),存档备查。

8.2.4 技术准备

安装单位应熟悉锅炉房设计文件和锅炉安装使用说明书等锅炉出厂技术文件。拟定施工方案,编制施工计划和拟定劳动保护和安全技术措施。

8.2.5 土建部分的检查与验收

锅炉房土建工程竣工后,由建筑施工单位,锅炉安装单位及建设单位,共同检查土建工程。应根据施工图和锅炉安装使用说明书检查锅炉和设备位置是否符合设计要求;检查锅炉和辅助设施的基础外形尺寸、标高、预留地脚螺栓孔是否正确,基础和地脚螺栓孔纵、横中心线等尺寸偏差值应在允许范围内(见表8.8),若锅炉设备已运到现场,可按设备实际尺寸进行核对;检查锅炉和管道预留孔洞位置和尺寸是否合适;遇有位置或尺寸不符等情况时,应在安装前设法解决,以便安装工程顺利进行。安装前对土建工程部分的检查情况应做出检查记录,由检查人员共同签字(盖章)。

8.2.6 标线工作

土建工程验收合格后,要根据设计要求在基础上放线,确定锅炉与锅炉房的相对位置。

画线时,先将锅炉纵向基础线画在基础上,然后在炉前墙边缘画一条与基础纵向基准线相垂直的直线,作为纵向基准线。根据这两条纵横基准线,便可以画出锅炉的平面安装位置。为了确定锅炉的安装高度,可在锅炉房墙壁或立柱上标出1.5 m或±0.00 m标高点,作为安装和校正锅炉钢架时的基准标高。有了这三条基准线,就可将锅炉及辅助设备的安装位置,按设计的要求全部画在基础上。画线时,要注意各线之间的垂直与水平关系,要尽量画得清晰准确。

准备工作完毕,即可正式开始安装锅炉设备。

8.2.7　快装锅炉的安装

快装锅炉结构整装,运输方便,安装简单。快装锅炉的水平运输可利用吊车、排架(也可利用原包装的底架)、滚杠、道木、卷扬机或绞磨运至锅炉房内。最简单的方法,可以在路面上垫上厚度大约 25 mm 的道木及滚杠,用绞磨拖或用撬棍靠人力向前撬动,使锅炉随着滚杠在道木上滚动,木板和滚杠交替使用,直至拖入锅炉房,如图 8.7。

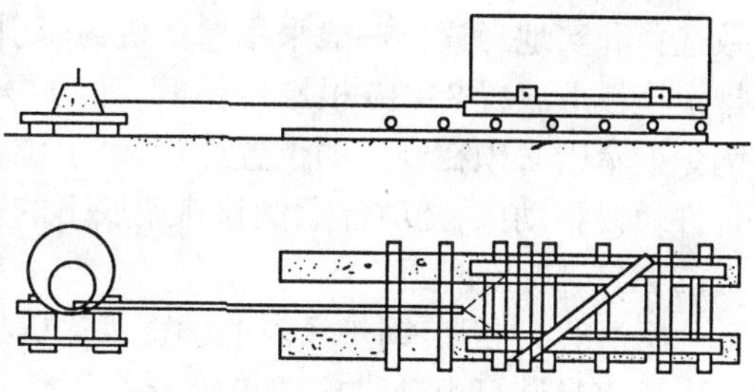

图 8.7　锅炉的水平搬运

锅炉基础验收、画线后,一般情况下快装锅炉可直接安装在略突出地面的条形基础上,基础的高度一般在 500 mm 以下。在锅炉基础上事先画好安装基准线标记和标高标记。将锅炉拖运入锅炉房后,用卷扬机沿着搭好的缓坡道直接将锅炉拉上基础就位,对准安装基准线,调整拨正,然后用水平尺或水平仪吊正,在锅炉两侧的条形基础用垫铁垫平,安装稳固。施工条件允许时,也可在屋面板安装前,用吊车直接将锅炉吊至基础上就位,用经纬仪和水平仪一次性校核,找平锅炉在左右两侧基础的水平度。

快装锅炉若本体前后未设置坡度,为了有利于锅筒排污,在过路的基础施工时,找好0.5%的坡度坡向锅炉排污装置,一般应前高后低。若快装锅炉自身设置了坡度,基础施工和锅炉安装则不再考虑倾斜度,可直接将锅炉放置在两道坚固的水平条形基础上,如图 8.8 所示。

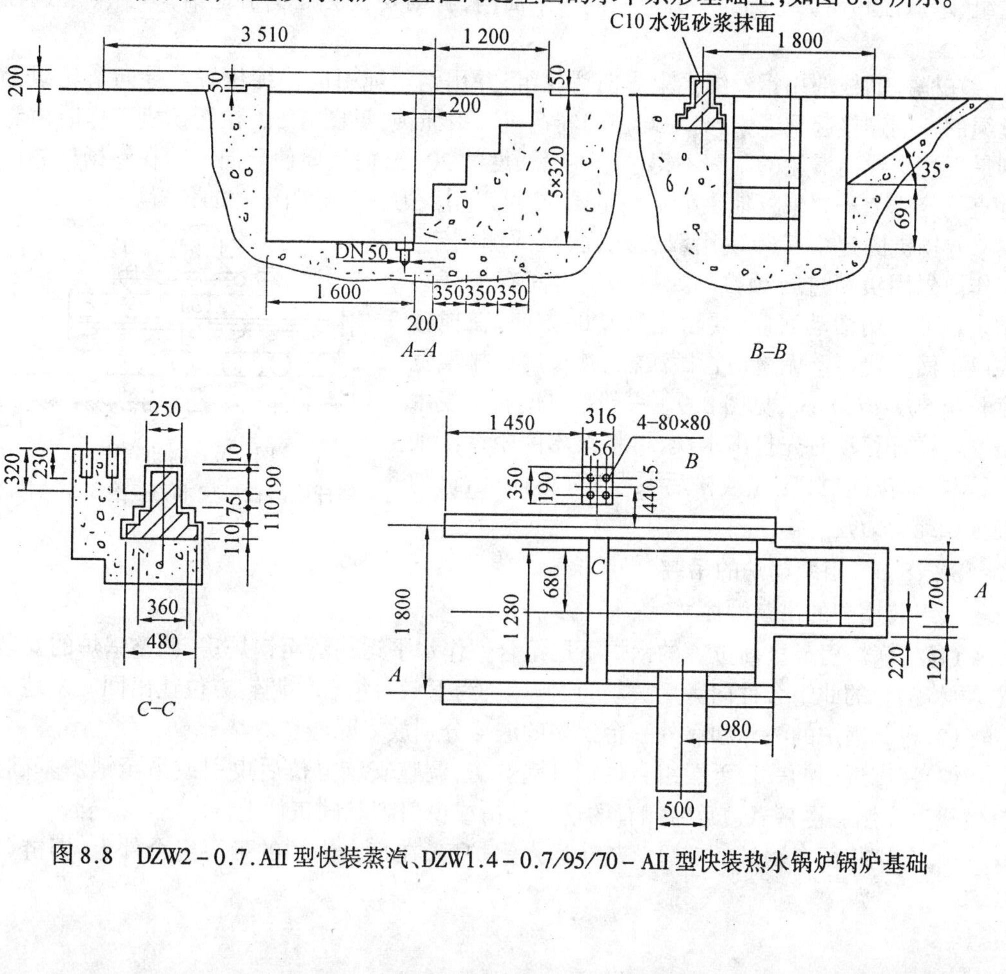

图 8.8　DZW2 – 0.7. AII 型快装蒸汽、DZW1.4 – 0.7/95/70 – AII 型快装热水锅炉锅炉基础

8.2.8 组装锅炉的安装

组装锅炉在安装过程中的水平运输和垂直运输要采用适合安装现场的机具和吊装顺序。对吊装方位、吊装高度、吊装吨位、吊耳型式等技术条件,要在吊装方案中加以明确。

8.2.8.1 组装锅炉场内的水平运输

对一些窄小的安装现场和进行改造的旧锅炉房,采用的运输机具和安装方式尤其要细致选择和实地考察。一般采用卷扬机为牵引动力,在牵引锅炉时,利用排架(或原底排),在排架拖板下放置 8 ~ 10 根厚壁钢管,两边再配合人力撬棍。卷扬机通过钢丝绳牵动排架。锅炉的牵引必须在规定的位置进行,牵引位置只准在底部,拖板不准随意牵引。在使锅炉组合件缓慢移动中,随时注意倒移排架底下的钢管滚杠,特别是在转弯时更要注意锅炉在滚杠上的位置,防止下倾。

8.2.8.2 组装锅炉场内的垂直运输机具固定

垂直吊装可由独脚桅杆和卷扬机完成。根据组装锅炉最重的组合件进行选定。如吊装 6.5 t/h 的组装锅炉,可以选择钢管桅杆进行垂直运输。

桅杆所立之处的地基应坚实平整。先在地基上铺上枕木,不得少于两层,垫枕木的面积要保证桅杆地基面积的压强不超出该处土壤的耐力。桅杆立起后须在顶端拉上缆风绳,用吊耳或柔索系牢联结点的固定滑轮组,如图 8.5 所示。如采用倾斜吊装,固定的起重滑轮组注意对准其基础中心,使锅炉在起吊后不接触到桅杆。如采用直立桅杆曳引法吊装时,其滑轮组、牵引锚和锅炉基础的中心应在同一平面内,否则要设两处曳引地锚,牵引点应选在动滑轮上。

在桅杆的根部用钢丝绳系上导向滑轮组,并用钢丝绳引向锚绽位置。导向滑轮组上钢丝绳的一端连接起重绳索,另一端引向卷扬机牵引绳锁,见图 8.5。在卷扬机工作时由卷筒到最近一个导向滑轮的距离不得小于卷筒长度的 20 倍,而且要使导向滑轮在卷扬机卷筒的垂直平分线上。如果场地狭窄不满足要求,可以用人力调整导向滑轮的位置。

卷扬机固定中必须使用双绳地锚,从两侧固定。工作前先用负荷进行预拉。如果锅炉房尚有桅杆移动余地可采用活动底座,要根据移动的方向,在桅杆底座下面安置厚壁无缝钢管做滚杠,其长度比排架宽度长出 500 ~ 700 mm,见图 8.9。一般滚杠间打进楔木挤紧。桅杆移动时先打出木楔,再将滚木间距逐渐加大;调整拖拉绳时,应先放松后收紧,对称地进行,勿使拖拉绳受力过大。

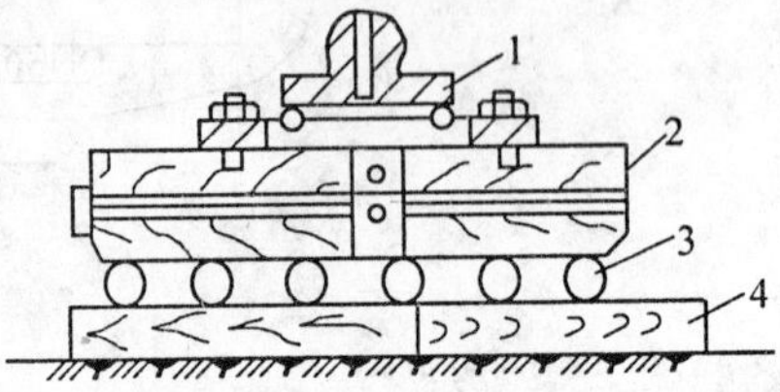

图 8.9 称动支座

1—桅杆底座;2—枕木;3—滚筒;4—垫木

8.2.8.3 组装锅炉的吊装

1.组装锅炉的吊装顺序

(1)将锅炉房最里面位置的锅炉下层组合件作水平运输运至锅炉房,调整锅炉的安装方位,再将锅炉的此组合件向旁后拨动暂时靠墙,为下一台组合件调转方位让出回旋余地。

(2)将此锅炉的渣斗和靠外一台锅炉的渣斗分别放入除渣坑。

(3)将靠近门的一台下层组合件运进锅炉房,调整安装方位后曳引或吊至锅炉基础上,就位找正。然后再将靠边暂时搁置的这台起吊或曳引到基础正位上。

(4)分别将两台锅炉的 8 只落灰斗运入锅炉房,在每台锅炉的下层组合件上,即链条炉排的炉排面上安装4只落灰斗。

(5)分别将里面的一台上层组合件和靠近门的一台上层组合件牵引至锅炉房,分别用桅杆完成上层组合件的吊装。

2.在吊装时的注意事项

(1)捆扎在组合件上的绳索应牢固,捆绑钢丝绳的位置不得妨碍锅炉的就位与组合。锅炉的起吊必须在规定的位置进行,上层组合件的起吊位置是锅筒顶部的4只吊耳。下部大件的起吊位置为顶部的4只吊耳。其余位置不得捆扎钢丝绳或随意起吊。

(2)吊装时应进行试起吊。即将组合件吊至距地面100 mm时,停止起吊,注意观察起吊机具、支撑点等各方面的动态,确认无异常现象和情况,再继续起高。

(3)在上层组件与下层组件合拢时,要有专人控制起吊过程中组合件的方位,在起吊至所需高度时要缓慢下落,使上层组合件能准确地落在下层组合件上,如图8.10所示。有必要时,也可在组合件的下方系一根手动牵引绳,由专人负责控制牵引方向。

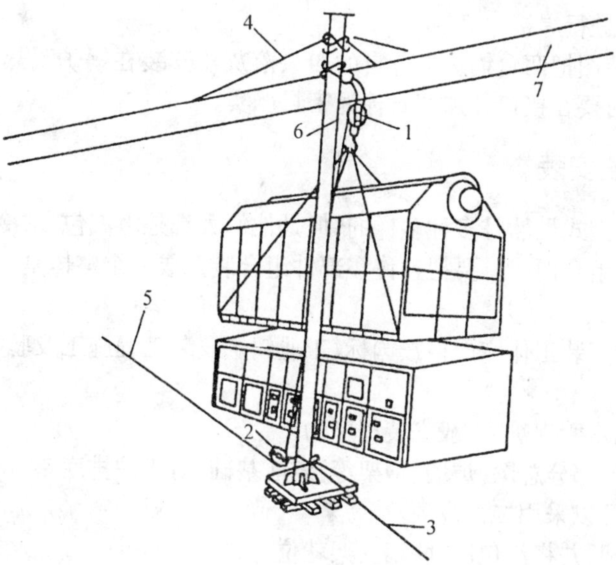

图8.10　组装锅炉吊装

1—起重滑车组;2—导向滑车组;3—连向锚定绳索;4—缆风绳;5—连向卷扬机牵动绳;6—桅杆(无缝钢管);7—锅炉房梁

8.2.8.4　组装锅炉的找平、找正与合拢

锅炉各层组装件的安装标记应清晰显眼。横向以链轮后轴中心线为基准(也有的安装队以前轴为基准),在下层组合件上做出标志。从锅炉中心吊线。按此中心线在上层和下层组合件上画好纵向基准线。在下层组合件即链条炉排就位后开始找正,使其标记对准基础上的纵向中心基准线和横向中心基准线。再将链条炉排的左右找平,炉排的左右倾斜不允许大于5 mm。否则应以垫铁将低的一侧垫高直到符合标准为止。

承受主要荷载和强烈振动的垫铁组,宜使用平垫铁。每组垫铁应尽量减少垫铁块数。一般不超过3块,并应少用薄垫铁。在放置平垫铁时,要把最厚的垫铁放在下面,最薄的在中间,调整后要将各垫铁互相焊牢。垫铁表面应清除干净,接触良好,放置整齐平稳,垫铁组高度一般不超过50~100 mm,要保证炉排受力均匀。

起吊上层组件,使其与下层组合件合拢,即为锅炉的受热面本体和燃烧设备的链条炉排的合拢,在其合拢后需找正位置。具体做法如下:

(1)以锅筒和集箱外露部分上的标记,在锅炉前后两个端面上吊线坠(也可用经纬仪和水平仪找平找正),如果前后线坠都落在基础上画定的纵向中心安装基础线上(下层组件上也有中心线标记),方可确认上层组合件横向安装位置正确。

(2)若线坠同时又与锅炉及下层组合件上所画的垂直中心线重合,则上层组合件的垂直度达到标准。

(3)用量尺检查和对照设计图上与基础上横向基准线的距离,即链轮后轴或链轮前轴标记和横向基准线是否重合。

(4)检查和对照锅炉图纸和锅炉房工艺设计图中的组装尺寸,用尺量出从链轮前轴中心线至炉前墙边的距离,可确认纵向位置正确否。如发现方位偏差,应进行调整,需符合锅炉组装尺寸,符合设计要求。

(5)经找正调整,上组合件与下组合件合拢找准位置后,在锅炉两侧的接触处按照锅炉图纸中的节点图要求进行焊接。

最后,按锅炉组装图把两台锅炉上各自的四只落灰斗安装在锅炉受热面本体上层组合件的底板下面,固定时要在接口处加填石棉绳密封严实。

8.2.9 散装锅炉的安装

散装锅炉的结构型式虽然是多种多样的,但是他们大都是由汽包、水冷壁、对流管束、尾部受热面及燃烧设备组合而成。要把这许多部件组合装配成一个整体是一项比较复杂的安装工作。

散装锅炉本体的安装工作应严格按国标《工业锅炉安装工程施工及验收规范》(GB50273-98)施工。

对于现场组装的水管锅炉,一般安装程序为:

(1)按基础图和各部分总图(炉墙、钢架等)浇灌基础,对于炉排底座、钢架立柱、过梁、鼓风机、引风机等基础可以采用二次浇灌。

(2)安装锅炉骨架,并将汽包座、联箱支架就位。

(3)将上、下汽包及联箱支架就位。

(4)胀接对流管束,与此同时,将烟气隔墙用异型砖砌好,将吹灰器装好,使吹灰器进入对流管束内。

(5)安装左、右侧水冷壁管,顶、后水冷壁管,以及下降管束。

(6)安装锅炉平台、楼梯。

(7)安装炉排,并进行冷态运转。

(8)安装煤斗等。

(9)安装除渣翻板。

(10)安装锅炉尾部受热面。

(11)安装锅炉及省煤器水管管路及排污管,同时安装锅炉各种附件。

(12)水压试验。

(13)管道、联箱和锅筒等穿墙部分包扎石棉绳。

(14)砌炉墙,同时把看火门、检查门、点火门、清灰门等砌入炉墙。

(15)做好上汽包,下汽包封头和炉顶的保温工作。

对以上程序本文仅介绍锅炉钢架、汽包、管束与炉排的主要安装工作。

8.2.9.1　锅炉钢架的安装

锅炉钢架是整个锅炉的骨架,它几乎承受着锅炉全部重量,并决定着锅炉的外形尺寸。如果锅炉钢架安装得不正确,将直接影响到汽包、联箱的安装工作,也很难使炉墙的砌筑达到规范所规定的质量标准。要保证锅炉钢架的安装质量,首先必须保证钢架构件的几何尺寸正确。所以,在安装前应严格检查钢架及平台等钢构件的几何尺寸。

经检查如有超出变形允差的钢构件,应该进行校正,使它达到规定的要求。校正钢构件的方法可采用冷态校正,加热校正和假焊法三种。

安装钢架之前先修正基础。将每个安装钢柱的地方凿平,允许高于设计标高 5 mm 或低于设计标高 20 mm。

钢架安装,可根据钢架的结构形式,结合施工现场的条件,采用预组合或分件安装方法。

采用预组合安装法时,先将钢架构件预先组焊成若干组合件进行安装,为了保证组合件的精确度,焊接工作可在装配架上进行。装配时,应随时注意校正组合件的尺寸,每调准一件立即点焊,已点焊成形的组合件,经核对尺寸无误时再进行焊接。安装时,先将各组合件全部拼装完毕后,再进行调整。凡已调整合格的组合件,应预点焊加固,待全部调整合格并检查无误后方可进行焊接工作。

采用分件安装方法时,不能进行钢架的预组合工作,而是将已经校正好的钢构件直接安装。一般是先安装立柱后再装横梁,每调整合格一件立即点焊加固,同时将立柱、联梁等件按要求的位置点焊上,经全面复查符合要求时,方可进行焊接工作。

对锅炉骨架的安装质量,可用水平仪和铅垂线检查钢架的横梁水平度和钢架立柱的垂直度等,若满足表 8.2 所列的安装质量标准的要求,即认为合格,便可以开始汽包安装。

表 8.2　锅炉基础的允许偏差和检验方法

序　号	项　　目	偏差不应超过/mm	附　注
1	各立柱的位置偏差	± 5	
2	各立柱间距离偏差 最大	± 1/1 000 ± 10	
3	立柱、横梁的标高偏差	± 5	
4	各立柱相互间标高差	3	
5	立柱的不垂直度 全高	1/1 000 10	
6	两柱间在垂直面内两对角线的不等长度 最大	1/1 000 10	
7	各立柱上水平面内或下水平面内相应两对角线内的不等长度 最大	1.5/1 000 15	
8	横梁的不水平度 全长	1/1 000 5	
9	支撑锅筒的横梁的不水平度 全长	1/1 000 3	

8.2.9.2 汽包的安装

汽包是用钢板卷成圆筒形的受压容器，与它连通在一起的管子主要有下降管、上升管、汽、水引出管、蒸发受热面管子等。上、下汽包之间的管束一律采用胀接，而其余管子采用焊接。汽包是锅炉的主要部件之一，汽包安装的质量不仅影响以后的锅炉安全生产问题，而且直接影响后续施工过程，如胀接等下步工序的顺利进行。

汽包的安装工序大致如下：

1.清理和检查汽包

汽包吊装之前，必须将其内外表面上的污泥和焊渣等脏物清掉，胀管管孔要用砂纸磨光，至发出金属光泽，磨纹应为横向（环形），不允许有竖向磨纹。然后对汽包进行全面的检查。需进行检查的项目如下：

（1）检查汽包内外表面是否有裂痕、金属分层（起皮）和焊接质量，以及是否有运输损坏的痕迹。

（2）检查汽包两端标定汽包的水平中心线和垂直中心线的标记位置是否准确，必要时可略加调整，使之最好与各排管孔中心线相符。若汽包上未打有横向中心线的记号时，应按纵向管排的管孔画出。

（3）根据设计图纸，用卡尺和钢尺测量外形尺寸，管孔、管排间距等尺寸。胀管的管孔尺寸偏差值见表 8.3，管中心距尺寸偏差见图 8.11 和表 8.4。

在检查中所发现的缺陷都要在安装前予以修复，表面起皮应铲去，并将其磨光，裂痕部分应铲开，并做好焊接坡口，用焊接法修补。

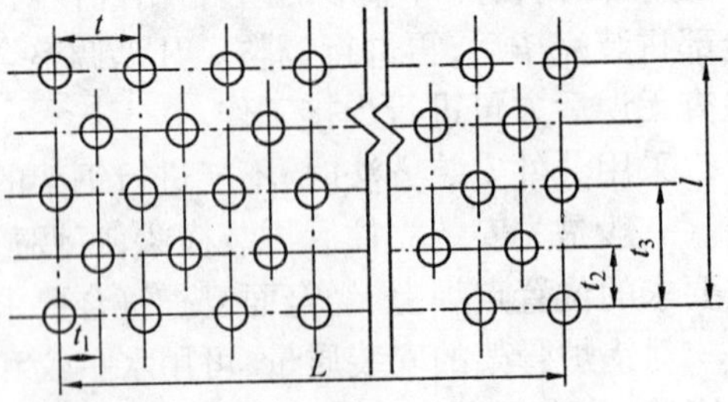

图 8.11 管中心距尺寸

表 8.3 管孔的直径和偏差

<table>
<tr><td colspan="2">管子公称外径/mm</td><td>32</td><td>38</td><td>42</td><td>51</td><td>57</td><td>60</td><td>63.5</td><td>70</td><td>76</td><td>83</td><td>89</td><td>102</td><td>108</td></tr>
<tr><td colspan="2">管子直径/mm</td><td>32.3</td><td>38.3</td><td>42.3</td><td>51.5</td><td>57.5</td><td>60.5</td><td>64</td><td>70.5</td><td>76.5</td><td>83.6</td><td>89.6</td><td>102.7</td><td>108.8</td></tr>
<tr><td rowspan="3">管孔允许偏差</td><td>直径偏差</td><td colspan="3">+0.34</td><td colspan="6">+0.40</td><td colspan="4">+0.46</td></tr>
<tr><td>椭圆度</td><td colspan="3">0.27</td><td colspan="6">0.30</td><td colspan="4">0.37</td></tr>
<tr><td>圆锥度</td><td colspan="3">0.27</td><td colspan="6">0.30</td><td colspan="4">0.37</td></tr>
</table>

表 8.4 管中心距偏差

公称尺寸 t_1, t_2, t_3, L, l	允许偏差
≤260	±1.5
261 ~ 500	±2.0
501 ~ 1 000	±2.5
1 001 ~ 3 150	±3.0
3 151 ~ 6 300	±4.0
>6 300	±5.0

2.画线定中心

一般汽包出厂时,汽包的两端都有基准点。画线时,在汽包上画出两排管孔壁的中心线,基准点的连线与其中心线相交。然后,以此点为基准把汽包外圆周分为四等分,并画出三条中心线和找出汽包的中心。以中心为准,分别找出汽包两端与炉墙的交界处。最后,根据锅炉图纸中两端的两列管子距炉墙内表面的距离校核画线工作的正确性。

3.起吊的准备工作

起吊前应仔细查看现场,了解现场情况,并清理好现场,在现场中水平与垂直方向上不得有妨碍汽包起吊和安置的障碍物,以保证汽包顺利进行起吊工作。

为保障人身和设备的安全,要严格按照安全操作规程进行工作,使用起重机具和设备时,在任何情况下不得超负荷。无铭牌的起重工具,要经过强度计算证明完全可靠时,才能使用。汽包的拖运工作,应有起重工担任,其他专业人员应给予密切配合。

4.汽包支座的安装与校正

汽包支座有两种,一是固定支座,二是活动支座。活动支座内的滚珠在安装前应检查和清洗。装入时不得遗漏,并要保证其良好的动作。

汽包支座的安装要符合图纸上规定的尺寸,并要小心地进行校正,汽包支座中心与前后立柱的距离允许误差 ± 3 mm。

5.汽包起吊就位

待起吊的汽包要精确地放置于起吊垂直平面的中心线上,以避免汽包刚起吊时因摆动撞到锅炉钢架上。汽包的重量很大,这种撞击可能造成严重的事故。

汽包起吊时,不得将绳穿过管孔,不得使短管受力,也不能用大锤敲击汽包,以避免损伤管子的胀孔。

开始起吊时,应先进行试吊,使汽包稍许离开地面,停留 10 min,观察是否有异常现象,要仔细地检查起重绳索与结扣,起重设备的工作状态,经检查无问题时才能正式起吊。起吊时,在汽包上系一根牵引绳,绳子的另一端由专人控制,调整汽包起吊过程的方位,防止碰撞钢架造成事故。

吊起的汽包放在汽包支座上,支座与汽包应接触良好,局部间隙不得超过 2 mm。

汽包内部的汽水分离装置、给水装置、连续排污装置等,留待水压试验完毕后,进行系统试运转前再进行装配。

6.校正固定

汽包位置安装的精确与否对于胀接质量影响很大。管子与汽包的连接是沿汽包径向插入,若汽包的位置不对,则必然会使管子斜向插入,这将会直接影响到胀接质量。因此校正汽包位置是十分重要的一项工作。应细致,认真做好校正固定工作。

需要调整的项目可参照规范的内容。汽包安装的水平度可用水准仪和水平尺检查;汽包标高可用尺量检查;上下汽包间和汽包与钢架间的相对位置可用铅垂、拉线和尺量检查。对汽包的标高、水平度及相对尺寸进行调整时,可在支座下放置垫铁,直至汽包的水平中心线和垂直中心线的位置准确时为止,即其偏差不超过下列各值。

(1)汽包纵向轴心线、横向中心线与立柱中心线的水平方向距离偏差为 ± 5 mm;

(2)汽包的标高偏差为 ± 5 mm;

(3)汽包间水平方向和垂直方向的距离偏差为 ± 3 mm;

(4)汽包水平倾斜度偏差为 ± 2 mm;

(5)汽包横向中心线水平误差为 1 mm;

(6)汽包两侧最外边管中心线与立柱中心线间距偏差为 ± 3 mm;

(7)上、下汽包的垂直中心线间距误差为 ± 1 mm;

(8)上、下两汽包的最外边管孔中心线距离的误差为 ± 3 mm;

(9)集箱中心线与上汽包中心线在水平方向或垂直方向之间距离误差为 ± 3mm。

组装汽包时,必须根据设备技术文件留出热膨胀间隙。如无规定时,间隙数值计算式为

$$S = 0.012 \times L \times \Delta t + 5$$

式中 S—间隙,mm;

L——汽包长度,m;

Δt——汽包内工作介质温度与安装时环境温度之差,℃。

8.2.9.3 胀管

工业锅炉的水冷壁管、对流管束等,是用焊接或胀接的方法与联箱或汽包连接起来的。采用焊接时,应按照有关规范的规定进行焊接。本文仅阐述胀接问题。

所谓胀接,就是用胀管器将管端的直径扩大,使管端塑性变形,同时汽包壁对管子产生一定的回弹力,这样,在管子与汽包壁管孔的连接表面便形成一定的弹性应力,保证管子和汽包连接处的强度和严密性,能够承受蒸汽压力、重力(结构及水的重量)及热膨胀应力。胀管的主要工序是:胀管前的准备工作,试胀和正式胀接。

1.胀管前的准备工作

胀管前应对待胀的对流管束及水冷壁管作详细检查,应符合有关标准的规定。

对于形状不正确的管子常用热校正的方法将其弯度和不平直处矫正过来。如无校正平台时,也可用钢板放锅炉大样逐根检查,或逐根管子直接放在汽包管孔内试验弯曲及长度是否正确。

管子校正完毕,应作通球试验,以全部通过为合格。对于弯曲半径不大于 3.5 倍管子外径的弯曲管子,所用圆球直径为管子内径的 80%。对于弯曲半径大于 3.5 倍管子外径的其他管子用圆球为管子内径的 85%。圆球应用钢材或木材制成,不得用铅等易产生塑性变形的材料。

经过检查和校正的管子,应核对其数量,分规格堆放,并做好检查记录。

为了保证管端在胀接时容易产生塑性变形,防止管端产生裂纹,管子的胀接端在胀前应予退火。

管端胀接面上的氧化层、锈点、斑痕、纵向沟槽等,将会影响胀管的质量,所以需将已退火的管端全部打磨干净,将其表面磨至全部发出金属光泽,同时不得有纵向沟痕。在管端内壁,从管口起 75 ~ 100 mm 长度内的氧化皮和铁锈,必须用钢丝刷刷净,保证管端无锈污和油脂。

汽包和联箱上的管孔,在胀管以前可用棉纱将防锈油和污垢等擦去,然后用砂布沿圆周将铁锈打磨干净。遇有纵向沟痕,必须用刮刀沿圆周方向刮去。环形和个别的螺旋形沟纹的深度不超过 0.3 mm,而不接近管孔边缘者可允许存在。

2.试胀管

为了确保管束正式胀管时胀口的质量,在正式胀接之前必须进行试胀。试胀管板的厚

度,管孔的直径,管孔间的中心距,材质应与汽包一致。试胀用的管端和钢板由制造厂负责供给。

做好准备工作之后,便可进行试胀。试胀关系到正式胀接质量的好坏。因此,必须予以充分重视。试胀后,检查其胀接质量是否合格。

(1)胀口应无欠胀或过胀现象。

(2)胀或翻边处应平滑光亮,管子应无裂纹和无明显的切痕,翻边角度应为 15°左右。

(3)胀口深度应正确。

满足上述要求,则认为试胀合格,标志着可以进行正式胀接。

3. 正式胀接

在试胀合格后,便可进行正式胀接。胀管工作一般分固定(初胀)和翻边(复胀)两个工序。固定胀管时使管子与管孔间的间隙消失,并继续扩大 0.2～0.3 mm,使管子初步固定在汽包或联箱上,这一工序是用固定胀管器完成的。翻边胀管时,使管子进一步扩大至管孔紧密结合,而且同时进行翻边。管端翻边可以大大地提高胀接接头的强度和减少锅筒内水在管端出入口的能量损失。管子的扩大与翻边是用翻边胀管器同时进行的,不得单独扩大后再翻边。

根据胀管工作的需要,胀管器的构造有固定胀管器和翻边胀管器两种。固定胀管器的构造如图 8.12 所示。在这种胀管器的外壳上,沿圆周方向相隔 120°有三个胀珠槽,每个槽内有一个直胀珠。因为胀珠的锥度为胀杆锥度的一半(胀杆的锥度为 1/20～1/25),所以在胀接过程中,胀珠与管子内圆接触线总是平行于管子轴线,因此管子与管壁的接触线也会有锥度出现。翻边胀管器的构造如图 8.13 所示。这种胀管器,与固定胀管器不同的是三个直胀珠较为短一些,并在此槽内加上三个翻边胀珠,由于翻边胀珠的作用,所以能使管口翻成斜度为 15°角。

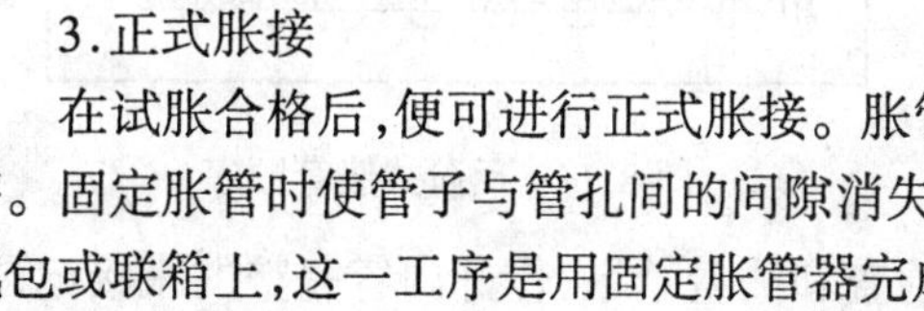

图 8.12　固定胀管器

1—胀杆;2—胀珠;3—外壳

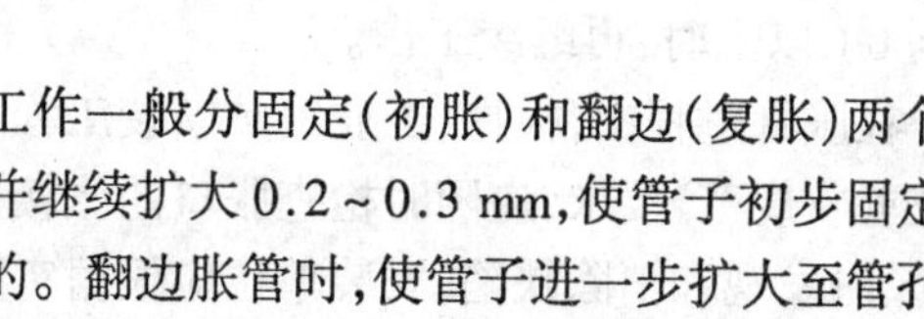

图 8.13　翻边胀管器

1—胀杆;2—胀珠;3—翻边胀珠;4—外壳

挂管时,管端伸出管孔的长度应符合规定的范围,将长出部分锯掉,一定要挂一根锯一根,不能以一根为样板将同类管子一次锯完,以免由于工作差错使成批管子报废。管子胀接端伸入管孔内时,应能自由伸入。当发现有卡住或偏斜等现象时,不得用强力插入,应将管子取出经校正后再用。

管子胀接端装入管孔后应立即进行固定胀管,防止管壁与管孔壁间有污物进入或生锈。固定胀管时应先胀汽包两端的管排作为基准,然后再自中间分向两边逐排胀接,应注意管子间距和直线性。同一根管子应先胀上汽包端,后胀下汽包端。

当固定胀管完成后,为避免间隙内生锈,应在短时间内就翻边复胀。复胀是保证胀管质量的最关键一道工序,要求经过复胀以后,管子与管孔之间严密而牢固。管子需要扩大到多大才能达到上述要求是很难测量的,一般是根据试胀确定的胀管器行程来控制的。翻边胀管终止时,管口应呈现30°的夹角。

翻边胀管时,为避免邻近的胀口松弛,应采用反阶式的胀管顺序,如图8.14所示。在管排方面,按着Ⅰ、Ⅱ……顺序,在管孔方面,按着1,2,3,4…顺序。

胀管过程中,室内温度不能低于0℃,若在-10℃以下进行胀管工作时,胀口端部易出现裂缝,若遇有此情况,应立即停止胀管,待室温达到0℃以上时,再继续工作。

在胀管过程中,根据《工业锅炉安装工程施工及验收规范》要求,应随时检查胀口的胀接质量,及时发现和消除缺陷,安装单位应根据实际检查和测量结果,作好内容完整的胀接记录。

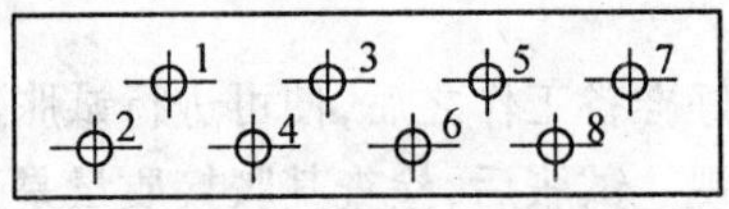

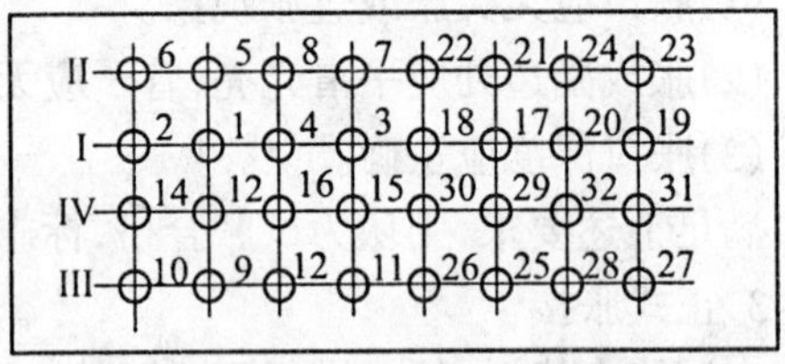

图8.14 反阶式胀管顺序

8.2.9.4 炉排的安装

目前,工业锅炉中用得较多的有链条炉排、抛煤机炉(常配手摇翻转炉排)、往复推动炉排和振动炉排,各种型式的炉排安装工序和要求各不一样,应按锅炉安装使用说明书的要求进行安装。

一般来说,炉排安装顺序为:

(1)安装前打磨铸铁炉排片、炉排梁等构件配合处的飞边、毛刺,以保证各部位的良好配合。

(2)安装前要进行炉外冷态空运转,运转时间不应少于2~3天,如发生卡住,跑偏等现象应予以消除,直到运转正常,方可进行安装。

(3)炉排安装顺序按炉排型式而定,一般是按由下而上的顺序安装。此时要注意与设计图纸校对尺寸,保证安装允许的偏差值和炉排两端的缝隙大小,以防影响炉排的运行。例如,组装链条炉排的偏差值不得超过表8.5中的规定。

表8.5 组装链条炉排的偏差

序 号	项 目	偏差不应超过/mm
1	炉排中心线位置的偏差	2
2	墙板的标高偏差	±5
3	墙板间的不垂直度、全高	3
4	墙板间的距离偏差	+5
5	墙板间两对角线的不等长度	10
6	墙板框的纵向位置偏移	±5
7	墙板的纵向水平度	1/1 000
	全长	5

(4)安装炉排的变速机构。

(5)炉排安装完毕,经认真检查,确认合格后,再进行冷态试运转。

另外,在锅炉安装过程中,受压元件的焊接,一定要由获得受压容器焊接证书的焊工进行,应在温暖的厂房内进行,冬季焊接碳质量分数低于 0.2%的低碳钢管,周围气温不应低于 -20℃,碳质量分数大于 0.2%的低碳钢管,周围气温不应低于 0℃,同时,必须严格按照《锅炉受压元件焊接技术条件》(JB1613-75)中有关规定执行。

8.2.10　省煤器和空气预热器的安装

安装省煤器前,先核对支架,再检查省煤器质量。例如,铸铁省煤器每根肋片管上损坏的肋片数不应多于总肋片数的 10%,整个省煤器中有破损肋片的管数不应多于总管数的 10%;省煤器管及弯头的密封面应无径向沟槽、裂纹、歪斜、坑凹及其他缺陷。

组装铸铁肋片管式省煤器应符合表 8.6 中的规定。

表 8.6　组装省煤器的允许偏差

序　号	项　　目	允许偏差/mm
1	支架的水平方向位置	±3
2	支架两对角线的不等长度	3
3	支架的标高	±5
4	支架和肋片管中心的不水平度,全长	1
5	相邻肋片管的中心距离	±1
6	相邻肋片管的不等长度	1
7	每组肋片管每端各法兰密封面所组成的面应为铅直面,其偏移值	5
8	每根肋片管上有破损的肋片数	10%
9	整个省煤器中有破损肋片的管数	10%

组装钢管式预热器前先进行全面检查,合格后,方可进行安装工作。安装质量,应符合表 8.7 的要求。

预热器上方无膨胀节时,应留出适当的膨胀间隙,如有膨胀节时,则应连接良好,不得有变形和泄漏现象。

表 8.7　组装钢管式预热器的允许偏差

序　号	项　　目	允许偏差/mm	附　　注
1	支撑框的不水平度,全长	3	
2	支撑框的水平方向位置	±3	
3	支撑框的标高	±5	以锅炉纵、横向安装基准线为准 有单独基础时以基础为准,无时以钢架为准
4	预热器组的水平方向位置	±3	
	每米	1	
5	预热器组的不铅垂度	5	

8.2.11　锅炉安装的质量标准

锅炉安装质量直接影响锅炉的运行效率。锅炉安装质量的评定要参看下述三项。

8.2.11.1　保证项目

(1)锅炉设备的结构形式、规格、型号、外形尺寸及出厂前的水压试验等,都必须符合设计要求和锅炉安装工程施工和验收规范。

(2)锅炉基础的画线必须保证纵向和横向中心线互相垂直。

(3)炉排齿轮电控调速箱的输出轴,必须与炉排的前轴(主动轴)在同一中心线上,其同心度不得超过规定值。

8.2.11.2　基本项目

(1)基础外观检查验收时,不得有蜂窝、狗洞、麻面、漏筋和裂纹等缺陷。

(2)基础本身的几何尺寸及预埋件应符合设计要求。

(3)锅炉基础的轮廓线(或预埋锚板、地脚螺孔位置);辅助设备,诸如齿轮调速箱、风机、风烟道等安装位置线;基础标高线,测定放线后应与锅炉基础图和锅炉房工艺设计平面图进行仔细校对后相互吻合。

(4)齿轮调速箱应灵活,调节弹簧要调整适合。

8.2.11.3　允许偏差项目

(1)锅炉基础的允许偏差和检验方法见表8.8中的规定。

(2)放线允许偏差项目:

① 主中心线的偏差允许±2.5 mm。

② 基础大小与设计尺寸偏差允许值应符合表8.8中的规定。

③ 运转层标高差≤20 mm。

④ 炉墙不超过基础界限。

⑤ 所有基础地脚螺栓孔、预埋地脚螺栓应符合设计要求,并在墙上或柱上用油漆画出各种基准线,偏差不允许超过1 mm。

表8.8　锅炉基础的允许偏差和检验方法

<table>
<tr><th>项　次</th><th colspan="2">项　　　目</th><th>允许偏差/mm</th><th>检验方法</th></tr>
<tr><td>1</td><td colspan="2">基础坐标位置</td><td>20</td><td>经纬仪、拉线和尺量</td></tr>
<tr><td>2</td><td colspan="2">基础各不同平面的标高</td><td>0,-20</td><td>水准仪、拉线和尺量</td></tr>
<tr><td>3</td><td colspan="2">基础平面外形尺寸</td><td>20</td><td rowspan="3">尺量检查</td></tr>
<tr><td>4</td><td colspan="2">凸台上平面尺寸</td><td>0,-20</td></tr>
<tr><td>5</td><td colspan="2">凹穴尺寸</td><td>+20,0</td></tr>
<tr><td rowspan="2">6</td><td rowspan="2">预埋地脚螺栓</td><td>标高(顶端)</td><td>+20,0</td><td rowspan="2">水准仪、拉线和尺量</td></tr>
<tr><td>中心矩(根部)</td><td>2</td></tr>
<tr><td rowspan="3">7</td><td rowspan="3">预留地脚螺栓孔</td><td>中心位置</td><td>10</td><td rowspan="2">尺　　量</td></tr>
<tr><td>深　　度</td><td>-20,0</td></tr>
<tr><td>孔壁垂直度</td><td>10</td><td>吊线和尺量</td></tr>
</table>

8.2.12　成品保护

锅炉组装件必须在排架上作水平运输,不得直接捆绑在地上托运。在锅炉安装过程中应检查敞口部位,及时遮盖好。下层组装件安装时要检查组合件在制造厂安装的部件,是否有螺栓、螺帽、铁钉等杂物遗留在炉排里。锅炉组装件在吊装过程中尽量减少在空中停留的

时间。如果因事故造成锅炉在空中停留时,应及时采取有效措施。此外还应在以下方面加以注意:

(1)锅炉在运输、吊装过程中所使用的起重工具,特别是钢丝绳和夹具,必须经过仔细检查,合格后方可使用。吊装前必须试吊。

(2)非操作人员严禁进入吊装区内,桅杆下方不准站人,也不准作为过道走人。

(3)高空作业必须遵守操作规程及有关规定。

(4)锅炉在运输、起吊、就位过程中听从统一指挥、相互协调、步调一致,防止出现伤人事故。钢丝绳的位置不得妨碍锅炉就位。

(5)锅炉平台扶梯、栏杆焊接安装时要注意防火,必须遵守防火规程。

8.3　锅炉安全附件的安装

锅炉与各系统设备上的仪表和阀件,是确保锅炉安全和经济运行中不可缺少的重要组成部件。操作人员完全借助于这些设备上的仪表与阀件及时掌握和了解系统的运行状况,以便及时做出调整锅炉和各系统运行参数的正确判断,保证锅炉的安全正常运行。

本章主要讲解锅炉三大安全附件压力表、水位计、安全阀的安装注意事项。

8.3.1　压力表

锅炉上的压力表,是用来测量和指示锅炉汽水系统的工作压力的。一定要保持灵敏、准确、可靠,以确保锅炉安全运行。

锅炉上常用弹簧式压力表。

安装弹簧式压力表时应注意下列几点:

(1)新装的压力表必须经过计量部门校验合格。铅封不允许损坏和不允许超过校验使用年限。

(2)压力表要装在与汽包蒸汽空间直接相通的地方,同时要考虑便于观察、冲洗,要有足够的照明,并要避免由于压力表受到振动和高温而造成损坏。

(3)当锅炉工作压力 <2.5 MPa 表压时,压力表精确度不应低于 1.5 级,压力表盘直径不得小于 100 mm,表盘刻度极限值应为工作压力的 1.5~3.0 倍,最好选用 2 倍,刻度盘上应画红线指出工作压力。

(4)压力表要独立装置,不应和其他管道相连。

(5)在压力表下,要装有存水弯管,以积存冷凝水,避免蒸汽直接接触弹簧弯管,而使弹簧弯管过热。

(6)在压力表和存水弯管之间,要装旋塞或三通旋塞,以便吹洗、校验压力表。

8.3.2　水位计

汽包水位的高低是直接影响锅炉安全运行的重要因素,因此,锅炉必须安装两个彼此独立的水位计,以正确地指示锅炉水位的高低。

水位计有多种型式,中低压工业锅炉常用平板玻璃水位计和低位水位计,小型锅炉常用玻璃管式水位计。

水位计指示玻璃板(管)与上汽包的水空间和汽空间相连接,上汽包内的最低安全水位至少比水位计玻璃板(管)的最低可见缘高 25 mm;上汽包内的最高安全水位至少比水位计玻璃板(管)的最高可见边缘低 25 mm。水位计上装有三个管路旋塞阀,即蒸汽通路阀、水通路阀和放水冲洗阀。

安装水位计时应注意下列几点:

(1)锅炉的蒸发量小于 0.2 t/h 的锅炉,应装两个彼此独立的水位表,以便相互校核锅炉水位。

(2)水位计要装在便于观察、吹洗的地方,并且要有足够的照明。当水位计距离操作地面高 6 m 时,除了汽包上装设两个互相独立的就地玻璃水位计以外,还在司炉操作处装有低位水位计。装设低位水位计应符合下列要求:

①表体应垂直;

②连通管路的布置应能使该管路中的空气排尽;

③整个管路应密封良好;汽连通管不应保温。

(3)水连通管和汽连通管尽量要不平布置,防止形成假水位,水连通管和汽连通管的内径不得小于 18 mm。连接管的长度要小于 500 mm,以保证水位计灵敏准确。

(4)水位表上、下接头的中心线,应对准在一条直线上。

(5)两端有裂纹的玻璃管不能装用。

(6)在放水旋塞下,应装有接地面的放水管,并要引到安全地点。

(7)旋塞的内径以及玻璃管的内径,都不得小于 8 mm。

(8)水位计与汽包之间的汽、水连接管上,应避免装设阀门,更不得装设球形阀。如装有阀门,在运行时应将阀门全开,并予以铅封。

8.3.3 安全阀

锅炉内部的压力达到安全阀开启压力时,安全阀自动打开,放出汽包中一部分蒸汽,使压力下降,避免因超压而造成事故。

中、低压锅炉常用的安全阀有弹簧式和杠杆式两种。

蒸发量大于 0.5t/h 的锅炉,至少装设两个安全阀(不包括省煤器安全阀)。其开启压力不同,分为低限开启压力和高限开启压力,其值见表 8.9。

表 8.9 安全阀的开启压力调整表

锅炉工作压力(表压)/MPa	安全阀的开启压力
<1.3	工作压力 + 0.02 MPa
	工作压力 + 0.05 MPa
1.3~3.9	1.04 倍工作压力
	1.06 倍工作压力
>3.9	1.05 倍工作压力
	1.08 倍工作压力

安装安全阀时要注意下列几点:

(1)安全阀应垂直安装,并尽可能独立地装在锅炉最高处。阀座要与地面平行,安全阀与锅炉连接之间的短管上不得装有任何蒸汽管或阀门,以免影响排汽压力。

(2)弹簧式安全阀要有提升手柄和防止随便拧动调整螺丝的顶盖。

(3)杠杆式安全阀要有防止重锤自行移动的定位螺丝和防止扛杆越出的导架。

(4)安全阀的阀座内径应大于 25 mm。

(5)几个安全阀共同装设在一根与汽包相连的短管上时,短管通路面积应大于所有几个安全阀门面积总和的 1.25 倍。

(6)安全阀应装设排气管,为防止烫伤人,排气管应尽量直通室外,若在室内要高于操作人员操作面 2 mm 以上。同时排气和底部应装有接到安全地点的泄水管,在排气和泄水管上都不允许装置阀门。

另外,各类阀门在安装前应检查清洗干净,检查阀瓣及密封面严密情况。阀杆及其啮合的齿座,要无损坏,动作灵活。阀门在安装前应按表 8.10 进行水压试验,水压试验合格后方可安装。

表 8.10　阀门试验压力

公称压力 p/MPa	试验压力 p_s/MPa
1.6	2.4
3.5	3.8
4.0	6.0

8.4　锅炉水压试验与系统试运行

8.4.1　锅炉的水压试验

组装锅炉和快装锅炉与散装锅炉不同,其特点是:组装锅炉和快装锅炉的受压元件焊接接口和胀接接口,均在锅炉制造厂胀制与焊制组装过程中进行了外观检查、探伤检查和超水压试验,达到验收标准后方可运送到现场,在锅炉房内进行大件或整体安装。因此在锅炉、省煤器、仪表、管道和阀件全部安装完,经过检查和清理锅炉与各设备的内外、人孔、手孔、阀件后,应对组装锅炉和快装锅炉的锅炉整体进行水压试验。对于热水锅炉可按照《热水锅炉安全技术监察规程》进行;对于蒸汽锅炉可按照《蒸汽锅炉安全监察规程》规定进行。

8.4.1.1　设备、材料要求

在水压试验过程中需要准备的材料包括钢管、截止阀、接头零部件、麻丝、铅油、清油、石笔、粉笔等。主要的机具设备包括电焊机、气焊装置、钢锯、套丝板子、工作案、管钳、活板子、固定扳手、螺丝刀、克丝钳子、手锤、铁锹等。

8.4.1.2　作业条件

(1)锅炉、省煤器、仪表、管道和阀件全部安装完,经检查和清理,具备水压试验条件。

(2)水源充足,电源接通,有污水排放的地点,且安全可靠。

(3)制定了水压试验的安全技术质量组织措施。

8.4.1.3　安全操作工艺

对操作人员进行技术、质量和安全交底,分工责任。操作人员应分配定岗、包干负责。

在烘炉、煮炉点火前锅炉的注水必须是合格的软化水。锅炉进行水压试验的步骤如下：

(1)锅炉及其系统注满水，使空气排尽后关闭排气阀。

(2)水压缓慢地升高、加压，当水压上升到工作压力时立即停止升压，稳住工作压力值，检查有无异常现象和渗漏情况，一切正常后再升压至试验压力。

(3)蒸汽锅炉的水压试验压表见 8.11 中的规定。热水锅炉的水压试验压力见表 8.12 中的规定。

(4)将压力升至试验压力后，对焊接的锅炉在试验压力下保持 5min；对铆接锅炉在试验压力下保持 20 min。然后从试验压力降到工作压力，将压力稳定保持在工作压力不变，进行全面详细的检查。

表 8.11 蒸汽锅炉水压试验压力值

名　　称	锅筒工作压力 p/MPa	试验压力/MPa
锅炉本体及过热器	$p<0.59$	1.5 p 但不小于 0.2
	$0.59\leqslant p\leqslant 1.18$	$p+0.3$
	$p>1.18$	1.25 p
可分式省煤器	p	1.25 p +0.5

注：工作压力 p 对蒸汽锅炉指锅筒工作压力。

表 8.12 热水锅炉水压试验压力值

名　　称	工作压力 p/MPa	试验压力/MPa
锅炉本体	$p<0.59$	1.5 p 但不小于 0.2
	$0.59\leqslant p\leqslant 1.18$	$P+0.3$
	$p>1.18$	1.25 p

注：1.锅炉工作压力，是指锅炉额定出口压力；对使用单位，是指最高负荷时的锅炉出口处的压力。对制造和安装单位，是指锅炉设计的工作压力。

2.铸铁省煤器水压试验同热水锅炉。

3.非承压锅炉水压试验压力为 0.2p，试验期间压力保持不变。

(5)经检查在受压元件金属壁和焊缝上没有水珠和水雾；铆缝和胀口处，降到工作压力后不漏水；用肉眼观察，没有残余变形等现象，即可认为合格。如发现有上述缺陷，需进行放水修整后重新试验。

(6)锅炉检验结果计入锅炉技术档案，检验人员应签字存档。

(7)水压试验后利用炉内水的压力(但不得低于 50%工作压力)冲洗取样管、排污管、疏水管和仪表管路等，防止堵塞。

8.4.1.4 质量标准

(1)锅炉试压时，试验压力达到规定值，如表 8.11、8.12 所示，按程序升压、降压，按程序进行检查。

(2)经检查符合上述标准即为合格。

8.4.1.5 成品保护

(1)在水压试验过程中，严禁用手锤敲击铆缝接口。

(2)为防止用合金钢制造的受压元件在水压实验时发生脆性破裂,蒸汽锅炉水压试验的水温应高于该种钢的脆性转交温度。

8.4.1.6 安全措施

(1)水压试验过程中,检查时,严禁在压力超过0.4 MPa时紧固法兰螺栓。

(2)水压实验时设立特别标志,避免在人嘈杂的情况下发生危险。

(3)有压力时,人不得站在接口处或法兰和阀门的正前面。

(4)用手锤检查焊口时,只准在焊口附近轻轻敲,严禁用手锤直接敲击焊缝,防止出现意外,危害操作人员的安全。

8.4.1.7 施工注意事项

(1)水压试验时周围气温应高于5℃,若不能满足要求必须采取防冻措施。

(2)水压试验用水温度应保持高于环境温度,防止锅炉表面结露,但温度也不宜过高,防止引起汽化和过大的温差压力,一般为20~70℃。

8.4.2 锅炉系统的试运行

锅炉在正式投入使用前,必须经过烘炉、煮炉、严密性试验和试运行几道程序。通过烘炉、煮炉的过程,炉墙能够缓慢、很好地得到干燥,避免正常运行时造成炉墙的开裂和损坏。在煮炉过程中,通过加入药品,使锅中的水变成碱性水,以便在排污和排放炉水的过程中,去掉锅内的油污和残渣。

经过烘炉和煮炉达到合格后,再进行严密性试验和试运行,以便进一步除掉安装过程中所留下的任何隐患,确保锅炉的安全运转。

本文内容适用于工业与民用建筑中锅炉的烘炉、煮炉、严密性试验和试运行安装工程。

8.4.2.1 材料要求

煮炉所需要的药品包括纯碱(Na_2CO_3)或含水磷酸三钠($Na_3PO_412H_2O$)、氢氧化钠($NaOH$)、石灰水、高锰酸钾、红药水、药棉。这些药品应有产品合格证、化学成分与含量说明,有使用说明书,并且符合设计要求和施工验收规范规定。在这一过程中所需的其他物品有木柴、煤、油棉纱等燃烧物;石棉橡胶垫、螺栓、螺帽。以上物品应有产品质量合格证,符合安装中的使用要求,有使用说明书。

8.4.2.2 主要机具设备

主要机具设备包括磅称、量杯、搅拌棒、玻璃器皿、活板子、固定扳手、增力扳手、钢卷尺、卡尺、铁锹、煤铲、煤钩子、撬杠、消防器材、橡胶鞋、橡胶手套、护眼眼镜、工作服、安全帽。

8.4.2.3 作业条件

(1)锅炉安装已结束,炉墙经漏风试验达到合格。

(2)炉墙上的测温点或灰浆取样点已设置完毕。锅筒和集箱上的膨胀指示器安装完,已调至零位。

(3)锅炉及其水处理、汽水、排污、输煤除渣、送风、除尘、照明、循环冷却水等系统均已安装完毕,经单车试运行达到合格。

(4)烘炉所用的热工仪表和电器仪表已安装并校验检测合格。

(5)烘炉中的临时设施安装完,能满足烘炉、煮炉、试运行的需要。

(6)管道、风道、烟道、灰道阀门及其挡板,对其介质流向、开启方向和开度指示都有明显的标志。

(7)水源、电源、燃料及其他材料均准备齐全,完全满足工艺要求。

(8)煮炉水有安全可靠的排放地点。

(9)炉内外(包括临时支撑和脚手架)及各通道已全部清理干净。

8.4.2.4 操作工艺

1.烘炉和煮炉前的检查

煮炉、烘炉前应检查包括炉排、进煤装置、省煤器、烟风管道及附件的运转是否良好,有无异常现象。具体要求和调节手段如下:

(1)链条炉排需进行冷态试车 48 h 以上,并要检查以下项目,达到要求。

①炉排片在链轮轴处应平稳转弯,不得拱起,否则需紧固两个拉紧螺栓。

②炉排两侧的主动炉排片与侧密封块、侧密封角钢的间隙不小于 4 mm。

③主动炉排片与链轮的啮合应良好。

④炉排长销两端与炉排两侧板的距离在链轮轴处应保持相等。若发现一端与侧板有摩擦,用手锤轻击长腰处,使其两端距离相等。炉排片应无严重单边倾斜。

⑤炉排片转动时应无卡阻现象。老鹰铁起落自如,与炉排接触无缝隙、无卡阻等现象。

⑥炉排片应无断裂。炉排片长销应无严重弯曲,否则应在穿炉排长腰孔处校直后重新安装。

⑦不允许螺栓、螺帽、铁钉等机件杂物失落在链条炉排任何位置。

(2)检查点火门应开启方便,煤闸门升降应灵活,煤闸门的下面与炉排面应保持平行,方可保证送入炉膛煤层厚度相等。否则应减少链节调至相等。煤渣门上的盖板应覆盖严密,防止煤块漏下后卡住煤闸门妨碍其上下活动。

(3)底座风室的调风门和烟道内的烟气调节门应开启灵活。

(4)省煤器应严格密封,烟气通道应畅通,无顶烟现象。

(5)机械转动应无异常现象,电控线路应准确无误。

2.烘炉和煮炉的操作工艺

在上述检查无异常之后,即可进行烘炉和煮炉的操作,工艺步骤如下:

(1)关闭全部人孔、手孔、主蒸汽阀(或热水总阀)以及水位表泄水旋塞。同时,把配好的药物溶液通过加药管道送入锅炉内。如果没有加药装置和管路的热水锅炉,可通过打开锅炉的后人孔,把配好的药物溶液一次性注入。

(2)煮炉时采用纯碱(Na_2CO_3)或含水磷酸三钠($Na_3PO_412H_2O$)药品,其用量一般均以锅炉容积立方米计算,前者药品为 5 kg,后者为 3 kg。也可按表 8.13 配制加药溶液。

表 8.13 煮炉的加药配方

药品名称	每立方米水中加药量/kg	
	铁锈较薄	铁锈较厚
氢氧化钠(NaOH)	2~3	3~4
磷酸三钠($Na_3PO_412H_2O$)	2~3	2~3

注:1.药量按 100%纯度计算。

2.无磷酸三钠时,可用碳酸钠代替,用量为磷酸三钠的 1.5 倍。

3.单独使用碳酸钠煮炉时,每立方米水中加 6 kg 碳酸钠。

(3)将经过处理的水通过省煤器注进锅炉内,开启一个安全阀(或是开启锅炉的给水自动排气阀),让锅筒里的空气向外逸出。蒸汽锅炉让锅内水位升至水位表 2/3 处即可关闭给水阀,水位应稳定,无下降现象,注水速度慢些。上水时间在夏季不少于 1 h,冬季不少于 2 h;水温最高不超过 40℃。

(4)上水过程中,要对全部人孔盖、手孔盖、法拦接合面及排污阀进行检查,若发现有漏水现象,应及时拧紧螺栓。

(5)开启点火门,在炉排前端 1 ~ 1.5 m 长范围内铺一层 20 ~ 30 mm 厚的燃煤,在煤层燃烧旺盛后关闭点火门。

(6)开大引风机、烟气调节门,增强自然通风,引燃物进入燃烧后,调小烟气调节门,再间断地开启引风机。待引燃物燃烧旺盛后,开始手工添煤,这时开启鼓风机,在煤层燃烧旺盛后关闭点火门。

(7)向煤斗里进煤,间断地开动炉排,在拨火孔处加强观察,注视燃烧情况,进行适当拨火,待前拱烧热,煤能连续着火以后,调节鼓风量。炉膛负压应维持在 20 ~ 30 MPa,使炉膛燃烧渐趋正常。

(8)生火速度不可太快,防止因受热不均而产生过大的热应力。热水锅炉的生火过程是在供暖系统已经建立循环的基础上进行的,因此生火后温度的增加比蒸汽锅炉要缓慢。

(9)烘炉温升应按过热器后(或相当于过热器后的位置)的烟气温度测定。组装锅炉和快装锅炉一般为耐火砖砌筑的轻型炉墙,其温升不应大于 80℃/d,后期烟温不应大于 160℃。

(10)烘炉时间根据炉型、砌体温度和自然通风干燥程度确定,一般为 14 ~ 16 d;组装锅炉和快装锅炉应不少于 4 d。炉墙特别潮湿时,应延长烘炉时间。

(11)烘炉时,注意检查砌体膨胀情况。当出现裂纹或变形迹象时,应减慢升温速度,采取处理措施。同时要注意锅炉有无异常声响,必要时停炉检查和处理。

(12)蒸汽锅炉上所开启的一个安全阀冒出蒸汽时,立即关闭安全阀,并冲洗压力表弯管和水位表。当蒸汽压力升到 0.2 ~ 0.3 MPa 时,检查人孔、手孔和排污阀是否泄漏,若有泄漏应拧紧螺栓。

(13)蒸汽锅炉生火期间,监视省煤器出口水温。此时水温应比工作压力下的饱和温度低 40℃,否则关闭省煤器通向锅炉管道上的阀门,开启省煤器通往水箱的再循环管上的阀门,对省煤器单独进水。

(14)锅炉压力逐渐升高,煮锅时间以 2 ~ 3 d 为宜。煮锅的最后 24 h,一般使压力保持在额定工作压力的 75%;当在较低压力下煮锅时(0.4 MPa),应适当延长煮炉时间。

(15)煮炉结束后,使压力逐渐降低至 0.1 MPa 以下,水温低于 70℃后,交替进行持续上水和排污,直到水质达到运行标准,然后停炉将锅水全部放出,冲洗锅炉内部和曾与药液接触过的阀门,并应清除锅筒、集箱内的沉淀物,检查排污阀有无堵塞现象。

(16)待锅炉冷却后,开启人孔、手孔,用清水冲洗锅筒内部,并进行检查,如发现仍有油污时应按上述工艺操作过程再行煮炉(用木柴点火,生火时间不少于 3 h),直至锅筒内部没有油污为止。

3.锅炉的严密性试验

煮炉之后,立即进行严密性试验,以确保锅炉正常使用的安全运行,操作要求如下:

(1)首先在升压至0.3~0.4 MPa时,对锅炉范围内的法兰、人孔、手孔和其他连结螺栓进行一次热状态下的紧固。

(2)有过热器的蒸汽锅炉,在压力升至工作压力的75%时,开始吹洗过热器及主蒸汽管路。吹洗时必须要有一定流量与流速。吹洗时间不得少于15 min。

(3)将锅炉缓慢加压至额定工作压力进行检查。检查锅炉可见部分胀口、焊口以及人孔、手孔、阀门、各法兰接合处的严密性,检查锅筒、集箱、管路等的热膨胀变化,与支架位移后的受力状况,均应符合设计要求。

(4)检查风、烟系统的严密性,发现有漏风、烟部位,必须做上标记进行处理。

4.安全阀定压

锅炉在严密性检查并做出处理后,进行安全阀定压,按本章第三节对安全阀进行最终调整,调整后的安全阀应立即加锁或铅封。

5.试运行

在安全阀调整定位后,组装锅炉和快装锅炉必须带负荷连续试运行48 h,同时做好以下工作。

(1)检查各部位运转情况,检查油温、轴承升温、工作电流、振动和冷却水等是否正常。

(2)检查在全负荷下各部位热膨胀变化,特别察看炉排与侧密封板,炉排与下集箱的间隙是否符合规定。

(3)检查炉排是否有跑偏现象,运转是否正常。

(4)察看各系统在运行中是否协调,找出其中薄弱环节,加以调整。

(5)做好试运转详细记录并存入锅炉档案中。

8.4.2.5 质量标准

炉墙在烘炉中应缓慢地干透,烘炉满足下列要求之一时则为合格。

(1)当采用炉墙灰浆试验法时,在燃烧室两侧墙的中部、炉排上方1.5~2 m处,或燃烧器的上方1~1.5 m处和过热器两侧墙的中部,取黏土砖、红砖的丁字交叉缝处灰浆样品各50 g,进行测定,含水率小于2.5%为合格。

(2)在采用测温法时,在燃烧室两侧墙的中部、炉排上方1.5~2 m处,或燃烧器的上方1~1.5 m处,测定红砖墙外表面向内100 mm处的温度,应达到50℃并维持48 h(或测定过热器两侧墙黏土砖与绝热层接合处的温度,应达到100℃,能维持45 h)。

8.4.2.6 成品保护

(1)升火时,煤闸门提起高度不能超过前拱吊砖高度,防止生火时大木柴撞坏吊砖。

(2)烘炉过程中,链条炉排要定期开启转动,防止烧坏炉排。

(3)烘炉时不可过急,生火温度增加不能太快,要防止受热不均而产生过大的热应力影响锅炉寿命。

(4)在煤层上使用木柴烘炉时,严禁使用带铁钉的木板。

(5)烘炉期间要尽量少开检查门、看火门、人孔等,防止冷空气进入炉膛而造成炉墙开裂。

(6)严禁将冷水洒在烘炉的炉墙上,以免造成炉墙的损坏。

8.4.2.7 安全措施

(1)煮炉药品的配制和加药液时,操作人员应穿好工作服,戴上橡皮手套和防护眼镜,穿好橡胶鞋。

(2)当锅内压力升高时,如发现有异常情况和特殊声响,立即停炉检查,解除故障后方可继续进行。

(3)蒸汽锅炉生火期间,严密监视省煤器出口水温,发现水温比工作压力下的饱和温度低,不足 40℃时,立即关闭省煤器通向锅炉的管道阀门,开启省煤器通往水箱的再循环阀门,对省煤器单独循环。

(4)安全阀未校正前锅炉绝对禁止投入运行。

(5)烘炉、煮炉试运过程必须有消防临时设施。

(6)所有安全阀经校正后禁止乱动。

8.4.2.8　施工注意事项

(1)烘炉的火焰应在炉膛中部,初期宜采用文火烘炉,燃烧应均匀,不可时断时续。

(2)升温后的蒸汽锅炉,特别要注意锅内水位变化,经过生火加热水位线会上升,如果超过最高水位线应立即进行排污,还应特别注意排污后水位的下降,一定要及时补充给水,保持正常水位。

(3)烘炉初期,要间断性地开启连续排污阀,清除锅筒内的浮污。烘炉中期每间隔一定时间打开一次定期排污阀,排除积留在集箱里的沉淀物。

(4)烘炉期间,按烘炉温度曲线控制温度,并注意检查炉墙温升情况,做到勤观察、勤记录,记录结果存入锅炉档案。

(5)煮炉期间,锅炉应保持在最高水位,严禁药液进入过热器。

(6)在煮炉后期,已达到工作压力的 75%,实际上已进入锅炉初期运行阶段,因此,在升压过程中要随时检查各部位变化情况、膨胀情况,特别是锅筒、受热面管子、膨胀补偿器、支吊架、炉墙与锅筒、集箱接触的部位。发现异常立即停止升压。

(7)煮炉期间,还应随时检查受压元件、管道、风烟道的密封情况。在压力不超过 0.4 MPa 时可进行处理;当压力超过 0.4 MPa 时,对有问题的部位做出标记,待降压后再处理。

(8)煮炉过程中,要左右、前后对称进行排污。

第9章　空调用制冷系统的安装

9.1　概　述

空调用制冷系统目前用得比较多的是冷水机组。冷水机组是包含全套制冷设备的、用于制备冷冻水或冷盐水的制冷机组，是目前空调系统设计中普遍选用的作为空调冷源的设备。

冷水机组按驱动的动力可分为两大类：一类是电力驱动的冷水机组，主要包括活塞式冷水机组、涡旋式冷水机组、螺杆式冷水机组和离心式冷水机组；另一类是热力驱动的冷水机组，又称吸收式冷水机组，主要包括蒸汽或热水型吸收式冷水机组和直燃型吸收式冷水机组。

另外，冷水机组按冷凝器的冷却方式，又可分为风冷冷水机组和水冷冷水机组；按空调功能可分为单冷型和热泵型。

9.1.1　活塞式冷水机组

9.1.1.1　组成

活塞式冷水机组由活塞式制冷压缩机、卧式壳管式冷凝器、热力膨胀阀和干式蒸发器等组成，并配有自动(或手动)的能量调节和自动安全保护装置，目前常用的制冷剂为R22。

9.1.1.2　种类

(1)根据一台冷水机组中压缩机台数的不同，活塞式冷水机组可分为单机头(1台压缩机)和多机头(2台以上压缩机)两种。

图9.1为一台多机头冷水机组外形图，该机组中有8台半封闭压缩机。

图9.1　活塞式多机头冷水机组

(2)活塞式冷水机组还可分为整机型和模块化冷水机组，一般整机型单机冷量小于580 kW。

模块化冷水机组是由多台模块冷水机单元(每个单元制冷量为130 kW)组合而成，见图9.2。模块化冷水机组中，每个单元有两个完全独立的制冷系统，容量分别为65 kW。模块化冷水机组最大单机容量可达1 040 kW(8个单元组合)，工质为R22。

模块化冷水机组中采用了高效板式换热器,机组体积小,质量轻,噪声低,调节性能好,自动化程度高,电脑控制单元模块的开、停。由于采用紧凑和组合单元的设计,且不需要蒸发器、冷凝器的拆卸空间,比常规冷水机组节约占地面积小 50%,而且运输、安装灵活方便,特别适用于改造工程。

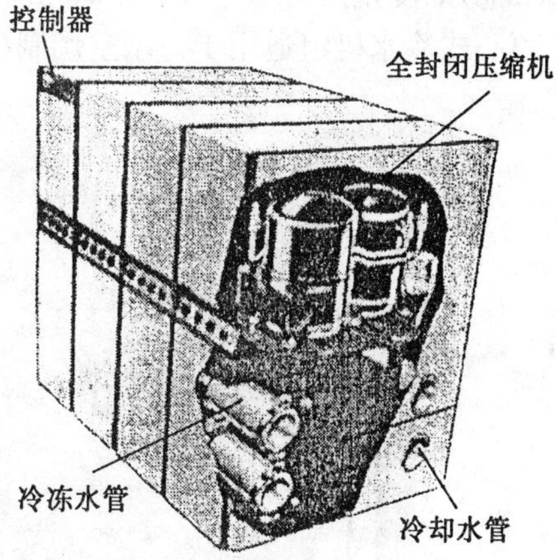

图 9.2　模块化冷水机组

9.1.2　螺杆式冷水机组

螺杆式冷水机组是由螺杆式制冷压缩机、冷凝器、蒸发器、热力膨胀阀、油分离器、自控元件等组成的一个完整的制冷系统。制冷剂通常为 R22、R134a。

国产螺杆式冷水机组的单机容量大于或等于 1 160 kW。

开利 23XL 型螺杆式冷水机组(R22)的冷量为 634 ~ 1 126 kW(180 ~ 320 冷吨)。30HX 型(R134a)的冷量为 352 ~ 1 408 kW(100 ~ 400 冷吨)。

螺杆式冷水机组适用于大、中型的空调制冷系统。

图 9.3 为螺杆式冷水机组外形图。

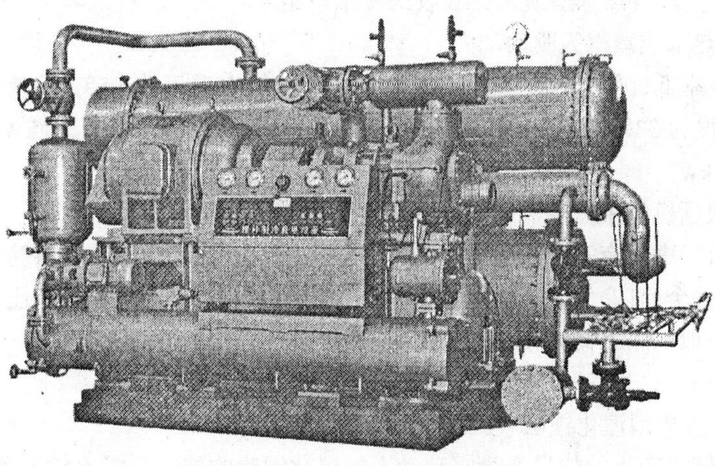

图 9.3　螺杆式冷水机组

9.1.3　离心式冷水机组

离心式冷水机组是由离心式制冷压缩机、冷凝器、蒸发器、节流机构和调节机构等组成的整体机组,常用的制冷剂为 R22 和 R134a。

图 9.4 为离心式冷水机组外形图。

离心式冷水机组的制冷量较大,单机冷量一般在 580 kW 以上。开利 19XL 型离心式冷水机组采用 R22/R134a 作为制冷剂,其冷量范围为 1 056 ~ 2 112 kW(300 ~ 600 冷吨),19XR

型(R134a)的冷量为 1 936～4 224 kW(550～1 200 冷吨)。

离心式冷水机组适用于大型空调制冷系统。

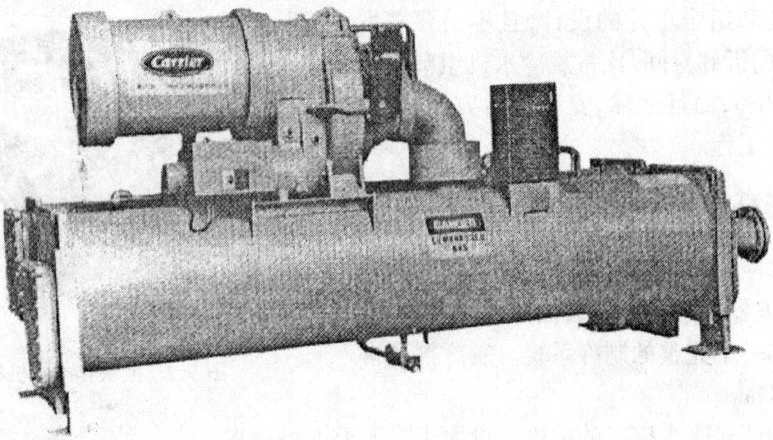

图 9.4　离心式冷水机组

9.1.4　溴化锂吸收式冷水机组

溴化锂吸收式冷水机组分蒸汽或热水型和直燃型两大类。

9.1.4.1　蒸汽或热水型溴化锂吸收式冷水机组

该机组以热水或蒸汽为驱动动力。

热水型:效率低;国产热水型吸收式冷水机组在热水温度为 95℃,冷冻水出口温度为 7℃,冷却水温度为 32℃～38℃,冷冻水、冷却水污垢系数为 0.086 m^2·℃/kW 下的冷量范围为 230～2 300 kW。

蒸汽型:根据机组中发生器的数量不同可分为单效型和双效型。

单效型:机组中只有一个发生器,要求蒸汽压力不能太高,一般采用双筒结构(冷凝器和发生器封闭在一个筒内,为高压筒;蒸发器和吸收器封闭在一个筒内,为低压筒)。

双效型:一般采用三筒结构,机组中增加一个高压发生器。

图 9.5 为一双效蒸汽型溴化锂吸收式冷水机组的外形图。

9.1.4.2　直燃型溴化锂吸收式冷(热)水机组

利用燃料燃烧产生的热量作为驱动动力的溴化锂吸收式冷(热)水机组称为直燃型溴化锂吸收式冷水机组。直燃型溴化锂吸收式冷(热)水机组以燃油或燃气为能源,可分别或同时实现制冷、采暖、卫生热水,实现一机多用,可为大型集中式空调系统和其他需要冷(热)水的地方提供冷热源。直燃型吸收式冷(热)水机组可分为标准型、空调型、单冷型三类。标准型可分别或同时实现三种功能:制冷、采暖、卫生热水;空调型可分别或同时实现两种功能:制冷、采暖;单冷型只能制冷(如果用户有特殊要求,可在停止制冷时,提供低于或等于 45℃的热水)。图 9.6 为直燃型吸收式冷(热)水机组外形图。

冷水机组的种类很多,不同类型机组的安装要求不同,本章将重点介绍常用的作为空调系统冷源的冷水机组的安装、试运转问题及空调水系统管路的安装。

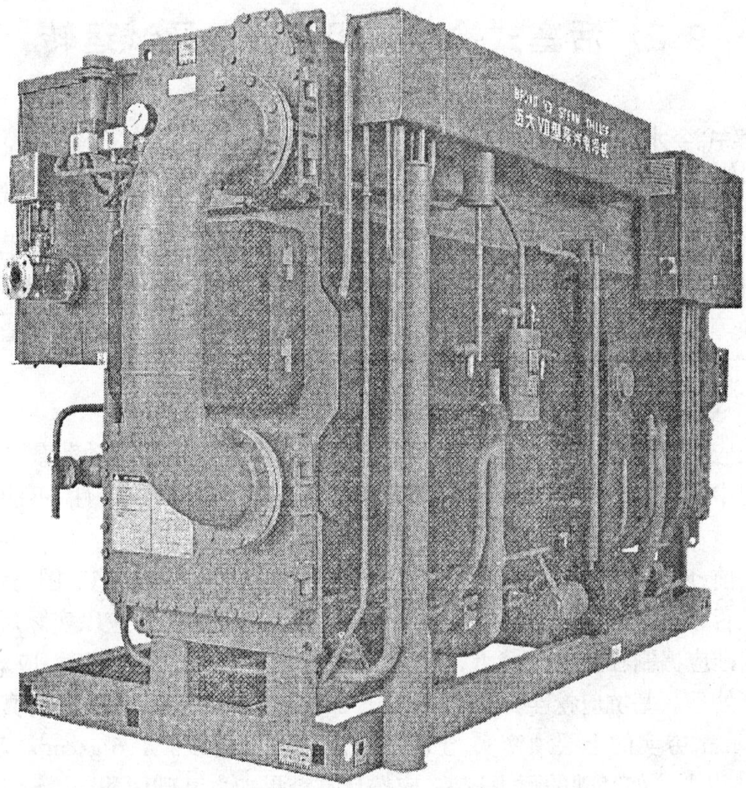

图9.5　双效蒸汽型溴化锂吸收式冷水机组

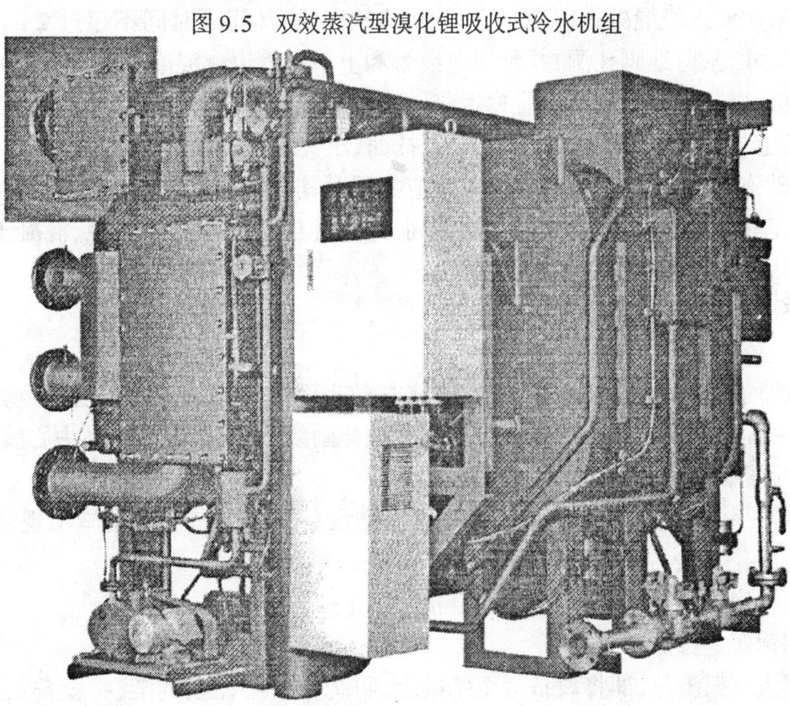

图9.6　直燃型吸收式冷(热)水机组

9.2 活塞式冷水机组的安装及试运转

9.2.1 活塞式冷水机组的安装

9.2.1.1 设备的开箱检查

根据设备装箱清单说明书、合格证、检验记录和必要的装配图及其他技术文件，核对设备的型号、规格以及全部零件、部件、附属材料和专用工具。检查设备主体、各部件等表面有无缺损和锈蚀等情况。设备充填的保护气体应无泄漏，油封应完好。开箱检查后，设备应采取保护措施，不宜过早或任意拆除，以免设备受损。

9.2.1.2 基础的施工

设备基础应能够承受设备本身质量的静荷载和设备运转部件的动荷载，并吸收和隔离设备运行过程中产生的振动。设备基础要有足够的强度、刚度和稳定性，不能有下沉、偏斜等现象。

基础施工前，应对所安装的设备先进行开箱检查，核对设备基础施工图与设备底座及孔口实际尺寸是否相符。不同厂家的设备尺寸不尽相同，基础的尺寸应以实际尺寸为准。

混凝土基础应捣制在原状土壤上，如遇墓坑、井穴或其他不良土壤时，应对地基按土建要求进行妥善处理。基坑应挖至原状土壤以下 500 mm，然后用好土分层回填夯实，每层厚度不大于 150 mm，夯实的土层须密实，土壤的密度应大于或等于 1.6 g/cm^3。基础的耐力应在 7.84 N/cm^2 以上。如基础的耐力较差，应按计算结果加大基础面积。

基础应采用 C15 级混凝土捣制，且应一次捣筑完成，其间隔时间不超过 2 h。按设备地脚孔位置及尺寸，预留地脚孔洞，并预埋电线管和上下水管道。混凝土浇注后约 8 h，应松动地脚孔的模板，以防混凝土凝固后脱模困难。捣制混凝土基础时，必须预留 10～20 mm 的找平层，待设备上位后，再以 1:2 水泥沙浆进行抹面，压实、抹光。

设备基础施工后，土建单位和安装单位应共同对其质量进行检查，主要检查内容为基础的外形尺寸、基础平面的水平度、中心线、标高、地脚螺栓孔的深度和间距、混凝土内的埋设件等。待确认合格后，安装单位进行验收。

9.2.1.3 上位、找正和初平

1.设备上位

设备上位前混凝土应达到养护强度，应将基础表面及螺栓孔内的泥土、污物清理干净。根据设备的平面布置图在已做好的设备基础上放样画线，画出机组的纵横中心线，定出设备安装的准确位置。

设备上位是将开箱后的设备由箱的底排搬到设备基础上。可根据施工现场的实际条件，采用如下上位方法：

(1)利用机房内已安装的桥式吊车，直接吊装上位。

(2)利用铲车上位。

(3)利用人字架上位，即将设备运至基础上，再把人字架挂上倒链，将设备吊起，抽出箱底排，再将设备安放到基础上。

(4)利用设备滑移上位，将设备和底排运到基础旁摆正，对好基础，再卸下与底排连接的

螺栓，用撬杠撬起设备的一端，将几根滚杠放到设备与底排中间，使设备落在滚杠上，再在基础和底排上放三四根横跨滚杠，撬动设备使滚杠滑动，将设备从底排上滑移到基础上，最后撬起设备将滚杠抽出。

2.设备找正

找正是使设备上位后到达规定的部位，设备的纵横中心线和基础上的中心线对正。设备如不正，再用撬杠轻轻撬动进行调整，使设备找正，同时应注意设备上的管座等部件方位要符合设备要求。

3.设备初平

设备初平是在设备上位和找正后，初步将设备的水平度调整到接近要求的程度。待设备的地脚螺栓灌浆并清洗后，再进行精平。

初平前的准备工作应从两方面进行，一是地脚螺栓和垫铁的准备；二是确定垫铁的垫放位置。

地脚螺栓分为长型和短型两种。短型地脚螺栓适用于工作负荷轻和冲击力不大的制冷设备。短型地脚螺栓的长度一般为100～1 000 mm，其外形如图9.7所示。

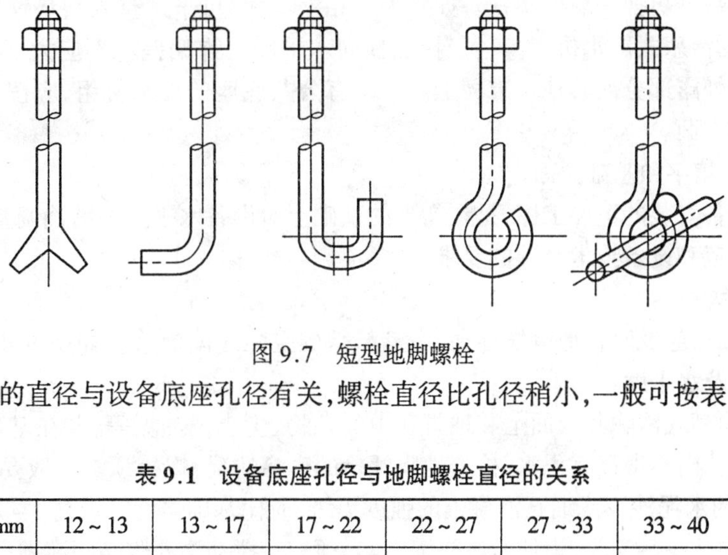

图9.7　短型地脚螺栓

地脚螺栓的直径与设备底座孔径有关，螺栓直径比孔径稍小，一般可按表9.1所列尺寸选用。

表9.1　设备底座孔径与地脚螺栓直径的关系

底座孔径/mm	12～13	13～17	17～22	22～27	27～33	33～40	40～48
螺栓直径/mm	10	12	16	20	24	30	36

地脚螺栓的长度与其直径及垫铁高度、机座和螺母的厚度有关，其计算式为

$$L = 15d + h + (5 \sim 10) \tag{9.1}$$

式中　L——地脚螺栓的长度，mm；

d——地脚螺栓的直径，mm；

h——垫铁高度、机座和螺母厚度的总和，mm。

在设备安装中使用垫铁，是为了调整设备的水平度。垫铁种类很多，有斜垫铁、平垫铁、开口垫铁、开孔垫铁、钩头成对垫铁、可调垫铁和平垫铁。垫铁常用铸铁或钢板制成，厚垫铁多用铸铁，薄垫铁多用钢板。

垫铁放置的位置是根据制冷设备底座外形和底座上的螺栓孔位置来确定。一般有图9.8所示的几种放置方法。垫铁间的距离以500～1 000 mm为宜。

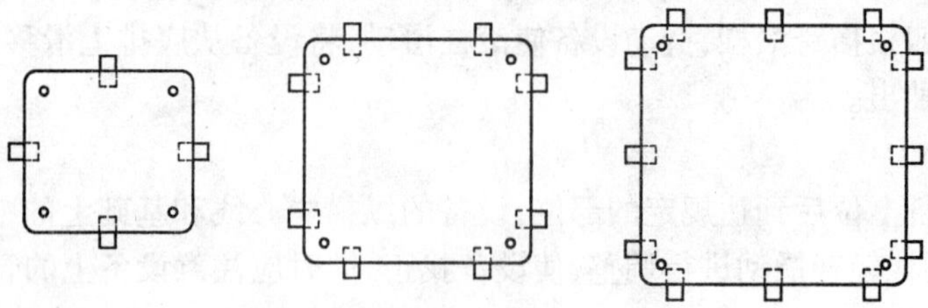
(a)　(b)　(c)

图 9.8　垫铁放置的位置

初平前应使垫铁组的中心线垂直于设备底座的边缘,平垫铁外露长度为 10 ~ 30 mm。每一垫铁组一般不应超过 3 片,并少用薄垫铁。放置平垫铁应注意将最厚的放在下面,最薄的放在中间,精平后再将钢板制作的垫铁相互焊牢。每一垫铁组应放置整齐、平稳、接触良好,无松动。

初平是在设备的精加工水平面上,用水平仪测量其不平的状况。水平度相差悬殊时,可将低的一侧平垫铁更换一块厚垫铁。如水平度相差不大,可采用打入斜垫铁的方法逐步找平,整体安装的活塞式冷水机组,其机身纵、横向水平度允许偏差均不应大于 1/1 000,测量部位应在主轴外露部分或其他基准面上。对于有公共底座的冷水机组,应按主机结构选择适当位置作基准面。

9.2.1.4　精平和基础抹面

精平是设备安装的重要工序,是在初平的基础上对设备水平度的精确调整,使之达到施工质量验收规范和设备技术文件的要求。

1.浇灌地脚螺栓

机组找平后,应及时在地脚螺栓孔、底盘与基础空隙之间灌浆。如超过 48 h,则须重新核实中心位置及水平度。

浇灌前,须彻底清除基础面上和地脚孔中的杂物、尘土及油垢等,并在基础周围钉好模板。注意地脚孔内不得存有积水,检查地脚螺栓的套穿情况,螺栓顶端一般要高出螺母 2 ~ 3 扣。浇灌用的水泥沙浆或细石混凝土的强度等级,应比基础强度等级高 1 ~ 2 级。

灌浆时,须从一侧灌入,为使沙浆浇灌密实,须随时搅动。沙浆必须灌满,灌浆高度须掌握在比机组底盘略低一些,但最低也要把底盘的底面灌没,不能使底盘与基础之间留有空隙。灌浆工作要一次完成,不能间断。

浇灌后,要做好养护。为保护浇灌质量,灌浆和养护均应在气温高于 5℃时进行。洒水养护不少于 7 d,待其强度达到规定强度的 70%以上时,方能拧紧地脚螺栓。混凝土强度所需养护时间与气温有关,表 9.2 所示为混凝土强度达到规定强度的 70%所需天数。

表 9.2　混凝土强度达到规定强度的 70%所需天数

气温/℃	5	10	15	20	25	30
所需天数/d	21	14	11	9	8	6

2.精平

精平方法应根据制冷设备的具体情况来确定。

对于有直立汽缸的机组(如立式及W型),可用水平尺在直立汽缸的端面或飞轮外缘上测量水平度,并用调整机座下垫铁高度的方法,使机组达到水平。如W型压缩机汽缸直径较大,也可在直立汽缸的内壁上用方水平尺测其水平。无论用一般水平尺或方水平尺测量,均须调换几个测量方位,并均须达到要求的水平度。

对压缩机与电动机已组装在公共底盘上的冷水机组,安装时,只在公共底盘上找水平即可。因这种机组制造厂已校好压缩机与底盘的水平。机组找平后,用手锤逐个敲击垫铁,检查是否均已压紧。

3.基础抹面

设备精平后,设备底座与基础表面间的空隙应用混凝土填满,并将垫铁埋在混凝土内,用以固定垫铁,并将设备负荷传递到基础上。

灌捣混凝土或砂浆前,应在基础边缘设外模板。灌浆层上表面应略有坡度,坡向朝外,以防油、水流入设备底座。抹面砂浆应压密实,抹成圆棱圆角,表面光滑美观。

制冷设备及制冷附属设备安装位置、标高的允许偏差,应符合表9.3中的规定。

表9.3　制冷设备及制冷附属设备安装允许偏差和检验方法

项　次	项　　目	允许偏差/mm	检验方法
1	平面位移	10	经纬仪或拉线和尺量检查
2	标　　高	±10	水准仪或经纬仪、拉线和尺量检查

模块式冷水机组的安装应符合下列规定:机组安装,应对机座进行找平,其纵、横向水平度允许偏差均不能大于1/1 000。多台模块式冷水机组单元并联组合,应牢固地固定在型钢基础上,连接后模块机组外壳应保持完好无损,表面平整,接口牢固。模块式冷水机组进、出水管连接位置应正确,严密不漏。

9.2.2　活塞式冷水机组的调试

9.2.2.1　气密性试验

一般采用高压干燥氮气作为压力介质进行气密性试验。由于干燥氮气具有很好的稀释空气中水分的能力,所以利用氮气试压可以在压力试验的同时,收到对制冷设备和系统内进行干燥的效果。

试验时,应逐步向设备和系统内充入氮气,首先升压到试验压力的50%,然后按10%左右的试验压力逐级增压。当压力增加到气压试验压力时,保持压力24 h。同时进行试验效果检查,发现有异常声响、压力降低、外形改变、涂层脱落、焊缝或接头泄漏等情况,应立即停止试验,查找原因,排除故障。在确认没有问题后,重新试验,直至完全合格为止。应当注意,排除试验设备故障时,一定要将设备或系统内的压力全部泄放后方可操作,严禁对设备和系统带压进行维修操作。试验时环境温度不应低于15℃。

以压缩空气作为压力介质进行气压试验时,环境温度对试验压力影响较大。一般在稳压的24小时内,前6 h允许的压力降为30 kPa(以氮气作压力介质时不允许有压力降)。后18 h除温度变化影响的误差外,不允许有压力降。由环境温度变化引起的试压空气压力的计算式为

$$\Delta p = p_1 - p_2 = p_1\left(1 - \frac{273 + t_2}{273 + t_1}\right) \tag{9.2}$$

式中 Δp——压力差，kPa；

p_1——试验开始时系统中的压力，kPa；

p_2——试验终了时系统中的压力，kPa；

t_1——试验开始时的环境温度，℃；

t_2——试验终了时的环境温度，℃。

进行检漏时，可在焊缝、接头、法兰等处涂上肥皂水，通过观察肥皂水泡形成的速度快慢及泡体的大小来鉴别漏点位置和泄漏严重程度。还可以利用制冷剂 R12 进行试漏。其方法是先向设备或系统内通入氮气，再充入少量（约 1%）R12，待混合均匀后，用卤素灯检查系统是否有渗漏。检查时用卤素灯的吸气管口在焊缝、接头、法兰、阀门等处巡回缓慢移动，若移到某处发现灯焰由蓝变绿，则说明该处有漏点。根据绿色的深浅程度判别渗漏量大小。当灯焰颜色由绿色变成紫色时，表示泄漏严重。对发现泄漏点要做好标记，待整个系统检查完毕后，再泄放系统内压力，认真检修排除。使用卤素灯时，检漏现场空气中应无游散的 R12 或其他氟利昂分子存在。一旦出现存在 R12 等，应立即进行通风换气，以净化现场空气，获得满意的试验测试结果。制冷系统只有在确认无任何渗漏时，方可对系统进行抽真空和充注润滑油及制冷剂。

保持冷水机组的气密性，是保证制冷系统正常工作的重要环节。运行操作人员应定期进行机组的气密性检查，及时排除泄漏隐患，同时还要防止空气漏入机组内。首先，要经常检查法兰、管螺纹连接件的螺母和丝扣是否松动。一般新机组运转一年后，应对螺纹连接件重新拧紧一次。其次，要注意制冷剂和润滑油充注阀门的清洁，防止污物进入阀座，引起关闭不严，产生泄漏。充注阀门不用时，阀口应加盖，在进行制冷剂和润滑油充注操作时，应采用过滤装置过滤制冷剂和润滑油中的污物和杂质，杜绝脏物进入机组内部。此外，要注意检查并及时修复油箱中电热装置因温度反复变化引起的变形和松脱。对于容易发生泄漏的管道要倍加关注，不允许随便踩踏、撞击和悬挂重物，防止因管道变形而发生泄漏。

9.2.2.2 真空试验

冷水机组的低压部分（如蒸发器），不但要适应在大气压力以上的压力条件下工作，而且还要在低于大气压力的条件下工作。系统抽真空的目的在于检查机组在真空条件下的密封性能。另外，通过真空试验，还可排除系统中的空气和水分，为充灌制冷剂创造条件。

制冷系统的抽真空试验，应在气密性试验合格后进行。需要配备具有一定抽空能力和抽气量适当的真空泵，以及精确度较高的真空压力计。系统中所有阀门应操作灵活，封闭严密。以标准大气压为基准，活塞式冷水机组的真空度应达到 95.8 kPa。

制冷机组抽真空的步骤如下：

（1）将真空压力计和真空泵接到机组的制冷剂充灌阀上，必要时也可以利用抽气回收装置接头接入。在接入真空压力计和真空泵前，机组内不得有制冷剂。系统中的润滑油最好先加入油箱或曲轴箱中。同时，应将蒸发器和冷凝器水腔部分的积水排空；系统中所有通到大气的阀门全部关闭；装好低压侧安全阀膜片。

（2）启动真空泵，将机组内部抽成真空。根据各种机组不同的真空试验要求，抽到规定的真空度。

(3)机组保持真空状态 1～2 h,如果压力有所回升,再启动真空泵重抽,使真空度降到原已达到的真空水平。反复几次,可以抽出残存在机组中的制冷剂蒸汽和水分。待真空度稳定后,可关闭真空泵和机组连接管上的阀门,并记录其真空度数值。

(4)如果经过多次反复操作,压力仍然回升,可以判断机组中某处存在泄漏或系统内有水分。这时应重新进行气密性试验,用肥皂水或检漏仪认真查找泄漏点。查出泄漏点后,重新修好,再做气密性试验和抽真空试验。若经反复查找发现不了泄漏点,可以考虑系统内有水分存在。在弄清是否水系统有水漏入制冷系统或是其他途径将水分带入系统的原因后,及时切断水分来源,并将泄漏点修复,重新进行气压试验和真空试验。

(5)如果机组抽真空停放 2 h 后,压力不见回升,可以继续停放 24 h,并记录这一期间的压力变化情况。真空度下降的允许值随制造厂和机型不同而异。一般真空度在 100.42 kPa 以上时,24 h 真空度下降值在 0.67 kPa 以内为合格。

9.2.2.3　充注润滑油

活塞式冷水机组一般使用中压制冷剂 R22,机组中的润滑油贮存在曲轴箱中。对于由 3～4 台甚至 5～6 台压缩机组成的冷水机组来说,为了管理方便,一台冷水机组都由二个制冷系统组成。通常按系统将压缩机的曲轴箱用连通管贯通,以保持各压缩机内油面高度一致。机组在运行状态下向系统内充注润滑油时,首先选择一台压缩机将低压控制器短路,再关闭该系统的全部压缩机吸气截止阀,强制该台压缩机合闸运行,利用压缩机自身将本系统所有压缩机曲轴箱压力抽至 20～30 kPa 后停止压缩机,并将全部压缩机的排气截止阀关闭,再打开其中一台压缩机曲轴箱上部的锥牙螺塞,用漏斗将新油慢慢地加入曲轴箱中,润滑油通过曲轴箱间的连通管迅速地流到其余各压缩机的曲轴箱中,最后放回并拧紧螺塞。

国外机组附件中有的配有专门的手动高压注油泵,也可用此注油泵直接向系统内注油。

9.2.2.4　充注制冷剂

制造厂对活塞式冷水机组在出厂时均已充注好了润滑油和 R22。作为机组的用户,一般是在运行中补充制冷剂或在机组拆卸修理后向系统内充注制冷剂。在充注制冷剂之前,系统必须进行气密性试验和真空试验,并认准制冷剂钢瓶标明的制冷剂名称与机组所要求的制冷剂名称一致。充注方法一般采用高压侧充注法,见图 9.9。充注步骤如下:

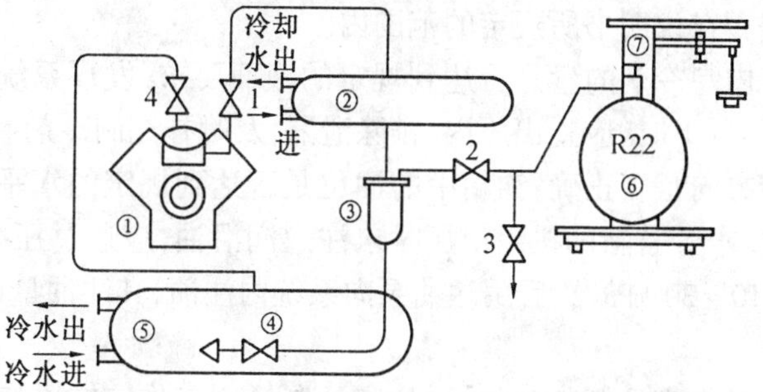

图 9.9　活塞式机组制冷剂高压侧充注法

①—压缩机;②—冷凝器;③—干燥－过滤器;④—节流阀;⑤—蒸发器;⑥—R22 钢瓶;⑦—磅秤
1,4—压缩机吸、排气截止阀;2—充液截止阀;3—真空泵连接阀

(1)将 R22 钢瓶通过连接管道接入机组系统液体过滤器前的充液阀 2 上,并将钢瓶立放于磅秤上。

(2)打开阀门1、2、3、4,利用与阀3相接的真空泵将整个系统抽真空至96 kPa。如果真空试验的真空度保持很好,则真空泵只须抽从阀2至R22钢瓶阀门之间连接管内的真空即可。

(3)关闭阀门3,打开R22钢瓶阀后,微微打开阀2,利用系统的真空将钢瓶中的R22气体吸入系统内。如果钢瓶外侧有凝结水析出,可用浸过温水的热毛巾擦拭钢瓶外侧,加速钢瓶中制冷剂的气化,但不可用热水直接淋浇钢瓶。

(4)当系统内气态R22的压力升到相当于0℃的饱和压力(407 kPa)时,可将钢瓶倒转,向系统充注液体制冷剂,这时可开大阀门2。

(5)注意监视磅秤上显示的R22钢瓶的质量变化,如果发现已经达到预设的钢瓶质量,则应迅速关闭R22钢瓶上的阀门,停止充注。如果充注R22液体时,系统内压力升高,R22液体充不进系统,而且预设的钢瓶质量还未达到,则可以对R22钢瓶作间接加热,借以提高钢瓶内压力,使之达到预设的充注数量。但对钢瓶加热时,切忌使用明火,一定要有专人看管,并严格控制加热温度,防止发生爆炸事故。

(6)在开始充注制冷剂时,就应该开动冷冻水泵和冷却水泵,以防止冷凝器和蒸发器水侧冻结,以至冻裂传热管。

9.2.2.5 机组试运行

新安装或经过较长时间停机的机组,在未进行必要的技术性能检查和充分的运行准备之前,不允许启动制冷机组,而应做好以下几方面的检查与准备工作。

(1)仔细检查电路中的随机熔断管是否完好无损,并检查机组电源是否符合随机资料提出的参数值要求,发现问题应及时进行调整。在进行主电动机相电压测定时,相平均不稳定电压应不超过额定电压的2%。此外,一年一度测量主电机绝缘电阻,检查其是否符合说明书的规定(应特别注意的是不允许在高真空下进行电机绝缘电阻的测试试验,防止发生试验击穿事故)。

(2)认真阅读机组运行记录,了解和分析机组的技术状况和故障停机原因,对于存在的故障应及时予以排除。

(3)检查主电机旋转方向是否正确;电气控制系统的配置是否与随机电气资料内容相一致;各继电器整定值是否在说明书所规定的范围内。

(4)检查制冷系统内制冷剂的量是否达到规定的液面要求,发现系统泄漏应立即排除。制冷剂量在规定的液面以下时,应查出原因,排除泄漏,及时补充制冷剂。

(5)检查油泵旋转方向是否正确;油箱中的油位是否达到规定的水平;油温和油压差是否符合说明书规定的要求。若新的机组出厂时未注入润滑油,应通过压缩机上的注油孔先将曲轴箱压力降低到10~30 kPa,然后用注油泵向系统内注油,其注油量以随机技术文件的规定为准。

(6)对于在出厂时尚未充注制冷剂的机组,充注制冷剂工作应在系统内注油之后进行。一般采取先对系统作气密性试验和抽真空试验,后充注润滑油和制冷剂,其充注量以随机技术文件的规定为准。

(7)启动前24 h接通压缩机曲轴箱油加热器对润滑油进行加热,在启动时保持油温在50~60℃范围。为了保证机组在使用期间油箱中油温恒定,且不受主机开、停的影响,油箱中油加热器和油温控制器的电源必须从本机组以外的总开关箱专路接入。通过油压调节阀调节油压差保持在150～250 kPa。

(8)将所有用于控制的感温元件、防冻结温度保护器等装入各自的测试套管中,并用绝热复合剂或等效材料包装起来。

(9)将所有手动复位保护装置,如高压保护器、油压差保护器、冷冻水防冻结保护器、外部超负荷保护器等复位,并将冷冻水温度控制器调整到需要的工作条件(即设计回水温度)。检查冷冻水泵、冷却水泵是否转动自如,旋转方向是否正确,有否不正常的振动,轴封是否漏水。同时,还需检查冷却水、冷冻水管道系统是否有泄漏,水量是否充足,水质是否满足要求。

(10)检查制冷系统和水系统中所有阀门是否操作灵活,有无泄漏或卡死现象;各阀门的开、关位置是否符合系统使用的要求。打开参与运行的活塞式压缩机的吸、排气截止阀。

完成上述检查与准备工作后,可按冷冻水泵、冷却水泵、冷却塔风机和压缩机的先后顺序逐个启动设备,使机组投入运行。停止运转时,应先停压缩机,再停冷却塔风机、冷却水泵、冷冻水泵,最后关闭冷却水及冷冻水系统。

9.3 螺杆式冷水机组的安装及试运转

9.3.1 螺杆式冷水机组的安装

螺杆式冷水机组对基础的要求,上位、找平、找正的方法,与活塞式冷水机组相同。

螺杆式冷水机组安装时,应对机座进行找平,其纵、横向水平度允许偏差均不应大于1/1 000;机组上位后,应将联轴器孔内橡胶传动心子拆卸,使电动机与压缩机脱离,安装电器部分并接通电动机的电源,启动电动机,确认电动机的旋转方向与机组技术文件中的规定相吻合。

为了避免机组在运输过程中可能发生变形或位移,机组安装后,必须进行联轴器同轴度和端面圆跳动量的检验,一般同轴度为0.08～0.16 mm,端面圆跳动量为0.05～0.1 mm。机组经检验合格后,安装传动心子,压紧弹簧垫圈用螺钉拧紧。

1.联轴器同轴度的测量

(1)应对联轴器端面和圆周上均匀分布的4个位置,即0°、90°、180°、270°进行测量。

(2)将半联轴器A和B暂时相互连接,安装专用的测量工具,并在圆周上画出对准线,如图9.10所示。

(3)再将半联轴器A和B一起转动,使专用的测量工具依次转至已确定的4个位置,在每个位置上测得两个半联轴器径向间隙a和轴向间隙b,记录形式如图9.10(b)所示。

2.对测得的数据进行复核

(1)将联轴器转动,核对各相应的位置测量数值有无变化。

(2)a_1+a_3应等于a_2+a_4,b_1+b_3应等于b_2+b_4。

(3)上述数值如不相等,应检查其原因,消除后重新测量。

(4)联轴器同轴度的计算

联轴器两轴线径向位移

$$a_x=(a_2-a_4)/2,\quad a_y=(a_1-a_3)/2$$

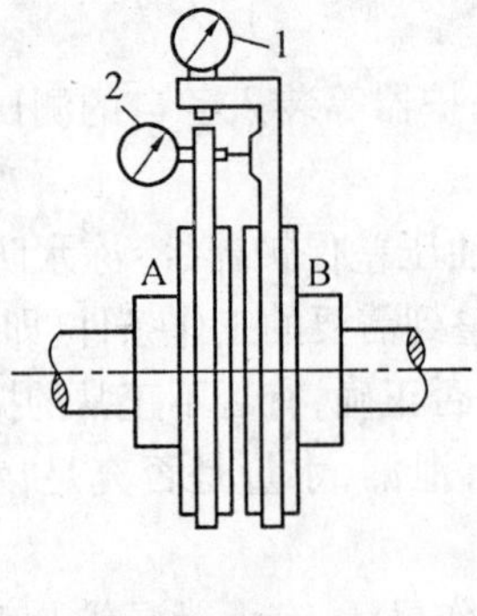

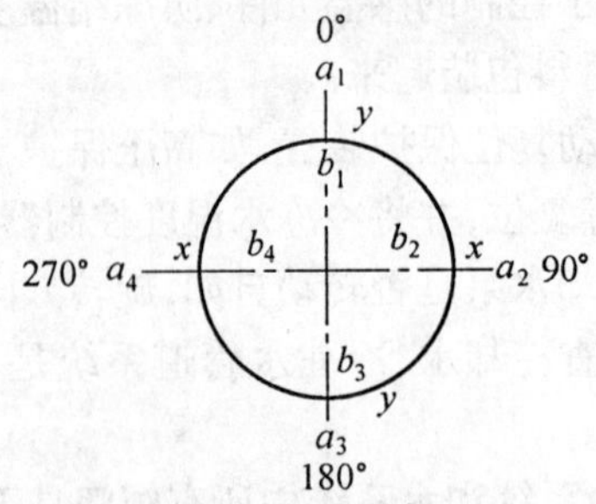

图 9.10　联轴器两轴心径向位移和两轴线倾斜的测量

1—测量径向数值 a 的百分表;2—测量轴向数值 b 的百分表

$$a = \sqrt{ax^2 + ay^2} \tag{9.3}$$

式中　a_x——两轴线在 $x-x$ 方向径向位移;

a_Y——两轴线在 $x-y$ 方向径向位移;

a——两轴线的实际径向位移。

联轴器两轴线倾斜

$$\theta_x = (b_2 - b_4)/d, \theta_y = (b_1 - b_3)/d$$

$$\theta = \sqrt{\theta_x^2 + \theta_y^2} \tag{9.4}$$

式中　θ_x——两轴线在 $x-x$ 方向的倾斜,(°)

θ_Y——两轴线在 $y-y$ 方向的倾斜,(°);

θ——两轴线的实际倾斜,(°);

d——测点处的直径,m。

机组接管前,应先清洗吸、排气管道,合格后方能连接。接管不得影响电机与压缩机的同轴度,管道应作必要的支承。

9.3.2　螺杆式冷水机组的试运转

螺杆式冷水机组的调试,如气密性试验、真空试验、充注润滑油和制冷剂等同活塞式冷水机组。

螺杆式机组试运转前应符合下列要求:

(1)脱开联轴器,单独检查电动机的转向应符合压缩机要求;连接联轴器,其找正允许偏差应符合设备技术文件的规定。

(2)盘动压缩机应无阻滞、卡阻现象。

(3)应向油分离器、贮油器或油冷却器中加注冷冻机油,油的规格及油面高度应符合设备技术文件的规定。

(4)油泵的转向应正确,油压应调节至 0.15~0.3 MPa(表压);调节四通阀至增、减负荷位置,滑阀的移动应正确、灵敏,并应将滑阀调至最小负荷位置。

(5)各保护继电器、安全装置的整定值应符合技术文件规定,其动作应灵敏、可靠。

螺杆式机组的负荷试运转应符合下列要求:

(1)应按要求供给冷却水。

(2)制冷剂为 R22 的机组,启动前应接通电加热器,其油温不应低于 25℃。

(3)启动运转的程序应符合设备技术文件的规定。

(4)调节油压应高于排气压力 0.15 ~ 0.3 MPa,精滤油器前后压差不应大于 0.1 MPa。

(5)冷却水温度不应高于 32℃,R22 压缩机的排气温度不应高于 105℃,油温不应高于 30 ~ 65℃。

(6)吸气压力不宜低于 0.05 MPa(表压),排气压力不宜高于 1.6 MPa(表压)。

(7)运转中应无异常声响和振动,并检查压缩机轴承体处的温升应正常。

(8)轴封处的渗油量不应大于 3 mL/h。

9.4　离心式冷水机组的安装及试运转

9.4.1　离心式冷水机组的安装

离心式冷水机组的安装程序及技术要求,必须严格按照制造厂家的产品使用说明书及国家、行业有关的安装技术标准和规范实施。离心式冷水机组对基础的要求、上位、找平、找正的方法,机组纵向和横向水平允许偏差等均与活塞式冷水机组相同。

9.4.1.1　机组开箱检查

机组开箱检查应注意以下几个问题:

(1)机组到货后若不能及时开箱,不允许置于室外露天处。

(2)拆箱程序应由表及里,并按随机装箱单逐箱逐件(备品备件)清点,并做验收记录。

(3)在制造厂内充气的机组,应继续保持机组内部充有 30 ~ 50 kPa(表压)的干燥氮气,机组为真空出厂时,机内压力上升即为不合格。

(4)对仪器仪表的开箱检查,重点是核对型号、规格、名称、数量及合格证明。

9.4.1.2　机组就位

(1)基础地面应平整,底座安装应设置隔振器,隔振器压缩量应均匀一致。

(2)组装密闭型离心式冷水机组为机组整体就位安装。在安装过程中,应保证吊装钢绳、铁链、挂钩的牢固可靠,注意吊装重心及方向,保持机组水平起落,特别注意保证其纵向水平度,避免压缩机转子的轴向窜动,防止擦伤叶轮及气封梳齿。

(3)机组应在压缩机的机加平面上找正水平,其纵、横向水平度的允许偏差均为 0.1/1 000;机组充灌制冷剂及通水后,应再校正一次。机组水平调整后,进行基础的二次灌浆。

(4)离心式制冷压缩机应在主轴上找正纵向水平,其水平度不应超过 0.03/1 000;在机壳中分面上找正横向水平,其水平度不应超过 0.1/1 000。

(5)各品牌机组的各种进、出水管方位、连接方法及尺寸,详见各厂产品样本。

机组找平固定后,安装仪表、油管、冷却水管及附属设备。机组的法兰连接处,应使用高压耐油石棉橡胶垫片;丝扣连接处,使用氧化铅甘油、聚四氟乙烯薄膜等填料。

9.4.1.3　离心式压缩机的清洗

半封闭离心式压缩机,一般可不解体清洗,但应把油箱、油路清洗干净,使其畅通。

如需清洗时,可按下列程序进行:

(1)拆掉与机组串联的仪表管路。

(2)拆卸吸气弯管、执行机构、蜗壳盖、导叶机构,松开螺母,拆下叶轮、蜗壳。

(3)拆开增速器、齿轮、轴挡、油环、油封、联轴节等。

(4)拆开油箱盖、电机轴承盖。

(5)打开筒体下部阀门、法兰,清理蒸发器内杂物,并吹扫干净。

(6)零星部件全部解体后,应彻底清洗,使油孔畅通。对每个零部件认真检查测量。清洗后,应涂以冷冻油,妥善保管,所有密封衬垫均应按原材料的材质、尺寸制作新的衬垫,以备组装时用。

9.4.1.4　离心式压缩机的组装

(1)按先拆后装,后拆先装的顺序,依次仔细装配。

(2)装配转动部分,应装一件,盘动一下,再装一件,经检查测量无疑后,再继续装配。主要装配间隙要求见表 9.4。

表 9.4　离心式压缩机装配间隙

序　号	间隙部位	允许偏差/mm
1	叶轮与蜗壳轴向间隙	1.2~1.3
2	叶轮外径与蜗壳径向间隙	2
3	叶轮轴向位移	0.2~0.4
4	齿轮轴与轴承的径向间隙	ϕ80~100 为 0.10~0.18 ϕ55~70 为 0.08~0.14 ϕ40 以下为 0.08~0.12
5	油封与轴的径向间隙	0.25~0.35
6	浮环密封径向间隙	0.07~0.09
7	联轴节同心度(FLZ-1000 型)	0.02

(3)机组本体组装好后,组装仪表、安全保护、自控管路、冷却水管路及其他零部件。紧固件应均匀紧固。

(4)连接压缩机吸气管前,应通过收气口观察导向叶片和执行机构,以及叶片开度和仪表指示位置,并应按有关设备技术文件的要求调整一致、定位,然后连接电动执行机构。

(5)向油箱内注油至油面,油质应符合说明书的规定。

9.4.1.5　机组的保冷隔热措施

凡工作温度低于室温的部件、容器、管路等表面,均为离心式制冷机的保冷隔热部位。如蒸发器、蒸发器水室及其进出水管、压缩机吸气管、主电动机冷却用回气管、抽气回收装置中的回收冷凝器及其连接管路、油-气分离器及其连接管路等零部件的外表面均为保冷隔热部位。

保冷隔热层的厚度,应以保冷隔热层外表面温度不低于当地空气的露点温度为原则,确保外表面不致结露。

9.4.1.6　电动机相关的电气安装

1.电动机的接线及启动柜原理图

电动机接线前,应检查铭牌上的额定电压与电源电压是否相符。

电源配线端头和电动机引出头连接时，必须用可靠紧密的接点。配线引至电动机的一段，应用金属软管或塑料套管保护，软管与线管连接必须用扎头固定，而与电动机接线盒连接的一端应用管帽固定。防爆电机的配线安装要符合有关规范的技术要求。

电动机必须接地或接零。接地线应用螺栓固定在电动机的接地螺栓上。接地线应采用多股软铜线。

2.电动机运行前的检查

(1)检查各绕组间和绕组对地的绝缘电阻和各绕组的直流电阻。各绕组直流电阻的偏差不大于 0.2% 为合格。对于绕线式异步电动机，除检查定子绝缘电阻外，还应检查转子绕组及滑环对地和滑环之间绝缘电阻。绝缘电阻每 1 kV 工作电压不得小于 1 MΩ。一般三相 380 V 的电动机的绝缘电阻应大于 0.5 MΩ。500 V 以下的电动机用 500 V 兆欧表测量；0.5～3 kV电动机用 1 000 V 兆欧表测量；6～10 kV 电动机用 2 500 V 兆欧表测量。

(2)电动机铭牌所示电压频率与线路电压频率应相符，接线应正确。

(3)电动机轴承应注润滑油，转轴旋转方向应正确，旋转要灵活。

(4)绕线式异步电动机滑环上的电刷表面应全部贴紧滑环面，导线间不能接触，电刷摆升机构要灵活，电刷的电压要正常(一般电动机工作面上的电压约为 15～25 V)。

(5)启动电器应动作灵活，触头接触良好，继电保护装置整定的电流合理。

3.电动机的干燥处理

电动机的绝缘电阻低于上述要求的数值时，在运转前应进行干燥处理，可用磁铁感应干燥、交流电干燥、烘箱干燥及灯泡干燥等。对于组装式的离心式制冷机，电动机是封闭在机壳内，若制造厂有保证，电动机可不必进行干燥处理。若运行中受潮，可用下列方法处理：绕组表面有水滴——擦干水分，用热风吹干或作低压干燥；漏水——以热风吹干并加防漏盖，防止热损失；浸水——送制造厂拆洗并干燥处理。

9.4.1.7　控制设备的安装

在制冷系统中，控制设备包括电气控制设备和自动调节设备两部分。离心式制冷机组目前均采用高效、精确、安全可靠的计算机自动控制系统，其硬件采用单片计算机，取消全部常规电控仪表，由体积小、精度高(0.5 级)的压力及温度传感器取代，压力分辨度 1 kPa，温度分辨度 0.1℃，实现了全自动启、停。

1.电气控制设备的安装要求

(1)电器的部件应完整，安装在盘(柜)内要排列整齐、牢靠，绝缘器件无裂纹缺损，其活动接触导电部分应接触良好。

(2)电器铁心的表面无锈蚀和油垢，而且吸合、释放正常，通电后无异常噪声。

(3)电器操作机构安装后，应动作一致，各连锁、传动装置位置正确可靠。

(4)电器引线的焊接应焊缝饱满，表面光滑，焊药清除干净，锡焊药无腐蚀性。

2.自动调节设备的安装要求

(1)单体设备的调试应在安装前进行，作好仪表调校前性能试验及仪表精确度的校正。

(2)散装式机组的仪表安装前应按设计要求检查其型号、规格、附件等是否齐全。就地安装仪表时，应选光线充足、测量、手动操作维修方便的地方。安装要牢固、平正，安装时不能敲击、振动，直接安装在管道上的仪表，应在管道吹扫后试压前安装。仪表与管道相连时，仪表上的法兰轴线应与管道轴线一致，固定时应受力均匀。组装式机组的电控仪表是随机组整体出厂的,不需要安装。

9.4.2 离心式冷水机组的试运转

待机组安装、清洗完毕后,为了对安装质量进行全面的考核,须进行机组试运转。机组试运转包括下列内容:润滑油系统的清洗;机组空负荷试车;机组气密性试验和抽真空试验。试运转前必须按设备电控说明书检查控制柜、启动柜各仪表的接线和指示是否正确。

9.4.2.1 润滑油系统的清洗

对润滑系统的冲洗,各个制造厂冲洗的要求及方法都不太相同,常用的有两种:一种是润滑系统加入冷冻机油后,开动油泵进行循环冲洗,直至冲洗洁净为止,冲洗时间没有要求;另一种是润滑系统加入冷冻机油后,加热油温至35~45℃,并开动油泵进行循环冲洗,冲洗时间不少于24 h,直至冲洗洁净。冲洗前均应拆除轴承供油管或采用其他方法防止脏物冲入轴承内,冲洗后均应更换新油。冲洗方法和要求大多是由制造厂具体规定的。

9.4.2.2 空负荷试运转

机组进行空负荷试运转前,其供电系统、自控安全保护系统、冷冻水系统、冷却水系统均应安装验收完毕,各种仪表检验正常、动作指示灵敏可靠,机房清洁,地面平整,通风良好。

进行空负荷试运转前,应先将压缩机的进口导叶全部关闭,盘动电机4~5圈,检查有无障碍和异声,然后点动电机,检查其旋转方向与电机壳体上箭头所示是否相符。拆下压缩机进出口管,或拆下浮球室盖板,将拆下处包以浸过油的纱布以防止大气中的灰尘进入系统。将浮球阀由手动调到最大开度,启动油泵,再启动主电动机,监听机械运转有无杂音,检查油温、油压是否符合设备技术文件的要求,供油温度一般保持30~40℃,轴承温度一般不超过65℃,连续运转8 h,不断检查上述各值。

9.4.2.3 气密性及抽真空试验

离心式机组的气密性试验及抽真空试验与活塞式机组基本相同。离心式机组气密性试验的压力为0.2 MPa;抽真空试验维持设备剩余压力5 333 Pa。试验时,只要将气源或真空泵与机组氟系统相接(可直接与蒸发器下部的充氟阀相接),打开氟系统的全部阀门,关闭与大气相通的全部阀门,则可对系统进行气密性试验或抽真空试验。

9.4.2.4 系统中制冷剂的充注

离心式系统充注制冷剂与活塞式制冷系统基本相同。充注时,将充氟管(充氟管上带有干燥过滤器),分别与机组充氟阀和氟利昂钢瓶相接,先利用系统的真空度和钢瓶内较高的压力将氟利昂充入系统;当系统与钢瓶内的压差减小,充注比较困难时,启动冷却水泵、冷冻水泵分别向冷凝器和蒸发器供水,再启动压缩机将蒸发器抽成真空而将氟利昂吸入系统,直到需要的质量为止。当启动压缩机时,其调节机构的导叶开度不要过大,一般在10%~15%为宜。

9.4.2.5 机组负荷试运转

机组的负荷试运转应符合下列要求:

(1)接通油箱电加热器,将油加热至50~55℃。

(2)按要求供给冷却水和载冷剂。

(3)启动油泵、调节润滑系统,供油应正常。

(4)按设备技术文件的规定启动抽气回收装置,排除系统中的空气。

(5)启动压缩机应逐步开启导向叶片,并应快速通过喘振区,使压缩机正常工作。

(6)检查机组的声响、振动,轴承部位的温升应正常;当机器发生喘振时,应立即采取措施予以消除故障或停机。

(7)油箱的油温宜为50~65℃,油冷却器出口的油温宜为35~55℃。滤油器和油箱内的油压差,不同制冷剂应不同,在0.1~0.2 MPa之间。

(8)能量调节机构的工作应正常。

(9)机组载冷剂出口处的温度及流量应符合设备技术文件的规定。

机组试运转过程中,应注意主电流不要超负荷,如超负荷要关小调节机构的导叶开度。机组停车有手动停车和自动停车。手动停车时,应先停主机,关闭进口导叶及抽气回收装置的回气阀,待主机完全停稳后再停水泵、油泵,最后切断所有电源。自动停车只要按动停车按钮,机组即按程序自动停止主机及油泵、水泵等。

机组负荷试运转的时间不应低于4 h。在此期间,应密切注意压缩机及油系统、主电动机、冷凝器、蒸发器、抽气回收装置等的运转情况,并作好记录。经有关人员检查鉴定认为合格后,即可填写试运转合格记录,作为竣工技术文件。

9.5　溴化锂吸收式制冷机组的安装及调试

9.5.1　蒸汽型溴化锂吸收式制冷机组的安装

9.5.1.1　基础

如果在单层机房内安装溴化锂制冷机,应首先做好机房地面以下深度约为1 m的地基,最好对机组纵向承重的基础座位置浇注混凝土台座,至少要用三合土夯实,以防地面下沉。浇注机房混凝土地面的同时,应做好电源与仪表线管以及冷冻水、冷却水、蒸汽凝结水管段的预埋,预埋管应尽可能离地面承重位置远些。承重位置的基础或基础台座的铺设要求水平,并用水平仪进行校核。有基础台座的基础分两次浇注完成,第一次浇注平台,完成后用水平仪进行校核,以保证机组纵向的水平;第二次浇注基础台面,找平时再校核其平面,以保证机组的横向水平。机组安装就位后,如对台座有大的损坏,可进行局部修补。必须注意的是:浇注基础的水泥标号不得太低,所有的预埋管口在浇注完成后要封好,以防杂物进入。

9.5.1.2　机组安装

溴化锂吸收式制冷机的安装分整机和散装两种形式,具体情况应视机型和容量的大小而定。一般建筑机房时,应预留墙洞以便于运进机组并就位,也可先使机组就位后再盖机房,但机组就位前必须检查各部位尺寸及管道不得错位。

整机的安装分机器吊装和人工安装两种方式。人工安装一般是先将机组运至与基础纵向平行的对应位置后,再上基础台。机组上台前应按相应的尺寸剪好两块6~10 mm厚的橡胶板备用。无论机器吊装还是人工安装,机组在上台未落地前要检查主要预埋管与机组的相应管口对正情况并做适当调整,将橡胶板覆盖在基础台上,再将机组落地就位。

考虑到检修和操作的方便,可将机组底部四周的工字钢切掉。但须在机组就位后先将底部的溶液热交换器做好固定支撑,并检查没有其他部件支承在工字钢上以后,方可用割枪切下工字钢。机组就位后,其安装水平度应在设备技术文件规定的基准面上测量,其纵、横向安装水平度不应大于1/1 000。

散装的大型制冷机组须在现场组装时，应先把下筒体运至基础上校准，然后依次安装上筒体、管道和部件。

9.5.2 蒸汽型溴化锂吸收式制冷机组的调试

蒸汽型溴化锂吸收式制冷机组的调试分以下几个阶段：气密性试验、水洗、充灌溴化锂溶液、工况调试、整理数据和交接验收。

9.5.2.1 气密性实验

溴化锂吸收式制冷机组的气密性实验方法与压缩式制冷机组的气密性试验大同小异，可参考活塞式机组的气密性试验方法进行。

系统的气密性试验应符合下列要求：

(1)当采用氮气或干燥压缩空气进行试验时，试验压力为0.2 MPa(表压)；检查设备及管道无泄漏时，应保压24 h；按公式(9.2)计算时，压力降不应大于0.066 5 kPa。

(2)采用氟利昂进行试验时，应先将系统抽真空至0.265 kPa，并充入氟利昂气体至0.05 MPa(表压)，然后再充入氮气或干燥压缩空气至0.15 MPa(表压)，并用电子卤素检漏仪进行检查。

9.5.2.2 真空试验

在机组气密性试验合格后，再进行真空试验，机组处于静止状态下可在两种情况下判断其真空度：一是水洗前的干燥状态；二是存有溶液，但无热力工况的状态。

1.干燥状态下的真空度判断

要在干燥状态下达到彻底检漏的最有效措施是，将机组内所有的气体抽净，使其达到或接近完全真空状态。这必须具备2个条件：一是机组气密性好，找漏彻底；二是熟练掌握抽气技术。抽气时应注意：

(1)间断地开启真空泵，以防泵体内温度过高影响其抽气性能。

(2)及时更换乳化的真空泵油。

(3)注意屏蔽泵表面不结露，因当抽气至一定程度时有可能泵体内存有积水而结露，这时可用蒸汽或热水加热其表面(注意接线端不要进水)，促使水分蒸发。

空气抽净的标志是机组真空度(p_V)接近大气压(B)，或绝对压力(p)近似为零。此时，机组内的气体分子已经微乎其微，压力几乎不受环境温度的影响。若测压时间为24 h，初始压力为p_1，终了压力为p_2，则应满足

$$\Delta p = p_2 - p_1 \leqslant 26.7\ \text{Pa} \tag{9.5}$$

Δp越小，气密性程度越高，如果Δp超过上述数值，则应泄压重新打压找漏。

2.机组中存有溶液情况下的真空判断

由于溴化锂溶液的腐蚀性和材料的热胀冷缩等原因，漏气现象随时有可能发生。当水洗和取样时，也很难将机体内的杂质放净，底部残渣有可能卡在真空隔膜阀的阀瓣上，再次造成漏气，因此要加强机组停机后的维护保养。

就溴化锂溶液而言，停机后，蒸发器和U型管内的积水逐渐被溶液所吸收，最后形成了蒸发和吸收速率相等的动态平衡状态，只要不运转溶液泵、不抽气，动态平衡就可维持下去。

根据这一原理，机组只要经过一段时间的稳定过程后记录其初始压力，其后在环境温度

变化不大的情况下，只要初始压力基本不变，则认为机组真空状态良好。

9.5.2.3 水洗

各种溴化锂吸收式制冷机组在经过严格的气密性检验后，必须进行水洗。水洗的目的有三个：一是检查屏蔽泵的转向和运转性能；二是清洗内部系统的铁锈、油污；三是检查制冷剂和溶液循环管路是否畅通。水洗步骤如下：

(1)将软化水(或蒸馏水)注入容器，通过橡胶管将水从容器吸入吸收器筒体内，水量略多于溶液量。

(2)分别启动发生器泵和吸收器泵，判别转向的反正，查看电流是否正常，泵内有无“喀喀”的声音。如有以上情况，说明泵的转向接反，可在接线端将两根电源线互换调整。试转后如观察其电流过大或叶轮摩擦泵壳，则应拆泵调整或换泵。

(3)启动冷冻水泵和冷却水泵。

(4)向机组供给 0.1 ~ 0.3 MPa(表压)的蒸汽，连续运转 20 ~ 30 min。

(5)观察蒸发器视孔有无积水产生，如有可启动蒸发器泵，间断地将蒸发器水盘内的水旁通至吸收器内；如无积水说明管道堵塞，应分析原因，及时处理。

(6)清洗后将所有的对外阀门打开破气、放水。如果机体内太脏(如放置较长时间的机组)，要反复进行上述过程，直至放出的水透明度良好为止。

(7)清洗结束后，为了将水尽可能排净，应向机组充加少许压缩空气。

(8)当以上工作完成后，应立即启动真空泵，抽气至相应温度下水的饱和蒸汽压状态。

9.5.2.4 灌注溴化锂溶液

系统灌注溴化锂溶液应符合下列要求：

(1)应按设备技术文件规定配制溴化锂溶液；配制后，溶液应在容器中进行沉淀，并应保持洁净，不得有油类物质或其他杂物混入。

(2)开动真空泵，应将系统抽真空至绝对压力为 0.066 5 kPa 以下；当系统内部冲洗后有残留水分时，可将系统抽至环境温度相对应的水的饱和蒸汽压力。

(3)加液连接管应采用真空胶管；连接管的一端应与规定的阀门连接，接头密封应良好；管的另一端插入加液筒且与筒底距离不应小于 100 mm，并应浸没在溶液中。

(4)开启加液阀门，将溶液注入系统；溴化锂溶液的加入量应符合设备技术文件的规定，加液过程中，应防止将空气带入系统。

9.5.2.5 机组的试运转

1.机组启动运转的注意事项

(1)向冷却水系统和冷冻水系统供水，当冷却水温度低于 20℃时，应调节阀门，减少冷却水供水量。

(2)启动发生器泵、吸收器泵，使溶液进行循环。

(3)应慢慢开启蒸汽或热水阀门，向发生器供热。对使用蒸汽为热源的机组，应使机组先在较低的蒸汽压力状态下运转，无异常现象后，再逐渐提高蒸汽压力至设备技术文件的规定值。

(4)当蒸发器制冷剂水液囊具有足够的积水后，启动蒸发器泵，并调节制冷机，使其正常运转。

(5)启动运转过程中，应启动真空泵，抽出系统内残余的空气或初期运转产生的不凝性气体。

2.机组试运转的要求

(1)稀溶液、浓溶液和混合溶液的浓度、温度应符合设备技术文件的规定。

(2)冷却水、冷冻水的水量和进、出口温度差应符合设备技术文件的规定。

(3)加热蒸汽的压力、温度和凝结水的温度、流量或热水的温度及流量应符合设备技术文件的规定。

(4)混有溴化锂的制冷剂水的密度不应超过 1 040 kg/m^3。

(5)系统应保持规定的真空度。

(6)屏蔽泵的工作应稳定,无阻塞、过热、异常声响等现象。

(7)各安全保护继电器的动作应灵敏、正确;仪表的指示应准确。

9.5.3 直燃型溴化锂吸收式冷(热)水机组的安装与调试

9.5.3.1 直燃型溴化锂吸收式冷(热)水机组的安装

机组安装时应注意以下问题:

(1)直燃机燃气(燃油)系统与常规燃气(燃油)锅炉的燃气(燃油)系统的安装要求一致,其排烟系统也相同。燃油系统的设备与管道,以及储油罐及日用油箱的安装位置和连接方法应符合设计与消防要求。调压装置、过滤器的安装和调节应符合设备技术文件的规定,且应可靠接地。

(2)燃油管道系统必须设置可靠的防静电接地装置,其管道法兰应采用镀锌螺栓连接或在法兰处用铜导线进行跨接,且接合良好。燃气系统管道与机组的连接不得使用非金属软管。燃气管道的吹扫和压力试验应采用压缩空气或氮气,严禁用水。当燃气供气管道压力大于 0.005 MPa 时,焊缝的无损检测的执行标准应按设计规定。当设计无规定,且采用超声波探伤时,应全数检测,以质量不低于Ⅱ级为合格。

(3)在安装和搬运直燃机时,且忌碰伤、拉伤机身,不可乱动阀门。

(4)要以机组顶部吊耳为着力点进行吊装,起吊张角必须小于 90°。

(5)直燃机运输时,必须在机组底脚的前、中、后三个部位衬垫厚橡胶板或废轮胎,以确保着力均匀、振动小。机组在地面搬运时,须在机组底脚下垫滚动管。

(6)机组停放处,要在机组走条前后端垫塞严实,使机组整体均匀着力,防止机组扭伤变形。

(7)机组就位时,应在机脚与基础面接触部位的基础面上垫一层与基础面尺寸相当的钢板(厚度 5 ~ 10 mm),然后垫上同等大小的工业橡胶板(厚度 5 ~ 10 mm),最后将机组落下去。经过水平校核,将低的地方抬高,塞入钢板条,调整至完全水平后,再填满混凝土并施水养护,就位工作方告结束。

9.5.3.2 直燃型溴化锂吸收式冷(热)水机组的调试

机组的调试应按以下步骤进行:

(1)安装工程审查。检查机组就位水平度、地基、水沟、机房布局、燃料和排烟管路、冷却水管路、冷(热)水管路、水泵、冷却塔、过滤器、流量计、压力表、橡胶减振器、自动排气阀以及安全阀等是否符合要求;电器控制系统是否完善;燃料供给系统是否合理;是否有安全保护和消防措施。

(2)水系统清洗及试运转。向冷却水及冷(热)水系统中灌水,开启冷却水泵、冷(热)水泵进行水系统清洗及试运转,检查其流量是否达到设计要求,运转工况是否正常,系统是否清洁。

(3)机组外观检查。检查机组是否受过损伤,走条是否变形,机身是否受过重振及碰伤,油漆是否擦破;屏蔽泵法兰是否有裂纹;电控柜、变频器、燃烧机、仪表、阀门及电缆是否正常;阀门及堵头是否被动过;真空压力表指示的读数是否正常;机组是否遭受到长时间的雨水淋泡以及在户外放置时间是否过长。

(4)机组电气系统通电试验。将外部电源接入电控柜内,合上空气开关,按"通电"按钮,观察各指示灯及各温度、液位、压力、流量检测点是否正常;然后选择"手动"运转方式,采用点动方式法检查燃烧机、真空泵、发生器泵(变频器)、吸收器泵和制冷剂泵是否转动正常,转向是否正确。但应注意,燃烧机风机及各泵运转的点动运转时间每次不能超过 2 s。

(5)灌注溴化锂溶液。方法同蒸汽型溴化锂吸收式冷水机组。

(6)溴化锂溶液封样。灌注溶液时应从每 5 箱溶液中取出约 10 kg 溶液,汇集后灌入一只洁净的密封瓶内,贴好标签,注明厂家、取样方法及时间、浓度,并送厂家化验、存档。

直燃型溴化锂吸收式冷(热)水机组的安装和调试除上述各项外,可参考蒸汽型溴化锂吸收式冷水机组的安装和调试方法。

9.6　空气源热泵冷(热)水机组的安装及调试

9.6.1　空气源热泵冷(热)水机组的安装

以空气为低位热源的空气/水热泵机组称为空气源热泵冷(热)水机组,该机组通常为整体组装式的制冷设备。

空气源热泵冷(热)水机组根据制冷量和重量,可选择安装在阳台、屋顶、庭院的通风良好的场所,应注意避开季风方向。机组最好不要太阳直晒,以免影响换热器效率,可加防晒、防雨棚,距顶吹主机出口不小于 1.5 m。机组安装前应开箱检查,检查管道是否有裂缝,压力表是否指示正常,并按样本注明的尺寸,预先完成底座的制作。底座可用钢筋水泥现场制作,也可用工字钢、槽钢等型材制作,并加减振橡胶垫。其目的是平稳安置机组,并使机组整体重量分散至建筑物承重结构,如主要承重梁、墙、柱等结构。一般来说,空气源热泵冷(热)水机组可安装于屋面,这样可减少机房的占地面积,减少冷、热风对环境的热污染和噪声污染。

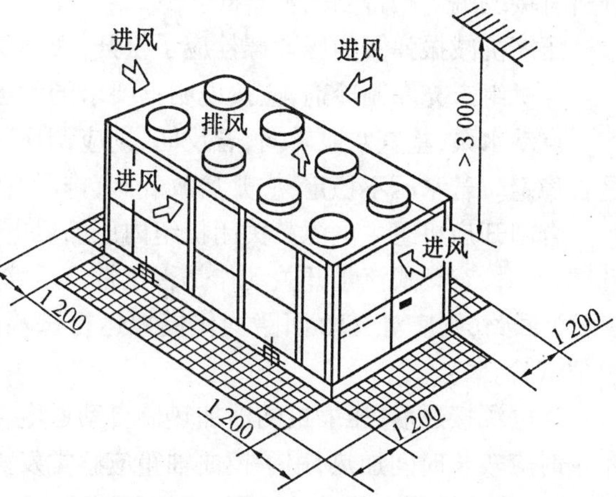

图 9.11　空气源热泵冷(热)水机组安装位置图

为保证热泵机组的正常运行和维修操作,机组四周必须留存足够的通风空间和维修操作空间,应按产品说明书的要求安置机组。图 9.11 所示为一台容量为 400 kW 的空气源热泵冷(热)水机组的安装位置图。

为能安全、可靠地将机组安装于屋面，在机组吊装时应防止受力点低于设备重心而倾斜，设备要捆扎稳固，吊索与设备接触部位要用软质材料衬垫，防止设备机体、管路、仪表，特别是空气侧换热器的翅片不能与起吊设备相碰，以免损坏翅片。

设备就位后，应对机组找平、找正。水平度的允许偏差应在0.02%以内。固定地脚螺栓，安装机组凝结水、融霜水排水管道，并加保温，以免冻结；安装阀门、法兰，连接冷冻水管道，检查机组是否带有水流量开关。若无水流量开关，必须于管道的直管段处加设水流量开关，流量开关应安装于离弯头8倍直径的长度的直管段处，一般选用靶式流量开关。按所接管道的直径选用不同规格的靶，以便水流有足够的冲击力，使流量开关处于开启位置。水路系统内应加设放空气阀，特别是在管道的弯管及管道最高处。

空气源热泵冷(热)水机组的水侧应充注满水，并放尽管内空气。用手动柱塞泵，对管内加压至0.6 MPa左右，仔细检查有否渗漏处，在确信无渗漏后，即可保温水管。

按说明书的规定，将电线、电缆正确连接到位。在连接电源线时，应注意将压缩机曲轴箱底部安装的润滑油电加热器电源连接于压缩机主电源空气开关的上部，以免在机组停机时，操作人员将空气开关拉开后，同时将润滑油加热器切断。因为一般空气源热泵冷(热)水机组为防止停机时R22大量溶入润滑油而引起液击或润滑失效，在停机时要求将润滑油加热器处于开启状态。在长期停机后应加热12～24 h才可开启压缩机(一般半封闭活塞式压缩机需预热24 h，全封闭活塞式压缩机需预热12 h以上，螺杆式压缩机需预热12 h以上)，此时电路自动将加热器切断，以免润滑油温度过高。

9.6.2 空气源热泵冷(热)水机组的调试与运行

机组安装完毕，在制冷剂充注和通电前，应进行各项检查准备工作。

9.6.2.1 开机前的检查

检查所有管路是否连接正确，水侧的压力表、温度计是否安装正确。

检查所有的动力电缆、控制电线是否已全部连接到位，用万用表对所有电气线路仔细检查，确信无接线错误；用兆欧表测量，确信无外壳短路，检查接地线是否已正确安装到位；检查所有接线端子是否已完全紧固。

压缩机减振弹簧的压紧螺栓应予松开，使弹簧呈自由状态。

若机组未充灌制冷剂，应按说明书要求的量进行充注。

点动水泵，检查水泵转向，若反向，则应调换三相电源中的两相。试运行水泵，观察水压是否稳定。若水压不稳定，应开启放气阀，排尽管内空气。

合闸开启机组主电源。关闭机组内压缩机电源的空气开关，开启控制电路开关，模拟启动试验。检查靶式流量开关动作是否正常。压缩机启动程序是否符合说明书要求，若有A、B两个回路，则应对A、B回路均作模拟运行试验。若有线控开关或遥控开关，同样应进行模拟试验。

主电源接通后，压缩机的油加热器自动通电，通电24 h以上(或按说明书要求的时间)，冬季时应较长时间加热，用手摸曲轴箱应感觉发烫方可开机。第一次开机前，加热时间不少于24 h(或按说明书要求的时间)，以便排除冷冻油中所混的制冷剂，避免开车瞬间的液击故障。

加热后，应检查压缩机油面视镜，油位应在视镜 1/8~3/8 范围内。

开启机组风机，确认风机运转正常。对风机带皮带的机组，检查皮带松紧程度。用力将皮带单边压下约 25 mm 左右为宜，太紧、太松都会引起皮带的加速磨损。

检查换热器翅片是否有灰尘或其他物件遮挡。

热泵机组内若装有电加热器，检查电加热器是否牢固连接，用万用表及兆欧表确认电加热器的完好和安全性。接通电加热器，用钳形表检查电流是否正常，检查电加热器的双金属温度保护器是否正常。调整温度控制器至设定温度。

检查接地或接零保护是否可靠。

9.6.2.2　开机程序

开动水泵，观察水泵进出口压力差，注意观察水压的稳定性。若压力差过大，检查管道阀门是否开启，水过滤器是否装反或有杂质、垃圾堵塞。若水压不稳定，则应继续放空气，直至水压稳定。

水泵应能平稳运转。若发现水泵有异常噪声和漏水，应检查油杯中是否充满润滑油，填料等密封件是否良好，联轴节是否紧固。调整后开机，直至正常。

打开所有压缩机吸气、排气阀门(若有吸气、排气阀门)。将阀门全部开到底，再倒 1/2 圈左右，使三通阀全开，并使压力表接通。必要时，先松开阀的压盖稍许，开启阀门后再旋紧压盖，上紧阀盖，以免阀门的泄漏。

打开供液阀。

接通主电源，将压缩机空气开关、控制开关置于“开”的位置。如有 A、B 回路，选择 A 回路先行运转。

检查各相电压是否平衡。相间电压不平衡值应小于 2%。电压应在 340~420 V 范围内。

启动机组。启动后，应仔细观察压缩机电流是否在正常范围内，各相电流是否平衡。观察压缩机油面稳定情况，吸、排气压力是否正常。运转 15 min 后，观察视液镜是否充满液体。若有气泡，必须加注制冷剂。观察视液镜湿度指示是否保持蓝色，以确定制冷系统内无潮湿气体。

若发现如下故障应停车，如跳闸、控制回路故障灯亮等。应仔细检查、找明原因后，方可再行启动。若为压缩机排气高温故障，则表明机组内有过量空气未排尽，应予以排放，并补充制冷剂。

正常运行(制冷工况)时，吸气压力应在 0.4~0.6 MPa 间，排气压力在 1.7~1.8 MPa 间变化，排气温度不应超过 150℃。

机组运行 1 min 后，观察进出水温的变化。若在制热运行时开机，则应观察水的温升是否达到说明书的要求。若水温难以上升，用手摸散热片是否存在发热现象。在多台压缩机运行中，有可能会发生由某一台电磁换向阀失灵而造成系统内有制热运行和有制冷运行的独立回路。此时应在控制电路里查明原因，确信各回路均处于制热工作状态。

机组正常运行 1~2 h 后，方可将外壳盖板就位安装，调试过程结束，机组进入试运转。

机组运行一个月后，应将所有电气接线端子重新紧固一次，以免通电后发热引起接线端子的松动，造成重大事故。

机组运行一年后，应将压缩机内润滑油更换一次，以免磨损的金属屑将油泵吸入口堵塞,破坏润滑系统。

9.7　冷却塔的安装

冷却塔是水冷制冷系统中将热量转移到大气的设备。水冷压缩式制冷机组中须将冷凝器的散热量用冷却水带走;吸收式制冷机组中须将吸收器和冷凝器的散热量用冷却水带走。为使冷却水能循环使用,系统中通常设冷却塔。

冷却塔有自然通风式和机械通风式两类,后者是空调、冷藏制冷系统中常用的设备。

冷却塔的种类很多。按冷却的温差,冷却塔可分为低温差(5℃左右)和中温差(10℃左右)两种;按水和空气的流动方式,冷却塔又可分为逆流式、横流式、横逆流式、喷射式四种;按结构方式有方形、圆形和矩形三种;按噪声大小,又可分普通型[噪声 >65 dB(A)]、低噪声[60~65 dB(A)]和超低噪声[<60 dB(A)]等。

目前国内工厂生产的定型的机械通风式冷却塔产品大多用玻璃钢做外壳,故又称为玻璃钢冷却塔。

图 9.12 是逆流式冷却塔的结构示意图。

为增大水与空气的接触面积,在冷却塔内装满淋水填料层 4。填料一般是压成一定形状(如波纹状)的塑料薄板。水通过布水器 3 淋在填料层上,空气由下部进入冷却塔,在填料层中与水逆流流动。这种冷却塔结构紧凑,冷却效率高。从理论上说,冷却塔可以把水冷却到当地空气的湿球温度。实际上,冷却塔的极限出水温度比当地空气的湿球温度高 3.5~5℃。风机 1 的作用是强迫空气流动,增加冷却效果。

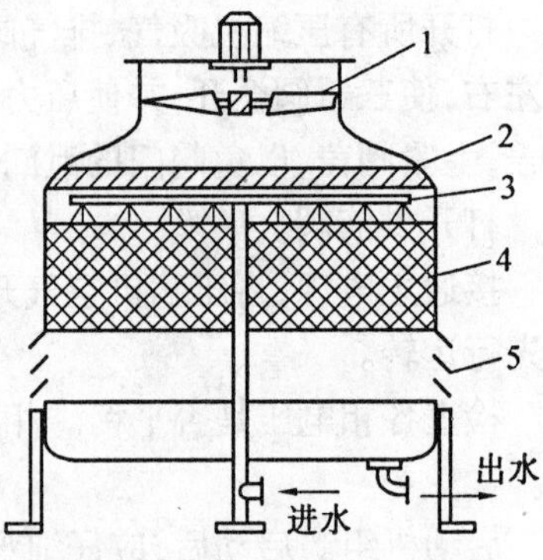

图 9.12　冷却塔结构示意图

1—风机;2—挡水板;3—布水器;4—填料;5—进风口

冷却塔安装时应注意以下问题:

(1)按施工设计选择冷却塔的型号,按厂家样本的基础尺寸进行基础施工。基础标高应符合设计的规定,允许误差为 ±20 mm。

(2)冷却塔安装应平稳、地脚螺栓的固定要牢固,各连接部件应采用热镀锌或不锈钢螺栓,其紧固力应一致、均匀。冷却塔安装应水平,单台冷却塔安装水平度和垂直度允许偏差为 2/1 000。同一冷却水系统的多台冷却塔安装时,各台冷却塔的水面高度应一致,高差不应大于 30 mm。

(3)安装中央进水管时,一定要保证布水管位于冷却塔的中心,进水管要垂直,这样才能保证布水管处于水平位置。

(4)冷却塔的出水管口及喷嘴的方向和位置应正确,积水盘应严密无渗漏,布水应均匀。带转动布水器的冷却塔,其转动部分必须灵活,喷水出口宜向下与水平成 30°夹角,且方向一致,不应垂直向下。

(5)玻璃钢冷却塔和采用塑料制品作填料的冷却塔,安装应严格执行防火规定。

(6)冷却塔风机叶片端部与塔体四周的径向间隙应均匀。对于可调整角度的叶片,叶片角度应一致。

9.8　空调水系统管道的安装

目前集中空调系统中所采用的制冷设备绝大多数为整体安装式。它是将压缩机、蒸发器、冷凝器等部件及其之间的循环管路和润滑油管路在出厂前已经组装成一个整体，并且已经进行系统吹灰、气密性试验、检漏、抽真空试验、充注规定的氮气密封等工序，具有结构紧凑、占地面积小、安装方便、使用灵活、自动化程度高等优点。因此制冷机组的安装基本不涉及制冷剂管道的安装，本节将主要介绍空调水系统管道的安装。

9.8.1　空调水系统的管材及附件

9.8.1.1　管路系统的管材

管路系统管材可参照表9.5选择。

表9.5　管材选择表

公称直径/mm	介质参数		可选用管材
	温度/℃	压力/MPa	
DN≤150	<200	<1.0	普通水煤气钢管(YB234－63)或无缝钢管(YB231－70)
	>200	或>1.0	无缝钢管(YB231－70)
200≤DN≤500	≤450	<1.6	螺旋缝电焊钢管(SY5001－81)或无缝钢管(YB231－70)
	>450	或>1.6	无缝钢管(YB231－70)
500<DN<700			螺旋缝电焊钢管或钢板卷焊管
DN>700			钢板卷焊管

9.8.1.2　管路系统的阀门

管路系统阀门的选择应考虑压力、温度，并按设计要求进行安装。

减压阀前后压差 Δp 的选择范围：

Y44T－10型波纹管式减压阀：0.050 MPa< Δp <0.6 MPa；

Y43H－10型活塞式减压阀：0.150 MPa≤ Δp <0.45 MPa；

Y43H－16型活塞式减压阀：0.150 MPa≤ Δp <0.45 MPa。

减压阀的安装见图9.13，其安装尺寸见表9.6。

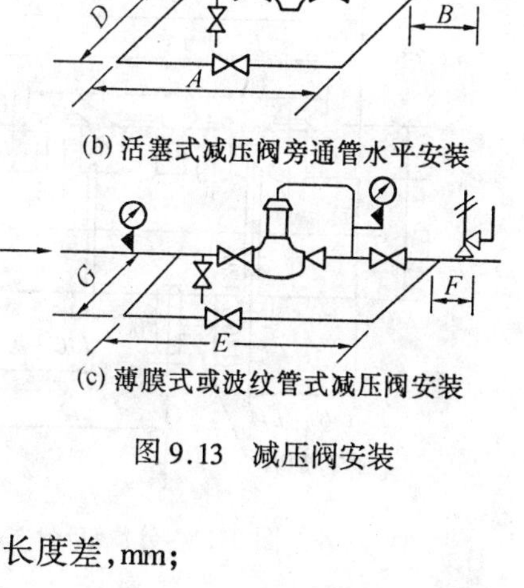

(a) 活塞式减压阀旁通管垂直安装

(b) 活塞式减压阀旁通管水平安装

(c) 薄膜式或波纹管式减压阀安装

图9.13　减压阀安装

9.8.1.3　管路伸缩和固定

(1)管道伸缩量。管道因温度升高或降低而伸缩，对于普通钢管有

$$\Delta L = 0.012(t_1 - t_2)L \qquad (9.5)$$

式中　ΔL——管道的热伸长量，即管道热与冷时的长度差，mm；

t_1——管道在最热时的温度,℃,对热管道或冷热两用管道为热媒温度,对冷管道为环境最高温度;

t_2——管道在最冷时的温度(为冷媒温度或环境最低温度),℃;

0.012——管道的膨胀系数,mm/(m·℃)。

表 9.6 减压阀安装尺寸表 mm

减压阀直径/mm	A	B	C	D	E	F	G	国标图号
25	1 100	400	350	200	1 350	250	200	
32	1 100	40	350	200	1 350	250	200	
40	1 300	500	400	250	1 500	300	250	
50	1 400	500	450	250	1 600	300	250	
65	1 400	500	500	300	1 650	350	300	N-108
80	1 500	550	650	350	1 750	350	350	
100	1 600	550	750	400	1 850	400	400	
125	1 800	600	800	450				
150	2 000	650	850	500				

注:1. 减压阀安装一律采用法兰截止阀。

2. 低压部分可采用低压截止阀。

(2)补偿器　补偿尽可能利用管道的转弯进行,不足时可采用方形补偿器、波形补偿器等补偿。对于高层建筑的立管,宜采用波形补偿器。方形补偿器可采用国家标准图。

(3)管道固定　水平管和立管均应有活动支架和固定支架。对于高层建筑要特别注意其固定支架的坚固性,在建筑结构上要考虑这项荷重。冷水管道虽然伸缩量小,但其固定支架的作用力却很大。管道支架的距离、作用力的计算见有关供热方面的手册。

9.8.1.4　分汽缸、分水器和集水器的安装

分汽缸、分水器和集水器的配管尺寸见图 9.14 和表 9.7。

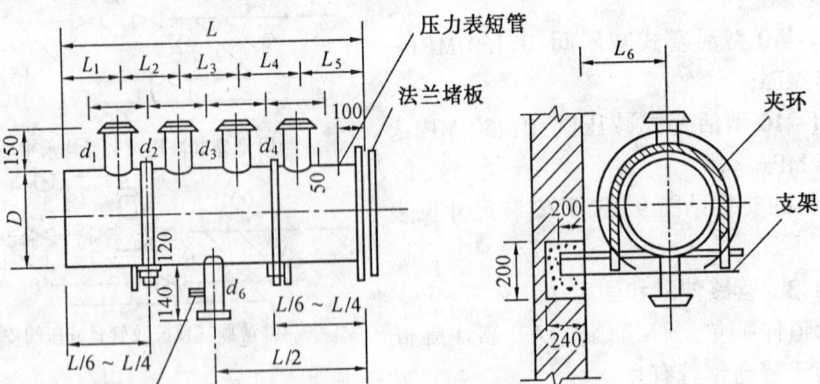

图 9.14　分汽缸、分水器、集水器配管尺寸及墙上安装图

表 9.7　按接管管径确定配管尺寸表

mm

d_{1-4}	25	32	40	50	65	80	100	125	150	200	250	300
l	250			260	280	310	330	360	390	460	530	600
L	$\sum l + 240$											
d_5	$\phi108\times4$								$\phi133\times4$	$\phi159\times4$	$\phi219\times6$	$\phi219\times6$

分汽缸、分水器和集水器的安装见图 9.14 和图 9.15，支架及夹环规格见表 9.8。

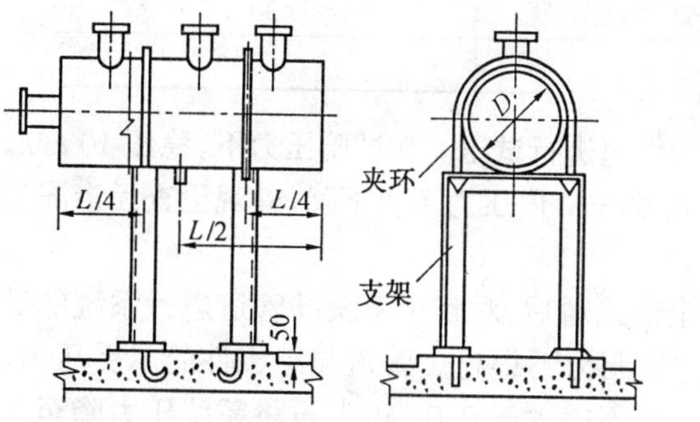

图 9.15　分汽水缸、分水器、集水器落地安装

表 9.8　分汽缸、分水器、集水器支架及夹环规格 mm

内径 D	支架	夹环
100	L405	$\phi10$
150	L405	$\phi10$
200	L505	$\phi12$
250	L505	$\phi12$
300	L605	$\phi14$
350	L605	$\phi14$
400	L605	$\phi16$
450	L605	$\phi16$

9.8.2　空调水系统管路安装应注意的问题

(1)冷(热)水、冷却水及冷凝水管道的安装，以及空调用蒸汽管道的安装，应符合现行国家标准《工业金属管道工程施工及验收规范》与《建筑给水排水及采暖工程施工质量验收规范》的有关规定。

(2)管道安装前必须将管内的污物及锈蚀清除干净；安装停顿期间管道开口应采取封闭保护措施。管道安装后应进行系统冲洗，经冲洗排污合格(目测：以排出口的水色和透明度与入水口对比相近，无可见杂物)，再循环试运行 2 h 以上，且水质正常后方能与制冷设备或空调设备连接。冷冻水管道系统应在最高处，且在便于操作的部位设置放气阀。

(3)阀门的安装位置、高度、进出口方向必须符合设计要求，连接应牢固紧密。安装在保温管道上的各类手动阀门、手柄均不得向下。阀门安装前必须进行外观检查，阀门的铭牌应符合现行国家标准《通用阀门标志》(GB12220)的规定。对于工作压力大于 1.0 MPa 及在主干管上起到切断作用的阀门，应进行强度和严密性试验，合格后方准使用。其他阀门可不单独进行试验，待在系统试压中检验。

严密性试验时，试验压力为公称压力的 1.1 倍；试验压力在试验持续的时间内应保持不变，时间应符合表 9.9 的规定，以阀瓣密封面无渗漏为合格。

强度试验时，试验压力为公称压力的 1.5 倍，持续时间不少于 5 min，阀门的壳体、填料应无渗漏。

(4)管道系统安装后必须进行水压试验，冷冻水系统和冷却水系统试验压力，当工作压力小于 1.0 MPa 时，为工作压力的 1.5 倍，但最低不小于 0.6 MPa；当工作压力大于 1.0 MPa 时，为工作压力加 0.5 MPa。系统水压试验时，在 10 min 内，压力下降不大于 0.02 MPa，且外观检查不漏为合格。对于大型或高层建筑垂直位差较大的冷(热)媒水、冷却水管道系统宜采用分区、分层试压和系统试压相结合的方法。一般建筑可采用系统试压方法。

表 9.9 阀门压力持续时间

公称直径/mm	最短试验持续时间/s	
	严密性试验	
	金属密封	非金属密封
≤50	15	15
65~200	30	15
250~450	60	30
≥500	120	60

分区、分层试压:对相对独立的局部区域的管道进行试压。在试验压力下,稳压 10 min,压力不得下降,再将系统压力降至工作压力,在 60 min 内压力不得下降、外观检查无渗漏为合格。

系统试压:在各分区管道与系统主、干管全部连通后,对整个系统的管道进行系统的试压。试验压力以最低点的压力为准,但最低点的压力不得超过管道与组成件的承受压力。压力试验升至试验压力后,稳压 10 min,压力下降不得大于 0.02 MPa,再将系统压力降至工作压力,外观检查无渗漏为合格。

(5)冷凝水的水平管应坡向排水口,坡度应符合设计要求。当设计无规定时,其坡度宜大于或等于 8‰。软管连接应牢固,不得有瘪管和强扭。冷凝水系统的渗漏试验可采用充水试验,无渗漏为合格。冷凝水排放应按设计要求安装水封弯管。

(6)补偿器的补偿量和安装位置必须符合设计及产品技术文件的要求,并应根据设计计算的补偿量进行预拉伸或预压缩。设有补偿器(膨胀节)的管道应设置固定支架,其结构形式和固定位置应符合设计要求,并应在补偿器的预拉伸(或预压缩)前固定;导向支架的位置应符合所安装产品技术文件的要求。

(7)水泵的规格、型号、技术参数应符合设计要求和产品性能指标。水泵正常连续试运行的时间,不应少于 2 h。管道、制冷设备等与水泵的连接应采用弹性连接,并在管道处设置独立支架。

(8)固定在建筑结构上的管道支、吊架,不得影响结构的安全。管道穿越墙体或楼板处应设钢制套管,管道接口不得置于套管内。钢制套管应与墙体饰面或楼板底部平齐,上部应高出楼层地面 20~50 mm,并不得将套管作为管道支撑。保温管道与套管四周间隙应使用不燃绝热材料填塞紧密。在建筑结构负重允许的情况下,水平安装管道支、吊架的间距应符合表 9.10 中的规定。管道支、吊架的焊接应由持证焊工施焊,并不得有漏焊、欠焊或焊接裂纹等缺陷。支架与管道焊接时,管道侧的咬边量,应小于 0.1 倍管壁厚。

(9)管道安装的坐标、标高和纵、横向的弯曲度应符合表 9.11 的规定。在吊顶内等暗装管道的位置应正确,无明显偏差。

(10)当空调水系统采用建筑用硬聚氯乙烯(PVC-U)、聚丙烯(PP-R)、聚丁烯(PB)与交联聚乙烯(PEX)等有机材料管道时,其连接方法应符合设计和产品技术要求的规定。此时,管道与金属支、吊架之间应有隔绝措施,不可直接接触。当为热水管道时,还应加宽其接触的面积。支、吊架的间距应符合设计和产品技术要求的规定。

表9.10 管道支、吊架的最大间距

公称直径/mm		15	20	25	32	40	50	70	80	100	125	150	200	250	300
支架的最大间距/m	L_1	1.5	2.0	2.5	2.5	3.0	3.5	4.0	5.0	5.0	5.5	6.5	7.5	8.5	9.5
	L_2	2.5	3.0	3.5	4.0	4.5	5.0	6.0	6.5	6.5	7.5	7.5	9.0	9.5	10.5
	对于直径大于300 mm的管道可参考300 mm的管道														

注:1.适用于工作压力不大于2.0 MPa,不保温或保温材料密度不大于20 kg/m³的管道系统。

2. L_1用于保温管道,L_2用于不保温管道。

表9.11 管道安装的允许偏差和检验方法

项目			允许偏差/mm	检查方法
坐标	架空及地沟	室外	25	按系统检查管道的起点、终点、分支点和变向点及各点之间的直管 用经纬仪、水准仪、液体连通器、水平仪、拉线和尺量检查
		室内	15	
	埋地		60	
标高	架空及地沟	室外	±20	
		室内	±15	
	埋地		±25	

第 10 章　管道及设备的防腐与保温

10.1 管道及设备的防腐

管道及设备外部直接与大气或土壤接触,将产生化学腐蚀和电化学腐蚀。为了避免和减少这种腐蚀,延长管道的使用寿命,对与空气接触的管道及设备外部或保温结构外表面,可涂刷防腐涂料,对埋地的管道可设置绝缘防腐层。

10.1.1　腐蚀及防腐

腐蚀主要是材料在外部介质影响下所产生的化学作用或电化学作用,使材料破坏和质变。由化学作用引起的腐蚀属于化学腐蚀,由电化学作用引起的腐蚀称为电化学腐蚀。金属材料(或合金)的腐蚀,两种均有。一般情况下,金属与氧气、氯气、二氧化硫、硫化氢等干燥气体或汽油、乙醇、苯等非电解质接触所引起的腐蚀都是电化学腐蚀。

腐蚀的危害性很大,它使大量的钢材和其他宝贵的金属变为废品,使生产和生活使用的设施较快地报废。据国外统计,每年由于腐蚀所造成的经济损失约占国民生产总值的 4%。在我国,每年由于腐蚀引起的经济损失也是十分可观的。

在供热、通风、空调等系统中,常常因为管道被腐蚀而引起系统漏水、漏气,这样既浪费能源,又影响生产。输送有毒、易燃、易爆炸的介质时,还会污染环境,甚至造成重大事故。因此,为保证正常的生产和生活秩序,延长系统的使用寿命,除了正确选材外,采取有效的防腐措施也是十分必要的。

防腐的方法很多,如采取金属镀层、金属钝化、阴极保护及涂料工艺等。在管道及设备的防腐方法中,采用最多的是涂料工艺。对于放置在地面上的管道和设备,一般采用油漆涂料;对于设置在地下的管道,则多采用沥青涂料。

10.1.2　管道及设备表面的除污

为了使防腐材料能起较好的防腐作用,除所选涂料本身能耐腐蚀外,还要求涂料和管道、设备表面能很好地结合。一般钢管(或薄钢板)和设备表面总有各种污物,如灰尘、污垢、油渍、锈斑等,这些会影响防腐涂料对金属表面的附着力。如果铁锈没除尽,油漆涂刷到金属表面后,漆膜下被封闭的空气继续氧化金属,即继续生锈,以致使漆膜破坏,使锈蚀加剧。为了增加油漆的附着力和防腐效果,在涂刷底漆前,必须将管道或设备表面的污物清除干净,并保持干燥。

除锈是对金属管道或构件表面在涂刷防腐涂料前进行处理的一道重要工序,目的是清理掉金属表面的锈层、油类、旧漆膜及灰尘等,以便使涂刷的涂料能牢固地黏附在管道、设备及构件等表面上,达到防腐的目的。施工验收规范也明确规定:在涂刷底漆前,必须清除表面的灰尘、污垢、锈斑、焊渣等物。除锈的方法有手工除锈、机械除锈和化学除锈,经除锈处理后应见到金属光泽。

10.1.2.1　手工除锈

手工除锈通常是用钢丝刷、铁砂布、锉刀及刮刀将金属表面的铁锈、氧化皮、铸砂等除去，并用蘸有汽油的棉纱擦干净。

手工除锈强度大、环境欠佳、效率低，质量也不理想，但因为手工除锈工具简单、操作方便，所以对工程量小的管材或设备表面除锈仍被广泛采用。这种除锈方法只需用钢丝刷、砂纸等刷磨管子表面，使管子露出金属光泽即可。

手工除锈按锈蚀的程度分为轻锈、中锈和重锈三种，区分标准如下：

轻锈：部分氧化皮开始破裂脱落，红锈开始发生。

中锈：氧化皮部分破裂脱落，呈堆粉末状，除锈后用肉眼能见到腐蚀小凹点。

重锈：氧化皮大部分脱落，呈片状锈层或凸起的锈斑，除锈后出现麻点或麻坑。

10.1.2.2　机械除锈

机械除锈一般采用自制的工具，对批量管材进行的集中除锈工作，宜采用机动钢丝刷或喷砂法。喷砂法比手工操作和其他机械设备处理效果好，速度快，效率较高，而且物体表面经喷打后呈现均匀细微的麻点，能增强漆膜的附着力，使涂料的防腐效果良好。

喷砂法是用压力为 0.35～0.5 MPa，并经除去油和水的压缩空气，将粒径为 1～2 mm 的石英砂(或干河沙、海沙)喷射在物体表面上，靠沙子的冲击力撞击金属表面，去掉锈层、氧化皮等杂物。喷砂除锈如图 10.1 所示，喷枪宜采用铬钢或铬锰钢制成，或在钢喷嘴内衬陶瓷，喷嘴内径约为 6～8 mm。吸砂管在插入砂斗之前要开一个小口，使空气进入便于吸砂。

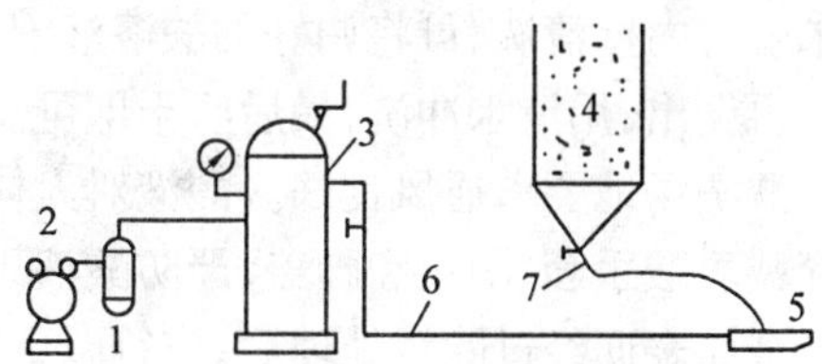

图 10.1　喷砂除锈

1—空气压缩机；2—油水分离器；3—贮气罐；4—贮砂罐；5—喷枪；6—橡胶管；7—开孔处

喷砂前应检查设备及仪表是否良好，阀门、阀件等应灵活可靠，喷砂时先启动压缩机，待压力达到工作压力，开启阀门，砂流即可喷出。操作时，喷砂方向尽量与风向顺流，喷枪嘴与金属表面成 50°～70°夹角，并距金属表面约 100～150 mm 左右，当给较薄金属工件除锈时，砂子粒径和压缩空气压力均可适当降低。

以上喷砂法称为干法，干法喷砂时扬起灰尘多，劳动条件差，操作时，工人应戴风镜、口罩、防风帽等。喷砂也可用湿法代替干法，以改善工人操作环境，但湿法喷砂易使除锈后的表面又可能生锈。

机动钢丝刷除锈，一般是采用自制的刷锈机刷去管子表面的锈层、污垢等，除锈时可将圆形钢丝刷装在机架上，将钢管卡在有轨道的小车上，移动管子进行除锈，也可用手提式砂轮机除锈。

10.1.2.3　化学除锈

化学除锈常用酸洗的方法将锈及氧化物等除掉，钢铁的酸洗可用硫酸或盐酸，铜和铜合金及其他有色金属的酸洗常用硝酸。

酸洗是当氧化铁与酸接触时，氧化铁被溶解，与此同时金属铁也部分地发生溶解并析出氢气，促进酸洗的效果，因为氢气泡的作用，能把尚未溶解但已疏松的氧化物鼓掉。

酸洗的速度取决于氧化层的组成、酸的种类、酸的浓度和温度，提高酸的浓度可以加速酸洗,但是酸的浓度高易发生过多的金属溶解,而伤及锈层以外的金属,另外,酸液的质量分数超过25%时,酸洗速度反而下降,所以实际使用酸质量分数不超过20%的溶液。酸的温度升高,酸洗速度也可增加。不同浓度、温度下的酸洗时间见表10.1。

表10.1　温度对酸洗时间的影响

盐酸质量分数/%	酸洗时间/min			硫酸质量分数/%	酸洗时间/min		
	18℃	40℃	60℃		18℃	40℃	60℃
5	55	15	5	5	135	45	13
10	18	6	2	10	120	32	8

由于硫酸比盐酸便宜,所以现场施工常用硫酸,其质量分数一般为12%。酸洗前先将水注入酸槽内,再将酸以细流缓缓注入水中,切不可先加酸后加水,以免引起爆炸伤人;注酸同时不断地搅拌,当加热到适当温度后,将管材放入酸洗槽内浸泡,适当掌握酸洗时间,避免清理不净或侵蚀过度现象。酸洗后立即将管子转放入中和槽内,用稀碱液(氢氧化钠或碳酸钠)中和,然后再将管材放入热水槽中洗涤,使其完全保持中性,清洗后要及时干燥,并立即涂刷防锈漆。酸洗、碱洗、热水洗、干燥、刷油漆等操作应该连续进行,以免重新生锈。如只要求管材内壁清洗,可将调好的酸溶液灌入管内,达到酸洗时间后倒出,立即灌入中和液,中和后再倒出,用清水冲洗,最后吹干即可。

酸洗场地要求通风良好。酸液对人体和衣服有强烈的腐蚀作用,所以在酸洗过程中,必须穿戴耐酸手套、围裙和脚盖,严防酸液飞溅损害人体,造成事故。

金属表面经过除锈处理后,应符合下列质量要求:

(1)金属表面应呈现出均匀一致的金属光泽,不应有金属氧化物和其他附着物;

(2)金属表面不能有油垢和斑点;

(3)处理后的管材应处于干燥状态,并不得再被其他物质所污染。经除锈并已检查合格的管材,应尽早喷涂底漆,以免受潮又重新生锈。

10.1.3　管道及设备刷油

油漆防腐的原理就是靠漆膜将空气、水分、腐蚀介质等隔离开来,以保护金属表面不受腐蚀。

油漆的漆膜一般由底层和面层构成。底漆打底,面漆罩面。底层应用附着力强,并具有良好防腐性能的涂料涂刷。面层的作用主要是保护底层不受损伤。每层涂膜的厚度视需要而定,施工时可涂刷一遍或多遍。要使漆膜色彩鲜艳、光亮、经久耐用,除了涂料本身应质量优良外,与涂漆方式选择有很大关系。刷油漆方法很多,涂漆的施工方法有手工涂刷和喷涂两种。

10.1.3.1　手工涂刷

涂刷法主要是手工涂刷。这种方法操作简单,适应性强,可用于各种漆料的施工。但人工涂刷方法效率低,并且涂刷的质量受操作者技术水平的影响较大,只适用于工程量不大的管道或零星加工件表面的涂刷。但由于其工具简单,操作简便灵活,至今仍被广泛应用。手工涂刷应自上而下,从左至右,先里后外,先斜后直,先难后易,纵横交错地进行,漆层厚薄均匀一致,无漏刷处。

常用油刷是由猪鬃制成的扁形油刷，规格用宽度(英寸)表示。新油刷使用前，要用砂纸来回摩擦鬃毛头部，将刷毛磨顺、磨柔软，否则刷油时容易留下刷纹。使用油刷时，大拇指在一面，食指和中指在另一面，如图 10.2 所示。刷油时，不允许油刷在手中有松动现象，刷油顺序应按“开油、横油、斜油、理油”的顺序进行，如图 10.3 所示。油刷蘸油后上下(刷立面时)或左右(刷平面时)直刷，刷与刷之间距约 50 ~ 60 mm，把油分散开为开油。接着油刷不再蘸油，横向刷一遍，再按斜的方向刷一遍，分别叫横油、斜油。将油刷面上的油在油桶边上擦干净后，在油面上来回直刷理顺，叫理油。刷油的要领是少蘸油、蘸次多，按先上后下，先难后易，先左后右的次序来完成工件的刷油。油刷用完后要妥善保管，以备下次再用，其保管方法如下：油刷用过后，若 1 ~ 2 天内还使用，可满蘸熟桐油，将刷毛理顺后用纸包好；刷过铅油和调和漆的油刷可浸泡在水中待用。若存放时间较长时，最好洗净或悬挂在水中，不使刷毛着底。刷过清漆的油刷，不宜浸泡，洗净后用纸包好即可。用过的油刷若长时间不用时，应用煤油洗净后晾干。

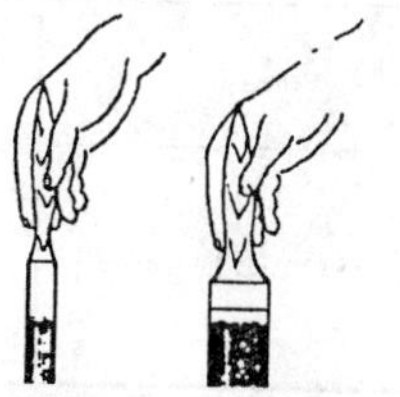

侧面刷油　大面刷油

图 10.2　油刷拿法

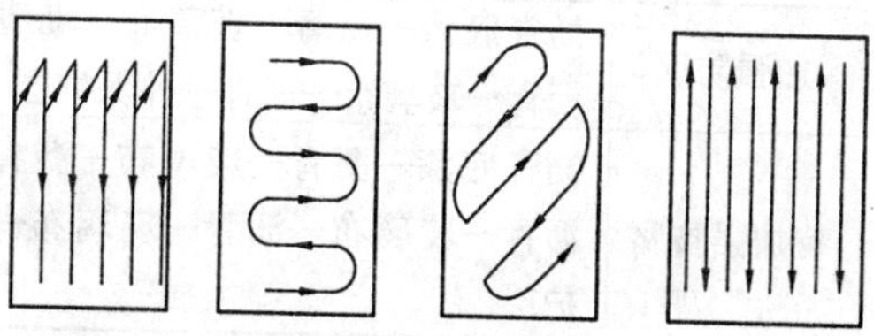

开油　横油　斜油　理油

图 10.3　刷油顺序

10.1.3.2　空气喷涂

空气喷涂常用的工具为喷枪。其原理是压缩空气通过喷嘴时产生高速气流，将贮漆罐内漆液引射混合成雾状，喷涂于物体的表面。这种方法的特点是漆膜厚薄均匀，表面平整，效率高。只要调整好油漆的黏度和压缩空气的工作压力，并保持喷嘴距被涂物表面一定的距离和一定的移动速度，均能达到满意的效果。

喷枪所用的空气压力一般为 0.2 ~ 0.4 MPa。喷嘴距被涂物件的距离，视被涂物件的形状而定。如被涂物件表面为平面，一般在 250 ~ 350 mm 的范围为宜；如被涂物件表面为圆弧面，一般在 400 mm 左右为宜。

喷枪移动的速度一般为 10 ~ 15 m/min。

空气喷涂的涂膜较薄，往往需要喷涂几次才能达到需要的厚度。为提高一次喷涂的涂膜厚度，减少稀释剂的消耗量，提高工作效率，可采用热喷涂施工。热喷涂施工就是将油漆加热，用提高油漆温度的方法来代替稀释剂使油漆的黏度减低，以满足喷涂的需要。油漆加热温度一般为 70℃。采用热喷涂法比一般空气喷涂法可节省 2/3 左右的稀释剂，并提高近一倍的工作效率，同时还能改变涂膜的流平性。

刷油的方法还很多，如滚涂、浸涂、高压喷涂、静电喷涂、电泳涂、粉末涂法等，但不管采用哪种施工方法，为保证施工质量，均要求被涂物质表面清洁干燥，并避免在低温和潮湿环境中工作。当气温低于 5℃时，应采取适当的防冻措施。需要多遍涂刷时，必须在上一遍涂膜干燥后，方可涂刷第二遍。

10.1.4　埋地管道的防腐

埋地管道的腐蚀是由于土壤的酸性、碱性、潮湿、空气渗透以及地下杂散电流的作用等因素所引起的,其中主要是电化学作用。防止腐蚀的方法主要是采用沥青涂料。

10.1.4.1　防腐层结构及施工方法

1.防腐层结构

埋地管腐蚀的强弱主要取决于土壤的性质。根据土壤腐蚀性质的不同,可将防腐层结构分为三种类型:普通防腐层、加强防腐层和特加强防腐层,其结构见表10.2。

表10.2　石油沥青涂层等级及结构

等　级	结　　构	每层沥青厚度/mm	总厚度/mm
普通防腐	沥青底漆—沥青—玻璃布—沥青—玻璃布—沥青—外保护层	≈1.5	≥4
加强防腐	沥青底漆—沥青—玻璃布—沥青—玻璃布—沥青—玻璃布—沥青—外保护层	≈1.5	≥5.5
特加强防腐	沥青底漆—沥青—玻璃布—沥青—玻璃布—沥青—玻璃布—沥青—玻璃布—沥青—外保护层	≈1.5	≥7.0

普通防腐层适用于腐蚀性轻微的土壤;加强防腐层适用于腐蚀性较剧烈的土壤;特加强防腐层适用于腐蚀性极为剧烈的土壤。土壤腐蚀性等级及其防护见表10.3。

表10.3　土壤腐蚀性等级及其防护措施

土壤腐蚀性等级		轻　微	剧　烈	极剧烈
测定方法	土壤电阻率/($\Omega\cdot m^{-1}$)	>20	20~5	<5
	盐的质量分数/%	<0.05	0.05~0.75	>0.75
	水的质量分数/%	<5	5~2	25~12
	在ΔV=500 MV时极化电流	>40	40~25	25~12
	密度/($mA\cdot cm^{-2}$)	<0.025	0.025~0.3	0.3
防腐措施		普通防腐层	加强防腐层	特加强防腐层

普通防腐适用于一般土壤;埋地管道在穿越铁路、公路、河流、盐碱沼泽地、山洞等地段及腐蚀性土壤时,一般采取加强防腐;穿越电车轨道和电气铁路下的土壤时采取特加强防腐。对一些腐蚀性高的地区或重要的管线,可采用电化保护防腐措施。

2.防腐层的施工要求

沥青防腐层的质量好坏,不但取决于材料的选用和结构设计是否正确,而且在很大程度上决定于施工质量,故对施工质量提出如下要求。

(1)冷底子油应涂刷在洁净干燥的管子表面上,涂刷应均匀一致,涂刷厚度一般为0.1~0.15 mm。

(2)沥青胶结材料应涂抹在已干燥的冷底子油层上,涂抹温度应保持在160~180℃,如施工时环境温度高于30℃,可允许石油沥青的温度降至150℃。涂抹厚度应均匀,表面连续而无气泡,断缝胶结良好,如一次涂抹不能达到设计要求的厚度时,可在第一遍凝固后再涂抹第二遍。

(3)玻璃丝布应与沥青胶结层结合紧密,包扎紧密,无褶皱,压边均匀,压边宽度一般为10~20 mm,接头搭接长度为30~50 mm,并用热沥青黏牢。

现场施工时,有时采用随浇随包扎的方法,先把玻璃丝布裁成条状,前面用壶浇热沥青,后边缠绕包扎紧密,并使搭接缝均匀。

(4)做外保护层是将保护层包扎材料紧紧包扎在最后一遍石油沥青胶结层上。当采用牛皮纸、玻璃丝布包扎时,必须趁热包扎,即随浇沥青随包扎,以保证包扎紧密。当采用塑料布包扎时,应在沥青胶结层冷却至40~60℃后再进行包扎。包扎外保护层应拉平拉紧包扎材料,搭接缝为螺旋形,搭接长度10~20 mm ,并使之均匀平整。

(5)当管道的特殊防腐层为集中预制时,在单根管子两端应留出逐层收缩成80~100 mm的阶梯形接茬,并用牛皮纸将接茬处封好以防污染,待管道连接并试压合格后,补做防腐层接头。补做的防腐层其材料、结构、厚度应与原防腐层一样,并应注意使接头处无粗细不均的缺陷。

(6)在环境气温、相对湿度影响下,管子表面结有冰霜时,应先将管子加热干燥后,才能进行防腐层施工;当气温降至5℃时,应采取冬季施工措施,严禁在雨、雾、风、雪中进行防腐层施工。

10.1.4.2　防腐层结构的质量检查

(1)按工序进行外观检查。沥青底漆应涂抹均匀,不得有空白、凝块和滴落等缺陷;各防腐层间不得有气孔、裂纹、凸瘤和杂物等缺陷;各包扎层应全部和沥青胶结材料黏合,不得形成气泡和折皱。

(2)防腐层的厚度至少应沿管道每100 m检查一处,在每处沿圆周至少检查四点,用钢针刺入进行检查,允许偏差为:普通防腐层厚度不得超过-3 mm;加强和特加强防腐层厚度不得超过-0.5 mm。

(3)用钢针在保护层上画夹角为45°~50°的交叉线,看交叉处保护层是否剥落,判断其黏结力,或把制品弯折90°或180°(依材料和厚度而定),看弯折处是否开裂、开裂大小,判断其黏结力。

(4)用火花检漏仪检查防腐层的绝缘性能。在下列电压下,管道防腐层不发生剧烈火花,则说明质量良好,检查电压为:普通防腐层1.2 kV;加强防腐层2.4 kV;特加强防腐层3.6 kV。

(5)防腐施工各工序间,应严格进行检查并做详细记录,由检查单位签字作为隐蔽工程验收资料,一般应包括管径、长度、位置、坐标;防腐层的结构形式;每层厚度及施工质量;施工时的气候条件等。

10.1.5　管道防腐措施

(1)不保温管道(含煤气等其他工业管道)的防腐措施见表10.4。

(2)保温管道在保温前需要进行防锈处理,并涂刷一层防锈漆(铁红酚醛防锈漆或铁红环氧底漆),保温热力管外护层防腐措施见表10.5。

表 10.4 不保温管道防腐措施

<table>
<tr><th rowspan="2">管道种类</th><th rowspan="2">敷设环境</th><th colspan="2">底　　漆</th><th colspan="2">面　　漆</th></tr>
<tr><th>名　　称</th><th>层数</th><th>名　　称</th><th>层数</th></tr>
<tr><td rowspan="2">煤气管道(煤气、天然气、液化气)、各种气体管道(氧气、乙炔、氢气、二氧化碳、压缩空气)</td><td>室内架空</td><td rowspan="3">铁红酚醛底漆,铁红酚醛防锈漆,灰酚醛防锈漆,铁红醇酸底漆</td><td rowspan="3">2</td><td>各色油性或脂胶调和漆</td><td>2</td></tr>
<tr><td>室外架空</td><td>各色醇酸磁漆</td><td>2</td></tr>
<tr><td rowspan="3">低温热力管道(地沟中包括同沟敷设的其他管道)</td><td>室内架空</td><td>铝粉调和漆</td><td>1</td></tr>
<tr><td>室外架空</td><td rowspan="2">铁红环氧酯底漆</td><td>2</td><td>各色醇酸磁漆</td><td>2</td></tr>
<tr><td>地沟敷设</td><td>2</td><td>煤焦沥青清漆</td><td>2</td></tr>
<tr><td>支吊架</td><td>—</td><td>铁红酚醛防锈漆</td><td>2</td><td>调和漆</td><td>1</td></tr>
</table>

表 10.5 保温热力管外护层防腐措施

<table>
<tr><th rowspan="2">保护层结构</th><th colspan="3">保护层表面防腐涂料</th></tr>
<tr><th>使用环境</th><th>涂料名称</th><th>层数</th></tr>
<tr><td rowspan="3">油毡、玻璃布等复合保护层</td><td>室内架空</td><td rowspan="2">醇酸磁漆或者调和漆</td><td>2</td></tr>
<tr><td>室外架空</td><td>2</td></tr>
<tr><td>地沟</td><td>沥青冷底子油或乳化沥青</td><td>2</td></tr>
<tr><td rowspan="2">石棉水泥保护层</td><td>室内架空</td><td>调和漆</td><td>2</td></tr>
<tr><td>地沟</td><td>可不刷漆</td><td>—</td></tr>
<tr><td rowspan="2">金属薄板</td><td rowspan="2">室内外架空管道</td><td>铁皮内外表面刷铁红醇酸底漆</td><td>2</td></tr>
<tr><td>铁皮外表面刷醇酸磁漆</td><td>2</td></tr>
</table>

10.1.6 管道涂色

当管道较多时,为了便于区分和管理,常将明装管道的外表面或保温层的外表面涂以不同颜色的涂料、色环和箭头,以区别管道内流动介质的种类和流动方向,不同类型管道的涂色可参考表 10.6。涂色外加色环是为了进一步区分同类介质之间的差别,如各种水蒸气管都涂红色,这就不能区分管内介质是饱和蒸汽还是过热蒸汽,此时,可在涂色管道上面加涂色环。加涂黄色色环即为过热蒸汽,绿色色环为废气,而饱和蒸汽只涂红色不加色环。这样根据管外的颜色和加刷的色环,就能区分管内介质的类别。所涂色环的间距以分布均匀和便于观察为原则,在弯头和管道穿墙处必须加色环,在直线管段上一般以 5 m 左右为宜,色环宽度按管外径(包括保温层外径)大小来确定,外径小于 150 mm 的管道,色环宽度采用 30 mm;外径 150 ~ 300 mm,色环宽度为 50 mm;外径大于 300 mm 的管道,色环宽度可适当加大。

用箭头表明管内的介质流动方向时,如果介质可两个方向流动时,应标出两个相反方向的箭头,箭头一般为白或黄色,底色浅者可将箭头涂成红色或其他颜色。

表10.6　管道涂色

管道名称	颜色		管道名称	颜色	
	底色	色环		底色	色环
饱和蒸汽管	红		低热值煤气管	黄	褐
过热蒸汽管	红	黄	液化石油气管	黄	绿
废气管	红	绿	压缩空气管	浅蓝	
凝结水管	绿	红	净化压缩空气管	浅蓝	黄
热力网供水管	绿	黄	乙炔气管	白	
热力网回水管	绿	褐	氧气管	深蓝	
排水管	绿	蓝	氢气管	白	红
工业用水管	黑或灰		氮气管	棕	
生活饮用水管	蓝		盐水管	浅黄	
高热值煤气管	黄		油管	橙黄	

10.2　管道及设备的保温

保温又称绝热。绝热是减少系统热量向外传递(保温)和外部热量传入系统(保冷)而采取的一种工艺措施。绝热包括保温保冷。

保温和保冷是不同的。保冷的要求比保温高。这不仅是因为冷损失比热损失代价高，更主要的是因为冷保结构的热传递方向是由外向内。在传递过程中，由于保冷结构内外壁之间的温度差而导致保冷结构内外壁之间的水蒸气分压力差。因此，大气中的水蒸气在分压力差的作用下随热流一起渗入绝热材料内，并在其内部产生凝结水或结冰现象，导致绝热材料的导热系数增大，结构开裂。对于有些有机材料，还将因受潮而发霉腐烂，以致材料完全被破坏。系统的温度越低，水蒸气的渗透性就越强。为防止水蒸气的渗入，保冷结构的绝热层外必须设置防潮层。而保温结构在一般情况下是不设置防潮层的。这就是保温结构与保冷结构不同之处。虽然保温和保冷有所不同，但往往并不严格区分，习惯上统称为保温。

保温的主要目的是减少冷、热量的损失，节约能源，提高系统运行的经济性。此外，对于高温设备和管道，保温后能改善四周的劳动条件，并能避免或保护运行操作人员不被烫伤，实现安全生产。对于低温设备和管道(如制冷系统)，保温能提高外表面的温度，避免在外表面上结露或结霜，也可以避免人的皮肤与之接触受冻。对于空调系统，保温能减少送风温度的波动范围，有助于保持系统内部温度的恒定。对于高寒冷地区的室外回水或给排水管道，保温能防止水管冻结。综上所述，保温对节约能源，提高系统运行的经济性，改善劳动条件和防止意外事故的发生都有非常重要的意义。

10.2.1　对保温材料的要求及保温材料的选用

保温材料必须是导热系数小的材料。理想的保温材料除导热系数小外，还应当具备质量轻、有一定机械强度、吸湿率低、抗水蒸气渗透性强、耐热、不燃、无毒、无臭味、不腐蚀金属、能避免鼠咬虫蛀、不易霉烂、经久耐用、施工方便、价格低廉等特点。

在实际工程中，一种材料全部满足上述要求是很困难的，这就需要根据具体情况具体分析、比较,抓主要矛盾,选择最有利的保温材料。例如低温系统应首先考虑保温材料的质量轻、导热系数小、吸湿率低等特点;高温系统则应着重考虑材料在高温下的耐热稳定性。在大型工程项目中,保温材料的需要量和品种规格都较多,还应考虑材料的价格、货源,以及减少品种规格等。品种和规格多,会给采购、存放、使用、维修管理等带来很多麻烦。对于在运行中有振动的管道或设备,宜选用强度较好的保温材料及管壳,以免长期受振使材料破碎。对于间歇运行的系统,还应考虑选用热容小的材料。

目前保温材料的种类很多,比较常用的保温材料有岩棉、玻璃棉、矿渣棉、珍珠岩、硅藻土、石棉、水泥蛭石等类材料及碳化软木、聚苯乙烯泡沫塑料、聚氨酯泡沫塑料、泡沫玻璃、泡沫石棉、铝箔、不锈钢箔等。各厂家生产的同一种保温材料的性能均有所不同,选用时应按照厂家的产品样本或使用说明书中所给的技术数据选用。

10.2.2 保温结构的组成,作用及施工方法

10.2.2.1 绝热结构

保温结构一般由防锈层、保温层、防潮层(对保冷结构而言)、保护层、防腐蚀及识别标志等层构成。

防锈层所用的材料为防锈漆等涂料,它直接涂刷于清洁干燥的管道或设备的外表面。无论是保温结构或是保冷结构,其内部总有一定的水分存在,因为保温材料在施工前不可能绝对干燥,而且在使用(包括运行或停止运行)过程中,空气中的水蒸气也会进入到保温材料中。保冷结构可选择沥青冷底子油或其他防锈力强的材料作防锈层。

保温层在防锈层的外面,是保温结构的主要部分,所用材料如前所述。其作用是减少管道或设备与外部的热量传递,起保温作用。

在保温层外面对保冷结构,要做防潮层,目前防潮层所用的材料有沥青及沥青油毡、玻璃丝布、聚乙烯薄膜、铝箔等。防潮层的作用是防止水蒸气或雨水渗入保温材料,以保证材料良好的保温效果和使用寿命。

保护层设在保温层或防潮层外面,主要是保护保温层或防潮层不受机械损伤。保护层常用的材料有石棉石膏、石棉水泥、金属薄板及玻璃丝布等。

保温结构的最外面为防腐蚀及识别标志层,防止或保护保护层不被腐蚀,一般采用耐气候性较强的油漆直接涂刷于保护层上。因这一层处于保温结构的最外层,为区分管道内的不同介质,常采用不同颜色的油漆涂刷之,所以防腐层同时也起识别管内流动介质的作用。

由上述可知,在保温结构的各层中,防锈层和防腐层及识别所用材料均为油漆等涂料,其施工方法已在上一节叙述,本处不再重复。下面将保温层、防潮层、保护层的施工方法分别加以阐述。

10.2.2.2 绝热层的施工方法

1.涂抹法

涂抹法是用胶泥状的绝热材料分层直接涂抹在管道或设备上,涂抹前将绝热材料用水拌和成泥状,并搅拌均匀不含硬块。常用的材料有硅藻土、石棉硅藻土和石棉粉等不定型的散状材料。应分层涂抹,第一层厚度为 5 mm,待第一层干燥后再涂第二层,厚度为 10 ~ 15 mm ,以后每层厚度为 15 ~ 25 mm,直至达到设计要求的厚度为止,每层涂抹前均应在前一层干燥后进行。这种绝热法整体性好,各层间结合紧密,且不受绝热物体形状的影响,多用于

热力管道和设备的绝热,其结构如图 10.4。

当介质温度不超过 100℃时,为了增加黏结力,可先在管子上缠绕一道草绳,然后再涂抹保温胶泥,这种结构常用于低温热水管道的保温。

横管采用涂抹法保温时,为避免出现薄厚不均现象,应随时用穿刺法检查,以控制绝热层厚度,使沿径向各方向基本相同。立管采用涂抹法保温时,为防止绝热层下坠,可在管段上焊接支撑环,然后再抹绝热胶泥。支撑环可用 2~4 块长度与绝热厚度近似的扁钢焊在管子对称的圆周上,间距为 2~4 m,对直径小于 150 mm 的管道,也可用绑扎几道铁线代替扁钢支撑环。在调拌绝热胶泥时,不得为了增加黏结力而自行改变材料配比,否则将影响绝热效果。涂抹法绝热施工应在环境温度高于 0℃的情况下进行。为了加速干燥,可在管道内通入温度不高于 150℃的热介质。待绝热层干燥后才能在其表面缠绕玻璃丝布或石棉水泥保护层。

2.预制绑扎法

预制绑扎法适用于预制的绝热瓦(块)、板材及管壳类绝热制品,用镀锌铁丝将其绑扎在管道的防锈层表面上,是一种应用广泛的绝热方法,其结构见图 10.5。

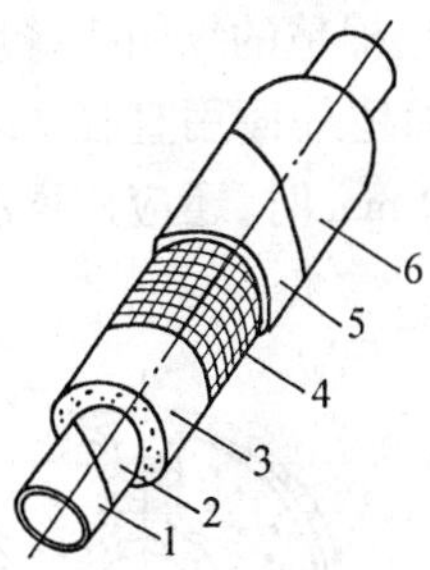

图 10.4　涂抹法绝热结构

1—管道;2—防锈层;3—绝热胶泥;4—铁丝网;5—保护层;6—防腐层

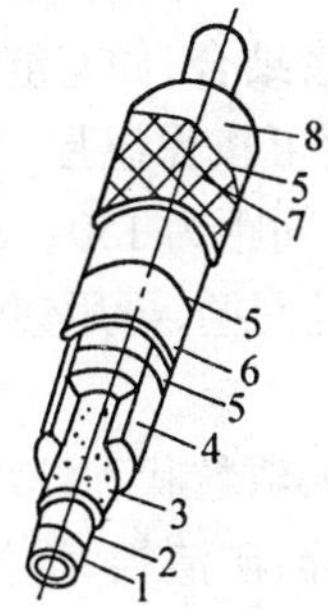

图 10.5　绑扎法绝热结构

1—管道;2—防锈层;3—胶泥;4—绝热层;5—镀锌铁丝;6—沥青油毡;7—玻璃丝布;8—防腐层

预制瓦块是由专门的工厂或在施工现场将绝热材料预制成半圆形或扇形的瓦块,俗称绝热瓦,如图 10.6 所示。预制块长度一般为 300~600 mm ,安装时为使预制瓦块与管壁紧密结合,瓦块与管壁间应涂抹一层石棉粉或石棉硅藻土胶泥,厚度为 3~5 mm。绝热材料为管壳,且管壳为矿纤材料,如矿渣棉、玻璃棉、岩棉等管壳时,可不涂胶泥,直接绑扎,因为矿纤材料具有弹性,可将管壳紧紧地套在管道上。绑扎时两块绝热材料之间的接缝应尽量减小,不能用胶泥抹缝。而对非矿纤材料制品的所有接缝均应用石棉粉或石棉硅藻土等配成胶泥填缝。

绑扎材料时应将横向接缝错开,如为管壳,应将纵向接缝设置在管道的两侧;如一层保温制品厚度不能满足要求时,可采用双层或多层结构,分层分别用镀锌铁丝绑扎,内外接缝要错开。绑扎用的镀锌铁丝直径一般为 1.0~1.2 mm,绑扎间距为 250~300 mm,且每块预制品至少要绑扎两圈铁丝,绑扎接头应嵌入接缝内。

3.缠包捆扎法

当采用玻璃棉毡、矿渣棉毡、岩棉毡及其棉被类制品做绝热材料时,可将棉毡缠包在管子上，再用镀锌铁丝捆扎，称为缠包捆扎法。施工时，先按管子的外圆周长加上搭接宽度把保温棉毡剪成适当的纵向长度的条块，再将其缠包在管子防锈层的外面，其结构见图 10.7。

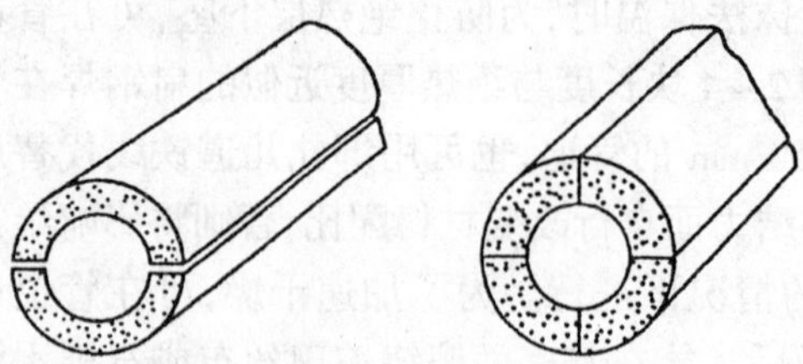

图 10.6 预制瓦块

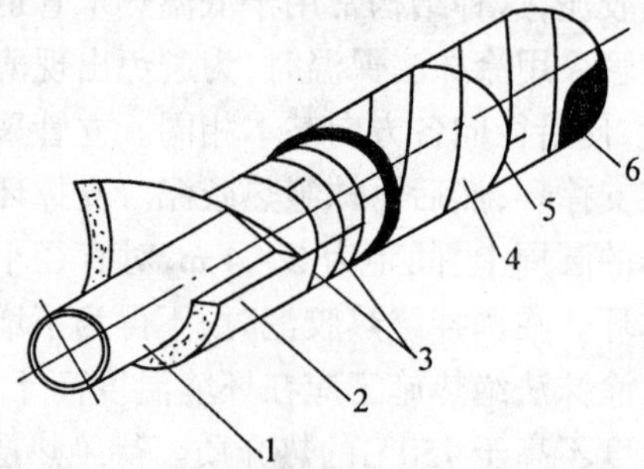

图 10.7 缠包捆扎法绝热

1—管子；2—保温棉毡；3—镀锌铁丝；4—玻璃布；5—镀锌铁丝钢带；6—调和漆

如果一层棉毡达不到要求厚度时，可增加缠包层数，直至达到要求的厚度为止，棉毡的横向接缝必须紧密结合，如有缝隙，应用同质的棉毡材料填缝。棉毡的纵向接缝应放在管子的顶部，搭接宽度可按保温层外径大小选择 50 ~ 300 mm，在棉毡外面用直径 1.0 ~ 1.4 mm 的镀锌铁丝捆扎，间距为 150 ~ 200 mm，当绝热层外径大于 500 mm 时，还应用网孔 30 mm × 30 mm 的镀锌铁丝网缠，再用镀锌铁丝扎牢。

4. 填充法

填充法是将松散粒状和纤维状绝热材料，如膨胀珍珠岩粉、蛭石粉、玻璃棉、矿渣棉、泡沫混凝土等填充在管子周围的特制铁丝网外套或铁皮壳内，如图 10.8。铁丝网外套除须用特制的支撑环支撑成圆形外，还应用镀锌铁丝悬挂于管子上，悬挂铁丝设在两支撑环之间，间距 400 ~ 600 mm。钢丝网与管外表面的间距应等于绝热层厚度。

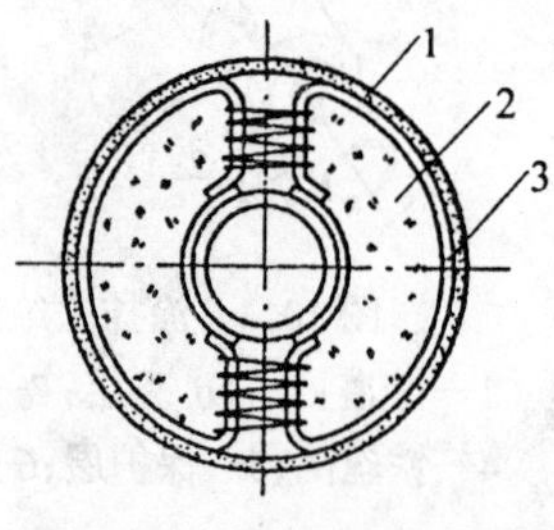

图 10.8 半环形钢支撑环

1—保护壳；2—绝热材料；3—支撑环

由于这种绝热结构要用大量的支撑环，制作较费时间，而且在施工时，材料粉末容易飞扬，有害于操作人员的健康，因此在热力管道绝热中很少采用。

5. 浇灌法

浇灌法是将液体状态的绝热材料灌入管子周围的模具或外保护壳内，待冷却成型后即可达到绝热效果，该法绝热方式主要有如下几种。

(1)沥青珍珠岩绝热。沥青珍珠岩是将沥青加热至 300℃后掺入珍珠岩，保持温度并搅拌均匀，然后倒出冷却至 150℃，灌入预制模具中，在管子上挤压成型，并和管道结为整体式保温管，如图 10.9 所示。为了防水和防腐蚀，管子在保温前，要涂刷两遍环氧煤焦油，在保温层外面，先涂一遍热沥青，然后包一层密玻璃布，再涂一遍热沥青，即为二油一布防水保护层，厚度约 3 mm。

目前，工厂预制的保温管最大管径可达 500 mm，保温材料导热系数为 0.081 ~ 0.105 W/(m·℃)，密度为 350 ~ 450 kg/m^3，一昼夜吸水率为 3% ~ 5%，最高热媒使用温度为 150℃，承压能力 1.0 MPa，可用于室外低温热水供暖管道中。

(2)硬质泡沫塑料保温。用硬质泡沫塑料保温,一般有两种方式:一种是采用硬聚氯乙烯管做保护层,即硬塑保护层;一种是用二油一布做防水保护层。

用硬塑保护层预制保温管,是使发泡液在两端头封闭的塑料套管与绝热管道之间的空间内发泡,最后硬化,将管道、绝热材料、保护层三者牢固地结为整体,形成“管中管”的整体式绝热结构。所谓发泡液是用两种液态物质加入催化剂、发泡剂和稳定剂等原料调配而成的。例如聚异氰脲酸酯硬质泡沫塑料的发泡液就是用异氰脲酸酯和多元醇按比例配制而成;聚氨酯硬质泡沫塑料是由聚醚和多元异氰酸酯按比例配制而成。发泡液的特点是与空气接触0.5~1.0 min后,分子间距增大,体积开始膨胀,俗称“发泡现象”。发泡保温前应将管子表面处理干净,不得有污物、油脂和铁锈等,把无缝硬塑外壳套在钢管上,硬塑管内径的大小根据钢管外径,以及所需保温层厚度而定,一般情况下绝热层厚度为30~50 mm;将高度等于绝热厚度的硬泡垫块十字对称地塞在两管的环缝之中,使两管中心保持同轴,然后把环缝两端封堵上,每个封堵上留有一个圆孔,位于平置管子的上部。将调制好的发泡液从封堵上的圆孔注入两管间环缝中,液体在环缝内膨胀发泡,充满整个环形空间,并牢固地附着钢管表面和硬塑外壳的内壁上。注完发泡液,用带有微型排气孔的塞堵将两端圆孔堵上,这时环缝内部发泡还在继续,使得固定体积空间内的发泡物质的密实度不断增大,直至注入的液体全部膨胀完。发泡温度最好是在20~25℃,当温度低于15℃时,应将管道事先预热,发泡后的保温管需放置一段时间,待泡沫凝聚、固化,达到密实度和强度要求后,再把管两端的封堵拆下来。

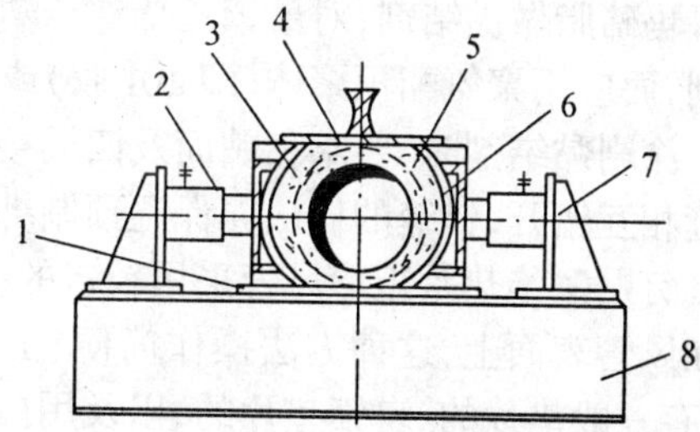

图 10.9 沥青珍珠岩保温

1—底板;2—液压千斤顶;3—沥青珍珠岩熟料;4—压盖;5—成型位置;6—模具;7—千斤座;8—底座

用二油一布防水层预制绝热管,发泡是在模具中进行的。模具的型式是两个半圆槽,长度比管子长度短350~500 mm,两端有堵板,堵板中间是一个半圆口,口径与管子外径相同,两个半圆槽合扣在一起就是一个圆管,两堵板并在一起即为圆形封堵,其外径为绝热层外径,内径为钢管外径,在封堵上各有一个圆孔,以备发泡时排气。半圆槽可用1.5 mm厚钢板制作。绝热前,先将半圆槽内壁轻涂一层机油,把清理好的管子放入槽中,将槽合扣在一起,并用螺栓拧紧,然后将配制好的发泡液从封堵上的圆孔注入槽中,进行发泡,再把圆孔用带有微型排气孔的塞堵堵上。待泡沫固化后,打开槽将绝热管取出,做二油一布防水层。

以上两种方式的预制整体式绝热管(或管件),目前多用于室外无沟敷设的热力管道,从加速施工进度、缩短工期方面看,是一种值得广泛推广应用的新工艺、新技术。

6.黏贴法和钉贴法

黏贴法绝热适用于各种加工成型的绝热预制品,它用黏结剂使绝热材料与绝热物体表面固定,多用于空调和制冷系统的绝热,如图10.10所示。

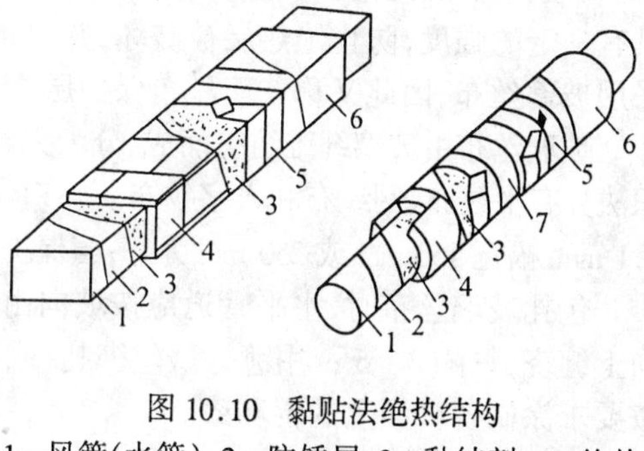

图 10.10 黏贴法绝热结构

1—风管(水管);2—防锈层;3—黏结剂;4—绝热材料;5—玻璃丝布;6—防腐层;7—聚乙烯薄膜

选用黏结剂时,对一般绝热材料可用石油

沥青玛碲脂做黏结剂;对聚苯乙烯泡沫塑料绝热材料制品,不能用热沥青或沥青玛碲脂做黏结剂,而应用聚氨酯预聚体(即 101 胶)或醋酸乙烯乳胶、酚醛树脂、环氧树脂等材料做黏结剂。涂刷黏结剂时,要求黏贴面及四周接缝上各处黏结剂均匀饱满。黏贴保温材料时,应将接缝相互错开,错缝的做法同保温预制绑扎法。

钉贴法绝热是矩形风管采用较多的一种绝热方法,它用绝热钉代替黏结剂将绝热板固定在风管表面上,这种方法操作简便、工作效率高。所用绝热钉型式较多,有铁质的、尼龙的,有一般垫片的、自锁垫片的,以及用白铁皮现场制作的绝热钉等。钉贴法绝热结构及其绝热钉型式如图 10.11 所示。

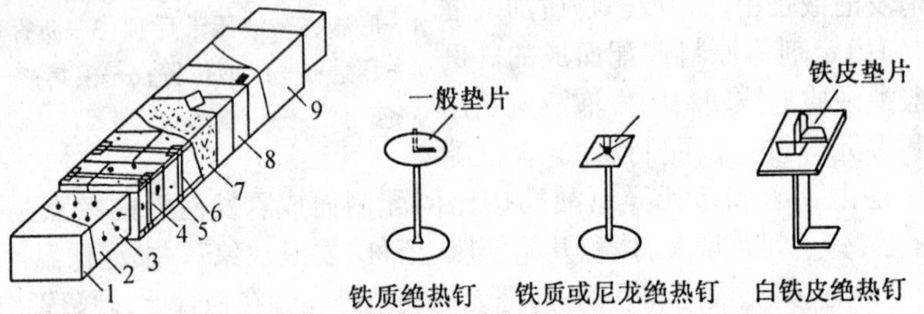

图 10.11　钉贴法绝热结构及其绝热钉

1—风管;2—防锈层;3—绝热钉;4—绝热板;5—铁垫片;
6—包扎带;7—黏结剂;8—玻璃;9—防腐层

施工时,先用黏结剂将绝热钉黏贴在风管表面上,黏贴间距为:顶面每平方米不少于 4 个,底面每平方米不少于 12 个,侧面每平方米不少于 6 个。绝热钉黏牢后,只要用手或木方轻轻拍打绝热板,绝热钉即穿过绝热板而露出,然后套上垫片,将外露部分扳倒(自锁垫片压紧即可)。这种方法的最大特点是节省黏结剂。为使绝热板牢固地固定在风管上,外表面还应用镀锌铁皮或尼龙带包扎。

10.2.3　保护层的施工

用做保护层的材料很多,材料不同,施工方法也不同,应根据具体情况和实际需要适当选用。根据管道绝热层所处的环境不同,把保护层分为三种类型,即一般保护层、防潮保护层和防雨保护层。

10.2.3.1　一般保护层

一般保护层是指设在室内、通行地沟内等自然干燥空气中的绝热保护层,其主要要求是具有一定的强度,防止绝热层被破坏,并阻止空气中的水蒸气侵入保温层。一般保护层通常采用玻璃丝布,因此又称玻璃丝布保护层。

玻璃丝布由玻璃纤维纺织而成,分为无碱玻璃丝布、中碱玻璃丝布和中碱管道包扎布,按织法分有平纹布、网纹布和人字纹布。管道绝热保护层,采用平纹的中碱管道包扎布,以厚度 0.1 mm,幅宽 150 mm 或 250 mm 为好;当保护层外面涂刷耐酸油漆时,应采用无碱玻璃丝布。

包扎玻璃丝布时,水平管道应按坡向由低向高缠绕,每圈前后搭接 50 mm ,立管应从下向上缠绕,每隔 3 ~ 5 m 用镀锌铁丝绑扎,或用 15 mm × 0.4 mm 钢带捆扎。在玻璃丝布外面按要求涂刷各种颜色的调和漆。

10.2.3.2　防潮保护层

防潮保护层是指设在半通行地沟、不通行地沟和室内潮湿环境中的绝热保护层,除对绝热材料有保护作用外，还应起隔潮作用。设在室内和地沟内的冷冻管道的保冷层也应采用防潮保护层。

最简单的防潮保护层，是在绝热层外面刷一层沥青，再包扎玻璃丝布，称沥青玻璃布保护层，或采用里外都附有沥青的玻璃丝布。

10.2.3.3　防雨保护层

防雨保护层是指设于室外受风吹、雨淋的保护层，有时室内潮湿严重时也采用。防雨保护层有以下三种。

1.油毡玻璃丝布保护层

先在绝热层外面包扎一层沥青油毡，在油毡外面再包扎一层玻璃丝布，外表面再涂刷防腐涂料，即可起到防雨保护的作用，是一种常用的防雨保护层。如果在绝热层外面先涂一层沥青，再包扎油毡，油毡外面再涂一层沥青，最后再包玻璃丝布，其防雨性能更佳。

在绝热层外面包扎油毡时，先将沥青油毡按绝热外圆长度加搭接长度(50 mm)裁剪成块状，然后按管道坡向，由低向高包扎，纵、横接缝搭接 50 mm，横向接缝要用稀沥青黏合，纵向接缝留在管道两侧，接口朝下，外面用镀锌铁丝或钢带绑扎，两圈铁丝或钢带间距为 250 ~ 300 mm

2.金属薄板保护层

金属薄板保护层通常称为铁皮保护层，即绝热层用铁皮包起来，是一种最理想的室外防雨保护层，其防雨效果好，使用寿命长，表面光滑美观，但工程造价高，消耗钢材多，仅适用于有防火、美观等特殊要求的管道。

保护层所用薄板厚度为 0.5 ~ 0.8 mm，有镀锌铁皮或黑铁皮。当用黑铁皮时，应在内外刷两遍防锈漆。施工时先按管道保护层外径加工成型，再套在管道绝热层上，使纵向、横向搭接宽度均保持 30 ~ 40 mm，纵向接缝朝向视向背面，接缝一般用螺钉固定，先用手提式电钻钻孔，钻头直径为螺钉直径的 0.8 倍，再穿入螺钉固定，螺钉间距为 150 ~ 200 mm。禁止手工冲孔，当采用螺钉不便时，可采用翻边咬口连接。横向搭接应有半圆形凸缘啮合。包扎铁皮应自低处向高处施工。

3.石棉水泥保护层

石棉水泥是按一定比例由石棉绒和水泥配制而成，将其涂抹在绝热层上，能起防雨保护作用，适用于有防火要求的非矿纤(硬质)材料保温的管道。

施工时，先将材料按比例用水调配成胶泥，如保温层外径大于或等于 200 mm，应在绝热层外先用(30 mm × 30 mm) ~ (50 mm × 50 mm)网孔的镀锌铁丝网包扎，并用镀锌铁丝将网口扎牢，然后将胶泥涂抹在镀锌铁丝网外面，涂抹厚度为：保温层外径小于或等于 500 mm 时为 10 mm，大于 500 mm 时为 15 mm；设备、容器不小于 15 mm。

涂抹保护层一般分两次进行，第一次粗抹，厚度为设计厚度的 1/3 左右，胶泥可干一些，待凝固干燥后，再进行第二次细抹，胶泥可稍稀一些，细抹必须保证设计厚度，并使表面光滑平整，不得有明显裂纹和铁丝网露头。

除石棉水泥外，还可采用石棉石膏、石棉灰水泥麻刀、白灰麻刀等材料做保护层，均采用涂抹法施工。

10.2.4　绝热施工的一般要求

(1)管道在绝热以前，必须除去管子表面上的脏物和铁锈，然后再刷两遍防锈漆。

(2)绝热层的结构型式和使用材料应符合设计的要求,绝热层应黏贴紧密、表面平整、圆弧均匀、无环形断裂。保护层表面及膨胀缝的允许偏差和检验方法见表 10.7。

表 10.7　保温工程质量要求

检查项目		允许偏差	检查方法
表面平面度	涂抹层	≤10 mm	用 2 m 靠尺和楔形塞尺检查
	金属保护层	≤5 mm	
	防潮层	≤10 mm	
厚　度	预制块	≤ +5%	用钢针刺入绝热层和用尺检查
	毡、席材料	≤ +8%	
	填充品	≤ +10%	
宽　度	膨胀缝	≤5 mm	用尺检查

注:1.绝热层厚度不得有负偏差。

2.管道每 50 m 抽查三处;小于 50 m 时不得少于三处;设备每 50 m^2 抽查三处。

(3)管道、设备和容器的保温,应在水压试验合格后进行。如需先保温或预先做保温层,应将管道连接处和环形焊缝处留出,待水压试验合格后,再补做连接处的保温。

(4)做垂直管保温层时,为避免保温层因自重作用向下塌落,应每隔一定距离设置承重托环。层高小于或等于 5 m,每层设 1 个,托环位于立管卡上部 200 mm;层高大于 5 m,每层不少于两个,其间距为 2 ~ 3 m。承重托环采用 6 mm 厚的钢板或扁钢制作,托环的宽度为绝热层的 1/2 ~ 2/3,可直接焊在管子上或采用带螺栓的夹环。如为硬质绝热材料,则应在托环下部与硬质材料之间垫上软质材料石棉绳等,如图 10.12 所示。

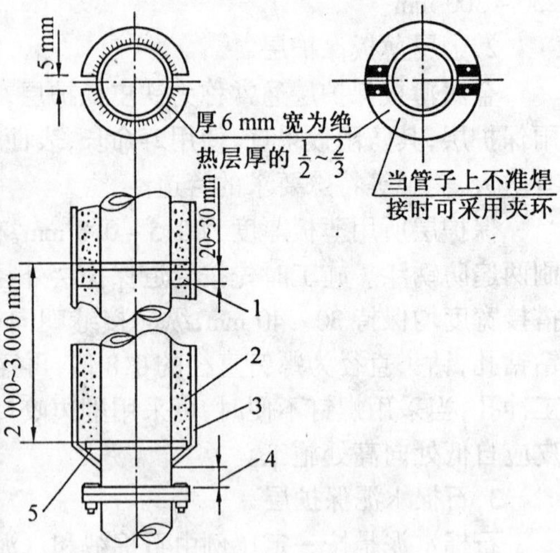

图 10.12　立管的绝热

1—填充石棉绳;2—绝热层;3—保护层;4—留空供装卸螺栓;5—托环

(5)管道附件绝热,除寒冷地区的室外架空管道的法兰、阀门等附件应按设计要求保温外,一般法兰、阀门、伸缩器等不应保温。其两侧应留出螺板长度加 25 mm 的空隙,供装卸螺栓用。并在绝热层端部抹成 60° ~ 70°的斜坡,见图 10.12。

(6)法兰、阀门如若绝热,可用棉毡、席做绝热材料,用棉毡、席包扎后,用镀锌铁丝捆扎,阀门的绝热结构外面也可用铁皮制作的金属绝热盒保护起来,阀门和法兰的绝热结构见图 10.13、10.14 和 10.15。

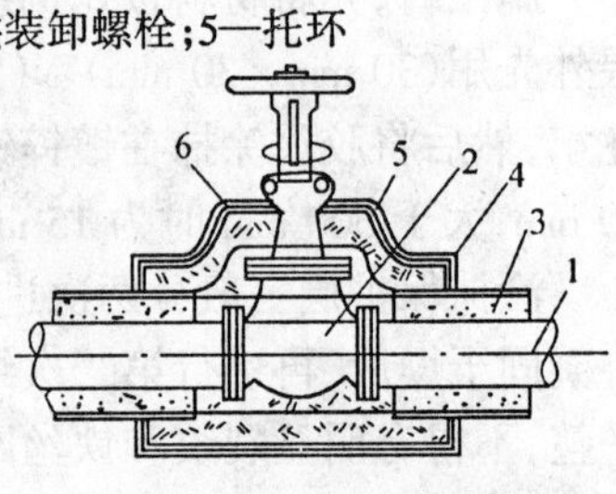

图 10.13　棉毡包扎结构

1—管道;2—阀门;3—管道保温层;4—保温棉毡;5—镀锌铁丝网;6—保护层

(7)绝热管道的支架处应留膨胀伸缩缝,并用柔性材料(石棉绳或玻璃棉)填充,如图 10.16 所示。

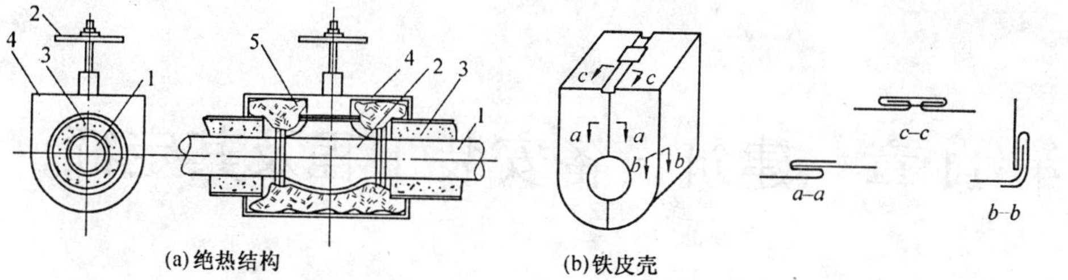

图 10.14　铁皮壳绝热结构

1—管道;2—阀门;3—管绝热层;4—铁皮壳;5—填充绝热材料

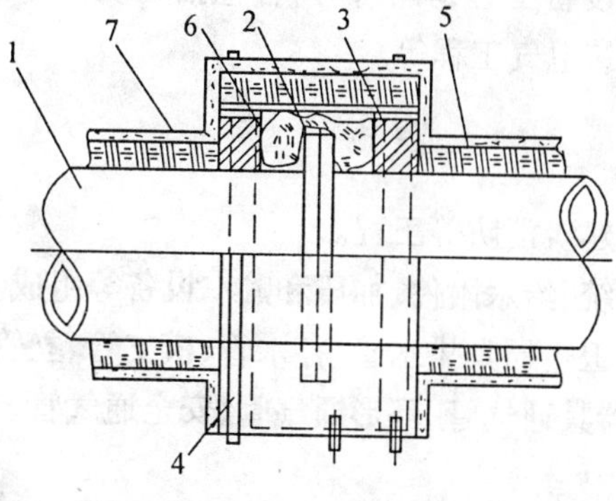

图 10.15　法兰的各种棉毡绝热

1—管道;2—法兰;3—支撑环(用于预制绝热管壳);4—镀锌铁丝或钢带;5—绝热材料(布或毡等);6—填充散状绝热材料;7—保护层

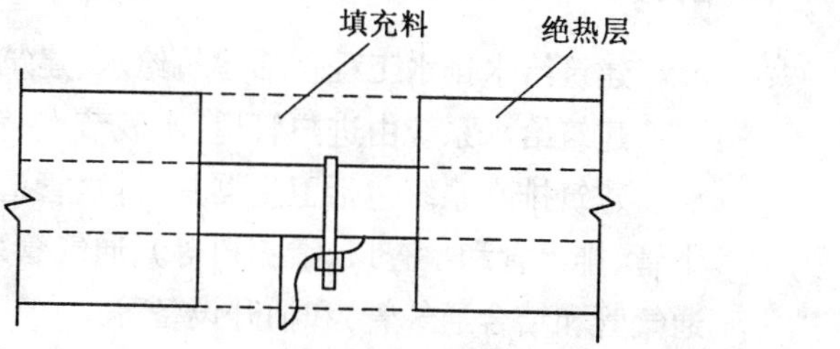

图 10.16　支架处留膨胀伸缩缝

(8)用绝热瓦或绝热后呈硬质的材料作热管道绝热时,在直线管断上每隔 5 ~ 7 m 应留一条 5 mm 左右的膨胀缝。在弯头处,管径小于或等于 300 mm,留一条膨胀缝,设在弯中部;管径大于 300 mm,设两个膨胀缝,间隙均为 20 ~ 30 mm,膨胀缝内用柔性材料填塞,如图 10.17 所示。立管上设有托环的管道,膨胀缝一般设在托环下部,如绝热层在支架处留有空隙,可不单独设置膨胀缝。

(9)绝热的设备和容器,如用钩钉固定绝热层,其间距一般为 250 mm,高度等于绝热层厚度。钩钉直径一般为 6 ~ 10 mm。

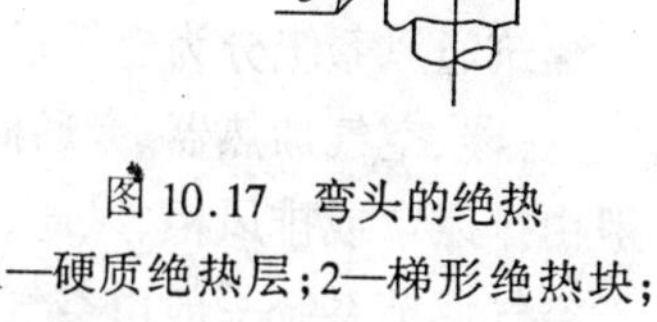

图 10.17　弯头的绝热

1—硬质绝热层;2—梯形绝热块;3—镀锌铁丝;4—填充石棉绳

第11章　建筑设备安装工程及其定额

11.1　建筑设备工程的内容

建筑设备工程是和建筑本身密切相关的附属设备工程,其具体内容包括建筑给水排水工程、建筑暖通空调工程、建筑燃气供应工程和建筑电气工程等。

11.1.1　建筑给水排水工程

建筑给水排水工程包括建筑给水、建筑排水、建筑消防等工程。

建筑给水系统由进户管道、水表节点、管道系统、给水附件、加压和贮水设备等组成。

建筑排水系统包括卫生器具、排水管道系统(卫生器具排水管、存水管、横支管、立管、总干管、排出管和检查口、清扫口等)、通气管系统(器具通气管、环形通气管、安全通气管、专用通气管和结合通气管)和抽升设备等。

建筑消防给水系统分为消火栓给水系统和自动喷水灭火系统等。消火栓给水系统由水枪、水带、消火栓、消防管道、消防贮水池、水箱和增压设备等组成。自动喷水灭火系统由喷头、管道、报警网、探测器、加压装置等组成。

特殊设施给水排水有:洗衣房给水排水、景观给水排水、游泳池给水排水等。

建筑热水供应系统由加热储存热水的设备、输配热水的管道和用水器具等组成。

11.1.2　建筑暖通空调工程

建筑暖通空调工程包括建筑供暖、建筑通风和空气调节等工程。

建筑供暖系统由热源或供热装置、循环泵、管路(供水管路、回水管路)、散热器、膨胀水箱、集气罐、除污器、疏水器、减压阀等组成。

建筑通风系统分为建筑送风系统和建筑排风系统。建筑送风系统一般由百叶窗、保温阀、过滤器、空气加热器、旁通阀、启动阀、风机、风道、送风口、调节阀等组成。建筑排风系统一般由排风罩或排风柜、风道、风机、排风帽、排风处理装置等组成。

空气调节系统一般由空气处理设备、输送空气的管道和空气分配装置组成。

11.1.3　建筑燃气供应工程

建筑燃气供应系统由引入管、管道系统(立管、水平干管、支管、用具连接管)、燃气用具、燃气计量表、管件、阀门、套管等组成。

11.1.4　建筑电气工程

建筑电气工程分为:建筑供配电系统、建筑电气照明系统、综合布线系统、建筑通信系统、建筑物自动化系统、建筑物安全防范系统等。

11.2 基本建设概论

基本建设是实现社会主义扩大再生产的重要手段,是国民经济各部门为建立和形成固定资产的一种综合性的经济活动,是发展国民经济的物质技术基础。基本建设,是指固定资产的建造、购置和安装的活动以及与此相连的其他工作,如建设工厂、学校、医院、铁路、桥梁、住宅等。购置器材、设备、船舶、车辆等虽未进行土木建筑工作,但因增添了固定资产,所以也是基本建设。因此,基本建设的最终成果应表现为固定资产的增加,但对于固定资产的大修理,则不能作为基本建设。大修理的实质是为了维持固定资产处于完好状态的投入,并没有增加固定资产。建筑设备工程是建筑工程中设备、管材、器具等购置并安装的工作,应该属于基本建设范畴。

基本建设可以分为生产性和非生产性建设两大类。生产性建设增加的固定资产形成新的生产能力,如新建工厂、矿井、道路、水厂、输电线路等,用于或服务于物质资料的生产。非生产性建设增加的固定资产形成新的使用效益,如学校、医院、旅游设施等,用于提高人民物质文化生活水平。

基本建设的内容包括建筑工程,安装工程,设备、工器具的购置及其他基本建设工作。

11.2.1 基本建设分类及其项目划分

11.2.1.1 新建项目

新建项目是指新开始建设的项目,也可指建设项目在原有基础上,经扩大建设规模后,新增固定资产的价值超过原有固定资产价值三倍以上的建设项目。

11.2.1.2 扩建项目

扩充原有企业或事业单位,增加生产能力或扩大规模的建设项目。

11.2.1.3 改建项目

为提高原有企业或事业单位的生产效益或功能,不扩大设计能力或不扩大规模,对原有设备、工艺流程进行技术改造的建设项目。

11.2.1.4 重建项目

因自然灾害或战争等原因,使原有固定资产全部或部分遭受破坏,按原有规模重建恢复的建设项目。

11.2.1.5 维修项目

企业或事业单位对现有的固定资产进行维护和修理,以保证其连续使用年限和生产周期的专项工程,如石化企业每年规定停产检修。其检修工程,往往委托施工单位完成。

11.2.1.6 迁建项目

企业或事业单位因某种原因将其迁至别地建设的项目。

11.2.2 基本建设的作用

国家的经济实力,社会生产力的发展水平,是以拥有的固定资产数量和质量为准的。固定资产是国民财富的主要组成部分,基本建设是为国民经济各部门建立固定资产的经济活动过程。因此,它在整个国民经济中占有十分重要的地位。为了促进国民经济的发展,就必须进行基本建设,以增加新的固定资产,从而增加新的生产能力或效益。独立、完整、先进、合理的工业体系和国民经济体系的建立,国民经济技术水平的提高,工业、农业、国防和科学技术四个现代化的实现,人民物质文化生活水平的改善与提高,都离不开基本建设。

11.2.3 基本建设程序

基本建设程序是人们在长期进行基本建设经济活动中,对基本建设客观规律所作的科学总结。基本建设程序就是建设项目从计划、设计、施工、竣工验收到交付使用的整个过程。因而,从事任何一项基本建设活动,都必须遵循这些规律,即严格按照程序办事。

基本建设程序的实施一般包括前期准备阶段、设计阶段、施工阶段、竣工验收阶段等,具体包括如下步骤:

11.2.3.1 前期准备阶段

1.项目建议书

项目建设书是建设单位向国家提出的建设某一大、中型项目的建设文件。项目建议书论述的内容包括:项目建设的必要性和依据;拟定产品方案、拟建规模、地点;资源情况、建设条件、协作关系;投资估算和资金筹措设想;项目进度安排;经济与社会效益的初步估计。

项目建议书编制由建设单位按要求进行,并报有关部门审查批准后,方可进行可行性研究。

2.可行性研究

可行性研究是在批准的项目建议书基础上,从技术与经济上进行综合分析、论证和评价。通过方案比较,对技术上先进、经济上合理的最佳方案,做出可行性研究报告。可行性研究报告组成内容包括:前言(或总论),论述项目提出的背景,建设的必要性和经济意义,可行性研究报告的编制过程、范围和依据等;需求预测和拟建规模,产品质量达到的标准及发展方向;资源、原材料、燃料、动力及公用设施情况;建厂条件与厂址选择;设计方案比较;环境保护及“三废”治理的初步方案;管理机构、劳动人员编制;建设项目的计划安排和进度要求;投资估算和资金筹措;财务及工程效益分析;节能专篇和招投标专篇;结论与建议。

可行性研究,是建设单位委托具有资质资格的勘察设计单位编制的。研究过程中所涉及的与建设项目有关的如工程地质、环境评价报告等,由建设单位委托有关单位提出,并提供建设项目所需的原材料、供水、供电等有关意见或协议书。

3.计划任务书

又称设计任务书,是编制设计文件的主要依据。计划任务书是在可行性研究的基础上以最优方案编制而成的。计划任务书的内容基本上同可行性研究,但比可行性研究更具体、更深入。在编制计划任务书时,建设地点要确定。

11.2.3.2 设计阶段

设计单位根据批准的计划任务书进行设计工作。一般建设项目,按初步设计(或扩大初步设计)和施工图设计两个阶段进行。对于技术复杂的重大项目和特殊项目,经主管部门指定,增加技术设计阶段,按初步设计、技术设计、施工图设计三个阶段进行。

1.初步设计

初步设计是根据计划任务书提出的内容和要求,进行概略计算,做出初步的设计。初步设计文件主要由设计说明书、设计计算书、设计图纸、工程总概算、主要材料和设备表等组成。设计说明书中应就设计的指导思想、产品方案及指标、工艺流程、设备选型、主要建筑物、构筑物及辅助设施、占地面积、劳动定员、建设工期、主要技术经济指标等加以说明。

经有关主管部门批准的初步设计,是控制建设项目投资额、进行施工图设计、设备订货、施工准备等的依据。

对于需要进行技术设计的建设项目,需进一步具体地确定初步设计中所采用的工艺流程、建筑和结构的重大技术问题,设备的选型和数量,调整技术经济指标,修正总概算。

2.施工图设计

施工图设计是在初步设计或技术设计的基础上,进一步深化设计,以满足施工、制造、安装等的需要。

施工图设计内容:建筑工程总平面图,建筑、构筑物及辅助设施平、剖、立面图,工艺流程图与系统图,局部构造详图,设备布置详图,安装施工详图,非标准设备详图,各类设备和材料明细表等。

施工图设计编制的施工图预算是编制施工招标标底的依据。施工图预算不得超过已批准的初步设计概算。

11.2.3.3　施工阶段

施工阶段包括:制定年度计划、施工准备、组织施工和生产准备。

1.年度计划

年度计划是进行工程建设项目拨款或贷款的主要依据。因此,建设规模应适当。

2.施工准备

施工准备主要内容是:进行建设项目所需主要设备和材料的订货,修建临时生产、生活设施,建设场地的“三通一平”(水、电、路通,场地平)。

3.组织施工

组织施工是按照年度计划要求,根据施工图和施工组织设计,将设计变成实物、建筑物、构筑物或辅助设施等,供人们生产或生活。因此,施工中应严格按照设计图和施工验收规程,确保工程质量。

4.生产准备

生产准备是建设项目正式投产(使用)前的预备工作,准备工作主要有:管理、生产机构的建立,管理、生产规章制度、规程的制定,职工培训,工器具管理与供应,原材料、燃料等供货和产品销售协议等。

11.2.3.4　竣工验收阶段

建设项目完工后,施工单位应提出竣工报告,由有关主管部门组织建设单位、施工单位、设计单位、建设银行、工程质量检查监督部门等进行工程验收。验收合格并签发验收证书后,方能交付使用。基本建设程序见图 11.1。

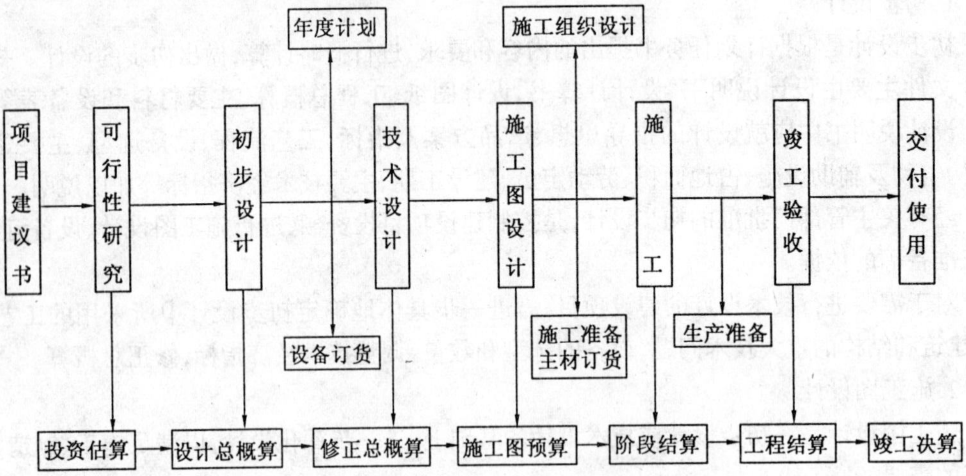

图 11.1　基本建设程序

11.2.4　基本建设项目划分

基本建设是由若干基本建设项目组成的,而基本建设项目,又是由若干个部分组成的。按基本建设项目所组成部分的内容不同,可依次将它划分为:建设项目、单项工程、单位工程、分部工程、分项工程。

11.2.4.1　建设项目

指具有计划任务书和总体设计,经济上实行独立核算,行政上具有独立组织形式的建设单位。在工业建设中,一般是以一个工厂或一座矿山或一条铁路等作为一个建设项目;在民用建筑中,一般是以一个学校或一个医院或一个商场等作为一个建设项目。一般它由一个或几个单项工程组成。

11.2.4.2　单项工程

也称为工程项目。它是指具有独立的设计文件,竣工后可以独立发挥生产能力或工程效益的工程。它是建设项目的组成部分。一所学校一般由教学楼、办公楼、宿舍楼、实验楼、图书馆、食堂、运动场等建筑和设施构成。一个建设项目,可以是一个单项工程,也可能包括许多单项工程。

11.2.4.3　单位工程

单位工程是指具有单独设计的施工图纸、单独编制的施工图预算、独立组织施工,但建成后一般不能独立发挥生产能力或效能的工程。一个单项工程可划分为若干个单位工程,如科研试验楼这样一个单项工程可分为:一般土建工程、设备与工艺管道安装工程、建筑给水排水工程、建筑供暖、供燃气和通风空调工程、建筑电气工程等单位工程。

11.2.4.4　分部工程

一项单位工程可划分为若干项分部工程。给水排水工程、供暖工程和燃气工程按材料、器具、设备等的不同划分为:管道安装,栓类阀门安装,低压器具仪表水表组成与安装,卫生器具制作安装,供暖器具安装,小型容器及水箱制作安装和民用燃气管道附件、器具安装等分部工程。通风空调工程分为:薄钢板通风管道制作安装,调节阀、风口、风帽、风罩类等制作安装等分部工程。

11.2.4.5　分项工程

它是分部工程的组成部分。分项工程是因材料器具和设备等的材质、规格与型号等的不同而划分的，如室内管道安装工程分为：镀锌钢管（螺纹连接）、焊接钢管（螺纹连接）、钢管（焊接）、承插铸铁给水管（青铅接口、膨胀水泥接口、石棉水泥接口）、承插铸铁排水管（石棉水泥接口、水泥接口）、塑料管（热风焊）、承插塑料排水管（零件黏接）等分项工程。在每个分项工程中规定了工作内容、计量单位、单价（基价）和人工、材料、机械台班费用，以及完成一定单位分项工程所需人工、材料、机械数量的标准。

11.3　基本建设费用组成

建设工程费用是指建设项目从筹建到竣工交付使用所发生的全部建设费用。

11.3.1　建设工程费用组成

建设工程费用由建筑安装工程费、设备及工器具购置费、公共设施等有偿使用费、城市建设配套费、其他费用和预备费组成。

11.3.1.1　建筑安装工程费

建筑安装工程费分为土建工程费和安装工程费。

1.土建工程费

土建工程费包括以下工程内容：

(1)各种建筑物和构筑物土建工程。

(2)设备基础、支柱、工作台等土建工程，炉窑砌筑工程和金属结构工程。

(3)为施工对原有建筑物和障碍物的拆除，工程和水文地质勘探，场地平整，完工后场地的清理、绿化等工程。

(4)矿井开凿，矿山开拓工程，油、气钻井工程，铁路、公路、桥梁等工程。

(5)水库、堤坝、灌渠等水利、电站工程。

(6)防空等地下特殊工程。

2.安装工程费

属于安装工程费的工程内容有：

(1)建筑给水排水、供暖、供燃气、通风空调、电气、仪表等工程。

(2)生产、动力、起重、运输、试验、医疗等设备的装置、装配，及其附属物（工作台、支架等）的装设和管线的敷设等工程。

(3)上述内容的绝缘、保温、刷油工程。

(4)为测定安装工作质量，对各单个设备进行的各种试车工作。

11.3.1.2　设备及工器具购置费

1.设备购置费

设备购置费是指为生产、生活、办公所购置设备的全部费用。其费用包括：设备原价、包装费、运输费、采购、保管费等。

2.工器具购置费

工器具购置费是指达到固定资产标准的,为生产、生活、经营管理等所需要的各种工、器、用具的费用。其费用包括:工器具原价、运输、采购、保管费等。新建工程项目中不够固定资产标准的工器具购置费列入工程的其他费用中。

11.3.1.3 公共设施等有偿使用费

公共设施等有偿使用费是指占用国有设施、资源的有偿使用费和国家、省、市有关部门批准的收费项目,这些收费项目有:占道费、占用绿地费、排污费、土地使用税、地下水资源费、中小学教师住宅建设费等。

11.3.1.4 城市建设配套费

随着城市建设规模的扩大,城市基础设施也应随之发展。为此,建设工程应支付城市建设配套费。其费用包括:自来水配套费、商业网点费、人防工程费、新莱田开发建设费等。

11.3.1.5 其他费用

按有关规定在工程建设中应支付的其他费用有12项。

1.土地、青苗等补偿费和安置补助费

按规定应支付的费用包括:土地补偿费、青苗补偿费、被征用土地上的房屋、水井、树木等附着物补偿费、迁坟并安置补偿费、土地征收管理费等。

2.建设单位管理费

其费用包括:工作人员的工资、工资附加费、劳保支出、差旅费、办公费、工具用具使用费、固定资产使用费、劳动保护费、零星固定资产购置费、招募生产工人费、技术图书资料费、合同公证费、工程质量监督检测费、完工清理费、建设单位的临时设施费和其他管理费用性质的开支。

3.试验研究费

该费用包括的内容有:

(1)为建设项目验证并提供设计数据、资料,进行必要的试验研究费用。

(2)按照设计规定在施工过程中必须进行试验所需的费用。

(3)支付科研成果、先进技术的一次性技术转让费。

4.生产职工培训费

该费用是指建设项目在验收前,企业对技术人员、工人和管理人员培训所支付的费用,生产单位为参加施工、设备安装、调试等以熟悉工艺流程、机器设备性能等需提前进厂人员所支付的费用。费用包括上述人员工资、工资附加费、差旅费、实习费和劳动保护费等。

5.勘察设计费

(1)按规定应支付给勘察设计单位的工程勘察设计费。

(2)建设项目可行性研究应支付的费用。

(3)在规定范围内由建设单位自行勘察设计所需的费用。

6.办公和生产家具购置费

该费用是指为保证建设项目的正常生产、使用和管理所必须购置办公和生产家具、用具的费用。它包括:办公室、会议室、资料档案室、阅览室、文娱室、食堂、浴室、理发室、单身宿舍、托儿所、卫生所、招待所、中小学校的家具、用具。

7.联合试运转费

该费用是指建设项目在竣工验收前,按设计规定的工程质量标准,进行整个车间的负荷或无负荷试运转所发生的费用支出大于试运转收入的亏损部分。必要的工业炉烘炉费包括在内,由设备安装费用开支的试车费用不包含在内。

费用内容包括:试运转所需的原料、燃料、油料和动力的消耗费用,机械使用费用,低值易耗品及其他物品的费用,施工企业参加联合试运转人员的工资等。

8.供电贴费

供电贴费是指按照国家规定,建设项目应交付的供电工程贴费,临时用电贴费。

9.施工机构迁移费

该费用是指施工机构根据工程建设的需要,经有关部门决定,成建制地(局、公司、分公司、工区等)由原驻地迁移到另一地区所发生的一次性搬迁费用。费用包括:职工及随同家属的差旅费、调迁期间的工资、施工机械、设备、工具、用具和周转性材料的搬运费。

10.矿山巷道维修费

矿山巷道维修费是指锚喷支护巷道、木支架巷道、钢筋混凝土支架巷道建成后至移交生产前,由施工企业代管期间所发生的维修费。

11.引进技术和进口设备项目的其他费用

该费用包括:

(1)应聘来华的外国工程技术人员的生活和接待费。

(2)为引进技术和进口设备项目派出人员到国外培训,进行设计联络和设备材料检验所需的旅费、生活费和服装费等。

(3)国外设计及技术资料费、专利和技术保密费、延期或分期付款利息、进口设备材料检验费。

(4)从国外引进成套设备的建设项目,在项目建成投产前,建设单位向保险公司投保建筑工程险或安装工程险应交付的保险费。

12.贷款利息、投资方向调节税

该费用是指交付银行的贷款利息和按国家税法规定应交纳的投资方向调节税。

11.3.1.6　预备费

预备费是指在初步设计和概算中,难以预料的工程和费用,亦称不可预见费。它主要包括如下费用:在批准的初步设计和概算范围内,进行技术设计、施工图设计和施工过程中所增加的工程和费用;工程建设期间设备、材料的价差;由于一般自然灾害所造成的损失和预防自然灾害所采取的措施费用;工程建设期间国家政策性调差;上级主管部门组织竣工验收时,验收委员会为鉴定工程质量所发生的费用。

11.3.2　建设工程费用计算程序

建设项目费用应根据建设项目所在地颁发的建设工程费用项目和计算程序计算。表 11.1 为黑龙江省建设工程费用计算程序。

表 11.1 黑龙江省建设工程费用计算程序

代号	费用项目	计 算 式
1	建筑安装工程费用	按有关文件规定计算
2	设备及工器具购置费	设备购置费 = 设备原价 + 运杂费 + 采购保管费 工器具购置费 = 设备购置费 × 规定费率
3	公共设施等有偿使用费	[(1) ~ (6)]之和
(1)	占道费	
(2)	占绿地费	
(3)	排污费	按有关文件规定计算
(4)	建设期间土地使用费	
(5)	地下水资源费	
(6)	中小学教师住宅建设费	
4	城市建设配套费	[(7) ~ (12)]之和
(7)	自来水配套费	
(8)	排水配套费	
(9)	新菜田开发建设基金	按有关文件规定执行
(10)	商业网点费	
(11)	人防工程费	按有关文件规定执行
(12)	其他城市建设配套费	
5	其他费用	[(13) ~ (24)]之和
(13)	土地、青苗等补偿和安置补助费	按有关规定计算
(14)	建设单位管理费	(1 + 2) × 费率(或按规定金额计算)
(15)	试验研究费	按批准的计划计算
(16)	生产职工培训费	按有关规定计算
(17)	勘察设计费	按有关规定计算
(18)	办公和生产家具购置费	按有关规定计算
(19)	联合试运转费	(1 + 2) × 费率(或按规定金额计算)
(20)	供电贴费	按有关规定计算
(21)	施工机构迁移费	按有关规定计算
(22)	矿山巷道维修费	按有关规定计算
(23)	引进技术和进口设备项目的其他费用	按合同和国家有关规定计算
(24)	贷款利息,投资方向调节税	按有关规定计算
6	预备费	[1 + 2 + 3 + 4 + 5] × 费率
7	建设工程总费用	1 + 2 + 3 + 4 + 5 + 6

11.3.3 建筑安装工程费用

11.3.3.1 建筑安装工程费用的组成

建筑安装工程费是直接发生在建筑安装工程施工过程中的费用,间接地为工程支付的费用,以及按国家规定收取的计划利润和税金等。按国家有关部门规定,建筑安装工程费由直接费、间接费、计划利润、税金等部分组成。

11.3.3.2 建筑安装工程费用的计算

1.直接费

直接费是指施工企业通过施工作业直接体现在工程建设上的费用,如消耗在工程上的材料费、机械台班费、生产工人的人工工资、各类补贴及其他费用。直接费由定额直接费、其他直接费和现场经费组成。

(1)定额直接费

定额直接费包括人工费、材料费和施工机械使用费。

$$定额直接费 = \sum(分项工程量 \times 相应项目定额单位基价) \tag{11.1}$$

①人工费。人工费是指直接从事建筑安装工程施工的生产工人开支的各项费用。人工费包括:基本工资、工资性津贴(副食品补贴、粮煤差价补贴、上下班交通补贴等)、生产工人辅助工资(指职工学习和培训期间的工资、开会和必要的社会义务时间的工资、调动工作期间的工资、探亲假期的工资等)、生产工人工资附加费(指按国家规定计算支付生产工人的职工福利基金和工会经费)和生产工人劳动保护费等(指按规定发放的劳保用品的购置费、修理费、保健费、防暑降温费等)。

$$定额人工费 = \sum(分项工程量 \times 相应项目定额单位基价中的人工费) \tag{11.2}$$

②材料费。材料费是指列入概预算定额的材料、构配件、零件、半成品的用量及周转材料的摊销量,按相应的预算价格计算的费用。

$$材料费 = \sum(分项工程量 \times 相应项目定额单位基价中的材料费) \tag{11.3}$$

③施工机械使用费。施工机械使用费是指列入概预算定额的施工机械安、拆费,进出场费和使用费。

$$机械使用费 = \sum(分项工程量 \times 相应项目定额单位基价中的机械费) \tag{11.4}$$

(2)其他直接费

其他直接费是指定额直接费以外、又消耗于工程上的其他费用。其内容包括:冬季雨季施工增加费、夜间施工增加费、二次搬运费、生产工具使用费、检验试验费等。其他直接费等于其所包括各项费用之和。

其他直接费中的各项费用计算:一般土建工程是以定额直接费乘以相应取费率,安装工程是以定额人工费乘以相应取费率。

①冬雨季施工增加费。该费用是指在冬雨季施工,需采取防寒保温、防滑、防雨措施所增加的直接费用。

②夜间施工增加费。该费用是指为保证工期和工程质量需夜间施工而增加的费用,如工效降低费、电照设施和电费及夜餐补助费等。

③二次搬运费。二次搬运费是指因工程场地狭小等原因而造成二次材料倒运所发生的费用。

④仪器、仪表使用费。该费用是指工程建设中通信、电子等设备安装工程使用测试仪器、仪表的摊销费、维修费和拆、安费。

⑤生产工具、用具使用费。该费用是指在施工、生产中使用的不属于固定资产的生产工具、检验、试验用器具等的购置、摊销和维修费及付与工人自备工具的使用补贴费。

⑥检验试验费。该费用是指对建筑材料、构件和建筑安装物进行一般鉴定、检查所发生的费用。

⑦特殊工程培训费。

⑧工程定位复测、工程点交、场地清理费。

⑨特殊地区施工增加费。该费用是指在条件差的原始森林、高原、高寒、沙漠等特殊地

区施工的建设项目,如铁路、公路、通信、输电、长距离管道等工程,施工时增加的费用。

(3)现场经费

现场经费是指为施工准备、组织施工生产和管理所需费用。现场经费计算按土建、安装工程和工程类别,分别以定额直接费和定额人工费乘以相应费率。现场经费包括如下内容:

①临时设施费。该费用是指为保证建筑安装工程施工修建的生活、生产需用的临时设施费用。临时设施包括:临时宿舍、文化福利和公用事业用房屋与构筑物、仓库、办公室、加工厂及规定范围内道路、水、电、管线等临时设施和小型临时设施。临时设施费用包括:临时设施的搭设、维修、拆除费或摊销费。

②现场管理费。现场管理费是指组织现场施工所发生的管理费用,它包括如下内容:

a.现场管理人员的基本工资、工资性补贴、职工福利费、劳动保险费等。

b.现场管理办公费,如办公用文具、纸张、印刷、邮电、书报、会议、水、电和取暖等费用。

c.差旅交通费,如施工现场职工因公出差期间的旅费、住勤补助费、市内交通费和误餐补助费、职工探亲路费、劳动力招募费、职工离退休退职一次性路费、工伤人员就医路费、工地转移费、现场管理使用的交通工具的油料、燃料、养路费及牌照费。

d.固定资产使用费,是现场管理及试验使用的属于固定资产的设备、仪器等的折旧、大修理、维修费或租赁费等。

e.工具用具使用费,为不属于固定资产的现场管理使用的工具、器具、家具、交通工具和检验、试验、测绘、消防用具等的购置、维修、摊销费。

f.保险费,为施工管理用财产、车辆保险,高空、井下、海上作业等特殊作业安全保险等费用。

g.工程保修费是指工程交付使用后,在规定保修期内的修理费用。

h.工程排污费是施工现场按规定交纳的排污费用。

此外,还有未尽的其他费用。

2.间接费

间接费是指施工企业,未直接发生在工程中,而是间接为工程服务,进行施工组织管理发生的费用。间接费由企业管理费、财务费和其他管理费用组成。

间接费分为土建工程和安装工程,按建筑类别,分别以定额直接费和定额人工费乘以相应费率计算。土建和安装工程类型划分见表11.2和表11.3。

(1)企业管理费。该费用是指施工企业为组织施工生产所发生的管理费用。其费用包括:

①管理人员的基本工资、工资性补贴、职工福利费等。

②差旅交通费。差旅交通费是指企业职工因公出差、工作调动的差旅费、住勤补助费、市内交通费和误餐补助费、职工探亲路费、劳动力招募费、职工离退休退职一次性路费、就医路费、工地转移及交通工具的油料、燃料、养路费等。

③办公费。它是指施工企业办公用文具、纸张、账表、印刷、邮电、书报、会议、水、电、取暖用等费用。

④固定资产使用费。它是指属于固定资产的施工企业的房屋、设备等折旧、维修等费用。

⑤工具用具使用费。它是指不属于固定资产的施工企业的工具、用具、家具、交通工具、检验、试验、消防等的摊销和维修费用。

表 11.2　土建工程类型划分表

项目			一类	二类	三类	四类
工业建筑	单层	檐口高度	>20 m	>12 m	>9 m	≤9 m
		跨　度	>30 m	>18 m	>12 m	≤12 m
	多层	檐口高度	>29 m	>17 m	>11 m	≤11 m
		建筑面积	>8 000 m^2	>5 000 m^2	>2 000 m^2	≤2 000 m^2
民用建筑	公共建筑	檐口高度	>24 m	>18 m	>12 m	≤12 m
		层　数	>30 m	>18 m	>15 m	≤15 m
		建筑面积	>7 000 m^2	>3 000 m^2	>1 000 m^2	≤1 000 m^2
	其他民用建筑	檐口高度	>27 m	>21 m	>12 m	≤12 m
		跨　度	>10 层	>7 层	>3 层	≤3 层
		建筑面积	>8 000 m^2	>4 500 m^2	>2 000 m^2	≤2 000 m^2
构筑物	水塔	高度	>30 m	>25 m	≤25 m	
	水箱	吨位	>150 m^3	>80 m^3	≤80 m^3	
	烟囱　砖	高度		>50 m	>30 m	≤30 m
	烟囱　钢筋混凝土	高度	>150 m	>90 m	≤90 m	
	贮仓(包括相连筑)	高度	>35 m	>20 m	≤20m	
	贮水(油)池(容积)		>600 m^3	>400 m^3	>200 m^3	≤200 m^3

注:1.以一个单位工程为计算单位,一个单位工程有几种工程类型组成时,以占建筑面积最多的类型为准。同一类型中有几个指标,除另有规定者外,以符合其中一个指标为准。

②高度系指设计室内地面标高至檐口顶标高(有女儿墙的也算至檐口顶面标高),跨度系指单跨轴线之间的宽度。

③超出屋面封闭的楼梯出口间、电梯间、水箱间、塔楼、瞭望台,小于标准层 50%面积的建筑物,计算建筑面积,不计算高度、层数。

④小于标准层 50%面积的地下室计算建筑面积,不计算高度、层数。大于标准层 50%面积的地下室计算建筑积和层数,不计算高度。

⑤公共建筑是指供人们学习、工作及进行政治、经济、文化各项活动所需的建筑物。它包括办公建筑、文化教育建筑、科研建筑、医疗建筑、交通建筑、广播邮电建筑、观演建筑、体育建筑、展览建筑、旅馆建筑、纪念建筑等。

⑥简易围护结构的贸易市场为四类。

⑦属于框架结构的工业厂房,不得低于二类。

⑧其他民用建筑的住宅工程其面积、高度不作为衡量类型的标准。以层数为衡量标准。低于七层的钢筋混凝土框架结构的住宅工程为二类,冷库为一类。

⑨民用建筑工程低于二类的砖混结构带有少部分框架时,每设一层框架,可在二类与三类(或三类与四类)现场经费和间接费费率差的基础上增加 20%的费率;框架所占面积不足一层(但需在 30%以上)可按框架面积所占比例计算增加费率。但累计增加的费率不得高于二类(或三类)。

⑩锅炉房单机蒸发量大于 20 t 或总蒸发量大于 50 t 时,执行一类;小于上述蒸发量时,分别以工业建筑的檐高或跨度为准。锯齿形屋架厂房不得低于二类。

⑪不能按建筑面积计算的室外构筑物,如支架、化粪池、检查井、围墙、地沟等执行四类;独立的牌楼、门楼执行三类;沉井、沉箱执行一类。

⑫对有声、光、超净、恒温、无菌等特殊要求的工程,其面积超过建筑面积 50%,建筑工程类型小于一类的按一类计算;其面积占建筑面积的 20%~50%,建筑工程类型小于二类的按二类计算。

⑬接楼工程按接楼后的整体工程类型间接费和现场经费费率的 80%计算,但不得低于四类。

⑭建筑面积小于 1 000 m^2 造型较复杂的别墅、仿欧、仿俄建筑可按二类建筑计算。

⑭扩建工程按扩建部分的工程确定工程类型。

⑮改建工程,即结构改变或使用性质发生变化,按改建后的工程确定工程类型。

表 11.3　安装工程类型划分表

<table>
<tr><td rowspan="2">一类</td><td>设备安装</td><td>1.台重 35 t 及以上的各类机械设备(不分整体或解体)以及自动、半自动或程控机床、引进设备
2.自动、半自动电梯、扶梯输送设备以及起重量 50 t 及其以上的起重设备及相应的轨道安装
3.净化、超净、恒温和集中空调设备及其空调系统
4.自动化控制装置和仪表安装
5.工业炉窑设备和炉体砌筑
6.热力设备(蒸发量 10 t/(h·台)以上的锅炉)及其附属设备与炉体砌筑
7.1 000 kVA 以上的变配电设备
8.化工制药和炼油装置
9.各种压力容器的制作和安装
10.煤气发生炉、制氧设备、制氢设备、制冷量 840 MJ 以上的制冷设备、高中压空气压缩机、污水处理设备及其配套的气柜、贮罐、冷却塔等
11.焊口有探伤要求的厂区(室外)工艺管道、热力管网、煤气管网、供水(含循环水)管网及电缆敷设工程
12.附属于本类型工程各种设备的配管、电气安装、金属梯子、栏杆及刷油、绝热、防腐蚀工程</td></tr>
<tr><td>建筑安装</td><td>一类建筑工程的附属设备、照明、供暖、通风、给排水等工程</td></tr>
<tr><td rowspan="2">二类</td><td>设备安装</td><td>1.台重 35 t 以下的各类机械设备(不分整体或解体)
2.小型杂物电梯起重量 50 t 以下的起重设备及相应的轨道安装
3.蒸发量 10 t/(h·台)及其以下的低压锅炉安装及炉体砌筑
4.1 000 kVA 及其以下的变配电设备
5.工艺金属结构,一般容器的制作和安装
6.焊口无探伤要求的厂区(室外)热力管网、供水(含循环水)管网
7.共用天线的安装和调试
8.低压空气压缩机、乙炔发生设备、各类泵、供热(换热)装置以及制冷量 840MJ 及其以下的制冷设备
9.附属于本类工程各种设备的配管、电气安装和调试以及刷油、绝热、防腐蚀工程</td></tr>
<tr><td>建筑安装</td><td>二类建筑的附属设备、照明、供暖、通风、给排水等工程</td></tr>
<tr><td rowspan="2">三类</td><td>设备安装</td><td>除一类、二类工程以外都为三类工程</td></tr>
<tr><td>建筑安装</td><td>三类、四类建筑工程的附属设备、照明、供暖、通风、给排水等工程</td></tr>
</table>

说明:单位工程中同时安装两台或两台以上不同类型的热力设备、制冷设备、变配电设备以及空气压缩机等,且在同一系统内,按高的工程类型执行。

⑥工会经费。该费用是指按职工工资总额 2%计提的经费。

⑦职工教育经费。该费用是按职工工资总额的 1.5%计提的费用,用于职工学习先进技术和提高文化水平。

⑧劳动保险费。它是企业支付离退休职工的退休金(包括劳保统筹基金)、价格补贴、医

药费、易地安家补助费、6个月以上病假工资、职工丧葬补助费、抚恤费,按规定支付给离休干部的各项经费。

⑨职工养老保险费和待业保险费。它是职工退休养老金的积累和按规定标准计提的职工待业保险费。

⑩保险费。保险费是企业财产、管理用车辆等保险费用。

⑪税金。税金是企业按规定应交纳的房产税、车辆使用税、土地使用税、印花税和土地使用费等。

⑫其他。这类费用有:技术转让费、技术开发费、业务招待费、排污费、绿化费、广告费、公证费、法律顾问费、审计费、咨询费等。

(2)财务费用。财务费用是指企业为筹集资金而发生的短期贷款利息净支出、汇总净损失、调剂外汇手续费、金融机构手续费和企业筹集资金发生的其他财务费用。

(3)其他管理费用。其他管理费用是指按规定支付给有关管理部门的定额编制管理费、定额测定费和上级管理费。

11.3.3.3　计划利润

计划利润是指按规定计入建筑安装工程造价,向建设单位收取的利润。该收入用于企业发展生产,增添技术装备。

计划利润分土建和安装工程,分别以定额直接费和定额人工费按工程类别乘以相应费率计算。

11.3.3.4　其他费用

其他费用是指现行规定的取费内容中没有包括,而在现今经济政策中实行的费用。

这些费用施工企业应向建设单位收取,并计入建筑安装工程造价。如材料价差、构件增值税、职工各类补贴等。这些有的属于直接费,有的属于间接费。

1.材料价差

材料价差是指定额预算价格与市场价格之差,其价差应按各地区颁发的信息价格,或经建设与施工单位双方确认的价格按实调差,或按各地经过测算后公布的调差系数进行调差。

2.职工各类补贴

职工各类补贴包括职工公有住房租金补贴、集中供暖费补贴等。其费用按各地规定计算。

3.远地施工增加费。它是指施工单位离开驻地超过一定距离进行施工所增加的费用。它包括施工力量调遣费、管理费、增加的临时设施费、异地施工补贴。其费用按有关规定计算。

间接费包括的项目较多,各省在费用项目划分和计费基础上不尽相同。因此,在建筑安装工程费用计算时,应以各地规定计算。

11.3.3.5　税金

税金是施工企业向税务部门缴纳的费用。其内容包括:营业税、城市建设维护税和教育附加税。它是按国家规定应计入建筑安装工程造价的费用,可按各省、自治区、直辖市规定的税率计算。

11.3.4　建筑安装工程费用计算程序及取费标准

建筑安装工程费用中定额直接费按施工图计算的工程量套用相关定额分项工程,逐项计算出全部工程的定额直接费,其余项目费用则按规定的取费标准计算。取费标准(费用定额)由各省、市、自治区制定并颁发。因此,在计算建筑安装工程费用时,应执行建设工程所在地规定的取费标准和计算程序。表 11.4 为黑龙江省安装工程费用计算程序(包工包料)。

表 11.4 1996 年黑龙江省安装工程费用计算程序(包工包料)

代号	费用名称	计 算 式	备 注
(一)	直接工程费	(1)+(2)+(3)	
(1)	定额直接费	按定额项目计算的基价之和	
A	其中:人工费	按定额项目计算的人工费之和	
(2)	其他直接费	①+②	
①	冬季施工增加费	冬季施工期实际完成工程的人工费×30%	
②	雨季施工等项目费用	A×26%(哈、齐、牡、佳、鸡、鹤、鸭市)	其他各地为 25.5%
(3)	现场经费	A×33%(一类工程)	二类工程 26%、三类工程 17.5%
(二)	间接费	A×34%(一类工程)	二类工程 29%、三类工程 23%
(三)	计划利润	A×105%(一类工程)	二类工程 88%、三类工程 61%
(四)	其他费用	(4)~(10)之和	
(4)	远地施工增加费	③+④	
③	施工力量调遣费、管理费、临时设施费	A×2.3%(25 km 以内) A×7.8%(离驻地 25~100 km)	超过 100 km,每增加 50 km,费率增加 1%,超过 500 km 不再增加
④	异地施工补贴金	定额人工工日×2 元/工日×1.2	或 2.50 元/工日、3 元/工日、3.50 元/工日,25 km 以内郊区不计取异补
(5)	公有住房集中供暖费	A×6.09%(哈市)	
(6)	住房公积金及住房补贴	A×5.39%(哈市)	
(7)	市内上、下班交通补贴	A×4.42%(哈市)	
(8)	肉菜及自来水价格补贴	A×2.93%(哈市)	
(9)	企业施工扣减不应计取费用	集体施工企业 定额工日×规定工日金额 非等级企业及个体承包 定额工日×规定工日金额	
(10)	材料预算价格与市场价差	按各地市规定执行	
(五)	劳动保险基金	未统筹企业 A×18.5%(一类) 已统筹企业[(一)+(二)+(三)+(四)]×3.48%(哈市)	14.5%(二类)、10%(三类)
(六)	上级管理费、工程造价管理费、劳动定额测定费	[(一)+(二)+(三)+(四)+(五)]×0.33%	
(七)	税金	[(一)+(二)+(三)+(四)+(五)+(六)]×3.44%(哈市区)	哈市属县、镇内为 3.38% 县、镇外为 3.25%
(八)	单位工程费	(一)+(二)+(三)+(四)+(五)+(六)+(七)	

11.4　建筑设备安装工程定额

11.4.1　定额的基本概念

定额词义为规定的数量标准。建筑安装工程定额(简称工程定额)就是在工程建设中，完成单位合格产品所必须消耗的人工、材料、机械台班数量和价值数量的标准。因此，建筑安装工程定额就是确定建筑安装工程造价和物质、材料消耗数量标准的依据。此外，还规定了应完成的工作内容，达到的质量标准和安全要求。概括地说，安装工程定额就是在安装工程中生产单位合格产品所耗费资材的标准。它反映了一定社会条件下的产品和生产消费之间的数量关系。

定额的性质是应用现代科学管理理论和方法，在研究并根据社会主义市场经济和价值规律基础上，反映一定时期的技术水平，经过努力可达到或超过平均先进水平，由国家各级主管部门按照一定的科学程序，组织编制颁发的一种指标。因此，定额具有科学性、先进性、权威性、时效性和法定性等。

建筑安装工程中使用的定额可以分为施工定额、预算定额、概算定额、概算指标、工期定额等。

定额分为全国统一定额和参照全国统一定额水平由部、省主管部门编制的地方定额、企业定额等。

11.4.2　建筑设备安装工程施工定额

11.4.2.1　施工定额的概念

施工定额是施工企业直接用于建筑安装工程施工管理的一种定额。安装工程施工定额是指在正常安装施工组织条件下，安装企业班组或个人完成单位合格安装工程产品所消耗人工、材料和机械台班的数量标准。

11.4.2.2　施工定额的作用

施工定额是施工企业进行科学管理的基础，同时也是制定安装工程预算定额的基础。

11.4.2.3　施工定额的组成

施工定额由劳动定额、材料消耗定额和机械台班使用定额三部分组成。

1.劳动定额

劳动定额亦称人工定额。它是在正常施工组织条件下，完成单位产品所消耗的劳动力数量标准。劳动定额按表现形式分为时间定额和产量定额。

(1)时间定额。时间定额是指在正常施工组织条件下，完成单位产品所必须消耗的工作时间。时间定额是以工日为单位，一个工日按 8 h 计算。

(2)产量定额。产量定额是指在合理的劳动组织、合理使用材料和施工机械配合条件下，某工程技术等级的工人班组或个人，在单位时间内所完成质量合格产品的数量。

时间定额和产量定额二者间的关系为互为倒数，二者的乘积等于 1，即

$$时间定额 \times 产量定额 = 1$$

时间定额用于编制施工进度计划和计算工期。产量定额用于考核劳动效率和分配任务。

2.材料消耗定额

材料消耗定额是指在合理使用并节约材料的条件下,生产单位合格产品所必须消耗的一定规格的建筑材料、半制成品、配件等的数量标准。

材料消耗定额分为材料消耗净用量和材料损耗量。材料损耗量与净用量之比称为材料损耗率。其相互关系为

$$材料消耗量 = 材料净用量 + 材料损耗量$$

$$材料损耗率 = 材料损耗量/材料净用量 \times 100\%$$

或

$$材料损耗量 = 材料净用量 \times (1 + 材料损耗率)$$

3.机械台班使用定额

机械台班使用定额是指完成单位合格产品,某种施工机械所消耗的工作时间标准。计量单位为台班或工日,以 8 h 为一台班或工日。

机械台班使用定额也有时间定额和产量定额,其关系为互为倒数,二者的乘积等于 1,即

$$机械时间定额 \times 机械台班产量定额 = 1$$

11.4.3 建筑设备安装工程预算定额

预算定额是指在正常施工条件下,规定完成一定计量单位的分项工程或结构构件所耗人工、材料、施工机械台班数量和资金标准。

建筑安装工程适用的预算定额有:建筑工程预算定额、安装工程预算定额和建筑安装工程工期定额。

城镇基础设施工程建设预算定额采用市政工程预算定额,它由通用工程、道路工程、桥涵工程、隧道工程、给水工程、排水工程、燃气工程、集中供热工程和防洪堤防工程九个分册构成。此外还有适用于各类房屋和附属设备等的修缮工程预算定额。

11.4.3.1 建筑安装工程预算定额的作用与施工定额的关系

1.建筑安装工程预算定额的作用

(1)编制施工图预算、进行工程结算和确定工程预算造价的依据。

(2)推行招标、投标报价、投资包干的依据。

(3)进行技术经济评价、技术经济分析的依据。

(4)加强施工组织管理、进行经济核算的依据。

(5)编制概算定额、概算指标的依据。

2.预算定额与施工定额的关系

施工定额是编制预算定额的基础,其项目划分比预算定额要细,精确程度要高,它所反映的是平均先进水平,用以确定工程计划成本和进行成本核算。而预算定额则反映的是平均水平,用以确定工程预算成本。

11.4.3.2 预算定额的内容

预算定额的内容一般由目录、总说明、章节(或分部分项工程)说明、定额项目表、附录等组成。

1.总说明

总说明定额的适用范围,编制依据,施工条件,关于人工、材料、机械标准的确定,有关费用计取方法的规定等。

2.章节说明

章节说明说明本章内容、适用范围、计算规则等。

3.定额项目表

定额项目表是以表格形式列出定额的分项工程项目、工作内容、计量单位、定额编号、定额基价和其中的人工、材料、机械台班消耗数量与单价。消防水泵接合器安装见表11.5。

工作内容:切管、焊法兰、制垫、紧螺栓、底垫,以及本体安装、水压试验。

表11.5 消防水泵接合器安装

	定额编号			2-12	2-13	2-14	2-15	2-16	2-17
	项　目			地下式100	地下式150	地上式100	地上式150	墙壁式100	墙壁式150
	基价/元			135.37	209.75	156.74	250.96	165.60	259.38
其中	人工费/元			54.05	64.46	57.59	69.11	66.45	77.53
	材料费/元			66.76	129.69	84.59	166.25	84.59	166.25
	机械费/元			14.56	15.60	14.56	15.60	14.56	15.60
人工	名　称	单位	单价	数　量					
	综合工日	工日	22.15	2.44	2.91	2.60	3.12	3.00	3.50
	地下消防水泵接合器	个		(1.00)	(1.00)				
	地上消防水泵接合器	个				(1.00)	(1.00)		
	墙壁式消防水泵接合器	个						(1.00)	(1.00)
	钢板平焊法兰 DN100Pg16	个	29.72	(1.00)		(1.00)		(1.00)	
	精制六角带帽螺栓带垫 M16×65-80	套	1.60	16.48		24.72	24.72		
	精制六角带帽螺栓带垫 M20×85-100	3.50		16.40		24.72		24.72	
	石棉橡胶板,低压δ0.8~6	kg	8.31	0.52	0.83	0.87	1.38	0.87	1.38
	电焊条Φ3.2	kg	5.44	0.34	0.44	0.30	0.44	0.30	0.44
	乙炔气	m^3	20.33	0.03	0.04	0.03	0.04	0.03	0.04
	氧　气	m^3	17.43	0.06 0.10	0.06	0.10	0.06	0.10	
	其他材料费	元	1.50	1.90	3.10	3.20	5.20	3.20	5.20
	交流弧焊机 21 kVA	台班	103.97	0.14	0.15	0.14	0.15	0.14	0.15

4.附录

附录的主要内容是供编制预算时计算工程量和费用等使用的有关参考表。

11.4.3.3 预算定额的应用

预算定额是编制施工图预算的依据。因此在编制施工图预算时,在熟悉施工图工程内容并进行工程量计算后,就可以选套定额,编制预算。选套定额有以下几种情况:

1.直接套用定额项目

这是指施工图分部分项内容与所选套的相应定额项目内容一致时,可直接套用定额项目。

2.套用换算后定额项目

它是指施工图分部分项内容与所选套的相应定额项目内容不尽一致,定额又允许换算,在定额范围内进行换算,套用换算后的定额基价。此时,应在该项定额编号下加注“换”字。

3.套用补充定额项目

当定额中缺少或没有类似的定额可参照时,为了确定施工图中的某些分部分项工程,需套用制定的补充定额。此时,应在该项定额编号下加注“补”字。

套用定额编制施工图预算,预算表格式见表 11.6。

表 11.6　工程预算表

工程名称:　　　　　　　　　　　　　　　　　　　　年　月　日

<table>
<tr><th rowspan="3">序号</th><th rowspan="3">定额编号</th><th rowspan="3">分项工程名称</th><th colspan="2" rowspan="2">工程量</th><th colspan="2" rowspan="2">价值/元</th><th colspan="6">其中</th><th rowspan="3">备注</th></tr>
<tr><th colspan="2">人工费</th><th colspan="2">材料费</th><th colspan="2">机械费</th></tr>
<tr><th>单位</th><th>数量</th><th>基价</th><th>金额</th><th>单价</th><th>金额</th><th>单价</th><th>金额</th><th>单价</th><th>金额</th></tr>
<tr><td></td><td></td><td></td><td></td><td></td><td></td><td></td><td></td><td></td><td></td><td></td><td></td><td></td><td></td></tr>
</table>

11.4.3.4　安装工程预算定额

安装工程预算定额分为《全国统一安装工程预算定额》和地方安装工程预算定额。

《全国统一安装工程预算定额》由 15 册构成。这 15 册分别为:《机械设备安装工程》、《电气设备安装工程》、《送电线路工程》、《通信设备安装工程》、《通信线路工程》、《工艺管道工程》、《长距离输送管道工程》、《给排水、采暖、煤气工程》、《通风、空调工程》、《自动化控制装置及仪表工程》、《工艺金属结构工程》、《炉窑砌筑工程》、《刷油、绝热、防腐蚀工程》、《热力设备安装工程》和《化学工业设备安装工程》。此外,随着工程建设中新材料、新设备、新工艺的应用,陆续对原定额作了补充,编写了全国统一安装工程预算定额的补充定额。

11.4.3.5　建筑安装工程工期定额

建筑安装工程工期定额是指在正常情况下施工,依建筑安装工程结构、层数、面积、用途、安装项目等的不同,按天数计算所需的施工时间。

我国幅员辽阔,各地自然条件差别较大,同样建筑安装工程,因地区不同,施工工期亦会不同。为此,按气温的不同,全国划分为Ⅰ、Ⅱ、Ⅲ类地区。黑龙江、内蒙、辽宁、吉林等省为Ⅲ类地区,北京、天津、河北、山东、山西等省为Ⅱ地区,上海、江苏、浙江、安徽等省为Ⅰ类地区。

建筑安装工程工期定额,能有效促进施工企业在保证施工质量的前提下,科学组织施工、缩短工期,提高经济效益和社会效益。

11.4.4　概算定额及概算指标

概算定额分为建筑工程概算定额和安装工程概算定额。概算定额是在相应预算定额的基础上，经适当综合、扩大、合并后编制成的，是介于预算定额和概算指标之间的一种定额。

11.4.4.1　概算定额的作用

概算定额的作用主要有：编制投资规划、可行性研究、设计概算的依据；控制建设投资、设计方案、进行经济评价的依据；建设项目主要材料和设备招标或申请计划的依据；编制概算指标、投资估算指标的依据等。

11.4.4.2　概算定额手册的组成

概算定额手册由目录、总说明、各分册说明、章(节)说明、计算规则、概算定额项目表、附注及附录等组成。

11.4.4.3　概算指标

概算指标对建筑物是以 100 m^2 建筑面积或 1 000 m^3 建筑体积为单位计算，对构筑物以座为计算单位，规定所需人工、材料、机械消耗和价值数量的定额指标。

概算指标主要用于初步设计阶段，编制投资估算、设计概算、确定工程概算造价。

概算指标一般包括总说明、示意图、结构特征、经济指标、构造内容、工程量指标等。

第 12 章　建筑安装工程概预算

建筑设备安装工程预算，是建筑经济的重要组成部分，也是基本建设规划、设计、施工、监理及建设银行等有关部门进行工程管理与监督的依据。

建筑设备安装工程预算，按其在不同设计阶段所起的作用和使用编制的依据不同，可分为三类，即：建筑设备安装工程的设计概算、施工图预算和施工预算。

12.1　设计概算

12.1.1　建筑设备工程概算的组成和作用

12.1.1.1　建筑设备工程概算的组成

建筑设备工程概算包括以下单位工程概算：给水排水工程概算、采暖工程概算、通风空调工程概算、燃气工程概算、电气照明工程概算、建筑通信工程概算等。这些单位工程概算属于建筑安装工程概算，应采用建筑工程概算定额的相应分册定额编制。在建筑设备工程中，还包括设备安装，如泵、风机、空压机、制冷机、锅炉及附属设备等，这属于设备安装工程概算，应根据设备种类，采用相应定额编制，如泵、风机、空压机等设备安装，应采用《机械设备安装工程》分册定额，编制机械设备及其安装工程概算。锅炉及附属设备等安装，采用《热力设备安装工程》分册定额，编制热力设备及其安装工程概算。

12.1.1.2　建筑设备工程概算的主要作用

建筑设备工程概算是用来确定建设项目总投资金额的依据，是编制基本建设计划的依据，是考核设计方案的技术、经济是否合理的依据。

概算所确定的资金数额包括了建设项目从开始筹备、可行性论证、勘察设计、土建设计、生产工艺设计、管道设备安装、投料试车、竣工验收、试车生产全过程的全部费用。因此，概算就成为国家确定工程投资的重要依据。

基本建设对国家的经济发展起着重要作用。国家及有关部门每年投入基本建设的资金是有限的，为了更好地发挥这部分有限资金的作用，国家必须根据国民经济的实际要求，以及建设工程的实际需要资金数额等因素来具体安排基本建设工程项目，以保证国家财政收支平衡。

概算一经审定，一般不允许超过。在实际工程中，如果技术设计修正概算或施工图预算超过了初步设计概算的总投资数额，则必须调整概算，报请上级主管部门审核批准。否则，超出原概算部分的资金无法依靠国家拨款，只能用追加贷款的方法来解决。

不同的设计方案反映不同的经济效果或资金使用效果。因此，根据编制的设计概算，可以对同类工程的不同设计方案进行技术经济指标、建设成本等方面的分析和对比，以期得到最佳设计方案，从而实现基本建设项目的最佳经济效益。

12.1.2　编制依据

12.1.2.1　设计资料

设计资料包括设计图纸、设计说明书、材料表、设备一览表等。由设计资料可以了解分部、分项工程内容,进行工程量计算,并了解所需材料、设备的类型、规格、数量等。

12.1.2.2　概算定额或概算指标

由国家或地方编制颁发的全国统一安装工程概算定额或各省、市、自治区现行的安装工程概算定额(或概算指标),是编制设计概算的依据。

12.1.2.3　设备、材料价格

设备分定型设备和非标设备。定型设备按国家或地方有关部门规定的现行产品出厂价格计算。非标设备按合同价计算。材料按各地区主管部门制订的《建筑安装工程材料预算价格》计算。

12.1.2.4　间接费定额和其他有关文件

建筑安装工程间接费定额和其他有关文件是计取间接费和其他有关费用的依据。

12.1.2.5　其他有关资料

《安装工程概预算手册》、《安装工程概预算系列手册》等也是编制设计概算的依据。

12.1.3　编制方法

设计概算分为建设项目总概算、单项工程综合概算和单位工程概算。其编制方法有:用概算定额编制概算、用概算指标编制概算、用类似工程预(决)算编制概算三种。

12.1.3.1　用概算定额编制概算的步骤

初步设计具有一定深度,按照初步设计平、立、剖面图、系统图、设备、材料表、设计说明,可以计算出工程数量和设备、材料种类、规格、数量时,可采用概算定额编制概算,其编制步骤如下:

1.熟悉设计文件

设计文件是计算工程量和设备、材料数量的基础,只有在熟悉设计文件的前提下,才能准确计算工程量和设备、材料数量。

2.按定额分列工程项目

在熟悉设计文件的基础上,对初步设计中的工程内容,按定额分列工程项目,可准确选套概算定额。

3.计算工程量

初步设计的工程量和设备、材料数量,是编制设计概算的基础数据。工程量和设备、材料数量的准确与否,直接影响设计概算编制的质量。

4.套用概算定额

在分列的工程项目和工程量经复核无误后,即可套用概算定额并将计算结果填入概算表内。建筑安装工程概算表格式见表 12.1。设备及安装工程概算表见表 12.2

5.计取各项费用与确定工程概算造价

各项费用计取,工程概算造价确定,按正在执行的工程造价表取值。

表 12.1 建筑安装工程概算表

<table>
<tr><td colspan="3">工程编号</td><td colspan="2"></td><td colspan="2">概算价值</td><td colspan="2"></td></tr>
<tr><td colspan="3">工程名称
项目名称</td><td colspan="2"></td><td colspan="2">技术经济指标</td><td colspan="2">m^2 m^3
元/m^2 元/m^3</td></tr>
<tr><td colspan="9">编制依据 图号 年 地区价格 概算定额</td></tr>
<tr><td rowspan="2">序号</td><td rowspan="2">定额编号</td><td rowspan="2">工程或费用名称</td><td colspan="2">工程量</td><td colspan="2">定额单价/元</td><td colspan="2">概算价值/元</td></tr>
<tr><td>定额单位</td><td>数量</td><td>合计</td><td>其中:人工费</td><td>总价</td><td>其中:人工费</td></tr>
<tr><td>1</td><td>2</td><td>3</td><td>4</td><td>5</td><td>6</td><td>7</td><td>8</td><td>9</td></tr>
<tr><td></td><td></td><td></td><td></td><td></td><td></td><td></td><td></td><td></td></tr>
<tr><td></td><td></td><td></td><td></td><td></td><td></td><td></td><td></td><td></td></tr>
<tr><td></td><td></td><td></td><td></td><td></td><td></td><td></td><td></td><td></td></tr>
<tr><td></td><td></td><td></td><td></td><td></td><td></td><td></td><td></td><td></td></tr>
</table>

表 12.2 设备及安装工程概算表

工程项目名称： 概算书编号：

<table>
<tr><td rowspan="4">序号</td><td rowspan="4">编制依据</td><td rowspan="4">设备及安装工程名称</td><td rowspan="4">单位</td><td rowspan="4">数量</td><td colspan="2">重量/kg</td><td colspan="6">概算价值/元</td></tr>
<tr><td rowspan="3">单位重量</td><td rowspan="3">总重量</td><td colspan="3">单价</td><td colspan="3">总价值</td></tr>
<tr><td rowspan="2">设备</td><td colspan="2">安装工程</td><td rowspan="2">设备</td><td colspan="2">安装工程</td></tr>
<tr><td>总计</td><td>其中工资</td><td>总计</td><td>其中工资</td></tr>
<tr><td>1</td><td>2</td><td>3</td><td>4</td><td>5</td><td>6</td><td>7</td><td>8</td><td>9</td><td>10</td><td>11</td><td>12</td><td>13</td></tr>
<tr><td></td><td></td><td></td><td></td><td></td><td></td><td></td><td></td><td></td><td></td><td></td><td></td><td></td></tr>
<tr><td></td><td></td><td></td><td></td><td></td><td></td><td></td><td></td><td></td><td></td><td></td><td></td><td></td></tr>
<tr><td></td><td></td><td></td><td></td><td></td><td></td><td></td><td></td><td></td><td></td><td></td><td></td><td></td></tr>
<tr><td></td><td></td><td></td><td></td><td></td><td></td><td></td><td></td><td></td><td></td><td></td><td></td><td></td></tr>
<tr><td></td><td></td><td></td><td></td><td></td><td></td><td></td><td></td><td></td><td></td><td></td><td></td><td></td></tr>
</table>

编制 审核 年 月 日

6.技术经济计算

技术经济计算主要是计算单位工程造价。

$$单位造价 = 工程概算造价/建筑面积(元/m^2)$$

7.编制概算书

编制的总概算书由以下部分组成：

(1)封面。一般由首封、次封和签署页构成，并按内容和要求填写。

(2)编制说明。就工程概况、编制依据、编制方法和其他内容加以说明。

(3)编制概算造价汇总表。

(4)单项工程综合概算书(表)。

(5)单位工程概算表(书)。

12.1.3.2 用概算指标编制概算

在设计不完整、无法计算工程量时,可采用概算指标编制概算。用概算指标编制的概算比用概算定额编制的概算的准确性差,但编制简单。给水排水工程、采暖工程、电气照明工程等概算套用建筑安装工程相应概算指标。设备及其安装工程概算分为设备购置费概算和安装费概算,应分别计算后求其总概算。设备购置费为设备原价加上采购、运输、保管费等。设备安装工程费概算可按设备(或材料)原价乘以设备(或材料)安装费率(%)、设备(或材料)总吨位乘以每吨设备(或材料)安装费等指标计算。

12.1.3.3 用类似工程预(决)算编制概算

在拟建工程与已建工程的结构特征、规模、性质、功能等方面基本类似时,可根据类似工程预(决)算编制拟建工程概算。

用类似工程预(决)算编制概算,往往因拟建工程与已建工程在建设地点、时间、地区上的不同,而引起诸如人工费、材料费、机械台班费以及间接费、计划利润和税金等项费用的差异。因此,须经过调整,求出差异系数后计算。差异系数的计算方法有:地区价差系数法、时间价差系数法和综合系数等。

地区价差系数的计算式为

地区价差系数 = 拟建工程项目所在地区直接费/类似工程预(决)算所在地区直接费

12.1.4 概算示例

仅以供暖安装工程为例介绍概算编制。

12.1.4.1 编制步骤和方法

编制步骤和方法包括:收集12.1.2节中所述编制依据的资料;熟悉供暖工程初步设计图纸、说明书、设备清单和材料表等设计资料;熟悉概算定额、概算指标和各项费用文件;根据初步设计平面图、系统图计算工程量;选套概算定额,编制概算表;编制采暖工程概算说明书和概算书。

12.1.4.2 工程量计算内容

采暖工程一般包括以下工程内容:管道安装,以延长米为单位计算;套管分制作、安装,分别以个为单位计算;管道支架制作安装,以千克为单位计算;伸缩器制作安装,以个为单位计算;阀门安装,以个为单位计算;减压器组成、安装,以组为单位计算;疏水器组成安装,以组为单位计算;散热器组成安装,按类型分别以片、延长米或组为单位计算;暖风机、热空气幕安装,以台为单位计算;集气罐分制作、安装,分别以个为单位计算等。

12.1.4.3 供暖单位工程概算书的编制

供暖单位工程概算书的编制按以下步骤进行。

1.编制供暖单位工程概算表

编制供暖单位工程概算表按初步设计图纸、材料表计算的工程量,选套概算定额,按分项工程逐项填入概算表,计算各分项工程造价,并求出该单位工程定额直接费用和定额人工费。

2.编制供暖单位工程造价汇总表

编制供暖单位工程造价汇总表是根据计算的给水排水单位工程定额直接费和定额人工费,按安装工程费用计算程序,分别计算出工程直接费、间接费、计划利润、其他费用、劳动保险基金、三项费用(指上级管理费、工程造价管理费、劳动定额测定费)、税金、单位工程费用(造价),并按安装工程费用计算程序将计算结果填入造价汇总表。某供暖安装工程概算表见表 12.3。

表 12.3　建筑设备安装工程概算表

工程名称:供暖安装工程

定额编号	设备安装工程名称	规格	单位	数量	单价/元 安装费 基价	单价/元 安装费 其中:人工费	总价/元 安装费 基价	总价/元 安装费 其中:人工费
1-116	焊接钢管安装	DN15	10 m	1.36	101.41	43.86	137.92	59.65
1-117	焊接钢管安装	DN20	10 m	5.70	119.07	44.74	678.70	255.02
1-118	焊接钢管安装	DN25	10 m	15.80.	152.97	49.39	2 416.93	780.36
1-119	焊接钢管安装	DN32	10 m	2.0	181.89	49.39	636.78	98.78
1-120	焊接钢管安装	DN40	10 m	6.45	210.04	57.81	1 354.76	372.87
1-239	镀锌铁皮套管制作	DN25	个	19	1.95	0.66	37.05	12.54
1-241	镀锌铁皮套管制作	DN40	个	3	3.27	1.33	9.81	3.99
1-248	管道支架制作		t	0.03	5 131.35	655.42	153.94	19.66
1-251	管道支架安装		t	0.03	1 333.86	899.07	40.02	26.97
2-25	螺纹阀门安装	DN15	个	3	3.79	1.99	11.37	5.97
主材	螺纹阀门	DN15	个	3	12.40		12.40	
2-27	螺纹阀门安装	DN25	个	11	5.55	2.44	61.05	26.84
主材	螺纹阀门	DN25	个	11	23.75		261.25	
2-38	法兰阀门安装	DN40	个	2	65.16	8.64	130.32	17.28
主材	法兰阀门	DN40	个	2	45.29		90.58	
5-3	散热器组成、安装	M132	10片	63.9	227.48	19.05	14 535.9	1 217.30
5-38	集气罐制作		个	1	73.90	14.84	73.90	14.84
5-43	集气罐安装		个	1	6.13	5.98	6.13	5.98
29-2	管道除锈		10 m^2	3.54	24.90	17.94	88.15	63.51
9-5	散热器除锈		10 m^2	17.89	19.36	12.40	346.35	221.84
29-8	管道支架除锈		100 kg	0.30	17.01	11.96	5.10	3.59
29-12	地沟管道防锈漆第一遍		10 m^2	0.49	29.38	6.65	14.40	3.26
29-13	地沟管道防锈漆第二遍		10 m^2	0.49	26.13	6.65	12.80	3.26
29-14	管道防锈漆第一遍		10 m^2	3.05	29.38	6.65	89.61	20.28
29-15	管道刷银粉第一遍		10 m^2	3.05	17.07	6.87	52.06	20.95
29-16	管道刷银粉第二遍		10 m^2	3.05	15.93	6.65	48.59	20.28

续表 12.3

工程名称:供暖安装工程

定额编号	设备安装工程名称	规格	单位	数量	单价/元		总价/元	
					安装费		安装费	
					基价	其中:人工费	基价	其中:人工费
29-31	玻璃布外刷热沥青第一遍		10 m²	1.13	69.94	21.93	79.03	24.78
29-32	玻璃布外刷热沥青第二遍		10 m²	1.13	32.08	10.41	36.25	11.76
29-74	管道支架刷防锈漆第一遍		100 kg	0.30	21.74	5.76	6.52	1.73
29-77	管道支架刷银粉第一遍		100 kg	0.30	13.13	5.32	3.94	1.60
29-78	管道支架刷银粉第二遍		100 kg	0.30	11.96	5.32	3.59	1.60
29-99	散热器刷防锈漆第一遍		10 m²	17.89	26.46	7.97	473.37	142.58
29-101	散热器刷银粉第一遍		10 m²	17.89	20.09	8.20	359.41	146.70
29-102	散热器刷银粉第二遍		10 m²	17.89	18.65	7.97	333.65	142.58
30-36	岩棉瓦块安装		m³	0.25	164.06	136.67	41.02	34.17
主材	岩棉瓦块		m³	0.26	837.17		217.66	
30-156	玻璃布安装		10 m²	1.13	31.10	10.41	35.14	11.76
	管道安装脚手架搭拆费				8%		233.44	58.36
	设备安装脚手架搭拆费				12%		99.64	24.91
	保温脚手架搭拆费				30%		13.78	3.45
	采暖系统调整费				15%		582.15	116.43
	合　　计						23 849.33	3 997.43

12.1.5　设计概算的审查

设计概算一般分为单位工程概算、单项工程综合概算和建设工程总概算。建筑设备工程概算,由各单位工程概算组成。单位工程设计概算编制后,为保证概算的质量,应认真审查单位工程概算,这对于准确确定工程造价和更好发挥投资效果有着重要的意义。

12.1.5.1　审查依据

审查依据主要有:初步设计(或扩大初步设计)图纸、有关设计文件和资料;概算定额、概算指标等有关资料;有关费用指标、定额等。

12.1.5.2　审查方式

审查方式分为初审和会审。

1.初审

初审是在初步设计和概算等文件上报审批前,由建设单位的主管部门或建设单位邀请有关部门和单位对概算(也包括初步设计)内容进行的审查,以提高概算的质量和确保概算的准确性和合理性。对初审提出的意见和建议,经归纳整理成初审纪要连同初步设计和概算(或根据初审提出的意见和建议,设计单位对初步设计和概算修正后),一并报请国家或省、市、自治区有关主管部门审查批准。

2.会审

大中型建设项目应由国家或省、市、自治区有关主管部门组织建设单位(包括其上级主管部门)、设计单位、建设银行、城建、环保、消防等有关部门对初步设计和概算(或扩大初步设计)进行审查。对会议提出的意见和建议经归纳整理成会审纪要,连同初步设计(或扩大初步设计)和概算一并报请国家或省、市、自治区有关主管部门审查批准。

12.1.5.3 审查内容

1.审查设计资料

审查设计资料包括初步设计(或扩大初步设计)图纸、设备表、材料表等,对照设计概算,审查内容是否完整、项目有否遗漏、工程量是否准确。

2.审查概算依据的定额(或指标)

审查编制概算依据的定额(或指标),是否采用的是现行定额(或指标)。现行定额(或指标)与已过时的旧定额(或旧指标)在人工、材料、机械台班费用上有一定差异,若套错定额(或指标),将会影响概算编制的准确性。

3.审查其他各项费用

其他各项费用在概算中的编制,应按国家或省、市、自治区有关部门的规定执行,不得缺项,亦不可随意列项增加,应防止不合理地提高工程建设造价。

12.2 施工图预算

建筑设备安装工程施工图预算是确定其相应单位工程造价的文件。

12.2.1 施工图预算的作用

(1)施工图预算比设计概算所确定的安装工程造价更详细、具体、准确。因此,作为基建计划的依据可用以落实和调整年度基建计划。

(2)施工图预算是建设单位在实行工程招标时确定工程价款标底的依据。它也是施工单位参加工程投标时报价的依据。中标后还可以作为签订工程承包合同的依据,进而明确甲、乙双方的工程经济责任。

(3)在施工过程进行和完工后,施工图预算可作为办理财务拨款、工程贷款、工程结算的依据。

(4)施工图预算也是建筑设备安装企业编制施工计划的依据。安装企业依此编制劳动力、材料供应、机械使用、施工作业等各项计划,同时组织施工生产、控制生产成本并加强经济核算,降低工程成本,提高劳动生产率。

12.2.2 施工图预算的编制依据

12.2.2.1 施工图纸和说明书

经过由建设单位、设计单位和施工单位等共同会审过的施工图纸和会审记录,以及设计说明书,是计算分部、分项工程量,编制施工图预算的依据。给水排水工程、供暖工程、燃气工程和通风空调工程施工图纸一般包括:平面布置图、系统图和施工详图。各单位工程图纸上均应标明:施工内容与要求、管道和设备及器具等的布置位置、管材类别及规格、管道敷设方式、设备及器具类型、规格、安装要求及尺寸等。由此,可准确计算各分部、分项工程量。同时,还应具备与其配套的土建施工图和有关标准图。

在供暖工程等单位工程施工图上不能直接表达的内容,一般都要通过设计说明书进一步阐明,如设计依据、质量标准、施工方法、材料要求等内容。因此,设计说明书是施工图纸的补充,也是施工图纸的重要组成部分。施工图纸和设计说明书都直接影响着工程量计算的准确性、定额项目的选套和单价的高低。因此,在编制施工图预算时,图纸和设计说明书应结合起来考虑。

12.2.2.2　预算定额

国家颁发的现行《全国统一安装工程预算定额》中的《给排水、采暖、煤气工程》、《通风、空调工程》、《工艺管道工程》、《刷油、绝热、防腐蚀工程》、《机械设备安装工程》和《热力设备安装工程》等分册中的有关章节,《全国统一安装工程预算定额》的补充定额,以及各地方主管部门颁发的现行的有关预算定额,是编制供暖工程、燃气工程和通风空调工程施工图预算的依据。在编制施工图预算时,首先应根据相应预算定额规定的工程量计算规则、项目划分、施工方法和计量单位分别计算出分项工程量,然后选套相应定额项目基价或单位估价表,计算定额直接费及其人工费,作为计取其他直接费、间接费等费用的依据。

12.2.2.3　地区单位估价表

地区单位估价表,是以一个城市或一个地区为对象而编制的,它是根据现行的供暖等工程预算定额的人工、材料和机械台班消耗量,以及相应城市或地区人工工资、材料预算价格和机械台班费用,按照相应预算定额顺序逐一计算出每个分项工程预算清单,以此作为计算相应工程定额直接费的依据。

12.2.2.4　材料预算价格

材料预算价格是编制单位估价表,进行定额换算和工程结算等方面工作的依据。材料和设备及器具在供暖等单位工程造价中占较大比重。因此,准确确定和选用材料预算价格,对提高施工图预算编制质量和降低工程预算造价有着重要经济意义。

12.2.2.5　各种费用取费标准

各地方主管部门制定颁发的现行的《建筑安装工程费用定额》,是编制施工图预算、确定单位工程造价的依据。在确定建筑产品价格时,应根据工程类别和施工企业级别及纳税人地点的不同等,准确无误地选择相应的取费标准,以保证建筑产品价格的客观性和科学性。

12.2.2.6　施工组织设计

供暖通风等单位工程施工组织设计,是组织施工的技术、经济和组织的综合性文件。它所确定的各分部、分项工程的施工方法、施工机械和施工平面布置图等内容,是计算工程量,选套定额项目,确定其他直接费和间接费时不可缺少的依据。因此,在编制施工图预算前,必须熟悉相应单位工程施工组织设计内容。必要时,还应深入施工现场进行调查研究,以保证施工图预算编制的正确性和合理性。但是必须指出,施工组织设计应经有关部门批准后,方可作为编制施工图预算的依据。

12.2.2.7 有关手册资料

建设工程所在地区主管部门颁布的有关编制施工图预算的文件及材料手册、预算手册等资料是编制施工图预算的依据。地方主管部门颁布的有关文件中明确规定的费用项目划分范围、内容和费率增减幅度，人工、材料和机械价差调整系数等经济政策。在材料、预算等手册中可查出各种材料、设备、器具、管器件等的类型、规格，主要材料损耗率和计算规则等内容。

12.2.2.8 合同或协议

施工单位与建设单位签订的工程施工合同或协议，是编制施工图预算的依据。合同中规定的有关施工图预算的条款，在编制施工图预算时应予以充分考虑，如工程承包形式、材料供应方式、材料价差结算、包干系数等内容。

12.2.3 编制步骤和方法

12.2.3.1 熟悉施工图纸

为了准确、快速地编制施工图预算，在编制给水排水工程、供暖工程等单位工程施工图预算书之前，必须全面熟悉施工图纸，了解设计意图和工程全貌。熟图过程，也是对施工图纸的再审查过程。检查施工图、标准图等是否齐全，如有短缺，应当补齐。对设计中的错误、遗漏可提交设计单位改正、补充。对于不清楚之处，可通过技术交底解决。这样，才能避免预算编制工作的重算或漏算。熟悉图纸一般可按如下顺序进行。

1.阅读设计说明书

设计说明书中阐明了设计意图、施工要求、管道保温材料、方法，管道连接方法、材料等内容。

2.熟悉图例符号

给水排水工程、供暖工程、燃气工程和通风空调工程等单位工程施工图中管道、管件、附件、设备和器具等，都是按规定的图例表示的，所以在熟悉施工图纸时，了解图例所代表的内容，对识图是必要的和有用的。

3.熟悉工艺流程

给排水、供暖、燃气和通风空调工程施工图，是按照一定工艺流程顺序绘制的。如读建筑给水系统图时，可按引入管—水表节点—水平干管—立管—支管—用水器具的顺序进行。因此，了解工艺流程（或系统组成），对熟悉施工图纸是十分必要的。

4.阅读施工图纸

在熟悉施工图纸时，应将施工平面图、系统图和施工详图结合起来看，从而搞清管道与管道、管道与管件、管道与设备（或器具）间的关系。有的内容在平面图或系统图上看不出来时，可在施工详图中搞清。如卫生间管道及卫生器具安装尺寸，通常不标注在平面图和系统图上，在计算工程量时，可在施工详图中找出相应的尺寸。

12.2.3.2 熟悉合同或协议

熟悉和了解建设单位与施工单位签订的工程合同或协议内容和有关规定是很必要的。因为有些内容在施工图和设计说明书中是反映不出来的，如工程包干系数的标准、材料供应方式等内容。

12.2.3.3　熟悉施工组织设计

施工单位根据给水排水工程、供暖工程等单位工程特点,施工现场情况和自身施工条件和能力(技术、装备等),编制的施工组织设计,对施工起着组织、指导作用。编制施工图预算时,应考虑施工组织设计对工程费用的影响因素。

12.2.3.4　工程量计算

工程量是编制施工图预算的主要数据,是一项细致、繁琐、量大的工作。工程量计算的准确与否,直接影响施工图预算的编制质量、工程造价的高低、投资大小、施工企业的生产经营计划的编制等。工程量计算要严格按照预算定额规定和工程量计算规则进行。工程量计算时,通常采用表格形式计算,见表12.4。供暖工程等单位工程预算工程量计算方法,详见以后各章节。

12.2.3.5　汇总工程量、编制预算书

工程量计算完毕,按预算定额的规定和要求,按分项工程顺序汇总,整理后填入预算书。

工程预算书形式见表12.5。

表12.4　工程数量计算表

单位工程名称:　　　　　　　　　　　　　　　　年　　月　　日

序号	分项工程名称	规　格	单　位	计　算　式	小　计

表12.5　工程预算书

工程名称:　　　　　　　　　　　　　　　　年　　月　　日

<table>
<tr><th rowspan="3">序号</th><th rowspan="3">定额编号</th><th rowspan="3">分项工程名称</th><th colspan="2">工程量</th><th colspan="2">价值/元</th><th colspan="6">其　中</th><th rowspan="3">备注</th></tr>
<tr><th rowspan="2">定额</th><th rowspan="2">数量</th><th rowspan="2">定额单价</th><th rowspan="2">金额</th><th colspan="2">人工费</th><th colspan="2">材料费</th><th colspan="2">机械费</th></tr>
<tr><th>单价</th><th>金额</th><th>单价</th><th>金额</th><th>单价</th><th>金额</th></tr>
<tr><td></td><td></td><td></td><td></td><td></td><td></td><td></td><td></td><td></td><td></td><td></td><td></td><td></td><td></td></tr>
</table>

为制定材料计划,组织材料供应,应编制主要材料明细表。其格式见表12.6。

表12.6　主要材料明细表

工程名称:　　　　　　　　　　　　　　　　年　　月　　日

序　号	材料名称	规　格	单　位	数　量	备　注

12.2.3.6 套用预算单价

在套用预算单价前,首先要读懂预算定额总说明及各章、节(或分部、分项)说明。定额中包括哪些内容,哪些工程量可以换算等,在说明中都有注明。如1996年颁布的黑龙江省建设工程预算定额(给排水、暖通及生活用煤气工程)中规定:管道安装工程项目中钢管安装包括钢管弯管制作与安装(伸缩器除外),无论是现场煨制或成品弯管均不得换算。如遇施工图纸内容和预算定额不符时,应根据定额规定换算。对于既不能套用,又不能换算的则需编制补充定额。补充定额的编制要合理,并须经当地有关部门批准。

套预算单价时,所列分项工程的名称、规格、计量单位必须与预算定额所列内容完全一致,且所列项目要按预算定额的分部分项(或章、节)顺序排列。

12.2.3.7 计算单位工程预算造价

计算出各分项工程预算价值后,再将其汇总成单位工程预算价值,即定额直接费。首先以定额直接费中的人工费为计算基础,根据《建筑安装工程费用定额》中规定的其他直接费率、间接费率、劳动保险基金费率、计划利润率、其他费费率,计算出其他直接费、间接费、劳动保险基金费、计划利润和其他费用。然后分别计算出三项费用和税金。三项费用是以直接工程费、间接费、劳动保险基金、计划利润、其他费用之和乘以取费费率计算的。

税金则以上述六项费用之和乘以相应费率计算的。最后计算出工程费总额,即单位工程预算造价。通常,工程预算造价可列表计算,表格形式见表12.7。

表12.7 工程预算总表

年 月 日

建设单位				工程名称		
工程总造价				建筑面积		
编号	费用名称	金额/元	取费基础	取费率/%	计算式	备 注
(一) (1) (2) (3) (二)	直接工程费 定额直接费 其他直接费 现场经费 间接费					

12.2.3.8 编写施工图预算编制说明

其内容主要是对所采用的施工图、预算定额、单位估价表、费用定额以及在编制施工图预算中存在的问题,处理结果等加以说明。

12.2.4 工料分析

为了加强施工管理和经济核算,在施工图预算书编制完后,应对工程中所消耗的人工、材料和机械台班进行分析,此过程称为工料分析。

12.2.4.1 工料分析的意义

施工图预算工料分析是施工企业编制单位工程劳动力、材料、施工机械需要量计划的依据,并依此向该工程调配人力、施工机械、采购并供应材料,以避免造成人力、机械、材料的浪费。利用工料分析，施工企业可以向班、组签发任务单、限额领料、考核工料消耗等。

因此，做好工料分析工作，对于加强施工企业经营管理、经济核算和降低工程成本都具有重要意义。

12.2.4.2　工料分析的步骤和方法

1.计算分项工程的人工、材料和机械台班数量

分项工程的人工数量 = 相应定额单位人工消耗量 × 相应分项工程量

分项工程的材料数量 = 相应定额单位材料消耗量 × 相应分项工程量

分项工程的机械数量 = 相应定额单位机械台班消耗量 × 相应分项工程量

2.计算分部工程数量

将分项工程的人工、材料和机械台班数量逐项汇总，计算出分部工程的人工、材料和机械台班数量。

3.计算单位工程数量

将分部工程的人工、材料和机械台班数量逐项汇总，计算出单位工程的人工、材料和机械台班数量。

工料分析可采用表格形式进行，见表 12.8。

表 12.8　工程工料分析表

工程名称：　　　　　　　　　　　　　　　　　　　　　　年　　月　　日

<table>
<tr><th rowspan="3">序号</th><th rowspan="3">定额编号</th><th rowspan="3">单位</th><th rowspan="3">工程量</th><th colspan="2">基价/元</th><th colspan="6">其中</th><th colspan="2">人工数量/工日</th><th colspan="4">材料耗用量</th><th colspan="4">机械台班数量</th></tr>
<tr><th rowspan="2">定额</th><th rowspan="2">合计</th><th colspan="2">人工费</th><th colspan="2">材料费</th><th colspan="2">机械费</th><th rowspan="2">定额</th><th rowspan="2">合计</th><th colspan="4">材料名称</th><th colspan="4">类型</th></tr>
<tr><th>定额</th><th>合计</th><th>定额</th><th>合计</th><th>定额</th><th>合计</th><th>定额</th><th>合计</th><th>定额</th><th>合计</th><th>定额</th><th>合计</th><th>定额</th><th>合计</th></tr>
<tr><td></td><td></td><td></td><td></td><td></td><td></td><td></td><td></td><td></td><td></td><td></td><td></td><td></td><td></td><td></td><td></td><td></td><td></td><td></td><td></td><td></td><td></td></tr>
</table>

12.2.5　施工图预算审查与管理

为了保证施工图预算的合理性、准确性，在施工图预算编制完成后，应对其进行审查。预算审查必须遵照国家和省市地级有关部门的相关政策、要求进行。

12.2.5.1　审查依据

施工图预算审查依据包括设计资料、合同或协议、预算定额和费用定额等。

1.设计资料

编制施工图预算所依据的设计资料是指：平面布置图、系统图、施工详图、设计采用的标准图和设计说明书。

2.合同或协议

合同或协议中的工程承发包方式、材料供应和材料价差费用计算方式、有关费用的取用和工程价款结算方式等作为预算审查的依据。

3.预算定额和费用定额

预算定额、材料预算价格、地区单位估价表及费用定额是编制施工图预算的主要依据，同时也是审查施工图预算的主要依据。

此外，施工组织设计等也是施工图预算审查的依据。

12.2.5.2 审查形式

1.联合会审

对建设规模较大，技术较复杂的工程预算，由建设银行、建设单位、设计单位和施工企业联合进行审查，以保证审查质量。

2.建设银行单独审查

对于建设规模较小的工程项目，其施工图预算在施工企业自审并经建设单位审核后，再由建设银行进行审查、定案。

3.委托审查

对于不具备联合会审或建设银行不能单独审查的工程预算，在征得建设银行同意后，由建设单位委托(或直接由建设银行委托)具有编审资格的部门或个人进行审查。

12.2.5.3 审查方法

1.全面审查法

对于建设规模较小的工程预算，可采用逐项(分部、分项工程预算项目)进行审查。该法具有质量高，但工作量大的特点。

2.重点审查法

重点审查法是对工程预算中的重点部分进行审查的方法。该重点部分通常是指价格高，对工程预算造价有较大影响的项目部分。建筑设备工程中影响预算造价的有卫生器具、供暖设备、水泵房、锅炉房、空调机房等设备及安装工程项目。

3.经验审查法

根据以往的实践经验，对容易发生差误的工程项目进行审查，称为经验审查法。

4.分解对比审查法

对于建于同一地区或城市，采用标准施工图或复用施工图的单位工程，因某些方面的不同(诸如施工企业级别、性质、施工条件、地点等)而产生费用上的差异，将有关差异部分项目费用单列出来进行分析对比的方法，称为分解对比审查法。

12.2.5.4 审查内容

建筑设备工程的各单位工程施工图预算造价是按安装工程费用计算程序计算出来的。因此，审查的内容应包括工程直接费和其中的人工费、其他直接费、现场经费、间接费、劳动保险基金、计划利润、其他费用、三项费用和税金。在上述审查内容中，最主要的应该是：审查工程量计算；审查定额套用和取费费率。

1.审查工程量计算

工程量是计算工程造价的基础，工程量计算的正确与否，直接影响工程造价的准确性。因此，工程量计算是工程预算审查的关键内容。工程直接费和其中人工费都是以其为基础套用定额计算的。而人工费又是安装工程费用计算程序中除直接费外各项费用计算的基础。因此，按照工程量计算规则和施工图纸，审查各分部、分项工程量是否准确，是否符合计算规则，是否有多算或漏算等。

2.审查定额套用和取费费率

审查选套定额,主要审查工程项目的工作内容和所选套定额的项目工作内容是否一致;需要换算的,换算是否合理;需要补充的,其是否得到有关部门批准;取费费率是否相符。

12.2.5.5　审查步骤

1.熟悉有关资料

有关资料包括工程预算书、合同或协议书、施工图设计、施工组织设计、预算定额、费用定额等。

2.审查工程量计算和各项费用计算

首先核对工程量,然后核对定额套用和其他各项费用的计算。

3.交换审查意见

参加审查单位将审查中的错误,经核对无误后,调整错误预算项目和费用。

4.审查定案

将审查预算结果,填制预算审查调整表,格式见表 12.9、表 12.10。调整表填制后应加盖有关单位及责任人公章。

表 12.9　定额直接费调整表

年　月　日

序号	分部分项工程名称	原预算							调整后预算							核减金额/元	核增金额/元
		定额编号	单位	工程量	直接费/元		人工费/元		定额编号	单位	工程量	直接费/元		人工费/元			
					单价	合计	单价	合计				单价	合计	单价	合计		

编制单位(公章)　　　　　　　　责任人

表 12.10　预算费用调整表

年　月　日

序号	费用名称	原预算			调整后预算			核减金额/元	核增金额/元
		费率/%	计算基础	金额/元	费率/%	计算基础	金额/元		

编制单位(公章)　　责任人:　　　审查单位(公章)　　责任人:

12.2.5.6　预算管理与审批

为了合理、节约使用建设资金,提高投资效果,保证并维护国家、建设单位和施工企业三者的经济利益,国家非常重视预算管理与审批工作,并成立了专门部门和机构负责这项工作。

预算管理通常由国家建设部，各省、市、自治区建设委员会或建设厅，各地、市建设委员会或建设局，国家各专业部委和各省、市、自治区对口专业厅、局的基建部门负责。

预算审批通常由建设银行及其各相应级别的分支机构负责。

12.2.6 供暖工程施工图预算

在前面的有关章节中已经讲过施工图预算的基本步骤和方法，由于本专业的课程设置已经可以保证在做供暖工程施工图预算之前已经了解了供暖系统基本原理并完全熟悉供暖施工图纸，所以做好供暖工程施工图预算的关键是供暖工程量计算。以下再对供暖工程量计算作一些具体的说明。

12.2.6.1 供暖工程量计算规则

(1)供暖热源管道界限划分：室内外以入口阀门或建筑物外墙皮 1.5 m 为界；工艺管道界线以锅炉房或泵站外墙皮 1.5 m 为界；工厂车间内供暖管道以供暖系统与工业管道碰头点为界；设在高层建筑内的加压泵间管道以泵站间外墙皮为界。

(2)锅炉房、泵房(加压泵间)管道安装应执行工艺管道安装定额。

12.2.6.2 供暖工程量计算

1.管道安装

(1)管道安装的工作内容包括：

①管道及接头零件安装。

②水压试验或灌水试验。

③DN32 以内钢管包括管卡及托钩制作安装。

④铸铁排水管、雨水管及塑料排水管均包括管卡及托吊支架、通气帽、雨水漏斗制作安装。

⑤钢管包括弯管制作与安装(伸缩器除外)，无论是现场煨制或成品弯管均不得换算。

⑥穿墙及过楼板铁皮套管安装。

(2)管道安装未包括的工作内容有：

①室内外管道沟土方及管道基础，应执行土建工程预算定额。

②管道安装中不包括法兰、阀门及伸缩器的制作安装，执行定额时按相应项目另计。

③室内外给水、雨水、室外排水铸铁管包括接头零件所需人工，但接头零件价格另计。

④DN32 以上钢管支架按管道支架另计。

⑤过楼板钢套管的制作安装工料，按室外钢管(焊接)项目计算。

(3)管道上砖、石、混凝土和钢筋混凝土等砌筑的检查井、阀门井和水表井等的工程量，均应根据建筑工程预算定额工程量计算规则计算。

(4)套管制作与安装，按不同规格，分一般穿墙层管和柔、刚性套管，以个为计量单位。所需的钢管和钢板已包括在制作定额内，执行定额时应按设计及规范要求选用项目。

(5)伸缩器制作安装，螺纹连接法兰式套筒伸缩器和焊接法兰式套筒伸缩器安装，方形伸缩器制作安装，均按公称直径不同，以个为单位计算。

2.栓类阀门安装

(1)各种阀门安装均以“个”为计量单位。法兰阀门安装，如仅为一侧法兰安装时，定额中的法兰、螺栓及垫圈数量减半，其余不变。

(2)法兰阀(带短管)安装,均以“套”为计量单位,如接口材料不同时,可作调整。

3.低压器具仪表组成与安装

(1)减压器组成与安装,按连接方式、公称直径的不同,以组为单位计算。

(2)疏水器组成与安装,按连接方式、公称直径的不同,以组为单位计算。

(3)钢制板式散热器安装,按型号不同,以组为单位计算。

(4)钢制壁式散热器安装,按质量不同,以组为单位计算。

(5)钢柱式散热器安装,按片数不同,以组为单位计算。散热器安装支、托架数量见表12.11。几种铸铁散热器技术数据见表 12.12。几种钢制散热器技术数据见表 12.13。

(6)暖风机安装,按质量不同,以台为单位计算。

(7)太阳能集热器安装,按单元质量不同,以千克为单位计算。

(8)热空气幕安装,按型号或质量不同,以千克为单位计算。

表 12.11　散热器支、托架数量表

散热器型号	每组片数	上部托钩或卡架数	下部托钩或卡架数	总　计	备注
长翼(60)型	1	2	1	3	
	2~4	1	2	3	
	5	2	2	4	
	6	2	3	5	
	7	2	4	6	
M—132、150 型	3~8	1	2	3	
	9~12	1	3	4	
	13~16	2	4	6	
	17~20	2	5	7	
	21~24	2	6	8	
柱　型	3~8	1	2	3	不带足片
	9~12	1	3	4	
	13~16	2	4	6	
	17~20	2	5	7	
	21~24	2	6	8	
圆翼型	1			2	
	2			3	
	3~4			4	
扁管、板式	1	2	2	4	

表 12.12　几种铸铁散热器技术数据表

型　号	散热面积 (m^2·片$^{-1}$)	水容量 (L·片$^{-1}$)	质　量 kg	工作压力 MPa	试验压力 MPa	外形尺寸 mm
四柱 813	0.28	1.37	27.1	0.4	0.8	813×164×57
M-132	0.24	1.30	27.1	0.4	0.8	584×132×82
长翼型大 60	1.17	8.42	24	0.4	0.5	280×600×115
长翼型小 60	0.8	5.66	24	0.4	0.5	200×600×115
圆翼型(D75 单根)	1.8	4.42	21.2	0.4	0.6	168×168×100

表 12.13　几种钢制散热器技术数据表

型　　号	散热面积 (m^2·片$^{-1}$)	水容量 (L·片$^{-1}$)	质　量 kg	工作压力 MPa
钢制柱式散热器 600×120	0.15	1	2.2	0.8
钢制板式散热器 600×1 000	2.75	4.6	18.4	0.8
钢制扁管散热器单板 520×1 000	5.55	5.49	27.4	0.6
单板带对流片 624×1 000	5.55	5.49	27.4	0.6
闭式钢串片散热器				
150×80	3.15	1.05	10.5	1.0
240×100	5.72	1.47	17.4	1.0
500×90	7.44	2.50	30.5	1.0

(9)集气罐分制作与安装，按公称直径不同，以个为单位计算。集气罐制作用料规格见表 12.14。

表 12.14　集气罐制作用料规格

集气罐规格/mm	ϕ250	ϕ300	ϕ400
堵头钢板厚度/mm	6	8	8
接头管规格/mm	ϕ50	ϕ70	ϕ80

4.小型容器及水箱制作安装

(1)钢板水箱制作，按每个水箱质量的不同，以千克为单位计算。

(2)补水箱安装，以个为单位计算；膨胀水箱安装，按容积大小不同，以个为单位计算。

各种水箱连接管，均未包括在定额内，计算时，可按室内管道安装的相应项目执行。各类水箱均未包括支架制作安装，若为型钢支架，可套用“一般管道支架”项目，若为混凝土或砖支架，可套用土建工程预算定额相应项目。

5.锅炉房管道、设备安装

(1)工艺管道、管件、阀门和法兰安装。工艺管道、管件、阀门和法兰安装可参阅供暖管道安装相应项目。

(2)工艺管架、金属构件制作与安装。

①管道支架制作与安装。管道支架分制作与安装，按支架形式不同，以吨为单位计算。定额中木垫式管架不包括木垫质量，但包括木垫的安装工料。弹簧式管件制作，不包括弹簧价格。

②蒸汽分汽缸制作与安装。蒸汽分汽缸制作，按形式不同，安装按质量不同均以千克为单位计算。

③空气分气筒制作与安装，按规格不同，以个为单位计算。

④除污器安装，按公称直径不同，以组为单位计算。

⑤注水器组成与安装，按型式(单型、双型)、公称直径的不同，以组为单位计算。

分汽缸、除污器、注水器安装，定额中未包括其支架制作安装，若发生时可套用相应项目计算。除污器安装,定额中未包括其他附件安装,其他附件可套用相应项目计算。

⑥锅炉烟道、烟囱制作与安装,按直径不同,以千克为单位计算。

(3)低压锅炉安装。低压锅炉安装包括铸铁锅炉、快装锅炉、散装锅炉安装。

①铸铁锅炉安装,按炉型、片数的不同,以台为单位计算。

②汽水两用生活立式锅炉本体安装,按蒸发量或供热量的不同,以台为单位计算。该定额也适用于下列结构的立式锅炉:常压锅炉、承压锅炉;单层炉排、双层炉排;自然通风、机械通风;带有热管元件的锅炉。这种类型锅炉安装工程范围和工作内容包括炉本体及炉本体范围内的安全阀、压力表、温度计、水位计、给水阀、蒸汽阀、排污阀等附件安装;钢制烟囱安装,包括开设烟尘检测孔装置、拉缆风绳和地锚埋设;锅炉本体一次门以内的水压试验;烘炉煮炉和调整安全门。定额中只包括炉本体一次门以外管道安装;炉本体及其以外管道保温、油漆工程;鼓、引风机及其系统上的非标构件的制作安装工程;各种泵类、箱类安装工程。

③快装锅炉成套设备安装,按蒸发量或供热量的不同,以台为单位计算。快装锅炉是指锅炉生产厂除锅炉辅助机械单件供货时,炉本体组装、砌筑、保温、油漆等工序全部完成后整体出厂的锅炉。它的工程范围及工作内容包括炉本体及本体范围的管道、主汽阀门、热水阀门、安全门、给水阀门、排污阀门、水位警报、水位计、温度计、压力表以及相配套的附件安装;上煤装置、除灰(渣)装置、除尘装置(不包括水膜除尘)、鼓风机、引风机、本体外省煤器等设备安装,及其随锅炉生产厂配套供货的烟风管系统和非标构件、配件的安装;锅炉本体一次门以内的水压试验;烘炉煮炉和调整安全门。还包括锅炉本体一次门以外的管道安装工程;除上述外的非锅炉生产厂供应的设备和非标构件的制作和安装;锅炉给水系统、烟道、烟囱;锅炉本体的保温、油漆工程。

④组装锅炉本体安装,按蒸发量或供热量不同,以组为单位计算。组装锅炉是指由锅炉生产厂将炉体分上下两大件组装后出厂的蒸汽、热水燃煤锅炉。它包括的工程范围和工作内容为:锅炉本体的上下组件安装、本体范围的管道、主汽阀门、热水阀门、安全门、给水阀门、排污阀门、水位警报、水位计、温度计、压力表及相配套的附件安装;炉本体部分的上煤装置、除灰(渣)装置、鼓风机、引风机、调速箱、本体外省煤器设备安装、及其随锅炉生产厂配套供货的烟风管系统和非标构件、配件的安装;锅炉本体一次门以内的水压试验;烘炉煮炉和调整安全门。下列内容定额中未包括:锅炉本体一次 门以外的管道安装工程;除上述外的非锅炉生产厂供应的设备和非标构件的制作和安装;锅炉给水系统、烟道、烟囱、除尘装置工程;锅炉本体组件接口的耐火砖砌筑、门拱砌筑、保温油漆工程;锅炉的电气、自动控制、遥控配风、热工仪表的校验、调整、安装。

锅炉本体下部组件包括链条炉排、底座等,如为散件供货需在现场组合安装时应按定额基价乘以 1.20 系数;炉后体外省煤器如为散件供货需在现场接口研磨、上弯头、组合、水压,安装时应按定额基价乘以 1.06 系数。

⑤散装锅炉本体安装,按蒸发量的不同,以吨为单位计算。该定额主要用于通用供热锅炉,包括的工程范围及工作内容有:锅炉本体的钢架、汽包、水冷壁、过热器、省煤器、空气预热器、本体管路、吹灰装置、各种门孔构件、走台梯子、炉排、水压、烘煮炉等的安装。定额未包括以下内容:炉墙砌筑、保温和油漆;各型锅炉的辅助机械、附属机械(包括送、引风机、泵类、箱类)的安装;炉本体一次门以外的管道、管件、阀门的安装;不属于锅炉生产厂随机供货的金属构件、煤斗、连接平台、烟道、通风道及烟囱等的安装;锅炉热工仪表的校验、调整、安

装。上述未包括的工作内容,套用全国统一安装工程定额有关部分。

⑥燃油(气)锅炉本体安装,分整体与散装,按蒸发量不同,以台为单位计算。本定额只适用于蒸发量在 0.5 ~ 20 t/h 的各型整装燃油(气)锅炉和蒸发量在 6 ~ 20 t/h 的各型散装(分部件出厂)燃油(气)锅炉的本体安装。定额包括的工程范围和工作内容有:各型整装燃油(气)锅炉包括炉本体及本体范围内管道、阀门、管件、仪表及水位计的安装,随炉本体配套供应的鼓、引风机、烟囱(6 ~ 20 t/h 锅炉除外)、油箱、水泵、燃烧器、调速器、平台、梯子、栏杆、电控箱等的安装,锅炉本体范围内的水压试验、烘炉煮炉和安全门的调整;各型散装燃油(气)锅炉包括炉本体钢架、汽包、水冷系统、过热系统、省煤器及管路系统、炉本体的水汽管道、各种钢结构、吹灰装置、平台梯子栏杆、炉体表皮包钢板、水压试验、烘炉煮炉等的安装。定额未包括的内容有:炉墙砌筑、保温和油漆; 各型散装燃油(气)锅炉的鼓风机、引风机、泵类、油箱水箱类的安装;不属于制造厂供货的金属结构件、煤斗、连接平台、烟道、通风道等的安装;不论整装或散装炉本体一次门以外的汽、油、水管道、阀门、管件、热工仪表的安装以及保温、水压试验;整装炉的上水系统(给水泵和管路、注水器及管路)的安装;试运行所需的轻油和重油、软化水、电力的消耗量,但烘煮炉的油、水、电已计入定额。定额内所选用的燃油(气)炉型号、规格、种类是按常规产品考虑的,特殊特种燃油(气)锅炉均不适用本节定额。定额烘、煮炉是按烧油考虑的,当燃料为气体时,定额中轻油应扣除,由建设单位提供燃气。

⑦烟气净化设备安装,按设备类型、质量的不同,以台为单位计算。定额适用于 20 t/h 以下工业与民用锅炉安装工程相配套的辅助专用设备安装,工程范围和工作内容包括:单筒干式、多筒干式、多管干式、旋风子除尘器的安装;设备本体、分离筒、导烟管、顶盖、排灰筒及支座的组合安装。定额中未包括旋风子的蜗壳制作、内衬的镶砌内容,上述两项内容需另外按加工配制和保温砌筑的定额。

⑧锅炉软化水处理设备安装,按软化水产量的不同,以台为单位计算。工作内容包括:设备及随设备供应的管材、管件、阀门等的安装,设备本体范围内的平台、梯子、栏杆的安装,填料的搬运、筛分、装填、衬里、设备防腐层的检验、设备试运的灌水或水压试验;随设备供应的盐液缸、电子控制仪表等的配套设备安装。定额中未包括内容有:设备及管道的保温、油漆、设备的二次灌浆、地脚螺栓的配制;设备进、出口第一片法兰以外的管道安装工程。

⑨热交换器设备安装,按设备类型、换热量或设备质量不同,以台为单位计算。工作内容包括:设备及随设备供应的管材、管件、阀门、温度计、压力表等安装;水压试验,U 型管式、浮头式热交换器的抽芯检查。定额未包括:设备的进出口第一片法兰以外的管道安装及保温工程、设备的二次灌浆、地脚螺栓的配制。除板式热交换器外其他热交换器安装脚手架搭拆费为人工费的 12%,其中人工工资占 25%。

⑩输煤设备安装,按设备类型不同,以台为单位计算。20 t/h 以下工业与民用锅炉安装相配套的附属输煤设备安装适用于本定额。定额工程范围和工作内容包括:垂直卷扬翻斗、斜卷扬翻斗、带小车翻斗、单斗提升上煤机安装;传动装置立柱及支架平台安装、卷扬装置翻斗的组合安装。定额未包括的内容有:框架、支架的配制及油漆工作;电机的检查接线工作。

⑪除渣设备安装,按设备类型:螺旋除渣机按直径/输送能力(t/h)、刮板除渣机按出渣量(t/h)、链条除渣机按输送长度(m)/除渣能力(t/h)、重型链条除渣机按输送长度与除渣能力的不同,均以台为单位计算。工程范围及工作内容包括:螺旋除渣机、刮板除渣机、链条除

渣机、重型链条除渣机的安装;设备清洗组装、机壳或机槽安装,渣机头、尾部安装,传动装置及拉链安装。电机的检查接线和油漆工作定额内未包括。

⑫双辊齿式破碎机安装,按辊齿直径的不同,以台为单位计算。定额包括的工作内容为:机架底座安装固定、活动齿轮安装、润滑系统安装、液压管路酸洗安装,随设备供应的梯子、平台、栏杆安装。电机检查接线工作未包括在定额内。

(4)风机安装及拆装检查

风机分安装和拆装检查,按类型、设备质量的不同,以台为单位计算。

风机安装定额适用范围:离心式通(引)风机包括中低压离心通风机、排尘离心通风机、耐腐蚀离心通风机、防爆离心通风机、高压离心通风机、锅炉离心通风机、煤粉离心通风机、抽烟通风机、多翼式离心通风机、恒温冷暖风机、暖风机、低噪音离心通风机、低噪音屋顶离心通风机;轴流通风机包括冷却塔轴流通风机、防爆轴流通风机、可调轴流通风机、屋顶轴流通风机、一般轴流通风机、防爆型轴流式局部扇风机;离心式鼓风机、回转式鼓风机(罗茨鼓风机、HGY型鼓风机、叶式鼓风机)。工作内容包括:设备本体及与本体联体的附件、管道、润滑冷却装置等的清洗、刮研、组装、调试;离心式鼓风机(带增速机)的垫铁研磨;联轴器或皮带以及安全防护罩安装;设备带有的电动机及减震器安装。定额未包括以下的内容:支架、底座及防护罩、减震器的制作、修改;联轴器及键与键槽的加工制作;电动机的抽芯检查、干燥、配线、调试。

设备质量计算:直联式风机按风机本体及电动机和底座的总质量计算;非直联式风机按风机本体和底座的总质量计算。塑料风机及耐酸陶瓷风机按离心式通(引)风机定额执行。

风机拆装检查工作内容包括:设备本体与部件,以及第一个阀门以内的管道等拆卸、清洗、检查、刮研、换油、调间隙及调配重、找正、找平、找中心、记录、组装复原。定额未包括的内容:设备本体的整(解)体安装;电动机安装及拆装检查、调整、试验;设备本体以外的各种管道的检查、试验等工作。凡技术验收规范或技术资料规定的,在实际施工中进行的拆装和检查工作,可套用本定额。

(5)泵安装和拆装检查

泵分安装和拆装检查,按水泵类型(离心泵、锅炉给水泵、冷凝水泵、热水循环水泵)、水泵质量的不同,以台为单位计算。

泵安装包括的工作内容:设备本体和与本体联体的附件、管道、润滑冷却装置等的清洗、组装、刮研;联轴器式皮带安装。定额未包括的内容有:支架、底座、联轴器,键和键槽的加工、制作;电动机的检查、干燥、配线、调试等;试运转时所需排水的附加工程,如修筑水沟、接排水管等。

设备质量计算:直联式泵按泵本体、电动机以及底座的总质量计算;非直联式泵按泵本体及底座的总质量计算,不包括电动机质量,但包括电动机安装。

泵拆装检查包括以下工作内容:设备本体与部件,以及第一个阀门以内的管道等的拆卸、清洗、检查、刮研、换油、调间隙、找平、找正、找中心、记录、组装复原。定额未包括的内容有:设备本体的整(解)体安装;电动机安装及拆装、检查、调整、试验;设备本体以外的各种管道的检查、试验等工作。

12.3 施工预算

施工预算是企业内部对单位工程进行施工管理的成本计划文件。建筑设备安装工程施工预算是安装企业为了加强自身管理、吸收和创新先进的施工技术与方法、降低生产消耗和提高劳动生产率而编制的安装企业内部使用的预算文件。它是在施工图预算的控制之下，根据企业对所承接工程拟采用的施工组织设计，并依照施工定额，由施工单位自行编制的。它不能作为企业对外经济核算的依据，但却是企业内部进行项目承包和经济核算的重要依据之一。

12.3.1 施工预算的主要作用

12.3.1.1 施工预算是安装企业安排各种施工作业计划的依据

安装企业的施工作业计划包括：工人进场作业计划、材料分期分批供应计划、施工进度计划和工期计划等。与施工图预算相比，施工预算所做的工料分析更加详细地反映了实际施工过程中的人工、材料、机械设备等消耗量。安装企业的技术、生产、计划、质量、安全、材料、设备等职能部门，利用施工预算所提供的数据来安排各种施工作业计划，这对加强施工管理具有更大的合理性。

12.3.1.2 施工预算是企业基层施工单位向作业班组签发施工任务单和限额领料单的依据

施工任务单是施工队把施工作业计划具体落实到班组或个人的指令性文件，同时也是起到记录班组或个人完成工程量的作用，从而作为班组或个人与主管部门进行经济核算按劳付酬的依据。施工任务单作为企业内部实施的管理性的文件，其所下达的工程量、工作内容、质量要求、完成时间、定额指标、计划单价、材料消耗、机具使用数量等指标，很多方面都要依据施工预算提供的工料分析数据来确定下达。

限额领料单是安装企业为强化材料管理、减少材料浪费和流失、降低工程成本而采取的重要措施。限额领料单限定的材料种类和数量是施工班组完成规定工程量的材料消耗量的最高限额。而这最高限额的数据也是依据施工预算的工料分析确定的。

12.3.1.3 施工预算是计算计件工资、超额奖金，进行企业内部承包，实行按劳分配的依据

单项承包、计件工资充分体现了“多劳多得”的社会主义分配原则，我国的经济体制改革一贯倡导“有条件的尽可能实行基建工程单项承包和计件工资制”。施工预算中确定的人工消耗量比施工图预算更精细地反映了生产者的实际工作数量，因而施工预算就成为计算计件工资的主要依据，同时也为计算超额奖金提供了依据，从而大大提高了生产第一线工人的劳动积极性，使施工现场的劳动力管理更加规范化、更具合理性。

12.3.1.4 施工预算是企业经济活动分析、经济核算和控制工程成本、“两算”对比的依据

“两算”对比是指施工图预算和施工预算的对比。它是在“两算”编制完成后工程开工前进行的。通过“两算”对比，可以找出节约和超支的原因，搞清施工管理中的不合理的地方和薄弱环节，并提出解决问题的办法，防止因人工、材料、机械台班及相应费用的超支而导致工程成本的上升，进而造成亏损。因此，编制施工预算已成为安装企业加强内部管理的重要内容。

12.3.2 施工预算文件的主要组成

施工预算一般以单位工程为编制对象，按分部分项工程进行计算，其基本内容包括工程量、人工、材料、机械需用量和定额直接费等。它由编制说明书和计算表格两大部分组成。

13.3.2.1 编制说明书

施工预算的编制说明书主要包括以下内容：

(1)工程概况：说明工程性质、施工特点、工作内容、施工安装期限等。

(2)编制依据：说明采用的有关图纸、施工定额、施工组织设计和图纸会审记录等。

(3)施工中采取的主要技术措施：新技术和先进经验的推广应用、冬雨季施工中的技术和安全措施、施工中可能发生的困难和处理办法等。

(4)施工中采取降低成本的措施：如劳动力、材料、机械设备等的节约措施等。

(5)其他需要说明的问题。

12.3.2.2 计算表格

目前广泛采用"实物金额法"编制施工预算。该方法是根据工程量计算出人工、材料、机械设备的实物消耗量，实物消耗量作为施工班组签发施工任务单和限额领料单的依据，然后再根据工程量和施工定额提供的单价计算直接费，直接费用来作为管理部门进行经济活动分析和"两算"对比的依据。施工预算的主要表格有：

(1)各分项工程的工程量统计分析表：这种表格和施工预算中的工程量计算表完全相同。

(2)人工汇总表：该表主要是将工程中使用的各个工种的所需人工统计汇总出来，便于向施工班组签发工程任务单。

(3)材料汇总表：该表主要是将工程中所需要的各种材料及辅助材料按种类、规格、数量分别列出，作为限额领料的依据。

(4)机械设备汇总表：该表是将工程中所需要的各种机械设备按种类、型号、台班数量列出，便于配合施工班组，对于大型机械可按计划调用。

(5)各种构件、半成品汇总表：该表主要是统计出结构件、支架、半成品、管件等，将其所需种类、数量交给施工企业的加工班组进行加工或外出加工，以保证施工能按时使用。

(6)施工预算直接费表：该表主要以前面汇总的工料和机械消耗量为依据，计算出各部分的人工费、材料费和机械费，再由此计算出直接费。这是进行"两算"对比的基础性依据。

(8)"两算"对比表：它是施工图预算与施工预算分人工、材料、机械等三项费用进行对比的表格。其结果应该是施工预算的总消耗费用要低于施工图预算的总造价，否则施工企业就会亏损。

12.3.3 施工预算与施工图预算的区别

12.3.3.1 编制依据和作用不同

"两算"编制使用的定额不同，施工预算套用的是施工定额，而施工图预算套用的是预算定额或单位估价表，两种定额的各种消耗量有一定的差别，两者作用也不同。前者是企业控制各项成本支出的依据，后者是计算单位工程预算造价，确定企业收入的主要依据。

12.3.3.2 工程项目划分的粗细程度不同

施工预算的项目划分和工程量的计算，要按分层、分段、分工种、分项进行，其项目划分要比施工图预算更细，工程量计算也更为精确。

12.3.3.3 计算范围不同

施工预算一般以单位工程为编制对象，而且只算到直接费为止，这是因为施工预算只供企业内部管理使用，如向班组签发施工任务单和限额领料单；而施工图预算一般以单项工程及其各单位工程为编制对象，要计算整个工程造价，包括直接费、间接费、计划利润、税金和其他费用等。

12.3.3.4 考虑施工组织因素的多少不同

施工预算所考虑的施工组织因素要比施工图预算细得多。如施工预算在考虑采用机械吊装法来安装架空管道时，需要具体考虑采用何种吊装机械，是起重机械，如汽车式起重机、履带式起重机，还是用桅杆及卷扬机等。而施工图预算则是综合计算的，不需要考虑具体采用哪种机械。

12.3.4 施工预算的编制依据

1.施工图纸及其说明书、图纸会审记录及有关标准图集等技术资料

2.施工组织设计或施工方案

施工组织设计或施工方案所确定的施工顺序、施工方法、施工机械和施工现场平面布置等内容，都是施工预算编制的依据。

3.现行施工定额和补充定额

目前，各省、市、地区或企业根据地区的情况，自行编制施工定额，为施工预算的编制与执行创造了条件。有的地区没有编制施工定额，编制施工预算时，人工可执行现行的《全国建筑安装工程统一劳动定额》，材料可按地区颁发的《建筑安装工程材料消耗定额》，施工机械可根据施工组织设计或施工方案确定的施工机械种类、型号、台数和工期等进行计算。

4.现行人工工资标准、材料预算价格和机械台班预算价格

它是计算直接费的基础。

5.审批后的施工图预算

施工图预算书中的数据，如工程量、直接费，以及相应的人工费、材料费、机械费，人工和主要材料的预算消耗量等，都为施工预算的编制提供有利条件和可比的依据。

6.其他有关费用规定

其他有关费用主要是指施工过程中可能发生的因自然、人为等各种原因引起的相关费用，如气候影响、停水停电、机具维修及不可预见的零星用工等引起的费用增加。企业可以通过测算这笔费用，由企业内部包干使用。该费用的计算应根据地区、本企业的规定执行。

12.3.5 施工预算的编制程序

12.3.5.1 列工程项目

根据施工图和施工组织设计，按施工定额中的项目排列出分项工程的项目。对一般工程按常规方法施工时，可直接套用施工图预算的结果；对于比较特殊的工程项目，有些施工项目与施工图预算施工项目不同，则应按实际施工过程列出分项工程的施工项目。事实上，

施工预算项目划分,根据施工的实际需要,往往要比施工图预算项目划分更细。如车间(室)内低压管道(丝接)安装工程一项,在编制施工图预算时采用的预算定额中,不分立支管与干管,均为同一个分项工程项目。而在《建筑安装工程统一劳动定额》中,就分为立支管安装和干管安装等一些分项工程项目。这就说明了预算定额的项目划分工作内容较粗,而劳动定额或施工定额的项目划分则比较细,更便于组织施工安装。

12.3.5.2 计算工程量

在复核施工图预算工程项目的基础上,按施工预算要求列出所需计算中心工程量的工程项目。除了新增项目需要补充计算工程量外,其他均可根据施工定额的项目划分和计量单位,将施工图预算书中与之相应项目的工程量,填写在施工预算各分部分项工程的工料分析表格中。

12.3.5.3 套用施工定额

按分项工程项目,套用施工定额中相应项目的工料消耗定额,并填写到施工预算各分部分项工程的工料分析表格中。

12.3.5.4 工料分析与汇总

1.工料分析

工料分析是将各分部分项工程所包括的工程项目,逐项按其工程量及工料消耗定额,计算其各工程人工和各种材料的消耗量,并填写在表格中。其具体方法就是用工程量分别乘以所套用的工料消耗定额即可。

2.各分项工程工料分析

各分项工程工料分析是按照各分项工程各自所消耗的各工种劳动量和各种材料数量进行汇总,得出每一分部工程中各工种劳动力和各种材料消耗的总数量。其具体计算方法就是将各分项工程中所消耗的各种相同工种劳动量和各种类别、型号、规格相同的材料,分别相加汇总在一起即可。

3.单位工程工料分析

单位工程工料分析是将单位工程中各分部工程相同的各工种人工、材料分别进行汇总,最后得出该单位工程的各工程工人的需要总数量和各种不同类别、型号、规格的材料(如管材、型钢、钢板、散热器、阀门等)需要的总数量。

12.3.5.5 计算实际直接消耗费用

根据现行的人工工资标准、材料预算价格和机械台班预算价格,分别计算人工费、材料费、机械费和各分部工程或单位工程的施工预算直接费。再根据本地区或本企业的规定,计算其他有关费用,得到实际直接消耗费用。

12.3.5.6 进行“两算”对比

进行施工图预算与施工预算这“两算”对比是一项很重要的工作。如果不进行这项工作,就不知道施工企业是否能够保证降低工程成本计划指标的实现,就不知道“两算”编制的是否正确可行,因此必须进行“两算”对比。

12.3.6 施工预算的工料分析表与“两算”对比表的表格形式

12.3.6.1 施工预算工料分析表的表格形式

表 12.15、表 12.16、表 12.17 分别给出了工程施工预算工料分析表的表格形式。

表 12.15　施工预算表(人工定额)

单位工程名称：　　工程　　单位:工日　　年　　月　　日

序号	定额编号	项　目	管工	电焊工	气焊工	起重	铆工	电工	通风	油工	其他
1											
2											
3											
4											
合计											

表 12.16　施工预算表(材料部分)

单位工程名称：　　工程　　年　　月　　日

序号	项　目	主材	管卡	钩钉	锯条	铅油	机油	电焊条	焦炭	油漆	角钢	圆钢
		m	个	个	根	kg	kg	kg	kg	kg	kg	m
1												
2												
3												
4												
合计												

单位工程负责人　　预算员　　材料部门

表 12.17　施工预算表(标准件)

单位工程名称：　　工程　　年　　月　　日

序号	名　称	规格与型号	单　位	数　量

单位工程负责人　　预算员　　材料部门

12.3.6.2　"两算"对比表的表格形式

"两算"对比表的表格形式一般有两种：一种是实物量的单项对比表(见表 12.18 示)，该表是将施工预算所计算的单位工程人工和主要材料消耗用量与施工图预算中的相应工料用量进行对比分析，计算出节约或超支的数量差；另一种是直接费综合对比表(见表 12.19)，该表是将施工预算所计算的人工、材料和机械台班耗用量，分别乘以相应的人工工资标准、材料预算价格和机械台班预算价格，得出相应的人工费、材料费、机械费和直接费，然后与施工图预算所计算的人工费、材料费、机械费和直接费进行对比分析，计算出节约或超支的费用差。

表 12.18　实物量单项对比的两算对比表

建设单位：　　　　　　　　　　　　　　建筑面积：

工程名称：　　　　　　　　　　　　　　结构层数：

序号	工程名称及规格	单位	施工图预算			施工预算			对比结果				
			数量	单价 元	金额 元	数量	单价 元	金额 元	数量差		金额差		
									节约	超支	%	节约	超支
一	人工 其中：采暖工程 室内燃气工程 ……												
二	材料												
1	DN50 焊接钢管												
2	DN40 焊接钢管												
3	……												
4	四柱 760 型铸铁散热器												
5	螺纹截止阀												
6	螺纹闸阀												
7	……												
8	DCJ2.5 – IC 卡智能燃气表												
9	JZ – 2 型双眼燃气灶												
10	……												

表 12.19　直接费综合对比的两算对比表

建设单位：　　　　　　　　　　　　　　建筑面积：

工程名称：　　　　　　　　　　　　　　结构层次：

序号	项　目	施工图预算 元	施工预算 元	对比结果		
				节约	超支	%
一	单位工程直接费 其中：人工费 材料费 机械费					
二 1	分部工程直接费 采暖工程 其中：人工费 材料费 机械费					
2	室内燃气工程 其中：人工费 材料费 机械费					
3	……					

12.4 建筑设备工程结算和竣工决算

12.4.1 建筑设备工程结算

12.4.1.1 建筑设备工程结算概述

建筑设备工程结算是指在工程建设活动中，由于劳务供应、材料、设备、工器具等购置、工程价款的收、支等经济活动中引起的货币收付行为。

劳务供应结算指施工企业与建设单位、分包单位以及相关的其他单位部门，互相提供施工工程、咨询、勘察、设计、有关加工、运输等发生的结算。

材料结算指施工企业、建设单位为工程建设采购的物资材料，同销售物资材料的单位、客户间发生的物资材料的价款结算。

设备与工器具购置结算指施工企业、建设单位为工程使用采购机械设备、工器具，同有关单位之间发生的价款结算。

工程价款结算指施工企业对已完工程经建设单位验收后，按合同协议规定办理工程价款结算

其他结算，企业除上述基本结算外，与上级主管部门、银行、债权人等部门单位之间由于拨付资金、缴纳税金、存款、取款、清偿债务等发生的货币收、付结算。

12.4.1.2 建筑设备工程价款结算作用

工程价款结算是指在建筑设备工程中，施工单位与发包单位之间点交已完工程价款的财务收支活动。它是工程建设中的一项重要经济活动。工程价款结算具有以下作用：

(1)通过对已完工程的工程价款结算，取得工程价款收入，补偿施工中消耗的费用，以保证企业再生产的持续进行。

(2)通过工程价款结算，使国家有关部门掌握基本建设资金活动的状态、变化等经济信息，从而对基本建设资金合理供应提供决策依据，并对资金使用企业实施财政、信贷监督。

(3)工程结算为有关部门统计施工完成任务和建设单位完成建设投资任务提供信息资料的依据。

(4)竣工结算是施工企业进行成本核算和成本分析、考核的重要依据，也是建设单位编报竣工决算的主要依据。

(5)竣工结算工作的完毕，标志着除施工企业与发包单位有关保修期的经济责任外，其他双方所承担的合同义务和经济责任的终止。

12.4.1.3 建筑设备工程价款结算方法

认真及时地进行工程价款的结算工作，是施工企业财务管理的重要环节，是保证企业再生产正常进行的必要条件。所以，施工企业在完成所承包的建筑设备工程施工过程后，应按照合同协议约定的结算办法与发包单位及时办理工程价款的结算，及时取得工程价款的收入。

工程价款的结算不同于一般商品的结算，因建筑设备工程具有多样性、固定性和施工工期长等特点，如果等到工程全部竣工后，再办理工程价款的结算，就会影响企业的资金周转，使施工过程中活劳动和物化劳动的耗费得不到及时补偿，企业经营成果不能及时正确地反

映。因此,建筑设备工程价款结算可采用中间结算和竣工结算相结合的办法,在结算中贯彻"完成多少工程给多少钱"的原则。

发包方应按协议条款约定的时间和数额,向施工企业预付工程款,开工后按协议条款约定的时间和比例逐次扣回。

1.按月结算

按月结算指采用月初或月中预支,月终结算,竣工后清算的结算办法。

(1)月初或月中预支,月终结算。该法是在每月月初或月中,由施工企业按月施工作业计划和施工图预算,编制当月工程价款预支账单,其中包括预计完成的工程项目名称、数量和预算价值等,送建设单位签证后,送交银行办理预支款手续。月末按当月施工统计数量编制已完工程月报表和工程价款结算账单,经建设单位签证,交经办银行办理月终结算,同时抵扣预支款。

(2)月终结算。该方法是月初或月中不预支工程款,等到月终,施工企业按统计的实际完成的工程量,编制已完工程月报表和工程价款结算账单,经建设单位签证,交经办银行办理工程价款结算。

2.分段结算

分段结算指当年开工,当年不能竣工的单项工程或单位工程按照该项工程形象进度,划分不同形象部位阶段办理预支和结算。分段结算与按月结算的不同在于,分段结算不是按照规定的时间办理结算,而是何时完成规定的段落,何时办理已完段落的结算。

(1)阶段预支、阶段结算。将施工过程划分为若干形象进度阶段,以审定的施工图预算为基础计算阶段的预支款额。按约定阶段工程完成后,根据施工图纸和预算定额计算出该段落的预算造价,同时填制工程价款结算单,送建设单位签证,再交经办银行办理阶段结算,同时办理下阶段的预支款。

(2)阶段预支、竣工结算。一般适用于工程规模不大,投资额较小,或工期较短,可将其施工过程的形象进度大体分成几个阶段,施工企业按阶段预支工程价款,在工程竣工后,经建设单位签证,通过银行办理竣工结算。

3.竣工后一次结算

竣工后一次结算一般适用于建设项目或单项工程全部建筑安装工程建设期在几个月以内,或在工程承包合同在 100 万元以下时,可以实行工程价款每月月中预支,竣工后一次结算。

工程竣工后,施工企业应以原施工图预算为基础,按施工合同约定,结合施工中发生的变动情况,调整原施工图预算造价。按规定和协议条款约定时间,向建设单位提出结算报告,经建设单位签证后,交经办银行办理工程价款结算。

12.4.1.4　工程价款结算程序

1.签订工程承发包合同

承包单位和发包单位应按照《建设工程施工合同条例》的规定,根据批准的计划、设计文件和概(预)算或招标文件、投标书、中标通知书等内容签订工程承包合同,说明工程项目名称、工程造价、工程开工、竣工日期、质量、验收、材料供应方式和工程价款结算方法洽商、变更等事项,明确双方的权利、责任和义务。合同签订后,发包单位应将合同副本送开户银行,作为结算工程价款的依据。

2.预支工程款

由于建筑工程一般具有投资大、工期长的特点，所以承发包双方可以协议预(付)支部分工程款。该款应按双方协议约定的时间和数额、预支的方法，承包单位应填制“工程价款预支账单”送发包单位办理预支手续。预支的款项按协议条款约定的时间、比例、方法逐次扣回。

3.工程价款结算

工程价款结算是根据合同协议约定的结算方法、结算时间，计算本次结算完成的工作量，编制“已完工程结算表”，其格式见表 12.20。

如果实行预付款结算，每月终了，施工企业应根据当月实际完成的工作量和施工图预算所列工程单价与取费标准，计算已完工程价值，并编制“工程价款结算账单”，其格式见表 12.21。

表 12.20 已完工程结算表

建筑单位名称： 年 月 日 合同编号：

工程名称	施工图预算	开竣工日期		已完工程量		预算成本			
		开工日期	竣工日期	至上月止已完成累计	本月已完工程	材料费	人工费	使用费机械	其他直接费

表 12.21 工程价款结算账单

建筑单位名称： 年 月 日 元

工程名称	合同		本期应收工程款	应抵扣款项				本期实收价款	本期止已收工程价款累计	说明
	编号	预算造价		合计	预支工程款	建设单位供给材料款	各种往来款			

施工单位： (签章) 财务负责人： (签章)

4.工程尾款

为了保证施工队伍按期按质施工，认真履行工程承包合同，可采取按合同价款一定比率，在建设单位应付施工企业工程价款内预留一部分保修金。施工企业按国家有关规定和协议条款约定的保修项目、内容、范围、期限及保修金额与支付办法，进行保修和支付保修金。

保修期间，施工企业在接到建设单位修理通知 10 日内需派人修理，过期尚未派人修理，建设单位可委托其他单位或人员修理。由于施工企业原因发生的修理费用，在保修金内扣除，不足部分由施工企业支付。

保修金应在保修期满后 20 天内结算，建设单位将剩余保修金和按协议条款约定利率计算的利息一起退还施工企业。

12.4.1.5　工程价款结算方式

所谓结算方式，指采用一定的形式和手段来办理不同单位之间，或单位与个人之间由于经济往来的货币收付行为。

结算可分为现金结算和转账结算两种。现金结算指直接利用现金进行的货币收付行为，现金结算必须在国家规定的现金使用范围内进行。大部分结算业务必须通过银行办理转账。转账结算指通过银行把款项从付款单位账户转到收款单位账户的货币收付行为。

银行结算按收付双方所处的地理位置分为同城结算和异地结算两大类。同城结算指收付款双方在同一城镇范围内的转账结算，主要有转账支票结算和银行本票结算。异地结算指收付款双方不在同一城镇范围内的转账结算，主要有异地托收承付结算和汇兑结算。同城、异地均能使用的结算方式有商业汇票结算、委托收款结算和银行汇票结算。

1.支票结算

支票是付款人签发给收款人办理结算或委托开户银行将款项支付给收款人的票据，分为现金支票和转账支票两种。使用现金支票结算必须符合国家有关现金使用规定。

支票一律记名，经中国人民银行总行批准地区转账支票可以背书转让，付款期为十天(以签发的次日算起，到期日遇例假日顺延)，过期银行不予受理。签发支票时，必须使用墨水或碳素墨水填写，支票大、小写金额和收款人不得更改，其他内容如有更改，必须由签发人加盖预留银行印鉴之一证明，支票填错应作废重填。

支票结算，手续简便、灵活，是同城使用较多的一种结算方式。

2.银行本票结算

银行本票是申请人将款项交存银行，由银行签发给其凭以办理转账结算或支取现金的票据。银行本票一律记名，允许背书转让，分为不定额和定额两种。定额银行本票面额分为500元、1 000元、5 000元、10 000元、50 000元等几种。

银行本票付款期为一个月，提示付款期的最长不超过两个月(不分大月、小月，均按次月对日计算，到期遇例假日顺延)。逾期的银行本票，银行不予兑付。

3.银行汇票结算

银行汇票是汇款人将款项交存当地银行，由银行签发给汇款人持往异地办理转账结算或支取现金的票据。银行汇票一律记名，付款期限为一个月(不分大、小月，均按次月对日计算，到期遇例假日顺延)，逾期的汇票，银行不予受理。

银行汇票结算方式，有票随人到，银行见票即付。具有使用灵活方便、信誉度高、可背书转让、也可分次支付、转让。对收款人来说，能迅速得到款项，有利于加速资金周转等，所以转账结算被广泛使用。

4.商业汇票结算

商业汇票是收款人或付款人，或承兑申请人签发，由承兑人承兑并于到期日向收款人或被背书人支付款项的票据。按承兑人的不同，分为商业承兑和银行承兑汇票两种。

商业承兑汇票是由收款人签发，经付款人承兑，或由付款人签发并承兑的票据。银行承兑汇票是由收款人或承兑申请人签发，并由承兑申请人向开户银行申请，经银行审查同意承兑的票据。

商业承兑汇票到期，付款人无款支付时，银行不予协调，由收款人和付款人协商解决。

银行承兑汇票由银行承兑，到期收款人能保证收到款项。收款人如急需资金，还可持未到期的商业汇票向其开户银行申请贴现。

5.汇兑结算

汇兑结算是汇款人委托银行将款项汇给异地收款人的结算方式，适用于各种款项结算。汇兑按银行划款方式不同，分为信汇、电汇两种。

6.委托收款结算

委托收款是收款人委托银行，向付款人收取款项的结算方式。在同城、异地均可使用，不受金额起点限制。委托收款按银行划款方式不同分为：邮寄(委邮)和电报划款(电划)两种，由收款人选用。

7.异地托收承付结算

异地托收承付结算，是收付款双方根据经济合同，由收款人发货或提供劳务后，委托银行向异地付款人收取款项，由付款人向银行承认付款的结算方式。

12.4.2 建筑设备工程竣工决算

12.4.2.1 竣工决算意义

竣工决算是指全部工程完工并经有关部门验收后，由建设单位编制的综合反映该工程从筹建到竣工投产(或使用)全过程中实际支付的各项资金总额和建设成果的总结性经济文件。正确、及时办理已完工程竣工决算具有下列意义：

(1)为正确确定新增固定资产价值提供依据。全部工程完工，并经有关部门验收后，进行竣工决算。竣工决算是新增固定资产价值的依据。

(2)为及时办理新增固定资产的移交、转账手续提供依据。如果对于已完工并具备交付使用条件或已验收并已投入使用的建设项目，如不及时办理移交手续，就不能及时确认固定资产的形成，也就不能及时提取固定资产折旧，而发生的维修等费用，均要在建设投资中列支，从而扩大了基建投资支出。

(3)对企业、单位加强固定资产管理起重要作用。对已完的工程项目及时办理验收、竣工决算，使财产管理部门对各类固定资产做到心中有数，可以对投入使用的固定资产及时计提折旧费用，从而合理计算成本费用，正确计算企业利润。

(4)为国家对基本建设投资决策提供依据。国家对基本建设投资效果通过竣工决算等提供可靠的信息资料，为国家对基本建设的宏观调控提供信息。

(5)为“三算”对比提供依据。通过对设计概算、施工图预算、竣工决算进行比较，能直接反映出固定资产投资计划完成情况和投资效果。

(6)它是有关部门核销基本建设投资的重要依据。施工企业为了总结经验，提高自身管理水平，在工程竣工后，一般也要编制竣工成本决算，核算工程实际成本，为工程成本考核提供依据。

12.4.2.2 竣工决算编制依据

工程竣工决算编制依据有：工程计划任务书和有关文件；工程概算书；设计图纸及有关说明；有关费用的结算文件；国家和地方主管部门规定的有关工程竣工决算文件。

12.4.2.3 竣工决算编制内容

竣工决算主要由文字说明和决算报表组成。

1.文字说明

文字说明包括:工程概况;设计概算和基本建设计划执行情况;各项技术经济指标完成情况;各项拨款使用情况;建设成本和投资效果分析;建设过程中的主要经验以及存在的问题和解决意见等。

2.决算报表

决算报表包括:竣工工程概况表;竣工财务决算表;交付使用财产总表;交付使用财产明细表等。

12.4.2.4　竣工决算编制程序

1.收集、整理有关资料

在编制竣工决算之前,必须将有关资料、文件准备齐全,为正确、及时编制做好准备。

2.做好各项账务、债务、债权以及结余物资的清理工作

在编制竣工决算之前,针对工程建设的全过程中,即从筹建到竣工投产或使用的整个期间所发生的各项费用进行彻底清理、检查,对债权、债务、材料、物资也要清理,做到账实相符、账目相符,该归还的归还,该收回的收回。

3.编制竣工决算报表和竣工决算说明

按有关部门规定的决算报表种类、格式,根据有关数据资料编制竣工决算报表,并按照决算说明的内容要求,根据有关资料编制文字说明书。

4.上报有关部门

竣工决算应在工程竣工办理验收后一个月内编好,报送有关部门,竣工决算是核销基本建设投资的重要依据。

12.5　建设工程工程量清单计价规范简介

随着我国建设市场的快速发展,招标投标制、合同制的逐步推行,以及加入世界贸易组织(WTO)与国际接轨等要求,工程造价计价依据改革不断深化。近几年,广东、吉林、天津等地相继开展了工程量清单计价的试点,在有些省市和行业的世界银行贷款项目也都实行国际通用的工程量清单投标报价,工程量清单计价做法已得到各级工程造价管理部门和各有关方面的赞同,也得到了工程建设主管部门的认可。根据建设部 2002 年工作部署和建设部标准定额司工程造价管理工作要点,为改革工程造价计价方法,推行工程量清单计价,建设部组织有关部门和地区工程造价专家编制了《建设工程工程量清单计价规范》(以下简称"计价规范")。

国家标准《建设工程工程量清单计价规范》(GB 50500 - 2003)已于 2003 年 2 月 17 日经建设部第 119 号公告批准颁布,于 2003 年 7 月 1 日实施。本规范的实施,是我国工程造价计价方式适应社会主义市场经济发展的一次重大改革,也是我国工程造价计价工作向逐步实现"政府宏观调控、企业自主报价、市场形成价格"的目标迈出的坚实的一步。

12.5.1　实行工程量清单计价的目的、意义

12.5.1.1　实行工程量清单计价,是工程造价深化改革的产物

长期以来,我国发承包计价、定价以工程预算定额作为主要依据。1992 年,为了适应建

设市场改革的要求,针对工程预算定额编制和使用中存在的问题,提出了“控制量、指导价、竞争费”的改革措施,工程造价管理由静态管理模式逐步转变为动态管理模式,其中对工程预算定额改革的主要思路和原则是:将工程预算定额中的人工、材料、机械的消耗量和相应的单价分离,人、材、机的消耗量由国家根据有关规范、标准以及社会的平均水平来确定。控制量目的就是保证工程质量,指导价就是要逐步走向市场形成价格,这一措施在我国实行社会主义市场经济初期起到了积极的作用。但随着建设市场化进程的发展,这种做法仍然难以改变工程预算定额中国家指令性的状况,难以满足招标投标和评标的要求。因为,控制量是反映的社会平均消耗水平,不能准确地反映各个企业的实际消耗量,不能全面地体现企业技术装备水平、管理水平和劳动生产率,也不能充分体现市场公平竞争,所以工程量清单计价将改革以工程预算定额为计价依据的计价模式。

12.5.1.2 实行工程量清单计价,是规范建设市场秩序,适应社会主义市场经济发展的需要

工程造价是工程建设的核心内容,也是建设市场运行的核心内容,建设市场上存在许多不规范行为,大多与工程造价有关。过去的工程预算定额在工程发包与承包工程计价中调节双方利益、反映市场价格等方面显得滞后,特别是在公开、公平、公正竞争方面,缺乏合理完善的机制,甚至出现了一些漏洞。实现建设市场的良性发展除了法律法规和行政监管以外,发挥市场规律中“竞争”和“价格”的作用是治本之策。工程量清单计价是市场形成工程造价的主要形式,工程量清单计价有利于发挥企业自主报价的能力,实现政府定价到市场定价的转变;有利于规范业主在招标中的行为,有效改变招标单位在招标中盲目压价的行为,从而真正体现公开、公平、公正的原则,反映市场经济规律。

12.5.1.3 实行工程量清单计价,是为促进建设市场有序竞争和企业健康发展的需要

采用工程量清单计价模式招标投标,对发包单位,由于工程量清单是招标文件的组成部分,招标单位必须编制出准确的工程量清单,并承担相应的风险,促进招标单位提高管理水平。由于工程量清单是公开的,将避免工程招标中的弄虚作假、暗箱操作等不规范行为。对承包企业,采用工程量清单报价,必须对单位工程成本、利润进行分析,统筹考虑、精心选择施工方案,并根据企业的定额合理确定人工、材料、施工机械等要素的投入与配置,优化组合,合理控制现场费用和施工技术措施费用,确定投标价。改变过去过分依赖国家发布定额的状况,企业根据自身的条件编制出自己的企业定额。

工程量清单计价的实行,有利于规范建设市场计价行为,规范建设市场秩序,促进建设市场有序竞争;有利于控制建设项目投资,合理利用资源;有利于促进技术进步,提高劳动生产率;有利于提高造价工程师的素质,使其成为懂技术、懂经济、懂管理的全面发展的复合型人才。

12.5.1.4 实行工程量清单计价,有利于我国工程造价管理政府职能的转变

按照政府部门真正履行起“经济调节、市场监管、社会管理和公共服务”职能的要求,政府对工程造价政府管理的模式要相应改变,将推行政府宏观调控、企业自主报价、市场竞争形成价格、社会全面监督的工程造价管理思路。实行工程量清单计价,将会有利于我国工程造价管理政府职能的转变,由过去政府控制的指令性定额转变为制定适应市场经济规律需要的工程量清单计价方法,由过去行政直接干预转变为对工程造价依法监管,有效地强化政府对工程造价的宏观调控。

12.5.1.5　实行工程量清单计价，是适应我国加入世界贸易组织(WTO)，融入世界大市场的需要

随着我国改革开放的进一步加快，中国经济日益融入全球市场，特别是我国加入世界贸易组织(WTO)后，行业壁垒下降，建设市场将进一步对外开放。国外的企业以及投资的项目越来越多地进入国内市场，我国企业走出国门在海外投资和经营的项目也在增加。为了适应这种对外开放建设市场的形势，就必须与国际通行的计价方法相适应，为建设市场主体创造一个与国际惯例接轨的市场竞争环境。工程量清单计价是国际通行的计价做法，在我国实行工程量清单计价，有利于提高国内建设各方主体参与国际化竞争的能力，有利于提高工程建设的管理水平。

12.5.2　"计价规范"编制的指导思想和原则

根据建设部令第 107 号《建筑工程施工发包与承包计价管理办法》，结合我国工程造价管理现状，总结有关省市工程量清单试点的经验，参照国际上有关工程量清单计价通行的做法，编制中遵循的指导思想是按照政府宏观调控、市场竞争形成价格的要求，创造公平、公正、公开竞争的环境，以建立全国统一的、有序的建筑市场，既要与国际惯例接轨，又考虑我国的实际情况。

编制工作除了遵循上述指导思想外，主要坚持以下原则。

12.5.2.1　政府宏观调控、企业自主报价、市场竞争形成价格

按照政府宏观调控、市场竞争形成价格的指导思想，为规范发包方与承包方计价行为，确定了工程量清单计价的原则、方法和必须遵守的规则，包括统一项目编码、项目名称、计量单位、工程量计算规则等。留给企业自主报价，参与市场竞争的空间，将属于企业性质的施工方法、施工措施和人工、材料、机械的消耗量水平、取费等应该由企业来确定，给企业充分选择的权利，以促进生产力的发展。

12.5.2.2　与现行预算定额既有机结合又有所区别的原则

"计价规范"在编制过程中，以现行的"全国统一工程预算定额"为基础，特别是项目划分、计量单位、工程量计算规则等方面，尽可能多地与定额衔接。原因主要是预算定额是我国经过几十年实践的总结，这些内容具有一定的科学性和实用性。与工程预算定额有所区别的主要原因是：预算定额是按照计划经济的要求制订发布贯彻执行的，其中有许多不适应"计价规范"编制指导思想的，主要表现在：①定额项目是国家规定以工序为划分项目的原则；②施工工艺、施工方法是根据大多数企业的施工方法综合取定的；③工、料、机消耗量是根据"社会平均水平"综合测定的；④取费标准是根据不同地区平均测算的。因此企业报价时就会表现为平均主义，企业不能结合项目具体情况、自身技术管理水平自主报价，不能充分调动企业加强管理的积极性。

12.5.2.3　既考虑我国工程造价管理的现状，又尽可能与国际惯例接轨的原则

"计价规范"要根据我国当前工程建设市场发展的形势，逐步解决定额计价中与当前工程建设市场不相适应的因素，适应我国社会主义市场经济发展的需要，适应与国际接轨的需要，积极稳妥地推行工程量清单计价。因此，在编制中，既借鉴了世界银行、菲迪克(FIDIC)、英联邦国家以及香港等的一些做法，同时，也结合了我国现阶段的具体情况。如实体项目的设置方面，就结合了当前按专业设置的一些情况；有关名词尽量沿用国内习惯使用的，如措

施项目就是国内的习惯叫法,国外叫开办项目;措施项目的内容就借鉴了部分国外的做法。

12.5.3 《建设工程工程量清单计价规范》内容简介

《建设工程工程量清单计价规范》的出台,是建设市场发展的要求,为建设工程招标投标计价活动健康有序地发展提供了依据,在"计价规范"中贯彻了由政府宏观调控、市场竞争形成价格的指导思想。主要体现在:

政府宏观调控。一是规定了全部使用国有资金或国有资金投资为主的大中型建设工程要严格执行"计价规范",与招标投标法规定的政府投资要进行公开招标是相适应的;二是"计价规范"统一了分部分项工程项目名称、统一了计量单位、统一了工程量计算规则、统一了项目编码,为建立全国统一建设市场和规范计价行为提供了依据;三是"计价规范"没有人、材、机的消耗量,必然促使企业提高管理水平,引导企业学会编制自己的消耗量定额,适应市场需要。

市场竞争形成价格。由于"计价规范"不规定人工、材料、机械消耗量,为企业报价提供了自主空间,投标企业可以结合自身的生产效率、消耗水平和管理能力与已储备的本企业报价资料,按照"计价规范"规定的原则和方法,投标报价。工程造价的最终确定,由承发包双方在市场竞争中按价值规律通过合同确定。

12.5.3.1 "计价规范"的主要内容

1.一般概念

工程量清单计价方法。是建设工程招标投标中,招标人按照国家统一的工程量计算规则提供工程数量,由投标人依据工程量清单自主报价,并按照经评审低价中标的工程造价计价方式。

工程量清单。是表现拟建工程的分部分项工程项目、措施项目、其他项目名称和相应数量的明细清单,由招标人按照"计价规范"附录中统一的项目编码、项目名称、计量单位和工程量计算规则进行编制,包括分部分项工程量清单、措施项目清单、其他项目清单。

工程量清单计价。是指投标人完成由招标人提供的工程量清单所需的全部费用,包括分部分项工程费、措施项目费、其他项目费和规费、税金。

工程量清单计价采用综合单价计价。综合单价是指完成规定计量单位项目所需的人工费、材料费、机械使用费、管理费、利润,并考虑风险因素。

2."计价规范"的各章内容

"计价规范"包括正文和附录两大部分,二者具有同等效力。正文共五章,包括总则、术语、工程量清单编制、工程量清单计价、工程量清单及其计价格式等内容,分别就"计价规范"的适用范围、遵循的原则、编制工程量清单应遵循的规则、工程量清单计价活动的规则、工程量清单及其计价格式作了明确规定。

附录包括:附录A建筑工程工程量清单项目及计算规则,附录B装饰装修工程工程量清单项目及计算规则,附录C安装工程工程量清单项目及计算规则,附录D市政工程工程量清单项目及计算规则,附录E园林绿化工程工程量清单项目及计算规则。附录中包括项目编码、项目名称、项目特征、计量单位、工程量计算规则和工程内容,其中项目编码、项目名称、计量单位、工程量计算规则作为四统一的内容,要求招标人在编制工程量清单时必须执行。

12.5.3.2 "计价规范"的特点

1.强制性

主要表现在,一是由建设主管部门按照强制性国家标准的要求批准颁布,规定全部使用国有资金或国有资金投资为主的大中型建设工程应按计价规范规定执行;二是明确工程量清单是招标文件的组成部分,并规定了招标人在编制工程量清单时必须遵守的规则,做到四统一,即统一项目编码、统一项目名称、统一计量单位、统一工程量计算规则。

2.实用性

附录中工程量清单项目及计算规则的项目名称表现的是工程实体项目,项目名称明确清晰,工程量计算规则简洁明了;特别还列有项目特征和工程内容,易于编制工程量清单时确定具体项目名称和投标报价。

3.竞争性

一是"计价规范"中的措施项目,在工程量清单中只列"措施项目"一栏,具体采用什么措施,如模板、脚手架、临时设施、施工排水等详细内容由投标人根据企业的施工组织设计,视具体情况报价,因为这些项目在各个企业间各有不同,是企业竞争项目,是留给企业竞争的空间;二是"计价规范"中人工、材料和施工机械没有具体的消耗量,投标企业可以依据企业的定额和市场价格信息,也可以参照建设行政主管部门发布的社会平均消耗量定额进行报价,"计价规范"将报价权交给了企业。

4.通用性

采用工程量清单计价将与国际惯例接轨,符合工程量计算方法标准化、工程量计算规则统一化、工程造价确定市场化的要求。

第13章 建筑设备安装工程施工组织

13.1 概 述

建筑设备安装工程施工组织设计是安装施工的组织方案，是进行基本建设和指导安装施工必要的技术经济文件，是施工企业实行科学管理的重要环节。安装工程施工过程涉及基本生产、附属生产和辅助生产等各专业工种在时间上和空间上的配合，只有合理安排人力、资金、材料和机械等各生产因素，才能保证施工过程能有组织、有秩序，按计划地进行。

13.1.1 施工组织设计的作用

施工组织设计与施工计划有着密切的联系，它可以为施工计划提供指标依据。但在内容上它与施工计划又有不同。施工计划是对完成安装工程经济技术指标的安排，施工组织设计则是以工程为对象，编制完成各种经济技术指标的具体运筹方案。因此，它们的作用也是不同的。

施工组织设计是在充分研究工程的客观情况和施工特点的基础上制定的。它规划、部署全部施工生产活动，编制先进合理的施工方案和技术组织措施。因此，有了施工组织设计，就可以按事先设计好的施工程序组织生产活动，建立正常的施工秩序；就可以使领导和职工对施工活动心中有数，主动调整施工中的薄弱环节，及时处理预计可能出现的问题，保证施工的顺利进行；按最优的施工方案组织施工，就可以实现最优的经济效果。

13.1.2 施工组织设计的任务

在施工组织设计中，要制定先进合理的施工方案和技术措施，确定施工顺序，编制进度计划，编制各种资源的需要和供应计划，进行施工现场布置规划。希望以最低的成本、最少的劳动力消耗、最合理的工期高质量地完成工程。具体任务包括以下方面：

(1)确定开工前必须完成的各项准备工作；

(2)在施工过程中，应执行和遵循国家的有关法令、规程、规范和标准；

(3)从全局出发，确定施工方案，选择施工方法和施工机具，做好施工部署；

(4)合理安排施工程序，编制施工进度计划，确保工程按期完成；

(5)计算劳动力和各种物资资源的需用量，为后期供应计划提供依据；

(6)合理布置施工现场平面图；

(7)提出切实可行的施工技术组织措施。

13.1.3 施工组织设计的分类和内容

施工组织设计的主要内容是用于施工企业内部施工过程的组织管理。由于编制时施工条件已基本确定，编制重点在于组织的合理性和技术的可行性上。根据施工对象的规模和阶段,编制内容的深度和广度,施工组织设计可分为施工组织总设计、单位工程施工组织设计和分部工程施工组织设计。

由于近年来工程施工大多采用招投标的方式确定施工单位,因此施工组织设计除了用于施工企业内部组织管理的内容外,还增加了用于施工企业投标的内容。其主要内容是向招标机构或建设单位就投标项目施工组织方案进行说明,编制重点在于对施工企业资质条件、施工技术力量、施工队伍素质和与工程各方的协调上。我们通常所说的施工组织设计多指前者。

13.1.3.1 施工组织总设计

施工组织总设计是以整个建设项目群或大型单项工程为对象,对项目全面的规划和部署的控制性组织设计。它是在初步设计阶段,根据现场条件,由工程总承包单位组织建设单位、设计单位和施工分包单位共同编制的。施工组织总设计的主要内容有:

1.工程概况

工程概况是对拟建工程的总说明,主要说明工程的性质、规模、建设地点、总投资、总工期,工程要求,建设地区的交通、资源及其他与施工有关的自然条件,人力、材料、预制件和机具的供应等。

2.施工部署

施工部署是对如何完成整个工程项目施工总设想的说明,是施工组织总设计的核心,主要内容包括确定拟建工程各项目的开、竣工程序,规划各项准备工作,明确各分包施工单位的任务,规划整个工地大型临时设施的布置等。

3.总进度计划

施工总进度计划是根据施工部署所确定的工程开、竣工程序,对单位工程施工在时间上的安排。主要内容是确定施工准备时间、各单位工程的开、竣工时间,各项工程的搭接关系,工程人力、材料、成品、半成品和水电的需用量和调配情况,各临时设施的面积等。

4.施工准备工作

其作用在于为施工过程创造有利的施工条件,保证工程施工能按施工进度计划进行。包括技术准备、现场施工准备、物资准备和施工队伍准备等。

5.劳动力和主要物资需要量计划

它是施工过程中劳动力和各种物资供应安排的依据,便于在施工中提前安排劳动力和各种物资。包括劳动力需要量计划,主要材料、成品、半成品等需要量计划和主要机具的需要量计划。

6.施工总平面图

施工总平面图是包括施工工区范围内已建及拟建的建筑物、构筑物、各种临时设施、临时建筑、运输线路和供水供电等内容的总规划和布置图,是施工现场空间组织方案。

7.技术经济指标

技术经济指标是评价一个施工组织总设计优劣的依据。主要包括以下指标:工期指标、劳动生产率指标、工程质量指标、安全生产指标、机械化施工程度指标、劳动力不平衡系数、降低成本率等。

13.1.3.2 单位工程施工组织设计

单位工程施工组织设计是以单位工程为对象对施工组织总设计的具体化,是指导单位工程施工准备和现场施工过程的技术经济文件。它是由施工单位根据施工图设计和施工组织总设计所提供的条件和规定编制的,具有可实施性。

单位工程施工组织设计主要包括以下内容:

(1)工程概况和施工条件。单位工程的地点、工程内容、工程特点、施工工期和工程的其他要求。

(2)施工方案。确定单位工程施工程序,划分施工段,确定主要项目的施工顺序、施工方法和施工机械,制定劳动组织技术措施。

(3)施工进度计划。确定单位工程施工内容及计算工程量,确定劳动量和施工机械台班数,确定各分部分项工程的工作日,考虑工序的搭接,编排施工进度计划。

(4)施工准备计划。单位工程的技术准备,现场施工准备,劳动力准备,施工机具和各种施工物资准备。

(5)资源需要量计划。单位工程劳动力、材料、成品、半成品和机具等的需要量计划。

(6)施工现场平面图。各种临时设施的布置、施工物资的堆放以及水电管线的布置等。

(7)各项经济技术指标。单位工程工期指标、劳动生产率指标、工程质量和安全生产指标、主要工种机械化施工程度指标、降低成本指标和主要材料节约指标等。

(8)质量及安全保障措施和有关规定。

13.1.3.3 分部工程施工组织设计

分部工程施工组织设计是以分部工程为对象,用于具体指导分部工程施工的技术经济文件。所涉及的内容与单位工程施工组织设计相同,但更具体详尽。

13.1.4 编制施工组织设计的依据和原则

13.1.4.1 编制依据

(1)工程的计划任务书或上一级的施工组织设计要求,建设单位的要求,设计文件和图纸,有关勘测资料。

(2)国家现行的有关施工规范和质量标准、操作规程、技术定额等。

(3)施工企业拥有的资源状况、施工经验和技术水平。

(4)工程承包合同。

(5)施工现场条件等。

13.1.4.2 编制原则

(1)严格遵守基本建设程序,保证重点、统筹安排,确保工程按期按质完成。

(2)科学安排施工工序,合理安排各工序在时间上和空间上的搭接,在保证质量的前提下,缩短工期。

(3)确保工程质量,推行全面质量管理,遵守施工操作规程和技术规范。重视安全教育,贯彻安全技术,落实安全防范措施,确保安全生产。

(4)积极采用先进的施工技术和施工组织方法,提高施工技术和组织管理水平。

(5)提高施工机械化水平和预制装配化程度,提高劳动生产率,加快施工进度。

(6)重视季节性施工措施,提高施工的连续性和均衡性。

(7)加强经济核算,注意节约,减少施工消耗和临时设施规模。

13.2　安装工程流水施工

13.2.1　流水施工的概念

流水施工方式是将拟建工程项目全部建造过程,在工艺上分解为若干个施工过程,在平面上划分为若干个施工段,在竖向上划分为若干个施工层;然后按照施工过程组建专业工作队(或组),专业工作队按规定的施工顺序投入施工,完成第一施工段上的施工过程之后,专业工作人数、使用材料和机具不变,依次地、连续地投入到第二、第三……施工段,完成相同的施工过程;并使相邻两个专业工作队,在开工时间上最大限度地、合理地搭接起来。如分层施工时,当第一施工层各个施工段的相应施工过程全部完成后,专业工作队依次地、连续地投入到第二、第三……施工层,保证工程项目的施工全过程在时间和空间上,有节奏、均衡、连续地进行下去,直到完成全部工程任务。这种施工组织方式称为流水组织方式。

13.2.2　流水施工的基本形式

建筑设备安装施工的基本展开形式有顺序施工法、平行施工法和流水施工法三种形式。

13.2.2.1　顺序施工法

将工程对象按劳动量划分成若干个施工段,各专业班组依次进入各施工段完成施工任务,一个施工段的施工任务全部完成后,再以同样的施工顺序进入下一个施工段施工。图 13.1 所示的是某一工程采用顺序施工法的施工进度和劳动力需用示例,图中各施工段工程量相同,且都由三个工序组成,各施工段对应工序的工程量相等。各工序施工持续时间和需用劳动力如下:

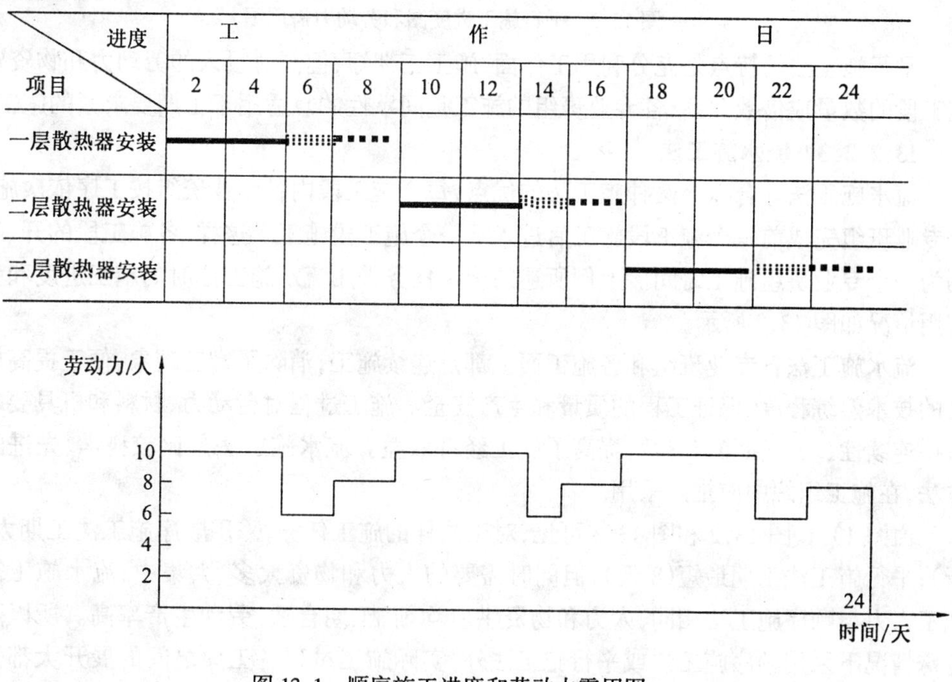

图 13.1　顺序施工进度和劳动力需用图

工序 1：散热器组对、试压，施工持续时间 4 天、需用劳动力 10 人(用━━表示)；

工序 2：散热器除锈、刷油，施工持续时间 2 天、需用劳动力 6 人(用 ┅┅ 表示)；

工序 3：散热器抬挂、安装，施工持续时间 2 天、需用劳动力 8 人(用▪▪▪▪▪表示)；

顺序施工法同时投入的劳动力和物资资源较少；但各专业班组的施工是间歇性的，有窝工现象，施工工期太长。只适用于工程规模小、对工期要求不紧或工作面有限的场合。

13.2.2.2　平行施工法

平行施工法是指各专业班组同时进入各施工段，采用同样工序平行作业，同时竣工。上例所述的施工任务采用平行施工法施工时，施工进度和劳动力需用情况如图 13.2 所示。

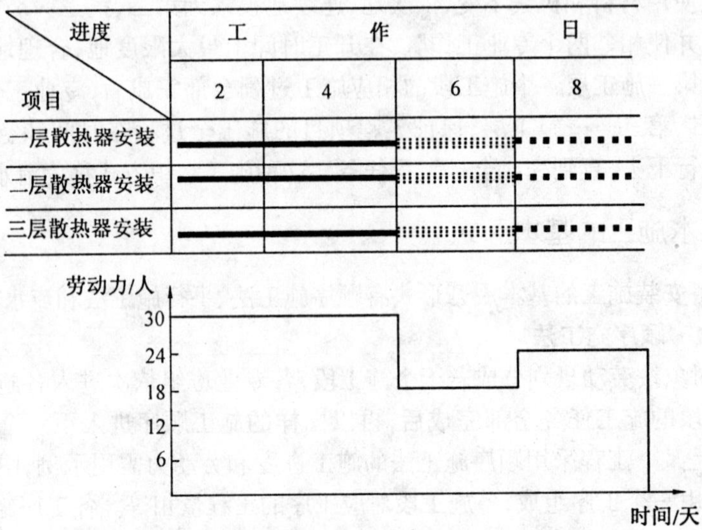

图 13.2　平行施工进度图和劳动力需用图

平行施工法的特点是充分利用工作面，施工工期短；但同时投入的劳动力和物资资源与施工段的数量成倍数关系，各专业班组的施工是间歇性的。适用于工期要求紧的施工。

13.2.2.3　流水施工法

流水施工法综合以上两种施工法的优点，每个施工段内各专业班组按工序依次施工，每个专业班组完成前一个施工段施工后进入下一个施工段施工。这样，各施工段的开、竣工间隔为一个专业班组施工时间。上例所述的施工任务采用流水施工法时的施工进度和劳动力需用情况如图 13.3 所示。

流水施工法各专业班组和各施工面上都是连续施工，消除了窝工现象，便于提高施工人员的技术熟练程度，保证工程的质量和生产安全。施工过程对劳动力、材料和机具要求等能保持连续性、均衡性和节奏性，提高了施工经济效益。流水施工法是比较科学、先进的施工方法，在施工组织中应推广采用。

由图 13.1、图 13.2 和图 13.3 可见，对于同样的施工任务，采用顺序施工法工期太长(24 天)；平行施工法工期最短(8 天)，但同时需要的人力和物资太多、太集中；流水施工需要的施工人力与顺序施工法相同，人力和物资供应均衡，工期合适，劳动生产率高。所以除了在特殊情况下采用顺序施工法或平行施工法外，实际施工过程各工序之间的展开大都采用流水施工法；或以流水施工法为主，对有特殊要求的施工过程采用其他两种形式穿插在流水施

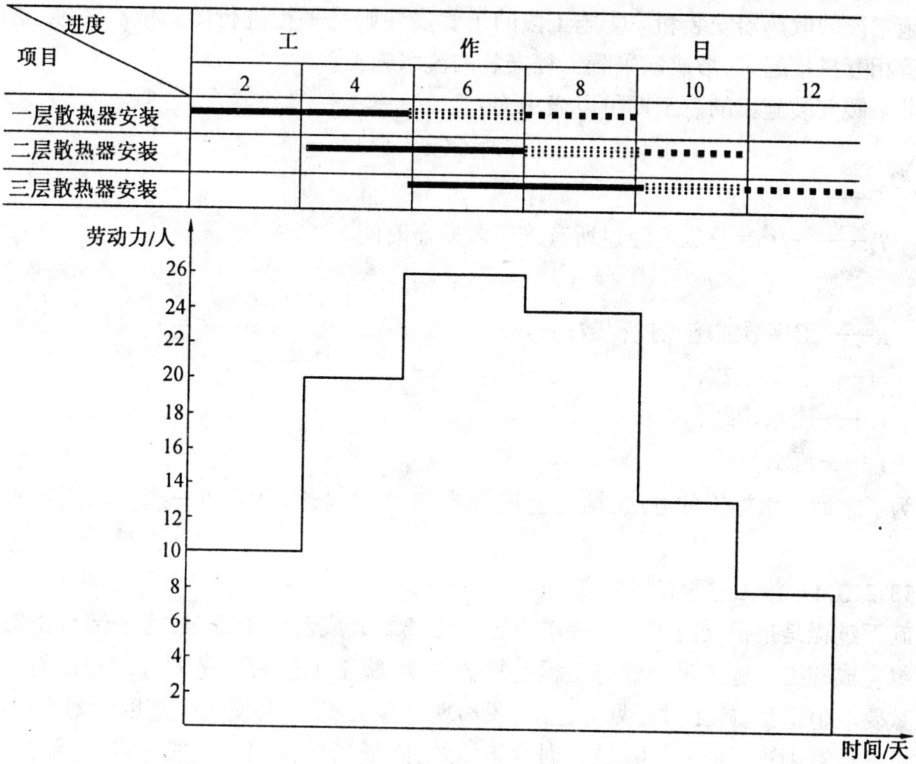

图 13.3　流水施工进度图和劳动力需用图

工中。以下对施工组织的介绍以流水施工法为主。

13.2.3　流水施工的参数

为了说明流水施工在时间上和空间上的开展情况及内在规律，采用了一系列的参数，这些参数统称为流水参数。

以下针对某建筑采暖工程安装的流水施工进行具体说明(见图 13.4)。由图可以看出，安装分为散热器安装、干管安装、立支管安装和刷油、保温等四个施工过程。按流水施工的方法，将安装分为两个施工段施工，四个施工过程分别组织专业班组，按照施工顺序，依次在各段上进行工作。

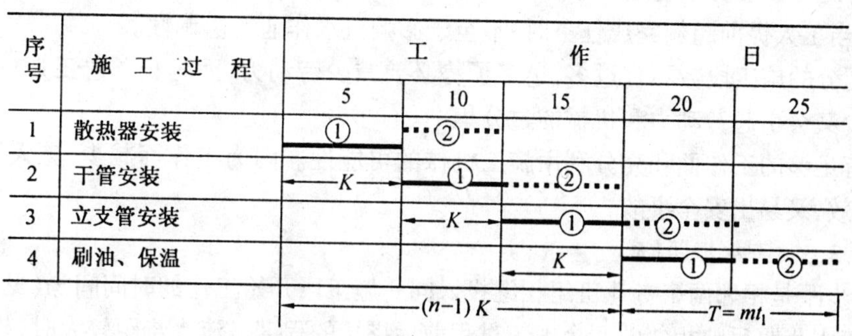

图 13.4　采暖安装流水施工法

图中表明：当第①施工段的散热器安装完成后，干管安装工作就可以接着进行。同时，第②施工段的散热器安装和第①施工段的干管安装则是平行进行的。依次类推,这三个施工过程相互搭接起来,形成该采暖工程安装的流水施工。

此采暖安装施工的总工期可以表示为

$$T = T_i + (n-1)K \tag{13.1}$$

式中 T——总工期;

T_i——一个专业班组经过所有施工段所需时间,

$$T_i = mt_i \tag{13.2}$$

n——工序数或施工过程数;

m——施工段数;

K——流水步距;

t_i——流水节拍。

为了掌握流水施工的方法,结合上述公式和图 13.4,提出下面一些有关流水施工的参数。

13.2.3.1 施工过程(工序)数(n)

施工过程是指根据施工工艺要求将施工任务划分成若干个部分,每一部分由对应的专业班组完成施工。施工过程数与工程的复杂程度、施工工艺和工序划分的粗细有关。施工过程数要取值适当,施工过程划分过细,脱离现场施工实际,会使施工进度计划主次不分,且施工组织计算困难;划分过粗,则计划过于笼统,降低指导作用。一般来讲,主要的、工程量大的分部工程可划分细些;次要的、工程量小或工序相同的施工过程可粗划或合并。

13.2.3.2 施工段(m)

施工段是组织流水作业的基础。在组织安装工程流水施工时,一般需要将施工对象划分为劳动量相等或大致相等的若干个施工段。其目的就在于保证不同工种能在不同的工作面上同时施工,消灭由于多工种专业班组不能同时在一个工作面上施工而产生的互等、停歇现象,为流水施工创造条件。

划分施工段,应考虑以下几点:

(1)以主导施工过程为中心施工段,组织其他有关施工段配合进行。例如,在锅炉和附属设备及管道安装工程中,应以锅炉安装为主导施工过程来划分施工段,进行组织施工。

(2)各施工段的劳动量应大致相等,在实际工作中可以允许有 15%以内的差异。同时要估计到当工人提前超额完成任务时,不至于影响流水作业的协调性。

(3)划分的施工段数不宜过多,过多了势必要减少劳动力,而延长了总工期。但也不宜过少,过少又会引起劳动力和机械的过分集中。

(4)有足够的工作面和充分利用施工机械的可能性。因为工作面减少,工人操作不便,既影响工效,又易出安全事故。

13.2.3.3 流水步距(K)

流水步距是相邻两个专业班组相继投入同一施工段开始工作的时间间隔(见图 13.4 中的 K)。流水步距反映相邻的两个施工过程前后搭接的程度。流水步距较大时,相邻的两个施工过程搭接较小。

流水步距的大小,对工期起着很大的影响。在施工段不变的条件下,流水步距大,工期就长,如果流水步距小,工期就短。流水步距一般至少应为一个工作班或半个工作班,正确的流水步距应该是与流水节拍保持着一定的关系。它应该根据施工工艺、组织条件及质量要求等具体情况来决定。

13.2.3.4　流水节拍(t_i)

流水节拍是指从事某一施工过程的一个专业班组,在一个施工段上工作的延续时间。

当施工段数确定之后,流水节拍的长短对总工期也起一定的影响,流水节拍长则工期相应也长。因此,希望流水节拍越短越好。但是实际上,由于工作面的限制,也就有着一定的界限。

流水节拍的大小与施工过程可能投入的劳动力、机械和材料的数量、质量有关。流水节拍确定施工的速度和节奏。流水节拍的确定,可是根据能投入的劳动力、机械台班数和材料量计算,计算公式为

$$t_i = P/RB \tag{13.3}$$

式中　P——某一施工段的劳动量或机械台班数;

R——每班投入的工作人数或机械台班数;

B——每天工作班数。

当上式所求出的流水节拍不是整数时,为工作方便可以取 0.5 d 或 0.5 d 的倍数。

13.2.4　流水施工组织形式

流水施工按其组织流水作业的方法不同,可分为下列几种形式。

13.2.4.1　流水段法

将施工对象的所有施工过程划分为一样的施工段,使每一施工段中完成各主要工作量所需劳动量大致相等,组织若干个在工艺上密切联系的工作班组,相继投入施工,各工作班组依次不断地从一个施工段转移到另一个施工段,以同样的时间重复完成同样的工作。这种组织流水施工的方法叫流水段法。

13.2.4.2　流水线法

若干个在工艺上密切联系的工作班组,按一定工艺顺序相继投入生产,各工作班组以一定不变的速度沿着线性工程的长度不断向前移动,完成同样长度的工程。这种组织流水施工的方法叫做流水线法。

13.2.4.3　分别流水法

将设备工艺上互相联系的施工过程组成不同的工艺组合,首先分别组织各工艺组合成为独立的流水施工,这些流水施工的参数可能是不相等的,然后将这些分别流水施工依次搭接起来,即成为一个设备安装工程流水作业。这种组织流水施工的方法叫做分别流水法。

怎样运用流水施工的一些基本知识来组织安装工程的流水施工呢?下面通过民用建筑热水采暖系统的安装所组织的流水施工来进行说明。

研究对象是一栋四个单元的五层楼房,土建主体工程已经基本完工,采暖工程施工已经具备条件。为了组织采暖工程的流水施工,我们首先将其分为:散热器组对安装、送回水干管安装、立支管安装和刷漆保温等四个施工过程(见图 13.4)。其他零星施工项目(如散热器栽托钩、管道支架制作安装、过墙套管安装、阀门安装和水压试验等)均包括在有关施工过程中。由于采暖系统入口一般是在楼房中间进入室内,所以我们在楼房中间,将采暖工程分

成二个施工段进行流水施工。该采暖工程流水施工中的流水步距与流水节拍相等,都是 5 d。此时各专业班组在各施工段上依次连续完成同样的工作,没有间歇和窝工现象。按照计算工期的公式,则该楼房采暖工程的总工期为

$$T = T_i + (n-1)K$$

式中

$$T_i = mt_i = 2 \times 5 = 10(\text{天})$$

$$n = 4; K = 5$$

则

$$T = 10 + (4-1) \times 5 = 25(\text{天})$$

13.3 施工进度计划编制

编制建筑设备安装工程施工进度计划时可以采用横道图计划和网络图计划两种方法。横道图计划编制简单,各施工过程进度形象、直观,流水情况表达清楚;但只反映计划编制的结果,难以反映计划内部各工序的相互联系,不能对计划进行控制和调整。网络图计划虽然编制过程比较复杂,但能反映工程各工序之间的逻辑关系,突出关键线路,显示各工序的机动时间,便于在计划制定阶段进行优化,在实施阶段根据实际情况进行及时调整。在实际编制施工进度计划时,可以用网络计划技术编制计划和调整计划;用横道图计划来表达进度计划,完成执行和检查功能。本节对两种方法分别介绍,其中主要介绍网络计划技术。

13.3.1 横道图施工进度计划

横道图计划又称水平图表计划。横道图形式如表 13.1 所示,图表由两部分组成。左边部分按施工顺序反映工程各施工项目(施工过程组合)的工程量、定额、劳动量、机械台班量、工作班制、劳动力人数和施工持续时间等内容,即反映工程量要求和预计投入的劳动力、机械和施工时间。右边用横线表示各施工项目的持续时间和时间安排,综合反映各施工项目相互关系及各施工班组在时间上和空间上的配合关系,即反映施工的进度安排。

施工进度横道图应按照流水施工的原理编制,具体方法有两种。一种是根据已确定的各个施工项目的施工持续时间和施工顺序,凭编制人员的经验在进度计划表右侧直接画出所有施工项目的进度线。另一种方法是先排主导施工项目的施工进度,将各主导施工项目尽可能搭接起来,尽量能够保证主导施工项目连续施工,其他施工项目配合主导施工项目穿插、搭接或平行施工。

表 13.1 横道图施工进度计划

<table>
<tr><th rowspan="3">序号</th><th rowspan="3">施工项目</th><th colspan="2">工程量</th><th rowspan="3">定额</th><th colspan="2">劳动量</th><th colspan="2">机 械</th><th rowspan="3">工作班制</th><th rowspan="3">每班人数</th><th rowspan="3">工作日</th><th colspan="9">进度日程</th></tr>
<tr><th rowspan="2">单位</th><th rowspan="2">数量</th><th rowspan="2">工种</th><th rowspan="2">工日</th><th rowspan="2">名称</th><th rowspan="2">台班</th><th colspan="6">月</th><th colspan="3">月</th></tr>
<tr><th>5</th><th>10</th><th>15</th><th>20</th><th>25</th><th>30</th><th>35</th><th>40</th><th>45</th></tr>
<tr><td></td><td></td><td></td><td></td><td></td><td></td><td></td><td></td><td></td><td></td><td></td><td></td><td></td><td></td><td></td><td></td><td></td><td></td><td></td><td></td><td></td></tr>
<tr><td></td><td></td><td></td><td></td><td></td><td></td><td></td><td></td><td></td><td></td><td></td><td></td><td></td><td></td><td></td><td></td><td></td><td></td><td></td><td></td><td></td></tr>
<tr><td></td><td></td><td></td><td></td><td></td><td></td><td></td><td></td><td></td><td></td><td></td><td></td><td></td><td></td><td></td><td></td><td></td><td></td><td></td><td></td><td></td></tr>
<tr><td></td><td></td><td></td><td></td><td></td><td></td><td></td><td></td><td></td><td></td><td></td><td></td><td></td><td></td><td></td><td></td><td></td><td></td><td></td><td></td><td></td></tr>
</table>

在实际编制过程中，根据进度计划编制对象情况，可能进行几个层面的排序。如在单位工程施工进度计划中，应先根据以上原则安排主导分部工程和其他分部工程，再在主导分部工程内寻找主导分项工程(或施工项目)，按以上原则安排。

13.3.2　网络计划技术介绍

网络计划技术是利用网络图进行计划和控制的管理方法。其原理是用网络的形式表达出一个计划中各施工过程的先后顺序和相互关系；对网络计算后找出关键线路和关键工作；再以关键线路为主对网络进行优化，获得最优计划方案；在计划实施过程中，依据优化网络的网络图对执行过程进行控制和调整，以达到对人力、物资、资金和时间最合理的利用。

网络计划的核心是网络图，根据工序(施工过程)表达方式的不同，网络图分为单代号网络图和双代号网络图。单代号网络图上的一个节点代表一个工序，节点圆圈中标出工序的编号、名称和作业时间，节点之间的箭线只表示工序之间的衔接顺序，箭头所指方向为工序进行方向(图 13.5)。双代号网络图中一个工序由两个节点圆圈内的编号表示，两个节点之间的箭线代表工序，箭头所指方向为工序进行方向，工序名称标在箭线上面，工序作业时间标在箭线下面(图 13.6)。

图 13.5　工序的单代号表示

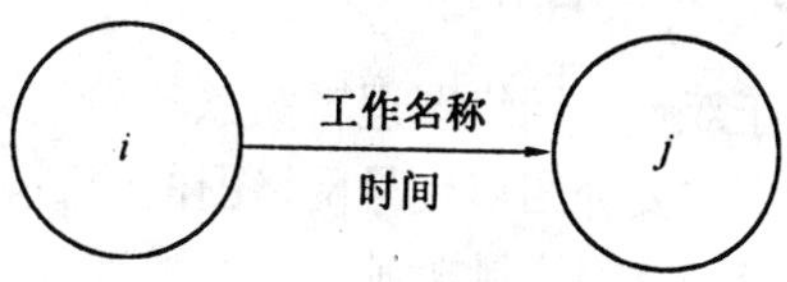

图 13.6　工序的双代号表示

根据计划目标的数量，网络计划分单目标网络计划和多目标网络计划。单目标网络计划网络图只有一个终点，网络计划只有一个目标。多目标网络计划网络图有两个以上终点，网络计划可有多个目标。多目标网络计划的每个目标都有自己的关键线路和关键工序，同时这些关键线路互相联系，过分强调一个目标会影响其他目标的完成。

另外，根据工序的作业时间是否肯定，网络计划可分为肯定型和非肯定型两种。前者又称为关键线路法(CPM)，是以经验数据或定额来规定各工序的持续时间；后者也称为计划评审(PERT)技术，工序的持续时间无经验可循，只能以估计代替。

网络计划的功能特点：

(1)能够反映工程全貌和各工序之间相互制约、相互依赖的关系；

(2)能够反映各工序的最早可能开工时间和结束时间，最迟必须开工时间和结束时间；

(3)能够从网络图中寻找到必须按时完成的关键工序和允许延缓的工序；

(4)能够从许多方案中选择出最佳方案；

(5)能够预见某一个工序的提前或延误对其他工序及整个工程的影响，以便及时调整；

(6)能够实现工期、成本等多个目标的控制和监督；

(7)网络计划所需的原始资料容易获取。

网络图由工序、事项和线路三部分组成。

工序，即需要消耗人力、物资和时间的某一作业过程。在双代号网络计划中，工序由箭线表示，工序的名称和持续时间标在箭线的上下；在单代号网络计划中工序由节点表示，工序的名称和持续时间标在节点圆圈内。根据它们之间的关系,工序可分为紧前工序、紧后工序、平行工序、交叉工序和虚工序。紧前工序指紧接在某工序之前的工序;紧后工序指紧接在某工序之后的工序;与某工序平行的工序称为平行工序;相互交叉进行的工序可称互为交叉工序;虚工序只反映其前后两个工序的逻辑关系,不消耗人力、物资和时间。

事项是指网络图中的节点,反映某工序开始或结束的瞬间,不消耗人力、物资和时间。根据事项发生时的状态,事项可分成开始事项、结束事项、起点事项和终点事项。开始事项和结束事项分别反映工序的开始和结束;起点事项和终点事项分别反映工程的开始和结束。网络图中两工序之间的节点既代表前面工序的结束事项,也代表后续工序的开始事项。

线路是指从起点事项开始,顺着箭头所指方向,经过一系列事项和箭线,最终到达终点事项的一条通路。线路经过的所有工序的作业时间之和就是该线路所需的时间。在一个网络图中,一般都有多条线路,由于每条线路经过的事项和箭线有差别,各线路的时间也不一定相同。时间最长的线路为关键线路,关键线路控制整个工程的总工期,此线路上的任何工序的延误必然影响总工期。关键线路上的各工序为关键工序,要缩短总工期,就必须压缩关键工序的施工时间。关键线路一般用黑粗线、双线或红线表示,以与非关键线路相区别。

13.3.3 网络图的绘制

由于双代号网络图逻辑关系比较清楚,适应关键线路分析,故多被一般工程管理所采用。以下主要介绍双代号网络图的绘制。

13.3.3.1 绘制规则

(1)双代号原则:网络图绘制必须符合双代号网络图表示方法。图中每一条箭线必须都是单箭头,并从一个节点指向另一个节点;不能出现双箭头箭线、无箭头箭线,或者箭线的一端无节点。

(2)一一对应原则:每个工序必须与箭线两端的代号一一对应,两节点之间只能有一条箭线。不能出现几个工序用一个代号的现象。

(3)无循环线路原则:因为时间是不可逆的,不应该出现经过一系列工序后,又回到原开始事项的线路。在有时间坐标的网络图中,不应该出现与时序逆向的箭线。

(4)惟一起点、终点原则:一个网络图只有一个起点事项和一个终点事项。

(5)客观实际原则:网络图中的事项、箭线关系必须与实际工程中的工序原则相符合。不能出现无关工序直接联系。若要反映无关工序的逻辑关系,则应引入虚工序。

13.3.3.2 网络图绘制步骤和方法

绘制工程网络图应首先确定工序项目,计算各工序的劳动量、机械台班和所需要的时间;然后根据施工工艺流程和施工组织要求,确定各工序之间的逻辑关系;最后根据前述规则绘制网络图。具体步骤如下:

1.分解工程任务

根据工程任务规模的大小、复杂程度和组织管理的要求,将工程任务划分到单位工程、分部或分项工程。

2.编制工序逻辑关系明细表

工序逻辑关系明细表应包括工序的序号、名称、代号、作业时间、紧前工序和紧后工序。工序应按照施工的先后顺序依次排列。排列时要分析某工序开始前,哪些工序必须完成;哪些工序可以同时进行施工;某一个工序结束后,哪些工序可以接着开工。

3.绘制网络图

网络图绘制可采用顺推法或逆推法,前者是从工程起点事项开始,依次确定其后的紧后事项,直到工程终点事项;后者是从工程终点事项开始,依次确定其前的紧前事项,直到工程起点事项。无论哪种方法,在网络图中每绘制一个工序,要在工序逻辑关系明细表中找出和已绘制工序的所有逻辑关系,并反映在网络图上,将对应的内容从工序逻辑关系明细表中抹去。

应先绘制网络草图,草图中体现所有工序和它们的逻辑关系。草图完成后要认真检查,去除不必要的虚工序,找出重复、矛盾的逻辑关系分析后合理解决。

4.网络图编号

编号从网络起点事项开始,由小到大,终点事项的编号最大。一个事项对应一个编号,两个相关事项的编号要保证开始事项的编号小于结束事项。编号排列要有规律,可采用从上到下垂直编号,从左到右推移的方法;或从左到右水平编号,从上到下推移的方法。

13.3.3.3 网络图时间参数计算

没有时间参数的网络图只相当于工艺流程图,仅仅反映工序之间的衔接关系,加上时间参数,网络图才能反映工序的活动状态。网络图时间参数分为节点时间参数和工序时间参数。计算时,一般先计算节点时间参数,再根据节点时间参数计算工序时间参数,最后计算时差。

1.节点时间参数计算

(1)节点最早时间(TE)。节点最早时间是指在某事项以前各工序完成后,从该事项开始的各项工序最早可能开工时间。在网络图上表示为以该节点为箭尾节点的各工序的最早开工时间,反映从起点到该节点的最长时间。起点节点 $\mathrm{TE}n=0$,其他节点最早时间的确定方法为

$$\mathrm{TE}j=\max\{\mathrm{TE}i+\mathrm{t}_{ij}\} \tag{13.4}$$

式中 $\mathrm{TE}i$——计算节点最早时间;

$\mathrm{TE}j$——紧前节点最早时间;

t_{ij}——紧前工序作业时间。

当只有一个箭头指向节点时,该节点的最早时间为紧前节点的最早时间加上其紧前工序作业时间;当有两个以上的箭头指向节点时,该节点的最早时间为各紧前节点的最早时间与对应紧前工序作业时间之和中的最大值。

(2)节点最迟时间(TL)节点最迟时间是指某一事项为结束的各工序最迟必须完成的时间。在网络图上表示为以该节点为箭头节点的各工序的最晚开工时间,反映从终点到该节点的最短时间。终点节点 $\mathrm{TL}n=\mathrm{TE}n\leqslant T$(工期),其他节点最迟时间的确定方法为

$$\mathrm{TL}i=\min\{\mathrm{TL}j-\mathrm{t}_{ij}\} \tag{13.5}$$

式中 $\mathrm{TL}i$——计算节点的最迟时间;

$\mathrm{TL}j$——紧后节点的最迟时间。

当只有一个箭头从节点引出时,该节点的最迟时间为紧后节点的最迟时间减去其紧后工序作业时间;当有两个以上的箭头从节点引出时,该节点的最迟时间为各紧后节点的最迟时间与对应紧后工序作业时间之差中的最小值。

2.工序时间参数计算

(1)工序最早开始时间(ES),是指一个工序在具备了一定工作条件和资源条件后可以开始工作的最早时间,要求所有紧前工序完成后才能开始工作。起点工序的最早开始时间ES=0;其他工序最早开始时间($h<i<i$)为

$$ES_{ij}=ET_i=\max\{ES_{hi}+t_{ij}\} \tag{13.6}$$

(2)工序最迟开始时间(LS),是指在不影响施工任务按期完成,并满足工序的各种逻辑约束条件下工序最迟必须开工时间,要求在计划紧后工序开始之前完成。(设 $i<i<k$)

$$LS_{ij}=TL_j-t_{ij}=\min\{LS_{jk}-t_{ij}\} \tag{13.7}$$

(3)工序最早结束时间(EF),等于工序最早开始时间与工序作业时间之和。

$$EF_{ij}=ES_{ij}+t_{ij}=ET_i+t_{ij} \tag{13.8}$$

(4)工序总时差(TF),是一个工序在不影响总工期的情况下所拥有的机动时间的极限值,其本质是工序所在线路的机动时间总和。工序总时差计算式为

$$TF_{ij}=LS_{ij}-ES_{ij}=LF_{ij}-ES_{ij}-t_{ij} \tag{13.9}$$

(5)工序自由时差(FF),是在不影响其紧后工序最早开始时间的情况下,工序所具有的机动时间,反映工序本身独立的机动时间。工序自由时差计算式为

$$FF_{ij}=ES_{jk}-EF_{ij}=ES_{jk}-ES_{ij}-t_{ij} \tag{13.10}$$

3.网络图上参数计算步骤

(1)从起点事项顺着箭线计算各节点的最早时间 TE,直到终点事项;

(2)从终点事项逆着箭线计算各节点的最迟时间 TL,直到起点事项;

(3)计算工序最早开始时间 ES、工序最迟开始时间 LS、最早结束时间 EF;

(4)计算工序总时差 TF 和自由时差 FF;

(5)将第 3 步和第 4 步的计算结果按一定排列顺序标在箭线附近。

4.关键线路和关键工序的确定

关键线路是网络图中需要时间最长的线路,线路上的所有工序都是关键工序。关键线路长短决定工程的工期,反映工程进度中的主要矛盾。关键线路经常有以下特点:

(1)关键线路中各工序的自由时差总和为零;

(2)关键线路是从起点事项到终点事项之间最长的线路;

(3)在一个网络图中,关键线路不一定只有一条;

(4)如果非关键线路中各工序的自由时差都被占用,次要线路变成关键线路;

(5)非关键线路中的某工序占用了工序总时差时,该工序成为关键工序。

在网络图中计算各工序的总时差,总时差为零的工序为关键工序;由关键工序组成的线路即为关键线路。

以下以某空调系统的安装为例介绍网络图的绘制和计算过程。根据工程施工特点和施工方案将工程分解成三个施工段,每个施工段都包括制作风管、空调机安装、风管安装、保温和系统调试五个工序,计算各工序作业持续时间,按工艺过程要求和施工组织要求确定各工序的紧前工序和紧后工序。将分析计算结果填写到工序逻辑关系明细表中(表 13.2)。

表 13.2　工序逻辑关系明细表

序　号	工序名称	工序代号	紧前工序	持续时间/d	紧后工序
1	制作风管 1	A		5	B、F
2	空调机安装 1	B	A	3	C、G
3	风管安装 1	C	B	3	D、H
4	风管保温 1	D	C	4	E、I
5	系统调试 1	E	D	1	J
6	制作风管 2	F	A	3	G、K
7	空调机安装 2	G	B、F	5	H、L
8	风管安装 2	H	C、G	2	I、M
9	风管保温 2	I	D、H	3	J、N
10	系统调试 2	J	E、I	1	0
11	制作风管 3	K	F	4	L
12	空调机安装 3	L	G、K	4	M
13	风管安装 3	M	H、L	3	N
14	风管保温 3	N	I、M	2	0
15	系统调试 3	0	J、N	1	

绘制网络图。根据各工序允许紧前工序的条件确定各紧后工序，根据各紧前工序确定其紧前节点位置，根据各紧后工序确定其紧前节点位置。绘制网络计划草图，每绘制完成一个工序要将对应的内容从工序逻辑关系明细表中抹去，并按照一定的规律对绘出的网络计划图进行编号。网络草图绘制完后要检查逻辑关系。图 13.7 上图是根据上表绘制的网络图，经检查发现在节点 4、6、9、11 处逻辑关系不正确，如制作风管 3 与空调机安装 1 工艺上没有直接关系，但在图上却显示了空调机安装 1 对制作风管 3 的制约关系。引入虚工序调整后正确的网络图如图 13.7 下图所示。

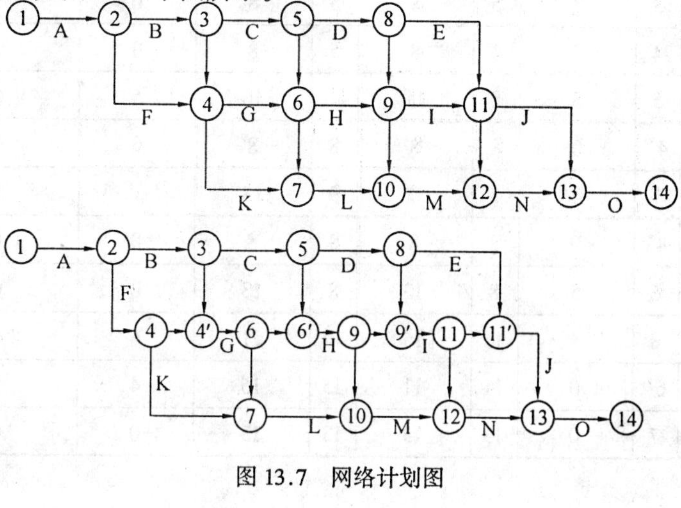

图 13.7　网络计划图

根据前述各计算公式,在图上直接计算或列表计算时间参数。可以计算工序时间参数,也可以计算节点时间参数。在图上直接计算节点时间参数的形式和结果见图 13.8。列表计算工序时间参数见表 13.3,将计算结果表示到图上,见图 13.9。

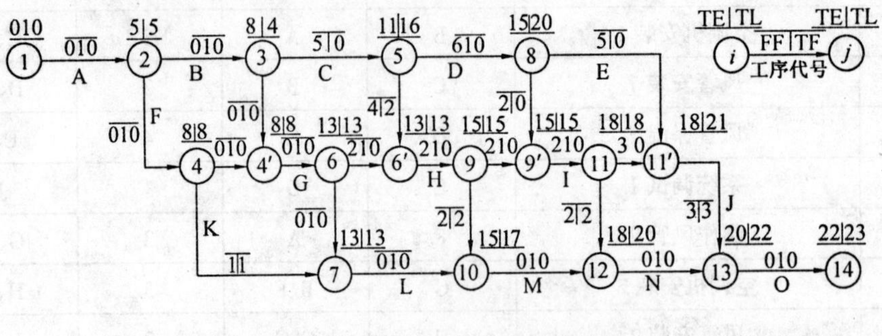

图 13.8 节点时间参数计算结果

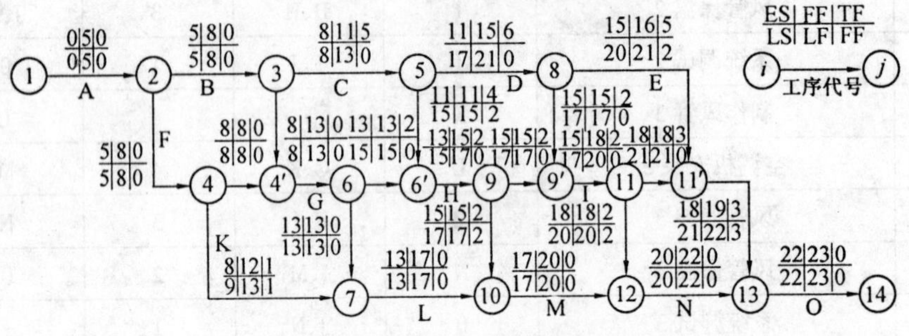

图 13.9 工序时间参数计算结果

表 13.3 工序时间参数列表计算

序号	工序代号	节点编号 i	节点编号 j	持续时间 t_{ij}	最早时间 ES_{ij}	最早时间 EF_{ij}	最迟时间 LS_{ij}	最迟时间 LF_{ij}	总时差 TF_{ij}	自由时差 FF_{ij}	关键工序
		①	②	③	④	⑤ = ③ + ④	⑥	⑦ = ⑥ + ③	⑧ = ⑦ - ⑤	⑨ = 紧后④ - ⑤	
1	A	1	2	5	0	5	0	5	0	0	√
2	B	2	3	3	5	8	5	8	0	0	√
3	F	2	4	3	5	8	5	8	0	0	√
4	C	3	5	3	8	11	13	16	5	0	
5	虚	3	4’	0	8	8	8	8	0	0	√
6	K	4	7	4	8	12	9	13	1	1	
7	虚	4	4’	0	8	8	8	8	0	0	√
8	G	4’	6	5	8	13	8	13	0	0	√
9	D	5	8	4	11	15	17	21	6	0	
10	虚	5	6’	0	11	11	15	15	4	2	
11	虚	6	7	0	13	13	13	13	0	0	√

续表 13.3

序号	工序代号	节点编号		持续时间	最早时间		最迟时间		总时差	自由时差	关键工序
		i	j	t_{ij}	ES_{ij}	EF_{ij}	LS_{ij}	LF_{ij}	TF_{ij}	FF_{ij}	
		①	②	③	④	⑤=③+④	⑥	⑦=⑥+③	⑧=⑦-⑤	⑨=紧后④-⑤	
12	虚	6	6’	0	13	13	15	15	2	0	
13	H	6’	9	2	13	15	15	17	2	0	
14	L	7	10	4	13	17	13	17	0	0	√
15	E	8	11’	1	15	16	20	21	5	2	
16	虚	8	9’	0	15	15	17	17	2	0	
17	虚	9	9’	0	15	15	17	17	2	0	
18	虚	9	10	0	15	15	17	17	2	2	
19	I	9’	11	3	15	18	17	20	2	0	
20	M	10	12	3	17	20	17	20	0	0	√
21	虚	11	11’	0	18	18	21	21	3	0	
22	虚	11	12	0	18	18	20	20	2	2	
23	J	11’	13	1	18	19	21	22	3	3	
24	N	12	13	2	20	22	20	22	0	0	√
25	0	13	14	1	22	23	22	23	0	0	√

13.3.4 网络计划的优化

网络计划的优化是在满足既定条件下,利用工序时差调整网络计划,按照某一指标寻求最佳方案的过程。工程项目网络计划的技术评价指标包括工期、成本和资源消耗等。网络计划的优化主要解决两方面问题:(a)在指定工期(或最短工期)的情况下寻求资源使用最优或成本最低;(b)在资源条件限定下寻求与最低成本对应的最优工期。一般情况下,首先要保证工程按期完成,在此前提下,进行工期－资源优化,工期－成本优化。工期—资源优化的主要目的是在工期指定的前提下,调整工序,以减少资源供应的不均衡性。工期－成本优化的目标是在既定条件下寻找工期和成本之间的最优结合。以下主要介绍工期－成本优化。

13.3.4.1 工期和成本的关系

工程成本由直接费和间接费组成。一般情况下,随工期延长,直接费会降低;间接费主要由工程组织管理费用构成,工期越长,间接费越高。工程成本与工期之间存在最佳组合点(见图 13.10)。

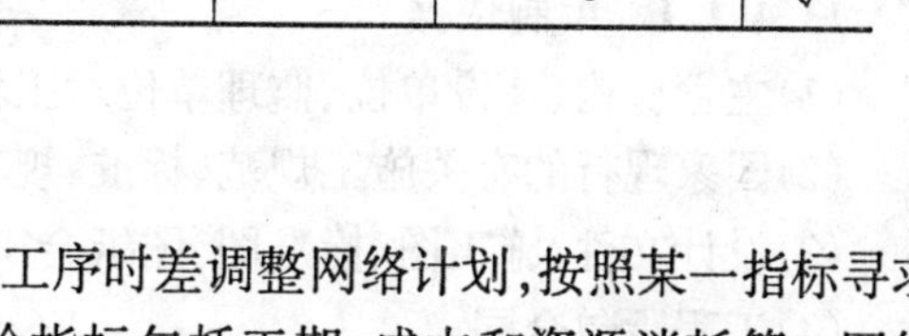

图 13.10　工期费用曲线

工期－成本优化的主要思想是从工期与成本的关系中,找出既能使工程工期缩短,又能使工程直接费增加额最少的工序;缩短该工序作业时间,分析由此而减少的间接费、综合直接费增加额和直接费减少额,即可获得与合理成本工程对应的最优工期或与指定工期对应的最低成本。

13.3.4.2 工期 – 成本优化方法

(1)按各工序的正常作业时间和最短作业时间分别绘制网络图。

(2)计算两个网络图时间参数,确定关键线路,计算正常作业时间总工期和相应的总成本、最短作业时间总工期和相应的总成本。

(3)在正常作业时间网络图的每条关键线路上选择成本斜率(成本随作业时间的增加率)最小的关键工序,对选择的各关键工序缩短相同作业时间。计算调整后的总工期和总成本。

(4)比较调整后的总工期与最短作业时间总工期。若前者仍大于后者,重新寻找前者的关键线路并重复第三步的调整和计算。直到调整后的总工期与最短作业时间总工期相等。

(5)在各调整结果中寻找成本最低的计划,其对应的工期为最佳工期。

13.4 建筑设备安装工程施工组织设计

13.4.1 建筑设备安装工程施工组织设计编制的依据和程序

建筑设备安装工程在建筑施工项目中大多属于单位工程,其施工组织设计与其他单位工程施工组织设计的方法和内容相同。

13.4.1.1 编制依据

(1)主管机构、建设单位、监理单位对工程的要求;

(2)国家现行的有关施工规范、标准、规程、定额等;

(3)设计文件、施工图、标准图,图纸会审记录;

(4)工程承包合同;

(5)施工组织总设计的要求;

(6)施工企业的机具水平、施工队伍素质和技术水平;

(7)施工材料、成品、半成品供应情况;

(8)施工现场条件,如地形、气象、场地、交通运输、水电供应和土建条件等;

(9)类似工程的施工组织设计资料。

13.4.1.2 编制程序

编制程序如图 13.11 所示。

13.4.2 建筑设备安装工程施工组织设计内容

13.4.2.1 工程概况

主要是对拟建建筑设备安装工程的工程特点、施工条件和建设地点环境的介绍。

1.工程概述

工程概述主要介绍工程设计单位、建设单位、施工单位和监理单位,工程名称、造价和开竣工日期等。

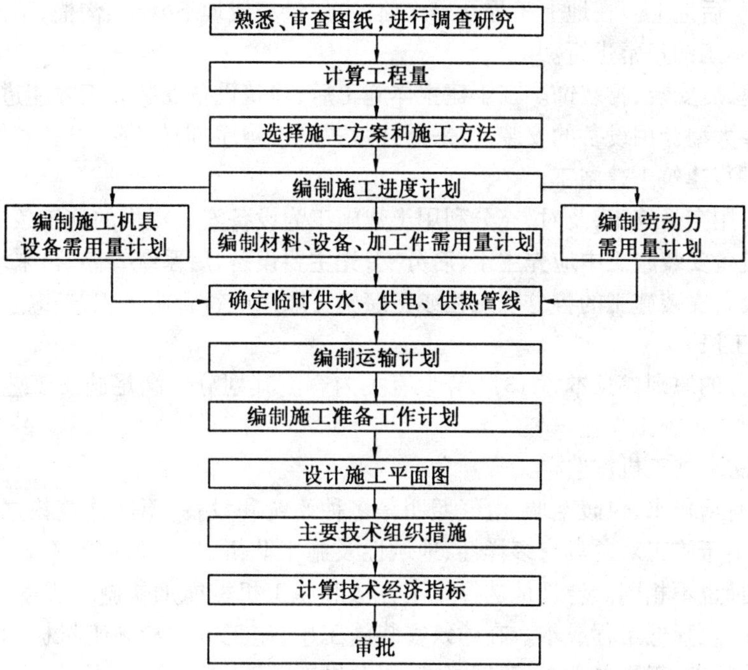

图 13.11　建筑安装工程施工组织设计编制程序

2.工程特点

工程特点主要包括工程的性质、用途、规模，系统布置形式，建筑形式和结构特点，对采用的新材料、新工艺、新技术和施工难度大的部分应重点介绍。

3.工程施工环境和条件

介绍拟建工程的位置、地形、地质、气象及场地环境，供水供电、交通运输、材料和设备供应，劳动力和施工机具条件等。

13.4.2.2　施工方案

施工方案是单位工程施工组织设计的核心，主要内容包括施工流向、施工顺序、施工段划分、施工方法和施工机械选择等。施工方案选择时，应预先制定几个可行的方案，对它们进行技术经济分析比较，选择其中最优的作为实施方案。

1.确定施工流向

施工流向是指工程在水平面(线)上或竖向上开始施工的起点和进展方向。确定施工流向时应综合考虑各种因素。

(1)建设单位的要求：对生产和使用要求在先的部分优先施工；

(2)施工工艺的要求：对影响其他后续施工的部分先开工；

(3)各分项工程的繁简要求：对技术复杂、施工难度大、工期长的分项工程优先开工；

(4)施工机械运作、材料搬运方向要求；

(5)施工质量和安全要求等。

2.确定施工程序

施工程序是指单位工程中各分项工程或工序施工的先后次序。它是根据各分项工程或工序之间的工艺制约关系，解决工序时间搭接问题。确定施工程序主要遵循以下原则。

(1)先地下、后地上。在地上工程开始之前,应尽量完成地下管道、沟槽、基础等的施工,以免影响地上施工的正常进行。

(2)先土建、后安装、再装饰。在土建主体施工后,建筑设备安装施工才能进行。

(3)对有些大型专用设备的安装,可采用开敞式施工顺序,即先进行设备基础施工,再安装设备,最后进行建筑土建施工。

(4)尽量采用交叉施工,及时、充分利用土建施工为设备安装提供的施工条件。

(5)建筑设备安装施工中应先主干、后分支;先主要设备、后系统管路、再末端设备。

(6)建筑设备安装施工的各分项工程或工序施工顺序应符合施工工艺和施工流向要求。

3.划分施工段

施工段划分的原则参见本章 13.2 节中有关内容。其划分应满足施工工艺和施工顺序要求,方便进行流水施工作业。

4.施工方法和施工机械选择

建筑物中有给排水、供暖空调、电气照明等多种系统和设备,不同建筑物之间的设备系统各有特点。由于施工对象具有多样性、地域性及施工队伍、施工条件的不同,施工方法和施工机械的选择也不相同。合理地选择施工方法和施工机械能加快施工进度、提高工程质量、保证施工安全、降低工程成本。在建筑安装施工中,施工方法和施工机械的选择主要与工程种类、系统特点、工程量大小、工期要求、资源供应条件、现场条件、施工企业技术装备水平等因素有关。由于不同施工方法要求有相应施工机械配合,施工方法和施工机械的选择应保持协调一致。

施工方法和施工设备选择的基本原则:

(1)满足施工组织总设计要求和有关规范、标准要求;

(2)满足工期、质量、成本和安全要求;

(3)满足经济上合理、技术上可行要求,还要适合当前工程实际情况;

(4)满足施工工艺要求,尽量选用先进施工方法,保证施工机械之间协调配套,充分发挥主要施工机械效率;

(5)对工程量大、技术复杂或采用新工艺、新技术的重要分部分项工程及对工程质量起关键作用的分部分项工程的施工方法应详细具体。

5.施工方案的技术经济分析

每个工程的施工过程都可以用不同施工方法和施工机械的组合完成,因此一个单位工程会有许多个施工方案,各方案也互有优缺点。确定施工方案时,首先要拟选几个在经济上合理、质量上可靠、技术上可行的方案,对它们进行技术经济分析比较后,选择最优的作为实施方案。

施工方案的技术经济分析有定性分析和定量分析两种。定性分析是根据以往经验对施工方案的一般优缺点进行分析比较,主要包括以下方面:方案的复杂程度和技术先进性;是否发挥现有机械设备的作用;对劳动力、物资供应的要求;是否有利于文明施工、安全施工;能否保证施工质量;对后续施工的影响等。

定量分析是对施工方案的一些技术经济指标进行计算,通过比较这些指标来确定方案的优劣。这些指标包括工期指标、劳动消耗指标和成本指标等。

(1)工期指标。工期指标是指从工程开工到竣工工程实际施工的日历天数,它是施工方案分析比较的首要指标。方案比较时,在保证工程质量和安全施工的条件下,对各方案的施工工期进行比较,以确定实施方案工期。

(2)劳动消耗指标。劳动消耗指标反映施工的机械化程度、劳动生产率水平和劳动消耗量。机械化程度是指机械施工完成的工程量占所有工程量的比率。劳动生产率是指施工人员在一定的时间内所能够完成的施工量。劳动消耗量指完成某工程所需要的全部劳动工日数。在方案比较中应采用机械化程度高,劳动消耗量低,劳动生产率高的方案。

$$\text{机械化程度} = (\text{机械完成的工作量}/\text{全部实物量}) \times 100\% \tag{13.11}$$

$$\text{劳动生产率} = \text{完成工作量}/\text{平均作业人数} \tag{13.12}$$

$$\text{单位产品劳动消耗量} = \text{完成某工程的全部工日数}/\text{工程总量} \tag{13.13}$$

(3)成本指标。成本是指工程的全部直接费和间接费。成本可由施工人员的工资、工程所需的材料费和机械费,按照一定的取费系数计算出来。在保证工程质量和安全施工的条件下,降低成本是施工企业赢利的保证。

$$\text{成本} = \text{基本工资} \times (1 + K_1) + (\text{材料费} + \text{机械费}) \times (1 + K_2) \tag{13.14}$$

式中　K_1、K_2——取费系数。

施工方案的定量分析评定方法有单指标法和多指标法。单指标法是在工期、成本或劳动消耗等指标中选择一个主要指标,或当其他指标相同的条件下,比较一个有差别的指标。多指标法是对方案的多项技术经济指标进行综合比较。当某一方案的各项指标都优于其他方案时,该方案为最佳方案;当几个方案的指标各有优劣时,应根据工程要求给定各指标权重值,对每个方案的各个指标按照满足程度打分,根据各个指标的权重和分值计算出每个方案的综合分值,确定分值高者为优。

13.4.2.3　施工进度计划

建筑设备安装工程施工进度计划与其他单位工程施工进度计划一样,也是在施工方案的基础上,根据工期要求、工艺要求及劳动力、物料和机械供应条件,对工程开竣工时间及各分部分项工程的施工持续时间、施工顺序、搭接关系的具体安排。其作用在于控制施工进度和竣工期限,保证工程按期、按质、按量完工。

单位工程施工进度计划是编制施工准备计划、劳动力需用计划、各项资源需用量计划、分部工程施工计划和编制施工月计划、旬计划的基础。

建筑设备安装工程施工进度计划的主要依据有:施工组织总设计和建设单位对工期的要求;单位工程的全套设计图纸、标准图等文件资料;施工方案;施工预算和有关定额;施工现场条件和资源供应情况;施工单位的技术水平和管理水平等。

编制建筑设备安装工程施工进度计划的主要工作内容和编制程序见图 13.12。

1.划分施工项目

施工项目是包括一定内容的施工过程的组合,是构成进度计划的基本施工单元。划分施工项目就是根据施工图纸和施工顺序把单位工程的各施工过程列出,然后结合施工方案把这些施工过程进行整理合并,方便编制施工进度计划的需要。

施工项目划分的内容一般包括直接在单位工程工地上进行施工的分部分项工程、现场预制加工或与分部分项工程配合紧密的运输过程等,不包括场外加工预制和运输过程。项目划分时应明确每个施工项目包括的施工内容和范围。

单位工程施工项目应按照施工方法、工艺流程及工程特点划分。编制实施性进度计划

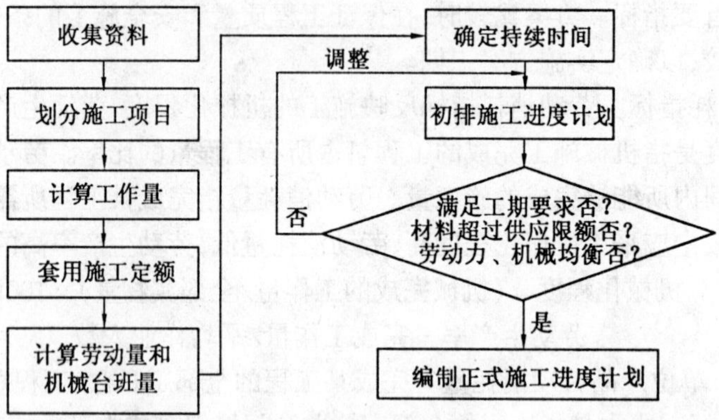

图 13.12　施工进度计划编制程序

时,一般要求划分到分项工程或者更具体一些,以满足指导施工作业的要求。对于主导施工内容和工程量大、工期长、施工复杂的施工内容应划分到施工过程单独列项;对于一些次要的、工程量不大或关系密切不易区分的施工过程应合并处理。对划分的施工项目按施工顺序列表、编号,以方便复查,防止漏项。

施工项目的划分应与施工方法协调,能合并的就合并,力求简明、清晰。一般将同一时期可由同一个施工班组完成的施工项目合并,将工程量不大的零星分项工程统一合并为“其他工程”,插入施工。

2.计算工程量、机械台班量和劳动量

(1)计算工程量。工程量应根据预算定额或劳动定额计算。在编制施工进度计划之前,若施工图预算已编制,可将预算中统计的工程量折算成劳动定额的工程量;若无施工图预算,要根据施工图纸、工程量计算规则,按照划分的施工项目,套用预算定额或劳动定额计算工程量。计算时要结合采用的施工方法、施工机械、安全技术要求和施工组织分段、分层要求。工程量的计算单位应与现行的定额单位一致。

(2)计算机械台班量。以机械施工为主的施工项目,可根据前述计算出的工程量计算机械需用量,即

$$P = Q/S = Q \times H \tag{13.15}$$

式中　P——某施工项目需要的机械台班量(台班);

Q——机械完成的工程量(m^3、m、t、件等);

S——该机械的产量定额(m^3/台班、m/台班、t/台班、件/台班等);

H——该机械的时间定额(台班/m^3、台班/m、台班/t、台班/件等)。

③计算劳动量

以手工操作完成的施工项目,其劳动量计算式为

$$P' = Q'/S' = Q' \times H' \tag{13.16}$$

式中　P'——某施工项目需要的劳动量(工日);

Q'——该施工项目的工程量(m^3、m、t、件等);

S'——该施工项目采用的产量定额(m^3/工日、m/工日、t/工日、件/工日等);

H'——该施工项目采用的时间定额(工日/m^3、工日/m、工日/t、工日/件等)。

在计算中,当一个施工项目是由几个不同的施工过程合并而成时,应先计算各施工过程

的劳动量,施工项目劳动总量为该项目包括的各施工过程劳动量之和。有些新技术或特殊施工方法,定额中尚未编入,可参考类似项目的定额或实验数据估算。对前述项目划分中的"其他工程"所需的劳动量,可不细算,而根据其内容和数量按总劳动量的 10% ~ 20%取值。

3.计算施工时间,确定机械台数和劳动力数量

施工项目的施工时间是指在正常情况下,施工项目的持续施工时间。在施工项目的劳动量和机械台班数确定后,劳动力人数和机械台数与施工时间的关系为

$$T = P/Rb \text{ 或 } T = P'/R'b \tag{13.17}$$

式中　T——某项施工项目的施工时间(天);

R、R'——该施工项目所配的机械台数、劳动力人数(台、人);

b——每天的工作班制。

当劳动量和机械台班数确定后,施工时间、机械台数和劳动力数量的确定有两种形式:一种是根据施工工期的要求,先确定施工项目的施工时间和工作班制,然后利用上式计算施工班组人数或机械台数;另一种是先根据现有的施工机械、施工班组人数及工作面大小确定工作班组人数、机械台数和工作班制,再利用上式计算施工时间。

在一般情况下,工作班制多采用一班制,在赶工期、抢进度等特殊情况下可采用两班制,对于有些工艺有连续施工要求的项目才采用三班制。两班制和三班制因技术、组织、安全、照明等原因会增加工程成本。

在确定施工班组人数时,应注意最小劳动组合、最小工作面和可能安排人数等的要求或限制。最小劳动组合是指某一施工过程正常施工所必需最低限度的班组劳动人数及其合理组合。施工人数低于最低限度的人数或人员搭配不合理,都会引起劳动效率和劳动质量下降。最小工作面是为了保证安全生产和有效操作,施工班组必需的最小操作对象的数量。在一定的操作对象上投入的施工人员过多,不能保证每个班组施工最小工作面的要求,会造成工作面不足而窝工,减低工作效率,甚至可能引发事故。可能安排人数是指施工企业所能配置的施工人员的能力。

机械台数要根据施工企业的能提供的机械台数、机械的操作面、机械正常使用中的停歇、维修、保养时间和机械的生产效率综合分析确定。

4.施工进度计划编制

单位工程施工进度计划有两种形式:横道图计划和网络图计划。其编制过程见本章13.3 节有关内容。

13.4.2.4　施工准备计划、劳动力及物资需用量计划

施工准备计划、劳动力及物资需用量计划是保证施工进度计划能够顺利实施及施工企业安排施工准备、施工过程各种资源供应的依据。

1.施工准备计划

单位工程施工准备计划是为了保证满足在工程开工前和施工过程中各阶段施工要求的开工条件所编制的准备工作内容和安排。主要包括以下内容:①技术准备:熟悉、会审施工图纸,收集分析有关资料,编制施工组织设计和施工预算。②劳动组织准备:建立组织机构,组织劳动力,技术、计划交底。③物资资源准备:组织安排材料、机具、设备和加工预制件的订购和储运。④现场准备:场地平整,障碍物拆除,临时水、电、路接通,搭建临时设施,材料机械进场等。

表 13.4 为常用的单位工程施工准备计划表。

表 13.4 单位工程施工准备计划

序号	准备工作项目	简要内容	负责单位	负责人	起止日期		备 注
					日/月	日/月	

2.劳动力需用量计划

劳动力需用量计划反映在施工过程中对各工种劳动力的需要安排,是调配劳动力、安排福利的依据。劳动力需用量计划是根据施工进度计划、施工预算及劳动定额的要求编制的。具体编制方法是:先将施工进度计划中各施工项目每日所需的各工种的工人人数统计汇总;再将每日需求汇总成周、旬、月的需求,将汇总结果填入表 13.5 中。

表 13.5 单位工程劳动力需用量计划

序号	工种名称	总工日数	人数	月			月			月			备 注
				上	中	下	上	中	下	上	中	下	

3.主要材料需用量计划

单位工程主要材料需用量计划根据施工进度计划、施工预算及材料消耗定额的要求编制。它主要为材料的储备、进料,安排仓库、堆放场,组织运输等提供依据。各种材料的需用量及需要时间可以从施工预算和施工进度计划中计算汇总得出。常用单位工程主要材料需用量计划表格见表 13.6。

表 13.6 单位工程主要材料需用量计划

序 号	材料名称	规 格	需用量		供应时间	备 注
			单 位	数 量		

4.施工机械需用量计划

施工机械需用量计划是根据施工方案和施工进度计划编制的,反映施工过程中各种施工机械的需用数量、类型、来源和使用时间安排,见表 13.7。

表 13.7　单位工程施工机械需用量计划

序　号	机械名称	规格型号	需用量		来源	使用起止日期	备　注
			单　位	数　量			

5.加工件、预制件需用量计划

根据设计文件和施工进度计划统计加工件、预制件的需用量和需用时间，结合其需要的加工时间，安排定货、运输、堆放，见表 13.8。

表 13.8　单位工程加工件、预制件需用量计划

序　号	机械名称	规格型号	需用量		来源	使用起止日期	备　注
			单　位	数　量			

6.运输计划

根据施工进度计划，主要材料和加工、预制件的需用计划编制。针对货物种类、运输量、运输距离组织运输力量，安排运输时间，见表 13.9。

表 13.9　单位工程运输计划

序号	货名	单位	数量	货源	运距 km	运输量 t·km	运输工具			需用起止日期
							名称	吨位	台班	

13.4.2.5　主要技术组织措施

技术组织措施是从技术方面所采取的确保工程质量、安全、节约和季节性施工等的组织措施。

1.质量保证措施

质量保证措施应根据工程性质、要求、特点以及施工方法、现场条件等具体情况提出。主要措施有：

(1)制定完整质量保证制度，将施工过程各环节的质量保证措施落实到具体负责人；

(2)严格地按照国家颁发的施工验收规范和标准施工；

(3)针对施工中易出现质量问题的环节，制定相应的防治措施；

(4)对施工过程采用的新技术、新工艺、新材料、新机具和新结构应采取措施熟悉并掌握；

(5)对采用的设备、材料、成品和半成品应按照有关规定严格验收,确保质量合格;

(6)加强工程检查、验收管理工作,做到施工过程有自检、互检并做记录,发现问题应及时返工或补救等。

2.安全保证措施

为确保安全施工,应严格按照有关施工操作规范施工。以预防为主,并制定切实可行的应急措施。主要措施如下:

(1)加强安全施工宣传、教育、培训,尤其对新工人要进行培训后才能上岗;

(2)对新技术、新工艺、新材料、新机具和新结构要制定专门的安全技术措施;

(3)对高空、交叉作业,应制定防护和保护措施;

(4)对从事有毒、有害和有尘作业的操作人员要采取必要的劳动保护和安全措施;

(5)针对工程施工工艺要求,应制定消防、灭火措施;

(6)对各种施工机械要制定安全操作制度。

3.降低成本措施

降低成本是一项综合任务,在保证工程质量、工期和施工安全的前提下,工程管理过程的各个环节都应注意成本的控制。主要措施有:

(1)合理进行施工组织设计,充分利用现有的机具、劳动力和材料;

(2)积极采用新技术、新工艺提高劳动生产率;

(3)提高管理工作效率,组织精练高效的管理机构;

(4)在保证质量的前提下,采取有效措施控制材料采购成本;

(5)编制降低成本计划表,并进行综合评价分析。

4.雨季、冬季施工措施

雨季施工措施主要包括根据施工当地的雨季时间,合理安排施工任务;在雨季到来时制定防淋、防潮、防泡、防淹、防风、防雷和道路畅通等措施。冬季施工措施包括制定防寒、防冻、防滑和保证施工工艺要求等措施。

13.4.2.6　技术经济指标

单位工程施工进度计划常用的评价指标有以下几个:

1.工期

$$提前工期 = 合同工期 - 计划工期 \tag{13.18}$$

$$节约时间 = 定额工期 - 计划工期 \tag{13.19}$$

2.劳动力均衡系数

$$K = 最高峰施工期间工人人数/施工期间每日平均工人人数 \tag{13.20}$$

3.工日节约率

$$总工日节约率 = (施工预算工日 - 计划工日)/施工预算工日 \tag{13.21}$$

4.节奏流水均衡性系数

$$节奏流水均衡性系数 = (施工段数 - 施工队数 + 1)/(施工段数 + 施工队数 - 1) \tag{13.22}$$

5.非节奏流水资源消耗均衡性系数

$$非节奏流水资源消耗均衡性系数 = 施工队数/(施工段数 + 施工队数 - 1) \tag{13.23}$$

6.安装工人日产值

安装工人日产值 = [计划施工工程量(元)]/[进度计划日期 + 每日平均人数(工日)] (13.24)

13.4.2.7 施工平面图设计

单位工程施工平面图是一个单位工程施工现场的布置图,图中表示施工现场的临时设施、加工厂、材料仓库、大型施工机械、交通运输和临时供水供电管线等的规划和布置。它是以总平面图为基础,单位工程施工方案在现场空间的体现,反映施工现场各种已建、拟建的建筑物、构筑物和临时设施等之间的空间关系。

1.设计依据

(1)施工设计图纸及有关施工现场现状资料和图纸。主要包括建筑总平面图、施工现场地形图、地下管线图和竖向设计资料等。

(2)现场自然条件和技术经济条件。工程当地的气象、地形、水文、地质条件,交通运输、供水供电等。

(3)施工方案、施工进度计划。施工不同阶段对各种机械设备、运输工具和材料、加工预制件、施工人数的要求。

(4)各种临时生产、生活设施要求情况。

2.设计原则

(1)在保证现场施工及安全要求的条件下,要布置紧凑,减少施工占地。

(2)临时设施的设置要便于生产、管理;材料堆放和仓库布置应靠近材料使用地点,减少场内运输距离,尽量避免二次搬运。

(3)在满足施工需要的情况下,尽量减少临时设施,充分利用已有或拟建的永久性建筑和管线,或者采用可拆移式临时房屋。

(4)施工场地布置应符合劳动保护、技术安全和消防、环保、卫生等规定。

3.设计内容

施工平面图的内容与工程性质、现场条件有关,以满足工程施工需要为原则。一般按 1:200 ~ 1:500 绘制在 2 ~ 3 号图上。图纸上除了应包括以下基本内容外,还应有图例、风玫图及必要的文字解释。

(1)建筑总平面图上已建和拟建的地上和地下的一切建筑物、构筑物、道路、河流等的位置和尺寸,地形等高线和测量放线标桩。

(2)工程施工的各种机械的运行路线和处置运输设施的位置和尺寸。

(3)材料、成品、半成品堆放场,加工场,办公室,宿舍等临时生产、生活和管理设施的位置。

(4)临时供水、供电、供暖管网及泵站、变压站等。

第 14 章　建筑设备安装工程项目管理

14.1　概　述

项目管理是有计划有步骤地对项目或一次性任务进行高效率的计划、组织、指导和控制过程，其本质是一个对项目实施过程中各管理阶层所给予的责任和权力。

施工项目管理是以工程建设项目为对象，项目经理责任制为基础，施工图预算为依据，承包合同为纽带，最佳效益为目的，对从工程的投标、开工到验收交付使用的一次性整个过程中项目的工期、质量、成本、安全等进行系统计划、组织、协调、控制的管理的方法。

受工程项目自身特点决定，施工项目管理是一次性内部施工任务承包管理方式，管理过程是以达到施工合同中规定的施工任务、工期、质量等为目标，对涉及的人、财、物、空间、时间、信息等各种因素综合考虑。

14.1.1　项目管理的基本职能

(1)计划职能：对项目全过程、全部目标和全部活动编制计划，用一个动态的计划系统来协调控制整个项目，以便提前预见问题，使项目协调有序地达到预期目标。

(2)组织职能：通过职责划分、授权、合同的签订与执行和运用各种规章制度等方式，建立一个高效率的组织保证系统，以确保项目目标的实现。

(3)协调职能：项目不同阶段、不同部门、不同层次之间存在着大量结合部，这些结合部的协调与沟通是项目管理的重要职能。

(4)控制职能：按照项目计划对目标进行分解，提出阶段性目标和各种指标定额，检查执行情况，以及对实施中的信息反馈、决策和调整来实现目标。工程项目的控制往往以质量控制、工期控制和成本控制为中心内容。

14.1.2　施工企业项目管理的工作内容

施工企业项目管理的工作主要包括以下三方面内容：

(1)资源管理：基本内容是确定施工方案，作好施工准备。具体包括施工方案的经济比较，选定最佳施工方案；选择适用的施工机械；设计施工平面图，确定各种临时设施的数量和位置；确定各工种人工、机具和材料的需要量等工作内容。

(2)施工管理：基本任务是编制施工进度计划，在施工中检查执行情况，并及时调整，以确保工程按期竣工。主要内容有编制施工进度计划；建立检查进度计划的报表制度和信息处理程序；施工图纸供应情况的监督检查；物资供应情况的监督检查；劳动力调配情况的监督检查；工程质量管理。

(3)合同与造价管理：基本任务是投标报价，签订合同，结算工程款，控制成本等。主要内容包括制定投标报价方案；与发包单位、分包单位和供货单位签订合同；检查合同执行情况,处理索赔事项;工程中间验收及竣工验收、结算工程款;控制工程成本;月度结算和竣工决算及损益计算。

14.2 建筑安装工程项目计划管理

14.2.1 工程项目计划管理的概念

工程项目计划是对工程项目预期目标进行筹划安排等一系列活动的总称。项目计划是工程项目的决策过程,工程项目计划规定了项目实施的目标和实施方案,是工程项目实施的指导文件。工程项目计划管理是通过搜集、整理和分析项目相关信息,分析项目的可行性、规划预期目标及安排实施方案,使人力、材料、机械、资金等各种资源在工程项目实施的全过程得到充分运用,实现预期目标的规划、组织、指导和控制过程。

工程项目计划管理可概括成计划编制(P)、计划实施(D)、计划检查(C)和采取措施(A)四个过程。计划编制指通过编制计划,落实有关方面的工作和责任,协调内部和外部的活动,作好综合平衡和优化组合。计划实施指有关方面按计划组织实施,根据计划相互配合协作。计划检查是检查计划实施过程中出现的偏差,分析偏差产生原因。采取措施是在发现偏差后,根据偏差产生的原因,采取措施进行补救,并对计划进行调整的过程。计划管理过程如图14.1所示。

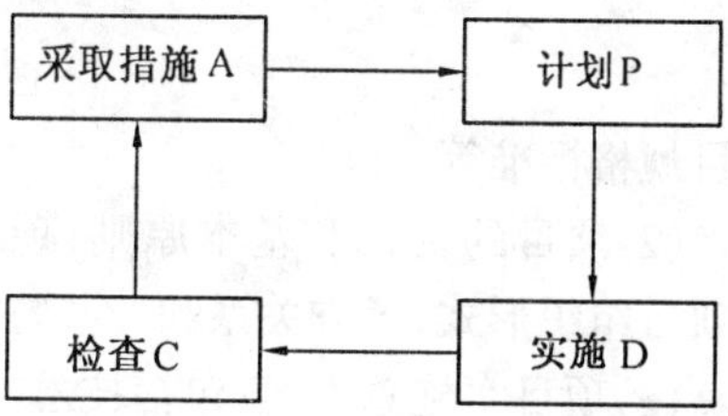

图14.1 项目计划过程

大型工程项目计划一般要根据项目实施的进度分成若干个阶段的计划,近期计划要求具体,中期简要一些,远期更简要。计划管理过程不但要对本期计划进行编制、实施、检查和调整,还要根据本期计划的实施情况,对以后的计划进行检查、修订和调整,所以工程项目计划管理是一个滚动前进过程。

14.2.2 工程项目计划的内容

14.2.2.1 项目计划系统

项目计划系统是项目计划编制的纲要,包括项目计划规格和管理计划两部分。项目计划规格是在编制计划前,对项目的设计、设备材料的采购、施工等的技术要求,如使用的规范、标准等。项目管理计划是对项目中各项工作进行计划、组织、协调、控制的计划文件,这些文件中包括各项工作的目标、任务、要求和相应的安排、组织和控制方法等内容。项目计划系统如图14.2所示。

14.2.2.2 工程项目计划的编制程序和内容

1.工程项目计划编制的程序

项目计划编制的程序如图14.3所示。

2.工程项目的总体计划内容

工程项目的总体计划包括以下基本内容。

(1)总则:对项目的总体介绍,包括工程项目概况,项目各方的责、权、利,项目管理机构,

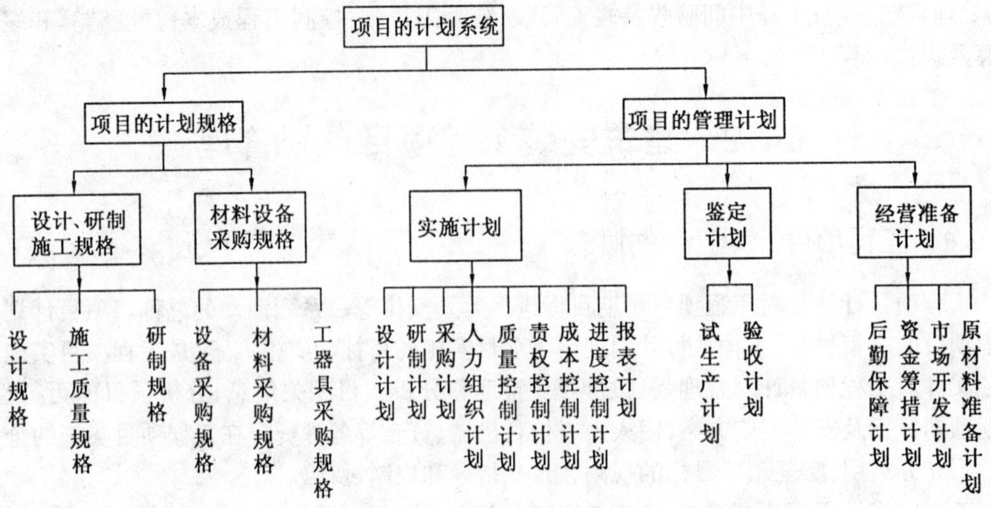

图14.2 项目计划系统图

项目规格标准等。

(2)项目的目标和基本原则:项目总目标详细说明项目组织形式,各方关系和一些特殊规定。

(3)项目实施总方案:包括技术方案和管理方案。

(4)合同形式:项目合同类型和主要内容要求。

(5)进度计划:总进度计划和各项工作进度安排。

(6)资源使用:资金、人力、设备、材料等的使用估算、监督、控制的方法和程序。

(7)人事安排和组织机构:人事制度、安全保障,人员的安排、补充调配和培训等。

(8)监督、控制与评价:监督控制的内容范围,评价的方法和指标等。

(9)潜在问题:对可能发生的意外事故分析和应急计划。

3.工程项目的分项计划内容

(1)组织计划:组织计划包括组织机构设置计划、生产人员组织计划、协作计划、章程制度计划和信息管理系统计划等,其目的是建立一个稳定的、健全的、责权明晰的管理机构。

(2)综合进度计划图:包括总进度计划、设计进度计划、设备供应进度计划、施工进度计划、竣工验收和试生产计划等内容。通过各项进度计划,对各单位的工作进行统一安排和部署,确保长期计划和短期计划、局部计划与整体计划能协调统一。

(3)经济计划:包括劳动力工资计划、材料计划、

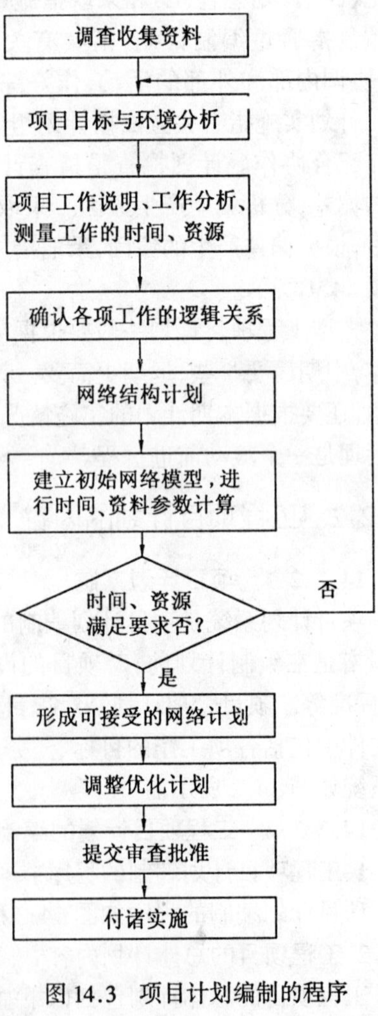

图14.3 项目计划编制的程序

构件及加工半成品需用量计划、施工机具需用量计划、项目成本降低计划、资金使用利润计划等。

(4)物资供应和设备采购计划:确定物资供应和设备采购的方针、策略、数量、顺序、到货时间和地点等,满足工程施工需要。

(5)施工总进度计划和单位工程进度计划:根据综合进度计划的要求,编制施工总进度计划和单位工程进度计划,合理安排各施工项目的先后顺序、开竣工时间和搭接关系,平衡各施工阶段的资源需用量和物资分配。

(6)项目质量计划:根据工程要求、施工技术和管理水平确定质量目标和各阶段的质量管理要求。

(7)报表计划:规定报表内容和信息范围,报表时间,报表填写负责人和接受对象。

(8)应变计划:“意外需要”的储备,当产生意外情况时,“意外需要”的使用规定和计划。

(9)竣工验收计划:明确工程验收的时间、依据、标准、程序和工程移交时间等。

14.3　建筑安装工程项目组织

14.3.1　组织机构

14.3.1.1　项目组织机构设置原则

(1)项目组织机构在保证满足必要职能的前提下,要精简机构、提高效率,以求高效精干。

(2)适当划分管理层次,保证管理跨度的科学性,使各级管理人员在一定的工作范围内能集中精力实施有效管理。

(3)组织管理机构形成一个完整系统的机构体系。各职能部门之间形成一个相互制约、相互协调的封闭性有机整体。

(4)因事定岗、按岗定人、以责授权,保证人负其责,事不落空。

(5)适应工程项目变化需要,实行弹性组织机构和管理人员流动制度。

14.3.1.2　项目组织机构的形式

建设单位的项目管理组织机构形式有指挥部制、工程监理代理制、交钥匙管理制和建设单位自组织等方式。

指挥部制是由建设单位、设计单位、施工单位及有关主管部门联合组成指挥部,实行指挥部首长负责制。统一指挥施工、设计、物资供应等工作。指挥部制有现场指挥部、常设指挥部和工程联合指挥部等形式。

工程监理代理制是建设单位与施工单位和监理单位分别签订合同,由监理单位代表建设单位对项目实施管理,对施工单位进行监督。项目拥有权和管理权分离,由专业监理机构对项目进行管理、监督、控制、协调。工程监理代理制是国际通行的工程管理方式,我国正大力推广。

交钥匙管理制,是由建设单位提出项目使用要求,将项目从设计、设备选型、工程施工验收等全部委托给一家承包公司,工程完成后,即可使用。

建设单位自组织制适用于建设单位自身具有一定工程管理能力,且工程不复杂的中小型项目。

工程承包单位的项目管理组织机构受其企业管理组织机构设置方式制约。组织机构的主要形式有:直线职能式、事业部式、混合工程队式、矩阵式等。

1.直线职能式

直线职能式是一种集权式组织形式。这种方式吸收了直线式命令畅通和职能式专业分工强的特点,一方面权力从企业负责人到施工队自上而下形成直线控制,下级对上级负责,企业负责人通过其下各级负责人下达命令,实行纵向管理;另一方面,通过下属各职能部门对各专业分工进行横向领导。管理领导线路有两条:

主线(纵向):总经理—职能部门经理—工程处—工区—施工队

辅线(横线):总经理—职能部门—专业施工队

直线职能式管理模式见图 14.4,管理过程要求主线和辅线的命令相互协调统一。

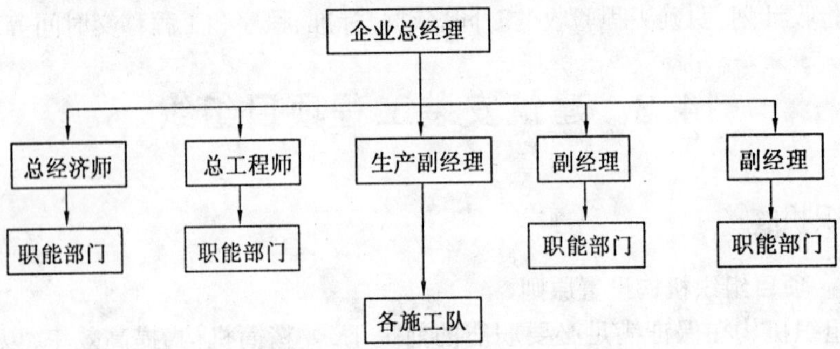

图 14.4　直线职能式管理结构

2.事业部式

对于有些大型综合性企业,由于企业业务范围广,采用直线职能式组织方式权力过分集中,不利于各部门充分发挥作用,可采用事业部式管理方式。这种方式将企业划分成若干个相对独立的职能部门,对各职能部门给予较大的管理权力,由各部门对现场施工直接指挥。其特点是由专业职能部门直接管理、分工明确,保证决策正确,命令统一,执行畅通;但每个工程项目需要一套管理机构,人力资源需要量大;各职能部门横向联系不便。事业部式管理组织结构如图 14.5 所示。

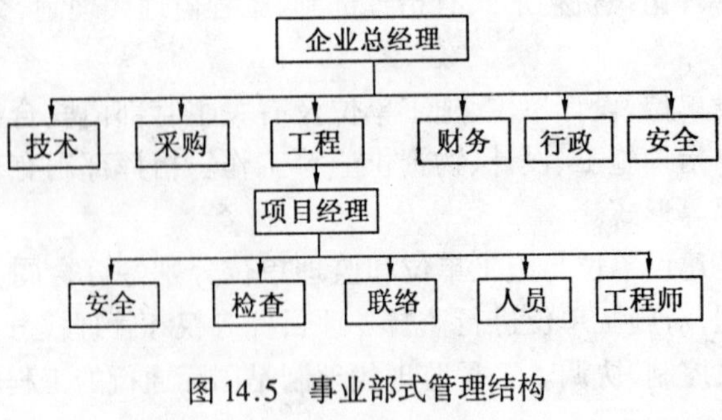

图 14.5　事业部式管理结构

3.混合工程队式

按照对象原则组成管理机构,企业职能部门配合工程对象,处于服从地位。由企业任命项目经理,项目经理从企业各部门抽调或聘用各专业人员组成项目管理班子,抽调施工队组成混合施工队。管理人员和施工队在项目进行期间,与原部门脱离管理关系,重新组成新的项目管理经济实体，只对项目负责。项目完成后，人员返回原部门。这种管理方式的特点是对象明确、权力集中；各专业现场配合管理，决策及时，工作效率高。适用于大型项目或工期要求紧的项目。混合工程队式管理组织结构如图 14.6 所示。

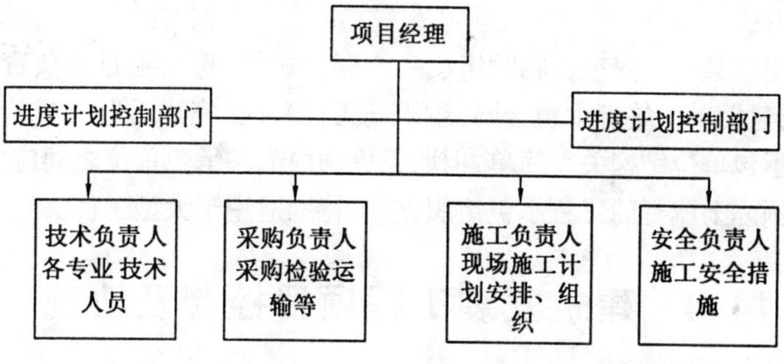

图 14.6　混合工程队式管理结构

4.矩阵式

矩阵式管理方式综合了事业部式和混合工程队式管理的优点，一方面要求工程队专业分工长期稳定，另一方面要求项目组织有较强的综合性。把职能原则、对象原则结合起来，发挥项目管理组织的纵向优势和企业职能部门的横向优势。图 14.7 为矩阵式管理的结构图。图中纵向表示不同的职能部门，负责对项目的监督、考察管理，部门人员不抽调到各项目中；横向表示项目，设项目经理，领导各专业人员的工作。矩阵式管理方式对项目双向领导，要求管理水平高，项目经理责任大于权力，可利用尽可能少的人力实现多项目管理。这种方法适用于大型复杂的项目和企业同时承担多个项目的管理。

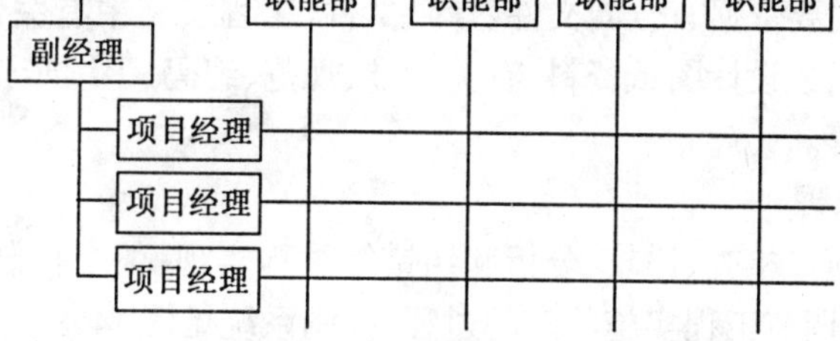

图 14.7　矩阵式管理结构

14.3.1.3　组织方式

项目管理的组织方式有平行承发包方式、总分包方式、全包方式和承包联营方式等。

1.平行承发包方式

平行承发包方式是建设单位把工程项目的施工任务分别发包给不同的施工单位，各施工单位之间的关系平行。这种组织方式可以加快工程进度，提高工程质量，但需要较多的协调工作。

2.总分包方式

总分包方式是指建设单位把工程的全部施工任务承包给一个施工单位，该施工单位再将其中的任务分解承包给其他施工单位。

3.全包方式

建设单位把一个工程的设计、施工全部承包给一个单位。承包单位可以独立完成整个设计、施工任务,也可以将某一部分分包给其他单位。

4.承包联营方式

若干企业为完成某一工程项目临时组成一个联营机构,选出项目总负责人,统一指挥、协调,联营机构与建设单位签订承包合同,组织施工,当项目完成后联营机构解散。这种方式中建设单位与承包单位结构关系简单,但联营机构内部各承包单位之间应作好协调工作。承包联营方式是国际上流行的工程承包组织方式,特别适用于大型工程。

14.4 建筑安装工程项目控制及协调

工程项目的实施是一个动态的、随机、多方的过程。为了实现工程项目管理目标,工程项目的参与者必须以工程承包合同、工程项目计划和有关规范标准等为依据,围绕项目的工期、成本和质量,对工程的实施过程进行全面、周密的监控,对项目实施过程中涉及的各方进行协调。

14.4.1 工程项目控制的依据、原理及各方关系

工程项目的控制是指在实现工程项目目标的过程中,项目管理机构依据事先拟定或认可的计划、原则、标准和措施等,及时检查、搜集项目实施状态的信息,并将之与原定计划或标准进行比较,发现偏差,分析偏差产生的原因,然后采取措施纠正偏差,保证施工计划正常进行,实现工程预定目标的过程。

14.4.1.1 控制依据

工程项目控制的主要依据有合同文件、计划文件、工程实施中有关信息、项目的总进度计划、总预算、设计依据或设计图纸资料、有关标准、规范、编码、手续步骤及项目主要参与人员的名单和通信地址等。

14.4.1.2 控制原理

工程项目的控制通过检查、比较、分析和纠错等过程实现,整个控制过程是一个信息的采集、反馈及根据信息调节工程实施状态的过程,控制系统见图 14.8。

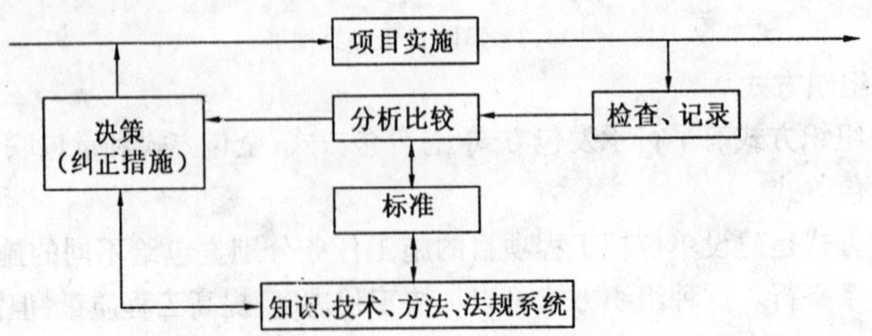

图 14.8 工程项目控制系统

14.4.1.3 各方关系

工程项目的控制是由业主、设计单位、监理单位和工程承包商共同协作完成的,各方在项目控制中的关系如图 14.9 所示。

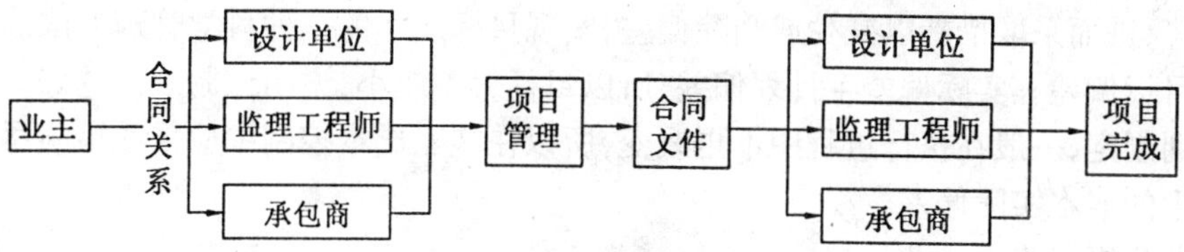

图 14.9　项目控制中各方的关系

14.4.2　工程项目成本控制

项目成本控制是针对施工单位而言的，对于建设单位，与之对应的是项目投资控制。

项目投资控制是在不影响工程进度、质量和生产安全的前提下，将项目实际支出控制在预算范围之内。控制过程是首先将计划投资额作为投资控制目标，再与工程项目实施过程的实际支出比较，找出偏差，并采取有效调整措施进行控制。

建设单位通过编制投资使用计划控制投资，投资计划可以用文字文件的形式说明投资总限额和分阶段分项工程投资限额，也可以用“时间－投资分配图”或“时间－投资累计图”进行分析控制。

项目成本是指项目进行过程中发生的费用的总和，包括人工费、材料费、机械使用费、其他直接费和管理费用。项目的施工成本是项目成本的主要部分，工程项目成本控制主要是指对施工成本的控制。工程项目成本控制是指在施工过程中，对各项生产费用的开支进行监督，及时纠正发生的偏差，把各项费用支出控制在计划成本规定的范围之内，以保证成本计划的实现。

14.4.2.1　项目成本控制的内容

1.事前控制

事前控制包括进行成本预测、参与经营决策、编制成本计划、确定成本目标、规定成本限额以及建立健全成本管理责任制、实行成本归口管理等内容。

2.成本计划执行中的控制

成本计划执行中的控制包括对生产资料消耗的控制、人工费的控制和费用开支的控制等。在计划执行过程中，按照成本计划人力、工料和机械设备的消耗定额、费用开支标准等，对实际成本发生的时间、数量作用等进行检查、分析、调整，确保达到成本控制目标。

3事后控制

事后控制是对项目成本形成以后的分析和考核，查明差异形成的原因，明确责任，考核有关人员和部门的业绩。

14.4.2.2　项目施工成本控制方法

项目施工成本控制方法很多，这里介绍四种方法：偏差控制法、成本分析表法、进度－成本同步控制和施工图预算控制法。

1.偏差控制法

施工过程中进行成本控制的偏差有三种：一是实际偏差，即项目的预算成本与实际成本之间的差异；二是计划偏差，即项目的计划成本（目标成本）与预算成本之间的差异；三是目标偏差，即项目的实际成本与计划成本之间的差异。施工成本控制中的偏差控制法是在制定出计划成本的基础上，通过采用成本分析方法找出目标偏差并分析产生偏差的原因与变化发展趋势,进而采取措施以减少或消除偏差,实现目标成本的一种科学管理方法。

由于目标偏差 = 实际偏差 + 计划偏差,所以目标偏差越小,说明控制效果越好。计划偏差一经计划制定,一般在执行过程中不再改变,所以在施工成本控制中应采取措施尽量减少施工中发生的成本实际偏差。

2.成本分析表法

施工成本控制的成本分析表包括成本日报、周报、月报表,分析表和成本预测报表等。成本分析表法是利用表格的形式调查、分析、研究施工成本的一种方法。成本分析表要简要、迅速、正确。

3.进度－成本同步控制法

进度－成本同步控制法是运用成本与进度同步跟踪的方法控制工程的施工成本。成本控制与计划管理,成本与进度之间有必然的同步关系。计划进度与计划成本(目标成本)对应,实际进度与实际成本对应,即施工到什么阶段,就应该发生相应的成本费用。以计划进度控制实际进度,以计划成本控制实际成本,随着每道工序进度的提前或延期,对每个分项工程的成本实行动态控制,以保证项目成本目标的实现。如果成本与进度不对应,就要作为"不正常"现象进行分析,找出原因,并加以纠正。

4.预算控制法

采用量入为出的原则,根据施工图预算中人工费、材料费、机械使用费和管理费的指标和费用,控制施工过程费用。在工程项目施工过程中应综合考虑正常人工费用、定额外人工费用和奖励费用,合理安排工程用工,要减少窝工或突击赶工造成的人工费用增加,将工程实际发生的人工费控制在施工合同规定的预算人工费以下。材料费的控制包括材料的消耗控制和采购成本控制两方面。材料的消耗可采用"限量领料单"控制;采购成本控制要求实际采购单价不大于预算材料单价,为此,材料采购管理人员应掌握市场材料价格变化信息,如遇材料价格大幅上升,应向定额管理部门反映,并争取甲方补贴。机械使用费控制要求合理安排施工机械的使用,提高机械的使用率,由于工程施工的特殊性,当实际发生的机械使用费用明显大于预算费用时,可争取机械使用费补贴,将实际机械费支出控制在预算机械使用费和机械使用费补贴之内。在工程项目实施过程精简管理机构、减少管理层次、提高工作质量和效率是降低工程管理费用的主要途径。

14.4.3 工程项目进度控制

工程项目进度控制是指在既定的工期内,按照已编制的进度计划实施,并在执行过程中不断地检查实施情况,与原计划比较,找出偏差,分析偏差产生原因和对工期的影响,提出必要的调整措施,直至工程竣工验收。进度控制的目的是确保项目按既定工期目标实现,或在保证工程质量和不增加实际成本的前提下,适当缩短工期。项目进度控制主要通过规划、控制和协调完成,控制措施包括组织措施、技术措施、合同措施、经济措施和信息管理措施等。建设项目进度控制实施系统如图 14.10 所示。

14.4.3.1 进度控制的内容

进度控制的实施分为项目施工阶段进度目标的分解、各施工阶段进度目标的确定和施工阶段进度控制。施工阶段进度控制包括以下内容。

(1)事前控制。包括编制施工进度控制工作细则,编制和审核施工总进度计划、单位工程施工进度计划和年度、季度、月度工程进度计划等。

(2)进度计划执行中的控制。现场跟踪检查工程进展情况,搜集、审核进度数据资料,分析偏差产生的原因,采取措施并调整进度计划等。

(3)事后控制,包括归类整理工程进度资料并建档,修改、调整验收阶段进度计划,组织验收等。

14.4.3.2　进度控制的方法和措施

(1)进度控制的方法。进度控制的方法主要有规划、控制和协调。所谓规划,就是确定项目总进度目标和分进度目标;所谓控制,就是在项目进展的全过程中,进行计划进度与实际进度的比较,发现偏离,及时采取措施纠正;所谓协调,就是协调参加单位之间的进度关系。

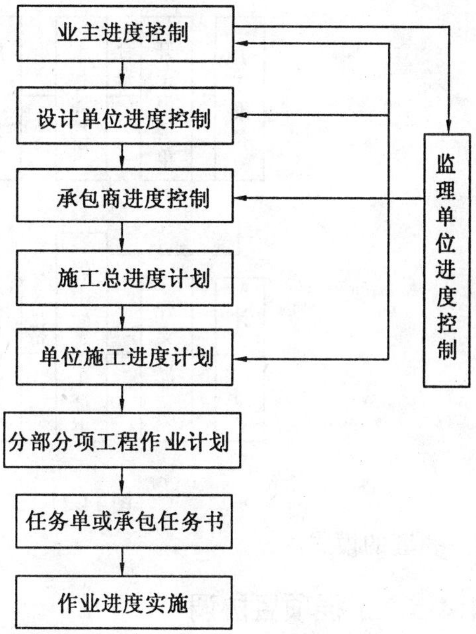

图 14.10　建设项目进度控制实施系统

(2)进度控制的措施,包括组织措施、技术措施、合同措施、经济措施和信息管理措施。

组织措施主要有:落实项目经理班子中进度控制部门的人员及个体控制任务和管理职能分工;进行项目分解,并建立编码体系;确定进度协调工作制度;对影响进度目标实现的干扰和风险因素进行分析。技术措施则是采用各种先进的施工方法以加快施工进度。合同措施主要有分别发包、提前施工,以及各合同的合同期与进度计划的协调等。经济措施主要是保证资金供应。信息管理措施主要是通过计划进度与实际进度的动态比较,定期地向建设单位提供比较报告等。

14.4.4　工程项目质量控制

工程项目质量控制是工程项目各项管理工作的重要组成部分。它是工程项目从实施准备到交付使用全过程中,为保证和提高工程质量所进行的各项组织控制、管理工作。保证和提高工程质量,是工程项目经理、各有关职能部门和全体职工的共同责任。工程项目质量控制系统如图 14.11 所示。

工程项目质量控制工作主要包括以下内容:

(1)贯彻国家和上级有关质量管理方面方针政策、标准、规范、规程和制度,制订本工程质量计划和工艺标准。

(2)编制并组织实施工程项目质量计划。

(3)运用全面质量管理的思想和方法,实行工程质量控制。

(4)进行工程质量检查。

(6)组织工程质量的检验评定工作。

(6)工程质量的回访。

我国已在各行业内展开 ISO9000 系列质量认证。ISO9000 质量认证体系对于质量管理

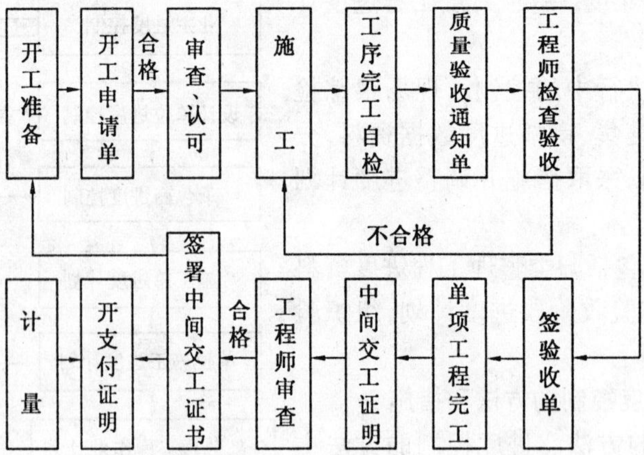

图 14.11　工程项目质量控制系统

有一整套的模式。

14.4.5　工程项目协调

工程项目一般实施周期长、涉及方面多,只有协调好涉及和参加项目建设的各个单位、各个部门及各方人员的工作,才能调动工作人员的积极性,保证项目顺畅运行,提高组织管理效率,确保项目目标的实现。项目的协调包括项目内部的协调和项目外部的协调。

(1)项目内部的协调主要有人际关系的协调、组织关系的协调和供求关系的协调等。

①人际关系的协调包括项目组织内部的人际关系,项目组织与关联单位的人际关系。人际关系的协调主要解决人员之间在工作中的联系和矛盾。

②组织关系的协调主要是解决项目组织内部的分工与配合问题。

③供求关系的协调包括项目实施中所需的人力、资金、设备、材料、技术、信息的供应,主要通过协调解决供求平衡问题。

(2)项目外部的协调主要有配合关系的协调和约束关系的协调两方面。

①配合关系的协调包括施工公司、建设单位、设计单位、分包单位、供应单位、监理单位之间在配合关系上的协调和步调一致,以达到同心协力之目的。

②约束关系的协调主要是为了解和遵守国家及地方在政策、法规、制度等方面的制约,求得执法部门的指导和许可。

项目协调的方法有激励、交际、批评、会议、会谈、报表计划和报告等。

参考文献

[1] GB50300—2001 建筑工程施工质量验收统一标准[S].
[2] GB50242—2002 建筑给水排水及采暖工程施工质量验收规范[S].
[3] GB50028—93 城镇燃气设计规范(2002 年版)[S].
[4] CJJ94—2003 城镇燃气室内工程施工及验收规范[S].
[5] CJJ 33—2005 城镇燃气输配工程施工及验收规范[S].
[6] CJJ28—2004 城市供热管网工程施工及验收规范[S].
[7] GB50243—2002 通风与空调工程施工及验收规范[S].
[8] GBJ304—88 通风与空调工程质量检验评定标准[S].
[9] GB50041—92 锅炉房设计规范[S].
[10] GBJ211—87 工业炉砌筑工程施工及验收规范[S].
[11] GBJ66—84 制冷设备安装工程施工及验收规范[S].
[12] GB50274—98 制冷设备、空气分离设备安装工程施工及验收规范[S].
[13] GBJ235—82 工业管道工程施工及验收规范[S].
[14] GB50184—93 工业金属管道工程质量检验评定标准[S].
[15] JBJ29—96 压缩机、风机、泵安装工程施工及验收规范[S].
[16] 刘耀华.施工技术及组织:建筑设备[M].北京:中国建筑工业出版社, 1988.
[17] 黄国洪.燃气工程施工[M].北京:中国建筑工业出版社, 1994.
[18] 吴耀伟.供热通风与建筑给排水工程施工技术[M].哈尔滨:哈尔滨工业大学出版社,2001.
[19] 何耀东.暖通空调制图与设计施工规范应用手册[M].北京:中国建筑工业出版社,1999.
[20] 黄剑敌.暖、卫、通风空调施工工艺标准手册[M].北京:中国建筑工业出版社,2003.
[21] 陆耀庆.实用供热空调设计手册[M].北京:中国建筑工业出版社,1993.
[22] 卢永昌.燃气输配工[M].3 版.中国建筑工业出版社,2001.
[23] 何耀东,何青.中央空调[M].北京:冶金工业出版社,1998.
[24] 蒋能照.空调用热泵技术及应用[M].北京:机械工业出版社,1997.
[25] 马最良,姚杨.民用建筑空调设计[M].北京:化学工业出版社,2003.
[26] 郭庆堂、吴进发.实用制冷工程设计手册[M].北京:中国建筑工业出版社,1994.
[27] 郑贤德,李伟安.现代空调用制冷设备[M].北京:电子工业出版社,1994.
[28] 顾兴蓥.民用建筑暖通空调设计技术措施[M].2 版.北京:中国建筑工业出版社,1996.
[29] 张世源,李洪.锅炉安装使用手册[M].北京:机械工业出版社,1996.

[30] 卢少忠,卢晓晔,胡淑芬.塑料管道工程[M].北京:中国建材工业出版社,2004.
[31] 周庆,张志贤.安装工程材料手册[M].北京:中国计划出版社,2004.
[32] 杜茂安,邓风英.建筑设备工程概预算与技术经济[M].哈尔滨:黑龙江科学技术出版社,1999.
[33] 王志伟.建筑设备安装工程经济与管理[M].北京:中國建筑工业出版社,2003.
[34] 全国造价工程师执业资格考试培训教材编审委员会.建设工程技术与计量:安装工程部分[M].北京:中国计划出版社,2003.